专注于精品原创

让智慧散发出耀眼的光芒

跟随先行的脚步，创造永恒的精彩

Android/OPhone开发完全讲义

Android/OPhone 开发完全讲义

李宁　编著

中国水利水电出版社
www.waterpub.com.cn

内 容 提 要

本书是国内第一本同时介绍 Android 和 OPhone 的经典著作，国内著名 Android 社区 eoeandroid 极力推荐。

本书内容全面，详细讲解 Android 框架、Android 用户接口、Android 组件、Android 的数据存储解决方案、Android 的 4 种可跨平台通信的组件（Activity、Service、Broadcast 和 ContentProvider）、网络、绘图、多媒体、2D 动画、OpenGL ES、资源、国际化、访问 Android 手机的硬件、实时壁纸、实时文件夹、NDK（利用 C/C++开发可运行在 Android 上的应用程序）、脚本语言（Python、Lua、Perl 等）、手势输入、文字语音转换（TTS）、蓝牙及 OPhone 平台的技术。除此之外，在 OPhone 平台中内嵌了一种新的 SDK：JIL Widget。这种技术可以只使用 HTML、CSS、JavaScript 等 Web 技术来编写可运行在 OPhone 上的程序。为了使读者更早进入实战阶段，在本书的最后给出了两个完整的例子："万年历"和"知道当前位置的 Google GTalk 机器人"。

本书适合有一定的 Java 基础，想通过 Android 进入移动开发领域的读者；已经有一定的 Android 开发经验，想进一步提高 Android 的开发能力的读者；想将本书作为 Android 的参考手册，随时随地查阅的读者；对 Android 抱有浓厚兴趣的其他手机平台的开发人员；正在学习 Android 的在校大学生以及培训学校的学员。

图书在版编目（C I P）数据

Android/OPhone开发完全讲义 / 李宁编著. -- 北京
中国水利水电出版社，2010.6
ISBN 978-7-5084-7527-1

Ⅰ. ①A… Ⅱ. ①李… Ⅲ. ①移动通信－携带电话机
－应用程序－程序设计②移动通信－携带电话机－操作系
统－程序设计 Ⅳ. ①TN929.53

中国版本图书馆CIP数据核字(2010)第092850号

策划编辑：周春元　　责任编辑：宋俊娥　　加工编辑：俞　飞　　封面设计：李　佳

书　　名	Android/OPhone 开发完全讲义
作　　者	李宁 编著
出版发行	中国水利水电出版社
	（北京市海淀区玉渊潭南路 1 号 D 座　　100038）
	网址：www.waterpub.com.cn
	E-mail：mchannel@263.net（万水）
	sales@waterpub.com.cn
	电话：(010) 68367658（发行部）、82562819（万水）
经　　售	北京科水图书销售中心（零售）
	电话：(010) 88383994、63202643、68545874
	全国各地新华书店和相关出版物销售网点
排　　版	北京万水电子信息有限公司
印　　刷	北京蓝空印刷厂
规　　格	210mm×285mm　16 开本　　30 印张　　896 千字
版　　次	2010 年 6 月第 1 版　　2011 年 10 月第 3 次印刷
印　　数	7001—8500 册
定　　价	58.00 元（赠 1CD）

前　言

2009 年对于中国的移动互联网领域是最重要的一年，因为这一年信息产业部向中国三大运营商（移动、联通、电信）发放了 3G 牌照。这就意味着中国移动互联网 3G 时代已经到来，因此，2009 年也就成为了中国移动互联网 3G 时代的元年。

随着中国移动互联网 3G 时代的到来，很多抢眼的词汇也不断冲击着人们的眼球。3G、Android、OPhone、iPhone、iPad、iPod touch、Google、苹果、HTC、G1、G2、G3 等词汇在各大网站的新闻和评论中频繁出现。出现这种情况的原因只有一个，那就是智能手机和移动互联网终于修成成果，成为完美的一对。

智能手机虽然早在多年前就已出现，但那时的智能手机的功能主要是本地应用，这些手机以 Nokia 的 Symbian 系统为主。但随着移动互联网时代的到来，本地应用已远远无法满足用户的需求了。然而在创新为王的今天，新的技术总在不断地取代旧的技术。以创新闻名的 Google 为了进军移动广告市场，早在 2005 年，就开始研制新的移动操作系统，这也就是我们现在熟知的 Android。经过 2 年多的研发，终于在 2007 年 11 月 5 日发布了 Android 的第一个版本：Android 1.0，而 HTC（宏达电子）也在 10 个月后发布了世界上第一部装有 Android 系统的手机：G1。这也标志着 Android 正式成为移动操作系统大家族的成员，而且出身名门。

自从 Android 问世以来，不断有新的运营商、终端厂商、浏览器厂商、软件厂商等加入 Android 阵营，通过合作以及不断地创新，推出了大量基于 Android 的新产品，例如，Adobe 公司已推出 Android 版的 AIR 和 Flash 10，并且 Google 宣布在 Android 2.2 中将会全面支持 Flash，这就意味着可以使用 Flash 来编写 Android 应用程序了。

Android 是 Google 进军移动领域最具杀伤力的武器之一。在此之前，苹果推出的 iPhone 在智能手机和移动互联网领域刮起了首轮风暴，并且赢得了数以百万计的忠实"粉丝"。而 Android 与 iPhone 不同。iPhone 与苹果以往的产品相同，都是在封闭状态下发展的，而且限制太多。Android 则在这方面有着绝对的优势，Android 不仅免费，而且开源，并且 Google 没有限制使用什么语言或技术在 Android 上开发软件。这就意味着任何企业、组织和个人都可以使用 Android 系统，而且不需要付给 Google 一分钱。正是因为这一点，支持 Android 的终端厂商不断增加，这也使 Android 的市场占用率节节攀升。甚至在 2010 年第一季度，Android 在美国的占有率首次超过 iPhone，成为占有率居第二位的移动操作系统。

在与美国相隔万里的中国，Android 也受到相当的关注和重用。国内不仅在短时间内涌现了大量的 Android 社区（中国移动开发者社区、eoeandroid 等），而且很多运营商和企业也以 Android 为基础开发出了很多定制的移动操作系统。其中国内最早的定制 Android 系统就是中国移动和播思通讯联合开发的 OPhone 系统，也称为 OMS。除此之外，还有联想的 LePhone。联通和电信也在研发自己的定制 Android 系统。这些充分证明了 Android 在世界上的几个主要市场（中国、美国等）都已成为竞相追逐的梅花鹿，在可预期的未来，将会在全球范围内上演一场群雄逐鹿的大戏。

既然 Android 无论在国内还是国外都是如此的火爆，如此的重要，那么作为开发人员的我们是不是应该立刻开始学习 Android 呢？如果您正在阅读本书的前言，那么说明您已经给出了肯定的答案，而本书正是打开 Android 神秘大门的钥匙。有了这把钥匙，就可以尽享 Android 中的宝藏。那么我们还等什么呢？Let's go. 现在就让我们继续阅读本书的精彩内容，以获取更多的宝藏吧！

参加本书部分章节编写工作的还有赵华振、李斌锋、邓斌、皮文星、闫芳、王玉芹、杨振珂、邓福金、刘素云、代锡恒、刘晓键、李新生、欧阳会、李礼华、石杰、何少亮、欧阳观、陆正武，在此表示感谢。

编　者
2010 年 5 月

如何使用本书的例子

本书的所有例子代码都在光盘的 src 目录中。其中每一章的例子代码被单独放在了相应的目录中。例如，第 10 章的例子代码在 src\ch10 目录中。读者在运行程序之前，建议先将光盘中的源代码复制到硬盘中的指定目录，再使用 Eclipse 导入相应的工程。导入的方法是单击 Eclipse 的【File】>【Import】菜单项，打开【Import】对话框，选择【Existing Projects into Workspace】节点，如图 1 所示。单击【Next】按钮进行下一个页面后，单击【Browse...】按钮选择要导入的 Android 工程，如图 2 所示。最后单击【Finish】按钮即可导入 Android 工程。

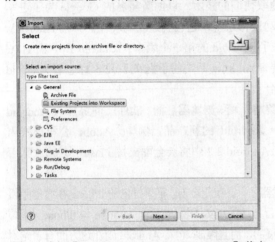 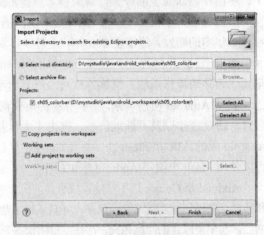

图 1　选择【Existing Projects into Workspace】节点　　　　图 2　选择要导入的工程

在成功导入 Android 工程后，工程目录可能会出现错误。原因是该工程引用了作者本机的一些 jar 包，而在读者的机器上没有这些 jar 包。读者可以在工程属性对话框中重新设置这些 jar 包的路径。要注意的是，有一些和硬件相关的程序，如 GPS、录音、照相机等，需要直接在手机上进行测试，这些程序可能在 Android 模拟器中成功运行，但却会显示异常的运行结果。读者应尽量在手机上测试这些程序。

目　录

第四部分　OPhone 篇——进入 OPhone 世界

第五部分　综合实例篇——实践是检验真理的唯一标准

第一部分　准备篇——大军未动，粮草先行

1

Android 入门

Google 于 2005 年并购了成立仅 22 个月的高科技企业 Android，展开了短信、手机检索、定位等业务，同时基于 Linux 的 Android 平台也进入了开发阶段。Google 在 2007 年 11 月 5 日发布了 Android 的第一个版本。在刚发布之初，Android 并没有引起业界太多的关注。但随着 Google 组建的开放手机联盟不断有新生力量加入，Android 这个初出茅庐的小子已成为与 iPhone 分庭抗礼的生力军。

在作者写作本书时，至少有数十家不同规模的手机厂商宣布加入 Android 阵营。基于 Android 的手机也是琳琅满目。现在让我们进入时空隧道，回到 2008 年 9 月 23 日（北京时间 2008 年 9 月 23 日 22:30）的美国纽约，Google 和运营商 T-Mobile 共同发布了世界上第一款安装 Android 系统的手机 T-Mobile G1。由于这款手机的出色表现，使 Android 真正成为了万众瞩目的焦点。正是因为 Android 和其他几项创新，在 17 个月后的 2010 年 2 月 25 日，美国著名商业杂志《Fast Company》评选的 2010 年全球最具创新力公司 50 强中，Google 位列移动领域十大最具创新力公司榜首。

 本章内容

📖 Android 的系统构架

📖 搭建 Android 开发环境

📖 Android SDK 中的常用命令行工具（包括 adb、android 和 mkcdsard）

📖 可以在 PC 上运行的 Android 系统（用于在没有真机的情况下测试程序）

📖 应用程序商店

1.1 Android 的基本概念

Android 的中文意思是"机器人"。但在移动领域，大家一定会将 Android 与 Google 联系起来。Android 本身就是一个操作系统，只是这个操作系统是基于 Linux 内核的。也就是说，从理论上，基于 Linux 的软件移植到 Android 上是最容易的。Android 是一个由 30 多家科技公司和手机公司组成的"开放手机联盟"共同研发的，而且完全免费开源，这将大大降低新型手机设备的研发成本，甚至 Android 已成了"山寨"机的首选。

1.1.1 Android 简介

Android 作为 Google 最具创新的产品之一，正受到越来越多的手机厂商、软件厂商、运营商及个人开发者的追捧。目前 Android 阵营主要包括 HTC（宏达电）、T-Mobile、高通、三星、LG、摩托罗拉、ARM、软银移动、中国移动、华为等。虽然这些机构有着不同的性质，但它们都在 Android 平台的基础上不断创新，让用户体验到最优质的服务。尤其要提一下的是中国移动与播思公司联合研发的基于 Android 的 OMS系统已取得了不俗的业绩（关于 OMS 和 OPhone 将在第 4 篇详细介绍）。下面欣赏几款具有代表性的 Android手机。第一款毫无疑问，就是世界上第一部 Android 手机 T-Mobile G1，如图 1.1 所示。这款手机带有一个物理键盘（硬键盘），可以通过侧划拉出。第二款是创下了销售奇迹的 HTC Hero，也称为 G3，如图 1.2 所示。这款手机的显著特征是下方有一个突起的小"下巴"。除此之外，HTC Hero 绚丽的 Sense 界面也成为 Android 手机中一道亮丽的风景。最后一款创下了配置之最，这就是 2009 年底发布的几款拥有 1GMHz CPU的手机之一：SonyEricsson X10，如图 1.3 所示。

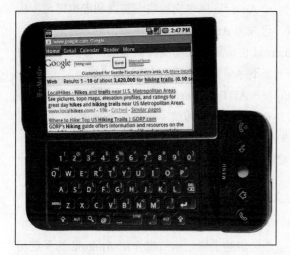

图 1.1　T-Mobile G1

图 1.2　HTC Hero

图 1.3　拥有 1GMHz CPU 的 SonyEricsson X10

欣赏完这么多"超酷"的手机，现在来看一下 Android 到底有什么魔力，可以让众多的粉丝为之疯狂。据粗略统计，Android 至少有如下 8 件制胜法宝：

● 开放性。Android 平台是免费、开源的。而且 Google 通过与运营商、设备制造商、开发商等机构形成的战略联盟，希望通过共同制定标准使 Android 成为一个开放式的生态系统。

● 应用程序的权限由开发人员决定。编写过 Symbian、Java ME 程序的读者应该能体会到这些程序在发布时有多麻烦。如果访问到某些限制级的 API，不是出现各种各样的提示，就是根本无法运行。要想取消这些限制，就得向第三方的认证机构购买签名，而且价格不菲。而 Android 平台的应用程序就幸福得多。要使用限制级的 API，只需要在自己的应用程序中配置一下即可，完全是DIY。这也在某种程度上降低了 Android 程序的开发成本。

● 我的平台我作主。Android 上的所有应用程序都是可替换和扩展的，即使是拨号、Home 这样的核心组件也是一样。只要我们有足够的想象力，就可以缔造出一个独一无二、完全属于自己的 Android 世界。

- 应用程序之间的无障碍沟通。应用程序之间的通信一直令人头痛，而在 Android 平台上无疑是一种享受。在 Android 平台上应用程序之间至少有 4 种沟通方式。很难说哪一种方式更好，但它们的确托起了整个 Android 的应用程序框架。

- 拥抱 Web 的时代。如果想在 Android 应用程序中嵌入 HTML、JavaScript，那真是再容易不过了。基于 Webkit 内核的 WebView 组件会完成一切。更值得一提的是，JavaScript 还可以和 Java 无缝地整合在一起（见第 9 章的实例 57 中的介绍）。

- 物理键盘和虚拟键盘双管齐下。从 Android 1.5 开始，Android 同时支持物理键盘和虚拟键盘，从而可大大丰富用户的输入选择。尤其是虚拟键盘，已成为 Android 手机中主要的输入方式。

- 个性的充分体现。21 世纪是崇尚个性的时代。Android 也紧随时代潮流提供了众多体现个性的功能。例如，Widget、Shortcut、Live WallPapers，无一不尽显手机的华丽与时尚。

- 舒适的开发环境。Android 的主流开发环境是 Eclipse + ADT + Android SDK。它们可以非常容易地集成到一起，而且在开发环境中运行程序要比 Symbian 这样的传统手机操作系统更快，调试更方便。

虽然 Android 的特点还有很多，但这已经不重要。重要的是现在 Android 已经成为万众瞩目的国际巨星，她的未来将令人充满期望。

1.1.2 Android 的系统构架

通过上一节的介绍，我们对 Android 的特点已经有了一个初步的了解。本节将介绍 Android 的系统构架。先来看看 Android 的体系结构，如图 1.4 所示。

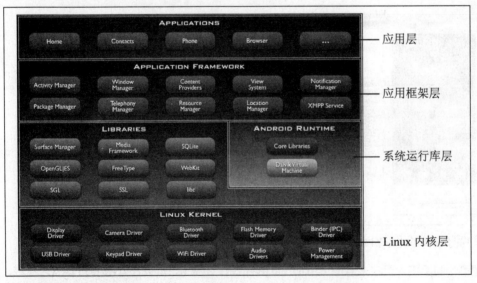

图 1.4 Android 的体系结构

从图 1.4 可以看出 Android 分为 4 层，从高到低分别是应用层、应用框架层、系统运行库层和 Linux 内核层。下面将对这 4 层进行简单介绍。

- 应用层。该层由运行在 Dalvik 虚拟机（为 Android 专门设计的基于寄存器的 Java 虚拟机，运行 Java 程序的速度更快）上的应用程序（主要由 Java 语言编写）组成。例如，日历、地图、浏览器、联系人管理，都属于应用层上的程序。

- 应用框架层。该层主要由 View、通知管理器（Notification Manager）、活动管理器（Activity Manager）等由开发人员直接调用的组件组成。

- 系统运行库层。Java 本身是不能直接访问硬件的。要想让 Java 访问硬件，必须使用 NDK 才可以。

NDK 是一些由 C/C++语言编写的库。这些程序也是该层的主要组成部分。该层主要包括 C 语言标准库、多媒体库、OpenGL ES、SQLite、Webkit、Dalvik 虚拟机等。也就是说，该层是对应用框架层提供支持的层。

- Linux 内核层。该层主要包括驱动、内存管理、进程管理、网络协议栈等组件。目前 Android 的版本基于 Linux 2.6 内核。

1.2　Android 开发环境的搭建

工欲善其事，必先利其器。开发 Android 应用程序总不能直接用记事本开发吧（那些超级大牛除外）。找到合适的开发工具是学习 Android 开发的第一步。而更多地了解 Android 的开发环境将会对进一步学习 Android 保驾护航。

1.2.1　开发 Android 程序需要些什么

开发 Android 程序至少需要如下工具和开发包：
- JDK（建议安装 JDK1.6 及其以上版本）
- Eclipse
- Android SDK
- ADT（Android Development Tools，开发 Android 程序的 Eclipse 插件）

其中 JDK 的安装非常简单，读者可以在官方网站下载 JDK 的最新版，并按着提示进行安装。Eclipse 下载后直接解压即可运行。在 1.2.2 节和 1.2.3 节将介绍 Android SDK 和 ADT 的安装。

1.2.2　安装 Android SDK

读者可以从下面的两个地址下载 Android SDK 的最新版本：

地址 1

http://developer.android.com/intl/zh-CN/sdk/index.html

地址 2

http://androidappdocs.appspot.com/sdk/index.html

该版本可以同时安装 6 个 Android SDK 版本（1.1 至 2.1）。要注意，Android SDK 是在线安装。在安装 Android SDK 之前，要保证有稳定而快速的 Internet 连接。如果完全安装 Android SDK，安装时间会比较长，读者需要耐心等待。

如果安装 Android SDK 时下载文件失败，可以将如图 1.5 所示的安装界面右下角的第 1 个复选框选中，然后重新安装 Android SDK。如果安装过程顺利，将会出现如图 1.6 所示的下载界面。

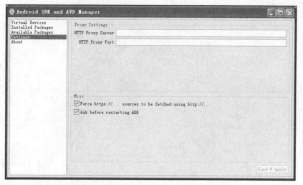
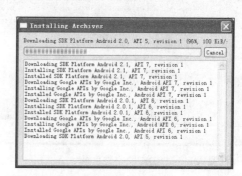

图 1.5　使用 http 下载文件　　　　　　　　图 1.6　安装过程的下载界面

Android SDK 安装成功后，会看到如图 1.7 所示的 Android SDK 根目录结构。platforms 目录包含当前 Android SDK 支持的所有版本，如图 1.8 所示。

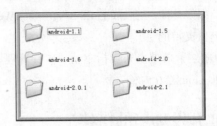

图 1.7　Android SDK 根目录结构　　　　图 1.8　已经安装的所有 Android SDK 版本

1.2.3　安装 Eclipse 插件 ADT

在作者写作本书时，ADT 的最新版本是 0.9.5。该版本必须下载最新的 Android SDK 才能使用。读者可以在 Eclipse 中直接安装 ADT。

如果读者使用的是 Eclipse 3.4（Ganymede），单击【Help】>【Software Updates...】菜单项。在显示的对话框中单击【Available Software】标签页，然后单击【Add Site...】按钮。在显示的对话框的文本框中输入如下地址：

https://dl-ssl.google.com/android/eclipse/

单击【OK】按钮关闭该对话框。回到【Available Software】标签页，选中刚才增加的地址，然后单击右侧的【Install】按钮开始安装 ADT 插件。在弹出的安装对话框中选中 Android DDMS 和 Android Development Tools 两项，单击【Next】按钮进入下一个安装界面，选中接受协议复选框，最后单击【Finish】按钮开始安装。当成功安装 ADT 后，重启 Eclipse 即可使用 ADT 来开发 Android 程序。

如果使用的是 Eclipse 3.5（Galileo），单击【Help】>【Install New Software...】菜单项，显示安装对话框，然后单击右侧的【Add...】按钮，在弹出的对话框的第 1 个文本框输入一个名字，在第 2 个文本框输入上面的地址。剩下的安装过程与 Eclipse 3.4 类似。读者可以参考 Eclipse 3.4 的安装过程或通过如下两个地址查看官方的安装文档。

地址 1

http://developer.android.com/intl/zh-CN/sdk/eclipse-adt.html

地址 2

http://androidappdocs.appspot.com/sdk/eclipse-adt.html

安装完 ADT 后，还需要设置一下 Android SDK 的安装目录。单击【Window】>【Preferences】菜单项。在弹出的对话框中选中左侧的【Android】节点。在右侧的【SDK Location】文本框中输入 Android SDK 的安装目录，如图 1.9 所示。

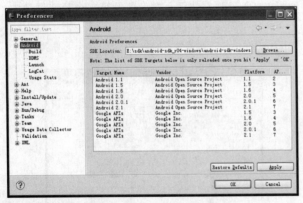

图 1.9　设置 Android SDK 的安装目录

1.2.4　测试 ADT 是否安装成功

本节将新建一个 Android 工程来测试一下 ADT 是否安装成功。单击【New】>【Android Project】菜单项（如果没有该菜单项，可以单击【New】>【Other】菜单项，在弹出对话框的树中寻找【Android】节点），显示建立 Android 工程的对话框。在弹出的对话框中按照图 1.10 所示输入相应的内容（黑框内的内容必须输入或选择）。单击【Finish】按钮创建 Android 工程。

　　在运行 firstandroid 工程之前还需要建立一个 AVD 设备。一个 AVD 设备对应一个 Android 版本的模拟器实例。由于 firstandroid 使用的是 Android 2.1，因此，需要建立一个支持 Android 2.1 的 AVD 设备。单击 Eclipse 左侧的▇按钮。在显示的对话框中单击【New...】按钮新建一个 AVD 设备。并按照图 1.11 所示黑框中的内容输入相应的值，然后单击【Create AVD】按钮建立 AVD 设备。

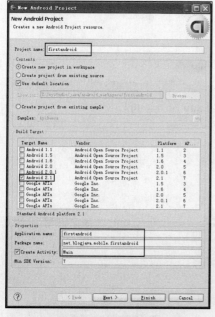

图 1.10　创建 Android 工程

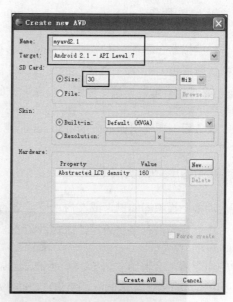

图 1.11　建立 AVD 设备

　　建立完 AVD 设备后，找到 firstandroid 工程，单击右键菜单的【Run As】>【Android Application】菜单项，运行 firstandroid。这时 ADT 会自动启动模拟器，并在模拟器上运行 firstandroid。在模拟器成功启动后，会出现如图 1.12 所示的模拟器锁定状态的界面。用鼠标按住屏幕左下方的小锁，将其拖动到屏幕右下方的喇叭处，就会解除这种状态。这时会显示 firstandroid 的运行结果，如图 1.13 所示。

图 1.12　模拟器的锁定状态

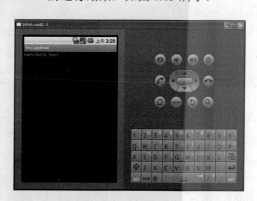

图 1.13　firstandroid 的运行结果

　　虽然 Android 模拟器可以测试大多数 Android 应用程序，但有一些和硬件相关的 API（例如，蓝牙、传感器）无法测试。在这种情况下就需要通过 USB 数据线连接真机进行测试，详细的测试方法请见 14.1 节的内容。

1.3 Android SDK 中的常用命令行工具

在<Android SDK 安装目录>\tools 目录中带了很多命令行工具。虽然一般的开发人员并不需要完全掌握这些工具的使用方法，但了解这些工具的一些基本使用方法还是会对以后的开发工作起到一定的辅助作用。本节将介绍几种常用的命令行工具的使用方法，这些工具主要包括 adb、android 和 mksdcard。在使用这些命令行工具之前，建议读者将<Android SDK 安装目录>\tools 目录加到 PATH 环境变量中，这样在任何目录中都可以使用这些工具了。

1.3.1 启动和关闭 ADB 服务（adb start–server 和 adb kill–server）

经作者测试，模拟器在运行一段时间后，adb 服务有可能（在 Windows 进程中可以找到这个服务，该服务用来为模拟器或通过 USB 数据线连接的真机服务）会出现异常。这时需要重新对 adb 服务关闭和重启。当然，重启 Eclipse 可能会解决问题，但那比较麻烦。如果想手工关闭 adb 服务，可以使用如下命令：

```
adb kill-server
```

在关闭 adb 服务后，要使用如下命令启动 adb 服务：

```
adb start-server
```

1.3.2 查询当前模拟器/设备的实例（adb devices）

有时需要启动多个模拟器实例，或在启动模拟器的同时通过 USB 数据线连接真机。在这种情况下就需要使用如下命令查询当前有多少模拟器或真机在线：

```
adb devices
```

执行上面的命令后，会输出如图 1.14 所示的信息。

其中第 1 列的信息（emulator-5554、HT9BYL904399）表示模拟器或真机的标识。emulator-5554 表示模拟器，其中 5554 表示 adb 服务为该模拟器实例服务的端口号。每启动一个新的模拟器实例，该端口号都不同。HT9BYL904399 表示通过 USB 数据线连接的真机。如果在运行 Android 程序时有多个模拟器或真机在线，会出现一个选择对话框。如果选择在真机运行，ADT 会直接将程序安装在手机上。详细介绍读者可以查看 14.1.2 节的内容。

图 1.14　查询模拟器/设备的实例

输出信息的第 2 列都是 device，表示当前设备都在线。如果该列的值是 offline，表示该实例没有连接到 adb 上或实例没有响应。

1.3.3 安装、卸载和运行程序（adb install、adb uninstall 和 am）

在 Eclipse 中运行 Android 程序必须得有 Android 源码工程。如果只有 apk 文件（Android 应用程序的发行包，相当于 Windows 中的 exe 文件），该如何安装和运行呢？答案就是使用 adb 命令。假设要安装一个 ebook.apk 文件，可以使用如下命令：

```
adb install ebook.apk
```

假设 ebook.apk 中的 package 是 net.blogjava.mobile.ebook，可以使用如下命令卸载这个应用程序：

```
adb uninstall net.blogjava.mobile.ebook
```

关于 package 的概念在以后的学习中会逐渐体会到，现在只要知道 package 是 Android 应用程序的唯一标识即可。如果在安装程序之前，该程序已经在模拟器或真机上存在了，需要先使用上面的命令卸载这个应用程序，然后再安装。或使用下面的命令重新安装。

```
adb install -r ebook.apk
```

在卸载应用程序时可以加上-k 命令行参数保留数据和缓冲目录，只卸载应用程序。命令如下所示：

```
adb uninstall -k net.blogjava.mobile.ebook
```

如果机器上有多个模拟器或真机实例，需要使用-s 命令行参数指定具体的模拟器或真机。例如，下面的命令分别在模拟器和真机上安装、重新安装和卸载应用程序。

在 emulator-5554 模拟器上安装 ebook.apk：

```
adb -s emulator-5554 install ebook.apk
```

在真机上安装 ebook.apk：

```
adb -s HT9BYL904399 install ebook.apk
```

在 emulator-5554 模拟器上重新安装 ebook.apk：

```
adb -s emulator-5554 install -r ebook.apk
```

在真机上重新安装 ebook.apk：

```
adb -s HT9BYL904399 install -r ebook.apk
```

在 emulator-5554 模拟器上卸载 ebook.apk（不保留数据和缓冲目录）：

```
adb -s emulator-5554 uninstall net.blogjava.mobile.ebook
```

在真机上卸载 ebook.apk（保留数据和缓冲目录）：

```
adb -s HT9BYL904399 uninstall -k net.blogjava.mobile.ebook
```

如果在模拟器和真机上成功安装 ebook.apk，将会分别输出如图 1.15 和图 1.16 所示的信息。

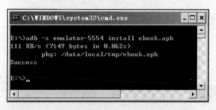

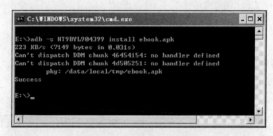

图 1.15　在模拟器上成功安装 ebook.apk　　　图 1.16　在真机上成功安装 ebook.apk

如果想在模拟器或真机上运行已安装的应用程序，除了直接在模拟器或真机上操作外，还可以使用如下命令直接运行程序。

在 emulator-5554 模拟器上运行 ebook.apk：

```
adb -s emulator-5554 shell am start -n net.blogjava.mobile.ebook/net.blogjava.mobile.ebook.Main
```

在真机上运行 ebook.apk：

```
adb -s HT9BYL904399 shell am start -n net.blogjava.mobile.ebook/net.blogjava.mobile.ebook.Main
```

其中 Main 是 ebook.apk 的主 Activity，相当于 Windows 应用程序的主窗体或 Web 应用程序的主页面。am 是 shell 命令。关于 shell 命令将在 1.3.5 节详细介绍。

1.3.4　PC 与模拟器或真机交换文件（adb pull 和 adb push）

在开发阶段或其他原因，经常需要将 PC 上的文件复制到模拟器或真机上，或将模拟机和真机上的文件复制到 PC 上。使用 adb pull 和 adb push 命令可以很容易地完成这个工作。例如，下面的命令将真机的 SD 卡根目录下的 camera.jpg 文件复制到 PC 的当前目录，取名为 picture.jpg。又把 picture.jpg 文件复制到真机的 SD 卡的根目录，取名为 abc.jpg。

从真机上复制文件到 PC：

```
adb -s HT9BYL904399 pull /sdcard/camera.jpg picture.jpg
```

从 PC 复制文件到真机：

```
adb -s HT9BYL904399 push picture.jpg /sdcard/abc.jpg
```

如果读者安装了 ADT，可以通过 DDMS 透视图的【File Explorer】视图右上方的几个按钮方便地从模拟器或真机上导入、导出和删除文件。

1.3.5　Shell 命令

Android 是基于 Linux 内核的操作系统，因此，在 Android 上可以执行 Shell 命令。虽然在手机上提供了可以输入命令的 Shell 程序,但在手机上输入程序实在不方便。为了更方便地在模拟器或手机上执行 Shell 命令,可以使用如下命令在 PC 上进入 Shell 控制台:

```
adb -s HT9BYL904399 shell
```

Shell 控制台的提示符是一个井号(#)。进入 Shell 后,输入 cd system/bin 命令,再输入 ls 命令,可以看到当前 Android 系统支持的命令文件,如图 1.17 所示。读者可以根据实际情况使用相应的命令。

图 1.17　Shell 控制台

1.3.6　创建、删除和浏览 AVD 设备(android)

在 1.2.4 节介绍了如何在 Eclipse 中建立一个 AVD 设备。本节将介绍直接使用 android 命令建立和删除 AVD 设备。建立 AVD 设备的命令如下:

```
android create avd -n myandroid1.5 -t 2
```

其中 myandroid1.5 表示 AVD 设备的名称,该名称可以任意设置,但不能和其他 AVD 设备冲突。-t 2 中的 2 指建立 Android 1.5 的 AVD 设备,1 表示 Android 1.1 的 AVD 设备,以此类推。目前最新的 Android 2.1 应使用-t 6 来建立 AVD 设备。在执行完上面的命令后,会输出如下信息来询问是否继续定制 AVD 设备:

```
Android 1.5 is a basic Android platform.
Do you wish to create a custom hardware profile [no]
```

如果读者不想继续定制 AVD 设备,直接按回车键即可。如果想定制 AVD 设备,输入 y,然后按回车键。系统会按步提示该如何设置。中括号内是默认值,如果某个设置项需要保留默认值,直接按回车键即可。如果读者使用的是 Windows XP,默认情况下 AVD 设备文件放在如下目录中:

```
C:\Documents and Settings\Administrator\.android\avd
```

如果想改变 AVD 设备文件的默认存储路径,可以使用-p 命令行参数,命令如下:

```
android create avd -n myandroid1.5 -t 2 -p d:\my\avd
```

删除 AVD 设备可以使用如下命令:

```
android delete avd -n myandroid1.5
```

通过下面的命令可以列出所有的 AVD 设备:

```
android list avds
```

1.3.7　创建 SD 卡

在模拟器上测试程序经常需要使用 SD 卡。在 PC 上需要使用 mksdcard 命令创建一个虚拟的 SD 卡文件,创建一个 10MB 大小的 SD 卡文件的命令如下:

```
mksdcard -l sdcard 10MB sd.img
```

其中 sdcard 表示 SD 卡的卷标,10M 表示 SD 卡的大小,单位还可以是 KB。但要注意,SD 卡的大小不能小于 8MB,否则无法创建 SD 卡文件。sd.img 是 SD 卡的文件名。如果要在 Eclipse 中启动模拟器,或直接启动模拟器(使用 emulator 命令),需要使用-sdcard 命令行参数指定 SD 卡文件的绝对路径。

1.4　PC 上的 Android

在程序发布之前,最好在真机上测试一下,毕竟模拟器无法 100%地模拟真机的环境。如果没有真机该怎么办呢?模拟器虽然可以正常运行大多数 Android 程序,但模拟器的环境毕竟是模拟出来的,并不是真正的 Android 操作系统。当然，还可以想其他的办法。Android 从理论上也可以运行在 PC 上。因此，可以采用像 Android LiveCD 一样的 PC 版 Android 操作系统来测试程序。这可是真正的 Android 操作系统，只是运行在 PC 上，而不是手机上。下面来感受一下 PC 上的 Android。

1.4.1 Android LiveCD

Android LiveCD 是 code.google.com 上的一个开源项目，以 ISO 形式发布，可直接从光盘启动。在作者写作本书时，Android LiveCD 的最新版是 0.3。读者可以从下面的地址下载 Android LiveCD 的最新版：

http://code.google.com/p/live-android/downloads/list

下载后，使用 VMWare 或其他的虚拟机软件装载 ISO 文件，然后从光盘（ISO 文件）启动即可。启动后的界面如图 1.18 所示。运行程序后的效果如图 1.19 所示。

图 1.18　Android LiveCD 的运行界面   图 1.19　在 Android LiveCD 中运行程序的效果

向 Android LiveCD 上传 apk 程序可以采用多种方法。如果 PC 可以上网，可以采用 wget 命令从 Internet 下载 apk 程序。

wget http://ip 地址/blogger.apk

1.4.2 AndroidX86

AndroidX86 是另外一个可以在 PC 上安装的 Android 系统，不同的是该系统不仅可以从光盘启动，还可以直接安装在硬盘上，并从硬盘启动。因此，AndroidX86 是一个真正的操作系统。读者可以从如下地址下载 AndroidX86 的最新版：

http://www.androidx86.org

AndroidX86 的使用方法与 Android LiveCD 类似。图 1.20 是 AndroidX86 的安装界面。图 1.21 是 AndroidX86 的运行界面。

图 1.20　AndroidX86 的安装界面   图 1.21　AndroidX86 的运行界面

1.5 Android 的学习资源

获得第一手的资源是学习 Android 的关键。通过如下两个地址可以访问 Android 的官方页面，在该页面有最新的开发指南、API、SDK 和其他资源。

地址 1

http://developer.android.com

地址 2

http://android.appdocs.appspot.com

除此之外，通过 Google 搜索也可以找到大量关于 Android 的学习资源，下面推荐几个国内比较受关注的 Android 学习网站。

- EOE Android 开发论坛，http://www.eoeandroid.com。
- 安卓网，http://www.hiapk.com。
- 机锋网，http://www.androidin.net。
- 中国移动的开发者社区，http://dev.chinamobile.com。
- Google 的源代码托管网站，http://code.google.com。在该网站上有大量基于 Android 的应用程序源代码。直接通过源代码学习将会获得更佳的效果。

1.6 应用程序商店

写程序不是目的，写完程序我们能从中得到什么才是最终目的。当然，最直接得到的就是经验。可除此之外呢？相信大多数开发人员都希望从自己的程序中获利。当然，最好是名利双收。如果正在阅读本书的读者是这么想的，本节介绍的应用程序商店也许正好适合这些读者的口味。

1.6.1 Android Market

这是世界上第一个卖 Android 应用程序的在线商店。该在线商店由 Google 创办，地址如下：

http://www.android.com/market

在 Android 手机上可以通过 Android Market 客户端浏览和下载商店中的应用程序（在 Android Market 中有免费和收费两类程序）。客户端的主界面如图 1.22 所示。浏览和下载游戏程序的界面如图 1.23 所示。

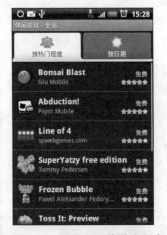

图 1.22　Android Market 客户端的主界面（HTC Hero）　　图 1.23　浏览和下载游戏程序的界面（HTC Hero）

1.6.2 Mobile Market（MM）

MM 是中国移动发起并创办的应用程序商店。该商店主要面向国内用户，更适合中国人的口味。主页的地址如下：

http://www.mmarket.com

　　MM 与 Android Market 的区别是 MM 不仅卖基于 Android/OMS 的应用程序（OMS 是中国移动在 Android 的基础上定制的手机操作系统），还可以卖基于 Symbian、Windows Mobile、Java ME 等手机平台的程序。也就是说，MM 是一个通用的应用程序商店。

　　MM 被集成在 OMS 系统中，所有的 OPhone 手机（安装 OMS 的手机）都包含一个 MM 客户端，主界面如图 1.24 所示。虽然目前在 MM 上还没有出现像在苹果的 App Store 上一样的创富神话，但随着 Android/OPhone 的手机用户不断增加。在 MM 上的应用程序会有一个很可观的收益（当然，条件是自己的应用程序做得足够吸引人）。

图 1.24　MM 客户端主界面

1.6.3　其他应用程序商店

　　除了 Android Market 和 MM 外，国内还涌现出了很多 Android 应用程序商店，下面举几个比较著名的应用程序商店。

- ● EOE Market，http://www.eoemarket.com。
- ● 安卓 Market，http://www.hiapk.com/bbs/devcenter.php。
- ● Moto Market，http://developer.motorola.com。

　　虽然上面的 Market 目前都是免费上传和下载应用程序，也未实现什么赢利，但从长远来看，也会为推动 Android 起到一定作用。

1.7　本章小结

　　本章主要介绍 Android 开发环境的搭建。开发 Android 程序至少需要安装 JDK、Eclipse、Android SDK 和 ADT。在<Android SDK 安装目录>\tools 目录中有一些命令行工具，可以通过这些工具完全脱离 ADT 和 Eclipse 来完成开发工作。虽然作者并不建议这样做，但学习一些常用命令的使用方法会对开发工作起到一定的辅助作用。Android 不仅可以运行在手机上，从理论上说，Android 可以运行在所有的移动平台和基于 X86 框架的 PC 上。本章介绍了两种运行在 PC 上的 Android 系统：Android LiveCD 和 AndroidX86，通过这两种系统可以在没有真机的情况下在实际的 Android 系统中测试程序。做完程序后，需要将其发布到访问量较大的网站供用户免费或付费下载。而 Android Market 和 Mobile Market 是目前国内开发者的两个最好选择。当然，其他的 Market 也会为我们提供更多的选择。

1/3
Chapter

2

第一个 Android 程序

本章将编写第一个 Android 程序。在编写程序的过程中将学到如何在 Eclipse 中建立一个 Android 工程，编写和调试程序以及对 apk 包进行签名等知识。

 本章内容

- 📖 建立 Android 工程
- 📖 界面组件布局及事件的使用方法
- 📖 运行和调试 Android 应用程序
- 📖 签名和发布应用程序

2.1 编写用于显示当前日期和时间的程序

本节的例子代码所在的工程目录是 src\ch02\ch02_showdatetime

本节要实现的 Android 程序会在屏幕左上方显示两个按钮，通过单击这两个按钮，可以分别显示当前的日期和时间。本节将详细介绍这个例子的实现过程。

2.1.1 新建一个 Android 工程

开发 Android 程序的第 1 步就是使用 Eclipse 建立一个 Android 工程。在 Eclipse 中单击【File】>【New】>【Android Project】菜单项，打开【New Android Project】对话框，在对话框的文本框内中输入相应的内容。要输入的内容如表 2.1 所示。

表 2.1　【New Android Project】对话框的文本框中的输入内容

文本框	输入的内容
Project name	ch02_showdatetime
Application name	显示当前的日期和时间
Package name	net.blogjava.mobile
Create Activity	Main

输入完相应的内容后，在【Build Target】复选框中选择 Android 1.5。【New Android Project】对话框的最终效果如图 2.1 所示。

在进行完以上设置后，单击【Finish】按钮建立一个 Android 工程。在建立完 Andolid 工程后，会在 Eclipse 的【Package Explorer】视图中显示如图 2.2 所示的工程结构。

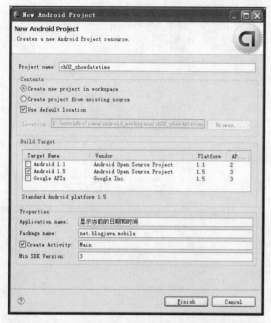

图 2.1　【New Android Project】对话框的最终效果

图 2.2　Android 工程的结构

2.1.2　界面组件的布局

本例中只需要修改两个文件的内容：Main.java 和 main.xml，如图 2.2 所示。关于工程中其他的文件和目录将在后面详细介绍。本章只需要知道 Main.java 文件是 Android 应用程序的主程序文件，相当于 Web 程序的主页面或 C/S 程序的主窗体。main.xml 文件是一个 XML 布局文件，在该文件中指定了程序中显示的组件及组件的位置等信息。

本节要添加的两个按钮需要在 main.xml 文件中进行配置。在新建 Android 工程后，系统会自动向 main.xml 文件中添加一个 TextView 组件（<TextView>标签）。首先需要删除<TextView>标签，然后在<LinearLayout>标签中添加相应的配置代码。main.xml 文件最终的配置代码如下所示：

```xml
<?xml version="1.0" encoding="utf-8"?>
<LinearLayout xmlns:android="http://schemas.android.com/apk/res/android"
    android:orientation="vertical" android:layout_width="fill_parent"
    android:layout_height="fill_parent">
    <!-- 下面的代码是由开发人员自己添加的 -->
    <Button android:id="@+id/btnShowDate" android:layout_width="wrap_content"
        android:layout_height="wrap_content" android:text="显示当前日期" />
    <Button android:id="@+id/btnShowTime" android:layout_width="wrap_content"
        android:layout_height="wrap_content" android:text="显示当前时间" />
</LinearLayout>
```

在配置完 main.xml 文件后，单击工程右键菜单中的【Run As】>【Android Application】菜单项，启动 Android 模拟器。稍等片刻，会出现如图 2.3 所示的模拟器界面。出现这个界面是因为加载程序时间过长，模拟器长时间处于待机状态，因此，屏幕被锁定了。单击模拟器下方的【MENU】按钮可以解除锁定状态。

在关闭模拟器的屏幕锁定状态后，模拟器会自动执行刚才编写的程序。程序的显示效果如图 2.4 所示。

2.1.3　编写实际代码

在上一节设计了应用程序的界面，但这个界面除了显示两个按钮外，做不了任何事件。本节要做的是单击两个按钮可以分别以对话框的形式显示当前的日期和时间。实现步骤如下：

（1）编写事件处理方法。

图 2.3 屏幕锁定状态

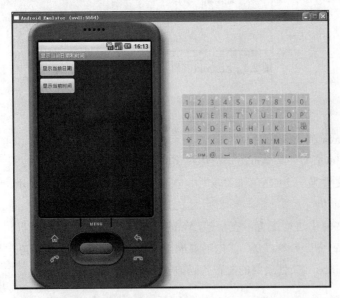

图 2.4 程序的显示效果

（2）获得两个按钮的对象实例。

（3）为两个按钮添加单击事件。

（4）编写一个显示对话框的方法。

下面的代码按如上 4 步实现了这个程序，其中涉及很多本章未讲到的知识，不过读者不用担心，这些知识将在后面的章节详细介绍。本节读者只需要对 Android 程序有个初步的认识即可。

```java
package net.blogjava.mobile;

import java.text.SimpleDateFormat;
import java.util.Date;
import android.app.Activity;
import android.app.AlertDialog;
import android.os.Bundle;
import android.view.View;
import android.view.View.OnClickListener;
import android.widget.Button;

//  处理单击事件必须实现 OnClickListener 接口
public class Main extends Activity implements OnClickListener
```

```
{
    // 显示对话框的方法
    private void showDialog(String title, String msg)
    {
        AlertDialog.Builder builder = new AlertDialog.Builder(this);
        // 设置对话框的图标
        builder.setIcon(android.R.drawable.ic_dialog_info);
        // 设置对话框的标题
        builder.setTitle(title);
        // 设置对话框显示的信息
        builder.setMessage(msg);
        // 设置对话框的按钮
        builder.setPositiveButton("确定", null);
        // 显示对话框
        builder.create().show();
    }
    // 单击事件方法
    @Override
    public void onClick(View v)
    {
        switch (v.getId())
        {
            case R.id.btnShowDate:
            {
                SimpleDateFormat sdf = new SimpleDateFormat("yyyy-MM-dd");
                // 显示当前日期
                showDialog("当前日期", sdf.format(new Date()));
                break;
            }
            case R.id.btnShowTime:
            {
                SimpleDateFormat sdf = new SimpleDateFormat("HH:mm:ss");
                // 显示当前时间
                showDialog("当前时间", sdf.format(new Date()));
                break;
            }
        }
    }
    @Override
    public void onCreate(Bundle savedInstanceState)
    {
        super.onCreate(savedInstanceState);
        setContentView(R.layout.main);
        // 获得两个按钮的对象实例
        Button btnShowDate = (Button) findViewById(R.id.btnShowDate);
        Button btnShowTime = (Button) findViewById(R.id.btnShowTime);
        // 为两个按钮添加单击事件
        btnShowDate.setOnClickListener(this);
        btnShowTime.setOnClickListener(this);
    }
}
```

再次运行程序，并单击【显示当前日期】和【显示当前时间】按钮，显示的对话框如图 2.5 和图 2.6 所示。

图 2.5　显示当前日期对话框

图 2.6　显示当前时间对话框

2.2　调试程序

Android 应用程序也可以像其他的 Java 程序一样进行调试，调试的第 1 步就是设置断点。选择要设置断点的代码行，单击代码编辑器左侧的竖条，在单击的位置会显示一个蓝色的小圆点，如图 2.7 所示。

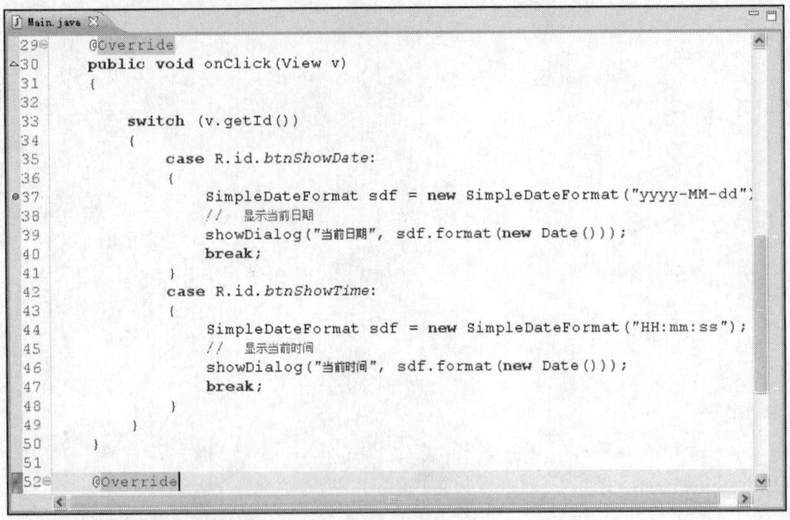

```java
29    @Override
30    public void onClick(View v)
31    {
32
33        switch (v.getId())
34        {
35            case R.id.btnShowDate:
36            {
37                SimpleDateFormat sdf = new SimpleDateFormat("yyyy-MM-dd");
38                // 显示当前日期
39                showDialog("当前日期", sdf.format(new Date()));
40                break;
41            }
42            case R.id.btnShowTime:
43            {
44                SimpleDateFormat sdf = new SimpleDateFormat("HH:mm:ss");
45                // 显示当前时间
46                showDialog("当前时间", sdf.format(new Date()));
47                break;
48            }
49        }
50    }
51
52    @Override
```

图 2.7　设置断点

要想用 Eclipse 调试程序，必须以调试模式运行程序（并不需要关闭 Android 模拟器）。以调试模式运行程序的方法是单击工程右键菜单中的【Debug As】>【Android Application】菜单项。当程序运行后，单击【显示当前日期】按钮，Eclipse 就会进入如图 2.8 所示的调试透视图。

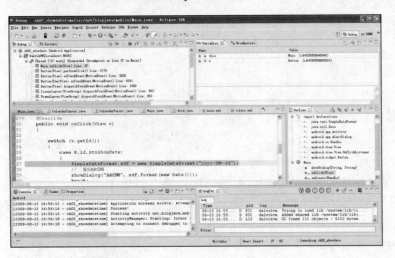

图 2.8　调试透视图

在进入调试透视图后，可以通过按 F5 或 F6 键逐行调试程序。按 F5 键可以跟踪到方法内部，按 F6 键只在当前层进行跟踪，并不会跟踪到所执行的方法内部。

2.3　签名和发布应用程序

要想使 Android 应用程序在真机上运行，需要对 apk（Android 应用程序的执行文件，相当于 Symbian 程序的 sis/sisx 或 Java ME 程序的 jar 文件）文件进行签名。可以通过命令行或 ADT 插件方式对 apk 文件进行签名。本节将详细介绍签名过程。

2.3.1   使用命令行方式进行签名

使用命令行方式进行签名需要 JDK 中的两个命令行工具：keytool.exe 和 jarsigner.exe。可按如下两步对 apk 文件进行签名：

（1）使用 keytool 生成专用密钥（Private Key）文件。

（2）使用 jarsigner 根据 keytool 生成的专用密钥对 apk 文件进行签名。

生成专用密钥的命令如下：

```
keytool -genkey -v -keystore androidguy-release.keystore -alias androidguy -keyalg RSA -validity 30000
```

其中 androidguy-release.keystore 表示要生成的密钥文件名，可以是任意合法的文件名。androidguy 表示密钥的别名，后面对 apk 文件签名时需要用到。RSA 表示密钥算法。30000 表示签名的有效天数。

在执行上面的命令后，需要输入一系列的信息。这些信息可以任意输入，但一般需要输入一些有意义的信息。下面是作者输入的信息：

```
输入 keystore 密码：
再次输入新密码：
您的名字与姓氏是什么？
  [Unknown]:    lining
您的组织单位名称是什么？
  [Unknown]:    nokiaguy.blogjava.net
您的组织名称是什么？
  [Unknown]:    nokiaguy
您所在的城市或区域名称是什么？
  [Unknown]:    shenyang
您所在的州或省份名称是什么？
  [Unknown]:    liaoning
该单位的两字母国家代码是什么？
  [Unknown]:    CN
CN=lining, OU=nokiaguy.blogjava.net, O=nokiaguy, L=shenyang, ST=liaoning, C=CN 正确吗？
  [否]:    Y
正在为以下对象生成 1,024 位 RSA 密钥对和自签名证书 (SHA1withRSA)（有效期为 30,000 天）：
        CN=lining, OU=nokiaguy.blogjava.net, O=nokiaguy, L=shenyang, ST=liaoning, C=CN
输入<androidguy>的主密码
        （如果和 keystore 密码相同，按回车）：
[正在存储 androidguy-release.keystore]
```

在输入完上面的信息后，在当前目录下会生成一个 androidguy-release.keystore 文件。这个文件就是专用密钥文件。

下面使用 jarsigner 命令对 apk 文件进行签名。首先找到本章实现的例子生成的 apk 文件。该文件在 ch02_showdatetime\bin 目录中，在 Windows 控制台进入该目录，并将刚才生成的 androidguy-release.keystore 文件复制到该目录中，最后执行如下命令：

```
jarsigner -verbose -keystore androidguy-release.keystore ch02_showdatetime.apk androidguy
```

其中 androidguy 表示使用 keytool 命令指定的专用密钥文件的别名，必须指定。在执行上面的命令后，需要输入使用 keytool 命令设置的 keystore 密码和<androidguy>的主密码。如果这两个密码相同，在输入第 2 个密码时只需按回车键即可（要注意的是，输入的密码是不回显的）。如果密码输入正确，jarsigner 命令会成功对 apk 文件进行签名。签完名后，我们会发现 ch02_showdatetime.apk 文件的尺寸比未签名时大了一些。

2.3.2   使用 ADT 插件方式进行签名

如果读者想在 Eclipse 中直接对 apk 文件进行签名，可以使用 ADT 插件附带的功能。在工程右键菜单中单击【Android Tools】>【Export Signed Application Package...】菜单项，打开【Export Android Application】对话框，并在第一页输入要导出的工程名，如图 2.9 所示。

进入下一个设置页后，输入密钥文件的路径（【Location】文本框）和密码，如图 2.10 所示。在接下来的两个设置界面中分别输入签名信息和要生成的 apk 文件名,如图 2.11 和图 2.12 所示。

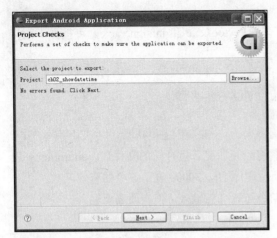

图 2.9　指定要导出的工程

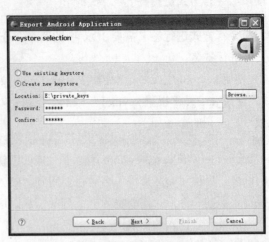

图 2.10　指定密钥文件的路径和密码

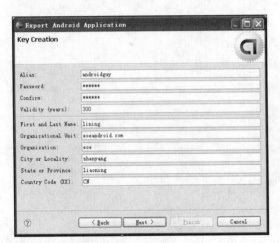

图 2.11　输入签名信息

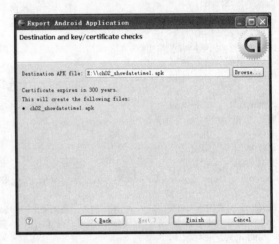

图 2.12　输入要生成的 apk 文件名

　　在进行完上面的设置后,单击【Finish】按钮生成被签名的 apk 文件。查看生成的文件后会发现,除了生成 ch02_showdatetime.apk 文件外,还生成了一个 private_keys 文件。该文件就是密钥文件。下次再签名时可以直接选择该文件。

　　在对 apk 文件签完名后,可以直接将 apk 文件复制给要使用软件的用户或发布到 Android Market 以及中国移动的 Mobile Market 上。要注意的是,Android Market 不允许上传未签名的 apk 文件,因此,必须对 apk 文件进行签名才能上传到 Android Market 上。

2.4　DDMS 透视图

　　在 ADT 插件中还提供了一个 DDMS(Dalvik Debug Monitor Service)透视图。在 DDMS 透视图中,可以完成查看 Dalvik 操作系统的进程、查看和修改 Android 模拟器及 SD 卡中的文件和目录内容等操作。单击【Window】>【Show Perspective】>【DDMS】菜单项可以显示如图 2.13 所示的 DDMS 透视图。

　　在 DDMS 透视图的 Devices 视图中可以找到 net.blogjava.mobile,这一项就是本章实现的程序的 package,在该项的后面显示了进程 ID 等信息。

　　DDMS 透视图在编写 Android 应用程序时会经常用到,关于 DDMS 透视图的具体使用方法将在后面的部分详细介绍。

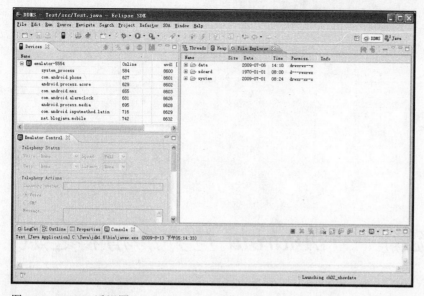

图 2.13　DDMS 透视图

2.5　本章小结

　　本章通过一个简单的例子演示了开发 Android 应用程序的基本步骤。开发一个 Android 应用程序首先要设置 XML 布局文件（本例中是 main.xml），然后在程序中编写相应的代码，在代码中有可能会使用到 XML 布局文件中设置的组件信息。Android 应用程序也可以和其他的 Java 程序一样在 Eclipse 中进行调试、逐行跟踪代码。在发布程序时，需要对生成的 apk 文件进行签名。读者可以选择使用命令行或 ADT 插件的方式对 apk 文件进行签名。其中 ADT 插件方式要比命令行方式更容易使用，因此，作者建议使用 ADT 插件方式对 apk 文件进行签名。

第二部分 基础篇——Android 世界的精彩之旅

3

Android 应用程序架构

在第 2 章已经实现了一个简单的 Android 应用程序。可以看到，这个程序的目录和文件比较多。而这些目录和文件在 Android 应用程序中都有着特定的功能。本章将揭示这些目录和文件背后的秘密。

 本章内容

📖 Android 应用程序中的资源
📖 Android 的 4 种应用程序组件
📖 AndroidManifest.xml 文件的结构

3.1 Android 应用程序中的资源

任何类型的程序都需要使用资源，Android 应用程序也不例外。Android 应用程序使用的资源有很多都被封装在 apk 文件中，并随 apk 文件一起发布。本节将介绍这些资源如何封装在 apk 文件中，以及使用这些资源的基本方法。

3.1.1 资源存放在哪里

既然要将资源封装在 apk 文件中，那么这些资源一定是放在 Eclipse 工程的某处。在第 2 章实现的应用程序中可以看到，在 Eclipse 工程中有一个 res 目录。在该目录下有 3 个子目录：drawable、layout、values。这 3 个子目录中分别包含 icons.png、main.xml 和 strings.xml。从 drawable 目录中包含 icons.png 文件这一点可以初步断定，这个目录是用来保存图像文件的。而 layout 目录从名字可以看出，该目录是用来保存布局文件的。通过打开 values 目录中的 strings.xml 文件可以看出，在 strings.xml 文件中都是基于 XML 格式的 key-value 对，因此，也可以断定 values 目录是用来保存字符串资源的。实际上，在 Android 应用程序中还可以包含除这 3 种资源外的更多资源。下一节将介绍 Android 应用程序中可以包含的资源。

3.1.2 资源的种类

Android 支持 3 种类型的资源：XML 文件、图像以及任意类型的资源（例如，音频、视频文件）。这些资源文件分别放在 res 目录的不同子目录中。在编译 Android 应用程序的同时，系统会使用一个资源文件编译程序（aapt）对这些资源文件进行编译。表 3.1 是 Android 支持的资源列表。

表 3.1 Android 支持的资源列表

目录	资源类型	描述
res\anim	XML	该目录用于存放帧（frame）动画或补间（tweened）动画文件
res\drawable	图像	该目录中的文件可以是多种格式的图像文件，例如，bmp、png、gif、jpg 等。该目录中的图像不需要分辨率非常高，aapt 工具会优化这个目录中的图像文件。如果想按字流读取该目录下的图像文件，需要将图像文件放在 res\raw 目录中
res\layout	XML	该目录用于存放 XML 布局文件
res\values	XML	该目录中的 XML 文件与其他目录的 XML 文件不同。系统使用该目录中 XML 文件的内容作为资源，而不是 XML 文件本身。在这些 XML 文件中定义了各种类型的 key-value 对。在该目录中可以建立任意多个 XML 文件，文件可以任意命名。在该目录的 XML 文件中还可以根据不同的标签定义不同类型的 key-value 对。例如，通过<string>标签定义字符串 key-value 对，通过<color>标签定义表示颜色值的 key-value 对，通过<dimen>标签定义距离、位置、大小等数值的 key-value 对
res\xml	XML	在该目录中的文件可以是任意类型的 XML 文件，这些 XML 文件可以在运行时被读取
res\raw	任意类型	在该目录中的文件虽然也会被封装在 apk 文件中，但不会被编译。在该目录中可以放置任意类型的文件，例如，各种类型的文档、音频、视频文件等

在表 3.1 所示的目录中放入资源文件后，ADT 会在 gen 目录中建立一个 R.java 文件，该文件中有一个 R 类，该类为每一个资源定义了唯一的 ID，通过这个 ID 可以引用这些资源。

3.1.3 资源的基本使用方法

Android 会为每一种资源在 R 类中生成一个唯一的 ID，这个 ID 是 int 类型的值。在一般情况下，开发人员并不需要管这个类，更不需要修改这个类，只需要直接使用 R 类中的 ID 即可。为了更好地理解使用资源的过程，先看一下在第 2 章的例子中生成的 R 类的源代码。

```java
package net.blogjava.mobile;
public final class R {
    public static final class attr {
    }
    public static final class drawable {
        public static final int icon=0x7f020000;
    }
    public static final class id {
        public static final int btnShowDate=0x7f050000;
        public static final int btnShowTime=0x7f050001;
    }
    public static final class layout {
        public static final int main=0x7f030000;
    }
    public static final class string {
        public static final int app_name=0x7f040001;
        public static final int hello=0x7f040000;
    }
}
```

从 R 类中很容易看出，ADT 为 res 目录中每一个子目录或标签（例如，<string>标签）都生成了一个静态的子类，不仅如此，还为 XML 布局文件中的每一个指定 id 属性的组件生成了唯一的 ID，并封装在 id 子类中。这就意味着在 Android 应用程序中可以通过 ID 使用这些组件。

 注意 R 类虽然也属于 net.blogjava.mobile 包，但在 Eclipse 工程中为了将 R 类与其他的 Java 类区分开，将 R 类放在 gen 目录中。

既可以在程序中引用资源，也可以在 XML 文件中引用资源。例如，在应用程序中获得 btnShowDate

按钮对象的代码如下：

```
Button btnShowDate = (Button) findViewById(R.id.btnShowDate);
```

可以看到，在使用资源时直接引用了 R.id.btnShowDate 这个 ID 值，当然，直接使用 0x7f050000 也可以，不过为了使程序更容易维护，一般会直接使用在 R 的内嵌类中定义的变量名。

Android SDK 中的很多方法都支持直接使用 ID 值来引用资源。例如，android.app.Activity 类的 setTitle 方法除了支持以字符串方式设置 Activity 的标题外，还支持以字符串资源 ID 的方式设置 Activity 的标签。例如，下面的代码使用字符串资源重新设置了 Activity 的标题。

```
setTitle(R.string.hello);
```

除了可以使用 Java 代码来访问资源外，在 XML 文件中也可以使用这些资源。例如，引用图像资源可以使用如下格式：

```
@drawable/icon
```

其中 icon 就是 res\drawable 目录中的一个图像文件的文件名。这个图像文件可以是任何 Android 支持的图像类型，例如，gif、jpg 等。因此，在 drawable 目录中不能存在同名的图像文件，例如，icon.gif 和 icon.jpg 不能同时放在 drawable 目录中，这是因为在生成资源 ID 时并没有考虑文件的扩展名，所以会在同一个类中生成两个同名的变量，从而造成 Java 编译器无法成功编译 R.java 文件。

关于使用 Android 资源的更深入的内容将在后面的部分详细介绍。

3.2　Android 的应用程序组件

Android 应用程序中最令人振奋的特性是可以利用其他 Android 应用程序中的资源（当然，需要这些应用程序进行授权）。例如，如果应用程序恰好需要一个显示图像列表的功能，而另一个应用程序正好有这个功能，只需要调用这个应用程序中的图像列表功能即可。在 Android 程序中没有入口点（Main 函数），取而代之的是一系列的组件，这些组件都可以单独实例化。本节将介绍 Android 支持的 4 种组件的基本概念。应用程序向外共享功能一般也是通过这 4 种应用程序组件实现的。

3.2.1　活动（Activity）组件

Activity 是 Android 的核心类，该类的全名是 android.app.Activity 。Activity 相当于 C/S 程序中的窗体（Form）或 Web 程序的页面。每一个 Activity 提供了一个可视化的区域。在这个区域可以放置各种 Android 组件，例如，按钮、图像、文本框等。

在 Activity 类中有一个 onCreate 事件方法，一般在该方法中对 Activity 进行初始化。通过 setContentView 方法可以设置在 Activity 上显示的视图组件，setContentView 方法的参数一般为 XML 布局文件的资源 ID。

一个带界面的 Android 应用程序可以由一个或多个 Activity 组成。至于这些 Activity 如何工作，或者它们之间有什么依赖关系，则完全取决于应用程序的业务逻辑。例如，一种典型的设计方案是使用一个 Activity 作为主 Activity（相当于主窗体，程序启动时会首先启动这个 Activity）。在这个 Activity 中通过菜单、按钮等方式启动其他的 Activity。在 Android 自带的程序中有很多都是这种类型的。

每一个 Activity 都会有一个窗口，在默认情况下，这个窗口是充满整个屏幕的，也可以将窗口变得比手机屏幕小，或者悬浮在其他的窗口上面。详细的实现方法将在第 4 章的实例 12 中介绍。

Activity 窗口中的可视化组件由 View 及其子类组成，这些组件按着 XML 布局文件中指定的位置在窗口上进行摆放。

3.2.2　服务（Service）组件

服务没有可视化接口，但可以在后台运行。例如，当用户进行其他操作时，可以利用服务在后台播放音乐，或者当来电时，可以利用服务同时进行其他操作，甚至阻止接听指定的电话。每一个服务是一个 android.app.Service 的子类。

现在举一个非常简单的使用服务的例子。在手机中会经常使用播放音乐的软件。在这类软件中往往会有循环播放或随机播放的功能。虽然在软件中可能会有相应的功能（通过按钮或菜单进行控制），但用户可能会一边放音乐，一边在手机上做其他的事，例如，与朋友聊天、看小说等。在这种情况下，用户不可能当一首音乐放完后再回到软件界面去进行重放的操作。因此，可以在播放音乐的软件中启动一个服务，由这个服务来控制音乐的循环播放，而且服务对用户是完全透明的，这样用户完全感觉不到后台服务的运行。甚至可以在音乐播放软件关闭的情况下，仍然可以播放后台背景音乐。

除此之外，其他的程序还可以与服务进行通信。当与服务连接成功后，就可以利用服务中共享出来的接口与服务进行通信了。例如，控制音乐播放的服务允许用户暂停、重放、停止音乐的播放。

3.2.3　广播接收者（Broadcast receivers）组件

广播接收者组件的唯一功能就是接收广播消息，以及对广播消息做出响应。有很多时候，广播消息是由系统发出的，例如，时区的变化、电池的电量不足、收到短信等。除此之外，应用程序还可以发送广播消息，例如，通知其他的程序数据已经下载完毕，并且这些数据已经可以使用了。

一个应用程序可以有多个广播接收者，所有的广播接收者类都需要继承 android.content. Broadcast-Receiver 类。

广播接收者与服务一样，都没有用户接口，但在广播接收者中可以启动一个 Activity 来响应广播消息，例如，通过显示一个 Activity 对用户进行提醒。当然，也可以采用其他的方法或几种方法的组合来提醒用户，例如，闪屏、震动、响铃、播放音乐等。

3.2.4　内容提供者（Content providers）组件

内容提供者可以为其他应用程序提供数据。这些数据可以保存在文件系统中，例如，SQLite 数据库或任何其他格式的文件。每一个内容提供者是一个类，这些类都需要从 android.content.ContentProvider 类继承。

在 ContentProvider 类中定义了一系列的方法，通过这些方法可以使其他的应用程序获得和存储内容提供者所支持的数据。但在应用程序中不能直接调用这些方法，而需要通过 android.content.ContentResolver 类的方法来调用内容提供者类中提供的方法。

3.3　AndroidManifest.xml 文件的结构

每一个 Android 应用程序必须有一个 AndroidManifest.xml 文件（不能改成其他的文件名），而且该文件必须在应用程序的根目录中。在这个文件中定义了应用程序的基本信息，在运行 Android 应用程序之前必须设置这些信息。下面是 AndroidManifest.xml 文件在 Android 应用程序中所起的作用。

- 定义应用程序的 Java 包。这个包名将作为应用程序的唯一标识。在 DDMS 透视图的【File Explorer】视图中可以看到 data\data 目录中的每一个目录名都代表着一个应用程序，而目录名本身就是在 AndroidManifest.xml 文件中定义的包名。
- 上一节讲的 4 个应用程序组件在使用之前，必须在 AndroidManifest.xml 文件中定义。定义的信息主要是与组件对应的类名以及这些组件所具有的能力。通过 AndroidManifest.xml 文件中的配置信息可以让 Android 系统知道如何处理这些应用程序组件。
- 确定哪一个 Activity 将作为第一个运行的 Activity。
- 在默认情况下，Android 系统会限制使用某些 API，因此，需要在 AndroidManifest.xml 文件中为这些 API 授权后才可以使用它们。
- 可以为授权应用程序与其他的应用程序进行交互。
- 可以在 AndroidManifest.xml 文件中配置一些特殊的类，这些类可以在应用程序运行时提供调试及其他的信息。但这些类只在开发和测试时使用，当应用程序发布时这些配置将被删除。

- 定义了 Android 应用程序所需要的最小 API 级别，Android 1.1 对应的 API 级别是 2，Android 1.5 对应的 API 级别是 3，以此类推，最新的 Android 2.1 对应的 API 级别是 7。
- 指定应用程序中引用的程序库。

下面是 AndroidManifest.xml 文件的标准格式，这个格式中的各种标签将在后面的内容中逐渐讲到。

```xml
<?xml version="1.0" encoding="utf-8"?>
<manifest>
    <uses-permission />
    <permission />
    <permission-tree />
    <permission-group />
    <instrumentation />
    <uses-sdk />
    <application>
        <activity>
            <intent-filter>
                <action />
                <category />
                <data />
            </intent-filter>
            <meta-data />
        </activity>
        <activity-alias>
            <intent-filter> . . . </intent-filter>
            <meta-data />
        </activity-alias>
        <service>
            <intent-filter> . . . </intent-filter>
            <meta-data/>
        </service>
        <receiver>
            <intent-filter> . . . </intent-filter>
            <meta-data />
        </receiver>
        <provider>
            <grant-uri-permission />
            <meta-data />
        </provider>
        <uses-library />
        <uses-configuration />
    </application>
</manifest>
```

3.5　本章小结

本章主要介绍了 Android 应用程序的架构。在 Android 应用程序中，资源一般都放在 res 目录的子目录中，特定的子目录代表不同的资源类型，例如，drawable 目录表示图像资源，layout 目录表示布局资源等。由于一个 Android 应用程序需要调用其他的 Android 应用程序的部分资源，这就需要 Android 应用程序中任何组件都可以被实例化，因此，在 Android 应用程序中没有 Main 函数，所有可以被实例化的组件都需要在 AndroidManifest.xml 文件中定义，Android 目前支持 4 种应用程序组件：Activity、Service、Broadcast receivers 和 Content providers。AndroidManifest.xml 文件除了可以定义这 4 种应用程序组件外，还可以定义其他信息，例如，为限制级 API 授权、定义 Java 包等。

4

建立用户接口

在 Android SDK 中包含很多的用户接口，有前几章已经接触过的 Activity、View，还有很多没有接触过，例如，对话框、菜单等。通过在 Android 应用程序中添加这些接口，可以使应用变得更加容易使用。本章将详细介绍 Android 系统的主要用户接口。

 本章内容

- 📖 Activity 的生命周期
- 📖 使用 XML 和代码两种方式创建视图
- 📖 用 AlertDialog 类创建对话框
- 📖 悬浮对话框
- 📖 Toast 和 Notification
- 📖 各种类型的菜单
- 📖 布局

4.1　建立、配置和使用 Activity

第 2 章的例子中已经使用过 Activity。大多数 Android 应用程序都会包含至少一个 Activity。因此，Activity 在 Android 应用程序中起到了举足轻重的作用。然而，Activity 对象在创建到销毁的过程中会经历很多步骤，中间涉及到很多事件。要想灵活使用 Activity，就需要对 Activity 对象的创建和销毁过程有一定的了解。本节将向读者揭示这一过程。

4.1.1　建立和配置 Activity

在第 2 章的例子中建立 Android 工程时已经自动生成了一个默认的 Activity，同时也生成了很多与 Activity 相关的文件，例如，res 目录中的 XML 及图像文件、AndroidManifest.xml 文件。虽然系统会为这个默认的 Activity 自动生成所有必需的资源，但当加入新的 Activity 时，有很多内容需要开发人员手工进行配置。因此，掌握如何手工来配置 Activity 就显得非常必要。

在这些自动生成的文件中，AndroidManifest.xml 文件是最重要的，它也是整个系统的核心和灵魂。也就是说，任何类型的 Android 应用程序（不管有没有 Activity）都必须要有 AndroidManifest.xml 文件。

每一个 Activity 都会对应 AndroidManifest.xml 文件中的一个<activity>标签。在<activity>标签中有一个必选的属性：android:name，该属性需要指定一个 Activity 类的子类，例如，在第 2 章自动生成的 net.blogjava.mobile.Main 类。指定 android:name 属性值有如下 3 种方式：

- 指定完全的类名（packagename+classname），例如，net.blogjava.mobile.Main。
- 只指定类名，例如，.Main，其中 Main 前面的 "." 是可选的。该类所在的包名需要在<manifest>标签的 package 属性中指定。本书的所有例子都使用这种方式来指定 Activity 的类名。
- 指定相对类名，这种方式类似于第 2 种方式，只是在<activity>标签的 android:name 属性中不仅指定类名，还有部分包名。例如，如果 Main 类在 net.blogjava.mobile.abcd 包中，就可以在<manifest>标签的 package 属性中指定 net.blogjava.mobile，然后在<activity>标签的 android:name 属性中指定 .abcd.Main。

<activity>标签除了有 android:name 属性外，还有很多可选的属性，比较常用的有 android:label 和 android:icon。android:label 属性可以指定一个字符串或资源 ID，应用程序中有很多地方都会使用 android:label 属性值，例如，在 Android 手机的应用程序列表中程序图标下方的文字；如果未使用 setTitle 方法设置 Activity 的标题，系统会将 android:label 属性值作为 Activity 的默认标题，如图 4.1 和图 4.2 所示。

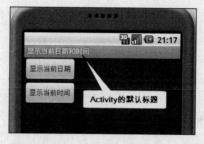

图 4.1　图标下方的文字

图 4.2　Activity 的默认标题

如果<activity>标签未指定 android:label 属性，系统会使用<application>标签的 android:label 属性值，也就是说，<application>标签的 android:label 属性值是<activity>标签的 android:label 属性的默认值。

<activity>标签的 android:icon 属性必须指定一个图像资源 ID，这个资源 ID 所指定的图像将作为应用程序列表（如图 4.1 所示）中的程序图标。如果未指定<activity>标签的 android:icon 属性，系统会使用<application>标签的 android:icon 属性值来代替。

在<activity>标签中还需要一个<intent-filter>子标签来配置 Activity 的特性。在<intent-filter>标签中比较常用的有两个子标签：<action>和<category>，这两个标签都只有一个 android:name 属性。其中<action>标签的 android:name 属性用于指定 Activity 所接收的动作。例如，ACTION_MAIN 常量的值是 android.intent.action.MAIN，<action>标签的 android:name 属性值就可以指定为 android.intent.action.MAIN。

如果指定该值,表示当前的 Activity 是 Android 应用程序的入口,也就是第一个启动的 Activity(虽然 Android 应用程序没有 Main 函数,但仍然需要指定一个入口才可以运行)。

<category>标签的 android:name 属性用于设置 Activity 的种类。如果<category>标签的 android:name 属性值是 android.intent.category.LAUNCHER,表示当前的 Activity 将被显示在 Android 系统的最顶层。

<intent-filter>和<category>标签还可以设置很多其他的值,关于更详细的信息,读者可以参阅官方文档中的相关内容。

在 Activity 类中有很多方法可以获得、设置某些信息,或进行某些操作,例如,getTitle 和 setTitle 方法分别用来获得和设置 Activity 的标题,finish 方法用来关闭 Activity。

4.1.2　Activity 的生命周期

在 Activity 从建立到销毁的过程中需要在不同的阶段调用 7 个生命周期方法。这 7 个生命周期方法的定义如下:

```
protected void onCreate(Bundle savedInstanceState)
protected void onStart()
protected void onResume()
protected void onPause()
protected void onStop()
protected void onRestart()
protected void onDestroy()
```

上面 7 个生命周期方法分别在 4 个阶段按一定的顺序进行调用,这 4 个阶段如下:

- 开始 Activity:在这个阶段依次执行 3 个生命周期方法——onCreate、onStart 和 onResume。
- Activity 失去焦点:如果在 Activity 获得焦点的情况下进入其他的 Activity 或应用程序,当前的 Activity 会失去焦点。在这一阶段会依次执行 onPause 和 onStop 方法。
- Activity 重新获得焦点:如果 Activity 重新获得焦点,会依次执行 3 个生命周期方法——onRestart、onStart 和 onResume。
- 关闭 Activity:当 Activity 被关闭时系统会依次执行 3 个生命周期方法——onPause、onStop 和 onDestroy。

如果在这 4 个阶段执行生命周期方法的过程中不发生状态的改变,系统会按上面的描述依次执行这 4 个阶段中的生命周期方法,但如果在执行过程中改变了状态,系统会按更复杂的方式调用生命周期方法。

在执行的过程中可以改变系统的执行轨迹的生命周期方法是 onPause 和 onStop。如果在执行 onPause 方法的过程中 Activity 重新获得了焦点,然后又失去了焦点。系统将不会再执行 onStop 方法,而是按如下顺序执行相应的生命周期方法:

onPause -> onResume-> onPause

如果在执行 onStop 方法的过程中 Activity 重新获得了焦点,然后又失去了焦点。系统将不会执行 onDestroy 方法,而是按如下顺序执行相应的生命周期方法:

onStop→onRestart→onStart→onResume→onPause→onStop

图 4.3 详细描述了这一过程。

从图 4.3 所示的 Activity 生命周期不难看出,在这个图中包含两层循环,第一层循环是 onPause→onResume→onPause,第二层循环是 onStop→onRestart→onStart→onResume→onPause→onStop。我们可以将这两层循环看成是整个 Activity 生命周期中的子生命周期。第一层循环称为焦点生命周期,第二层循环称为可视生命周期。也就是说,第一层循环在 Activity 焦点的获得与失去的过程中循环,在这一过程中,Activity 始终是可见的。第二层循环是在 Activity 可见与不可见的过程中循环,在这个过程中伴随着 Activity 焦点的获得与失去。也就是说,Activity 首先会被显示,然后会获得焦点,接着失去焦点,最后由于弹出其他的 Activity,使当前的 Activity 变成不可见。因此,Activity 有如下 3 种生命周期:

- 整体生命周期:onCreate→… …→onDestroy。
- 可视生命周期:onStart→… …→onStop。

● 焦点生命周期：onResume→onPause。

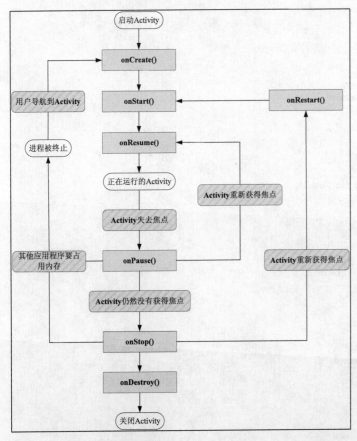

图 4.3　Activity 的生命周期

 在图 4.3 所示的 Activity 生命周期里可以看出，系统在终止应用程序进程时会调用 onPause、onStop 和 onDesktroy 方法。onPause 方法排在最前面，也就是说，Activity 在失去焦点时就可能被终止进程，而 onStop 和 onDestroy 方法可能没有机会执行。因此，应该在 onPause 方法中保存当前 Activity 状态，这样才能保证在任何时候终止进程时都可以执行保存 Activity 状态的代码。

实例 1：演示 Activity 的生命周期

工程目录：src\ch04\ch04_activitycycle

在本例中覆盖了 Activity 类中的 7 个生命周期方法，并在每一个方法中向日志视图输出了相应的信息。

实例代码如下：

```
package net.blogjava.mobile;

import android.app.Activity;
import android.os.Bundle;
import android.util.Log;

public class Main extends Activity
{
    @Override
    public void onCreate(Bundle savedInstanceState)
    {
        super.onCreate(savedInstanceState);
        Log.d("onCreate", "onCreate Method is executed.");
    }
    @Override
    protected void onDestroy()
```

```
    {
        super.onDestroy();
        Log.d("onDestroy", "onDestroy Method is executed.");
    }
    @Override
    protected void onPause()
    {
        super.onPause();
        Log.d("onPause", "onPause Method is executed.");
    }
    @Override
    protected void onRestart()
    {
        super.onRestart();
        Log.d("onRestart", "onRestart Method is executed.");
    }
    @Override
    protected void onResume()
    {
        super.onResume();
        Log.d("onResume", "onResume Method is executed.");
    }
    @Override
    protected void onStart()
    {
        super.onStart();
        Log.d("onStart", "onStart Method is executed.");
    }
    @Override
    protected void onStop()
    {
        super.onStop();
        Log.d("onStop", "onStop Method is executed.");
    }
}
```

在编写上面代码时应注意如下两点：

- 在 Android 应用程序中不能使用 System.out.println(...)来输出信息，而要使用 Log 类中的静态方法输出调试信息。在本例中使用了 Log.d 方法输出调试信息，在 DDMS 透视图的 LogCat 视图中可以查看 Log.d 方法输出的信息。
- 在 Activity 的子类中覆盖这 7 个生命周期方法时应该在这些方法的一开始调用 Activity 类中的生命周期方法，否则系统会抛出异常。

读者可按如下步骤来操作应用程序：

（1）启动应用程序。

（2）按模拟器上的接听按钮（如图 4.4 所示）进入【通话记录】界面，然后退出这个界面。

（3）关闭应用程序。

图 4.4　接听按钮

完成上面 3 个步骤后，在 DDMS 透视图的 LogCat 视图中可以看到如图 4.5 所示的输出信息。

图 4.5 所示的输出信息是在 Activity 生命周期的 4 个阶段输出的调试信息，除此之外，还有一些系统

输出的信息。读者可以在【Filter】文本框中输入 executed 过滤掉其他信息，过滤效果如图 4.6 所示。

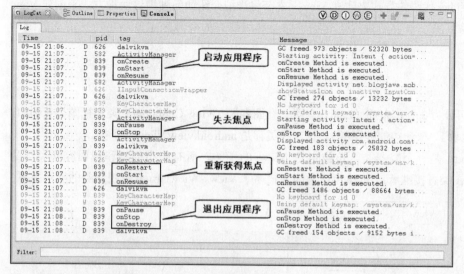

图 4.5　Activity 生命周期的 4 个阶段输出的信息

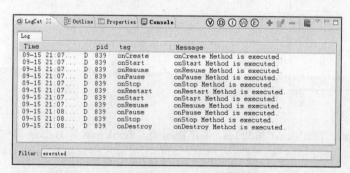

图 4.6　只显示在生命周期方法中输出的调试信息

从图 4.5 所示的 4 组输出信息也可以看出 Activity 的 3 个生命周期，为了看起来更方便，使用黑框将这 3 个生命周期要调用的方法括起来，如图 4.7 所示。

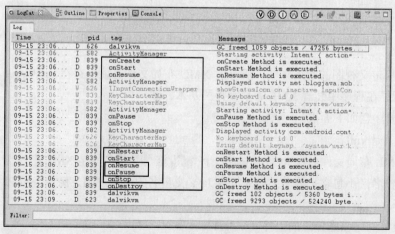

图 4.7　Activity 的 3 个生命周期

4.2　视图（View）

在 Android 系统中，任何可视化组件都需要从 android.view.View 类继承。开发人员可以使用两种方式创建 View 对象，一种方式是使用 XML 来配置 View 的相关属性，然后使用相应的方法来装载这些 View；另外一种方式是完全使用 Java 代码的方式来建立 View。本节将详细介绍如何使用这两种方式来创建 View 对象。为了使系统更容易复用，本节的最后还介绍了如何利用现有的资源来定制满足特殊需求的组件（Widget）。

4.2.1 视图简介

Android 中的视图类可分为 3 种：布局（Layout）类、视图容器（View Container）类和视图类（例如，TextView 就是一个直接继承于 View 类的视图类）。这 3 种类都是 android.view.View 的子类。

android.view.ViewGroup 是一个容器类，该类也是 View 的子类，所有的布局类和视图容器类都是 ViewGroup 的子类，而视图类直接继承自 View 类。图 4.8 描述了 View、ViewGroup 及视图类的继承关系。

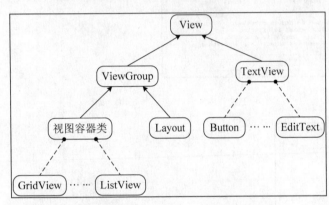

图 4.8 视图的继承关系

从图 4.8 所示的继承关系可以看出，Button、TextView、EditText 都是视图类，TextView 是 Button 和 EditText 的父类。在 Android SDK 中还有很多这样的组件类。读者在学习后面的内容时会逐渐接触到这些组件。虽然 GridView 和 ListView 是 ViewGroup 的子类，但并不是直接子类，在 GridView、ListView 和 ViewGroup 之间还有几个视图容器类，从而形成了视图容器类的层次结构。

 虽然布局视图也属于容器视图，但由于布局视图具有排版功能，所以将这类视图单独作为一类。在后面的部分如果不单独说明，容器视图也包括布局视图。

4.2.2 使用 XML 布局文件控制视图

XML 布局文件是 Android 系统中定义视图的常用方法。所有的 XML 布局文件必须保存在 res\layout 目录中。在第 2 章的例子中已经演示了在程序中装载 XML 布局文件的基本方法。

XML 布局文件的命名及定义需要注意如下 6 点：

- XML 布局文件的扩展名必须是 xml。
- 由于 ADT 会根据每一个 XML 布局文件名在 R 类中生成一个变量，这个变量名就是 XML 布局文件名，因此，XML 布局文件名（不包含扩展名）必须符合 Java 变量名的命名规则，例如，XML 布局文件名不能以数字开头。
- 每一个 XML 布局文件的根节点可以是任意的组件（widget）。
- XML 布局文件的根节点必须包含 android 命名空间，而且命名空间的值必须是 http://schemas.android.com/apk/res/android。
- 为 XML 布局文件中的标签指定 ID 时需要使用这样的格式：@+id/somestringvalue，其中@+语法表示如果 ID 值在 R.id 类中不存在，则新产生一个与 ID 同名的变量，如果在 R.id 类中存在该变量，则直接使用这个变量。somestringvalue 表示 ID 值。例如，@+id/textview1。

- 由于每一个视图 ID 都会在 R.id 类中生成与之相对应的变量，因此，视图 ID 的值也要符合 Java 变量的命名规则，这一点与 XML 布局文件名的命名规则相同。

下面是一个标准的 XML 布局文件的内容：

```
<!--  main.xml  -->
<?xml version="1.0" encoding="utf-8"?>
<LinearLayout xmlns:android="http://schemas.android.com/apk/res/android"
    android:orientation="vertical" android:layout_width="fill_parent"
    android:layout_height="fill_parent" >
    <TextView android:id="@+id/textview1" android:layout_width="fill_parent"
        android:layout_height="wrap_content" android:text="textview1"  />
    <Button android:id="@+id/button1" android:layout_width="wrap_content"
        android:layout_height="wrap_content" android:text="第一个按钮" />
</LinearLayout>
```

如果要使用上面的 XML 布局文件（main.xml），通常需要在 onCreate 方法中使用 setContentView 方法指定 XML 布局文件的资源 ID，代码如下：

```
public void onCreate(Bundle savedInstanceState)
{
    super.onCreate(savedInstanceState);
    setContentView(R.layout.main);
}
```

如果想获得在 main.xml 文件中定义的某个 View，可以使用如下代码：

```
TextView textView1 = (TextView) findViewById(R.id.textview1);
Button button1 = (Button) findViewById(R.id.button1);
```

在获得 XML 布局文件中的视图对象时需要注意如下 3 点：

- 在使用 findViewById 方法之前必须先使用 setContentView 方法装载 XML 布局文件，否则系统会抛出异常。也就是说，findViewById 方法要在 setContentView 方法后面使用。
- 虽然所有的 XML 布局文件中的视图 ID 都在 R.id 类中生成了相应的变量，但使用 findViewById 方法只能获得已经装载的 XML 布局文件中的视图对象。例如，有两个 XML 布局文件 test1.xml 和 test2.xml。在 test1.xml 文件中定义了一个<TextView>标签，android:id 属性值为@+id/textview1，在 test2.xml 文件中也定义了一个<TextView>标签，android:id 属性值为@+id/textview2。这时在 R.id 类中会生成两个变量：textview1 和 textview2。但通过 setContentView 方法装载 R.layout.test1 后，只能使用 findViewById 方法获得与 R.id.textview1 对应的视图对象。如果执行了 findViewById(R.id.textview2)，系统将抛出异常。

在不同的 XML 布局文件中可以有相同 ID 值的视图，但在同一个 XML 布局文件中，虽然也可以有相同 ID 值的视图，但通过 ID 值获得视图对象时，只能获得按定义顺序的第一个视图对象，其他相同 ID 值的视图对象将无法获得。因此，在同一个 XML 布局文件中应尽量使视图的 ID 值唯一。

4.2.3 在代码中控制视图

虽然使用 XML 布局文件可以非常方便地对组件进行布局，但若想控制这些组件的行为，仍然需要编写 Java 代码。

在 4.2.2 节曾介绍了使用 findViewById 方法获得指定的视图对象，当获得视图对象后，就可以使用 Java 代码来控制这些视图对象了。例如，下面的代码获得了一个 TextView 对象，并修改了 TextView 的文本。

```
TextView textView = (TextView) findViewById(R.id.textview1);
textView.setText("一个新的文本");
```

setText 方法不仅可以直接使用字符串来修改 TextView 的文本，还可以使用字符串资源对 TextView 的文本进行修改，代码如下：

```
textView.setText(R.string.hello);
```

其中 R.string.hello 是字符串资源 ID，系统会使用这个 ID 对应的值设置 TextView 的文本。

当 setText 方法的参数值是 int 类型时，会被认为这个参数值是一个字符串资源 ID，因此，如果要将 TextView 的文本设为一个整数，需要将这个整数转换成 String 类型，例如，可以使用 textView.setText(String.valueOf(200)) 将 TextView 的文本设置为 200。

任何应用程序都离不开事件。在 Android 应用程序中一般使用以 setOn 开头的方法来设置事件类的对象实例。例如，下面的代码为一个 Button 对象设置了单击事件。关于为组件添加事件的完整过程将在实例 2 中详细介绍。

```
Button button = (Button) findViewById(R.id.button1);
button.setOnClickListener(this);
```

在更高级的 Android 应用中，往往需要动态添加视图。要实现这个功能，最重要的是获得被添加的视图所在的容器对象，这个容器对象所对应的类需要继承 ViewGroup 类。通常这些容器视图被定义成 XML 布局文件的根节点，例如，<LinearLayout>、<RelativeLayout>等。

将其他的视图添加到当前的容器视图中需要如下几步：

（1）获得当前的容器视图对象。

（2）获得或创建待添加的视图对象。

（3）将相应的视图对象添加到容器视图中。

假设有两个 XML 布局文件：test1.xml 和 test2.xml。这两个 XML 布局文件的根节点都是<LinearLayout>，下面的代码获得了 test2.xml 文件中的 LinearLayout 对象，并将该对象作为 test1.xml 文件中的<LinearLayout>标签的子节点添加到 test1.xml 的 LinearLayout 对象中。

```
// 获得 test1.xml 中的 LinearLayout 对象
LinearLayout textLinearLayout1 = (LinearLayout) getLayoutInflater().inflate(R.layout.test1, null);
// 将 test1.xml 中的 LinearLayout 对象设为当前容器视图
setContentView(testLinearLayout1);
// 获得 test2.xml 中的 LinearLayout 对象，并将该对象添加到 test1.xml 的 LinearLayout 对象中
LinearLayout testLinearLayout2 = (LinearLayout) getLayoutInflater().inflate(R.layout.test2, testLinearLayout1);
```

其中 inflate 方法的第 1 个参数表示 XML 布局资源文件的 ID，第 2 个参数表示获得容器视图对象后，要将该对象添加到哪个容器视图对象中。在这里是 testLinearLayout1 对象。如果不想将获得的容器视图对象添加到任何其他的容器中，inflate 方法的第 2 个参数需要设为 null。

除了上面的添加方式外，也可以使用 addView 方法向容器视图中添加视图对象，但要将 inflate 方法的第 2 个参数值设为 null，代码如下：

```
// 获得 test1.xml 中的 LinearLayout 对象
LinearLayout textLinearLayout1 = (LinearLayout) getLayoutInflater().inflate(R.layout.test1, null);
// 将 test1.xml 中的 LinearLayout 对象设为当前容器视图
setContentView(testLinearLayout1);
// 获得 test2.xml 中的 LinearLayout 对象，并将该对象添加到 test1.xml 的 LinearLayout 对象中
LinearLayout testLinearLayout2 = (LinearLayout) getLayoutInflater().inflate(R.layout.test2, null);
testLinearLayout1.addView(testLinearLayout2);
```

除此之外，还可以完全使用 Java 代码创建一个视图对象，并将该对象添加到布局视图中，代码如下：

```
EditText editText = new EditText(this);
testLinearLayout1.addView(editText);
```

向布局视图添加视图对象时需要注意如下两点：

● 如果使用 setContentView 方法将容器视图设为当前视图后，还想向容器视图中添加新的视图或进行其他的操作，setContentView 方法的参数值应直接使用容器视图对象，因为这样可以向容器视图对象中添加新的视图。

● 一个视图只能有一个父视图，也就是说，一个视图只能被包含在一个容器视图中。因此，在向容器视图添加其他视图时，不能将 XML 布局文件中非根节点的视图对象添加到其他的容器视图中。例如，在前面的例子中不能将使用 testLinearLayout2.findViewById(R.id.textView2) 获得的 TextView 对象添加到 testLinearLayout1 对象中，这是因为这个 TextView 对象已经属于 test2.xml 中的<LinearLayout>标签了，不能再属于 test1.xml 中的<LinearLayout>标签了。

实例 2：混合使用 XML 布局文件和代码来控制视图

工程目录：src\ch04\ch04_viewobject

在本实例中包含两个布局文件：main.xml 和 test.xml，它们的代码如下：

main.xml 文件

```xml
<?xml version="1.0" encoding="utf-8"?>
<LinearLayout xmlns:android="http://schemas.android.com/apk/res/android"
    android:orientation="vertical" android:layout_width="fill_parent"
    android:layout_height="fill_parent">
    <TextView android:id="@+id/textview1" android:layout_width="fill_parent"
        android:layout_height="wrap_content" android:text="textview1" />
    <Button android:id="@+id/button1" android:layout_width="wrap_content"
        android:layout_height="wrap_content" android:text="第一个按钮" />
</LinearLayout>
```

test.xml 文件

```xml
<?xml version="1.0" encoding="utf-8"?>
<LinearLayout xmlns:android="http://schemas.android.com/apk/res/android"
    android:orientation="vertical" android:layout_width="wrap_content"
    android:layout_height="wrap_content">
    <TextView android:id="@+id/textview1" android:layout_width="fill_parent"
        android:layout_height="wrap_content" android:text="第二个 TextView" />
</LinearLayout>
```

在本实例中获得了 test.xml 的 LinearLayout 对象，并将该对象添加到 main.xml 的 LinearLayout 对象中。除此之外，还使用代码建立了一个 EditText 对象，该对象也被添加到 main.xml 的 LinearLayout 对象中，代码如下：

```java
package net.blogjava.mobile;

import android.app.Activity;
import android.os.Bundle;
import android.view.Gravity;
import android.view.View;
import android.view.ViewGroup;
import android.view.View.OnClickListener;
import android.widget.Button;
import android.widget.EditText;
import android.widget.LinearLayout;
import android.widget.TextView;

public class Main extends Activity implements OnClickListener
{
    private TextView textView1;
    private Button button1;
    @Override
    //  按钮的单击事件方法
    public void onClick(View v)
    {
        //  在单击事件中，不断调整 testView1 中文本的对齐方式
        int value = textView1.getGravity() & 0x07;
        if (value == Gravity.LEFT)
            textView1.setGravity(Gravity.CENTER_HORIZONTAL);
        else if (value == Gravity.CENTER_HORIZONTAL)
            textView1.setGravity(Gravity.RIGHT);
        else if (value == Gravity.RIGHT)
            textView1.setGravity(Gravity.LEFT);
    }
    @Override
    public void onCreate(Bundle savedInstanceState)
    {
        super.onCreate(savedInstanceState);
```

```
        //  获得 main.xml 中的 LinearLayout 对象
        LinearLayout mainLinearLayout = (LinearLayout) getLayoutInflater().inflate(R.layout.main, null);
        //  设置当前的容器视图
        setContentView(mainLinearLayout);
        textView1 = (TextView) findViewById(R.id.textview1);
        button1 = (Button) findViewById(R.id.button1);
        textView1.setText("第一个 TextView");
        //  设置按钮的单击事件类的对象实例
        button1.setOnClickListener(this);
        //  获得 test.xml 中的 LinearLayout 对象
        LinearLayout testLinearLayout = (LinearLayout) getLayoutInflater()
                .inflate(R.layout.test, mainLinearLayout);
        //  如果使用如下代码，需要将 inflate 方法的第 2 个参数值设为 null
        //  mainLinearLayout.addView(testLinearLayout);
        //  创建新的视图对象
        EditText editText = new EditText(this);
        //  将 EditText 对象设置成可输入多行文本
        editText.setSingleLine(false);
        //  设置 EditText 组件文本的默认对齐方式为左对齐
        editText.setGravity(Gravity.LEFT);
        //  将 EditText 对象添加到 mainLinearLayout 对象中，并通过 LayoutParams 对象指定 EditText 的高度
        //  和宽度
        mainLinearLayout.addView(editText, new ViewGroup.LayoutParams(
                ViewGroup.LayoutParams.FILL_PARENT,
                ViewGroup.LayoutParams.FILL_PARENT));
    }
}
```

在编写上面代码时需要注意如下两点：

- 虽然使用 setGravity 方法设置了左、中、右对齐的三个常量：Gravity.LEFT、Gravity.CENTER_HORIZONTAL 和 Gravity.RIGHT，通过查看官方文档或源代码可知，这 3 个常量的值分别为 0x03、0x01 和 0x05。这些值对应的二进制数为 00000011、00000001 和 00000101。从这 3 个二进制数可以看出，这 3 个常量的值都集中在后 3 位，因此，需要将使用 getGravity 方法获得的值和 0x07（也就是 00000111）按位与，保留后 3 位二进制数，然后才可以与这 3 个常量值进行比较。之所以不将 getGravity 方法返回值直接与这 3 个常量进行比较，是因为该方法返回值的二进制的其他位上可能不为 0，因此，需要将 getGravity 方法的返回值与 0x07 按位与，以保证前 5 位都为 0。
- 一个事件类需要至少实现一个事件接口，例如，按钮的单击事件需要实现 OnClickListener 接口。在本例中 Main 类实现了该接口，因此，只需要将 this 作为 setOnClickListener 方法的参数值即可。

运行本实例后，在 Android 模拟器中显示的效果如图 4.9 所示。

图 4.9 混合使用 XML 布局文件和代码来控制视图

当单击图 4.9 所示的按钮时，按钮上方的文本就会循环以左、中、右对齐的方式移动。

4.2.4　定制组件（Widget）的三种方式

虽然 Android 系统提供了大量的组件，但这些组件只能满足一般性的需求。当然，也可以通过定制组件的方式来实现更复杂、更特殊的功能。定制组件也为代码重用打开了方便之门。在 Android 系统中可以使用如下 3 种方式来定制组件。

- 继承原有的组件：这是最简单的组件定制方式，通过继承原有的组件类（如 TextView、EditText 等），并在子类中扩展父类的功能。实例 3 中实现的带图像的 TextView 组件就是采用了这种方式的定制组件。
- 组合原有的组件：更为复杂的组件定制方式是将多个原有组件组合在定制组件中。例如，可以将 TextView 和 EditText 组合在定制组件中，以便建立一个带标签的文本输入框。将在实例 4 中详细介绍带标签的 EditText 组件的实现过程。
- 完全重写组件：如果继承和组合都无法满足我们的特殊需求，需要采用这种方式来定制组件。通过这种方式定制的组件类需要从 android.view.View 继承，并通过组合、画布等方式对 View 进行扩展。实例 5 中实现的可更换表盘的指针时钟就是采用了这种方式的定制组件。

实例 3：定制组件——带图像的 TextView

工程目录：src\ch04\ch04_icontextview

本例中要实现一个可以在文本前方添加一个图像（可以是任何 Android 系统支持的图像格式）的 TextView 组件。在编写代码之前，先看一下 Android 组件的配置代码。

```
<TextView android:id="@+id/textview1" android:layout_width="fill_parent"
          android:layout_height="wrap_content" android:text="textview1" />
```

上面的代码配置了一个标准的 TextView 组件。这段代码主要由两部分组成：组件标签（<TextView>）和标签属性（android:id、android:layout_width 等）。需要注意的是，在所有的标签属性前面都需要加了一个命名空间（android）。实际上，android 命名空间的值是在 Android 系统中预定义的，所有 Android 系统原有的组件在配置时都需要在标签属性前加 android。

对于定制组件，可以有如下 3 种选择：

- 仍然沿用 android 命名空间。
- 改用其他的命名空间。
- 不使用命名空间。

虽然上面 3 种选择从技术上说都没有问题，但作者建议使用第 2 种方式（尤其是对外发布的组件），这是因为在使用定制组件时，可能需要指定相同名称的属性，在这种情况下，可以通过命名空间来区分这些属性，例如，有两个命名空间：android 和 mobile，这时可以在各自的命名空间下有相同名称的属性，如 android:src 和 mobile:src。在本例中定义了一个 mobile 命名空间，因此，在配置本例实现的组件时需要在属性前加 mobile。

实现定制组件的一个重要环节就是读取配置文件中相应标签的属性值，由于本例要实现的组件类需要从 TextView 类继承，因此，只需要覆盖 TextView 类中带 AttributeSet 类型参数的构造方法即可，该构造方法的定义如下：

```
public TextView(Context context, AttributeSet attrs)
```

在构造方法中可以通过 AttributeSet 接口的相应 getter 方法来读取指定的属性值，如果在配置属性时指定了命名空间，需要在使用 getter 方法获得属性值时指定这个命名空间，如果未指定命名空间，则将命名空间设为 null 即可。

IconTextView 是本例要编写的组件类，该类从 TextView 继承，在 onDraw 方法中将 TextView 中的文本后移，并在文本的前方添加了一个图像，该图像的资源 ID 通过 mobile:iconSrc 属性来指定。IconTextView

类的代码如下：

```
package net.blogjava.mobile.widget;

import android.content.Context;
import android.graphics.Bitmap;
import android.graphics.BitmapFactory;
import android.graphics.Canvas;
import android.graphics.Rect;
import android.util.AttributeSet;
import android.widget.TextView;

public class IconTextView extends TextView
{
    //  命名空间的值
    private final String namespace = "http://net.blogjava.mobile";
    //  保存图像资源 ID 的变量
    private int resourceId = 0;
    private Bitmap bitmap;
    public IconTextView(Context context, AttributeSet attrs)
    {
        super(context, attrs);
        //  getAttributeResourceValue 方法用来获得组件属性的值，在本例中需要通过该方法的第 1 个参数指
        //  定命名空间的值。该方法的第 2 个参数表示组件属性名（不包括命名空间名称），第 3 个参数表示默
        //  认值，也就是如果该属性不存在，则返回第 3 个参数指定的值
        resourceId = attrs.getAttributeResourceValue(namespace, "iconSrc", 0);
        if (resourceId > 0)
                //  如果成功获得图像资源的 ID，装载这个图像资源，并创建 Bitmap 对象
            bitmap = BitmapFactory.decodeResource(getResources(), resourceId);
    }
    @Override
    protected void onDraw(Canvas canvas)
    {
        if (bitmap != null)
        {
            //  从原图上截取图像的区域，本例中为整个图像
            Rect src = new Rect();
            //  将截取的图像复制到 bitmap 上的目标区域，本例中与复制区域相同
            Rect target = new Rect();
            src.left = 0;
            src.top = 0;
            src.right = bitmap.getWidth();
            src.bottom = bitmap.getHeight();
            int textHeight = (int) getTextSize();
            target.left = 0;
            //  计算图像复制到目标区域的纵坐标。由于 TextView 组件的文本内容并不是
            //  从最顶端开始绘制的，因此，需要重新计算绘制图像的纵坐标
            target.top = (int) ((getMeasuredHeight() - getTextSize()) / 2) + 1;
            target.bottom = target.top + textHeight;
            //  为了保证图像不变形，需要根据图像高度重新计算图像的宽度
            target.right = (int) (textHeight * (bitmap.getWidth() / (float) bitmap.getHeight()));
            //  开始绘制图像
            canvas.drawBitmap(bitmap, src, target, getPaint());
            //  将 TextView 中的文本向右移动一定的距离（在本例中移动了图像宽度加 2 个像素点的位置）
            canvas.translate(target.right + 2, 0);
        }
        super.onDraw(canvas);
    }
}
```

在编写上面代码时需要注意如下 3 点：

- 需要指定命名空间的值。该值将在<LinearLayout>标签的 xmlns:mobile 属性中定义。
- 如果在配置组件的属性时指定了命名空间，需要在 AttributeSet 接口的相应 getter 方法中的第 1

个参数指定命名空间的值,第 2 个参数只需指定不带命名空间的属性名即可。

● TextView 类中的 onDraw 方法一定要在 translate 方法后面执行,否则系统不会移动 TextView 中的文本。

下面在 main.xml 文件中配置了 7 个 IconTextView 组件,分别设置了不同的字体大小,同时,文本前面的图像也会随着字体大小的变化而放大或缩小,配置代码如下:

```xml
<?xml version="1.0" encoding="utf-8"?>
<!-- 在下面的标签中通过 xmlns:mobile 属性定义了一个命名空间 -->
<LinearLayout xmlns:android="http://schemas.android.com/apk/res/android"
    xmlns:mobile="http://net.blogjava.mobile" android:orientation="vertical"
    android:layout_width="fill_parent" android:layout_height="fill_parent">
    <!-- mobile:iconSrc 是可选属性,如果未设置该属性,则 IconTextView 与 TextView 的效果相同 -->
    <!-- 由于 IconTextView 和 Main 类不在同一个包中,因此,需要显式指定 package -->
    <net.blogjava.mobile.widget.IconTextView
        android:layout_width="fill_parent" android:layout_height="wrap_content"
        android:text="第一个笑脸" mobile:iconSrc="@drawable/small" />
    <net.blogjava.mobile.widget.IconTextView
        android:layout_width="fill_parent" android:layout_height="wrap_content"
        android:text="第二个笑脸" android:textSize="24dp" mobile:iconSrc="@drawable/small" />
    <net.blogjava.mobile.widget.IconTextView
        android:layout_width="fill_parent" android:layout_height="wrap_content"
        android:text="第三个笑脸" android:textSize="36dp" mobile:iconSrc="@drawable/small" />
    <net.blogjava.mobile.widget.IconTextView
        android:layout_width="fill_parent" android:layout_height="wrap_content"
        android:text="第四个笑脸" android:textSize="48dp" mobile:iconSrc="@drawable/small" />
    <net.blogjava.mobile.widget.IconTextView
        android:layout_width="fill_parent" android:layout_height="wrap_content"
        android:text="第五个笑脸" android:textSize="36dp" mobile:iconSrc="@drawable/small" />
    <net.blogjava.mobile.widget.IconTextView
        android:layout_width="fill_parent" android:layout_height="wrap_content"
        android:text="第六个笑脸" android:textSize="24dp" mobile:iconSrc="@drawable/small" />
    <net.blogjava.mobile.widget.IconTextView
        android:layout_width="fill_parent" android:layout_height="wrap_content"
        android:text="第七个笑脸" mobile:iconSrc="@drawable/small" />
</LinearLayout>
```

运行本实例后,将显示如图 4.10 所示的效果。

图 4.10 带图像的 TextView

> 4.2.2 节曾讲过在配置 Android 系统的内置组件时,组件的属性必须以 android 命名空间开头,该命名空间的值必须是 http://schemas.android.com/apk/res/android。实际上,只是命名空间的值必须是 http://schemas.android.com/apk/res/android 而已,命名空间的名称可以是任何值,如下面的代码所示:
>
> ```xml
> <?xml version="1.0" encoding="utf-8"?>
> <!-- 将 android 换成 abcd -->
> <LinearLayout xmlns:abcd="http://schemas.android.com/apk/res/android"
>     abcd:orientation="vertical" abcd:layout_width="fill_parent"
>     abcd:layout_height="fill_parent">
>     ... ...
> </LinearLayout>
> ```

实例 4：定制组件——带文本标签的 EditText

工程目录：src\ch04\ch04_labeledittext

本例通过组合 TextView 与 EditText 两个组件的方式建立一个新的组件：LabelEditText。该组件将在文本输入框的左侧或上侧放置一个显示文本的 TextView 组件。LabelEditText 组件有如下 3 个属性：

- labelText：必选属性。表示 TextView 中的文本。
- labelFontSize：可选属性。表示 TextView 的字体大小。默认值是 14。
- labelPosition：可选属性。表示 TextView 相对于 EditText 的位置。可取的值是 left 和 top。默认值是 left。

LabelEditText 组件的实现相对简单一些。只是简单地读取属性的值，并根据 labelPosition 属性的值装载不同的布局文件来设置 TextView 与 EditText 的相对位置。但有一点需要注意，上面 3 个属性中的 labelText 和 labelPosition 属性为字符串类型，labelFontSize 属性为整数类型。这 3 个属性都可以通过两种不同的方式设置属性值，一种是在布局文件中直接设置属性值，另一种是通过资源 ID 指定属性值。为了同时适应这两种情况，需要先使用 getAttributeResourceValue 方法获得资源 ID，如果获得的资源 ID 为 0（也就是 getAttributeResourceValue 方法的第 3 个参数值，在本例中将其设为 0），可能有如下两种情况：

- 未设置该属性。
- 在布局文件中直接将该属性值设为 0。

为了进一步确认是哪种情况，需要使用 getAttributeValue 或 getAttributeIntValue 方法来读取属性值，如果未获得任何值，则根据具体的情况抛出异常或将属性设置成默认值。

LabelEditText 类是本例要编写的组件类，该类从 LinearLayout 继承。在 LabelEditText 类的构造方法中完成了所有的工作，代码如下：

```
package net.blogjava.mobile.widget;

import net.blogjava.mobile.R;
import android.content.Context;
import android.util.AttributeSet;
import android.view.LayoutInflater;
import android.widget.LinearLayout;
import android.widget.TextView;

public class LabelEditText extends LinearLayout
{
    private TextView textView;
    private String labelText;
    private int labelFontSize;
    private String labelPosition;

    public LabelEditText(Context context, AttributeSet attrs)
    {
        super(context, attrs);
        //  读取 labelText 属性值（认为该属性值为资源 ID）
        //  由于在本例中未使用命名空间，因此，在获得属性值时，命名空间应设为 null
        int resourceId = attrs.getAttributeResourceValue(null, "labelText", 0);
        //  resourceId 为 0 表示 labelText 属性值可能是字符串，现在继续读取属性值
        if (resourceId == 0)
            labelText = attrs.getAttributeValue(null, "labelText");
        else
            //  根据资源 ID 获得 labelText 属性的值
            labelText = getResources().getString(resourceId);
        //  如果按两种方式都未获得 labelText 属性的值，表示未设置该属性，抛出异常
        if (labelText == null)
        {
            throw new RuntimeException("必须设置 labelText 属性.");
```

```
    }
    // 获得 labelFontSize 属性的资源 ID
    resourceId = attrs.getAttributeResourceValue(null, "labelFontSize", 0);
    // 继续读取 labelFontSize 属性的值，如果未设置该属性，将属性值设为 14
    if (resourceId == 0)
        labelFontSize = attrs.getAttributeIntValue(null, "labelFontSize",14);
    else
        // 根据资源 ID 获得 labelFontSize 属性的值
        labelFontSize = getResources().getInteger(resourceId);
    // 获得 labelPosition 属性的资源 ID
    resourceId = attrs.getAttributeResourceValue(null, "labelPosition", 0);
    // 继续读取 labelPosition 属性的值
    if (resourceId == 0)
        labelPosition = attrs.getAttributeValue(null, "labelPosition");
    else
        // 根据资源 ID 获得 labelPosition 属性的值
        labelPosition = getResources().getString(resourceId);
    // 如果未设置 labelPosition 属性值，将该属性值设为 left（默认值）
    if (labelPosition == null)
        labelPosition = "left";
    String infService = Context.LAYOUT_INFLATER_SERVICE;
    LayoutInflater li;
    // 获得 LAYOUT_INFLATER_SERVICE 服务
    li = (LayoutInflater) context.getSystemService(infService);
    // 根据 labelPosition 属性值装载不同的布局文件
    if("left".equals(labelPosition))
        li.inflate(R.layout.labeledittext_horizontal, this);
    else if("top".equals(labelPosition))
        li.inflate(R.layout.labeledittext_vertical, this);
    else
        throw new RuntimeException("labelPosition 属性的值只能是 left 或 top.");
    // 下面的代码从相应的布局文件中获得了 TextView 对象，并根据 LabelTextView 的属性值设置 TextView 的属性
    textView = (TextView) findViewById(R.id.textview);
    textView.setTextSize((float)labelFontSize);
    textView.setTextSize(labelFontSize);
    textView.setText(labelText);
    }
}
```

在上面的代码中使用 getSystemService 方法获得了 LAYOUT_INFLATER_SERVICE 服务对象，并将该对象转换成 LayoutInflater 对象，然后通过 inflate 方法根据 labelPosition 属性值装载不同的 XML 布局文件。在装载 XML 布局文件的同时，会将 XML 布局文件中定义的 LinearLayout 对象作为 LabelEditText 组件的子对象添加到 LabelEditText 组件中（因为 inflate 方法的第 2 个参数值为 this）。

在本例实现的定制组件中涉及到两个 XML 布局文件：labeledittext_horizontal.xml 和 labeledittext_vertical.xml，分别对应于 labelPosition 属性值为 left 和 top 的情况，这两个布局文件的内容如下：

labeledittext_horizontal.xml

```
<?xml version="1.0" encoding="utf-8"?>
<LinearLayout xmlns:android="http://schemas.android.com/apk/res/android"
    android:orientation="horizontal" android:layout_width="fill_parent" android:layout_height="fill_parent">
    <TextView android:id="@+id/textview" android:layout_width="wrap_content"
        android:layout_height="wrap_content" />
    <EditText android:id="@+id/edittext" android:layout_width="fill_parent"
        android:layout_height="wrap_content" />
</LinearLayout>
```

labeledittext_vertical.xml

```
<?xml version="1.0" encoding="utf-8"?>
<LinearLayout xmlns:android="http://schemas.android.com/apk/res/android"
    android:orientation="vertical" android:layout_width="fill_parent" android:layout_height="fill_parent">
    <TextView android:id="@+id/textview" android:layout_width="wrap_content"
        android:layout_height="wrap_content" />
```

```
        <EditText android:id="@+id/edittext" android:layout_width="fill_parent"
            android:layout_height="wrap_content" />
    </LinearLayout>
```

在 main.xml 文件中配置了两个 LabelTextView 组件,并设置了不同的 TextView 文本字体大小。main.xml 文件的内容如下:

```
<?xml version="1.0" encoding="utf-8"?>
<LinearLayout xmlns:android="http://schemas.android.com/apk/res/android"
    android:orientation="vertical" android:layout_width="fill_parent" android:layout_height="fill_parent">
    <net.blogjava.mobile.widget.LabelEditText
        android:layout_width="fill_parent" android:layout_height="wrap_content"
        labelText="姓名: " labelFontSize="16" labelPosition="left" />
    <net.blogjava.mobile.widget.LabelEditText
        android:layout_width="fill_parent" android:layout_height="wrap_content"
        labelText="兴趣爱好" labelFontSize="26" labelPosition="top" android:layout_marginTop="20dp" />
</LinearLayout>
```

运行本实例后,显示效果如图 4.11 所示。

图 4.11 带文本标签的 EditText

实例 5:定制组件——可更换表盘的指针时钟

工程目录:src\ch04\ch04_handclock

本例将实现一个可以任意更换表盘的指针时钟组件。该组件类直接从 View 类继承,并在 onDraw 方法中装载表盘图像,并绘制时针和分针。在实现这个组件之前,首先应该了解如下 3 个知识点:

- 时针和分针角度的计算。
- 如何确定表盘中心点的位置和时针、分针的长度。
- 软定时器的实现。

1. 时针和分针角度的计算

先计算分针的角度。

众所周知,一个小时有 60 分钟,整个圆周是 360 度。而每 1 分钟所占的角度是 6。当分针处在向右水平位置时,正好是 15 分。也就是说,分针指在 15 分的位置时角度正好为 0。而且表盘中所有的指针都是顺时针旋转的,因此,随着指针的不断旋转,指针的角度是不断减小的。从 360 度一直减小到 0 度。例如,当分针指向 30 分位置时,分针的角度是 270 度。指向 45 分的位置时,角度是 180 度,而指向 0 分时,角度是 90 度,当指向 15 分时,分针正好旋转一周,这时分针的角度是 0。因此,从这些描述可以推出分针角度的计算公式如下:

```
(360 - ((minute* 6) - 90)) mod 360
```

其中 minute 表示当前的分钟,mod 表示取余,使用余数是为了保证分针的角度总在 360 度之内。可以任取一个值来测试一下这个公式,例如,当分针指向 5 分位置时,将得到如下表达式:

```
(360 - (( 5 * 6) - 90) mod 360
```

上面表达式的计算结果是 60 度。在计算完分针的角度后,还需要计算分针端点的坐标,假设分针的长度为 h,角度为 a,则分针的横纵坐标的计算公式分别为 $x = cos(a) * h$ 和 $y = sin(a) * h$,如图 4.12 所示。

图 4.12 计算分针的角度和端点坐标

计算时针角度的方式与计算分针角度的方式类似。整个表盘有 12 个小时，每小时占 30 度，按计算分针角度的方式很容易得到如下计算时针角度的公式：

(360 - ((hour * 30) - 90)) mod 360 - (30 * minute/ 60)

其中 hour 和 minute 分别表示当前的小时和分钟。由于当前分钟的变化，时针的位置实际上是介于两个相邻小时之间的，而相邻两个小时之间的角度是 30 度，一小时是 60 分钟。因此，需要使用 30 * minute / 60 将时针定位在两个相邻小时之间的某个位置上。

2．确定表盘中心点和指针的长度

既然可以任意指定表盘图像，这就意味着表盘的中心点未必是图像的中心点。因此，本例中采用相对位置的方式来确定表盘中心点的位置。

表盘中心点的横纵坐标可以通过如下公式计算：

横坐标 =原始图像的宽度 * 在原始图像的中心点的横坐标相对于原始图像的宽度的比例 * 图像的缩放比例
纵坐标 =原始图像的高度 * 在原始图像的中心点的纵坐标相对于原始图像的高度的比例 * 图像的缩放比例

从上面的公式可以看出，需要先在原始图像（也就是按 100%显示的图像）中测出表盘中心点的横纵坐标相对于宽度和高度的比例，然后再乘以图像的缩放比例。

计算指针长度的方法也类似。首先要测出在原始图像中时针和分针的长度，然后乘以图像的缩放比例。

3．软定时器的实现

Android 系统中的定时器可分为软定时器和硬定时器。这两种定时器只在作用域上有所区别。硬定时器的作用域很广。无论是程序正在运行其间还是程序已经关闭，甚至是在手机关机的情况下，硬定时器仍然可以运行。例如，闹钟程序的报时功能就采用了硬定时器来实现，而软定时器只能在程序运行时才起作用。

本例中将使用软定时器来完成旋转时针和分针的功能。通过 android.os.Handler 类的 postDelayed 方法可以设置定时器下次执行的时间。该方法的定义如下：

public final boolean postDelayed(Runnable r, long delayMillis)

第 1 个参数表示实现 Runnable 接口的类的对象实例。定时器会在指定的时间执行 Runnable 接口中的 run 方法。第 2 个参数表示定时器下一次执行的时间间隔，单位是毫秒。该定时器只执行一次，如果想按一定的时间间隔循环执行，需要在 run 方法中再次使用 postDelayed 方法设置定时器。

本例实现的组件有如下 6 个属性：

● clockImageSrc：表盘图像的资源 ID。

● scale：表盘图像的缩放比例，该属性为浮点类型。

● handCenterWidthScale：表盘中心点横坐标相对于图像宽度的比例，该属性为浮点类型，取值范围在 0～1 之间。

● handCenterHeightScale：表盘中心点纵坐标相对于图像高度的比例，该属性为浮点类型，取值范围在 0～1 之间。

● minuteHandSize：在原始表盘图像中分针的长度。该属性为整型。

● hourHandSize：在原始表盘图像中时针的长度。该属性为整型。

HandClock 是本例要编写的组件类，代码如下：

```java
package net.blogjava.mobile.widget;

import java.util.Calendar;
import android.content.Context;
import android.graphics.Bitmap;
import android.graphics.BitmapFactory;
import android.graphics.Canvas;
import android.graphics.Paint;
import android.graphics.Rect;
import android.os.Handler;
import android.util.AttributeSet;
import android.view.View;

public class HandClock extends View implements Runnable
{
    private int clockImageResourceId;          // 表盘图像的资源 ID
    private Bitmap bitmap;
    private float scale;                        // 表盘图像的缩放比例
    private float handCenterWidthScale;         // 表盘中心点横坐标相对于图像宽度的比例
    private float handCenterHeightScale;        // 表盘中心点纵坐标相对于图像高度的比例
    private int minuteHandSize;                 // 在原始表盘图像中分针的长度
    private int hourHandSize;                   // 在原始表盘图像中时针的长度
    private Handler handler = new Handler();
    @Override
    public void run()
    {
        // 重新绘制 View
        invalidate();
        // 重新设置定时器，在 60 秒后调用 run 方法
        handler.postDelayed(this, 60 * 1000);
    }
    @Override
    protected void onMeasure(int widthMeasureSpec, int heightMeasureSpec)
    {
        super.onMeasure(widthMeasureSpec, heightMeasureSpec);
        // 根据图像的实际大小等比例设置 View 的大小
        setMeasuredDimension((int) (bitmap.getWidth() * scale), (int) (bitmap.getHeight() * scale));
    }
    @Override
    protected void onDraw(Canvas canvas)
    {
        super.onDraw(canvas);
        Paint paint = new Paint();
        Rect src = new Rect();
        Rect target = new Rect();
        src.left = 0;
        src.top = 0;
        src.right = bitmap.getWidth();
        src.bottom = bitmap.getHeight();
        target.left = 0;
        target.top = 0;
        target.bottom = (int) (src.bottom * scale);
        target.right = (int) (src.right * scale);
        // 画表盘图像
        canvas.drawBitmap(bitmap, src, target, paint);
        // 计算表盘中心点的横坐标
        float centerX = bitmap.getWidth() * scale * handCenterWidthScale;
        // 计算表盘中心点的纵坐标
        float centerY = bitmap.getHeight() * scale * handCenterHeightScale;
        // 在表盘中心点画一个半径为 5 的实心圆圈，时针和分针将该圆的中心作为起始点
        canvas.drawCircle(centerX, centerY, 5, paint);
        // 设置分针为 3 个像素粗
```

```
            paint.setStrokeWidth(3);
            Calendar calendar = Calendar.getInstance();
            int currentMinute = calendar.get(Calendar.MINUTE);
            int currentHour = calendar.get(Calendar.HOUR);
            // 计算分针和时针的角度
            double minuteRadian = Math.toRadians((360 - ((currentMinute * 6) - 90)) % 360);
            double hourRadian = Math.toRadians((360 - ((currentHour * 30) - 90))
                    % 360 - (30 * currentMinute / 60));
            // 在表盘上画分针
            canvas.drawLine(centerX, centerY, (int) (centerX + minuteHandSize
                    * Math.cos(minuteRadian)), (int) (centerY - minuteHandSize
                    * Math.sin(minuteRadian)), paint);
            // 设置时针为 4 个像素粗
            paint.setStrokeWidth(4);
            // 在表盘上画时针
            canvas.drawLine(centerX, centerY, (int) (centerX + hourHandSize
                    * Math.cos(hourRadian)), (int) (centerY - hourHandSize
                    * Math.sin(hourRadian)), paint);
        }
        public HandClock(Context context, AttributeSet attrs)
        {
            super(context, attrs);
            // 读取相应的属性值
            // 由于在本例中未使用命名空间，因此，在获得属性值时，命名空间应设为 null
            clockImageResourceId = attrs.getAttributeResourceValue(null,"clockImageSrc", 0);
            if (clockImageResourceId > 0)
                bitmap = BitmapFactory.decodeResource(getResources(), clockImageResourceId);
            scale = attrs.getAttributeFloatValue(null, "scale", 1);
            handCenterWidthScale = attrs.getAttributeFloatValue(null,
                    "handCenterWidthScale", bitmap.getWidth() / 2);
            handCenterHeightScale = attrs.getAttributeFloatValue(null,
                    "handCenterHeightScale", bitmap.getHeight() / 2);
            // 在读取分针和时针长度后，将其值按图像的缩放比例进行缩放
            minuteHandSize = (int) (attrs.getAttributeIntValue(null, "minuteHandSize", 0) * scale);
            hourHandSize = (int) (attrs.getAttributeIntValue(null, "hourHandSize",0) * scale);
            int currentSecond = Calendar.getInstance().get(Calendar.SECOND);
            // 当秒针在 12 点方向时（秒值为 0）执行 run 方法
            handler.postDelayed(this, (60 - currentSecond) * 1000);
        }
        @Override
        protected void onDetachedFromWindow()
        {
            super.onDetachedFromWindow();
            // 删除回调对象
            handler.removeCallbacks(this);
        }
    }
```

　　由于 HandClock 组件只显示了时针和分针，因此，只需要每分钟重绘一次时针和分针即可。在 HandClock 类的构造方法的最后，首先计算当前还差多少秒到下一分钟，然后第一次将定时器设为 0 秒时执行 run 方法，最后在 run 方法中只需要让定时器在下一个 60 秒继续调用 run 方法即可。这样就可以实现定时器在每一个 0 秒时调用 run 方法的功能。

　　在本例中准备了 3 个表盘图像文件，并使用两个 XML 布局文件来配置 3 个 HandClock 组件，代码如下：

handclock1.xml

```
<?xml version="1.0" encoding="utf-8"?>
<LinearLayout xmlns:android="http://schemas.android.com/apk/res/android"
    android:orientation="vertical" android:layout_width="fill_parent"
    android:layout_height="fill_parent" android:background="#FFF"
    android:gravity="center">
    <net.blogjava.mobile.widget.HandClock
        android:layout_width="wrap_content" android:layout_height="wrap_content"
```

```
        clockImageSrc="@drawable/clock1" scale="0.75" handCenterWidthScale="0.477"
        handCenterHeightScale="0.512" minuteHandSize="54" hourHandSize="40"/>
</LinearLayout>
```

handclock2.xml

```
<?xml version="1.0" encoding="utf-8"?>
<LinearLayout xmlns:android="http://schemas.android.com/apk/res/android"
    android:orientation="vertical" android:layout_width="fill_parent"
    android:layout_height="fill_parent" android:background="#FFF"
    android:gravity="center_horizontal">
    <net.blogjava.mobile.widget.HandClock
        android:layout_width="wrap_content" android:layout_height="wrap_content"
        android:layout_marginTop="10dp" clockImageSrc="@drawable/clock2"
        scale="0.3" handCenterWidthScale="0.5" handCenterHeightScale="0.5"
        minuteHandSize="154" hourHandSize="100" />
    <net.blogjava.mobile.widget.HandClock
        android:layout_width="wrap_content" android:layout_height="wrap_content"
        android:layout_marginTop="10dp" clockImageSrc="@drawable/clock3"
        scale="0.3" handCenterWidthScale="0.5" handCenterHeightScale="0.5"
        minuteHandSize="154" hourHandSize="100" />
</LinearLayout>
```

 注意　由于在 onMeasure 方法中根据图像的实际大小重新设置了 View 的大小，因此，HandClock 组件中的 android:layout_height 和 android:layout_width 可以设为 fill_parent 或 wrap_content，但这两个属性必须指定。

运行本实例后，将显示两个按钮，如图 4.13 所示。

图 4.13　测试 HandClock 组件的主界面

单击这两个按钮后，分别显示如图 4.14 和图 4.15 所示的指针时钟。

图 4.14　第 1 个指针时钟

图 4.15　第 2 个和第 3 个指针时钟

4.3 使用 AlertDialog 类创建对话框

对话框是一个古老而又不能回避的话题。自从 GUI（图形用户接口）问世以来，对话框就几乎在所有的程序中安了家。无论是桌面程序还是 Web 程序，都少不了各式各样的对话框。在 Android 系统中，对话框已经成为最常见的用户接口之一。在 Android 系统中创建对话框的方法非常多，使用 AlertDialog 类来创建对话框也是最常用的方法。

4.3.1 AlertDialog 类简介

由于 AlertDialog 类的构造方法被声明成 protected 方法，因此，不能直接使用 new 关键字来创建 AlertDialog 类的对象实例。为了创建 AlertDialog 对象，需要使用 Builder 类，该类是在 AlertDialog 类中定义的一个内嵌类。首先必须创建 AlertDialog.Builder 类的对象实例，然后通过 AlertDialog.Builder 类的 show 方法显示对话框，或通过 Builder 类的 create 方法返回 AlertDialog 对象，再通过 AlertDialog 类的 show 方法显示对话框。

如果只是简单地显示一个对话框，这个对话框并不会起任何作用。在对话框上既没有文字，也没有按钮，而且负责显示对话框的 Activity 会失去焦点，除非按手机上的取消键，否则无法关闭这个对话框。为了给对话框加上文字和按钮，可以在调用 show 方法之前，调用 AlertDialog.Builder 类中的其他方法为对话框设置更多的信息，例如，使用 setTitle 方法设置对话框标题；使用 setIcon 方法设置对话框左上角显示的图标。这些设置对话框信息的方法都返回一个 AlertDialog.Builder 对象。

在 AlertDialog.Builder 类中有两个很重要的方法：create 和 show。先看一下这两个方法的定义。

```
public AlertDialog create()
public AlertDialog show()
```

从上面的方法定义可以看出，create 和 show 方法都返回了 AlertDialog 对象。它们的区别是 create 方法虽然返回了 AlertDialog 对象，但并不显示对话框。而 show 方法在返回 AlertDialog 对象之前会立即显示对话框。也就是说，如果只想获得 AlertDialog 对象后再做进一步处理，而不想立即显示对话框，可以使用 create 方法，然后可以调用 AlertDialog 类的 show 方法显示对话框，如下面代码所示：

```
// 设置对话框的标题，并调用 create 方法返回 AlertDialog 对象
AlertDialog ad = new AlertDialog.Builder(this).setTitle("title").create();
// 设置对话框的正文信息
ad.setMessage("信息");
// 显示对话框
ad.show();
```

如果只想一次性设置完信息后立即显示对话框，可以使用 show 方法，代码如下：

```
AlertDialog ad = new AlertDialog.Builder(this).setTitle("title").setMessage("信息").show();
```

上面的两段代码都会显示如图 4.16 所示的对话框。

4.3 节主要介绍如何创建各种类型的对话框，因此，4.3 节中的所有例子程序都采用第 2 种方式创建对话框，如果读者需要在显示对话框之前处理其他的工作，可以采用第 1 种方式显示对话框，也就是先调用 Builder 类的 create 方法获得 AlertDialog 对象，然后再调用 AlertDialog 类的 show 方法显示对话框。

图 4.16 无按钮的对话框

4.3.2 【确认/取消】对话框

AlertDialog.Builder 类有两个方法可以分别设置对话框的确定和取消按钮，这两个方法的定义如下：

```
// 设置【确认】按钮的方法有两个重载形式
public Builder setPositiveButton(CharSequence text, final OnClickListener listener)
public Builder setPositiveButton(int textId, final OnClickListener listener)
// 设置【取消】按钮的方法有两个重载形式
```

```
public Builder setNegativeButton(int textId, final OnClickListener listener)
public Builder setNegativeButton(CharSequence text, final OnClickListener listener)
```

从上面的方法定义可以看出，setPositiveButton 和 setNegativeButton 方法各有两个重载形式，这两个重载形式的区别在于第 1 个参数。该参数表示按钮文本，可以使用字符串资源 ID 或字符串值及字符串变量来设置这个参数。实际上，AlertDialog.Builder 类的所有 setter 方法涉及到字符串、图像等资源时都可以使用资源 ID 和相应类型的变量或值来指定参数值。为了直观，在 4.3 节及 4.4 节的例子中都直接使用相应数据类型的值来指定 setter 方法的参数值。在实际的应用中，作者建议应尽量使用资源 ID 的方式来指定参数值，这样做既有利于国际化，又使系统更容易维护。

setPositiveButton 和 setNegativeButton 方法的第 2 个参数表示单击按钮触发的事件，该参数的类型是 DialogInterface.OnClickListener，需要传入一个实现 DialogInterface.OnClickListener 接口的对象实例。

由于 setPositiveButton 和 setNegativeButton 方法都返回了 AlertDialog.Builder 对象，因此，可以使用下面的形式来为对话框添加【确认】和【取消】按钮：

```
new AlertDialog.Builder(this). setTitle("title").setPositiveButton(... ...).setNegativeButton(... ...).show();
```

实例 6：创建询问是否删除文件的【确认/取消】对话框

工程目录：src\ch04\ch04_dfdialog

在本例中将演示如何使用 AlertDialog.Builder 类创建一个带图标的【确认/取消】对话框，当单击【确认】和【取消】按钮后，都会显示一个没有按钮的对话框，以便告诉用户自己单击了哪个按钮。本例的完整代码如下：

```java
package net.blogjava.mobile;

import android.app.Activity;
import android.app.AlertDialog;
import android.content.DialogInterface;
import android.os.Bundle;
import android.view.View;
import android.view.View.OnClickListener;
import android.widget.Button;

public class Main extends Activity implements OnClickListener
{
    @Override
    public void onClick(View v)
    {
        // R.drawable.question 为图像资源的 ID
        new AlertDialog.Builder(this).setIcon(R.drawable.question).
                setTitle("是否删除文件").setPositiveButton("确定",
                // 创建 DialogInterface.OnClickListener 对象实例，当单击按钮时调用 onClick 方法
                new DialogInterface.OnClickListener()
                {
                    public void onClick(DialogInterface dialog, int whichButton)
                    {
                        // 单击确定按钮后，显示一个无按钮的对话框
                        new AlertDialog.Builder(Main.this).setMessage(
                            "文件已经被删除.").create().show();
                    }
                }).setNegativeButton("取消",
                new DialogInterface.OnClickListener()
                {
                    public void onClick(DialogInterface dialog, int whichButton)
                    {
                        // 单击取消按钮后，显示一个无按钮的对话框
                        new AlertDialog.Builder(Main.this).setMessage(
                            "您已经选择了取消按钮，该文件未被删除.").create().show();
                    }
                }).show();
```

4/6 Chapter

```
        }
        @Override
        public void onCreate(Bundle savedInstanceState)
        {
            super.onCreate(savedInstanceState);
            setContentView(R.layout.main);
            Button button = (Button) findViewById(R.id.button);
            button.setOnClickListener(this);
        }
    }
```

在使用 AlertDialog.Builder 类来创建对话框时应注意如下两点：

● setPositiveButton 和 setNegativeButton 方法的第 2 个参数的数据类型是 android.content.Dialog-Interface.OnClickListener，而不是 android.view.View.OnClickListener。View 中的 OnClickListener 接口是用在视图上的，这一点在使用时要注意。

● 使用 show 方法显示对话框是异步的。也就是说，当调用 AlertDialog.Builder.show 或 AlertDialog.show 方法显示对话框后，show 方法会立即返回，并且继续执行后面的代码。

运行本例后，将显示一个【显示确认/取消对话框】按钮，单击该按钮后，会显示如图 4.17 所示的对话框。单击【取消】按钮后，会显示如图 4.18 所示的无按钮对话框。

图 4.17　【确认/取消】对话框

图 4.18　无按钮的对话框

4.3.3　带 3 个按钮的对话框

使用 AlertDialog 类创建的对话框最多可以带 3 个按钮。添加第 3 个按钮需要使用 AlertDialog.Builder 类的 setNeutralButton 方法进行设置。该方法的定义如下：

```
public Builder setNeutralButton(CharSequence text, final OnClickListener listener)
public Builder setNeutralButton(int textId, final OnClickListener listener)
```

从上面的方法定义可以看出，setNeutralButton 方法与 setPositiveButton 及 setNegativeButton 方法在参数和返回值上完全相同。因此，可以使用下面的形式为对话框添加 3 个按钮：

```
new AlertDialog.Builder(this). setTitle("title")
    .setPositiveButton(... ...)
    .setNeutralButton(... ...)
    .setNegativeButton(... ...).show();
```

实例 7：创建【覆盖/忽略/取消】对话框

工程目录：src\ch04\ch04_threebtndialog

在本例中将使用 setPositiveButton、setNeutralButton 和 setNegativeButton 方法为对话框添加 3 个按钮。本例中的代码除了创建对话框的部分外，其他的代码与实例 6 中的相应代码类似，为了节省篇幅，本节及 4.3 节后面的例子中只给出核心代码。关于完整的实现代码，可以参阅随书光盘提供的源代码。本例的实现代码如下：

```
package net.blogjava.mobile;
... ...
public class Main extends Activity implements OnClickListener
{
    @Override
    public void onClick(View v)
    {
        new AlertDialog.Builder(this).setIcon(R.drawable.question).setTitle(
            "是否覆盖文件？").setPositiveButton("覆盖",
            new DialogInterface.OnClickListener()
            {
                public void onClick(DialogInterface dialog, int whichButton)
                {
                    new AlertDialog.Builder(Main.this)
                        .setMessage("文件已经覆盖.").create().show();
                }
            }).setNeutralButton("忽略", new DialogInterface.OnClickListener()
            {
                public void onClick(DialogInterface dialog, int whichButton)
                {
                    new AlertDialog.Builder(Main.this).setMessage("忽略了覆盖文件的操作.")
                        .create().show();
                }
            }).setNegativeButton("取消", new DialogInterface.OnClickListener()
            {
                public void onClick(DialogInterface dialog, int whichButton)
                {
                    new AlertDialog.Builder(Main.this).setMessage("您已经取消了所有的操作.")
                        create().show();
                }
            }).show();
    }
    ... ...
}
```

在编写上面代码时应注意如下 3 点：

● setPositiveButton、setNeutralButton 和 setNegativeButton 的调用顺序可以是任意的，但无论调用顺序是什么，使用 setPositiveButton 方法设置的按钮总会排在左起第 1 位，使用 setNeutralButton 方法设置的按钮总会排在左起第 2 位，使用 setNegativeButton 方法设置的按钮总会排在左起第 3 位。

● 使用 AlertDialog 类创建的对话框最多只能有 3 个按钮，因此，就算多次调用这 3 个设置对话框按钮的方法，最多也只能显示 3 个按钮。

● 这 3 个设置对话框按钮的方法虽然都可以调用多次，但系统只以每一个方法最后一次调用为准。例如，new AlertDialog.Builder(this). **setPositiveButton**("确定 1",...).**setPositiveButton**("确定 2",...) 虽然调用了两次 setPositiveButton 方法，但系统只以最后一次调用为准，也就是说，系统只会为对话框添加一个【确认 2】按钮，而不会将【确认 1】和【确认 2】按钮都加到对话框上。

运行本例后，将显示一个【显示带 3 个按钮的对话框】按钮，单击该按钮后，将显示如图 4.19 所示的对话框。

4.3.4 简单列表对话框

通过 AlertDialog.Builder 类的 setItems 方法可以创建简单的列表对话框。实际上，这种对话框相当于将 ListView 组件放在对话框上，然后在 ListView 中添加若干简单的文本。setItems 方法的定义如下：

图 4.19 带 3 个按钮的对话框

```
//  itemsId 表示字符串数组的资源 ID，该资源指定的数组会显示在列表中
public Builder setItems(int itemsId, final OnClickListener listener)
//  items 表示用于显示在列表中的字符串数组
public Builder setItems(CharSequence[] items, final OnClickListener listener)
```

setItems 方法可以通过传递一个字符串数组资源 ID 或字符串数组变量或值的方式为对话框中的列表提供数据。第 2 个参数的数据类型在前面的例子已经涉及到了，只是没有使用 OnClickListener 接口中 onClick 方法中的参数。先看一下 onClick 方法的定义。

```
public void onClick(DialogInterface dialog, int which)
```

onClick 方法的第 1 个参数的数据类型是 DialogInterface，实际上，该参数值是 AlertDialog 类的对象实例（因为 AlertDialog 类实现了 DialogInterface 接口）。在 DialogInterface 接口中有两个用于关闭对话框的方法：dismiss 和 cancel。这两个方法的功能完全相同，都是关闭对话框。所不同的是，cancel 方法除了关闭对话框外，还会调用 DialogInterface.onCancelListener 接口中的 onCancel 方法。DialogInterface.onCancelListener 对象实例需要使用 AlertDialog.Builder 类中的 setOnCancelListener 方法进行设置。dismiss 与 cancal 方法类似，调用 dismiss 方法不仅会关闭对话框，还会调用 DialogInterface.onDismissListener 接口中的 onDismiss 方法。除了 dismiss 和 cancel 方法外，还有几个常量，这些常量分别用于表示对话框的 3 个按钮的 ID。在实例 8 中将会看到 dismiss、cancel 方法及这些常量的具体应用。

4.3.5 单选列表对话框

通过 AlertDialog.Builder 类的 setSingleChoiceItems 方法可以创建带单选按钮的列表对话框。setSingleChoiceItems 方法有如下 4 种重载形式：

```
//  从资源文件中装载数据
public Builder setSingleChoiceItems(int itemsId, int checkedItem, final OnClickListener listener)
//  从数据集中装载数据
public Builder setSingleChoiceItems(Cursor cursor, int checkedItem, String labelColumn,
                final OnClickListener listener)
//  从字符串数组中装载数据
public Builder setSingleChoiceItems(CharSequence[] items, int checkedItem, final OnClickListener listener)
//  从 ListAdapter 对象中装载数据
public Builder setSingleChoiceItems(ListAdapter adapter, int checkedItem, final OnClickListener listener)
```

上面 4 种重载形式除了第 1 个参数外，其他的参数完全一样。这些参数的含义如下：

- 第 1 个参数：表示单选列表对话框的数据源。目前支持 4 种数据源：数组资源（itemsId）、数据集（cursor）、字符串数组（items）和 ListAdapter 对象（adapter）。
- checkedItem：表示默认选中的列表项。
- listener：表示单击某个列表项时被触发的事件对象。
- labelColumn：如果数据源是数据集，数据集中的某一列会作为列表对话框的数据加载到列表框中。该参数表示该列的名称（字段名）。

4.3.6 多选列表对话框

通过 AlertDialog.Builder 类的 setMultiChoiceItems 方法可以创建带复选框的列表对话框。setMultiChoiceItems 方法有如下 3 种重载形式：

```
//  从资源文件中装载数据
public Builder setMultiChoiceItems(int itemsId, boolean[] checkedItems, final OnMultiChoiceClickListener listener)
//  从数据集中装载数据
public Builder setMultiChoiceItems(Cursor cursor, String isCheckedColumn, String labelColumn,
                final OnMultiChoiceClickListener listener)
//  从字符串数组中装载数据
public Builder setMultiChoiceItems(CharSequence[] items, boolean[] checkedItems,
                final OnMultiChoiceClickListener listener)
```

上面 3 种重载形式除了第 1 个参数外，其他参数完全一样。这些参数的含义如下：

- 第 1 个参数：表示多选列表对话框的数据源。目前支持 3 种数据源：数组资源、数据集和字符串

数组。

- checkedItems：该参数的数据类型是 boolean[]，这个参数值的数组长度要和列表框中的列表项个数相等，该参数用于设置每一个列表项的默认值，如果为 true，表示当前的列表项是选中状态，否则表示未选中状态。
- listener：表示选中某一个列表项时被触发的事件对象。
- isCheckedColumn：确定列表项是否被选中。"1"表示选中，"0"表示未选中。

实例 8：创建 3 种选择省份的列表对话框

工程目录：src\ch04\ch04_listdialog

本例中使用前面介绍的技术实现 3 种可以选择省份的列表对话框。可选择的省份有 6 个，这 6 个列表项已经超过了列表框的高度，因此，在列表对话框中会出现垂直滚动条。

运行本例后，将在屏幕上显示 3 个按钮，如图 4.20 所示。单击这 3 个按钮后，将分别显示简单列表对话框、单选列表对话框和多选列表对话框。这些对话框的效果分别如图 4.21、图 4.22 和图 4.23 所示。

图 4.20　列表对话框主界面

图 4.21　简单列表对话框

图 4.22　单选列表对话框

当选中某个列表项并关闭这些对话框后，会显示相应的提示对话框。例如，按图 4.23 所示选中多选列表对话框中的列表项后，单击【确定】按钮关闭对话框后，会显示如图 4.24 所示的提示对话框。

图 4.23　多选列表对话框

图 4.24　关闭多选列表对话框后显示的提示对话框

下面来看一下实现这个例子的框架代码。

```
package net.blogjava.mobile;
```

```java
import android.app.Activity;
import android.app.AlertDialog;
import android.content.DialogInterface;
import android.os.Bundle;
import android.view.View;
import android.view.View.OnClickListener;
import android.widget.Button;
import android.widget.ListView;

public class Main extends Activity implements OnClickListener
{
    //   列表对话框的字符串数组数据源
    private String[] provinces = new String[]
    { "辽宁省", "山东省", "河北省", "福建省", "广东省", "黑龙江省" };
    //   单击事件类的对象实例
    private ButtonOnClick buttonOnClick = new ButtonOnClick(1);
    //   用于保存多选列表对话框中的 ListView 对象
    private ListView lv = null;
    //   显示简单列表对话框
    private void showListDialog()
    {
        … …
    }
    //   显示单选列表对话框
    private void showSingleChoiceDialog()
    {
        … …
    }
    //   显示多选列表对话框
    private void showMultiChoiceDialog()
    {
        … …
    }
    //   按钮的单击事件方法，3 个按钮调用同一个事件方法，根据视图资源 ID 区分不同的按钮
    @Override
    public void onClick(View view)
    {
        switch (view.getId())
        {
            case R.id.btnListDialog:
            {
                showListDialog();
                break;
            }
            case R.id.btnSingleChoiceDialog:
            {
                showSingleChoiceDialog();
                break;
            }
            case R.id.btnMultiChoiceDialog:
            {
                showMultiChoiceDialog();
                break;
            }
        }
    }
    @Override
    public void onCreate(Bundle savedInstanceState)
    {
        super.onCreate(savedInstanceState);
        setContentView(R.layout.main);
        Button btnListDialog = (Button) findViewById(R.id.btnListDialog);
        Button btnSingleChoiceDialog = (Button) findViewById(R.id.btnSingleChoiceDialog);
```

```
        Button btnMultiChoiceDialog = (Button) findViewById(R.id.btnMultiChoiceDialog);
        btnListDialog.setOnClickListener(this);
        btnSingleChoiceDialog.setOnClickListener(this);
        btnMultiChoiceDialog.setOnClickListener(this);
    }
}
```

从上面的代码可以看出，showListDialog、showSingleChoiceDialog 和 showMultiChoiceDialog 三个方法分别用来显示列表对话框、单选列表对话框和多选列表对话框，下面就分别编写这 3 个方法的代码。

1. 显示简单列表对话框

通过 AlertDialog.Builder 类的 setItems 方法可以创建简单的列表对话框（只包含文字信息）。在本例中单击列表对话框中某一项后，系统会关闭列表对话框，并显示一个无按钮的对话框，用来显示用户选中了哪个列表项。如果这时用户不进行任何动作，这个无按钮的对话框是不会自动关闭的，因此，在本例中还要实现一个在 5 秒后自动关闭对话框的功能。

这个功能要通过一个定时器来完成。在实例 5 中已经介绍了通过 android.os.Handler 类来实现定时器的功能。在本例中仍然会使用这个类来实现一定时间后自动关闭对话框的功能。下面是 showListDialog 方法的完整代码。

```
private void showListDialog()
{
    new AlertDialog.Builder(this).setTitle("选择省份").setItems(provinces,
            new DialogInterface.OnClickListener()
            {
                public void onClick(DialogInterface dialog, int which)
                {
                    final AlertDialog ad = new AlertDialog.Builder(Main.this).setMessage(
                            "您已经选择了: " + which + ":" + provinces[which]).show();
                    android.os.Handler hander = new android.os.Handler();
                    // 设置定时器，5 秒后调用 run 方法
                    hander.postDelayed(new Runnable()
                    {
                        @Override
                        public void run()
                        {
                            // 调用 AlertDialog 类的 dismiss 方法关闭对话框，也可以调用 cancel 方法
                            ad.dismiss();
                        }
                    }, 5 * 1000);
                }
            }).show();
}
```

在编写上面代码时要注意，ad 变量要用 final 关键字定义，因为在隐式实现的 Runnable 接口的 run 方法中需要访问 final 变量。

2. 显示单选列表对话框

在单击单选列表对话框中的某个列表项时，在默认情况下，系统是不会关闭对话框的。要想关闭对话框，需要单击对话框下方的按钮。在本例中为单选列表对话框添加了【确定】和【取消】按钮。下面是用于显示单选列表对话框的 showSingleChoiceDialog 方法的代码。

```
private void showSingleChoiceDialog()
{
    //  buttonOnClick 变量的数据类型是 ButtonOnClick，一个单击事件类
    new AlertDialog.Builder(this).setTitle("选择省份").setSingleChoiceItems(
            provinces, 1, buttonOnClick).setPositiveButton("确定",
            buttonOnClick).setNegativeButton("取消", buttonOnClick).show();
}
```

如果在单选列表对话框中添加了按钮，在处理单击事件时需要同时考虑列表项和【确定】、【取消】按钮。由于它们的单击事件接口都是 DialogInterface.OnClickListener，因此，可以为这些单击事件编写一个

内嵌的 Java 类（ButtonOnClick 类），然后将该类的对象实例传入 setSingleChoiceItems、setPositiveButton 和 setNegativeButton 方法。ButtonOnClick 类的代码如下：

```
private class ButtonOnClick implements DialogInterface.OnClickListener
{
    private int index;                          // 表示 provinces 数组的索引
    public ButtonOnClick(int index)
    {
        this.index = index;
    }
    @Override
    public void onClick(DialogInterface dialog, int whichButton)
    {
        //  whichButton 表示单击的按钮索引，所有列表项的索引都是大于等于 0 的，而按钮的索引都是小于 0 的
        if (whichButton >= 0)
        {
            index = whichButton;            //  如果单击的是列表项，将当前列表项的索引保存在 index 中
            // 如果想单击列表项后关闭对话框，可在此处调用 dialog.cancel()或 dialog.dismiss()方法
        }
        else
        {
            // 用户单击的是【确定】按钮
            if (whichButton == DialogInterface.BUTTON_POSITIVE)
            {
                //  显示用户选择的是第几个列表项
                new AlertDialog.Builder(Main.this).setMessage(
                        "您已经选择了：  " + index + ":" + provinces[index]).show();
            }
            // 用户单击的是【取消】按钮
            else if (whichButton == DialogInterface.BUTTON_NEGATIVE)
            {
                new AlertDialog.Builder(Main.this).setMessage("您什么都未选择.").show();
            }
        }
    }
}
```

3. 显示多选列表对话框

在单选列表对话框中，采用单击列表项后保存列表项索引的方式来确定用户选中的列表项。在多选列表对话框中则采用了另外一种方法来获得用户选择的列表项。实际上，可以通过 AlertDialog 类的 getListView 方法获得多选列表对话框中的 ListView 对象，并通过扫描所有列表项的方式来判断用户选择了哪些列表项。用于显示多选列表对话框的 showMultiChoiceDialog 方法的代码如下：

```
private void showMultiChoiceDialog()
{
    AlertDialog ad = new AlertDialog.Builder(this).setIcon(R.drawable.image).setTitle("选择省份")
            .setMultiChoiceItems(provinces, new boolean[]{ false, true, false, true, false, false },
                // 第 3 个参数必须指定单击事件对象，不能设为 null
                new DialogInterface.OnMultiChoiceClickListener()
                {
                    public void onClick(DialogInterface dialog,
                            int whichButton, boolean isChecked){}
                }).setPositiveButton("确定",
                new DialogInterface.OnClickListener()
                {
                    public void onClick(DialogInterface dialog, int whichButton)
                    {
                        int count = lv.getCount();
                        String s = "您选择了:";
                        // 扫描所有的列表项，如果当前列表项被选中，将列表项的文本追加到 s 变量中
                        for (int i = 0; i < provinces.length; i++)
                        {
                            if (lv.getCheckedItemPositions().get(i))
```

```
                                          s += i + ":" + lv.getAdapter().getItem(i) + "   ";
                            }
                   //   用户至少选择了一个列表项
                            if (lv.getCheckedItemPositions().size() > 0)
                            {
                                     new AlertDialog.Builder(Main.this).setMessage(s).show();
                            }
                   //   用户未选择任何列表项
                            else
                            {
                                     new AlertDialog.Builder(Main.this)
                                             .setMessage("您未选择任何省份").show();
                            }
                   }
          }).setNegativeButton("取消", null).create();
     lv = ad.getListView();
     ad.show();
}
```

在编写上面代码时应注意如下两点：

- 必须指定 setMultiChoiceItems 方法的单击事件对象，也就是该方法的第 3 个参数，该参数不能为 null，否则默认被选中的列表项无法置成未选中状态。对于默认未被选中的列表项没有任何影响。
- 由于在【确定】按钮的单击事件中需要引用 AlertDialog 变量，因此，需要先使用 create 方法返回 AlertDialog 对象，然后才能在单击事件中使用该变量。

4.3.7 水平进度对话框和圆形进度对话框

进度对话框通过 android.app.ProgressDialog 类实现，该类是 AlertDialog 的子类，但并不需要使用 AlertDialog.Builder 类的 create 方法来返回对象实例，只需要使用 new 关键字创建 ProgressDialog 对象即可。

进度对话框除了可以设置普通对话框需要的信息外，还需要设置两个必要的信息：进度的最大值和当前的进度。这两个值分别由如下两个方法来设置：

```
//   设置进度的最大值
public void setMax(int max)
//   设置当前的进度
public void setProgress(int value)
```

初始的进度必须使用 setProgress 方法设置，而逐渐递增的进度除了可以使用 setProgress 方法设置外，还可以使用如下方法设置：

```
//   设置进度的递增量
public void incrementProgressBy(int diff)
```

setProgress 和 incrementProgress 方法的区别是 setProgress 方法设置的是进度的绝对值，而 incrementProgress 方法设置的是进度的增量。

与普通对话框一样，进度对话框也可以最多添加 3 个按钮，而且可以设置进度对话框的风格。进度对话框中进度条的默认风格是圆形的，可以使用如下代码将进度对话框设置成水平进度条风格：

```
//   创建 ProgressDialog 类的对象实例
ProgressDialog progressDialog = new ProgressDialog(this);
//   设置进度对话框为进度条风格
progressDialog.setProgressStyle(ProgressDialog.STYLE_HORIZONTAL);
```

实例 9：水平进度对话框和圆形进度对话框演示

工程目录：src\ch04\ch04_progressdialog

在本例中将演示 4.3.7 节介绍的水平和圆形进度对话框的实现方法。本例中的进度对话框包含两个按钮：【暂停】和【取消】，单击【暂停】按钮后，进度对话框关闭，再次显示进度对话框时，进度条的起始位置从上一次关闭对话框的位置开始（仅限于水平进度条）。单击【取消】按钮后，进度对话框也会关闭，只是再次显示进度对话框时，进度的起始位置仍然从 0 开始。

　　要实现进度随着时间的变化而不断递增，需要使用多线程及定时器来完成这个工作。本例中使用 Handler 类来不断更新进度对话框的进度值。实现的方法是编写一个 Handler 类的子类，并覆盖 Handler 类的 handleMessage 方法。在该方法中设置新的进度和系统下一次调用 handleMessage 方法的时间间隔（单位是毫秒）。本例的实现代码如下：

```
package net.blogjava.mobile;

import java.util.Random;
import android.app.Activity;
import android.app.ProgressDialog;
import android.content.DialogInterface;
import android.os.Bundle;
import android.os.Handler;
import android.os.Message;
import android.view.View;
import android.view.View.OnClickListener;
import android.widget.Button;

public class Main extends Activity implements OnClickListener
{
    private static final int MAX_PROGRESS = 100;
    private ProgressDialog progressDialog;
    private Handler progressHandler;
    private int progress;
    // 显示进度对话框，style 表示进度对话框的风格
    private void showProgressDialog(int style)
    {
        // 创建 ProgressDialog 类的对象实例
        progressDialog = new ProgressDialog(this);
        progressDialog.setIcon(R.drawable.wait);
        progressDialog.setTitle("正在处理数据...");
        progressDialog.setMessage("请稍后...");
        // 设置进度对话框的风格
        progressDialog.setProgressStyle(style);
        // 设置进度对话框的进度最大值
        progressDialog.setMax(MAX_PROGRESS);
        // 设置进度对话框的【暂停】按钮
        progressDialog.setButton("暂停", new DialogInterface.OnClickListener()
        {
            public void onClick(DialogInterface dialog, int whichButton)
            {
                // 删除消息队列中的消息来停止定时器
                progressHandler.removeMessages(1);
            }
        });
        // 设置进度对话框的【取消】按钮
        progressDialog.setButton2("取消", new DialogInterface.OnClickListener()
        {
            public void onClick(DialogInterface dialog, int whichButton)
            {
                // 删除消息队列中的消息来停止定时器
                progressHandler.removeMessages(1);
                // 恢复进度初始值
                progress = 0;
                progressDialog.setProgress(0);
            }
        });
        progressDialog.show();
        progressHandler = new Handler()
        {
            @Override
            public void handleMessage(Message msg)
```

```
                    super.handleMessage(msg);
                    if (progress >= MAX_PROGRESS)
                    {
                        //   进度达到最大值，关闭对话框
                        progress = 0;
                        progressDialog.dismiss();
                    }
                    else
                    {
                        progress++;
                        //  将进度递增 1
                        progressDialog.incrementProgressBy(1);
                        //  随机设置下一次递增进度（调用 handleMessage 方法）的时间间隔
                        //  第 1 个参数表示消息代码，第 2 个参数表示下一次调用 handleMessage 要等待的毫
                        //   秒数
                        progressHandler.sendEmptyMessageDelayed(1, 50 +
                                    new Random().nextInt(500));
                    }
                }
            };
            // 设置进度初始值
            progress = (progress > 0) ? progress : 0;
            progressDialog.setProgress(progress);
            //  立即设置进度对话框中的进度值，第 1 个参数表示消息代码
            progressHandler.sendEmptyMessage(1);
        }
    @Override
    public void onClick(View view)
    {
        switch (view.getId())
        {
            case R.id.button1:
                //  显示水平进度对话框
                showProgressDialog(ProgressDialog.STYLE_HORIZONTAL);
                break;
            case R.id.button2:
                //  显示圆形进度对话框
                showProgressDialog(ProgressDialog.STYLE_SPINNER);
                break;

        }
    }
    ... ...
}
```

在编写上面代码时有如下 6 点需要注意：

- 进度对话框在默认情况下是圆形进度条，如果要显示水平进度条，需要使用 setProgressStyle 方法进行设置。

- 使用 sendEmptyMessage 方法只能使 handleMessage 方法执行一次，要想实现以一定时间间隔循环执行 handleMessage 方法，需要在 handleMessage 方法中调用 sendEmptyMessageDelayed 方法设置 handleMessage 方法下一次被调用时等待的时间。这样就可以形成一个循环调用的效果。

- sendEmptyMessage 和 sendEmptyMessageDelayed 方法的第 1 个参数表示消息代码。这个消息代码用来标识消息队列中的消息。例如，使用 sendEmptyMessageDelayed 方法设置消息代码为 2 的消息在 500 毫秒后调用 handleMessage 方法。可以利用这个消息代码删除该消息（需要在 500 毫秒之内），这样系统就不会在 500 毫秒之后调用 handleMessage 方法了。在本例的【暂停】和【取消】按钮单击事件中都使用 removeMessages 方法删除了消息代码为 1 的消息。

- 消息代码可以是任何 int 类型的值，包括负整数、0 和正整数。

- 虽然 ProgressDialog 类的 getProgress 方法可以获得当前进度，但只是在水平进度条风格的对话框中

该方法才有效。如果是圆形进度条，该方法永远返回 0。这就是在本例中为什么单独使用了一个 progress 变量来表示当前进度，而不使用 getProgress 方法来获得当前进度的原因。如果使用 getProgress 方法来代替 progress 变量，当进度条风格是圆形时，就意味着对话框将永远不会被关闭。

● 圆形进度对话框中的进度圆圈只是一个动画图像，并没有任何表示进度的功能。这种对话框一般在很难估计准确时间和进度时使用。

运行本例后，在屏幕上将显示两个按钮，单击这两个按钮后，会分别显示水平和圆形进度对话框，效果如图 4.25 和图 4.26 所示。

图 4.25　水平进度对话框

图 4.26　圆形进度对话框

4.3.8　自定义对话框

虽然 AlertDialog 类提供了很多预定义的对话框，但这些对话框仍然不能完全满足系统的需求。为了创建更丰富的对话框，也可以采用与创建 Activity 同样的方法，也就是说，直接使用 XML 布局文件或代码创建视图对象，并将这些视图对象添加到对话框中。

AlertDialog.Builder 类的 setView 方法可以将视图对象添加到当前的对话框中。可以使用下面的形式将一个视图对象添加到对话框中：

```
new AlertDialog.Builder(this)
    .setIcon(R.drawable.alert_dialog_icon).setTitle("自定义对话框")
    .setView(... ...)
    .show();
```

实例 10：创建登录对话框

工程目录：src\ch04\ch04_logindialog

在本例中将通过自定义对话框实现一个登录对话框。创建视图对象可以使用 XML 布局文件和 Java 代码两种方式。为了便于对视图进行布局，在本例中使用 XML 布局文件的方式创建登录对话框中的视图对象。

用于对登录对话框中的视图进行布局的文件是 login.xml，该文件的代码如下：

```xml
<?xml version="1.0" encoding="utf-8"?>
<LinearLayout xmlns:android="http://schemas.android.com/apk/res/android"
    android:orientation="vertical" android:layout_width="fill_parent"
    android:layout_height="fill_parent">
    <!-  布局用户名文本输入框   -->
    <LinearLayout xmlns:android="http://schemas.android.com/apk/res/android"
        android:orientation="horizontal" android:layout_width="fill_parent"
        android:layout_height="fill_parent" android:layout_marginLeft="20dp"
        android:layout_marginRight="20dp">
        <TextView android:layout_width="wrap_content" android:text="用户名："
            android:textSize="20dp" android:layout_height="wrap_content" />
        <EditText android:layout_width="fill_parent"
```

```
                    android:layout_height="wrap_content" />
        </LinearLayout>
    <!--  布局密码文本输入框   -->
    <LinearLayout xmlns:android="http://schemas.android.com/apk/res/android"
            android:orientation="horizontal" android:layout_width="fill_parent"
            android:layout_height="fill_parent" android:layout_marginLeft="20dp"
            android:layout_marginRight="20dp">
        <TextView android:layout_width="wrap_content"
            android:layout_height="wrap_content" android:text="密      码："
            android:textSize="20dp" />
        <EditText android:layout_width="fill_parent"
            android:layout_height="wrap_content" android:password="true" />
    </LinearLayout>
</LinearLayout>
```

本例的实现代码如下：

```java
package net.blogjava.mobile;

import android.app.Activity;
import android.app.AlertDialog;
import android.content.DialogInterface;
import android.os.Bundle;
import android.view.View;
import android.view.View.OnClickListener;
import android.widget.Button;
import android.widget.LinearLayout;

public class Main extends Activity implements OnClickListener
{
    @Override
    public void onClick(View v)
    {
        //  从 login.xml 文件中装载 LinearLayout 对象
        LinearLayout loginLayout = (LinearLayout) getLayoutInflater().inflate(R.layout.login, null);
        new AlertDialog.Builder(this).setIcon(R.drawable.login)
                .setTitle("用户登录").setView(loginLayout).setPositiveButton("登录",
                        new DialogInterface.OnClickListener()
                        {
                            public void onClick(DialogInterface dialog,
                                    int whichButton)
                            {
                                // 编写处理用户登录的代码
                            }
                }).setNegativeButton("取消",
                new DialogInterface.OnClickListener()
                {
                    public void onClick(DialogInterface dialog,
                            int whichButton)
                    {
                        // 取消用户登录，退出程序
                    }
                }).show();
    }
    ... ...
}
```

运行本例后，在屏幕上会显示一个按钮，单击该按钮，将显示如图 4.27 所示的对话框。

图 4.27　登录对话框

实例 11：使用 Activity 托管对话框

工程目录：src\ch04\ch04_activitydialog

Activity 类也提供了创建对话框的快捷方式。在 Activity 类中提供了一个 onCreateDialog 事件方法，该方法的定义如下：

```
protected Dialog onCreateDialog(int id)
```

当调用 Activity 类的 showDialog 方法时，系统会调用 onCreateDialog 方法来返回一个 Dialog 对象（AlertDialog 是 Dialog 类的子类）。showDialog 方法和 onCreateDialog 方法一样，也有一个 int 类型的 id 参数。该参数值将传入 onCreateDialog 方法。可以利用不同的 id 来建立多个对话框。

对于表示某一个对话框的 ID，系统只在第 1 次调用 showDialog 方法时调用 onCreateDialog 方法。在第 1 次创建 Dialog 对象时系统会将该对象保存在 Activity 的缓存中，相当于一个 Map 对象，对话框的 ID 作为 Map 的 key，而 Dialog 对象作为 Map 的 value。当再次调用 showDialog 方法时，系统会根据 ID 从这个 Map 中获得第 1 次创建的 Dialog 对象，而不会再次调用 onCreateDialog 方法创建新的 Dialog 对象。除非调用 Activity 类的 removeDialog(int id) 方法删除了指定 ID 的 Dialog 对象。

在本例中将实例 6 和实例 7 实现的 4 个对话框都加到一个 Activity 中，并在屏幕上通过 4 个按钮分别显示这 4 个对话框。在本节只给出了程序的核心代码，关于详细的实现过程请读者参阅随书光盘中的源代码。框架代码如下：

```
package net.blogjava.mobile;

import android.app.Activity;
import android.app.AlertDialog;
import android.app.Dialog;
import android.content.DialogInterface;
import android.os.Bundle;
import android.util.Log;
import android.view.View;
import android.view.View.OnClickListener;
import android.widget.Button;
import android.widget.ListView;

public class Main extends Activity implements OnClickListener
{
    private final int DIALOG_DELETE_FILE = 1;
    private final int DIALOG_SIMPLE_LIST = 2;
    private final int DIALOG_SINGLE_CHOICE_LIST = 3;
    private final int DIALOG_MULTI_CHOICE_LIST = 4;
    ... ...
    @Override
    public void onClick(View view)
    {
```

```
                switch (view.getId())
                {
                    case R.id.btnDeleteFile:
                        showDialog(DIALOG_DELETE_FILE);              // 显示删除文件确认对话框
                        break;
                    case R.id.btnSimpleList:
                        showDialog(DIALOG_SIMPLE_LIST);              // 显示简单列表对话框
                        break;
                    case R.id.btnSingleChoiceList:
                        showDialog(DIALOG_SINGLE_CHOICE_LIST);       // 显示单选列表对话框
                        break;
                    case R.id.btnMultiChoiceList:
                        showDialog(DIALOG_MULTI_CHOICE_LIST);        // 显示多选列表对话框
                        break;
                    case R.id.btnRemoveDialog:
                        //  将所有的对话框从 Activity 的托管中删除
                        removeDialog(DIALOG_DELETE_FILE);
                        removeDialog(DIALOG_SIMPLE_LIST);
                        removeDialog(DIALOG_SINGLE_CHOICE_LIST);
                        removeDialog(DIALOG_MULTI_CHOICE_LIST);
                        break;
                }
            }
            @Override
            protected Dialog onCreateDialog(int id)
            {
                //  根据不同的 id 创建相应的 Dialog 对象
                switch (id)
                {
                    case DIALOG_DELETE_FILE:
                        return new AlertDialog.Builder(this)... ...create();
                    case DIALOG_SIMPLE_LIST:
                        return new AlertDialog.Builder(this)... ...create();
                    case DIALOG_SINGLE_CHOICE_LIST:
                        return new AlertDialog.Builder(this)... ...create();
                    case DIALOG_MULTI_CHOICE_LIST:
                        return new AlertDialog.Builder(this)... ...create();
                }
                return null;
            }
            ... ...
        }
```

运行本例后，在屏幕上将显示 5 个按钮，前 4 个按钮分别显示 4 个对话框，最后一个按钮将所有的对话框从 Activity 的托管中删除。

除了创建和显示对话框外，还可以使用 Activity 类的 dismissDialog 方法关闭指定 ID 的对话框。如果想在对话框显示之前进行一些初始化，可以使用 onPrepareDialog 事件方法。该方法的定义如下：

```
protected void onPrepareDialog(int id, Dialog dialog)
```

该方法在调用 showDialog 方法之后，显示对话框之前被调用。在该方法中可以根据 id 判断要显示的是哪一个对话框，并根据 dialog 参数获得要显示的 Dialog 对象。

实例 12：创建悬浮对话框和触摸任何位置都可以关闭的对话框

工程目录：src\ch04\ch04_mydialog

悬浮对话框也就是将 Activity 以对话框的方式显示。实现这个功能非常简单，只需要在 AndroidManifest.xml 文件中定义 Activity 的<activity>标签中添加一个 android:theme 属性，并指定对话框主题即可，代码如下：

```
<activity android:name=".Main"
          android:label="@string/app_name" android:theme="@android:style/Theme.Dialog">
```

```
... ...
</activity>
```

对于悬浮对话框来说，触摸屏幕上的任何区域都会触发 Activity 的 onTouchEvent 事件，因此，很容易实现触摸屏幕的任何位置都可以关闭悬浮对话框的功能。

要实现触摸任何位置都可以关闭的对话框稍微复杂一些。在前面的例子中使用了 AlertDialog 类来创建对话框。由于 AlertDialog 类没有相应的方法来设置触摸事件的对象实例，因此，要想使用对话框的 onTouchEvent 事件。需要继承 AlertDialog 类，代码如下：

```java
package net.blogjava.mobile;

import android.app.AlertDialog;
import android.content.Context;
import android.view.MotionEvent;

public class DateDialog extends AlertDialog
{
    public DateDialog(Context context)
    {
        super(context);
    }
    //  触摸屏幕的任何位置时，触发该事件
    @Override
    public boolean onTouchEvent(MotionEvent event)
    {
        dismiss();
        return super.onTouchEvent(event);          //  关闭对话框
    }
}
```

在悬浮窗口下方显示两个按钮：【显示日期】和【关闭】，其中【显示日期】按钮用来显示日期对话框，【关闭】按钮用来关闭悬浮窗口。当显示日期对话框后，在屏幕的任何位置进行触摸都会关闭日期对话框。当日期对话框关闭后，再触摸屏幕的任何位置（除了【显示日期】按钮外），悬浮窗口将关闭。本例的实现代码如下：

```java
package net.blogjava.mobile;

import java.text.SimpleDateFormat;
import java.util.Date;
import android.app.Activity;
import android.app.AlertDialog;
import android.content.DialogInterface;
import android.content.DialogInterface.OnClickListener;
import android.content.DialogInterface.OnDismissListener;
import android.os.Bundle;
import android.view.MotionEvent;
import android.view.View;
import android.widget.Button;

public class Main extends Activity implements android.view.View.OnClickListener
{
    private DateDialog dateDialog;
    @Override
    public void onClick(View view)
    {
        switch (view.getId())
        {
            //  初始化并显示日期对话框
            case R.id.btnCurrentDate:
                SimpleDateFormat simpleDateFormat = new SimpleDateFormat("yyyy-MM-dd");
                dateDialog.setIcon(R.drawable.date);
                dateDialog.setTitle("当前日期：" + simpleDateFormat.format(new Date()));
                dateDialog.setButton("确定", new OnClickListener()
                {
```

```
                    @Override
                    public void onClick(DialogInterface dialog, int which){}
                });
                dateDialog.setOnDismissListener(new OnDismissListener()
                {
                    @Override
                    public void onDismiss(DialogInterface dialog)
                    {
                        new DateDialog.Builder(Main.this).setMessage(
                            "您已经关闭的当前对话框.").create().show();
                    }
                });
                dateDialog.show();
                break;
            case R.id.btnFinish:
                finish();                    //  关闭悬浮对话框
                break;
        }
    }
    //  触摸屏幕的任何位置时，触发该事件
    @Override
    public boolean onTouchEvent(MotionEvent event)
    {
        finish();                            //  关闭悬浮对话框
        return true;
    }
    @Override
    public void onCreate(Bundle savedInstanceState)
    {
        super.onCreate(savedInstanceState);
        setContentView(R.layout.main);
        Button btnCurrentDate = (Button)findViewById(R.id.btnCurrentDate);
        Button btnFinish = (Button)findViewById(R.id.btnFinish);
        btnCurrentDate.setOnClickListener(this);
        btnFinish.setOnClickListener(this);
        dateDialog = new DateDialog(this);       //  创建 DateDialog 类的对象实例
    }
}
```

在 Main 和 DateDialog 类中各有一个 onTouchEvent 方法。当悬浮对话框处于焦点时，在屏幕的任何位置触摸后，系统会调用 Main 类中的 onTouchEvent 方法。当显示日期对话框后，该对话框成为屏幕的焦点，因此，这时触摸屏幕的任何位置时会调用 DateDialog 类中的 onTouchEvent 方法。

运行本例后，将显示如图 4.28 的悬浮对话框，这时触摸屏幕的任何位置（除了【显示日期】按钮），这个悬浮对话框都会关闭。单击【显示日期】按钮后，会显示如图 4.29 所示的日期对话框。这时触摸屏幕的任何位置，这个日期对话框都会关闭。

图 4.28　悬浮对话框

图 4.29　日期对话框

4.4　Toast 和 Notification

　　虽然对话框可以通过显示各种信息来提示用户应用程序到达某个状态，或完成了某个任务，但对话框是以独占方式显示的，也就是说，如果不关闭对话框，就无法做其他事情。不过读者不要担心，Android这么优秀的系统自然会为我们提供其他的替代方案来解决这个问题。这就是 Toast 和 Notification。如果使用 Toast 和 Notification 显示提示信息，就算提示信息不关闭，用户也可以做其他的事情。这两种技术在显示效果和技术实现上都有一定的差异。

4.4.1　用 Toast 显示提示信息框

　　本节的例子代码所在的工程目录是 src\ch04\ch04_toast

　　显示 Toast 提示信息需要使用 android.widget.Toast 类。如果只想在 Toast 上显示文本信息，可以使用如下代码：

```
Toast textToast = Toast.makeText(this, "今天的天气真好！\n 哈，哈，哈！", Toast.LENGTH_LONG);
textToast.show();
```

　　在上面的代码中使用 Toast 类的静态方法创建了一个 Toast 对象。该方法的第 2 个参数表示要显示的文本信息。第 3 个参数表示 Toast 提示信息显示的时间。由于 Toast 信息提示框没有按钮，也无法通过手机按键关闭 Toast 信息提示框。因此，只能通过显示时间的长短控制 Toast 信息提示框的关闭。如果将第 3 个参数的值设为 Toast.LENGTH_LONG，Toast 信息提示框会显示较长的时间后再关闭。该参数值还可以设为 Toast.LENGTH_SHORT，表示 Toast 信息提示框会在较短的时间内关闭。

　　创建 Toast 对象时要注意，在创建只显示文本的 Toast 对象时建议使用 makeText 方法，而不要直接使用 new 关键字创建 Toast 对象。虽然 Toast 类有 setText 方法，但不能在使用 new 关键字创建 Toast 对象后再使用 setText 方法设置 Toast 信息提示框的文本信息。也就是说，下面的代码会抛出异常。

```
Toast toast = new Toast(this);
toast.setText("今天的天气真好！\n 哈，哈，哈！");            // 执行这行代码会抛出异常
toast.show();
```

　　如果想在 Toast 信息提示框上显示其他内容，可以使用 Toast 类的 setView 方法设置一个 View 对象，代码如下：

```
View view = getLayoutInflater().inflate(R.layout.toast, null);
TextView textView = (TextView) view.findViewById(R.id.textview);
textView.setText("今天的天气真好！\n 哈，哈，哈！");
Toast toast = new Toast(this);
toast.setDuration(Toast.LENGTH_LONG);
toast.setView(view);
toast.show();
```

　　也许看到这里读者会有这样的疑问：为什么使用 new 创建 Toast 对象后，能使用 setView 方法将一个 View 对象放在 Toast 信息提示框上，而不能使用 setText 方法来设置文本信息呢？其中的原因也很简单。大家看一下 makeText 方法的源代码就会猜得差不多。makeText 方法的代码也和上面的代码类似，同样是使用 setView 方法设置了一个 View 对象。因此，Toast 方法实际上就是通过一个 View 对象来显示信息的。如果在创建 Toast 对象时未使用 makeText 方法，而使用了 new，那么在调用 setText 方法时 View 对象还没有创建（Toast 类的 setText 方法并不会创建 View 对象），系统自然就会抛出异常了。

　　运行本节的例子后，单击界面的两个按钮，会分别显示纯文本的 Toast 信息提示框和带图像的 Toast 信息提示框，如图 4.30 和图 4.31 所示。

　　如果同时显示多个 Toast 信息提示框，系统会将这些 Toast 信息提示框放到队列中。等前一个 Toast 信息提示框关闭后才会显示下一个 Toast 信息提示框。也就是说，Toast 信息提示框是顺序显示的。

图 4.30　显示文本的 Toast 信息提示框　　　　　　　图 4.31　带图像的 Toast 信息提示框

4.4.2　Notification 与状态栏信息

本节的例子代码所在的工程目录是 src\ch04\ch04_notification

Notification 与 Toast 都可以起到通知、提醒的作用，但它们的实现原理和表现形式完全不一样。Toast 其实相当于一个组件（Widget），有些类似于没有按钮的对话框。而 Notification 是显示在屏幕上方状态栏中的信息。还有就是 Notification 需要用 NotificationManager 来管理，而 Toast 只需要简单地创建 Toast 对象即可。

下面来看一下创建并显示一个 Notification 的步骤。创建和显示一个 Notification 需要如下 5 步：

（1）通过 getSystemService 方法获得一个 NotificationManager 对象。

（2）创建一个 Notification 对象。每一个 Notification 对应一个 Notification 对象。在这一步需要设置显示在屏幕上方状态栏的通知消息、通知消息前方的图像资源 ID 和发出通知的时间，一般为当前时间。

（3）由于 Notification 可以与应用程序脱离。也就是说，即使应用程序被关闭，Notification 仍然会显示在状态栏中。当应用程序再次启动后，又可以重新控制这些 Notification，如清除或替换它们。因此，需要创建一个 PendingIntent 对象。该对象由 Android 系统负责维护，因此，在应用程序关闭后，该对象仍然不会被释放。

（4）使用 Notification 类的 setLatestEventInfo 方法设置 Notification 的详细信息。

（5）使用 NotificationManager 类的 notify 方法显示 Notification 消息。在这一步需要指定标识 Notification 的唯一 ID。这个 ID 必须相对于同一个 NotificationManager 对象是唯一的，否则就会覆盖相同 ID 的 Notificaiton。

心动不如行动，下面演练一下如何在状态栏显示一个 Notification，代码如下：

```
// 第1步
NotificationManager notificationManager = (NotificationManager) getSystemService(NOTIFICATION_SERVICE);
// 第2步
Notification notification = new Notification(R.drawable.icon, "您有新消息了", System.currentTimeMillis());
// 第3步
PendingIntent contentIntent = PendingIntent.getActivity(this, 0, getIntent(), 0);
// 第4步
notification.setLatestEventInfo(this, "天气预报", "晴转多云", contentIntent);
// 第5步
notificationManager.notify(R.drawable.icon, notification);
```

上面的 5 行代码正好对应创建和显示 Notification 的 5 步。在这里要解释一下的是 notify 方法的第 1 个参数。这个参数实际上表示 Notification 的 ID，是一个 int 类型的值。为了使这个值唯一，可以使用 res 目录中的某些资源 ID。例如，在上面的代码中使用了当前 Notification 显示的图像对应的资源 ID（R.drawable.icon）作为 Notification 的 ID。当然，读者也可以使用其他的值作为 Notification 的 ID 值。

由于创建和显示多个 Notification 的代码类似，因此，本节的例子中编写了一个 showNotification 方法来显示 Notification，代码如下：

```
private void showNotification(String tickerText, String contentTitle, String contentText, int id, int resId)
{
    Notification notification = notification = new Notification(resId, tickerText, System.currentTimeMillis());
    PendingIntent contentIntent = PendingIntent.getActivity(this, 0, getIntent(), 0);
    notification.setLatestEventInfo(this, contentTitle, contentText, contentIntent);
    //  notificationManager 是在类中定义的 NotificationManager 变量。在 onCreate 方法中已经创建
    notificationManager.notify(id, notification);
}
```

下面的代码使用 showNotification 方法显示了 3 个 Notification 消息。

```
showNotification("今天非常高兴", "今天考试得了全年级第一",
        "数学 100 分、语文 99 分、英语 100 分，yeah！", R.drawable.smile, R.drawable.smile);
showNotification("这是为什么呢？", "这道题为什么会出错呢？", "谁有正确答案啊.",
        R.drawable.why, R.drawable.why);
showNotification("今天心情不好", "也不知道为什么，这几天一直很郁闷.", "也许应该去公园散心了",
        R.drawable.why, R.drawable.wrath);
```

其中第 2 个和第 3 个 Notification 使用的是同一个 ID（R.drawabgle.why），因此，第 3 个 Notification 会覆盖第 2 个 Notification。

在显示 Notification 时还可以设置显示通知时的默认发声、震动和 Light 效果。要实现这个功能需要设置 Notification 类的 defaults 属性，代码如下：

```
notification.defaults = Notification.DEFAULT_SOUND;        // 使用默认的声音
notification.defaults = Notification.DEFAULT_VIBRATE;      // 使用默认的震动
notification.defaults = Notification.DEFAULT_LIGHTS;       // 使用默认的 Light
notification.defaults = Notification.DEFAULT_ALL;          // 所有的都使用默认值
```

> **注意**　设置默认发声、震动和 Light 的方法是 setDefaults（具体实现详见光盘中的源代码）。该方法与 showNotification 方法的实现代码基本相同，只是在调用 notify 方法之前需要设置 defaults 属性（defaults 属性必须在调用 notify 方法之前调用，否则不起作用）。在设置默认震动效果时还需要在 AndroidManifest.xml 文件中通过<uses-permission>标签设置 android.permission.VIBRATE 权限。

如果要清除某个消息，可以使用 NotificationManager 类的 cancel 方法，该方法只有一个参数，表示要清除的 Notification 的 ID。使用 cancelAll 可以清除当前 NotificationManager 对象中的所有 Notification。

运行本节的例子，单击屏幕上显示 Notification 的按钮，会显示如图 4.32 所示的消息。每一个消息会显示一会，然后就只显示整个 Android 系统（也包括其他应用程序）的 Notification（只显示图像部分），如图 4.33 所示。如果将状态栏拖下来，可以看到 Notification 的详细信息和发出通知的时间（也就是 Notification 类的构造方法的第 3 个参数值），如图 4.34 所示。单击【清除通知】按钮，会清除本应用程序显示的所有 Notification，清除后的效果如图 4.35 所示。

图 4.32　显示 Notification

图 4.33　只显示 Notification 的图像

图 4.34 显示 Notification 的详细信息

图 4.35 清除 Notification 后的效果

4.5 菜单

菜单是 Android 系统中重要的用户接口之一。在 Android 系统中提供了丰富多彩的菜单，例如，系统的主菜单，也可称为选项菜单；带图像、复选框、选项按钮的菜单；上下文菜单。本节将对这些菜单的实现方法进行详细介绍。

在实例 13 中总结了建立各种 Android 系统的菜单需要注意的地方，并给出了 4.5.1 节至 4.5.6 节中的示例代码所在的工程目录。

4.5.1 创建选项菜单

Activity 类的 onCreateOptionsMenu 事件方法用来创建选项菜单，该方法的定义如下：

```
public boolean onCreateOptionsMenu(Menu menu)
```

一般需要将创建选项菜单的代码放在 onCreateOptionsMenu 方法中。通过 Menu 接口的 add 方法可以添加一个选项菜单项。该方法有 4 种重载形式，它们的定义如下：

```
public MenuItem add(int titleRes);
public MenuItem add(CharSequence title);
public MenuItem add(int groupId, int itemId, int order, int titleRes);
public MenuItem add(int groupId, int itemId, int order, CharSequence title);
```

add 方法最多有 4 个参数，这些参数的含义如下：

- groupId：菜单项的分组 ID，该参数一般用于选项按钮菜单（在 4.5.5 节介绍）。该参数值可以是负整数、0 和正整数。
- itemId：当前添加的菜单项的 ID。该参数值可以是负整数、0 和正整数。
- order：菜单显示顺序的 ID。Android 系统在显示菜单项时，根据 order 参数的值按升序从左到右、从上到下显示相应菜单项。该参数值必须是 0 和正整数，不能为负整数。
- titleRes 或 title：菜单项标题的字符串资源 ID 或字符串。

如果使用 add 方法的前两种重载形式，groupId、itemId 和 order 三个参数的值都为 0。这时菜单项的显示顺序就是菜单的顺序。下面的代码添加了 3 个选项菜单项：

```
public boolean onCreateOptionsMenu(Menu menu)
{
    menu.add(1, 1, 1, "菜单项 1");
    menu.add(1, 2, 2, "菜单项 2");
    menu.add(1, 3, 3, "菜单项 3");
    return true;
}
```

Android 系统的选项菜单最多显示 6 个菜单项。如果不足 6 个菜单项，可根据实际情况来排列菜单项，例如，在有 5 个菜单项的情况下，第 1 行会显示两个菜单项、第 2 行会显示 3 个菜单项，如图 4.36 所示。如果菜单项超过 6 个，系统会显示前 5 个菜单项，而最后一个菜单项的标题是【更多】，如图 4.37 所示。单击这个菜单项后，会显示其余的菜单项。如果菜单项的标题过长，系统会显示三行两列的选项菜单，而不是图 4.37 所示的两行三列的选项菜单。而且过长的标题会从左到右移动显示。

图 4.36　有 5 个菜单项的 Activity 菜单

图 4.37　超过 6 个菜单项的 Activity 菜单

4.5.2　设置与菜单项关联的图像和 Activity

从上一节中 Add 方法的定义可以看出，该方法返回了一个 MenuItem 对象。每一个 MenuItem 对象对应一个菜单项。可以通过 MenuItem 接口的相应方法来设置与菜单项相关联的内容。本节将介绍两个可以与菜单项关联的资源：图像和 Activity。

在图 4.36 和图 4.37 所示的 Activity 菜单中可以看到【删除】和【文件】菜单项都带有一个图像。这个图像需要通过 MenuItem 接口的 setIcon 方法来添加，该方法的定义如下：

```
// 通过图像资源 ID 装载图像
public MenuItem setIcon(int iconRes);
// 通过 Drawable 对象装载图像
public MenuItem setIcon(Drawable icon);
```

下面的代码设置了菜单项的图像：

```
MenuItem deleteMenuItem = menu.add(1, 1, "删除");
deleteMenuItem.setIcon(R.drawable.delete);          // 设置【删除】菜单项的图像
```

除了可以设置与菜单项关联的图像，还可以使用 MenuItem 接口的 setIntent 方法将一个 Activity 与菜单项关联。setIntent 方法的定义如下：

```
public MenuItem setIntent(Intent intent);
```

将一个 Activity 与菜单项关联后，单击该菜单项后，系统会调用 startActivity 方法来显示与菜单项关联的 Activity。下面的代码将 AddActivity 与【添加】菜单项关联，当单击【添加】菜单项后，系统就会显示 AddActivity。

```
MenuItem addMenuItem = menu.add(1, 1, 1, "添加");
// 将 AddActivity 与【添加】菜单项进行关联
addMenuItem.setIntent(new Intent(this, AddActivity.class));
```

如果设置了菜单项的单击事件（将在 4.5.3 节介绍），与菜单项关联的 Activity 将失效。也就是说，系统将会调用单击事件方法，而不会显示与菜单项关联的 Activity。

4.5.3　响应选项菜单项单击事件的 3 种方式

处理菜单项单击事件的方法有很多，其中设置菜单项的单击事件的对象实例是最直接的一种方法。通过 MenuItem 接口的 setOnMenuItemClickListener 方法可以设置菜单项的单击事件。该方法有一个 OnMenuItemClickListener 类型参数。菜单项的单击事件类必须实现 OnMenuItemClickListener 接口。下面的代码为【删除】菜单项设置了单击事件。

```
public class Main extends Activity implements OnMenuItemClickListener
{
    // 菜单项单击事件方法
```

```
    @Override
    public boolean onMenuItemClick(MenuItem item)
    {
        //  在这里编写菜单项单击事件的代码，可根据 item 参数的 getItemId 方法来确定单击的是哪个菜单项
        return true;
    }
    @Override
    public boolean onCreateOptionsMenu(Menu menu)
    {
        MenuItem deleteMenuItem = menu.add(1, 2, 2, "删除");
        deleteMenuItem.setIcon(R.drawable.delete);
        deleteMenuItem.setOnMenuItemClickListener(this);        //  设置【删除】菜单项的单击事件
    }
}
```

除了设置菜单项的单击事件外，还可以使用 Activity 类的 onOptionsItemSelected 和 onMenuItemSelected 方法来响应菜单项的单击事件。这两个方法的定义如下：

```
public boolean onOptionsItemSelected(MenuItem item);
public boolean onMenuItemSelected(int featureId, MenuItem item);
```

这两个方法都有一个 item 参数，用于传递被单击的菜单项的 MenuItem 对象。可以根据 MenuItem 接口的相应方法（例如，getTitle 方法和 getItemId 方法）判断单击的是哪个菜单项。

既然有 3 种响应菜单项单击事件的方法，就会产生一系列问题。如果同时使用这 3 种方法，它们都会起作用吗？如果都起作用，那么调用顺序如何呢？实际上，当设置了菜单项的单击事件后，另两种单击事件响应方式都失效了（仅当 onMenuItemClick 方法返回 true 时），也就是说，单击菜单项时，系统不会再调用 onOptionsItemSelected 和 onMenuItemSelected 方法了。如果未设置菜单项的单击事件，而同时使用了另外两种响应单击事件的方式，系统会根据在 onMenuItemSelected 方法中调用父类（Activity 类）的 onMenuItemSelected 方法的位置来决定先调用 onOptionsItemSelected 方法还是先调用 onMenuItemSelected 方法。

```
//  如果将 super.onMenuItemSelected(...)放在 Log.d(...)后面调用，
//  系统会在执行完 onMenuItemSelected 方法中的代码后再调用 onOptionsItemSelected 方法
@Override
public boolean onMenuItemSelected(int featureId, MenuItem item)
{
    super.onMenuItemSelected(featureId, item);        //  这条语句调用了 onOptionsItemSelected 方法
    Log.d("onMenuItemSelected:itemId=", String.valueOf(item.getItemId()));
    return true;
}
```

总结　响应单击选项菜单项事件有 3 种方式——设置菜单项单击事件、onOptionsItemSelected 和 onMenuItemSelected 方法。如果设置了菜单项单击事件（仅当 onMenuItemClick 方法返回 true 时），另外两种方式将失效。

4.5.4　动态添加、修改和删除选项菜单

在很多 Android 系统中，需要在程序的运行过程中根据具体情况动态地对 Activity 菜单进行处理，例如，增加菜单项、修改菜单项的标题和图像。实现这个功能的关键是获得描述选项菜单的 Menu 对象。

Activity 类中的很多方法都可以获得 Menu 对象。例如，4.5.1 节讲的 onCreateOptionsMenu 方法的 menu 参数就是 Menu 类型。我们要做的就是在 onCreateOptionsMenu 方法中将 Menu 对象保存在类变量中。下面的代码动态地向选项菜单中添加了 10 个菜单项：

```
public class Main extends Activity implements OnMenuItemClickListener,
        OnClickListener
{
    private Menu menu;
    private int menuItemId = Menu.FIRST;                //  Menu.FIRST 的值是 1
    @Override
    public void onClick(View view)
```

```
    {
        // 只有单击手机上的【Menu】按钮，onCreateOptionsMenu 方法才会被调用，
        // 因此，如果不按【Menu】按钮，Main 类的 menu 变量的值是 null
        if (menu == null) return;
        // 向 Activity 菜单添加 10 个菜单项，菜单项的 id 从 10 开始
        for (int i = 10; i < 20; i++)
        {
            int id = menuItemId++;
            menu.add(1, id, id, "菜单" + i);
        }
    }
    @Override
    public boolean onCreateOptionsMenu(Menu menu)
    {
        this.menu = menu;                    // 保存 Menu 变量
        return super.onCreateOptionsMenu(menu);
    }
    ... ...
}
```

运行程序后，单击模拟器上的【Menu】按钮（为了调用 onCreateOptionsMenu 方法以获得 Menu 对象），然后单击【添加 10 个菜单项】按钮，再次单击模拟器上的【Menu】按钮，会看到选项菜单中最后一个【更多】菜单项，单击【更多】菜单项，将显示如图 4.38 所示的效果。

图 4.38　动态添加的 10 个菜单项

既然有了 Menu 对象，修改和删除指定的菜单项就变得非常容易了。读者可以使用 Menu 接口的相应方法来完成这些工作。

4.5.5　创建带复选框和选项按钮的子菜单

传统的子菜单是以层次结构显示的，而 Android 系统中的子菜单采用了弹出式的显示方式。也就是当单击带有子菜单的菜单项后，父菜单会关闭，而在屏幕上会单独显示子菜单。

Menu 接口的 addSubMenu 方法用来添加子菜单。该方法的定义如下：

```
SubMenu addSubMenu(final CharSequence title);
SubMenu addSubMenu(final int titleRes);
SubMenu addSubMenu(final int groupId, final int itemId, int order, final CharSequence title);
SubMenu addSubMenu(int groupId, int itemId, int order, int titleRes);
```

addSubMenu 方法和 add 方法的参数个数和类型完全相同，所不同的是它们的返回值类型。addSubMenu 方法返回了一个 SubMenu 对象（SubMenu 是 Menu 的子接口）。可以通过 SubMenu 接口的 add 方法添加子菜单。SubMenu 接口的 add 方法与 Menu 接口的 add 方法在功能和使用方法上完全相同。这两个 add 方法都会返回一个 MenuItem 对象。

在子菜单项上不能显示图像，但可以在子菜单的头部显示图像。不过子菜单项可以带复选框和选项按钮。例如，下面的代码向【文件】菜单项添加了 3 个子菜单项，并将第 1 个子菜单项设置成复选框类型，将后两个子菜单项设置成选项按钮类型，同时为子菜单头设置了图像。

```
public boolean onCreateOptionsMenu(Menu menu)
{
    // 添加子菜单
    SubMenu fileSubMenu = menu.addSubMenu(1, 1, 2, "文件");
    fileSubMenu.setIcon(R.drawable.file);                  // 设置在选项菜单中显示的图像
    fileSubMenu.setHeaderIcon(R.drawable.headerfile);      // 设置子菜单头的图像
    MenuItem newMenuItem = fileSubMenu.add(1, 2, 2, "新建");
    newMenuItem.setCheckable(true);                        // 将第1个子菜单项设置成复选框类型
    newMenuItem.setChecked(true);                          // 选中第1个子菜单项中的复选框
```

```
MenuItem openMenuItem = fileSubMenu.add(2, 3, 3, "打开");
MenuItem exitMenuItem = fileSubMenu.add(2, 4, 4, "退出");
//    将第 3 个子菜单项的选项按钮设为选中状态
exitMenuItem.setChecked(true);
fileSubMenu.setGroupCheckable(2, true, true);                    //    将后两个子菜单项设置成选项按钮类型
}
```

在编写上面代码时应注意如下 4 点：

- 添加子菜单并不是直接在 MenuItem 下添加菜单，而需要使用 addSubMenu 方法创建一个 SubMenu 对象，并在 SubMenu 下添加子菜单。SubMenu 和 MenuItem 是平级。这一点在添加子菜单时要注意。

- 将子菜单项设置成复选框类型，需要使用 MenuItem 接口的 setCheckable 方法。但设置成选项按钮类型，不需要使用 setCheckable 方法，但必须将同一组的选项按钮的 groupId 设置成相同的值，而且需要使用 setGroupCheckable 方法。该方法的第 1 个参数指定子菜单项的 groupId，第 2 个参数必须为 true。如果第 3 个参数为 true，相同 groupId 的子菜单项会被设置成选项按钮类型，如果为 false，相同 groupId 的子菜单项会被设置成复选框类型。

图 4.39　子菜单

- 使用 setChecked 方法可以将复选框或选项按钮设置成选中状态。

- 选项菜单不支持嵌套子菜单，也就是说，不能在子菜单项下再建立子菜单，否则系统将抛出异常。

运行程序后，单击选项菜单中的【文件】菜单项，会显示如图 4.39 所示的子菜单。

4.5.6　创建上下文菜单

上下文菜单可以和任意 View 对象进行关联，例如，TextView、EditText、Button 等组件都可以关联上下文菜单。上下文菜单的显示效果和子菜单有些类似，也分为菜单头和菜单项。

要想创建上下文菜单，需要覆盖 Activity 类的 onCreateContextMenu 方法。该方法的定义如下：

```
public void onCreateContextMenu(ContextMenu menu, View view, ContextMenuInfo menuInfo);
```

可以使用 ContextMenu 接口的 setHeaderTitle 和 setHeaderIcon 方法设置上下文菜单头的标题和图像。上下文菜单项不能带图像，但可以带复选框或选项按钮。上下文菜单与选项菜单一样，也不支持嵌套子菜单。下面的代码创建一个包含 4 个菜单项的上下文菜单，其中最后一个菜单项包含两个子菜单项。

```
public void onCreateContextMenu(ContextMenu menu, View view, ContextMenuInfo menuInfo)
{
    super.onCreateContextMenu(menu, view, menuInfo);
    menu.setHeaderTitle("上下文菜单");
    menu.setHeaderIcon(R.drawable.face);
    //    添加 3 个上下文菜单项，Menu.NONE 的值是 0
    menu.add(0, menuItemId++, Menu.NONE, "菜单项 1").setCheckable(true).setChecked(true);
    menu.add(20, menuItemId++, Menu.NONE, "菜单项 2");
    //    选中第 2 个选项按钮
    menu.add(20, menuItemId++, Menu.NONE, "菜单项 3").setChecked(true);
    menu.setGroupCheckable(20, true, true);
    //    添加带子菜单的上下文菜单项
    SubMenu sub = menu.addSubMenu(0, menuItemId++, Menu.NONE, "子菜单");
    sub.add("子菜单项 1");
    sub.add("子菜单项 2");
}
```

上下文菜单与其他菜单不同的是必须注册到指定的 View 上才能显示。注册上下文菜单可以使用 Activity 类的 registerForContextMenu 方法。下面的代码将当前 Activity 的上下文菜单注册到 Button、EditText 和 TextView 上。

```
Button button = (Button) findViewById(R.id.btnAddMenu);
EditText editText = (EditText) findViewById(R.id.edittext);
TextView textView = (TextView)findViewById(R.id.textview);
// 注册上下文菜单
registerForContextMenu(button);
registerForContextMenu(editText);
registerForContextMenu(textView);
```

当一个视图关联上下文菜单后，触摸该视图，不要抬起，等一会就会显示上下文菜单。如运行上面的代码后，触摸 TextView 后，会显示如图 4.40 所示的上下文菜单。有一些视图已经有了自己的上下文菜单，例如，EditText，在这种情况下，系统会将我们自定义的上下文菜单项添加到视图自带的上下文菜单项的后面，如图 4.41 所示。上下文菜单的单击事件响应方式与选项菜单相同。详细介绍请读者参阅 4.5.3 节的内容。

图 4.40　TextView 的上下文菜单

图 4.41　EditText 的上下文菜单

上下文菜单项的单击事件也可以使用单击事件类和 onMenuItemSelected 方法来响应。这和选项菜单、子菜单的响应方法相同。但对于上下文菜单来说，第 3 种响应单击事件的方式需要覆盖 Activity 类的 onContextItemSelected 方法，该方法的定义如下：

```
public boolean onContextItemSelected(MenuItem item);
```

4.5.7　菜单事件

Activity 类还有一些与菜单相关的事件方法，这些方法的定义如下：

```
public boolean onPrepareOptionsMenu(Menu menu);
public void onOptionsMenuClosed(Menu menu);
public void onContextMenuClosed(Menu menu);
public boolean onMenuOpened(int featureId, Menu menu);
```

这些方法的含义如下：

- onPrepareOptionsMenu 方法：在显示选项菜单之前被调用。一般可用来修改即将显示的选项菜单。
- onOptionsMenuClosed 方法：在关闭选项菜单时被调用。
- onContextMenuClosed 方法：在关闭上下文菜单时被调用。
- onMenuOpened 方法：在显示选项菜单之前被调用。该方法在 onPrepareOptionsMenu 方法之后调用。

实例 13：Activity 菜单、子菜单、上下文菜单演示

　工程目录：src\ch04\ch04_menu

本例演示了创建选项菜单、子菜单和上下文菜单的方法。本例的核心代码在 4.5.1 节至 4.5.6 节均已给出，在这里并没有给出实际的代码。读者可以参阅随书光盘中的完整源代码。

在 4.5.3 节介绍了响应选项菜单项单击事件的 3 种方式，再加上响应上下文菜单项单击事件的

onContextItemSelected 方法，一共有 4 种方法与响应菜单项单击事件有关。这里来总结一下这些响应菜单项单击事件的方式。

- 单击任何类型的菜单项（包括选项菜单项、选项菜单的子菜单项、上下文菜单项、上下文菜单项的子菜单项）时，onMenuItemSelected 方法都会被调用。如果多种类型的菜单项要执行同一段代码时，可以考虑将这些代码放在 onMenuItemSelected 方法中。

- onOptionsItemSelected 方法在单击选项菜单项及选项菜单的子菜单项时被调用。如果只处理这两种类型的菜单，可以考虑将响应代码放在 onOptionsItemSelected 方法中。

- onContextItemSelected 方法在单击上下文菜单项和上下文子菜单项时被调用。如果只处理这两种类型的菜单，可以考虑将响应代码放在 onContextItemSelected 方法中。

- 如果想将某些响应菜单项单击事件的代码独立出来，可以考虑设置这些菜单项的单击事件，也就是编写一个实现 OnMenuItemClickListener 接口的类，并将相关的处理代码放在 OnMenuItemClickListener 接口的 onMenuItemClick 方法中。

也许很多读者注意到了，这 4 个负责响应菜单项单击事件的方法都返回一个 boolean 类型的值。一般情况下，可以使这些方法永远返回 true。在 4.5.3 节曾讲过当设置菜单项的单击事件后，其他的方法都无效了。实际上，这也和这些方法的返回值有关。如果 onMenuItemClick 方法返回 false，Android 系统仍然会继续调用 onMenuItemSelected 方法。实际上，在 Activity.onMenuItemSelected 方法中负责根据当前菜单项的类型调用 onOptionsItemSelected 或 onContextItemSelected 方法。当然，如果覆盖 onMenuItemSelected 方法后，未调用 Super.onMenuItemSelected，系统就不会调用 onOptionsItemSelected 或 onContextItemSelected 方法了。如果 onMenuItemSelected、onOptionsItemSelected 或 onContextItemSelected 方法返回 true，则系统不会调用与菜单项关联的 Activity 类的 startActivity 方法，也就是说，与菜单项关联的 Activity 不会被显示。

本例中所有响应菜单项单击事件的方法及其他相关方法都使用 Log.d 输出了相应信息。读者可以在 DDMS 透视图中观察这些方法的调用顺序。

4.6 布局

为了适应各式各样的界面风格，Android 系统提供了 5 种布局。这 5 种布局是 FrameLayout（框架布局）、LinearLayout（线性布局）、RelativeLayout（相对布局）、TableLayout（表格布局）和 AbsoluteLayout（绝对布局）。利用这 5 种布局，可以将屏幕上的视图随心所欲地摆放，而且视图的大小和位置会随着手机屏幕大小的变化做出调整。

4.6.1 框架布局（FrameLayout）

框架布局是最简单的布局形式。所有添加到这个布局中的视图都以层叠的方式显示。最后一个添加到框架布局中的视图显示在最顶层。上一层的视图会覆盖下一层的视图。第一个添加的视图被放在最底层。这种显示方式有些类似堆栈。栈顶的视图显示在最顶层，而栈底的视图显示在最底层。因此，也可以将 FrameLayout 称为堆栈布局。

框架布局在 XML 布局文件中应使用<FrameLayout>标签进行配置，如果使用 Java 代码，需要创建 android.widget.FrameLayout 类的对象实例。下面是一个典型的框架布局配置代码。

```
<FrameLayout xmlns:android="http://schemas.android.com/apk/res/android"
    android:layout_width="fill_parent" android:layout_height="fill_parent">
    <TextView android:id="@+id/textview" android:layout_width="wrap_content"
        android:layout_height="wrap_content" />
    <Button android:id="@+id/button" android:layout_width="wrap_content"
        android:layout_height="wrap_content" />
</FrameLayout>
```

实例 14：霓虹灯效果的 TextView

工程目录：src\ch04\ch04_neonlight

本例中向框架布局添加了 5 个 TextView，并设置成不同的背景颜色。这 5 个 TextView，最上层的尺寸最小，最底层的尺寸最大。为了实现霓虹灯的效果，通过定时器按一定时间间隔改变这 5 个 TextView 的背景颜色。在改变背景颜色时采用了逐级递增的方式。也就是说当前 TextView 的背景颜色是上一次改变背景颜色时比当前 TextView 尺寸小的相邻的 TextView 的背景颜色。这样看起来像是某一种颜色从中心向外扩散的效果。

本例的 XML 布局文件的代码如下：

```xml
<?xml version="1.0" encoding="utf-8"?>
<FrameLayout xmlns:android="http://schemas.android.com/apk/res/android"
    android:layout_width="fill_parent" android:layout_height="fill_parent">
    <TextView android:id="@+id/textview1" android:layout_width="300dp"
        android:layout_height="300dp" android:layout_gravity="center" />
    <TextView android:id="@+id/textview2" android:layout_width="240dp"
        android:layout_height="240dp" android:layout_gravity="center" />
    <TextView android:id="@+id/textview3" android:layout_width="180dp"
        android:layout_height="180dp" android:layout_gravity="center" />
    <TextView android:id="@+id/textview4" android:layout_width="120dp"
        android:layout_height="120dp" android:layout_gravity="center" />
    <TextView android:id="@+id/textview5" android:layout_width="60dp"
        android:layout_height="60dp" android:layout_gravity="center" />
</FrameLayout>
```

为了使这 5 个 TextView 在屏幕正中心，这里将<TextView>标签的 android:layout_gravity 属性的值设为 center，表示当前视图在水平方向和垂直方向的中心。

下面是本例的实现代码。

```java
package net.blogjava.mobile;

import android.app.Activity;
import android.os.Bundle;
import android.os.Handler;
import android.view.View;

public class Main extends Activity implements Runnable
{
    //  5 个 TextView 的颜色值
    private int[] colors = new int[]{ 0xFFFF0000, 0xFF00FF00, 0xFF0000FF, 0xFFFF00FF, 0xFF00FFFF };
    //  每一个颜色的下一个颜色的索引，最后一个颜色的下一个颜色是第一个颜色，相当于循环链表
    private int[] nextColorPointers = new int[]{ 1, 2, 3, 4, 0 };
    private View[] views;                                  //  保存 5 个 TextView
    private int currentColorPointer = 0;                   //  当前颜色索引（指针）
    private Handler handler;
    @Override
    public void run()
    {
        int nextColorPointer = currentColorPointer;
        //  设置 5 个 TextView 的背景颜色
        //  由于最后一个 TextView 在最顶端，因此，从最后一个 TextView 开始改变背景颜色
        for (int i = views.length - 1; i >= 0; i--)
        {
            //  设置当前 TextView 的背景颜色
            views[i].setBackgroundColor(colors[nextColorPointers[nextColorPointer]]);
            //  获得下一个 TextView 的背景颜色值的索引（指针）
            nextColorPointer = nextColorPointers[nextColorPointer];
        }
        currentColorPointer++;
        if (currentColorPointer == 5)
```

```
                currentColorPointer = 0;
            handler.postDelayed(this, 300);                      // 第 300 毫秒循环一次
    }
    @Override
    public void onCreate(Bundle savedInstanceState)
    {
        super.onCreate(savedInstanceState);
        setContentView(R.layout.main);
        // 初始化 views 数组
        views = new View[]
        { findViewById(R.id.textview5), findViewById(R.id.textview4),
                findViewById(R.id.textview3), findViewById(R.id.textview2),
                findViewById(R.id.textview1) };
        handler = new Handler();
        handler.postDelayed(this, 300);                      // 第 300 毫秒循环一次
    }
}
```

> **注意**
>
> 本例中为了使 5 个 TextView 的背景颜色不断地变化，利用了循环链表的概念。在上面代码中的核心变量是 nextColorPointers 和 currentColorPointer。其中 currentColorPointer 从 0 开始。run 方法每运行一次该变量增 1。这个变量实际上是 nextColorPointers 数组的索引。nextColorPointers 数组保存了每一个颜色后面应该设置的颜色的索引。每次改变背景颜色时，都从 nextColorPointers 数组中 currentColorPointer 所指的元素开始。当 currentColorPointer 不断增大后，又重新变成 0，这样就会产生所有的颜色都是从最内层向外层扩散的效果。

运行本例后，将显示如图 4.42 所示的效果。

图 4.42　霓虹灯效果的 TextView

4.6.2　线性布局（LinearLayout）

线性布局是最常用的布局方式。线性布局在 XML 布局文件中应使用<LinearLayout>标签进行配置，如果使用 Java 代码，需要创建 android.widget.LinearLayout 类的对象实例。

线性布局可分为水平线性布局和垂直线性布局。通过 orientation 属性可以设置线性布局的方向。该属性的可取值是 horizontal 和 vertical，默认值是 horizontal。当线性布局的方向是水平时，所有在<LinearLayout>标签中定义的视图都沿着水平方向线性排列。当线性布局的方向是垂直时，所有在<LinearLayout>标签中定义的视图都沿着垂直方向线性排列。

<LinearLayout>标签有一个非常重要的 gravity 属性，该属性用于控制布局中视图的位置。该属性可取

的主要值如表 4.1 所示。如果设置多个属性值，需要使用 "|" 进行分隔。在属性值和 "|" 之间不能有其他符号（例如，空格、Tab 等）。

表 4.1　gravity 属性的取值

属性值	描述
top	将视图放到屏幕顶端
bottom	将视图放到屏幕底端
left	将视图放到屏幕左侧
right	将视图放到屏幕右侧
center_vertical	将视图按垂直方向居中显示
center_horizontal	将视图按水平方向居中显示
center	将视图按垂直和水平方向居中显示

下面的代码在屏幕上添加了 3 个按钮，并将它们右对齐。

```xml
<?xml version="1.0" encoding="utf-8"?>
<LinearLayout xmlns:android="http://schemas.android.com/apk/res/android"
android:orientation="vertical" android:layout_width="fill_parent"
android:layout_height="fill_parent" android:gravity="right">
<Button android:layout_width="wrap_content"
    android:layout_height="wrap_content" android:text="按钮 1" />
<Button android:layout_width="wrap_content"
    android:layout_height="wrap_content" android:text="按钮 2" />
<Button android:layout_width="wrap_content"
    android:layout_height="wrap_content" android:text="按钮 3" />
</LinearLayout>
```

使用上面的 XML 布局文件后，将得到如图 4.43 所示的效果。如果将 gravity 属性值改成 center，将得到如图 4.44 所示的效果。

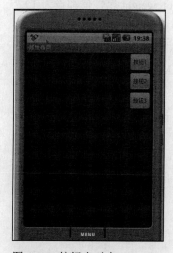

图 4.43　按钮右对齐

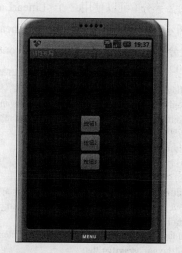

图 4.44　按钮中心对齐

<LinearLayout> 标签中的视图标签还可以使用 layout_gravity 和 layout_weight 属性来设置每一个视图的位置。

layout_gravity 属性的可取值与 gravity 属性的可取值相同，表示当前视图在布局中的位置。layout_weight 属性是一个非负整数值。如果该属性值大于 0，线性布局会根据水平或垂直方向以及不同视图的 layout_weight 属性值占所有视图的 layout_weight 属性值之和的比例为这些视图分配自己所占用的区域，视图将按相应比例拉伸。例如，在 <LinearLayout> 标签中有两个 <Button> 标签，这两个标签的 layout_weight 属性值都是 1，并且 <LinearLayout> 标签的 orientation 属性值是 horizontal。这两个按钮都会被拉伸到屏幕

4/6
Chapter

宽度的一半，并显示在屏幕的正上方。如果 layout_weight 属性值为 0，视图会按原大小显示（不会被拉伸）。
对于其余 layout_weight 属性值大于 0 的视图，系统将会减去 layout_weight 属性值为 0 的视图的宽度或高
度，再用剩余的宽度和高度按相应的比例来分配每一个视图的显示宽度和高度。关于这两个属性的用法，
将在实例 15 中详细介绍。

实例 15：利用 LinearLayout 将按钮放在屏幕的四角和中心位置

工程目录：src\ch04\ch04_linearlayout

在本例中将利用 LinearLayout 把 5 个按钮分别放在屏幕的四角和中心位置，如图 4.45 所示。

图 4.45   LinearLayout 布局

图 4.46   布局划分

要想实现如图 4.45 所示的布局，首先应该对屏幕上按钮的位置粗略地分一下。其中一种划分方法是按
垂直方向 3 等分（可以使用 3 个<LinearLayout>标签，并将 layout_weight 属性值都设为 1）。然后将第 1 部
分和第 3 部分按水平方法 2 等分（可以使用 2 个<LinearLayout>标签，并将 layout_weight 属性值都设为 1）。
这个划分过程如图 4.46 所示。现在屏幕上出现 5 个<LinearLayout>标签。在每一个<LinearLayout>标签中有
一个按钮，将这 5 个按钮分别放置在自己的<LinearLayout>标签中相应的位置（可以使用<LinearLayout>标
签的 gravity 属性，也可以使用<Button>标签的 layout_gravity 属性）。下面是 XML 布局文件的完整代码。

```xml
<?xml version="1.0" encoding="utf-8"?>
<LinearLayout xmlns:android="http://schemas.android.com/apk/res/android"
    android:orientation="vertical" android:layout_width="fill_parent" android:layout_height="fill_parent">
    <!-- 设置最上面两个按钮 -->
    <LinearLayout android:orientation="horizontal"
        android:layout_width="fill_parent" android:layout_height="fill_parent" android:layout_weight="1">
        <!-- 包含左上角按钮的 LinearLayout 标签 -->
        <LinearLayout android:orientation="vertical" android:layout_width="fill_parent"
            android:layout_height="fill_parent"  android:layout_weight="1">
            <Button android:layout_width="wrap_content"
                android:layout_height="wrap_content" android:text="左上按钮"
                android:layout_gravity="left" />
        </LinearLayout>
        <!-- 包含右上角按钮的 LinearLayout 标签 -->
        <LinearLayout android:orientation="vertical"
            android:layout_width="fill_parent" android:layout_height="fill_parent"
            android:layout_weight="1">
            <Button android:layout_width="wrap_content"
                android:layout_height="wrap_content" android:text="右上按钮"
                android:layout_gravity="right" />
        </LinearLayout>
    </LinearLayout>
    <!-- 包含中心按钮的 LinearLayout 标签 -->
    <LinearLayout android:orientation="vertical"
```

```
        android:layout_width="fill_parent" android:layout_height="fill_parent"
            android:layout_weight="1" android:gravity="center">
            <Button android:layout_width="wrap_content"
                android:layout_height="wrap_content" android:text="中心按钮" />
        </LinearLayout>
    <!-- 设置最下面两个按钮 -->
    <LinearLayout android:orientation="horizontal"
        android:layout_width="fill_parent" android:layout_height="fill_parent"
        android:layout_weight="1">
        <!-- 包含左下角按钮的 LinearLayout 标签 -->
        <LinearLayout android:orientation="vertical"
            android:layout_width="fill_parent" android:layout_height="fill_parent"
            android:layout_weight="1" android:gravity="left|bottom">
            <Button android:layout_width="wrap_content"
                android:layout_height="wrap_content" android:text="左下按钮" />
        </LinearLayout>
        <!-- 包含右下角按钮的 LinearLayout 标签 -->
        <LinearLayout android:orientation="vertical"
            android:layout_width="fill_parent" android:layout_height="fill_parent"
            android:layout_weight="1" android:gravity="right|bottom">
            <Button android:layout_width="wrap_content"
                android:layout_height="wrap_content" android:text="右下按钮"/>
        </LinearLayout>
    </LinearLayout>
    </LinearLayout>
</LinearLayout>
```

4.6.3　相对布局（RelativeLayout）

相对布局可以设置某一个视图相对于其他视图的位置。这些位置包括上、下、左、右。设置这些位置的属性是 android:layout_above、android:layout_below、android:layout_toLeftOf、android:layout_toRightOf。除此之外，还可以通过 android:layout_alignBaseline 属性设置视图的底端对齐。

这 5 个属性的值必须是存在的资源 ID，也就是另一个视图的 android:id 属性值。下面的代码是一个典型的使用 RelativeLayout 的例子。

```
<?xml version="1.0" encoding="utf-8"?>
<RelativeLayout xmlns:android="http://schemas.android.com/apk/res/android"
    android:layout_width="fill_parent" android:layout_height="fill_parent" >
    <TextView android:id="@+id/textview1" android:layout_width="wrap_content"
        android:layout_height="wrap_content" android:textSize="20dp"
        android:text="文本 1"/>
    <!-- 将这个 TextView 放在 textview1 的右侧 -->
    <TextView android:layout_width="wrap_content"
        android:layout_height="wrap_content" android:textSize="20dp"
        android:text="文件 2" android:layout_toRightOf="@id/textview1"/>
</RelativeLayout>
```

实例 16：利用 RelativeLayout 实现梅花效果的布局

工程目录：src\ch04\ch04_relativelayout

本例中将对一个较复杂的界面进行布局（梅花效果），布局的效果如图 4.47 所示。

图 4.47　使用 RelativeLayout 进行布局

如图 4.47 所示界面的基本思想是先将【按钮 1】放在左上角，然后将【按钮 2】放在【按钮 1】的右下侧，最后以【按钮 2】为轴心，放置【按钮 3】、【按钮 4】和【按钮 5】。布局的完整代码如下：

```xml
<?xml version="1.0" encoding="utf-8"?>
<RelativeLayout xmlns:android="http://schemas.android.com/apk/res/android"
    android:layout_width="fill_parent" android:layout_height="fill_parent" >
    <Button android:id="@+id/button1" android:layout_width="wrap_content"
        android:layout_height="wrap_content" android:textSize="20dp"
        android:text="按钮 1"/>
    <Button android:id="@+id/button2" android:layout_width="wrap_content"
        android:layout_height="wrap_content" android:textSize="20dp"
        android:text="按钮 2" android:layout_toRightOf="@id/button1"
        android:layout_below="@id/button1" />
    <Button android:id="@+id/button3" android:layout_width="wrap_content"
        android:layout_height="wrap_content" android:textSize="20dp"
        android:text="按钮 3" android:layout_toLeftOf="@id/button2"
        android:layout_below="@id/button2" />
    <Button android:id="@+id/button4" android:layout_width="wrap_content"
        android:layout_height="wrap_content" android:textSize="20dp"
        android:text="按钮 4" android:layout_toRightOf="@id/button2"
        android:layout_above="@id/button2" />
    <Button android:id="@+id/button5" android:layout_width="wrap_content"
        android:layout_height="wrap_content" android:textSize="20dp"
        android:text="按钮 5" android:layout_toRightOf="@id/button2"
        android:layout_below="@id/button2" />
</RelativeLayout>
```

4.6.4 表格布局（TableLayout）

表格布局可将视图按行、列进行排列。一个表格布局由一个<TableLayout>标签和若干<TableRow>标签组成。下面的代码是一个典型的表格布局。

```xml
<?xml version="1.0" encoding="utf-8"?>
<TableLayout xmlns:android="http://schemas.android.com/apk/res/android"
    android:layout_width="fill_parent" android:layout_height="fill_parent">
    <TableRow>
        <Button android:layout_width="wrap_content" android:layout_height="wrap_content"
            android:text="按钮 1" />
        <Button android:layout_width="wrap_content"
            android:layout_height="wrap_content" android:text="按钮 2"/>
    </TableRow>
    <TableRow>
        <Button android:layout_width="wrap_content"
            android:layout_height="wrap_content" android:text="按钮 3"/>
        <Button android:layout_width="wrap_content"
            android:layout_height="wrap_content" android:text="按钮 4"/>
    </TableRow>
</TableLayout>
```

如果想让每一列等宽拉伸至最大宽度，可将<TableLayout>标签的 android:stretchColumns 属性值设为"*"，将<Button>的 android:layout_gravity 属性值设成 center_horizontal，这个<Button>将在各自的单元格中水平居中显示。

实例 17：计算器按钮的布局

工程目录：src\ch04\ch04_calculator

表格布局一般常用在按行、列进行排列的多个视图上。例如，比较常见的计算器按钮。本例中将使用 TableLayout 对一组简单的计算器按钮进行排列，代码如下：

```xml
<?xml version="1.0" encoding="utf-8"?>
<TableLayout xmlns:android="http://schemas.android.com/apk/res/android"
    android:layout_width="fill_parent" android:layout_height="fill_parent">
    <TableRow>
```

```
    <Button android:layout_width="wrap_content" android:layout_height="wrap_content"
        android:text=" 7 " />
    <Button android:layout_width="wrap_content"
        android:layout_height="wrap_content" android:text=" 8 "/>
    <Button android:layout_width="wrap_content"
        android:layout_height="wrap_content" android:text=" 9 "/>
    <Button android:layout_width="wrap_content"
        android:layout_height="wrap_content" android:text=" / "/>
</TableRow>
<!--  此处省略了其他的 TableRow 标签  -->
... ...
</TableLayout>
```

运行本例后，显示的效果如图 4.48 所示。

图 4.48　使用 TableLayout 布局的计算器按钮

4.6.5　绝对布局（AbsoluteLayout）

通过绝对布局，可以任意设置视图的位置。通过 android:layout_x 和 android:layout_y 属性可以设置视图的横坐标和纵坐标，如下面的代码所示：

```
<?xml version="1.0" encoding="utf-8"?>
<AbsoluteLayout xmlns:android="http://schemas.android.com/apk/res/android"
    android:layout_width="fill_parent" android:layout_height="fill_parent">
    <Button android:layout_width="wrap_content"
        android:layout_height="wrap_content" android:layout_x="40dp" android:layout_y="80dp"
        android:text="按钮" />
</AbsoluteLayout>
```

4.7　本章小结

本章主要介绍了 Android 系统的用户接口，主要用户接口包括 Activity、View、对话框、Toast、Notification、菜单和布局。其中 View 是用户接口的核心，所有包含可视化界面的 Android 程序都离不开 View。在 Android SDK 中内嵌了一些常用的对话框，例如，列表对话框、进度对话框等。当然，开发人员也可以定制自己的对话框。Toast 和 Notification 是两种显示提示信息的方式。Toast 类似于对话框，但在一定时间后会自动关闭，而 Notification 会在手机屏幕上方的状态栏中显示相应的信息，显示信息的过程并不影响其他操作。Android 系统支持 3 种菜单：选项菜单、子菜单和上下文菜单。其中子菜单项和上下文菜单项支持复选框和选项按钮，但不支持图像，而选项菜单恰恰相反。不过子菜单头和上下文菜单头可以显示图像。Android 系统还支持 5 种布局：FrameLayout、LinearLayout、RelativeLayout、TableLayout 和 AbsoluteLayout。如果灵活运用这些布局，将能够设计出任意复杂的、适应能力极强的界面。

5

组件详解

如果将 Android 系统比作是一个企业的话，那么组件（Widget）无疑是这个企业最大的资产。组件分为可视组件和非可视组件。大多数与组件相关的接口和类都在 android.widget 包中。几乎所有的 Android 程序都会或多或少地涉及到组件技术。为了使读者尽可能地了解组件的使用方法，本章将全面阐述 Android SDK 中各个方面的组件，并穿插给出大量的精彩实例，以使读者更深入地了解不同的组件在应用程序中所起的作用。

 本章内容

- 📖 显示和编辑文本的组件
- 📖 带边框的 TextView
- 📖 按钮与复选框组件
- 📖 带图像的按钮
- 📖 异形按钮
- 📖 显示日期和时间的组件
- 📖 显示时钟的组件
- 📖 进度条组件
- 📖 SeekBar 组件
- 📖 列表组件
- 📖 ImageView 组件
- 📖 Spinner 组件
- 📖 GridView 组件
- 📖 Gallery 组件
- 📖 ImageSwitcher 组件
- 📖 Tab 组件

5.1 显示和编辑文本的组件

在应用程序中经常需要显示和编辑文本。在 Android SDK 中提供了 TextView 和 EditText 组件，分别用来显示和编辑文本。除此之外，还提供了功能更丰富的 MultiAutoCompleteTextView 组件用来自动完成需要输入的文本内容。本节将详细介绍这些组件的使用方法，并解决一些常见的问题，例如，将 TextView 文本中的字符设置成不同的颜色；EditText 组件如何限制输入的内容。

5.1.1　显示文本的组件：TextView

本节的例子代码所在的工程目录是 src\ch05\ch05_textview

如果要问最先接触到的组件是哪一个？或第一个学会的组件是哪一个？估计大多数的 Android 开发人员的答案是 TextView。这是因为用 ADT 建立的 Eclipse Android 工程会自动创建一个默认的 Activity，并且会为这个 Activity 添加一个默认的 TextView 组件。从这一点可以看出，TextView 在 Android SDK 的整个组件体系中有着举足轻重的作用。

在前面的章节已经不止一次使用了 TextView 组件。也许很多读者对这个组件熟悉得不能再熟悉了。但前面的部分涉及到的只是 TextView 组件非常初级的用法。TextView 组件的功能远不止是显示文本这么简单。接下来的部分将逐一揭示 TextView 组件最为诱人的功能。

TextView 组件的基本用法在前面已经多次接触到了，下面再来回顾一下。TextView 组件使用 <TextView>标签定义，下面的代码是最基本的 TextView 组件的用法。

```
<TextView android:id="@+id/textview1" android:layout_width="fill_parent"
    android:layout_height="wrap_content"    android:text="可以在这里设置 TextView 组件的文本" />
```

上面的代码表示 TextView 的宽度应尽可能充满 TextView 组件所在的容器。将高度设为 wrap_content，表示 TextView 组件的高度需要根据组件中文本的行数、字体大小等因素决定。

当然，还可以对 TextView 组件进行更复杂的设置，例如，设置 TextView 组件的文字字体大小、文字颜色、背景颜色、文本距 TextView 组件边缘的距离、TextView 组件距其他组件的距离等。下面的代码包含 3 个<TextView>标签，这 3 个标签设置上述 TextView 组件的相应属性。

```
<?xml version="1.0" encoding="utf-8"?>
<LinearLayout xmlns:android="http://schemas.android.com/apk/res/android"
    android:orientation="vertical" android:layout_width="fill_parent"
    android:layout_height="fill_parent">
    <TextView android:id="@+id/textview1" android:layout_width="fill_parent"
        android:layout_height="wrap_content" android:textColor="#0000FF"
         android:background="#FFFFFF" android:text="可以在这里设置 TextView 组件的文本" />
    <TextView android:id="@+id/textview2" android:layout_width="fill_parent"
        android:layout_height="wrap_content" android:text="更复杂的设置"
        android:textSize="20dp" android:textColor="#FF00FF" android:background="#FFFFFF"
        android:padding="30dp" android:layout_margin="30dp"   />
    <TextView android:id="@+id/textview3" android:layout_width="fill_parent"
        android:layout_height="wrap_content" android:textColor="#FF0000"
        android:background="#FFFFFF" android:text="可以在这里设置 TextView 组件的文本" />
</LinearLayout>
```

上面代码中大多数属性的含义根据字面就可以猜出来，但要注意两个属性：android:padding 和 android:layout_margin，其中 android:padding 属性用于设置文字距 TextView 组件边缘的距离，android:layout_margin 属性用于设置 TextView 组件距离相邻的其他组件的距离。这两个属性设置的都是四个方向的距离，也就是上、下、左、右的距离。如果要单独设置这四个方向的距离，可以使用其他属性，这些属性的规则是在这两个属性后面添加 Left、Right、Top 和 Bottom，例如，设置 TextView 组件距离左侧组件的距离，可以使用 android:layout_marginLeft 属性。

运行上面的代码后，将显示如图 5.1 所示的效果。

要注意的是，第 2 个<TextView>标签的 android:layout_width 属性值是 fill_parent，因此，文字距 TextView 组件右侧的距离并不是 android:padding 属性的值。系统会优先使用 android:layout_margin 属性的值来设置 TextView 组件到右侧组件（这里是屏幕的右边缘）的距离。

除了可以在 XML 布局文件中设置 TextView 组件的属性外，还可以在代码中设置 TextView 组件的属性（实际上，所有的组件都可以采用这两种方式设置它们的属性）。例如，下面的代码设置了文本的颜色。

```
TextView textView = (TextView) findViewById(R.id.textview4);
```

textView.setTextColor(android.graphics.Color.RED);   //   使用实际的颜色值设置字体颜色

图 5.1 TextView 组件

设置 TextView 组件背景色的方法有 3 个，这些方法如下：

- setBackgroundResource：通过颜色资源 ID 设置背景色。
- setBackgroundColor：通过颜色值设置背景色。
- setBackgroundDrawable：通过 Drawable 对象设置背景色。

下面的代码分别演示了如何用这 3 个方法来设置 TextView 组件的背景色。

使用 setBackgroundResource 方法设置背景色：

```
textView.setBackgroundResource(R.color.background);
```

使用 setBackgroundColor 方法设置背景色：

```
textView.setBackgroundColor(android.graphics.Color.RED);
```

使用 setBackgroundDrawable 方法设置背景色：

```
Resources resources=getBaseContext().getResources();
Drawable drawable=resources.getDrawable(R.color.background);
textView.setBackgroundDrawable(drawable);
```

如何让 TextView 中的文字居中显示？
前面关于 TextView 组件的例子中的文字都是从左上角开始显示的，如果将<TextView>标签的 android:gravity 属性值设为 center，则文字会在水平和垂直两个方向居中；如果设为 center_horizontal，文字会水平居中；如果设为 center_vertical，文字会垂直居中。

在 TextView 及其他一些组件类中都有一个 setText 方法，该方法的一个重载形式可以接收一个 int 类型的参数值，这个值实际上是一个资源 ID，并不是实际值。如果想使用 setText 方法设置 int 类型的值（不是资源 ID），需要使用 String.valueOf 方法将 int 类型的值转换成字符串，否则系统会将 int 类型的值认为是资源 ID，如果这个资源 ID 并不存在，系统将会抛出异常。在很多组件类中还有一些方法，例如 setTextColor，只能接收实际的 int 类型的值（该值并不是资源 ID），setTextColor 方法也可以传递一个 int 类型的值，但这个 int 类型的值是实际的颜色值，而不是颜色资源 ID，这一点在使用类似方法时要格外注意（一定要搞清楚 int 类型的值是资源 ID 还是实际值）。为了可以同时使用资源 ID 和实际值进行设置，往往提供了不同的方法，就如前面介绍的 3 个设置背景颜色的方法一样。

实例 18：在 TextView 中显示 URL 及不同字体大小、不同颜色的文本

工程目录：src\ch05\ch05_htmltextview

TextView 不仅可以显示普通的文本，而且可以识别文本中的链接，并将这些链接转换成可单击的链接。系统会根据不同类型的链接调用相应的软件进行处理，例如，当这个链接是 Web 网址时，单击该链接时，系统会启动 Android 内置的浏览器，并导航到该网址所指向的网页。TextView 组件识别链接的方式有如下两种：

- 自动识别
- HTML 解析

自动识别是指 TextView 会将文本中的链接自动识别出来，这些链接并不需要做任何标记。实现自动识别链接的功能需要设置\<TextView\>标签的 android:autoLink 属性。该属性可设置的值如表 5.1 所示。

表 5.1　android:autoLink 属性可设置的值

autoLink 属性的值	功能描述
none	不匹配任何链接（默认值）
web	匹配 Web 网址
email	匹配 Email 地址
phone	匹配电话号码
map	匹配映射地址
all	匹配所有的链接

如果不设置\<TextView\>标签的 android:autoLink 属性，就需要使用 HTML 的\<a\>标签来显示可单击的链接。如果通过 XML 布局文件来设置 TextView 中的值，可以直接在文本中用\<a\>标签指定链接及链接文本。如果使用 Java 代码来设置，需要使用 android.text.Html 类的 fromHtml 方法进行转换，代码如下：

```
TextView textView = (TextView) findViewById(R.id.textview);
textView.setText(Html.fromHtml("<a href='http://nokiaguy.blogjava.net'>http://nokiaguy.blogjava.net</a>"));
```

fromHtml 方法还支持部分 HTML 标签，例如，可以使用\<font\>标签显示不同颜色的文本。

本例中有 5 个 TextView 组件，前 3 个使用了自动识别链接的方式来识别不同的链接。第 4 个 TextView 组件在 XML 布局文件中指定了显示的文本，其中包含\<a\>标签。最后一个 TextView 组件在代码中使用 Html.fromHtml 方法将带\<a\>、\<font\>等标签的文本转换成 Spanned 对象（setText 方法可以接收 Spanned 对象，而 fromHtml 方法可以将 HTML 文本转换成 Spanned 对象）。本例的实现代码如下：

```
package net.blogjava.mobile;

import android.app.Activity;
import android.os.Bundle;
import android.text.Html;
import android.widget.TextView;

public class Main extends Activity
{
    @Override
    public void onCreate(Bundle savedInstanceState)
    {
        super.onCreate(savedInstanceState);
        setContentView(R.layout.main);
        //   自动识别链接
        TextView tvWebURL = (TextView) findViewById(R.id.tvWebURL);
        tvWebURL.setText("作者博客：http://nokiaguy.blogjava.net");
        TextView tvEmail = (TextView) findViewById(R.id.tvEmail);
        tvEmail.setText("电子邮件:techcast@126.com");
        TextView tvPhone = (TextView) findViewById(R.id.tvPhone);
        tvPhone.setText("联系电话:024-12345678");
        //   在代码中设置带 HTML 标签的文本
        TextView textView2 = (TextView) findViewById(R.id.textview2);
        textView2.setText(Html.fromHtml("作者博客:
<a  href='http://nokiaguy.blogjava.net'>http://nokiaguy.blogjava.net</a><h1><i><font  color='#0000FF'>h1 号字、斜体、蓝色
</font></i></h5></h1><h3>h3 号字</h3><h5><font color='#CC0000'>李宁</font></h5>"));
    }
}
```

其中前 3 个\<TextView\>标签分别将 autoLink 属性值设为 web、email 和 phone。

由于 XML 布局文件中不能直接指定\<a\>标签，因此，需要在字符串资源文件中指定相应的文本，并在 XML 布局文件中引用字符串资源 ID。第 4 个\<TextView\>标签引用的字符串资源如下：

```
<string name="link_text_manual">
    作者博客：<a href='http://nokiaguy.blogjava.net'>http://nokiaguy.blogjava.net</a>
</string>
```

运行本例后，显示的效果如图 5.2 所示。

图 5.2　显示 URL、不同字体大小和颜色的文本的 TextView

 注意　TextView 并不支持所有的 HTML 标签，如果想显示更丰富的效果，可以使用 WebView 组件，该组件将在 9.2 节详细介绍。

实例 19：带边框的 TextView

工程目录：src\ch05\ ch05_bordertextview

Android 系统本身提供的 TextView 组件并不支持边框，但可以对 TextView 进行扩展来添加边框。可以使用如下两种方法为 TextView 组件添加边框：

● 编写一个继承 TextView 类的自定义组件，并在 onDraw 事件方法中画边框。

● 使用 9-patch 格式的图像作为 TextView 的背景图来设置边框（这个背景图需要带一个边框）。

在 onDraw 事件方法中画边框非常容易，只需要画 TextView 组件的上、下、左、右四个边即可。这个自定义组件的代码如下：

```java
package net.blogjava.mobile;

import android.content.Context;
import android.graphics.Canvas;
import android.graphics.Paint;
import android.util.AttributeSet;
import android.widget.TextView;

public class BorderTextView extends TextView
{
    @Override
    protected void onDraw(Canvas canvas)
    {
        super.onDraw(canvas);
        Paint paint = new Paint();
        //  将边框设为黑色
        paint.setColor(android.graphics.Color.BLACK);
        //  画 TextView 的 4 个边
        canvas.drawLine(0, 0, this.getWidth() - 1, 0, paint);
        canvas.drawLine(0, 0, 0, this.getHeight() - 1, paint);
        canvas.drawLine(this.getWidth() - 1, 0, this.getWidth() - 1, this.getHeight() - 1, paint);
        canvas.drawLine(0, this.getHeight() - 1, this.getWidth() - 1, this.getHeight() - 1, paint);
    }
    public BorderTextView(Context context, AttributeSet attrs)
```

```
    {
        super(context, attrs);
    }
}
```

在上面的代码中将边框设成了黑色，读者也可以根据需要将边框设置成任何其他颜色，或从 XML 布局文件中读取相应的颜色值。关于自定义组件的详细介绍请读者参阅 4.2 节的内容。

虽然可以直接使用带边框的图像作为 TextView 组件的背景来设置边框，但当 TextView 的大小变化时，背景图像上的边框也随之变粗或变细，这样看起来并不太舒服。为了解决这个问题，可以采用 9-patch 格式的图像来作为 TextView 组件的背景图。可以使用<Android SDK 安装目录>\tools\draw9patch.bat 命令来启动 Draw 9-patch 工具。制作 9-patch 格式的图像也很简单，将事先做好的带边框的 png 图像（必须是 png 格式的图像）用这个工具打开，并在外边框的上方和左侧画一个像素点，然后保存即可，如图 5.3 所示。9-patch 格式的图像必须以 9.png 结尾，例如，abc.9.png。在生成完 9-patch 格式的图像后，使用<TextView>标签的 android:background 属性指定相应的图像资源即可。

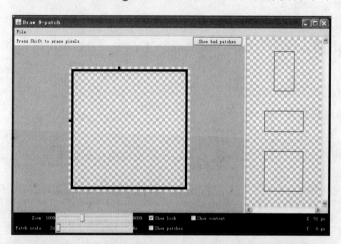

图 5.3　使用 Draw 9-patch 工具制作 9-patch 格式的图像

运行本例后，显示的效果如图 5.4 所示。

图 5.4　带边框的 TextView

> 如果想让 TextView 透明，也就是将 TextView 的父视图的背景色作为 TextView 组件的背景色，如图 5.4 所示的第 3 个 TextView 组件，需要制作带边框的透明 png 图像（除了边框，图像的其他部分都是透明的），然后再生成 9-patch 格式的图像。

5.1.2　输入文本的组件：EditText

EditText 是 TextView 类的子类，因此，EditText 组件具有 TextView 组件的一切 XML 属性及方法。EditText 与 TextView 的区别是 EditText 组件可以输入文本，而 TextView 只能显示文本。

> **注意**　虽然 TextView 通过设置某些属性也可以输入文本，但 TextView 组件的文本输入功能并不完善，需要对 TextView 进行扩展（例如，EditText 就是 TextView 的扩展组件）才可以正常输入文本。

在前面的章节已经多次使用到了 EditText 组件，读者也已经了解了 EditText 组件的基本使用方法，现在再回顾一下 EditText 组件在 XML 布局文本中的使用方法，代码如下：

```
<EditText android:layout_width="wrap_content"
        android:layout_height="wrap_content" android:text="输入文本的组件"
        android:textColor="#000000" android:background="#FFFFFF"
        android:padding="20dp" android:layout_margin="10dp" />
```

从上面的代码可以看出，EditText 和 TextView 组件的使用方法完全一样，只需要将<TextView>标签换成<EditText>标签即可，几乎不需要做任何修改。当然，EditText 的功能还远不止输入文本这么简单，例如，在实例 20 中将介绍如何在 EditText 组件中输入特定的字符（数字、字母等）。

实例 20：在 EditText 中输入特定的字符

工程目录：src\ch05\ch05_edittext

EditText 可以通过多种方式指定允许输入的字符，例如，如果只想输入数字（0～9），可以使用如下 3 种方法：

- 将<EditText>标签的 android:digits 属性值设为 0123456789。
- 将<EditText>标签的 android:numeric 属性值设为 integer。
- 将<EditText>标签的 android:inputType 属性值设为 number。

本例将分别使用上面所述的 3 个属性来限制 EditText 的输入字符，XML 布局文件的代码如下：

```
<?xml version="1.0" encoding="utf-8"?>
<LinearLayout xmlns:android="http://schemas.android.com/apk/res/android"
    android:orientation="vertical" android:layout_width="fill_parent"
    android:layout_height="fill_parent" android:gravity="center_horizontal">
    <TextView android:layout_width="wrap_content"
        android:layout_height="wrap_content" android:text="使用 android:digits 属性（输入数字）" />
    <EditText android:layout_width="200dp" android:layout_height="wrap_content"
        android:textColor="#000000" android:background="#FFFFFF"
        android:layout_margin="10dp" android:digits="0123456789" />
    <TextView android:layout_width="wrap_content"
        android:layout_height="wrap_content" android:text="使用 android:digits 属性（输入 26 个小写字母）" />
    <EditText android:layout_width="200dp" android:layout_height="wrap_content"
        android:textColor="#000000" android:background="#FFFFFF"
        android:layout_margin="10dp" android:digits="abcdefghijklmnopqrstuvwxyz" />
    <TextView android:layout_width="wrap_content"
        android:layout_height="wrap_content" android:text="使用 android:inputType 属性（输入数字）" />
    <EditText android:layout_width="200dp" android:layout_height="wrap_content"
        android:textColor="#000000" android:background="#FFFFFF"
        android:layout_margin="10dp" android:inputType="number" />
    <TextView android:layout_width="wrap_content"
        android:layout_height="wrap_content" android:text="使用 android:inputType 属性（输入 Email）" />
    <EditText android:layout_width="200dp" android:layout_height="wrap_content"
        android:textColor="#000000" android:background="#FFFFFF"
        android:layout_margin="10dp" android:inputType="textEmailAddress" />
    <TextView android:layout_width="wrap_content"
        android:layout_height="wrap_content" android:text="使用 android:numeric 属性（输入有符号的浮点数）" />
    <EditText    android:layout_width="200dp" android:layout_height="wrap_content"
        android:textColor="#000000" android:background="#FFFFFF"
        android:layout_margin="10dp" android:numeric="decimal|signed"/>
</LinearLayout>
```

如果使用 android:inputType 属性设置允许输入的字符，当焦点落在该 EditText 组件上时，显示的虚拟键盘会随着 inputType 属性值的不同而不同，例如，图 5.5 是用于输入数字的虚拟键盘，图 5.6 是用于输入 Email 的虚拟键盘。要注意的是，用于输入 Email 的 EditText 组件并不会限制输入非 Email 的字符，只是在虚拟键盘上多了一个 "@" 键而已。关于 android:inputType 和 android:numeric 属性的其他可选值，读者可以参阅官方的文档。

图 5.5　输入数字的虚拟键盘

图 5.6　输入 Email 的虚拟键盘

实例 21：按回车键显示 EditText

工程目录：src\ch05\ch05_hideedittext

在本例的代码中将给出 3 个 EditText，当在某一个 EditText 中输入文本后按回车键，系统就会将该 EditText 隐藏，并在原来 EditText 的位置显示一个按钮，按钮的文本就是在 EditText 中输入的文本。实际上完成这个功能非常简单，只需要按要求在 XML 布局文件中放 3 个<EditText>标签和 3 个<Button>标签，并将 Button 组件隐藏（将 android:visibility 属性值设为 gone），然后在代码中捕捉 EditText 的键盘事件（OnKey 事件），如果按回车键，就将 EditText 隐藏，并显示相应位置的 Button。XML 布局文件的内容如下：

```xml
<?xml version="1.0" encoding="utf-8"?>
<LinearLayout xmlns:android="http://schemas.android.com/apk/res/android"
    android:orientation="vertical" android:layout_width="fill_parent"
    android:layout_height="fill_parent" android:background="#FFFFFF">
    <EditText android:id="@+id/edittext1" android:layout_width="200dp"
        android:layout_height="wrap_content" />
    <Button android:id="@+id/button1" android:layout_width="200dp"
        android:layout_height="wrap_content" android:visibility="gone" />
    <LinearLayout xmlns:android="http://schemas.android.com/apk/res/android"
        android:orientation="horizontal" android:layout_width="fill_parent"
        android:layout_height="wrap_content" android:background="#FFFFFF">
        <EditText android:id="@+id/edittext2" android:layout_width="100dp"
            android:layout_height="wrap_content" />
        <Button android:id="@+id/button2" android:layout_width="100dp"
            android:layout_height="wrap_content" android:visibility="gone" />
        <EditText android:id="@+id/edittext3" android:layout_width="100dp"
            android:layout_height="wrap_content" />
        <Button android:id="@+id/button3" android:layout_width="100dp"
            android:layout_height="wrap_content" android:visibility="gone" />
    </LinearLayout>
</LinearLayout>
```

 注意　不能将 android:visibility 属性值设为 invisible，如果设为 invisible，虽然系统不会显示 Button，但仍会预留出 Button 的位置，而将该属性值设为 gone，就彻底隐藏了 Button。

在代码中需要设置每一个 EditText 的 OnKey 事件，onKey 事件方法的代码如下：

```
public boolean onKey(View view, int keyCode, KeyEvent event)
{
    if (keyCode == KeyEvent.KEYCODE_ENTER && count == 0)
    {
        editTexts[index].setVisibility(View.GONE);
        buttons[index].setVisibility(View.VISIBLE);
        buttons[index].setText(editTexts[index].getText());
        index++;
        count++;
    }
    else
    {
        count = 0;
    }
    return true;
}
```

其中 editTexts 和 buttons 是两个数组变量，分别用来保存 3 个 EditText 和 3 个 Button 对象。index 表示当前的索引（0～2）。由于在 EditText 中按回车键会产生两次值为 KEYCODE_ENTER 的键码，因此，使用 count 计数器来保证只处理第 1 次回车引发的 OnKey 事件。

执行本例后，在第 1 个 EditText 中输入 button1，按回车键，再在第 2 个 EditText 中输入 button2，按回车键，最后在第 3 个 EditText 中输入 button3，显示的效果如图 5.7 所示。

图 5.7　按回车键后 EditText 变成 Button

5.1.3　自动完成输入内容的组件：AutoCompleteTextView

本节的例子代码所在的工程目录是 src\ch05\ch05_autotext

AutoCompleteTextView 和 EditText 组件类似，都可以输入文本。但 AutoCompleteTextView 组件可以和一个字符串数组或 List 对象绑定，当用户输入两个及以上字符时，系统将在 AutoCompleteTextView 组件下方列出字符串数组中所有以输入字符开头的字符串，这一点和 www.Google.com 的搜索框非常相似，当输入某一个要查找的字符串时，Google 搜索框就会列出以这个字符串开头的最热门的搜索字符串列表。

AutoCompleteTextView 组件在 XML 布局文件中使用<AutoCompleteTextView>标签来表示，该标签的使用方法与<EditText>标签相同。如果要让 AutoCompleteTextView 组件显示辅助输入列表，需要使用 AutoCompleteTextView 类的 setAdapter 方法指定一个 Adapter 对象，代码如下：

```
String[] autoString = new String[]{ "a", "ab", "abc", "bb", "bcd", "bcdf", "手机", "手机操作系统", "手机软件" };
ArrayAdapter<String> adapter = new ArrayAdapter<String>(this,
android.R.layout.simple_dropdown_item_1line, autoString);
AutoCompleteTextView autoCompleteTextView =
        (AutoCompleteTextView) findViewById(R.id.autoCompleteTextView);
autoCompleteTextView.setAdapter(adapter);
```

运行上面代码后，在文本框中输入"手机"，会显示如图 5.8 所示的效果。

除了 AutoCompleteTextView 组件外，还可以使用 MultiAutoCompleteTextView 组件来完成连续输入的功能。也就是说，当输入完一个字符串后，在该字符串后面输入一个逗号（,），在逗号前后可以有任意多

个空格，然后再输入一个字符串（例如"手机"），仍然会显示辅助输入的列表，但要使用
MultiAutoCompleteTextView 类的 setTokenizer 方法指定 MultiAutoCompleteTextView.CommaTokenizer 类的
对象实例（该对象表示输入多个字符串时的分隔符为逗号），代码如下：

```
MultiAutoCompleteTextView multiAutoCompleteTextView =
        (MultiAutoCompleteTextView) findViewById(R.id.multiAutoCompleteTextView);
multiAutoCompleteTextView.setAdapter(adapter);
multiAutoCompleteTextView.setTokenizer(new MultiAutoCompleteTextView.CommaTokenizer());
```

运行上面的代码后，在屏幕的第 2 个文本框中输入"ab，"后，再输入"手机"，会显示如图 5.9 所
示的效果。

图 5.8　输入"手机"后显示的提示列表

图 5.9　输入"ab, 手机"后显示的提示列表

5.2　按钮与复选框组件

本节将介绍 Android SDK 中的按钮和复选框组件。按钮可分为多种，例如，普通按钮（Button）、带图
像的按钮（ImageButton）、选项按钮（RadioButton）。除此之外，复选框（CheckBox）也是 Android SDK
中非常重要的组件，通常用于多选的应用中。

5.2.1　普通按钮组件：Button

本节的例子代码所在的工程目录是 src\ch05\ ch05_button

Button 组件在前面的章节已经多次使用到了。Button 组件的基本使用方法与 TextView、EditText 并无
太大的差异，例如，下面的代码在 XML 布局文件中配置了一个按钮。

```
<Button android:id="@+id/button1" android:layout_width="wrap_content"
        android:layout_height="wrap_content" android:text="我的按钮 1" />
```

最常用的按钮事件是单击事件，可以通过 Button 类的 setOnClickListener 方法设置处理单击事件的对
象实例，如果当前的类实现了 android.view.View.OnClickListener 接口，可以直接将 this 传入
setOnClickListener 方法，代码如下：

```
Button button1 = (Button) findViewById(R.id.button1);
button1.setOnClickListener(this);
```

在本节的例子中包含两个按钮，并在单击事件中通过 value 变量控制按钮放大或缩小（value=1 为放大，
value=-1 为缩小），代码如下：

```
private int value = 1;
@Override
public void onClick(View view)
{
    Button button = (Button) view;
```

```
//   如果按钮宽度等于屏幕宽度，按钮开始缩小
if (value == 1 && button.getWidth() == getWindowManager().getDefaultDisplay().getWidth())
    value = -1;
//   如果按钮宽度小于 100，按钮开始放大
else if(value == -1 && button.getWidth() < 100)
    value = 1;
//   以按钮宽度和高度的 10%放大或缩小按钮
button.setWidth(button.getWidth() + (int) (button.getWidth() * 0.1)* value);
button.setHeight(button.getHeight() + (int) (button.getHeight() * 0.1)* value);
}
```

运行上面的代码后，将显示两个按钮，单击任何一个按钮后，该按钮都会放大，当按钮宽度等于屏幕宽度时，再次单击按钮时，按钮开始缩小。

实例 22：异形（圆形、五角星、螺旋形和箭头）按钮

工程目录：src\ch05\ ch05_abnormitybutton

在 5.2.1 节介绍的只是普通风格的按钮，而 Button 组件的功能还不止这些。通过设置 Button 的背景图像，可以将 Button 变成任意形状的按钮，这些按钮也可以称为"异形按钮"。异形按钮需要处理 3 个事件，这 3 个事件及各自的处理逻辑如下：

- 触摸事件（onTouch）：当触摸按钮时，应该显示按钮被触摸后的状态，因此，需要为每一个按钮准备两张图（例如 image1.png 和 image2.png），当触摸时，显示 image2.png，当松开时，显示 image1.png。
- 焦点变化事件（onFocusChange）：当焦点从一个按钮切换到另一个按钮时，应该显示按钮被触摸时的状态（image2.png），并且将上一个焦点按钮设为未被触摸时的状态。
- 键盘事件（onKey）：当某一个按钮获得焦点后，按下手机或模拟器上的【确认】按钮后，当前按钮应该被置成按键被按下的状态，也就是这个按钮的第 3 张图。因此，需要为每一个按钮准备 3 张图：正常状态、触摸状态、按键被按下的状态。

如果读者还无法体会异形按钮的事件处理方式,可以启动 Android 系统自带的拨号程序做进一步的理解。

在本例中有 4 个异形按钮，分别是圆形按钮、五角星按钮、螺旋形按钮和箭头按钮，这 4 个按钮分别对应 3 个图像文件：buttonN_1.png、buttonN_2.png 和 buttonN_3.png，其中 N 的取值范围是 1～4。由于这 4 个异形按钮共用按钮处理事件，因此，使用一个 Map 对象 drawableIds 来保存每一个按钮对应的图像资源 ID，Map 对象的 key 就是按钮的资源 ID，value 是一个 int 数组，保存每一个按钮对应的 3 个图像文件的资源 ID。可以在 onCreate 事件方法中对 drawableIds 变量进行初始化，例如，下面的代码初始化了 button1 和 button2。

```
drawableIds.put(R.id.button1, new int[]{ R.drawable.button1_1, R.drawable.button1_2, R.drawable.button1_3 });
drawableIds.put(R.id.button2, new int[]{ R.drawable.button2_1, R.drawable.button2_2, R.drawable.button2_3 });
```

现在先来实现触摸事件（onTouch）中的代码。

```
public boolean onTouch(View view, MotionEvent event)
{
    //   将焦点按钮的背景图换成正常的图像
    lastFocusview.setBackgroundResource(drawableIds.get(lastFocusview.getId())[0]);
    //   触摸松开状态
    if (event.getAction() == MotionEvent.ACTION_UP)
        view.setBackgroundResource(drawableIds.get(view.getId())[0]);
    //   触摸按下状态
    else if (event.getAction() == MotionEvent.ACTION_DOWN)
        view.setBackgroundResource(drawableIds.get(view.getId())[1]);
    return false;
}
```

在上面的代码中根据 getAction 方法获得了触摸的状态，并使用 setBackgroundResource 方法为按钮设置了不同的背景图像。在 onTouch 方法中涉及到一个 lastFocusview 变量，该变量表示最后一个获得焦点的

按钮，在 onCreate 方法中将该变量初始化成 button1。

当按钮焦点变化时（按上、下、左、右键），需要将上一个获得焦点的按钮的背景图设为普通状态，并且将当前按钮的背景图设为被触摸状态。

```
public void onFocusChange(View view, boolean hasFocus)
{
    //   将焦点按钮的背景图换成正常的图像
    lastFocusview.setBackgroundResource(drawableIds.get(lastFocusview.getId())[0]);
    //   将当前按钮的背景图设为被触摸状态
    view.setBackgroundResource(drawableIds.get(view.getId())[1]);
    lastFocusview = view;              //   使 lastFocusview 指向当前按钮
}
```

当按手机或模拟器上的【确认】键时，需要将当前获得焦点的按钮设为按键被按下的状态，当松开【确认】键时，又恢复到获得焦点的状态。

```
public boolean onKey(View view, int keyCode, KeyEvent event)
{
    if (KeyEvent.ACTION_DOWN == event.getAction())
        view.setBackgroundResource(drawableIds.get(view.getId())[2]);
    else if (KeyEvent.ACTION_UP == event.getAction())
        view.setBackgroundResource(drawableIds.get(view.getId())[1]);
    return false;
}
```

运行本例的代码，将显示如图 5.10 所示的效果。

5.2.2   图像按钮组件：ImageButton

本节的例子代码所在的工程目录是 src\ch05\ ch05_imagebutton

ImageButton 可以替代实例 22 中的 Button 组件来实现异形按钮。除此之外，可以使用 ImageButton 组件的 android:src 属性实现带背景的按钮。例如，下面的代码配置了两个带背景的图形按钮。

```
<ImageButton android:layout_width="wrap_content"
    android:layout_height="wrap_content" android:src="@drawable/button1_1" />
<ImageButton android:layout_width="wrap_content"
    android:layout_height="wrap_content" android:src="@drawable/button2_1" />
```

如果想在代码中修改 ImageButton 的图像，可以使用 ImageButton 类的 setImageResource 或其他同类的方法。运行本节的例子，将显示如图 5.11 所示的效果。

图 5.10   异形按钮（button2 获得了焦点）

图 5.11   带背景的图像按钮

ImageButton 并不是 TextView 的子类，而是 ImageView 的子类。因此，android:text 属性并不起作用。如果要在 ImageButton 上输出文字，可以自定义一个组件，并在 onDraw 事件方法中将文字画在 ImageButton 上。

实例 23：同时显示图像和文字的按钮

　　工程目录：src\ch05\ ch05_imagetextbutton

　　在 5.2.1 节和 5.2.2 节分别介绍了带文字和带图像的按钮，但在很多时候，需要同时在按钮上显示图像和文字。实现这种按钮的方法很多，最简单的方法是使用<Button>标签的 android:drawableX 属性，其中 X 的可取值是 Top、Bottom、Left 和 Right，分别表示在文字的上方、下方、左侧和右侧显示图像。该属性需要指定一个图像资源 ID。除此之外，还可以使用 android:drawablePadding 属性设置文字到图像的距离。下面的代码设置了 4 个 Button，并分别在文字的上方、下方、左侧和右侧显示图像。

```xml
<?xml version="1.0" encoding="utf-8"?>
<LinearLayout xmlns:android="http://schemas.android.com/apk/res/android"
    android:orientation="horizontal" android:layout_width="fill_parent"
    android:layout_height="fill_parent">
    <Button android:layout_width="wrap_content"
        android:layout_height="wrap_content" android:drawableTop="@drawable/star"
        android:text="按钮 1" />
    <Button android:layout_width="wrap_content"
        android:layout_height="wrap_content" android:drawableBottom="@drawable/star"
        android:text="按钮 2" android:drawablePadding="30dp" />
    <Button android:layout_width="wrap_content"
        android:layout_height="wrap_content" android:drawableLeft="@drawable/star"
        android:text="按钮 3" />
    <Button android:layout_width="wrap_content"
        android:layout_height="wrap_content" android:drawableRight="@drawable/star"
        android:text="按钮 4" android:drawablePadding="20dp"/>
</LinearLayout>
```

　　运行本例，将显示如图 5.12 所示的效果。

图 5.12　同时显示图像和文字的按钮

　　android:drawableX 属性可以在同一个<Button>标签中使用多个，例如，可以在<Button>标签中同时使用 android:drawableBottom 和 android:drawableLeft 属性，这时在该按钮文字的下方和左侧都会显示图像。

5.2.3　选项按钮组件：RadioButton

　　本节的例子代码所在的工程目录是 src\ch05\ ch05_radiobutton

　　选项按钮可用于多选一的应用中。如果想在选中某一个选项按钮后，其他的选项按钮都被设为未选中状态，需要将<RadioButton>标签放在<RadioGroup>标签中。由于 RadioButton 是 Button 的子类（实际上，RadioButton 是 ComponentButton 的直接子类，而 ComponentButton 又是 Button 的直接子类），因此，在<RadioButton>标签中同样可以使用 android:drawableX 及 android:drawablePadding 属性。例如，下面的代码在屏幕上放置了 3 个选项按钮，其中第 3 个选项按钮周围显示了 4 个图像。

```xml
<RadioGroup android:layout_width="wrap_content" android:layout_height="wrap_content">
    <RadioButton android:layout_width="wrap_content"
        android:layout_height="wrap_content" android:text="选项 1" />
    <RadioButton android:layout_width="wrap_content"
```

```
        android:layout_height="wrap_content" android:text="选项 2" />
    <RadioButton android:layout_width="wrap_content"
        android:layout_height="wrap_content" android:text="选项 3"
        android:drawableLeft="@drawable/star" android:drawableTop="@drawable/circle"
        android:drawableRight="@drawable/star" android:drawableBottom="@drawable/circle" android:drawablePadding="20dp" />
</RadioGroup>
```

运行本节的例子，将显示如图 5.13 所示的效果。

图 5.13　选项按钮

5.2.4　开关状态按钮组件：ToggleButton

本节的例子代码所在的工程目录是 src\ch05\ch05_togglebutton

ToggleButton 组件与 Button 组件的功能基本相同，但 ToggleButton 组件还提供了可以表示"开/关"状态的功能，这种功能非常类似于复选框（在 5.2.5 节介绍）。ToggleButton 组件通过在按钮文字的下方显示一个绿色的指示条来表示"开/关"状态。至于绿色的指示条是表示"开"还是"关"，完全由用户自己决定。当指示条在绿色状态时，再次单击按钮，指示条就会变成白色。ToggleButton 组件的基本使用方法与 Button 组件相同，代码如下：

```
<ToggleButton android:layout_width="wrap_content" android:layout_height="wrap_content" />
```

虽然 ToggleButton 是 Button 的子类，但 android:text 属性并不起作用。在默认情况下，根据 ToggleButton 组件的不同状态，会在按钮上显示"关闭"或"开启"。如果要更改默认的按钮文本，可以使用 android:textOff 和 android:textOn 属性，代码如下：

```
<ToggleButton android:id="@+id/toggleButton" android:layout_width="wrap_content"
    android:layout_height="wrap_content" android:layout_marginLeft="30dp"
    android:textOff="打开电灯" android:textOn="关闭电灯"  />
```

默认情况下，按钮上的指示条是白色，如果要在 XML 布局文件中修改默认状态，可以使用 android:checked 属性，在代码中使用 ToggleButton 类的 setChecked 方法。将 checked 属性值或 setChecked 方法的参数值为 true 时，指示条显示为绿色。

运行本节的例子，将显示如图 5.14 所示的效果。

图 5.14　ToggleButton 组件

5.2.5　复选框组件：CheckBox

复选框通常用于多选的应用。基本的使用方法如下：
```
<CheckBox android:id="@+id/checkbox" android:layout_width="fill_parent"
```

```
android:layout_height="wrap_content" />
```

CheckBox 默认情况下是未选中状态。如果想修改这个默认值，可以将<CheckBox>标签的 android:checked 属性值设为 true，或使用 CheckBox 类的 setChecked 方法设置 CheckBox 的状态。在代码中可以使用 CheckBox 类的 isChecked 方法判断 CheckBox 是否被选中。如果 isChecked 方法返回 true，则表示 CheckBox 处于选中状态。

实例 24：利用 XML 布局文件动态创建 CheckBox

工程目录：src\ch05\ch05_dynamiccheckbox

如果要动态创建 CheckBox，也许很多读者会首先想到在代码中创建 CheckBox 对象。这样做虽然从技术上说没有任何问题，也属于比较常用的动态创建组件的方法，但在实际应用中，往往会为 CheckBox 设置很多属性，如果在代码中直接创建 CheckBox 对象，就需要手工设置 CheckBox 对象的属性，这样做是很麻烦的。

如果单纯考虑设置组件的属性，XML 布局文件无疑是最简单的方法。我们自然会想到是否可以在 XML 布局文件中先配置一个或若干 CheckBox，然后以这些配置为模板来动态创建 CheckBox 对象呢？如果能想到这些，将会大大减少动态创建 CheckBox 对象的代码。

由于同一个组件不能拥有两个及以上的父组件，因此，不能直接在 Activity 中使用 findViewById 方法来获得 CheckBox 的对象实例。如何解决这个问题呢？

既然 CheckBox 已经有了一个父组件（在本例中是 LinearLayout），何不将 LinearLayout 与 CheckBox 一起打包呢？因此，就有了 checkbox.xml 布局文件，在该文件中定义了一个<LinearLayout>标签和一个<CheckBox>标签。

checkbox.xml

```xml
<?xml version="1.0" encoding="utf-8"?>
<LinearLayout xmlns:android="http://schemas.android.com/apk/res/android"
    android:orientation="vertical" android:layout_width="fill_parent"
    android:layout_height="fill_parent">
    <CheckBox android:id="@+id/checkbox" android:layout_width="fill_parent"
        android:layout_height="wrap_content"   />
</LinearLayout>
```

为了单击【确认】按钮后显示被选中的复选框的文本，需要在所有的复选框下方显示一个【确认】按钮。因此，在本例中还需要一个 main.xml 布局文件，用于定义【确认】按钮。

main.xml

```xml
<?xml version="1.0" encoding="utf-8"?>
<LinearLayout xmlns:android="http://schemas.android.com/apk/res/android"
    android:orientation="vertical" android:layout_width="fill_parent"
    android:layout_height="fill_parent">
    <Button android:id="@+id/button" android:layout_width="wrap_content"
        android:layout_height="wrap_content" android:text="确定" />
</LinearLayout>
```

main.xml 布局文件也是主布局文件，在 Main 类中需要使用 setContentView 方法来设置这个布局文件。

动态创建 CheckBox 对象的方法是定义一个 String 类型的数组，数组元素表示 CheckBox 的文本，然后根据 String 数组的元素个数来动态创建 CheckBox 对象。动态创建 CheckBox 对象的步骤如下：

（1）使用 getLayoutInflater().inflate(...)方法来装载 main.xml 布局文件，并返回一个 LinearLayout 对象（linearLayout）。

（2）使用 getLayoutInflater().inflate(...)方法来装载 checkbox.xml 布局文件，并返回一个 LinearLayout 对象（checkboxLinearLayout）。

（3）利用第 2 步获得的 LinearLayout 对象的 findViewById 方法来获得 CheckBox 对象，并根据 String 数组中的值设置 CheckBox 的文本。

（4）调用 linearLayout.addView 方法将 checkboxLinearLayout 添加到 linearLayout 中。

　　（5）根据 String 数组的元素重复执行第（2）步、第（3）步和第（4）步，直到处理完 String 数组中的最后一个元素为止。

　　在 onCreate 方法中动态创建 CheckBox 对象的代码如下：

```
public void onCreate(Bundle savedInstanceState)
{
    String[] checkboxText = new String[]
    { "是学生吗？ ", "是否从事过 Android 方面的工作？ ", "会开车吗？ ", "打算创业吗？ " };
    super.onCreate(savedInstanceState);
    // 装载 main.xml 文件
    LinearLayout linearLayout = (LinearLayout) getLayoutInflater().inflate(R.layout.main, null);
    for (int i = 0; i < checkboxText.length;i++)
    {
        // 装载 checkbox.xml 文件
        LinearLayout checkboxLinearLayout = (LinearLayout) getLayoutInflater()
                .inflate(R.layout.checkbox, null);
        // 获得 checkbox.xml 文件中的 CheckBox 对象
        checkboxs.add((CheckBox) checkboxLinearLayout.findViewById(R.id.checkbox));
        checkboxs.get(i).setText(checkboxText[i]);              // 设置 CheckBox 的文本
        // 将包含 CheckBox 的 LinearLayout 对象添加到由主布局文件生成的 LinearLayout 对象中
        linearLayout.addView(checkboxLinearLayout, i);
    }
    setContentView(linearLayout);
    ... ...
}
```

　　其中 checkboxs 是在 Main 类中定义的一个 List<CheckBox> 类型的变量，用来保存动态创建的 CheckBox 对象。该变量需要在【确认】按钮的单击事件方法中使用，代码如下：

```
public void onClick(View view)
{
    String s = "";
    // 扫描所有的 CheckBox，以便获得被选中的复选框的文本
    for (CheckBox checkbox : checkboxs)
    {
        if (checkbox.isChecked())
            s += checkbox.getText() + "\n";
    }
    if ("".equals(s))
        s = "您还没选呢！ ";
    new AlertDialog.Builder(this).setMessage(s).setPositiveButton("关闭", null).show();
```

　　运行本例并选中相应的复选框，然后单击【确认】按钮，显示如图 5.15 所示的效果。

图 5.15　动态创建复选框

 每次使用 getLayoutInflater().inflate(...)方法装载同一个 XML 布局文件都会获得不同的对象实例，因此，从这个对象获得的组件对象（通过 findViewById 方法获得对象）也是不同的对象实例。

5.3 日期与时间组件

在很多 Android 应用中都需要设置日期和时间。当然，最简单的设置日期和时间的方法是提供一个 EditText 组件，但这种方式显得不太友好。Android SDK 提供了两个组件：DatePicker 和 TimePicker，分别以可视化的方式输入日期和时间。除此之外，Android SDK 还提供了显示时间的两个组件：DigitalClock 和 AnalogClock，分别以数字方式和表盘方式显示时间。

5.3.1 输入日期的组件：DatePicker

DatePicker 组件可用于输入日期。日期的输入范围是 1900-1-1～2100-12-31。DatePicker 组件的基本使用方法如下：

```
<DatePicker android:id="@+id/datepicker"
    android:layout_width="fill_parent" android:layout_height="wrap_content" />
```

通过 DatePicker 类的 getYear、getMonth 和 getDayOfMonth 方法可以分别获得 DatePicker 组件当前显示的年、月、日。通过 DatePicker 类的 init 方法对 DatePicker 组件进行初始化。init 方法的定义如下：

```
public void init(int year, int monthOfYear, int dayOfMonth, OnDateChangedListener onDateChangedListener)
```

其中 year、monthOfYear 和 dayOfMonth 参数分别用来设置 DatePicker 组件的年、月、日。onDateChangedListener 参数用来设置 DatePicker 组件的日期变化事件对象。该对象必须是实现 android.widget.DatePicker.OnDateChangedListener 接口的类的对象实例。

5.3.2 输入时间的组件：TimePicker

TimePicker 组件用来输入时间（只能输入小时和分钟）。该组件的基本用法如下：

```
<TimePicker android:id="@+id/timepicker"
    android:layout_width="fill_parent" android:layout_height="wrap_content" />
```

TimePicker 在默认情况下是 12 小时制，如图 5.16 所示。如果想以 24 小时制显示时间，可以使用 TimePicker 类的 setIs24HourView 方法设置。以 24 小时制显示时间的 TimePicker 组件如图 5.17 所示。

当 TimePicker 的时间变化时，会触发 OnTimeChanged 事件，但与 DatePicker 组件不同的是，TimePicker 通过 setOnTimeChangedListener 方法设置时间变化的事件对象，而 DatePicker 通过 init 方法设置日期变化的事件对象。

图 5.16 12 小时制的 TimePicker

图 5.17 24 小时制的 TimePicker

实例 25：DatePicker、TimePicker 与 TextView 同步显示日期和时间

工程目录：src\ch05\ ch05_datetimepicker

在本例中包含 DatePicker、TimePicker 和 TextView 组件。当 DatePicker 和 TimePicker 中的日期、时间变化时，TextView 中会显示变化后的日期和时间。

```
package net.blogjava.mobile;

import java.text.SimpleDateFormat;
import java.util.Calendar;
```

```
import android.app.Activity;
import android.os.Bundle;
import android.widget.DatePicker;
import android.widget.TextView;
import android.widget.TimePicker;
import android.widget.DatePicker.OnDateChangedListener;
import android.widget.TimePicker.OnTimeChangedListener;

public class Main extends Activity implements OnDateChangedListener, OnTimeChangedListener
{
    private TextView textView;
    private DatePicker datePicker;
    private TimePicker timePicker;
    @Override
    public void onTimeChanged(TimePicker view, int hourOfDay, int minute)
    {
        //  调用 onDateChanged 事件方法在 TextView 中显示当前的日期和时间
        onDateChanged(null, 0, 0, 0);
    }
    @Override
    public void onDateChanged(DatePicker view, int year, int monthOfYear,
            int dayOfMonth)
    {
        Calendar calendar = Calendar.getInstance();
        calendar.set(datePicker.getYear(), datePicker.getMonth(), datePicker
                .getDayOfMonth(), timePicker.getCurrentHour(), timePicker.getCurrentMinute());
        SimpleDateFormat sdf = new SimpleDateFormat("yyyy 年 MM 月 dd 日     HH:mm");
        //  在 TextView 中显示当前的日期和时间
        textView.setText(sdf.format(calendar.getTime()));
    }
    @Override
    public void onCreate(Bundle savedInstanceState)
    {
        super.onCreate(savedInstanceState);
        setContentView(R.layout.main);
        datePicker = (DatePicker) findViewById(R.id.datepicker);
        timePicker = (TimePicker) findViewById(R.id.timepicker);
        datePicker.init(2001, 1, 25, this);
        timePicker.setIs24HourView(true);
        timePicker.setOnTimeChangedListener(this);
        textView = (TextView) findViewById(R.id.textview);
        //  在 TextView 上显示 DatePicker 及 TimePicker 上的日期和时间
        onDateChanged(null, 0, 0, 0);
    }
}
```

运行本例后，将显示如图 5.18 所示的效果。

5.3.3　显示时钟的组件：AnalogClock 和 DigitalClock

本节的例子代码所在的工程目录是 src\ch05\ch05_clock

AnalogClock 组件用于以表盘方式显示当前时间。该组件只有两个指针（时针和分针）。使用方法如下：

```
<AnalogClock android:layout_width="fill_parent" android:layout_height="wrap_content" />
```

DigitalClock 组件用于以数字方式显示当前时间。该组件可以显示时、分、秒。使用方法如下：

```
<DigitalClock android:layout_width="wrap_content"
    android:layout_height="wrap_content" android:textSize="18dp" />
```

运行本节的例子后，将显示如图 5.19 所示的效果。

图 5.18 与 TextView 同步日期和时间　　　　图 5.19 显示时间的组件

5.4 进度条组件

　　任务或工作完成率是软件中经常要展现给用户的信息。这些信息的载体总是离不开进度条。在 Android SDK 中提供了一个 ProgressBar 组件，该组件拥有一个完整的进度条具备的所有功能。除此之外，SeekBar 和 RatingBar 组件从根源上讲也应属于进度条，只不过这两个组件对进度条的功能做了进一步改进，也可以将它们看作是进度条的变种。本节将详细介绍这 3 个组件的用法。

5.4.1 进度条组件：ProgressBar

本节的例子代码所在的工程目录是 src\ch05\ch05_progressbar

　　在 4.3.7 节曾介绍了水平和圆形进度对话框的使用方法。实际上，这两种显示进度的组件也可以单独使用，这就是 ProgressBar 组件。

　　ProgressBar 组件在默认情况下是圆形的进度条，可通过 style 属性将圆形进度条设为大、中、小 3 种形式，代码如下：

```
<!-- 圆形进度条（小） -->
<ProgressBar android:layout_width="wrap_content"
    android:layout_height="wrap_content" style="?android:attr/progressBarStyleSmallTitle" />
<!-- 圆形进度条（中） -->
<ProgressBar android:layout_width="wrap_content" android:layout_height="wrap_content" />
<!-- 圆形进度条（大） -->
<ProgressBar android:layout_width="wrap_content"
    android:layout_height="wrap_content" style="?android:attr/progressBarStyleLarge" />
```

 ProgressBar 组件在默认情况下显示的是中型的圆形进度条，因此，要想显示中型的圆形进度条，并不需要设置 style 属性。

　　除了圆形进度条外，ProgressBar 组件还支持水平进度条，代码如下：

```
<ProgressBar android:id="@+id/progressBarHorizontal"
    android:layout_width="fill_parent" android:layout_height="wrap_content"
    style="?android:attr/progressBarStyleHorizontal" android:max="100"
    android:progress="30" android:secondaryProgress="60" android:layout_marginTop="20dp" />
```

　　ProgressBar 组件的水平进度条支持两级进度，分别使用 android:progress 和 android:secondaryProgress 属性设置。进度条的总刻度使用 android:max 属性设置。在本例中 android:max 属性的值为 100，android:progress 和 android:secondaryProgress 属性的值分别是 30 和 60。也就是说，第一级进度和第二级进度分别显示在进度条总长度 30% 和 60% 的位置上。

 android:max 的属性值不一定是 100，该值可以是任意一个合法的正整数，例如，12345，一般来说，android:progress 和 android:secondaryProgress 属性的值要小于等于 android:max 属性的值。当然，如果这两个属性的值大于 android:max 属性的值，则会显示 100% 的状态。如果这两个属性的值小于 0，则会显示 0% 的状态。如果只想使用一级进度，可以只设置 android:progress 或 android:secondaryProgress 属性。

在代码中设置水平进度条的两级进度需要使用 ProgressBar 类的 setProgress 和 setSecondaryProgress 方法，代码如下：

```
ProgressBar progressBarHorizontal = (ProgressBar) findViewById(R.id.progressBarHorizontal);
progressBarHorizontal.setProgress((int) (progressBarHorizontal.getProgress() * 1.1));
progressBarHorizontal.setSecondaryProgress((int) (progressBarHorizontal
        .getSecondaryProgress() * 1.1));
```

Android 系统还支持将水平和圆形进度条放在 Activity 的标题栏上。例如，将圆形进度条放在标题栏上可以在 onCreate 方法中使用如下代码：

```
requestWindowFeature(Window.FEATURE_INDETERMINATE_PROGRESS);
setContentView(R.layout.main);
setProgressBarIndeterminateVisibility(true);        // 显示圆形进度条
```

如果要将水平进度条放在标题栏上，可以在 onCreate 方法中使用如下代码：

```
requestWindowFeature(Window.FEATURE_PROGRESS);
setContentView(R.layout.main);
setProgressBarVisibility(true);                      // 显示水平进度条
setProgress(1200);                                  // 设置水平进度条的当前进度
```

将进度条放在标题栏上时应注意如下 3 点：

- requestWindowFeature 方法应在调用 setContentView 方法之前调用，否则系统会抛出异常。
- setProgressBarIndeterminateVisibility、setProgressBarVisibility 和 setProgress 方法要在调用 setContentView 方法之后调用，否则这些方法无效。
- 放在标题栏上的水平进度条不能设置进度条的最大刻度。这是因为系统已经将最大刻度值设为 10000。也就是说，用 setProgress 方法设置的进度应在 0～10000 之间。例如，本例中设为 1200，进度会显示在进度条总长的 12% 的位置上。

运行本节的例子后，将显示如图 5.20 所示的效果。单击【增加进度】和【减小进度】按钮后，最后一个进度条会以当前进度 10% 的速度递增和递减。

图 5.20　水平和圆形进度条

5.4.2　拖动条组件：SeekBar

本节的例子代码所在的工程目录是 src\ch05\ch05_seekbar

SeekBar 组件有些类似于 ScrollBar，也就是通过移动滑杆改变当前位置。SeekBar 组件的使用方法与 ProgressBar 组件类似，代码如下：

```
<SeekBar android:id="@+id/seekbar" android:layout_width="fill_parent"
    android:layout_height="wrap_content" android:max="100" android:progress="30" />
<SeekBar android:id="@+id/seekbar2" android:layout_width="fill_parent"
    android:layout_height="wrap_content" android:max="100"
    android:progress="30" android:secondaryProgress="60"/>
```

> **注意**
> 虽然 SeekBar 是 ProgressBar 的子类，但一般 SeekBar 组件并不需要设置第二级进度（设置 android:secondaryProgress 属性）。如果设置了 android:secondaryProgress 属性，系统仍然会显示第二级的进度，不过并不会随着滑杆移动而递增或递减。

与 SeekBar 组件滑动相关的事件接口是 OnSeekBarChangeListener。该接口定义了如下 3 个事件方法：

```
public void onProgressChanged(SeekBar seekBar, int progress, boolean fromUser)
public void onStartTrackingTouch(SeekBar seekBar)
public void onStopTrackingTouch(SeekBar seekBar)
```

当按住滑杆后，系统会触发 onStartTrackingTouch 事件，在拉动滑杆进行滑动时，会触发 onProgressChanged 事件，松开滑杆后，会触发 onStopTracking 事件。

在本节的例子中有两个 SeekBar 组件，第 1 个 SeekBar 组件未设置第二级进度，第 2 个 SeekBar 组件同时设置了第一级和第二级进度。这两个 SeekBar 组件共用一个实现 OnSeekBarChangeListener 接口的类（Main 类）的对象实例。因此，需要在相应的事件方法中进行判断。例如，onProgressChanged 事件方法中的代码如下：

```
public void onProgressChanged(SeekBar seekBar, int progress, boolean fromUser)
{
    if (seekBar.getId() == R.id.seekbar1)
        textView2.setText("seekbar1 的当前位置：" + progress);
    else
        textView2.setText("seekbar2 的当前位置：" + progress);
}
```

运行本节的例子后，滑动两个 SeekBar 组件中的滑杆，将显示如图 5.21 所示的效果。

图 5.21　SeekBar 组件

实例 26：改变 ProgressBar 和 SeekBar 的颜色

工程目录：src\ch05\ch05_colorbar

5.4.1 节和 5.4.2 节介绍的 ProgressBar 和 SeekBar 组件的进度条都是黄色，但在很多应用中需要改变进度条的颜色。而 ProgressBar 和 SeekBar 类均未提供直接修改进度条颜色的方法或属性。这个问题可以通过 drawable 资源和 android:progressDrawable 属性来解决。

一个完整的 ProgressBar 或 SeekBar 组件由如下 3 部分组成：

- 第一级进度条。
- 第二级进度条。
- 背景，也就是进度条未经过的地方。

因此，这两个组件的颜色也应该有 3 部分组件：第一级进度条颜色、第二级进度条颜色和背景颜色。设置这 3 部分颜色的步骤如下：

（1）确定这 3 部分的颜色后，使用绘图工具建立 3 个图像文件，并分别用 3 种不同的颜色填充这 3 个图像。图像的大小可任意。在本例中，progress.png 文件表示第一级进度条颜色；secondary.png 表示第二级进度条颜色；bg.png 表示背景颜色。

（2）在 res\drawable 目录下建立一个 barcolor.xml 文件，并输入如下代码：

```
<?xml version="1.0" encoding="UTF-8"?>
<layer-list xmlns:android="http://schemas.android.com/apk/res/android">
```

```
    <!-- 设置背景色图像资源 -->
    <item android:id="@android:id/background" android:drawable="@drawable/bg" />
    <!-- 设置第二级进度条颜色图像资源 -->
    <item android:id="@android:id/secondaryProgress" android:drawable="@drawable/secondary" />
    <!-- 设置第一级进度条颜色图像资源 -->
    <item android:id="@android:id/progress" android:drawable="@drawable/progress" />
</layer-list>
```

（3）在<ProgressBar>和<SeekBar>标签中使用 android:progressDrawable 属性指定 barcolor.xml 文件的资源 ID，代码如下：

```
<ProgressBar android:id="@+id/progressBarHorizontal"
    android:layout_width="fill_parent" android:layout_height="wrap_content"
    android:layout_marginTop="20dp" style="?android:attr/progressBarStyleHorizontal"
    android:max="100" android:progress="30" android:secondaryProgress="60"
    android:progressDrawable="@drawable/barcolor" />
<SeekBar android:layout_width="fill_parent"
    android:layout_height="wrap_content" android:max="100"
    android:layout_marginTop="20dp" android:progress="30"
    android:progressDrawable="@drawable/barcolor" />
```

 技巧　除了可以设置进度条和背景颜色外，还可以使用各种图像文件来显示丰富多彩的进度条和拖动条，例如，可以将进度条和背景颜色图像分别换成 face1.gif 和 face2.gif。

运行本例后，将显示如图 5.22 所示的效果。

图 5.22　改变 ProgressBar 和 SeekBar 的颜色

5.4.3　评分组件：RatingBar

本节的例子代码所在的工程目录是 src\ch05\ch05_ratingbar

在很多电子相册、网上书店、博客中都会有对照片、图书和文章进行评分的功能（很多评分系统都是满分为 5 分，分 10 个级，0～5，步长为 0.5）。在 Android SDK 中也提供了 RatingBar 组件用来完成类似的工作。

RatingBar 组件使用<RatingBar>标签进行配置。该标签有如下几个与评分相关的属性：

● android:numStars：指定用于评分的五角星数，默认情况下是根据布局的设置尽量横向填充。

● android:rating：指定当前的分数。

● android:stepSize：指定分数的增量单位（步长），默认是 0.5。

下面的代码分别设置了不同的五角星数和步长。

```
<RatingBar android:id="@+id/ratingbar1" android:layout_width="wrap_content"
    android:layout_height="wrap_content" android:numStars="3" android:rating="2" />
<RatingBar android:id="@+id/ratingbar2" android:layout_width="wrap_content"
    android:layout_height="wrap_content" android:numStars="5" android:stepSize="0.1" />
```

除此之外，还可以为 RatingBar 组件设置不同的风格，代码如下：

```
<!-- 设置小五角星风格 -->
<RatingBar android:id="@+id/smallRatingbar" style="?android:attr/ratingBarStyleSmall"
    android:layout_marginLeft="5dip" android:layout_width="wrap_content"
    android:layout_height="wrap_content" />
```

```
<!--  设置指示五角星风格  -->
<RatingBar android:id="@+id/indicatorRatingbar" style="?android:attr/ratingBarStyleIndicator"
    android:layout_marginLeft="5dip" android:layout_width="wrap_content"
    android:layout_height="wrap_content" android:stepSize="0.1"/>
```

通过实现 android.widget.RatingBar.OnRatingBarChangeListener 接口可以监听 RatingBar 组件的动作。当 RatingBar 组件的分数变化后，系统会调用 OnRatingBarChangeListener 接口的 onRatingChanged 方法。可以在该方法中编写处理分数变化的代码，例如，更新小五角星风格和指示五角星风格的 RatingBar 组件的当前分数。

```
public void onRatingChanged(RatingBar ratingBar, float rating, boolean fromUser)
{
    smallRatingBar.setRating(rating);          //  更新小五角星风格的 RatingBar 组件的当前分数
    indicatorRatingBar.setRating(rating);      //  更新指示五角星风格的 RatingBar 组件的当前分数
    if (ratingBar.getId() == R.id.ratingbar1)
        textView.setText("ratingbar1 的分数： " + rating);
    else
        textView.setText("ratingbar2 的分数： " + rating);
}
```

运行本节的例子后，为前两个 RatingBar 组件评分后，后两个 RatingBar 组件也会更新成相应的分数。显示效果如图 5.23 所示。

图 5.23　RatingBar 组件

5.5　其他重要组件

本节将介绍 Android SDK 中其他比较重要的组件，这些组件包括 ImageView（显示图像的组件）、ListView（列表组件）、ListActivity、ExpandableListView、Spinner（下拉列表组件）、ScrollView、HorizontalScrollView、GridView、Gallery 和 ImageSwitcher。

5.5.1　显示图像的组件：ImageView

本节的例子代码所在的工程目录是 src\ch05\ch05_imageview

ImageView 组件可用于显示 Android 系统支持的图像（例如，gif、jpg、png、bmp 等）。在 XML 布局文件中使用<ImageView>标签来定义一个 ImageView 组件，代码如下：

```
<ImageView android:id="@+id/imageview" android:layout_width="wrap_content"
    android:background="#F00" android:layout_height="wrap_content"
    android:src="@drawable/icon" android:scaleType="center" />
```

在上面的代码中通过 android:src 属性指定了一个 drawable 资源的 ID，并使用 android:scaleType 属性指定 ImageView 组件显示图像的方式。例如，center 表示将图像以不缩放的方式显示在 ImageView 组件的中心。如果将 android:scaleType 属性设为 fitCenter，表示将图像按比例缩放至合适的位置，并显示在 ImageView 组件的中心。通常在设计相框时将 android:scaleType 属性设为 fitCenter，这样可以使照片按比例显示在相框的中心。

```
<ImageView android:layout_width="200dp" android:layout_height="100dp"
    android:background="#F00" android:src="@drawable/background"
    android:scaleType="fitCenter" android:padding="10dp" />
```

上面的代码直接设置了 ImageView 组件的宽度和高度，也可以在代码中设置和获得 ImageView 组件的宽度和高度。

```
ImageView imageView = (ImageView) findViewById(R.id.imageview);
//  设置 ImageView 组件的宽度和高度
imageView.setLayoutParams(new LinearLayout.LayoutParams(200, 100));
//  获得 ImageView 组件的宽度和高度，并将获得的值显示在 Activity 的标题栏上
setTitle("height:" + imageView.getLayoutParams().width + "   height:" + imageView.getLayoutParams().height);
```

运行本节的例子后，将显示如图 5.24 所示的效果。

图 5.24   ImageView 组件

实例 27：可显示图像指定区域的 ImageView 组件

工程目录：src\ch05\ch05_rectimageview

虽然 ImageView 组件可以用不同的缩放类型（通过 scaleType 属性设置）显示图像，但遗憾的是 ImageView 组件只能显示整个图像。如果只想显示图像的某一部分，单纯使用 ImageView 就无能为力了。

尽管 ImageView 组件无法实现这个功能，但可以采用"曲线救国"的方法来达到只显示图像的某一部分的目的。该方法的基本原理是首先获得原图像的 Bitmap 对象，然后使用 Bitmap.createBitmap 方法将要显示的图像区域生成新的 Bitmap 对象，最后将这个新的 Bitmap 对象显示在 ImageView 组件上。

本例包含一个分辨率为 1024*768 的图像文件（background.jpg）。当触摸该图像的某一点时，会将以该点为左上顶点的一个正方形区域复制到另一个 100*100 的 ImageView 组件中。下面的代码定义了两个 ImageView 组件，分别用于显示原图像和原图像的指定区域。

```
<!--  显示原图像   -->
<ImageView android:id="@+id/imageview1" android:layout_width="fill_parent"
    android:background="#F00" android:layout_height="300dp" android:src="@drawable/background" />
<!--  显示原图像的指定区域   -->
<ImageView android:id="@+id/imageview2" android:layout_width="100dp"
    android:background="#F00" android:layout_height="100dp"
    android:layout_marginTop="10dp" android:scaleType="fitCenter" />
```

本例的核心代码在 ImageView 类的 onTouch 事件方法中，要捕捉 onTouch 事件，必须实现 OnTouchListener 接口。onTouch 方法的代码如下：

```
public boolean onTouch(View view, MotionEvent event)
{
    float scale = 1024 / 320;                  //  计算转换比例，320 为 ImageView 的宽度
    //  下面 4 行代码分别将触摸点坐标、截取区域的 width、height（在本例中是 100）转换成实际图像的值
    int x = (int) (event.getX() * scale);
    int y = (int) (event.getY() * scale);
    int width = (int) (100 * scale);
    int height = (int) (100 * scale);
    BitmapDrawable bitmapDrawable = (BitmapDrawable) imageView1.getDrawable();
```

```
        // 从原图像上截取指定区域的图像，并将生成的 Bitmap 对象显示在第 2 个 ImageView 组件中
        imageView2.setImageBitmap(Bitmap.createBitmap(bitmapDrawable.getBitmap(), x, y, width, height));
        return false;
    }
```

由于 background.jpg 在 ImageView 组件中是按比例缩小显示的，因此，在复制图像区域时需要将触摸点及图像区域的 width 和 height 转换成实际图像的值。在上面的代码中首先计算了一个转换比例（scale 变量）。其中 1024 为原图像的宽度，320 是 ImageView 组件中的宽度（ImageView 的宽度和模拟器的宽度相同）。

运行本例后，单击第 1 个 ImageView 组件中的某一点，将显示如图 5.25 所示的效果。

图 5.25　显示指定区域的 ImageView 组件

实例 28：动态缩放和旋转图像

工程目录：src\ch05\ch05_changeimage

缩放图像的方法很多，最简单的方法无疑是改变 ImageView 组件的大小。但应将<ImageView>标签的 android:scaleType 属性值设为 fitCenter。旋转图像可以用 android.graphics.Matrix 类的 setRotate 方法来实现，通过该方法可以指定旋转的任意度数。

在本例中提供了两个拖动条（SeekBar 组件），第 1 个 SeekBar 用于缩放图像（android:max 属性值为 240），第 2 个 SeekBar 用于旋转图像（android:max 属性值为 360，也就是说，通过该 SeekBar 可以使图像最多旋转 360 度）。

为了自适应屏幕的宽度（图像放大到与屏幕宽度相等时为止），在本例中没有直接将第 1 个 SeekBar 的 android:max 属性值设为 240，而是使用如下代码来获得屏幕的宽度，并将屏幕宽度与图像的最小宽度（在本例中是 minWidth 变量，值为 80）的差作为 android:max 属性的值。

```
DisplayMetrics dm = new DisplayMetrics();
getWindowManager().getDefaultDisplay().getMetrics(dm);
seekBar1.setMax(dm.widthPixels - minWidth);
```

在 SeekBar 类的 onProgressChanged 事件方法中需要控制图像的缩放和旋转，代码如下：

```
public void onProgressChanged(SeekBar seekBar, int progress, boolean fromUser)
{
    // 处理图像缩放
    if (seekBar.getId() == R.id.seekBar1)
    {
        int newWidth = progress + minWidth;              // 计算缩放后图像的新宽度
        int newHeight = (int) (newWidth * 3 / 4);        // 计算缩放后图像的新高度
        // 设置 ImageView 的大小
        imageView.setLayoutParams(new LinearLayout.LayoutParams(newWidth,newHeight));
        textView1.setText("图像宽度：" + newWidth + "  图像高度：" + newHeight);
    }
    // 处理图像旋转
    else if (seekBar.getId() == R.id.seekBar2)
    {
        // 装载 dreamyworld_small.jpg 文件，并返回该文件的 Bitmap 对象
        Bitmap bitmap = ((BitmapDrawable) getResources().getDrawable(R.drawable.dreamyworld_small))
                .getBitmap();
        // 设置图像的旋转角度
        matrix.setRotate(progress);
        // 旋转图像，并生成新的 Bitmap 对象
        bitmap = Bitmap.createBitmap(bitmap, 0, 0, bitmap.getWidth(), bitmap.getHeight(), matrix, true);
        // 重新在 ImageView 组件中显示旋转后的图像
        imageView.setImageBitmap(bitmap);
        textView2.setText(progress + "度");
    }
```

```
}
```
在编写上面代码时需要注意以下 3 点：

- 由于在本例中允许图像的最小宽度是 80，因此，缩放后的新宽度应为 seekBar1 的当前进度与最小宽度（minWidth）之和。新高度可以根据新宽度计算出来。

- 由于图像的宽度和高度之比是 4:3，因此，显示图像的 ImageView 组件 android:layout_width 和 android:layout_height 属性的值的比例也应该是 4:3，例如，在本例中这两个属性值分别是 200dp 和 150dp。并且为了保证图像和 ImageView 组件的大小相同，android:scaleType 属性值应设为 fitCenter。

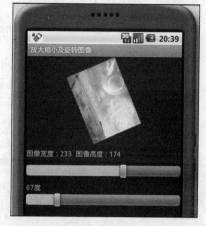

- 由于显示在 ImageView 组件中的图像文件（dreamyworld.jpg）过大，经常旋转系统会抛出异常。因此，在本例中使用了一个比 dreamyworld.jpg 文件小的 dreamyworld_small.jpg 文件进行缩放。

运行本例后，拖动第 1 个和第 2 个 SeekBar 对图像进行缩放和旋转，将显示如图 5.26 所示的效果。

图 5.26　缩放和旋转图像

5.5.2　列表组件：ListView

本节的例子代码所在的工程目录是 src\ch05\ch05_listview

ListView 组件用于以列表的形式显示数据。ListView 组件采用 MVC 模式将前端显示与后端数据进行分离。也就是说，ListView 组件在装载数据时并不是直接使用 ListView 类的 add 或类似的方法添加数据，而是需要指定一个 Adapter 对象。该对象相当于 MVC 模式中的 C（控制器，Controller）。ListView 相当于 MVC 模式中的 V（视图，View），用于显示数据。为 ListView 提供数据的 List 或数组相当于 MVC 模式中的 M（模型，Model）。

在 ListView 组件中通过控制器（Adapter 对象）获得需要显示的数据。在创建 Adapter 对象时需要指定要显示的数据（List 或数组对象），因此，要显示的数据与 ListView 之间通过 Adapter 对象进行连接，同时又互相独立。也就是说，ListView 只知道显示的数据来自 Adapter，并不知道这些数据是来自 List 还是数组。对于数据来说，只知道将这些数据添加到 Adapter 对象中，并不知道这些数据会被用于 ListView 组件或其他组件。

在操作 ListView 组件之前，先来定义一个 ListView 组件，代码如下：
```
<ListView android:id="@+id/lvCommonListView"
    android:layout_width="fill_parent" android:layout_height="wrap_content" />
```
从前面的描述可知，向 ListView 组件装载数据之前需要创建一个 Adapter 对象，代码如下：
```
ArrayAdapter<String> aaData = new ArrayAdapter<String>(this,android.R.layout.simple_list_item_1, data);
```
在上面的代码中创建了一个 android.widget.ArrayAdapter 对象。ArrayAdapter 类的构造方法需要一个 android.content.Context 对象，因此，在本例中使用当前 Activity 的对象实例（this）作为 ArrayAdapter 类的构造方法的第 1 个参数值。除此之外，ArrayAdapter 还需要完成如下两件事：

- 指定列表项的模板，也就是一个 XML 布局文件的资源 ID。
- 指定在列表项中显示的数据。

其中 XML 布局文件的资源 ID 通过 ArrayAdapter 类的构造方法的第 2 个参数传递，列表项中显示的数据（List 对象或数组）通过第 3 个参数传递。在本例中使用了 Android SDK 提供的 XML 布局文件（simple_list_item_1.xml），该布局文件对应的资源 ID 是 android.R.layout.simple_list_item_1。这个布局文件可以在<Android SDK 安装目录>\platforms\android-1.5\data\res\layout 目录中找到（实际上，所有系统提供的 XML 布局文件都在该目录下），代码如下：

```
<?xml version="1.0" encoding="utf-8"?>
<TextView xmlns:android="http://schemas.android.com/apk/res/android"
    android:id="@android:id/text1"
    android:layout_width="fill_parent"
    android:layout_height="wrap_content"
    android:textAppearance="?android:attr/textAppearanceLarge"
    android:gravity="center_vertical"
    android:paddingLeft="6dip"
    android:minHeight="?android:attr/listPreferredItemHeight"
/>
```

从上面的代码可以看出，在 simple_list_item_1.xml 文件中只定义了一个<TextView>标签，因此，使用这个布局文件相当于在 ListView 中只显示简单的文本列表项。

ArrayAdapter 类的构造方法的第 3 个参数值（data）是一个 String[]对象，代码如下：

```
private static String[] data = new String[]
{ "机器化身","变形金刚（真人版）2","第九区","火星任务","人工智能","钢铁侠","铁臂阿童木 ","未来战士",
"星际传奇","侏罗纪公园 2:失落的世界    简介：本片原名《失落的世界》，由史蒂文. 斯皮尔伯格率领《侏罗纪公园》的高个
子数学专家杰夫高布伦，重回培养过恐龙的桑纳岛。" };
```

 注意 除去可以使用 String[]对象作为 Adapter 的数据源外，还可以使用 List 对象来达到同样的效果，因此，可以使用 List 对象来代替上面代码中的 data 变量。具体代码请读者参阅本节提供的源代码。

在创建完 ArrayAdapter 对象后，需要使用 ListView 类的 setAdapter 方法将 ArrayAdapter 对象与 ListView 组件绑定，代码如下：

```
ListView lvCommonListView = (ListView) findViewById(R.id.lvCommonListView);
lvCommonListView.setAdapter(aaData);
```

当调用 setAdapter 方法后，ListView 组件的每一个列表项都会使用 simple_list_item_1.xml 文件定义的模板来显示，并将 data 数组中的每一个元素赋值给每一个列表项（一个列表项就是在 simple_list_item_1.xml 中定义的 TextView 组件）。

在默认情况下，ListView 组件选中的是第 1 项。如果想一开始就选中指定的列表项，需要使用 ListView 类的 setSelection 方法进行设置，代码如下：

```
lvCommonListView.setSelection(6);          // 选中第 7 个列表项
```

与列表项相关的有如下两个事件：

- ItemSelected（列表项被选中时发生）
- ItemClick（单击列表项时发生）

为了截获这两个事件，需要分别实现 OnItemSelectedListener 和 OnItemClickListener 接口。在本例中分别在这两个接口的事件方法中输出了相应的日志信息，读者可以在 DDMS 透视图的 LogCat 视图中查看这些事件的调用顺序。

运行本节的例子后，将显示如图 5.27 所示的效果。

图 5.27 ListView 组件

注意 如果列表项要显示的文本太多，ListView 组件并不会出现水平滚动条，而是将文本折行显示。

实例 29：可以单选和多选的 ListView

工程目录：src\ch05\ch05_choicelistview

只显示简单文本的列表项不能进行多选。如果想选择多个列表项，就需要在每个列表项上添加 RadioButton、CheckBox 等组件。当然，向列表项添加组件的方法很多，但 ListView 提供了一种非常简单的方式向列表项添加多选按钮（RadioButton）。这种方式与 5.5.2 节使用的方法类似，只是需要使用 simple_list_item_multiple_choice.xml 布局文件，该布局文件对应的资源 ID 如下：

```
android.R.layout.simple_list_item_multiple_choice
```

除此之外，可以向列表项添加 CheckBox 和 CheckedTextView（用对号作为被选择的标志）组件。添加这两个组件分别需要使用 simple_list_item_single_choice.xml 和 simple_list_item_checked.xml 布局文件，这两个布局文件分别对应如下资源 ID：

```
android.R.layout.simple_list_item_single_choice
android.R.layout.simple_list_item_checked
```

虽然从表面上看，使用上述 3 个布局文件添加的是 RadioButton、CheckBox 和 CheckedTextView 组件，但实际上，在这 3 个布局文件中只使用了 CheckedTextView 组件。之所以会显示不同的风格，是因为设置了<CheckedTextView>标签的 android:checkMark 属性，例如，simple_list_item_multiple_choice.xml 文件的代码如下：

```xml
<?xml version="1.0" encoding="utf-8"?>
<CheckedTextView xmlns:android="http://schemas.android.com/apk/res/android"
    android:id="@android:id/text1"
    android:layout_width="fill_parent"
    android:layout_height="?android:attr/listPreferredItemHeight"
    android:textAppearance="?android:attr/textAppearanceLarge"
    android:gravity="center_vertical"
    android:checkMark="?android:attr/listChoiceIndicatorSingle"
    android:paddingLeft="6dip"
    android:paddingRight="6dip"
/>
```

本例在垂直方向显示了 3 个 ListView 组件，分别用来演示上述 3 个布局文件的效果。设置这 3 个 ListView 的代码如下：

```java
String[] data = new String[]{ "机器化身", "变形金刚（真人版）2" };
//  CheckedTextView
ArrayAdapter<String> aaCheckedTextViewAdapter =
    new ArrayAdapter<String>(this, android.R.layout.simple_list_item_checked, data);
lvCheckedTextView.setAdapter(aaCheckedTextViewAdapter);
//  设置成单选模式
lvCheckedTextView.setChoiceMode(ListView.CHOICE_MODE_SINGLE);
//  RadioButton
ArrayAdapter<String> aaRadioButtonAdapter =
    new ArrayAdapter<String>(this, android.R.layout.simple_list_item_single_choice, data);
lvRadioButton.setAdapter(aaRadioButtonAdapter);
//  设置成单选模式
lvRadioButton.setChoiceMode(ListView.CHOICE_MODE_SINGLE);
//  CheckBox
ArrayAdapter<String> aaCheckBoxAdapter =
    new ArrayAdapter<String>(this, android.R.layout.simple_list_item_multiple_choice, data);
lvCheckBox.setAdapter(aaCheckBoxAdapter);
//  设置成多选模式
lvCheckBox.setChoiceMode(ListView.CHOICE_MODE_MULTIPLE);
```

如果只设置列表项的模板（3 个布局文件的资源 ID），在单击列表项时，相应的选项组件并不会被选中。因此，在设置列表项的模板后，还需要使用 ListView 类的 setChoiceMode 方法设置选择的模式（单选

4/6
Chapter

或多选）。

运行本例后，单击相应的列表项后，将显示如图 5.28 所示的效果。

图 5.28　可单选和多选的 ListView

> ListView 组件并不以添加了哪个选择组件作为单选和多选的标准。也就是说，添加了 RadioButton
> 并不代表当前的 ListView 只能进行单选，如果将添加了 RadioButton 的 ListView 的选择模式设
> 为 ListView.CHOICE_MODE_MULTIPLE，那么 ListView 仍然可以进行多选。因此，本节介绍
> 的 3 个选择组件（RadioButton、CheckBox 和 CheckedTextView）都可以进行单选和多选。

实例 30：动态添加、删除 ListView 列表项

工程目录： src\ch05\ch05_dynamiclistview

对 ListView 组件的动态操作（添加、删除列表项）往往是一个系统中必不可少的功能。本例中通过一个自定义的 Adapter 实现了动态向 ListView 中添加文本和图像列表项，并可以删除某个被选中的列表项，以及清空所有的列表项。

编写一个自定义的 Adapter 类一般需要从 android.widget.BaseAdapter 类继承。在 BaseAdapter 类中有两个非常重要的方法：getView 和 getCount。其中 ListView 在显示某一个列表项时会调用 getView 方法来返回要显示的列表项的 View 对象。getCount 方法返回当前 ListView 组件中列表项的总数。在添加或删除列表项后，getCount 方法返回的值要进行调整，否则 ListView 可能会出现异常情况。

在本例中要向 ListView 添加两类列表项：文本列表项和图像列表项。因此，getView 方法要根据当前列表项返回 TextView 或 ImageView 对象。在添加文本列表项时直接使用 String 类型的值，添加图像列表项时使用图像资源 ID。因此，需要在自定义 Adapter 类（ViewAdapter）中添加两个方法用于添加文本和图像列表项，这两个方法的代码如下：

```java
public void addText(String text)
{
    textIdList.add(text);
    notifyDataSetChanged();
}
public void addImage(int resId)
{
    textIdList.add(resId);
    notifyDataSetChanged();
}
```

在上面的代码中将文本列表项的字符串和图像列表项的资源 ID 都添加到 textIdList 变量中，该变量是一个 List 对象，代码如下：

```
private List textIdList = new ArrayList();
```

在添加完相应的数据后，需要使用 BaseAdapter 类的 notifyDataSetChanged 方法来通知 Adapter 对象数据已经变化，并由系统调用 getView 方法来返回相应的 View 对象。getView 方法的代码如下：

```
public View getView(int position, View convertView, ViewGroup parent)
{
    String inflater = Context.LAYOUT_INFLATER_SERVICE;
    LayoutInflater layoutInflater = (LayoutInflater) context.getSystemService(inflater);
    LinearLayout linearLayout = null;
    // 处理文本列表项
    if (textIdList.get(position) instanceof String)
    {
        // 装载 text.xml 布局文件
        linearLayout = (LinearLayout) layoutInflater.inflate(R.layout.text, null);
        TextView textView = ((TextView) linearLayout.findViewById(R.id.textview));
        textView.setText(String.valueOf(textIdList.get(position)));
    }
    // 处理图像列表项
    else if (textIdList.get(position) instanceof Integer)
    {
        // 状态 image.xml 布局文件
        linearLayout = (LinearLayout) layoutInflater.inflate(R.layout.image, null);
        ImageView imageView = (ImageView) linearLayout.findViewById(R.id.imageview);
        imageView.setImageResource(Integer.parseInt(String.valueOf(textIdList.get(position))));
    }
    return linearLayout;
}
```

在编写上面代码时应注意如下 4 点：

- 由于 BaseAdapter 类并不像 Activity 类有 getLayoutInflater()方法可以获得 LayoutInflater 对象，因此，需要使用 Context 类的 getSystemService 方法来获得 LayoutInflater 对象。

- 在本例中使用了两个 XML 布局文件（text.xml 和 image.xml）分别作为文本列表项和图像列表项的模板。这两个布局文件分别包含一个<TextView>和<ImageView>标签。

- 特别要注意的是 getView 方法的调用。ListView 会根据当前可视的列表项决定什么时候调用 getView 方法，调用几次 getView 方法。例如，ListView 中有 10000 个列表项，但 getView 方法并不会立刻调用 10000 次，而是根据当前屏幕上可见或即将显示的列表项调用 getView 方法，并通过 position 参数将当前列表项的位置（从 0 开始）传入 getView 方法。当然，开发人员一般不需要关心 ListView 是在什么时候调用 getView 方法的，而只需要关注于当前要返回的列表项（View 对象）即可。

- 由于文本列表项和图像列表项的数据是从 List 对象（textIdList 变量）中获得的，因此，要注意边界问题。也就是说，getCount 方法要返回正确的列表项个数，也就是 List 对象的元素个数。也可以认为 getView 方法的 position 参数值就是 List 对象中某个元素的索引。如果这时 getCount 方法返回了不正确的列表项个数（返回值比 List 对象中的元素个数还大），position 的值可能会超过 List 对象的边界，系统就会抛出异常。

列表项的 View 对象一定要在 getView 方法中创建（或在 getView 方法中调用创建 View 对象的其他方法）。不能事先创建好 View 对象，然后在 getView 方法中返回这些 View 对象。例如，在 addText 方法中创建了一个 View 对象，并将其保存在 List 对象中（与保存文本列表项中的文本信息一样），然后在 getView 方法中返回这个事先建立的 View 对象。如果这样做，系统可能会出现一些异常现象，经作者测试，有时在选中列表项状态下，当前被选中的列表项的文本颜色仍然为白色。

在 ViewAdapter 类中除了添加列表项的方法外，还需要添加两个用于删除列表项的方法：remove 和 removeAll，代码如下：

```
// 删除指定的列表项
public void remove(int index)
```

```
    {
        if (index < 0) return;
        textIdList.remove(index);
        notifyDataSetChanged();
    }
//   删除所有的列表项
public void removeAll()
{

        textIdList.clear();
        notifyDataSetChanged();

}
```

ViewAdapter 类还有一些其他的方法，这些方法的实现代码并不是最重要的，在这里并不详细解释这些代码，读者可以参阅本书提供的源代码。最后看一下 ViewAdapter 类的框架代码。

```
//   ViewAdapter 为 Main 类的内嵌类
private class ViewAdapter extends BaseAdapter
{
        private Context context;
        private List textIdList = new ArrayList();
        @Override
        public View getView(int position, View convertView, ViewGroup parent){ ... ...}
        public ViewAdapter(Context context) {   this.context = context;   }
        @Override
        public long getItemId(int position){   return position;   }
        @Override
        public int getCount(){   return textIdList.size();   }
        @Override
        public Object getItem(int position){   return textIdList.get(position);   }
        public void addText(String text){ ... ... }
        public void addImage(int resId) { ... ... }
        public void remove(int index) { ... ... }
        public void removeAll() { ... ... }
}
```

在创建完 ViewAdapter 类后，需要将该类的对象绑定到 ListView 上，代码如下：

```
lvDynamic = (ListView) findViewById(R.id.lvDynamic);
ViewAdapter viewAdapter = new ViewAdapter(this);
lvDynamic.setAdapter(viewAdapter);
```

本例在屏幕的正上方添加 4 个按钮，分别用来添加文本和图像列表项、删除当前列表项和删除所有的列表项。这 4 个按钮共用同一个单击事件方法，代码如下：

```
public void onClick(View view)
{
        switch (view.getId())
        {
            // 添加文本列表项
            case R.id.btnAddText:
                int randomNum = new Random().nextInt(data.length);
                viewAdapter.addText(data[randomNum]);
                break;
            // 添加图像列表项
            case R.id.btnAddImage:
                viewAdapter.addImage(getImageResourceId());
                break;
            // 删除当前列表项
            case R.id.btnRemove:
                viewAdapter.remove(selectedIndex);
                selectedIndex = -1;
                break;
            // 删除所有的列表项
            case R.id.btnRemoveAll:
                viewAdapter.removeAll();
                break;
        }
}
```

其中 data 变量为一个 String[]对象，定义了在列表项中显示的文本集合。getImageResourceId 方法从 5
个图像资源中随机选择一个图像资源 ID 作为当前添加的图像列表项的图像资源 ID，代码如下：

```
private int getImageResourceId()
{
    int[] resourceIds = new int[]
    { R.drawable.item1, R.drawable.item2, R.drawable.item3,sR.drawable.item4, R.drawable.item5 };
    return resourceIds[new Random().nextInt(resourceIds.length)];
}
```

运行本例后，添加一些文本和图像列表项，将显示如图 5.29 所示的效果。

图 5.29　动态添加、删除列表项

实例 31：改变 ListView 列表项选中状态的背景颜色

工程目录：src\ch05\ch05_colorlistview

前面的章节中使用的 ListView 列表项在选中状态的背景都是黄色的。实际上，可以将选中状态的背景
改成任意颜色，甚至是绚丽的图像。

改变列表项选中状态的背景色可以使用<ListView>标签的 android:listSelector 属性，也可以使用
ListView 类的 setSelector 方法。例如，将背景设为绿色的方法是先将一个绿色的 png 图（green.png）复制
到 res\drawable 目录中，然后在<ListView>标签中设置 android:listSelector="@drawable/green"，或使用如下
代码：

```
ListView listView = (ListView) findViewById(R.id.listview);
listView.setSelector(R.drawable.green);
```

在本例中有 3 个 RadioButton 组件，分别将列表项选中状态的背景颜色设置成默认颜色、绿色和光谱
颜色。这 3 个 RadioButton 组件共享一个单击事件方法，代码如下：

```
public void onClick(View view)
{
    switch (view.getId())
    {
        case R.id.rbdefault:
            //  设置成默认背景颜色
            listView.setSelector(defaultSelector);
            break;
        case R.id.rbGreen:
            //  设置绿色背景
            listView.setSelector(R.drawable.green);
            break;
        case R.id.rbSpectrum:
            //  设置光谱背景
            listView.setSelector(R.drawable.spectrum);
```

```
            break;
        }
    }
```

在上面代码中的 defaultSelector 是 Drawable 类型变量,该变量表示列表项被选中状态默认的背景颜色,通过 ListView 类的 getSelector 方法可获得该值。

运行本例后,分别单击【绿色】和【光谱】RadioButton 组件,将显示如图 5.30 和图 5.31 所示的效果。

图 5.30 设置绿色背景

图 5.31 设置光谱背景

5.5.3 封装 ListView 的 Activity:ListActivity

ListActivity 实际上是 ListView 和 Activity 的结合体。也就是说,一个 ListActivity 就是只包含一个 ListView 组件的 Activity。在 ListActivity 类的内部通过代码来创建 ListView 对象,因此,使用 ListActivity 并不需要使用 XML 布局文件来定义 ListView 组件。

如果在某些 Activity 中只包含一个 ListView,使用 ListActivity 是非常方便的。可以通过 ListActivity 类的 setListAdapter 方法来设置 Adapter 对象。该方法相当于调用了 ListView 类的 setAdapter 方法。

也可以通过 ListActivity 类的 getListView 方法获得当前 ListActivity 的 ListView 对象,并像操作普通的 ListView 对象一样操作 ListActivity 中的 ListView 对象。在实例 32 和实例 33 中将使用 ListActivity 来创建 ListView 对象。

实例 32:使用 SimpleAdapter 建立复杂的列表项

工程目录:src\ch05\ch05_simpleadapter

在实例 30 中使用自定义 Adapter 类的方法动态添加了图像列表项,除此之外,Android SDK 还提供了更简单的方法来完成这个工作,这就是 SimpleAdapter 类。SimpleAdapter 类只有一个构造方法,其定义如下:

```
public SimpleAdapter(Context context, List<? extends Map<String, ?>> data, int resource, String[] from, int[] to)
```

其中第 1 个参数 context 不必多说了,这个参数在前面已经多次提到过了,一般在 Activity 的子类中使用 this 作为该参数的值。现在需要着重说的是后 4 个参数。

data 是一个 List 类型的参数,而 List 对象的元素类型是一个 Map<String, ?>类型。先看一个本例所使用的布局文件(main.xml)的内容,然后再说明 data 参数的含义。main.xml 文件的内容如下:

```xml
<?xml version="1.0" encoding="utf-8"?>
<LinearLayout xmlns:android="http://schemas.android.com/apk/res/android"
    android:orientation="horizontal" android:layout_width="fill_parent"
    android:layout_height="wrap_content">
    <ImageView android:id="@+id/ivLogo" android:layout_width="60dp"
        android:layout_height="60dp" android:src="@drawable/icon"
        android:paddingLeft="10dp"     />
    <TextView android:id="@+id/tvApplicationName"
```

```
                    android:layout_width="wrap_content" android:layout_height="fill_parent"
                    android:textSize="16dp"  android:gravity="center_vertical" android:paddingLeft="10dp"/>
    </LinearLayout>
```

上面代码中定义了两个组件：ImageView 和 TextView。这个布局文件将作为列表项的模板来显示每一个列表项。因此，每一个列表项都要根据不同的情况设置 ImageView 的图像和 TextView 的文本。假设要添加两个列表项，就意味着需要设置 4 个值（每个列表项 2 个值）。每个列表项的值可以用一个 Map 对象来表示。key 表示相应组件的 id 值（在本例中是 ivLogo 和 tvApplicationName），value 表示具体的值。在本例中，需要使用如下代码来设置这两个列表项的值：

```
Map<String, Object> item1 = new HashMap<String, Object>();
//  设置第 1 个列表项的数据
item1.put("ivLogo", R.drawable.calendar);
item1.put("ivApplicationName", "多功能日历");
Map<String, Object> item2 = new HashMap<String, Object>();
//  设置第 2 个列表项的数据
item2.put("ivLogo", R.drawable.eoemarket);
item2.put("ivApplicationName", "eoemarket 客户端");
List<Map<String, Object>> data = new ArrayList<Map<String, Object>>();
//  将两个 Map 对象添加到 List 对象中，该对象就是 SimpleAdapter 构造方法的第 2 个参数值
data.add(item1);
data.add(item2);
```

从上面的代码可以很容易地知道 data 参数表示所有列表项的数据，List 对象的元素（Map 对象）表示列表项的数据。

SimpleAdapter 类的构造方法的第 3 个参数 resource 表示列表项模板的资源 ID，在本例中是 R.layout.main。from 和 to 参数分别表示 XML 布局文件（main.xml）中组件标签的 android:id 属性值及该组件对应的资源 ID。在本例中使用如下代码设置这两个参数的值：

```
String[] from = new String[]{ "ivLogo", "tvApplicationName" };
int[] to = new int[]{ R.id.ivLogo, R.id.tvApplicationName };
```

 注意　from 和 to 数组设置的组件的顺序要一致，也就是说，from 的第 n 个元素要对应于 to 的第 n 个元素。但 from 和 to 数组的顺序可以和 data 参数中设置列表项的顺序不一致。

本例在 onCreate 方法中使用上述方式创建了 SimpleAdapter 对象，并将该对象与 ListActivity 对象进行绑定，完整的代码如下：

```
public void onCreate(Bundle savedInstanceState)
{
    super.onCreate(savedInstanceState);
    List<Map<String, Object>> appItems = new ArrayList<Map<String, Object>>();
    //  设置 data 参数的值，其中 resIds 和 applicationNames 保存列表项中相应组件的值
    for (int i = 0; i < applicationNames.length; i++)
    {
        Map<String, Object> appItem = new HashMap<String, Object>();
        appItem.put("ivLogo", resIds[i]);
        appItem.put("tvApplicationName", applicationNames[i]);
        appItems.add(appItem);
    }
    SimpleAdapter simpleAdapter = new SimpleAdapter(this, appItems,
            R.layout.main, new String[]{ "tvApplicationName", "ivLogo" },
            new int[]{ R.id.tvApplicationName,   R.id.ivLogo});
    setListAdapter(simpleAdapter);
}
```

运行本例后，将显示如图 5.32 所示的效果。

实例 33：给应用程序评分

工程目录：src\ch05\ch05_ratinglistview

虽然使用 SimpleAdapter 可以向 ListView 添加复杂的列表项，但 SimpleAdapter 类支持的组件仍然有限。

4/6
Chapter

目前 SimpleAdapter 类只支持如下 3 种组件：

- 实现 Checkable 接口的组件类。
- TextView 类及其子类。
- ImageView 类及其子类。

图 5.32　带文本和图像的列表项

　　如果在列表项中出现了其他的组件，除非这些组件使用的是静态值，否则无法使用 SimpleAdapter 动态地为这些组件设置相应的值。

　　在本例中除了使用 SimpleAdapter 支持的 TextView 和 ImageView 组件外，还使用了一个评分组件（RatingBar）来显示应用程序的分数。因此，无法使用 SimpleAdapter 来为每一个列表项中的组件赋值。所以在本例中仍然使用自定义 Adapter 类来处理每一个列表项中的组件。

　　在实现本例之前，先看一下效果。运行本例后，将显示如图 5.33 所示的界面。单击第 3 个列表项，将显示如图 5.34 所示的评分对话框。

图 5.33　应用软件评分列表

图 5.34　给应用软件评分

　　现在开始实现本例，先来看一下列表项的模板文件（main.xml）的内容。

```xml
<?xml version="1.0" encoding="utf-8"?>
<LinearLayout xmlns:android="http://schemas.android.com/apk/res/android"
    android:orientation="horizontal" android:layout_width="fill_parent"
    android:layout_height="wrap_content" android:gravity="center_vertical">
    <ImageView android:id="@+id/ivLogo" android:layout_width="60dp"
        android:layout_height="60dp" android:src="@drawable/icon" android:paddingLeft="5dp" />
    <RelativeLayout xmlns:android="http://schemas.android.com/apk/res/android"
        android:orientation="vertical" android:layout_width="wrap_content"
        android:layout_height="wrap_content" android:gravity="right" android:padding="10dp">
```

```
        <TextView android:id="@+id/tvApplicationName"
            android:layout_width="wrap_content" android:layout_height="wrap_content"
            android:textSize="16dp" />
        <TextView android:id="@+id/tvAuthor" android:layout_width="wrap_content"
            android:layout_height="wrap_content" android:layout_below="@id/tvApplicationName"
            android:textSize="14dp" />
    </RelativeLayout>
    <RelativeLayout xmlns:android="http://schemas.android.com/apk/res/android"
        android:orientation="vertical" android:layout_width="fill_parent"
        android:layout_height="wrap_content" android:gravity="right" android:padding="10dp">
        <TextView android:id="@+id/tvRating" android:layout_width="wrap_content"
            android:layout_height="wrap_content" android:text="5.0" />
        <RatingBar android:id="@+id/ratingbar" android:layout_width="wrap_content"
            android:layout_height="wrap_content" android:numStars="5"
            style="?android:attr/ratingBarStyleSmall" android:layout_below="@id/tvRating" />
    </RelativeLayout>
</LinearLayout>
```

现在建立一个自定义的 Adapter 类（RatingAdapter）来为上面定义的 5 个组件赋值。RatingAdapter 类的 getView 方法的代码如下：

```
public View getView(int position, View convertView, ViewGroup parent)
{
    LinearLayout linearLayout = (LinearLayout) layoutInflater.inflate(R.layout.main, null);
    ImageView ivLogo = (ImageView) linearLayout.findViewById(R.id.ivLogo);
    TextView tvApplicationName = ((TextView) linearLayout.findViewById(R.id.tvApplicationName));
    TextView tvAuthor = (TextView) linearLayout.findViewById(R.id.tvAuthor);
    TextView tvRating = (TextView) linearLayout.findViewById(R.id.tvRating);
    RatingBar ratingBar = (RatingBar) linearLayout.findViewById(R.id.ratingbar);
    ivLogo.setImageResource(resIds[position]);
    tvApplicationName.setText(applicationNames[position]);
    tvAuthor.setText(authors[position]);
    tvRating.setText(String.valueOf(applicationRating[position]));
    ratingBar.setRating(applicationRating[position]);
    return linearLayout;
}
```

其中 layoutInflater 是在 RatingAdapter 类的构造方法中创建的 LayoutInflater 类型的变量。在上面代码中使用了 5 个数组变量，这 5 个数组变量分别保存在 main.xml 文件中定义的 5 个组件在每一个列表项中的值。

在单击每一个列表项时会弹出一个设置当前列表项中应用程序分数的对话框，因此，需要在 RatingAdapter 类中添加一个 setRating 方法来设置修改后的分数，该方法的代码如下：

```
public void setRating(int position, float rating)
{
    applicationRating[position] = rating;
    notifyDataSetChanged();
}
```

列表项的单击事件方法的代码如下：

```
protected void onListItemClick(ListView l, View view, final int position, long id)
{
    View myView = getLayoutInflater().inflate(R.layout.rating, null);
    final RatingBar ratingBar = (RatingBar) myView.findViewById(R.id.ratingbar);
    //  设置评分组件的当前分数
    ratingBar.setRating(applicationRating[position]);
    //  弹出评分对话框
    new AlertDialog.Builder(this).setTitle(applicationNames[position])
            .setMessage("给应用程序打分").setIcon(resIds[position])
            .setView(myView).setPositiveButton("确定", new OnClickListener()
            {
                @Override
                public void onClick(DialogInterface dialog, int which)
                {
                    //  将评分组件设置的分数赋给列表项中的评分组件
                    raAdapter.setRating(position, ratingBar.getRating());
```

```
        }
    }).setNegativeButton("取消", null).show();
}
```

5.5.4 可展开的列表组件：ExpandableListView

本节的例子代码所在的工程目录是 src\ch05\ch05_expandableListview

Android SDK 提供了一个可以展开的 ListView 组件 ExpandableListView。与菜单和子菜单类似，ExpandableListView 的列表项分为列表项和子列表项，单击组列表项后，会显示当前列表项下的子列表项。

ExpandableListView 是 ListView 的直接子类，因此，ExpandableListView 拥有 ListView 的一切特性。当然，与 ListView 一样，ExpandableListView 类也有一个与之对应的 ExpandableListActivity 类，该类包含一个 ExpandableListView 组件，如果 Activity 上只有一个 ExpandableListView 组件，建议直接使用 ExpandableListActivity 类来代替 Activity 类。

本节将使用 ExpandableListActivity 类来创建 ExpandableListView 对象，并添加几个列表项和相应的子列表项。ExpandableListView 的用法与 ExpandableListActivity 非常相似，读者可参考本例提供的代码来使用 ExpandableListView 组件。

与 ListActivity 一样，ExpandableListActivity 类也需要一个 Adapter 类。在本例中使用了一个定制的 Adapter 类（MyExpandableListAdapter），该类从 BaseExpandableListAdapter 继承。在 MyExpandableList-Adapter 类中有两个核心方法：getGroupView 和 getChildView。这两个方法分别用来返回列表项和子列表项的 View 对象，代码如下：

```
public View getGroupView(int groupPosition, boolean isExpanded, View convertView, ViewGroup parent)
{
    TextView textView = getGenericView();
    // 获得并设置列表项的文本，getGroup 方法从一个一维数组中获得相应的字符串
    textView.setText(getGroup(groupPosition).toString());
    return textView;
}
public View getChildView(int groupPosition, int childPosition,
    boolean isLastChild, View convertView, ViewGroup parent)
{
    TextView textView = getGenericView();
    // 获得并设置子列表项的文本，getChild 方法从一个二维数组中获得相应的字符串
    textView.setText(getChild(groupPosition, childPosition).toString());
    return textView;
}
```

在上面代码中使用了一个 getGenericView 方法，在该方法中创建了一个 TextView 对象，并设置了相应的属性，代码如下：

```
public TextView getGenericView()
{
    AbsListView.LayoutParams lp = new AbsListView.LayoutParams(
            ViewGroup.LayoutParams.FILL_PARENT, 64);
    TextView textView = new TextView(Main.this);
    textView.setLayoutParams(lp);
    textView.setGravity(Gravity.CENTER_VERTICAL | Gravity.LEFT);
    textView.setPadding(36, 0, 0, 0);
    textView.setTextSize(20);
    return textView;
}
```

ExpandableListActivity 类也需要使用 setListAdapter 方法指定 Adapter 对象，代码如下：

```
ExpandableListAdapter adapter = new MyExpandableListAdapter();
setListAdapter(adapter);
```

当单击子列表项时会弹出一个菜单，因此，需要在 onCreate 方法中使用下面的代码将上下文菜单注册到 ExpandableListView 上。

```
registerForContextMenu(getExpandableListView());
```

在本例中，与上下文菜单相关的事件方法是 onCreateContextMenu 和 onContextItemSelected。当单击子列表项时系统会调用 onCreateContextMenu 方法创建弹出菜单。单击菜单项时系统会调用 onContextItemSelected 方法。这两个方法的实现代码如下：

```
//  创建上下文菜单
@Override
public void onCreateContextMenu(ContextMenu menu, View view,
        ContextMenuInfo menuInfo)
{
    ExpandableListContextMenuInfo info = (ExpandableListContextMenuInfo) menuInfo;
    //  获得当前列表项的类型
    int type = ExpandableListView.getPackedPositionType(info.packedPosition);
    //  获得当前列表项的文本
    String title = ((TextView) info.targetView).getText().toString();
    //  单击子菜单项时，弹出上下文菜单
    if (type == ExpandableListView.PACKED_POSITION_TYPE_CHILD)
    {
        menu.setHeaderTitle("弹出菜单");
        menu.add(0, 0, 0, title);
    }
}
//  响应菜单项单击事件
@Override
public boolean onContextItemSelected(MenuItem item)
{
    ExpandableListContextMenuInfo info = (ExpandableListContextMenuInfo) item
            .getMenuInfo();
    String title = ((TextView) info.targetView).getText().toString();
    Toast.makeText(this, title, Toast.LENGTH_SHORT).show();
    return true;
}
```

运行本节的例子后，单击第 1 个列表项（【辽宁】）的第 1 个子列表项（【沈阳】），将显示如图 5.35 所示的效果。

图 5.35　可展开的 ListView

5.5.5　下拉列表组件：Spinner

本节的例子代码所在的工程目录是 src\ch05\ch05_spinner

Spinner 组件用于显示一个下拉列表。该组件的用法与 ListView 组件类似，在装载数据时也需要创建一个 Adapter 对象，并在创建 Adapter 对象的过程中指定要装载的数据（数组或 List 对象）。例如，下面的代码分别使用 ArrayAdapter 和 SimpleAdapter 对象向两个 Spinner 组件添加数据。

```
public void onCreate(Bundle savedInstanceState)
{
    super.onCreate(savedInstanceState);
```

```
setContentView(R.layout.main);
// 处理第 1 个 Spinner 组件
Spinner spinner1 = (Spinner) findViewById(R.id.spinner1);
String[] applicationNames = new String[]
{ "多功能日历", "eoeMarket 客户端", "耐玩的重力消砖块", "白社会", "程序终结者" };
ArrayAdapter<String> aaAdapter = new ArrayAdapter<String>(this,
        android.R.layout.simple_spinner_item, applicationNames);
// 将 ArrayAdapter 对象与第 1 个 Spinner 组件绑定
spinner1.setAdapter(aaAdapter);
// 处理第 2 个 Spinner 组件
Spinner spinner2 = (Spinner) findViewById(R.id.spinner2);
final List<Map<String, Object>> items = new ArrayList<Map<String, Object>>();
Map<String, Object> item1 = new HashMap<String, Object>();
item1.put("ivLogo", R.drawable.calendar);
item1.put("tvApplicationName", "多功能日历");
Map<String, Object> item2 = new HashMap<String, Object>();
item2.put("ivLogo", R.drawable.eoemarket);
item2.put("tvApplicationName", "eoeMarket 客户端");
items.add(item1);
items.add(item2);
SimpleAdapter simpleAdapter = new SimpleAdapter(this, items,
        R.layout.item, new String[]
        { "ivLogo", "tvApplicationName" }, new int[]
        { R.id.ivLogo, R.id.tvApplicationName });
// 将 SimpleAdapter 对象与第 2 个 Spinner 组件绑定
spinner2.setAdapter(simpleAdapter);
// 为第 2 个 Spinner 组件设置 ItemSelected 事件
spinner2.setOnItemSelectedListener(new OnItemSelectedListener()
{
    @Override
    public void onItemSelected(AdapterView<?> parent, View view,
            int position, long id)
    {
        // 当选中某一个列表项时，弹出一个对话框，并显示相应的 Logo 图像和应用程序名
        new AlertDialog.Builder(view.getContext()).setTitle(
                items.get(position).get("tvApplicationName").toString()).setIcon(
                Integer.parseInt(items.get(position).get("ivLogo").toString())).show();
    }
    @Override
    public void onNothingSelected(AdapterView<?> parent)
    {
    }
});
}
```

运行本节的例子后，单击第 1 个和第 2 个 Spinner 组件右侧的下拉按钮，将显示如图 5.36 和图 5.37 所示的效果。

图 5.36　只显示文本的下拉列表框

图 5.37　带文本和图像的下拉列表框

5.5.6　垂直滚动视图组件：ScrollView

本节的例子代码所在的工程目录是 src\ch05\ch05_scrollview

ScrollView 组件只支持垂直滚动，而且在 ScrollView 中只能包含一个组件。通常在<ScrollView>标签中定义一个<LinearLayout>标签，并且将<LinearLayout>标签的 android:orientation 属性值设为 vertical，然后在<LinearLayout>标签中放置多个组件。如果<LinearLayout>标签中的组件所占用的总高度超过屏幕的高度，就会在屏幕右侧出现一个滚动条。通过单击手机的上、下按钮或上下拖动屏幕可以滚动视图来查看未显示的部分。

在本例的 XML 布局文件中配置了一些 TextView 和 ImageView 组件，由于组件的高度超过了屏幕的高度，因此，会在屏幕的右侧出现一个滚动条。布局文件的代码如下：

```xml
<?xml version="1.0" encoding="utf-8"?>
<ScrollView xmlns:android="http://schemas.android.com/apk/res/android"
    android:layout_width="fill_parent" android:layout_height="wrap_content">
    <LinearLayout android:orientation="vertical"
        android:layout_width="fill_parent" android:layout_height="fill_parent">
        <TextView android:layout_width="wrap_content"
            android:layout_height="wrap_content" android:text="滚动视图"
            android:textSize="30dp" />
        <ImageView android:layout_width="wrap_content"
            android:layout_height="wrap_content" android:src="@drawable/item1" />
        <TextView android:layout_width="wrap_content"
            android:layout_height="wrap_content" android:text="只支持垂直滚动"
            android:textSize="30dp" />
        <ImageView android:layout_width="wrap_content"
            android:layout_height="wrap_content" android:src="@drawable/item2" />
        <ImageView android:layout_width="wrap_content"
            android:layout_height="wrap_content" android:src="@drawable/item3" />
    </LinearLayout>
</ScrollView>
```

运行本节的例子后，将显示如图 5.38 所示的效果。

图 5.38　垂直滚动视图

5.5.7　水平滚动视图组件：HorizontalScrollView

本节的例子代码所在的工程目录是 src\ch05\ch05_horizontalscrollview

HorizontalScrollView 组件支持水平滚动，用法与 ScrollView 组件非常类似。在本例中仍然使用 5.5.6 节例子中使用的 5 个组件，只是将<ScrollView>改成<HorizontalScrollView>，将<LinearLayout>的 android:orientation 属性值改成 horizontal，代码如下：

```
<?xml version="1.0" encoding="utf-8"?>
<HorizontalScrollView xmlns:android="http://schemas.android.com/apk/res/android"
    android:layout_width="fill_parent" android:layout_height="wrap_content">
    <LinearLayout android:orientation="horizontal"
        android:layout_width="fill_parent" android:layout_height="fill_parent">
        <!- 省略了组件的定义  -->
        ... ...
    </LinearLayout>
</HorizontalScrollView>
```

运行本节的例子后，将显示如图 5.39 所示的效果。

实例 34：可垂直和水平滚动的视图

工程目录：src\ch05\ch05_bothscrollview

如果将 ScrollView 和 HorizontalScrollView 组件结合使用，就可以实现垂直和水平滚动的效果。所谓结合，就是指在<ScrollView>标签中使用<HorizontalScrollView>标签，或在<HorizontalScrollView>标签中使用<ScrollView>标签，代码如下：

```
<?xml version="1.0" encoding="utf-8"?>
<ScrollView xmlns:android="http://schemas.android.com/apk/res/android"
    android:layout_width="fill_parent" android:layout_height="wrap_content">
    <HorizontalScrollView android:layout_width="fill_parent" android:layout_height="wrap_content">
        <RelativeLayout android:orientation="horizontal"
            android:layout_width="fill_parent" android:layout_height="fill_parent">
            <!--  此处省略组件的配置  -->
            ... ...
        </RelativeLayout>
    </HorizontalScrollView>
</ScrollView>
```

运行本例后，将显示如图 5.40 所示的效果。

图 5.39　水平滚动视图

图 5.40　可垂直和水平的滚动的视图

 注意　虽然<ScrollView>和<HorizontalScrollView>标签无论谁包含谁都可以垂直和水平滚动，但也有一定的区别。如果<ScrollView>包含<HorizontalScrollView>（本例采用了这种方式），只有垂直滚动条拉到底才能看到水平滚动条。如果<HorizontalScrollView>包含<ScrollView>，只有水平滚动条拉到最右侧才能看到垂直滚动条。至于使用哪种方式，可根据具体的情况而定。

5.5.8　网格视图组件：GridView

本节的例子代码所在的工程目录是 src\ch05\ch05_gridview

从名字很容易看出，GridView 组件用于显示一个表格。实际上，GridView 与前面讲的 ListView、Spinner

等组件的使用方法类似，只是 GridView 在显示方式上有所不同。GridView 组件采用了二维表的方式来显示列表项（也可称为单元格），每一个单元格是一个 View 对象，在单元格上可以放置任何 Android 系统支持的组件。

既然 GridView 采用了二维表的方式显示单元格，就需要设置二维表的行和列。设置 GridView 的列可以使用<GridView>标签的 columnWidth 属性，也可以使用 GridView 类的 setColumnWidth 方法设置列数。GridView 中的单元格会根据列数自动折行显示，因此，并不需要设置 GridView 的行数。

在本例中使用了 SimpleAdapter 对象来指定 GridView 中每个单元格的数据（图像的资源 ID），在 GridView 的下方显示一个 ImageView 组件，当选中或单击某个单元格后，该单元格中的图像将被放大显示在这个 ImageView 组件中。下面是本例中的核心代码，在这些代码中创建了 SimpleAdapter 对象，并使用 GridView 类的 setAdapter 方法指定这个 SimpleAdapter 对象。

```
GridView gridView = (GridView) findViewById(R.id.gridview);
List<Map<String, Object>> cells = new ArrayList<Map<String, Object>>();
// resIds 是一个 int[]类型变量，保存了显示在 GridView 中的图像资源 ID
// 每一个单元格都是一个 ImageView 组件，android:id 属性值是 imageview
for (int i = 0; i < resIds.length; i++)
{
    Map<String, Object> cell = new HashMap<String, Object>();
    cell.put("imageview", resIds[i]);
    cells.add(cell);
}
SimpleAdapter simpleAdapter = new SimpleAdapter(this, cells,R.layout.cell, new String[]
        { "imageview" }, new int[]{ R.id.imageview });
gridView.setAdapter(simpleAdapter);
```

当单击或选中 GridView 中的单元格后，将分别调用相应的事件方法，并在这些方法中执行如下代码来切换 ImageView 组件中的图像：

```
imageView.setImageResource(resIds[position]);
```

运行本节的例子后，选中或单击屏幕上方单元格中的图像，将在屏幕下方的 ImageView 组件中放大显示单元格中的图像，效果如图 5.41 所示。

图 5.41　网格视图组件 GridView

5.5.9　可循环显示和切换图像的组件：Gallery 和 ImageSwitcher

本节的例子代码所在的工程目录是 src\ch05\ch05_galleryimageswitcher

Gallery 组件一般用于显示图像列表，因此，也可称为相册组件。Gallery 和 GridView 的区别是 Gallery

只能水平显示一行，而且支持水平滑动效果。也就是说，单击、选中或拖动 Gallery 中的图像，Gallery 中的图像列表会根据不同的情况向左或向右移动，直到显示到最后一个图像为止。

Gallery 本身并不支持循环显示图像，也就是说，当显示到最后一个图像时，图像列表就不再向左移动了。这里要达到的循环显示的效果是当显示到最后一个图像时，下一个图像是图像列表中的第 1 个图像。达到这个效果也并不困难，只需要"欺骗"一下 ImageView 对象和 Adapter 对象即可。

从前面章节的内容可以知道，BaseAdapter 类中的 getView 方法的调用与 getCount 方法的返回值有关。如果 getCount 方法返回 n，那么 getView 方法中的 position 参数值是绝不会大于 n - 1 的。因此，可以使 getCount 方法返回一个很大的数，例如，Integer.MAX_VALUE。这样系统就会认为 ImageAdapter 对象中有非常多（Integer.MAX_VALUE 的值超过 20 亿，可以认为是接近无穷大）的 View 对象。

这样做还会带来另外一个问题。如果 getCount 方法返回了一个很大的数，那么 position 参数的值也会很大，在这种情况下，如何根据这个 position 参数值获得相应的图像 ID 资源呢？不会有人去创建 Integer.MAX_VALUE 大小的数组吧？当然，解决方法也很简单。假设有一个 resIds 数组（长度为 15）保存了 15 个图像资源 ID，现在要使 Gallery 循环显示这 15 个图像。如果 position 的值超过了 14，可以使用取余的方法来循环取这个数组的值，代码如下：

```
int imageResId = resIds[position % resIds.length];
```

下面还有一件重要事情要做，就是设置 Gallery 中每个图像的显示风格。首先需要获得图像背景的资源 ID。在 ImageAdapter 类的构造方法中编写如下代码：

```
TypedArray typedArray = obtainStyledAttributes(R.styleable.Gallery);
mGalleryItemBackground = typedArray.getResourceId(
        R.styleable.Gallery_android_galleryItemBackgrounds, 0);
```

其中 R.styleable.Gallery 是 res\values\attrs.xml 文件中一个属性的资源 ID，代码如下：

```
<declare-styleable name="Gallery">
    <attr name="android:galleryItemBackground" />
</declare-styleable>
```

在 getView 方法中需要设置 ImageView 组件的显示风格和图像资源，代码如下：

```
public View getView(int position, View convertView, ViewGroup parent)
{
    ImageView imageView = new ImageView(mContext);
//  通过取余的方式获得图像的资源 ID
    imageView.setImageResource(resIds[position % resIds.length]);
    imageView.setScaleType(ImageView.ScaleType.FIT_XY);
    imageView.setLayoutParams(new Gallery.LayoutParams(136, 88));
    imageView.setBackgroundResource(mGalleryItemBackground);
    return imageView;
}
```

ImageSwitcher 组件可以用来以动画的方式切换图像。在本例中选中 Gallery 组件中的图像，会在 ImageSwitcher 组件中以淡入淡出的方式显示图像。

使用 ImageSwitcher 的关键是需要一个工厂（factory）类来创建在 ImageSwitcher 上显示的 View 对象（在本例中是 ImageView 对象）。这个工厂类需要实现 android.widget.ViewSwitcher.ViewFactory 接口，并在该接口的 makeView 方法中创建 View 对象，代码如下：

```
public View makeView()
{
    ImageView imageView = new ImageView(this);
    imageView.setBackgroundColor(0xFF000000);
    imageView.setScaleType(ImageView.ScaleType.FIT_CENTER);
    imageView.setLayoutParams(new ImageSwitcher.LayoutParams(
            LayoutParams.FILL_PARENT, LayoutParams.FILL_PARENT));
    return imageView;
}
```

下面的代码设置了工厂类的对象和淡入淡出效果。

```
//  imageSwitch 是在 Main 类中定义的 ImageSwitcher 类型的变量
imageSwitcher = (ImageSwitcher) findViewById(R.id.imageswitcher);
```

```
imageSwitcher.setFactory(this);
// 下面两条语句设置了淡入淡出效果
imageSwitcher.setInAnimation(AnimationUtils.loadAnimation(this,android.R.anim.fade_in));
imageSwitcher.setOutAnimation(AnimationUtils.loadAnimation(this,android.R.anim.fade_out));
```

运行本节的例子后，选中 Gallery 中的图像后，会在屏幕下方的 ImageSwitcher 组件中以淡入淡出效果显示放大的图像，效果如图 5.42 所示。

图 5.42　循环显示和切换图像的 Gallery 和 ImageSwitcher 组件

5.5.10　标签组件：TabHost

本节的例子代码所在的工程目录是 src\ch05\ch05_tab

如果屏幕上需要放置很多组件，可能一屏放不下，除了使用滚动视图的方式外，还可以使用标签组件对屏幕进行分页。很多读者在其他的编程语言中见过标签组件。当单击标签组件的不同标签时，会显示当前标签的内容。在 Android 系统中每一个标签可以显示一个 View 或一个 Activity。

TabHost 是标签组件的核心类，也是标签的集合。每一个标签是 TabHost.TabSpec 类的一个对象实例。通过 TabHost 类的 addTab 方法可以添加多个 TabHost.TabSpec 类的对象实例（多个标签）。如果从 XML 布局文件中添加 View，首先需要建立一个布局文件，并且根节点要使用<FrameLayout>或<TabHost>标签。

在本例中建立了 3 个标签。在第 1 个标签中显示了一个 View，在 View 中有两个组件：Button 和 ImageView。另两个标签分别显示实例 33 和 5.5.9 节实现的 Activity。XML 布局文件的内容如下：

```
<?xml version="1.0" encoding="utf-8"?>
<FrameLayout xmlns:android="http://schemas.android.com/apk/res/android"
    android:layout_width="fill_parent" android:layout_height="fill_parent">
    <Button android:id="@+id/button" android:layout_width="fill_parent"
        android:layout_height="wrap_content" android:text="切换到第 3 个标签" />
</FrameLayout>
```

在创建 TabHost 对象时一般使用从 TabActivity 继承的类，在该类的 onCreate 方法中添加 3 个标签，代码如下：

```
// 通过 TabActivity 类的 getTabHost 方法获得 TabHost 对象
TabHost tabHost = getTabHost();
// 装载 main.xml 布局文件，也就是上面给出的 XML 布局文件
LayoutInflater.from(this).inflate(R.layout.main,tabHost.getTabContentView(), true);
// 添加第 1 个标签，显示视图（按钮和 ImageView）
tabHost.addTab(tabHost.newTabSpec("tab1").setIndicator("切换标签").setContent(R.id.tab1));
// 添加第 2 个标签，在标签页上显示一个图像，并在该页中显示 GalleryActivity
tabHost.addTab(tabHost.newTabSpec("tab2").setIndicator("相册"
        ,getResources().getDrawable(R.drawable.icon1))
        .setContent(new Intent(this, GalleryActivity.class)));
// 添加第 3 个标签，在该标签中显示 RatingListView
tabHost.addTab(tabHost.newTabSpec("tab3").setIndicator("评分")
```

```
.setContent(new Intent(this, RatingListView.class)));
```

在上面的代码中通过 TabHost 类的 newTabSpec 方法创建了 TabSpec 对象。newTabSpec 方法的参数表示标签的字符串标识。也就是说，通过该标识可以获得相应的标签。在单击第 1 个标签中的按钮后，可以切换到第 3 个标签。要完成这个功能可以使用标签的索引，也可以使用通过 newTabSpec 方法设置的标识。切换到第 3 个标签的代码如下：

```
//  标签索引从 0 开始
getTabHost().setCurrentTab(2);
// 或采用如下代码
// getTabHost().setCurrentTabByTag("tab3");
```

运行本节的例子后，切换到第 2 个标签和第 3 个标签的效果如图 5.43 和图 5.44 所示。

图 5.43　第 2 个标签页

图 5.44　第 3 个标签页

5.6　本章小结

本章详细介绍了 Android SDK 中提供的组件（Widget）。这些组件主要包括按钮、复选框、时间、日期、进度条、图像、列表（包括 ListView、Spinner、GridView 等）、相册（Gallery）、图像切换（ImageSwitcher）、标签（Tab）等。本章除了给出这些组件的基本用法外，还结合开发人员经常会遇到的问题在实例部分给出了解答，并配有完整的源代码以供读者参考。

6

移动存储解决方案

在 Android 系统中提供了多种存储技术。这些存储技术可以将数据保存在各种存储介质上。例如，SharedPreferences 可以将数据保存在应用软件的私有存储区，这些存储区中的数据只能被写入这些数据的软件读取。除此之外，Android 系统还支持文件存储、SQLite 数据库和内容提供者（Content Provider）。

 本章内容

📖 SharedPreferences
📖 文件存储
📖 SQLite 数据库
📖 在 Android 中使用 SQLite 数据库
📖 内容提供者（ContentProvider）
📖 在应用程序之间通过 ContentProvider 共享数据

6.1 最简单的数据存储方式：SharedPreferences

如果要问 Android SDK 中哪一种存储技术最容易理解和使用，答案毫无悬念，一定是 SharePreferences。实际上，SharePreferences 处理的就是一个 key-value 对。例如，要保存产品的名称，可以将 key 设为 produceName，value 为实际的产品名。

6.1.1 使用 SharedPreferences 存取数据

本节的例子代码所在的工程目录是 src\ch06\ch06_survey

保存 key-value 对一般要指定一个文件名，然后使用类似 putString 的方法指定 key 和 value。SharedPreferences 也采用了同样的方法。使用 SharedPreferences 保存 key-value 对的步骤如下：

（1）使用 Activity 类的 getSharedPreferences 方法获得 SharedPreferences 对象。其中存储 key-value 的文件的名称由 getSharedPreferences 方法的第一个参数指定。

（2）使用 SharedPreferences 接口的 edit 获得 SharedPreferences.Editor 对象。

（3）通过 SharedPreferences.Editor 接口的 putXxx 方法保存 key-value 对。其中 Xxx 表示 value 的不同数据类型。例如，Boolean 类型的 value 需要用 putBoolean 方法，字符串类型的 value 需要用 putString 方法。

（4）通过 SharedPreferences.Editor 接口的 commit 方法保存 key-value 对。commit 方法相当于数据库

事务中的提交（commit）操作。只有在事件结束后进行提交，才会将数据真正保存在数据库中。保存 key-value 也是一样，在使用 putXxx 方法指定了 key-value 对后，必须调用 commit 方法才能将 key-value 对真正保存在相应的文件中。

在本例中将 EditText、CheckBox 和 RadioButton 组件的值以 key-value 对在形式保存在文件中。其中 EditText 的值是 String 类型，使用 putString 方法，CheckBox 的值是 Boolean 类型，使用 putBoolean 方法。有 3 个 RadioButton 放在 RadioGroup 中，需要保存当前选中的 RadioButton 的 ID 值，因此需要使用 putInt 方法。

由于应用程序在退出时会将上述组件中的值保存在文件中，因此需要将保存 key-value 对的代码写在 Activity 类的 onStop 方法中，代码如下：

```java
protected void onStop()
{
    // 获得 SharedPreferences 对象（第 1 步）
    SharedPreferences mySharedPreferences = getSharedPreferences(
            PREFERENCE_NAME, Activity.MODE_PRIVATE);
    // 获得 SharedPreferences.Editor 对象（第 2 步）
    SharedPreferences.Editor editor = mySharedPreferences.edit();
    // 保存组件中的值（第 3 步）
    editor.putString("name", etName.getText().toString());
    editor.putString("habit", etHabit.getText().toString());
    editor.putBoolean("employee", cbEmployee.isChecked());
    editor.putInt("companyTypeId", rgCompanyType.getCheckedRadioButtonId());
    // 提交保存的结果（第 4 步）
    editor.commit();
    super.onStop();
}
```

其中 PREFERENCE_NAME 是一个常量，定义该常量的代码如下：

```java
private final String PREFERENCE_NAME = "survey";
```

SharedPreferences 会将 key-value 对保存在 survey.xml 文件中。保存的具体位置和其他细节将在 6.1.2 节详细介绍。

从 survey.xml 文件中获得 value 的方法与保存 key-value 对的方法类似，代码如下：

```java
SharedPreferences sharedPreferences = getSharedPreferences(
            PREFERENCE_NAME, Activity.MODE_PRIVATE);
// 使用 getXxx 方法获得 value，getXxx 方法的第 2 个参数是 value 的默认值
etName.setText(sharedPreferences.getString("name", ""));
etHabit.setText(sharedPreferences.getString("habit", ""));
cbEmployee.setChecked(sharedPreferences.getBoolean("employee", false));
rgCompanyType.check(sharedPreferences.getInt("companyTypeId", -1));
```

运行本节的例子后，在相应的组件中输入值，然后退出应用程序，再次进入应用程序，系统会将上次输入的数据显示在相应的组件中，如图 6.1 所示。

图 6.1　使用 SharedPreferences 存取数据

6.1.2　数据的存储位置和格式

在上一节介绍了用 SharedPreferences 保存和读取数据的方法。但这些数据被保存在哪里呢？仅从代码上是无法获得更多细节的。

实际上，SharedPreferences 将数据文件写在手机内存私有的目录中。在模拟器中测试程序，可以通过 ADT 的 DDMS 透视图来查看数据文件的位置。打开 DDMS 透视图，进入【File Explorer】页面，找到 data\data 目录。在该目录下有若干个子目录，这些子目录名就是模拟器中安装的程序使用的包名（package name）。找到本例使用的包名（就是 AndroidManifest.xml 文件中<manifest>标签的 package 属性值），在本例中是 net.blogjava.mobile。在该目录下有一个 shared_prefs 子目录，在上一节建立的数据文件（survey.xml）就保存在这个目录中，如图 6.2 所示。从这一点可以看出，用 SharedPreferences 生成的数据文件保存在 /data/data/<package name>/shared_prefs 目录中。

图 6.2　SharedPreferences 生成的数据文件的存储目录

使用图 6.2 所示的文件导出按钮将 survey.xml 文件导出到本地后，查看该文件的内容可知 SharedPreferences 使用 XML 格式来保存数据。

```xml
<!-- survey.xml -->
<?xml version='1.0' encoding='utf-8' standalone='yes' ?>
<map>
    <int name="companyTypeId" value="2131034117" />
    <string name="habit">计算机，阅读，音乐</string>
    <string name="name">李宁</string>
    <boolean name="employee" value="true" />
</map>
```

实例 35：存取复杂类型的数据

工程目录：src\ch06\ch06_base64sharedpreferences

前面介绍的 SharedPreferences 只能保存简单类型的数据，例如，String、int 等。如果想用 SharedPreferences 存取更复杂的数据类型（类、图像等），就需要对这些数据进行编码。通常会将复杂类型的数据转换成 Base64 编码，然后将转换后的数据以字符串的形式保存在 XML 文件中。

Android SDK 1.5 并未提供 Base64 编码和解码库。因此，需要使用第三方的 jar 包。在本例中使用了 Apache Commons 组件集中的 Codec 组件进行 Base64 编码和解码。读者可以从如下地址下载 Codec 组件的安装包：

http://commons.apache.org/codec/download_codec.cgi

在本例工程目录的 lib 子目录中已经包含 Codec 组件的 jar 包（commons-codec-1.4.jar），因此，读者可以在该工程中直接使用 Codec 组件。

在本例中将一个 Product 类的对象实例和一个图像保存在 XML 文件中，并在程序重新运行后从 XML 文件装载 Product 对象和图像。下面是 Product 类的代码。

```java
package net.blogjava.mobile;
import java.io.Serializable;
```

```
// 需要序列化的类必须实现 Serializable 接口
public class Product implements Serializable
{
    private String id;
    private String name;
    private float price;
    // 此处省略了属性的 getter 和 setter 方法
    ... ...
}
```

在存取数据之前，需要使用下面的代码创建一个 SharedPreferences 对象。

```
mySharedPreferences = getSharedPreferences("base64",Activity.MODE_PRIVATE);
```

其中 mySharedPreferences 是在类中定义的 SharedPreferences 类型变量。

在保存 Product 对象之前，需要创建 Product 对象，并将相应组件中的值赋给 Product 类的相应属性。将 Product 对象保存在 XML 文件中的代码如下：

```
Product product = new Product();
product.setId(etProductID.getText().toString());
product.setName(etProductName.getText().toString());
product.setPrice(Float.parseFloat(etProductPrice.getText().toString()));
ByteArrayOutputStream baos = new ByteArrayOutputStream();
ObjectOutputStream oos = new ObjectOutputStream(baos);
// 将 Product 对象放到 OutputStream 中
oos.writeObject(product);
mySharedPreferences = getSharedPreferences("base64", Activity.MODE_PRIVATE);
// 将 Product 对象转换成 byte 数组，并将其进行 base64 编码
String productBase64 = new String(Base64.encodeBase64(baos.toByteArray()));
SharedPreferences.Editor editor = mySharedPreferences.edit();
// 将编码后的字符串写到 base64.xml 文件中
editor.putString("product", productBase64);
editor.commit();
```

保存图像的方法与保存 Product 对象的方法类似。由于在保存之前需要选择一个图像，并将该图像显示在 ImageView 组件中，因此，从 ImageView 组件中可以直接获得要保存的图像。将图像保存在 XML 文件中的代码如下：

```
ByteArrayOutputStream baos = new ByteArrayOutputStream();
// 将 ImageView 组件中的图像压缩成 JPEG 格式，并将压缩结果保存在 ByteArrayOutputStream 对象中
((BitmapDrawable) imageView.getDrawable()).getBitmap().compress(CompressFormat.JPEG, 50, baos);
String imageBase64 = new String(Base64.encodeBase64(baos.toByteArray()));
// 保存由图像字节流转换成的 Base64 格式字符串
editor.putString("productImage", imageBase64);
editor.commit();
```

其中 compress 方法的第 2 个参数表示压缩质量，取值范围是 0～100，0 表示最高压缩比，但图像效果最差，100 则恰恰相反。在本例中取了一个中间值 50。

从 XML 文件中装载 Product 对象和图像是保存的逆过程。也就是从 XML 文件中读取 Base64 格式的字符串，然后将其解码成字节数组，最后将字节数组转换成 Product 和 Drawable 对象。装载 Product 对象的代码如下：

```
String productBase64 = mySharedPreferences.getString("product", "");
// 对 Base64 格式的字符串进行解码
byte[] base64Bytes = Base64.decodeBase64(productBase64.getBytes());
ByteArrayInputStream bais = new ByteArrayInputStream(base64Bytes);
ObjectInputStream ois = new ObjectInputStream(bais);
// 从 ObjectInputStream 中读取 Product 对象
Product product = (Product) ois.readObject();
```

装载图像的代码如下：

```
String imageBase64 = mySharedPreferences.getString("productImage","");
base64Bytes = Base64.decodeBase64(imageBase64.getBytes());
bais = new ByteArrayInputStream(base64Bytes);
// 在 ImageView 组件上显示图像
imageView.setImageDrawable(Drawable.createFromStream(bais,"product_image"));
```

在上面的代码中使用了 Drawable 类的 createFromStream 方法直接从流创建了 Drawable 对象，并使用 setImageDrawable 方法将图像显示在 ImageView 组件上。

在这里需要提一下的是图像选择。在本例中使用了 res\drawable 目录中除了 icon.png 外的其他图像。为了能列出这些图像，本例使用 Java 的反射技术来枚举这些图像的资源 ID。基本原理是枚举 R.drawable 类中所有的 Field，并获得这些 Field 的值。如果采用这个方法，再向 drawable 目录中添加新的图像，或删除以前的图像，并不需要修改代码，程序就可以显示最新的图像列表。枚举图像资源 ID 的代码如下：

```
//  获得 R.drawable 类中所有的 Field
Field[] fields = R.drawable.class.getDeclaredFields();
for (Field field : fields)
{
    if (!"icon".equals(field.getName()))
        imageResIdList.add(field.getInt(R.drawable.class));
}
```

运行本例后，单击【选择产品图像】按钮，会显示一个图像选择对话框，如图 6.3 所示。选中一个图像后，关闭图像选择对话框，并单击【保存】按钮。如果保存成功，将显示如图 6.4 所示的提示对话框。当再次运行程序后，会显示上次成功保存的数据。

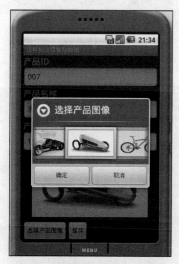

图 6.3　选择产品图像

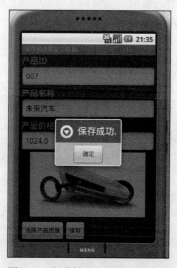

图 6.4　成功保存 Product 对象和产品图像

查看 base64.xml 文件，会看到如下内容：

```
<?xml version='1.0' encoding='utf-8' standalone='yes' ?>
<map>
 <string name="productImage">/9j/4AAQSkZJRgABAQAAAQABAAD/2wBDABDsyj7yK3......</string>
 <string name="product">rO0ABXNyABtuZXQuYmxvZ2phdmEuW9iaWxlLlByb2......</string>
</map>
```

注意　　虽然可以采用编码的方式通过 SharedPreferences 保存任何类型的数据，但作者并不建议使用 SharedPreferences 保存尺寸很大的数据。如果读者要存取更多的数据，可以使用后面要介绍的文件存储、SQLite 数据库等技术。

6.1.3　设置数据文件的访问权限

本节的例子代码所在的工程目录是 src\ch06\ch06_permission

众所周知，Android 系统并不是完全创新的操作系统，而是在 Linux 内核基础上发展而来的一个移动操作系统（虽然 Android 也可运行在 PC 上，但 Android 最初是为以手机为主的移动设备设计的，因此，我们习惯称它为移动操作系统）。既然本质上是 Linux，那么自然就会拥有 Linux 的一些基本特征。

学习 Linux 必须要掌握的就是 Linux 的文件权限。Linux 与 Windows 不同，在 Windows 中文件的很多特性是通过文件扩展名来识别的。例如，exe 是可执行文件，bat 是批处理文件。而在 Linux 中，文件扩展名并不重要。一个文件是否可访问、可执行，完全是由文件属性来决定的。

Linux 文件的属性可分为 4 段。第 1 段的取值如下：

[d]：表示目录。

[-]：表示文件。

[l]：表示链接文件。

[b]：表示可供存储的接口设备文件。

[c]：表示串口设备文件，例如，键盘、鼠标。

从第 2 段到第 4 段都由 3 个字母组成，分别表示不同用户的读、写和执行权限，含义如下：

[r]：表示可读。

[w]：表示可写。

[x]：表示可执行。

如果不具备某个属性，该项将以[-]代替，例如，rw-、--x 等。

第 2 段表示文件所有者（创建文件的用户）拥有的权限，第 3 段表示文件所有者所在的用户组中其他用户的权限，第 4 段表示其他用户（非所有者所在的用户组中的用户）的权限。例如，-rw-rw----表示文件所有者及文件所有者所在的用户组中的用户可以对该文件进行读和写操作，其他的用户无权访问该文件。

现在回到 Android 系统中。在前面曾多次使用 getSharedPreferences 方法获得 SharedPreferences 对象，getSharedPreferences 方法的第 2 个参数值使用了 Activity.MODE_PRIVATE 常量。除了这个常量外，还可以使用另外 3 个常量。这 4 个常量用于指定文件的建立模式。它们有一个重要的功能就是设置文件的属性。下面的代码分别使用这 4 个建立模式创建了 4 个文件，读者可以观察文件的属性。

```java
int[] modes = new int[]
        {Activity.MODE_PRIVATE, Activity.MODE_WORLD_READABLE,
            Activity.MODE_WORLD_WRITEABLE, Activity.MODE_APPEND };
for(int i = 0; i < modes.length; i++)
{
    SharedPreferences mySharedPreferences = getSharedPreferences(
            "data" + String.valueOf(i + 1), modes[i]);
    SharedPreferences.Editor editor = mySharedPreferences.edit();
    editor.putString("name", "bill");
    editor.commit();
}
```

运行上面的代码后，将在 shared_prefs 目录中创建 4 个文件（data1.xml、data2.xml、data3.xml、data4.xml），这 4 个文件的属性如图 6.5 所示。

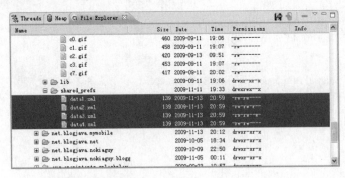

图 6.5 查看文件的属性

从图 6.5 可以看出，MODE_WORLD_READABLE 和 MODE_WORLD_WRITEABLE 分别设置其他用户的读和写权限，而使用 MODE_PRIVATE 和 MODE_APPEND 创建的文件对于其他用户都是不可访问的。

6.1.4 可以保存设置的 Activity：PreferenceActivity

本节的例子代码所在的工程目录是 src\ch06\ch06_preferences

　　由于 SharedPreferences 可以很容易地保存 key-value 对，因此，通常用 SharedPreferences 保存配置信息。不过 Android SDK 提供了更容易的方法来设计配置界面，并且可以透明地保存配置信息。这就是 PreferenceActivity。

　　PreferenceActivity 是 Activity 的子类，该类封装了 SharedPreferences。因此，PreferenceActivity 的所有子类都会拥有保存 key-value 对的能力。

　　PreferenceActivity 提供了一些常用的设置项，这些设置项可以满足大多数的配置界面的要求。与组件一样，这些配置项既可以从 XML 文件创建，也可以从代码创建。比较常用的设置项有如下 3 个：

- CheckBoxPreference：对应<CheckBoxPreference>标签。该设置项会创建一个 CheckBox 组件。
- EditTextPreference：对应<EditTextPreference>标签。单击该设置项会弹出一个带 EditText 组件的对话框。
- ListPreference：对应<ListPreference>标签。单击该设置项会弹出一个带 ListView 组件的对话框。

　　在本节的例子中将使用 XML 文件的方式创建设置界面。在 res 目录下建立一个 xml 目录，并在该目录中建立一个 preference_setting.xml 文件。该文件的内容如下：

```xml
<?xml version="1.0" encoding="utf-8"?>
<PreferenceScreen xmlns:android="http://schemas.android.com/apk/res/android">
    <PreferenceCategory android:title="我的位置源">
        <CheckBoxPreference android:key="wireless_network"
            android:title="使用无线网络"
            android:summary="使用无线网络查看应用程序（例如 Google 地图）中的位置" />
        <CheckBoxPreference android:key="gps_satellite_setting"
            android:title="启用 GPS 卫星设置"
            android:summary="定位时，精确到街道级别（取消选择可节约电量）" />
    </PreferenceCategory>
    <PreferenceCategory android:title="个人信息设置">
        <CheckBoxPreference android:key="yesno_save_individual_info"
            android:title="是否保存个人信息" />
        <EditTextPreference android:key="individual_name"
            android:title="姓名" android:summary="请输入真实姓名" />
        <!-- 有一个子设置页 -->
        <PreferenceScreen android:key="other_individual_msg"
            android:title="其他个人信息" android:summary="是否工作、手机">
            <CheckBoxPreference android:key="is_an_employee"
                android:title="是否工作" />
            <EditTextPreference android:key="mobile"
                android:title="手机" android:summary="请输入真实的手机号" />
        </PreferenceScreen>
    </PreferenceCategory>
</PreferenceScreen>
```

4/6 Chapter

　　在编写上面代码时要注意如下 6 点：

- 一个设置界面对应一个<PreferenceScreen>标签。
- <PreferenceCategory>标签表示一个设置分类，title 属性表示分类名称，该名称会显示在设置界面上。
- 设置项标签可以放在<PreferenceCategory>标签中，也可以不使用<PreferenceCategory>标签，而直接放在<PreferenceScreen>标签中，表示该设置项不属于任何设置分类。
- 每一个设置项标签（<CheckBoxPreference>、<EditTextPreference>等）都有一个 android:key 属性，该属性的值就是保存在 XML 文件中的 key-value 对中的 key。
- 如果使用嵌套<PreferenceScreen>标签，说明该设置页有一个子设置页，单击该设置页就会进入这个子设置页。
- android:title 和 android:summary 分别表示设置项的标题和摘要，标题用大字体显示在摘要上方，摘要用小字体显示。

　　在 PreferenceAcitivty 的 onCreate 方法中并不需要设置布局文件，只需要使用如下代码装载 preference_setting.xml 文件即可：

```
addPreferencesFromResource(R.xml.preference_setting);
```

现在运行例子程序，会显示如图 6.6 所示的设置页面。当单击【姓名】设置项时，会弹出一个带 EditText 组件的对话框，如图 6.7 所示。

图 6.6　设置界面

图 6.7　弹出带 EditText 组件的对话框

单击最后一个设置项，会进入如图 6.8 所示的子设置界面。

图 6.8　子设置界面

单击某一个设置项时会调用 **onPreferenceTreeClick** 事件方法。在本例中，如果取消【是否保存个人信息】设置项的复选框的选中状态，【姓名】设置项会变为不可选状态。实现这个功能正好用到 onPreferenceTreeClick 事件方法，代码如下：

```
public boolean onPreferenceTreeClick(PreferenceScreen preferenceScreen,
        Preference preference)
{
    // 判断选中的是否为【是否保存个人信息】设置项的复选框
    if ("yesno_save_individual_info".equals(preference.getKey()))
    {
        // 设置【姓名】设置项为可选或不可选
        findPreference("individual_name").setEnabled(!findPreference("individual_name").isEnabled());
    }
    return super.onPreferenceTreeClick(preferenceScreen, preference);
}
```

在单击【姓名】设置项弹出的对话框的 EditText 组件中输入姓名后，单击【正常】按钮，会用输入的值作为【姓名】设置项的 Summary，如图 6.6 所示。为了捕获设置项的值改变的事件，需要使用 **onPreferenceChange** 事件方法，代码如下：

```
public boolean onPreferenceChange(Preference preference, Object newValue)
{
    // 设置【姓名】设置项中 Summary 的值
    preference.setSummary(String.valueOf(newValue));
    // 该方法必须返回 true，否则无法保存设置的值
    return true;
}
```

最后在 onCreate 方法中还需要做如下 4 项工作：

● 改变 PreferenceActivity 保存数据使用的 XML 文件的名称。在默认情况下，保存 key-value 对的 XML 文件是<package name>_preferences.xml。在本例中就是 net.blogjava.mobile_preferences.xml。

● 设置【姓名】设置项的 Summary。该值需要从保存 key-value 对的 XML 文件中读取。

● 设置【姓名】设置项是否可用。该值根据【是否保存个人信息】设置项的复选框是否被选中来设置。

● 每一个设置项是一个 Preference 对象。由于【姓名】设置项使用了 onPreferenceChange 事件方法，因此，需要使用 PreferenceActivity 类的 setOnPreferenceChangeListener 方法设置包含该事件方法的对象实例。在本例中是 this，因此，Main 类需要实现 OnPreferenceChangeListener 接口。

onCreate 方法的完整代码如下：

```
public void onCreate(Bundle savedInstanceState)
{
    super.onCreate(savedInstanceState);
    // 改变 PreferenceActivity 保存数据使用的 XML 文件的名称
    getPreferenceManager().setSharedPreferencesName("setting");
    addPreferencesFromResource(R.xml.preference_setting);
    // 获得【姓名】设置项对应的 Preference 对象
    Preference individualNamePreference = findPreference("individual_name");
    // 获得指向 setting.xml 文件的 SharedPreferences 对象
    SharedPreferences sharedPreferences= individualNamePreference.getSharedPreferences();
    // 设置【姓名】设置项的 Summary
    individualNamePreference.setSummary(sharedPreferences.getString("individual_name", ""));
    // 设置【姓名】设置项是否可用
    if (sharedPreferences.getBoolean("yesno_save_individual_info", false))
        individualNamePreference.setEnabled(true);
    else
        individualNamePreference.setEnabled(false);
    // 设置包含 onPreferenceChange 事件方法的对象实例
    individualNamePreference.setOnPreferenceChangeListener(this);
}
```

6.2　文件的存储

从 6.1 节知道，SharedPreferences 只能保存 key-value 对，虽然可以采用 Base64 编码的方式保存更复杂的数据，但仍然会受到很多限制。然而，文件存取的核心就是输入流和输出流。SharedPreferences 在底层同样也采用了这些流技术。如果想对文件随心所欲地控制，直接使用流是最好的选择。本节将详细介绍如何使用流、File 等底层的文件存取技术来操作文件，并提供了精彩的实例以供读者参考。

6.2.1　openFileOutput 和 openFileInput 方法

本节的例子代码所在的工程目录是 src\ch06\ch06_fileoutputinput

如果要找 SharedPreferences 的"近亲"，也许在本节我们已经如愿以偿了。openFileOutput 和 openFileInput 方法与 SharedPreferences 在某些方面非常类似。让我们先回忆一下 SharedPreferences 对象是如何创建的。

```
SharedPreferences mySharedPreferences = getSharedPreferences("file", Activity.MODE_PRIVATE);
```

看看上面的代码，可能很多读者已经回忆起来了。这是使用 SharedPreferences 的第 1 步（见 6.1.1 节的介绍）：创建 SharedPreferences 对象。getSharedPreferences 方法的第 1 个参数指定要保存在手机内存中的文件名（不包括扩展名，扩展名为 xml）。第 2 个参数表示 SharedPreferences 对象创建 XML 文件时设置的文件属性（见 6.1.3 节的介绍）。

下面来看看 openFileOutput 方法如何返回一个 OutputStream 对象。

```
OutputStream os = openFileOutput("file.txt", Activity.MODE_PRIVATE);
```

从上面的代码可以看出，openFileOutput 方法的两个参数与 getSharedPreferences 方法类似，只是第 1

4/6 Chapter

个参数指定的文件名多了一个扩展名。从 getSharedPreferences 方法和 openFileOutput 方法可以看出，第 1 个参数只指定了文件名，并未包含保存路径，因此，这两个方法只能将文件保存在手机内存中固定的路径。在前面已经知道，SharedPreferences 将 XML 文件保存在/data/data/<package name>/shared_prefs 目录下，而 openFileOutput 方法将文件保存在/data/data/<package name>/files 目录下。

在使用 openFileInput 方法获得 InputStream 对象来读取文件中的数据时，只需要指定文件名即可。

```
InputStream is = openFileInput("file.txt");
```

下面是使用 openFileOuput 和 openFileInput 方法获得 OutputStream 及 InputStream 对象来读取文件的完整代码。

```
// 向文件写入内容
OutputStream os = openFileOutput("file.txt", Activity.MODE_PRIVATE);
String str1 = "书名：Java Web 开发速学宝典";
os.write(str1.getBytes("utf-8"));
os.close();
// 读取文件的内容
InputStream is = openFileInput("file.txt");
byte[] buffer = new byte[100];
int byteCount = is.read(buffer);
String str2 = new String(buffer, 0, byteCount, "utf-8");
TextView textView = (TextView)findViewById(R.id.textview);
textView.setText(str2);
is.close();
```

运行本节的例子后，将看到如图 6.9 所示的输出信息。

图 6.9　使用 openFileOutput 和 openFileInput 方法存取文件数据

 虽然 openFileOutput 和 openFileInput 方法可以获得操作文件的 OutputStream 及 InputStream 对象，而且通过流对象可以任意处理文件中的数据，但这两个方法与 SharedPreferences 一样，只能在手机内存卡的指定目录建立文件，因此，它们在使用上仍然有一定的局限性。在实例 36 和实例 37 中读者可以看到如何使用更高级的方法存取 SD 卡中的文件内容。

实例 36：SD 卡文件浏览器

工程目录： src\ch06\ch06_filebrowser

文件浏览在手机中是再常见不过的功能了。实现的基本步骤如下：

（1）显示当前目录中所有的子目录和文件，并将目录和文件名显示在 ListView 中。

（2）当单击某一个列表项时，如果当前列表项是目录，则进入该目录，并重复第 1 步。如果当前列表项是文件，则做进一步处理。

由于在本节及后面的部分会经常使用文件浏览功能，因此，本例将文件浏览做成一个 Widget，并提供了两个事件，事件接口的代码如下：

```
package net.blogjava.mobile.widget;
public interface OnFileBrowserListener
{
    // 单击文件列表项时调用该事件方法，filename 表示当前选中的文件名
    public void onFileItemClick(String filename);
    // 单击目录列表项时调用该事件方法，path 表示当前目录的完整路径
    public void onDirItemClick(String path);
}
```

文件浏览 Widget 的类是 FileBrowser，框架代码如下：

```
package net.blogjava.mobile.widget;
... ...
public class FileBrowser extends ListView implements android.widget.AdapterView.OnItemClickListener
{
    ... ...
    public FileBrowser(Context context, AttributeSet attrs){ ... ... }
    private void addFiles() { ... ... }
    private String getCurrentPath() { ... ... }
    private String getExtName(String filename) { ... ... }
    @Override
    public void onItemClick(AdapterView<?> parent, View view, int position, long id) { ... ...   }
    public void setOnFileBrowserListener(OnFileBrowserListener listener) { ... ... }
    private class FileListAdapter extends BaseAdapter
    {
        ... ...
    }
}
```

在上面的代码中定义了一个内嵌类 FileListAdapter，该类用于提供当前目录中的子目录及文件的名称列表。其他的方法将在后面详细介绍。

在 FileBrowser 类中定义了如下 4 个变量：

● folderImageResId：该变量保存<FileBrowser>标签的 folderImage 属性值，表示显示在目录列表项前面的图像资源的 ID。

● otherFileImageResId：该变量保存<FileBrowser>标签的 otherFileImage 属性值，表示未设置图像资源（通过文件扩展名设置）的文件列表项前面显示的默认图像资源的 ID。

● fileImageResIdMap：实际上，该变量保存的并不是<FileBrowser>标签中某个属性的值，而是 0～n 个属性的值。fileImageResIdMap 是一个 Map<String, Integer>类型的变量，表示所有通过扩展名设置的文件列表项前面显示的图像资源的 ID。key 表示文件扩展名，例如，jpg、txt 等。value 表示该扩展名对应的图像资源 ID。

● onlyFolder：该变量保存<FileBrowser>标签的 onlyFolder 属性值。如果将该属性设为 true，FileBrowser 组件将不会显示当前目录中的文件列表。默认值是 false。

要完成 FileBrowser 组件，需要如下 4 步：

（1）在 FileBrowser 组件装载时，会显示 SD 卡根目录中的所有子目录和文件名（如果将 onlyFolder 属性设为 true，则不显示文件名）。这些代码需要在 FileBrowser 类的构造方法中执行，代码如下：

```
dirStack.push(sdcardDirectory);        // 将 SD 卡的根目录压入栈
addFiles();                            // 生成当前目录中子目录及文件的名称列表（实际上是 File 对象）
```

其中 dirStack 是在 FileBrowser 类中定义的一个 Stack<String>类型变量。该变量用于分段保存当前目录。例如，如果当前目录是/sdcard/xyz/abc，则将/sdcard 首先压入栈，然后将 xyz 压入栈，栈顶是 abc。当退回到上一级目录（/sdcard/xyz）时会弹出栈顶元素（abc）。这样从栈底开始扫描，就可以获得当前目录。

addFiles 方法用于扫描当前目录，并将当前目录的 File 对象集合添加到 fileList 变量中，该变量是在 FileBrowser 类中定义的一个 List<File>类型变量，用于保存当前目录中所有的 File 对象（每一个 File 对象表示目录或文件）。addFiles 方法的代码如下：

```
private void addFiles()
{
    fileList.clear();
    String currentPath = getCurrentPath();              // 获得当前路径
    File[] files = new File(currentPath).listFiles();    // 获得当前目录中所有的 File 对象
    // 当前不是根目录，使 fileList 变量的第 1 个元素为 null，如果元素为 null，会显示一个 "..",
    // 单击该列表项，会返回到上一级目录
    if (dirStack.size() > 1) fileList.add(null);
    for (File file : files)
    {
```

```
//   只添加表示目录的 File 对象
if (onlyFolder)
{
    if (file.isDirectory()) fileList.add(file);
}
else
{
    fileList.add(file);
}
    }
}
```

在 addFiles 方法中使用了一个 getCurrentPath 方法，该文件根据 dirStack 变量获得当前的完整目录，代码如下：

```
private String getCurrentPath()
{
    String path = "";
    for (String dir : dirStack)
    {
        path += dir + "/";
    }
    path = path.substring(0, path.length() - 1);
    return path;
}
```

getCurrentPath 方法返回一个不以"/"结尾的完整路径，例如，/sdcard/abcd/xyz。

（2）在 4.2 节已经介绍过如何读取自定义组件的属性值。但在 FileBrowser 类中有一个属性变量（fileImageResIdMap）比较特殊。该变量对应于两组<FileBrowser>标签中的属性。假设要设置扩展名为 jpg 和 txt 文件列表项前面显示的图像资源的 ID 为@drawable/jpg 和@drawable/txt，则应使用如下代码：

```
<net.blogjava.mobile.widget.FileBrowser
    android:id="@+id/filebrowser" android:layout_width="fill_parent"
    android:layout_height="fill_parent" mobile:folderImage="@drawable/folder"
    mobile:extName1="jpg" mobile:fileImage1="@drawable/jpg"
    mobile:extName2="txt" mobile:fileImage2="@drawable/txt"
    mobile:otherFileImage="@drawable/other"   />
```

从上面的代码可以看出，如果设置多个文件扩展名的图像资源 ID，需要设置 mobile:extNameN 和 mobile:fileImageN 属性，其中 N 是从 1 开始的整数，中间不能断档。也就是说，N 必须是连续的。

为了读取这样的动态属性，需要使用如下代码：

```
int index = 1;
while (true)
{
    String extName = attrs.getAttributeValue(namespace, "extName" + index);
    int fileImageResId = attrs.getAttributeResourceValue(namespace, "fileImage" + index, 0);
    if ("".equals(extName) || extName == null || fileImageResId == 0)
    {
        break;
    }
    fileImageResIdMap.put(extName, fileImageResId);
    index++;
}
```

（3）在 FileBrowser 组件中仍然使用了自定义的 Adapter 对象为 ListView 提供数据。自定义 Adapter 的实现方法在前面已经多次介绍过了，在这里不再详细讲解。

在 FileBrowser 类中定义的 Adapter 类是 FileListAdapter，该类与前面实现的 Adapter 类没什么特殊的区别。在 FileListAdapter 类的 getView 方法中返回了一个 LinearLayout 对象。在该对象中有一个 ImageView 和一个 TextView 对象。ImageView 用于显示通过<FileBrowser>标签的属性指定的图像。TextView 用于显示目录或文件名。只是在设置 TextView 的值时要注意，当 fileList 的元素为 null 时（fileList 的第 1 个元素），TextView 中显示的文本是".."。

（4）当单击目录或文件列表项时，会根据具体的情况进行处理，代码如下：

```
public void onItemClick(AdapterView<?> parent, View view, int position, long id)
{
    // fileList 元素的值为 null，相当于 ListView 中的列表项的值是 "..", 返回上一级目录
    if (fileList.get(position) == null)
    {
        dirStack.pop();                     // 将最上一层目录出栈
        addFiles();                         // 重新获得当前目录中的子目录和文件的 File 对象
        fileListAdapter.notifyDataSetChanged();  // 通知 FileListAdapter 对象数据已经变化，重新刷新列表
        // 如果设置了 FileBrowser 事件，则调用 onDirItemClick 方法，表示当前目录被单击
        if (onFileBrowserListener != null)
        {
            onFileBrowserListener.onDirItemClick(getCurrentPath());
        }
    }
    // 单击的是目录列表项
    else if (fileList.get(position).isDirectory())
    {
        // 将当前单击的目录名压栈
        dirStack.push(fileList.get(position).getName());
        addFiles();
        fileListAdapter.notifyDataSetChanged();
        if (onFileBrowserListener != null)
        {
            // 调用目录单击事件方法
            onFileBrowserListener.onDirItemClick(getCurrentPath());
        }
    }
    // 单击的是文件列表项
    else
    {
        if (onFileBrowserListener != null)
        {
            // 获得当前单击的文件的完整文件名
            String filename = getCurrentPath() + "/" + fileList.get(position).getName();
            // 调用文件单击事件方法
            onFileBrowserListener.onFileItemClick(filename);
        }
    }
}
```

在上面代码中使用了一个 onFileBrowserListener 变量，该变量是在 FileBrowser 类中定义的一个 OnFileBrowserListener 类型的变量，该变量的值需要通过 setOnFileBrowserListener 方法设置。

```
public void setOnFileBrowserListener(OnFileBrowserListener listener)
{
    this.onFileBrowserListener = listener;
}
```

现在来测试一下 FileBrowser 组件。要测试 FileBrowser 组件的事件，Main 类需要实现 OnFileBrowserListener 接口，代码如下：

```
package net.blogjava.mobile;

import net.blogjava.mobile.widget.FileBrowser;
import net.blogjava.mobile.widget.OnFileBrowserListener;
import android.app.Activity;
import android.os.Bundle;

public class Main extends Activity implements OnFileBrowserListener
{
    @Override
    public void onFileItemClick(String filename)
    {
        setTitle(filename);
```

```
    }
    @Override
    public void onDirItemClick(String path)
    {
        setTitle(path);
    }
    @Override
    protected void onCreate(Bundle savedInstanceState)
    {
        super.onCreate(savedInstanceState);
        setContentView(R.layout.main);
        FileBrowser fileBrowser = (FileBrowser)findViewById(R.id.filebrowser);
        fileBrowser.setOnFileBrowserListener(this);
    }
}
```

运行本例后，会显示如图 6.10 所示的效果，单击某个目录，会进入该目录，如图 6.11 所示。

图 6.10　显示 SD 卡根目录中的目录和文件　　　　图 6.11　进入子目录

实例 37：存取 SD 卡中的图像

工程目录：src\ch06\ch06_savebrowseimage

通过 FileInputStream 和 FileOutputStream 对象可以很容易地访问手机中任何权限范围内的文件。在本例中通过这两个对象将程序（apk 包）中 res\drawable 目录中的图像资源保存在 SD 卡的根目录，然后利用实例 36 实现的 FileBrowser 组件浏览这些图像文件，单击某个图像文件后会弹出一个显示该图像的对话框。

本例使用 Gallery 组件来展示 res\drawable 目录中的图像资源，代码如下：

```
Field[] fields = R.drawable.class.getDeclaredFields();
for (Field field : fields)
{
    if (field.getName().startsWith("item"))
        imageResIdList.add(field.getInt(R.drawable.class));
}
gallery = (Gallery) findViewById(R.id.gallery);                 //   gallery 为 Gallery 类型的变量
ImageAdapter imageAdapter = new ImageAdapter(this);
gallery.setAdapter(imageAdapter);
```

从上面代码可以看出，Gallery 组件只显示 res\drawable 目录中文件名以 item 开头的图像。将 Gallery 组件中的图像保存到 SD 卡根目录中的代码如下：

```
String sdcard = android.os.Environment.getExternalStorageDirectory().toString();
FileOutputStream fos = new FileOutputStream(sdcard + "/item" + gallery.getSelectedItemPosition() + ".jpg");
((BitmapDrawable) getResources().getDrawable(imageResIdList.get(gallery
            .getSelectedItemPosition()))).getBitmap().compress(CompressFormat.JPEG, 50, fos);
fos.close();
```

保存在 SD 卡根目录的图像文件名的命名原则是以 item 开头，后面加上 Gallery 组件当前被选中的图像的索引。上面的代码将 Gallery 组件的选中图像压缩成 JPEG 格式，并保存在 SD 卡的根目录中。

ImageBrowser 类使用 FileBrowser 组件来浏览 SD 卡中的目录和文件，当单击 jpg 文件时，会调用 onFileItemClick 事件方法，在该文件中会创建一个显示当前图像的对话框，代码如下：

```
public void onFileItemClick(String filename)
{
    //  单击文件的扩展名必须是 jpg
    if (!filename.toLowerCase().endsWith(".jpg")) return;
    View view = getLayoutInflater().inflate(R.layout.imagebrowser, null);
    ImageView imageView = (ImageView) view.findViewById(R.id.imageview);
    try
    {
    //  创建指向单击 jpg 文件的 FileInputStream 对象
        FileInputStream fis = new FileInputStream(filename);
    //  在 ImageView 组件中显示该图像文件
        imageView.setImageDrawable(Drawable.createFromStream(fis, filename));
        new AlertDialog.Builder(this).setTitle("浏览图像").setView(view).setPositiveButton("关闭", null).show();
        fis.close();
    }
    catch (Exception e)
    {
    }
}
```

运行本例，会显示如图 6.12 所示的效果，选中一个图像后，单击【保存图像】按钮，系统会将当前选中的图像保存到 SD 卡的根目录。单击【浏览图像】按钮，会进入文件浏览窗口，单击一个 jpg 文件后，会弹出如图 6.13 所示的显示图像的对话框。

图 6.12　保存图像　　　　　　　　　　　图 6.13　浏览图像

6.2.2　SAX 引擎读取 XML 文件的原理

使用 SharedPreferences 读取的也是 XML 文件，只是 SharedPreferences 将操作 XML 文件的具体细节隐藏了。本节及实例 38 中将揭开挡在我们面前的面纱，对操作 XML 文件的内幕一探究竟。

虽然可以使用很多第三方的 jar 包来操作 XML，但 Android SDK 本身已经提供了操作 XML 的类库，这就是 SAX。使用 SAX 处理 XML 需要一个 Handler 对象，一般会使用一个 org.xml.sax.helpers.DefaultHandler 的子类作为 Handler 对象。

SAX 技术在处理 XML 文件时并不一次性把 XML 文件装入内存，而是一边读一边解析。因此，这就需要处理如下 5 个分析点，也可称为分析事件。

● 开始分析 XML 文件。该分析点表示 SAX 引擎刚开始处理 XML 文件，还没有读取 XML 文件中的内容。该分析点对应于 DefaultHandler 类中的 startDocument 事件方法。可以在该方法中做一些初始化的工作。

- 开始处理每一个 XML 元素，也就是遇到<product>、<item>这样的起始标记。SAX 引擎每次扫描到新的 XML 元素的起始标记时会触发这个分析事件，对应的事件方法是 startElement。在该方法中可以获得当前元素的名称，元素属性的相关信息。

- 处理完一个 XML 元素，也就是遇到</product>、</item>这样的结束标记。该分析点对应的事件方法是 endElement。在该事件中可以获得当前处理完的元素的全部信息。

- 处理完 XML 文件。如果 SAX 引擎将整个 XML 文件的内容都扫描完了，就到了这个分析点，该分析点对应的事件方法是 endDocument。该事件方法可能不是必需的，如果最后有一些收尾工作，如释放一些资源，可以在该方法中完成。

- 读取字符分析点。这是最重要的分析点。如果没有这个分析点，前 4 个步的处理相当于白跑一遍，虽然读取了 XML 文件中的所有内容，但并未保存这些内容。而这个分析点所对应的 characters 事件方法的主要作用就是保存 SAX 引擎读取的 XML 文件中的内容。更准确地说是保存 XML 元素的文本，也就是<product>abc</product>中的 abc。

- 了解了 SAX 引擎读取 XML 文件的原理，使用起来就容易多了，读者在实例 38 中将会看到如何将 XML 文件转换成一个 Java 对象。

实例 38：将 XML 数据转换成 Java 对象

工程目录：src\ch06\ch06_xml

本例中使用的 XML 文件在 src\ch06\ch06_xml\raw 目录中，读者需要将 raw 目录中的 XML 文件通过 DDMS 透视图中导入到模拟器的 SD 卡中（任何目录都可以）。

如果直接读取 XML 文件中的内容，显得这些内容很零散，如果内容过多，也不利于维护。幸好 Java 是面向对象语言，通过对象可以很好而且很形象地管理数据。可不可以在 XML 文件和 Java 对象之间建立一个对应关系呢？也就是在读取 XML 文件的过程中将 XML 文件的内容转换成 Java 对象。答案是肯定的，而且这一点使用 SAX 引擎很容易做到。

在本例中会将一个 XML 文件转换成一个 Product 对象的集合（List<Product>对象），下面是一个 XML 文件的例子。

```xml
<?xml version="1.0" encoding="utf-8"?>
<products>
    <product>
        <id>10</id>
        <name>电脑</name>
        <price>2067.25</price>
    </product>
    <product>
        <id>20</id>
        <name>微波炉</name>
        <price>520</price>
    </product>
</products>
```

本例可以将上面的 XML 文件转换成 2 个 Product 对象。下面看一下 Product 类的代码。

```java
package net.blogjava.mobile;
public class Product
{
    private int id;
    private String name;
    private float price;
    //  此处省略了属性的 getter 和 setter 方法
    ... ...
}
```

上面 XML 文件<product>标签中的 3 个子标签的值与 Product 类的 3 个属性对应。

XML2Product 是本例的核心类，该类是 DefaultHandler 的子类，负责处理在 6.2.2 节介绍的 5 个分析点事件。该类的代码如下：

```java
package net.blogjava.mobile;

import java.util.ArrayList;
import java.util.List;
import org.xml.sax.Attributes;
import org.xml.sax.SAXException;
import org.xml.sax.helpers.DefaultHandler;

public class XML2Product extends DefaultHandler
{
    private List<Product> products;                // 该变量用于保存转换后的结果
    private Product product;
    private StringBuffer buffer = new StringBuffer();
    public List<Product> getProducts()
    {
        return products;
    }
    @Override
    public void characters(char[] ch, int start, int length) throws SAXException
    {
        buffer.append(ch, start, length);
        super.characters(ch, start, length);
    }
    @Override
    public void endElement(String uri, String localName, String qName) throws SAXException
    {
        if (localName.equals("product"))
        {
            products.add(product);
        }
        else if (localName.equals("id"))
        {
            product.setId(Integer.parseInt(buffer.toString().trim()));
            buffer.setLength(0);
        }
        else if (localName.equals("name"))
        {
            product.setName(buffer.toString().trim());
            buffer.setLength(0);
        }
        else if (localName.equals("price"))
        {
            product.setPrice(Float.parseFloat(buffer.toString().trim()));
            buffer.setLength(0);
        }
        super.endElement(uri, localName, qName);
    }
    @Override
    public void startDocument() throws SAXException
    {
        products = new ArrayList<Product>();
    }
    @Override
    public void startElement(String uri, String localName, String qName,
            Attributes attributes) throws SAXException
    {
        if (localName.equals("product"))
        {
            product = new Product();
```

```
        }
            super.startElement(uri, localName, qName, attributes);
    }
}
```

让我们看看 XML2Product 类在这 5 个分析点事件方法中做了哪些事情。

- startDocument：第 1 个分析点事件方法。在该方法中创建了用于保存转换结果的 List<Product>对象。
- startElement：第 2 个分析点事件方法。SAX 引擎分析到每一个<product>元素时，在该方法中都会创建一个 Product 对象。
- endElement：第 3 个分析点事件方法。该方法中的代码最复杂，但如果仔细看一下，其实很简单。当 SAX 引擎每分析完一个 XML 元素后，会将该元素中的文本保存在 Product 对象的相应属性中。
- endDocument：第 4 个分析点事件方法。在该方法中什么都没做，也没覆盖这个方法。
- characters：第 5 个分析点事件方法。虽然该方法中的代码由开发人员编写的只有一行，但十分关键。在该方法中将 SAX 引擎扫描到的内容保存在 buffer 变量中。而在 endElement 方法中要使用该变量中的内容来为 Product 对象中的属性赋值。

本例使用 FileBrowser 组件来浏览 SD 卡中的 XML 文件。单击某个 XML 文件（格式要正确）后，会弹出一个显示 XML 文件中内容的对话框，单击事件方法的代码如下：

```java
public void onFileItemClick(String filename)
{
    try
    {
        if (!filename.toLowerCase().endsWith("xml")) return;
        FileInputStream fis = new FileInputStream(filename);
        XML2Product xml2Product = new XML2Product();
        android.util.Xml.parse(fis, Xml.Encoding.UTF_8, xml2Product);
        List<Product> products = xml2Product.getProducts();
        String msg = "共" + products.size() + "个产品\n";
        for (Product product : products)
        {
            msg += "id:" + product.getId() + "  产品名：" + product.getName()
                    + "  价格：" + product.getPrice() + "\n";
        }
        new AlertDialog.Builder(this).setTitle("产品信息").setMessage(msg)
                .setPositiveButton("关闭", null).show();
    }
    catch (Exception e)
    {
    }
}
```

运行本例后，选中一个 XML 文件，单击该文件，会弹出如图 6.14 所示的对话框。

图 6.14 显示 XML 文件中的内容

6.3　SQLite 数据库

现在终于到讲解数据库的时间了。数据库也是 Android 存储方案的核心。在 Android 系统中使用了 SQLite 数据库。SQLite 是非常轻量的数据库。从 SQLite 的标志是一根羽毛可以看出 SQLite 的目标就是无论是过去、现在，还是将来，SQLite 都将以轻量级数据库的姿态出现。SQLite 虽然轻量，但在执行某些简单的 SQL 语句时甚至比 MySQL 和 Postgresql 还快。很多读者是第一次接触 SQLite 数据库，因此，在介绍如何在 Android 中使用 SQLite 之前，先在本节简单介绍一下如何在 PC 上建立 SQLite 数据库，以及 SQLite 数据库的一些特殊方面（由于本书的目的不是介绍 SQLite 数据库，因此，与其他数据库类似的部分（如 insert、update 等）本书将不再介绍。没有掌握这些知识的读者可以参阅其他数据库方面的书籍。

6.3.1　SQLite 数据库管理工具

在学习一种新技术之前，首先要做的是在自己的计算机上安装可以操作这种技术的工具。当然，这也非常符合一句成语：工欲善其事，必先利其器。虽然使用好的工具并不能使自己更好地掌握这种技术，但却能使我们的工作效率大大提升。

言归正传，现在先看看官方为我们提供了什么工具来操作 SQLite 数据库。进入官方的下载页面，网址如下：

http://www.sqlite.org/download.html

在下载页面中找到 Windows 版的二进制下载包。在作者写作本书时，SQLite 的最新版本是 SQLite 3.6.2。因此，要下载的文件是 Sqlite-3_6_20.zip。将这个 zip 文件解压，发现在解压目录中只有一个文件：sqlite3.exe。这个文件就是操作 SQLite 数据库的工具（是不是很轻量？连工具都只有一个）。它是一个命令行程序，运行这个程序，进入操作界面，如图 6.15 所示。

图 6.15　SQLite 的命令行控制台

在控制台中可以输入 SQL 语句或控制台命令。所有的 SQL 语句后面必须以分号（;）结尾。控制台命令必须以实心点（.）开头，例如，.help（显示帮助信息）；.quit（退出控制台）；.tables（显示当前数据库中的所有表名）。

虽然可以在 SQLite 的控制台中输入 SQL 语句来操作数据库，但输入大量的命令会使工作量大大增加。因此，必须要使用所谓的"利器"来取代这个控制台程序。

SQLite 提供了各种类型的程序接口，因此，可以管理 SQLite 数据库的工具非常多，下面是几个比较常用的 SQLite 管理工具。

SQLite Database Browser

http://sourceforge.net/projects/sqlitebrowser

SQLite Expert Professional

http://www.sqliteexpert.com

SQLite Developer

http://www.sqlitedeveloper.com

sqliteSpy

http://www.softpedia.com/progDownload/SQLiteSpy-Download-107386.html

作者在写作本书时使用了 SQLite Expert Professional，这也是作者推荐使用的 SQLite 管理工具。该工具拥有大量的可视化功能，例如，建立数据库、建立表、SQL Builder 等工具。图 6.16 是 SQLite Expert Professional 的主界面。

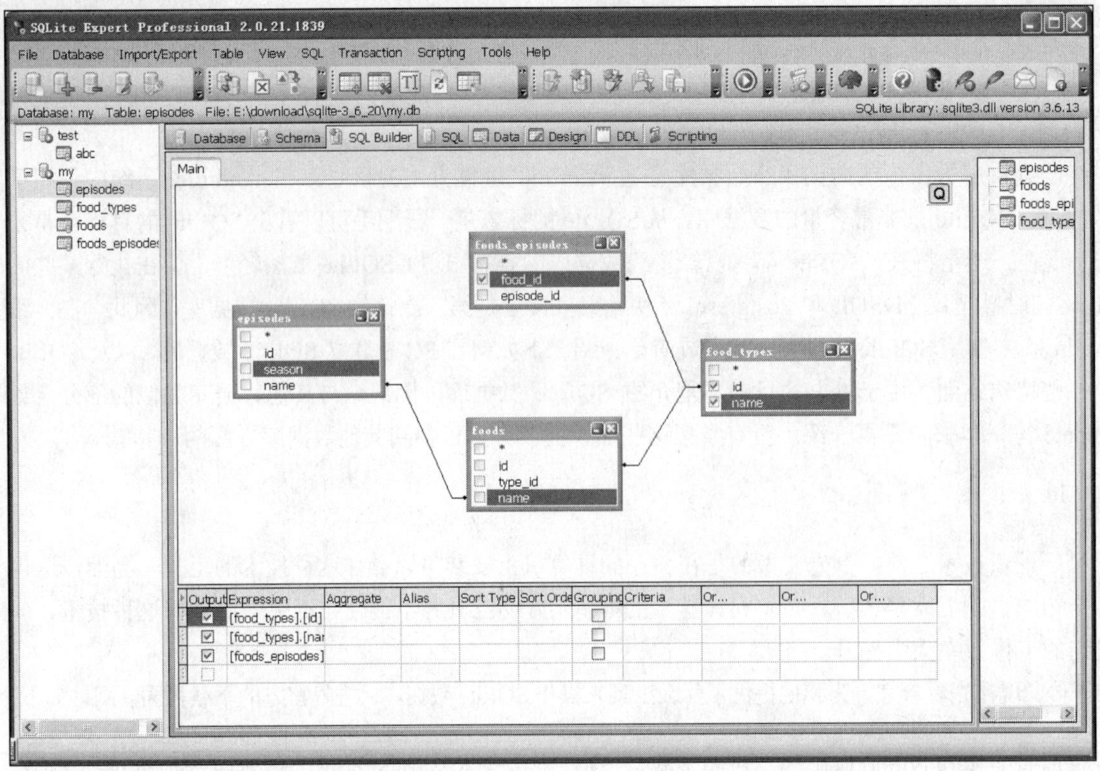

图 6.16　SQLite Expert Professional 的主界面

6.3.2　创建数据库和表

使用 SQLite 控制台工具（sqlite3.exe）建立数据库非常简单，只需要输入如下命令就可以建立或打开数据库：

```
sqlite3.exe test.db
```

如果数据库（test.db）存在，则打开该数据库，如果数据库不存在，则预建立 test.db 文件（这时并不生成 test.db 文件，直到在 SQLite 控制台中执行与数据库组件（表、视图、触发器等）相关的命令或 SQL 语句才创建 test.db 文件。

如果想使用 sqlite.exe 命令的同时建立数据库和表，可以先建立一个 sql.script 文件（也可以是其他文件名），并在其中输入如下 SQL 语句：

```
create table table1 (
    id integer primary key,
    age int,
    name text
);
create table table2(
    id integer primary key,
    type_id integer,
    name text
);
```

然后执行如下命令，就会在建立 test.db 文件的同时，在该 test.db 文件中建立 table1 和 table2 两个表。

```
sqlite3.exe test.db < sql.script
```

在使用 create table 语句创建表时还可以为每一个字段指定默认值，如下面的 SQL 语句所示：

```
create table table1 (
    id integer primary key,
    age int default 20,
    name text
);
create table table2(
    id integer primary key,
```

```
        type_id integer,
        name text default 'name1'
);
```

6.3.3 模糊查询

SQLite 的模糊查询与其他数据库类似，都使用了 like 关键字和%通配符。不过 SQLite 在处理中文时会遇到一些麻烦。例如，使用下面的 SQL 语句向 table2 插入了一条记录。

```
insert into table2(id, type_id, name) values(1, 20, '手机操作系统');
```

在 SQLite 控制台中使用如下 SQL 查询是没有问题的。

```
select * from table2 where name = '手机操作系统';
```

但如果使用下面的模糊查询语句，则无法查询到记录。

```
select * from table2 where name like '手机%';
```

发生这种事情的原因是因为 SQLite 控制台在保存中文时使用的编码格式是 GB2312，而执行 like 操作时使用的是 UTF-8。读者可以使用如下命令来查看 SQLite 控制台当前的编码格式：

```
PRAGMA encoding;
```

为了可以使用 like 模糊查询中文，作者建议使用 6.4.1 节介绍的 SQLite Expert Professional 执行 insert、update 等 SQL 语句来编辑数据。在这个工具中会直接使用 UTF-8 保存中文。

6.3.4 分页显示记录

分页是在 Web 应用中经常提到的概念。基本原理是从数据库中获得查询结果的部分数据，然后显示在页面中。虽然本书并没有介绍 Web 程序的开发，但获得查询结果的部分数据仍然非常重要。

SQLite 和 MySQL 相同，都使用了 limit 关键字来限制 select 语句返回的记录数。limit 需要两个参数，第 1 个参数表示返回的子记录集在父记录集的开始位置（从 0 开始），第 2 个参数表示返回子记录集的记录数。第 2 个参数为可选值，如果不指定这个参数，会获得从起始位置开始往后的所有记录。例如，下面的 select 语句返回了 table2 表中从第 11 条记录开始的 100 条记录。

```
select * from table2 limit 10 100
```

6.3.5 事务

如果一次执行多条修改记录（insert、update 等）的 SQL 语句，当某一条 SQL 语句执行失败时，就需要取消其他 SQL 语句对记录的修改，否则就会造成数据不一致的情况。事务是解决这个问题的最佳方法。

在 SQLite 中可以使用 BEGIN 来开始一个事件，例如，下面的代码执行了两条 SQL 语句，如果第 2 条语句执行失败，第 1 条 SQL 语句执行的结果就会回滚，相当于没执行这条 SQL 语句。

```
BEGIN;
insert into table1(id, name) values(50,'Android');
insert into table2(id, name) values(1, '测试');
```

如果想显式地回滚记录的修改结果，可以使用 ROLLBACK 语句，代码如下：

```
BEGIN;
delete from table2;
ROLLBACK;
```

如果想显式地提交记录的修改结果，可以使用 COMMIT 语句，代码如下：

```
BEGIN;
delete from table2;
COMMIT;
```

6.4　在 Android 中使用 SQLite 数据库

从 6.4 节已经得知，在 Android 系统中使用的是 SQLite 数据库。虽然在 Android 中操作 SQLite 并不复杂，但在使用过程中仍然会遇到这样或那样的问题。例如，如何将一个 ListView 或 Gallery 组件与 SQLite

数据库中的某个表进行绑定；如果程序发布时需要带一些初始数据，如何将数据库与应用程序一起发布呢，是否可以打开任意路径下的数据库文件。这些都是 Android 和 SQLite 的初学者经常会遇到的问题。本节将给出这些问题的详细答案。

6.4.1　SQLiteOpenHelper 类与自动升级数据库

android.database.sqlite.SQLiteDatabase 是 Android SDK 中操作数据库的核心类之一。使用 SQLiteDatabase 可以打开数据库，也可以对数据库进行操作。然而，为了数据库升级的需要以及使用更方便，往往使用 SQLiteOpenHelper 的子类来完成创建、打开数据库及各种数据库的操作。

SQLiteOpenHelper 是一个抽象类，在该类中有如下两个抽象方法，SQLiteOpenHelper 的子类必须实现这两个方法。

```
public abstract void onCreate(SQLiteDatabase db);
public abstract void onUpgrade(SQLiteDatabase db, int oldVersion, int newVersion);
```

SQLiteOpenHelper 会自动检测数据库文件是否存在。如果数据库文件存在，会打开这个数据库，在这种情况下，并不会调用 onCreate 方法。如果数据库文件不存在，SQLiteOpenHelper 首先会创建一个数据库文件，然后打开这个数据库，最后会调用 onCreate 方法。因此，onCreate 方法一般用来在新创建的数据库中建立表、视图等数据库组件。也就是说，onCreate 方法在数据库文件第一次被创建时调用。

先看看 SQLiteOpenHelper 类的构造方法再解释 onUpgrade 方法何时会被调用。

```
public SQLiteOpenHelper(Context context, String name, CursorFactory factory, int version);
```

其中 name 参数表示数据库文件名（不包含文件路径），SQLiteOpenHelper 会根据这个文件名创建数据库文件。version 表示数据库的版本号。如果当前传递的数据库版本号比上次创建或升级的数据库版本号高，SQLiteOpenHelper 就会调用 onUpgrade 方法。也就是说，当数据库第 1 次创建时会有一个初始的版本号。当需要对数据库中表、视图等组件升级时可以增大版本号。这时 SQLiteOpenHelper 会调用 onUpgrade 方法。当调用完 onUpgrade 方法后，系统会更新数据库的版本号。这个当前的版本号就是通过 SQLiteOpenHelper 类的最后一个参数 version 传入 SQLiteOpenHelper 对象的。因此，在 onUpgrade 方法中一般会首先删除要升级的表、视图等组件，再重新创建它们。也许很多读者看到这里还是比较模糊，不知如何应用 SQLiteOpenHelper 来操作数据库，不过这不要紧。本章的实例 39 将详细演示 SQLiteOpenHelper 类的使用方法。下面来总结一下 onCreate 和 onUpgrade 方法的调用过程。

- 如果数据库文件不存在，SQLiteOpenHelper 在自动创建数据库后只会调用 onCreate 方法，在该方法中一般需要创建数据库中的表、视图等组件。在创建之前，数据库是空的，因此，不需要先删除数据库中相关的组件。

- 如果数据库文件存在，并且当前的版本号高于上次创建或升级时的版本号，SQLiteOpenHelper 会调用 onUpgrade 方法，调用该方法后，会更新数据库版本号。在 onUpgrade 方法中除了创建表、视图等组件外，还需要首先删除这些相关的组件，因此，在调用 onUpgrade 方法之前，数据库是存在的，里面还有很多数据库组件。

综合上述两点，可以得出一个结论。如果数据库文件不存在，只有 onCreate 方法被调用（该方法只会在创建数据库时被调用 1 次）。如果数据库文件存在，并且当前版本较高，会调用 onUpgrade 方法来升级数据库，并更新版本号。

6.4.2　SimpleCursorAdapter 类与数据绑定

本节的例子代码所在的工程目录是 src\ch06\ch06_simplecursoradapter

在很多时候需要将数据表中的数据显示在 ListView、Gallery 等组件中。虽然可以直接使用 Adapter 对象进行处理，但工作量比较大。为此，Android SDK 提供了一个专用于数据绑定的 Adapter 类：SimpleCursorAdapter。

SimpleCursorAdapter 与 SimpleAdapter 的使用方法非常接近。只是将数据源从 List 对象换成了 Cursor 对象。而且 SimpleCursorAdapter 类构造方法的第 4 个参数 from 表示 Cursor 对象中的字段，而 SimpleAdapter 类构造方法的第 4 个参数 from 表示 Map 对象中的 key。除此之外，这两个 Adapter 类在使用方法完全相同。关于 SimpleAdapter 类的用法详见第 5 章的实例 32。

下面是 SimpleCursorAdapter 类构造方法的定义。

```java
public SimpleCursorAdapter(Context context, int layout, Cursor c, String[] from, int[] to)
```

本节的例子中会通过 SimpleCursorAdapter 类将一个数据表绑定在 ListView 上，也就是说，该 ListView 会显示数据表的全部记录。在绑定数据之前，需要先编写一个 SQLiteOpenHelper 类的子类，用于操作数据库，代码如下：

```java
package net.blogjava.mobile.db;

import java.util.Random;
import android.content.Context;
import android.database.Cursor;
import android.database.sqlite.SQLiteDatabase;
import android.database.sqlite.SQLiteOpenHelper;

public class DBService extends SQLiteOpenHelper
{
    private final static int DATABASE_VERSION = 1;
    private final static String DATABASE_NAME = "test.db";
    @Override
    public void onCreate(SQLiteDatabase db)
    {
        String sql = "CREATE TABLE [t_test] (" + "[_id] AUTOINC,"
                + "[name] VARCHAR(20) NOT NULL ON CONFLICT FAIL,"
                + "CONSTRAINT [sqlite_autoindex_t_test_1] PRIMARY KEY ([_id]))";
        db.execSQL(sql);
        //  向 test 数据库中插入 20 条记录
        Random random = new Random();
        for (int i = 0; i < 20; i++)
        {
            String s = "";
            //  随机生成长度为 10 的字符串
            for (int j = 0; j < 10; j++)
            {
                char c = (char) (97 + random.nextInt(26));
                s += c;
            }
            //  执行 insert 语句
            db.execSQL("insert into t_test(name) values(?)", new Object[]{ s });
        }
    }
    public DBService(Context context)
    {
        super(context, DATABASE_NAME, null, DATABASE_VERSION);
    }
    //  由于不打算对 test.db 进行升级，因此，在该方法中没有任何代码
    @Override
    public void onUpgrade(SQLiteDatabase db, int oldVersion, int newVersion)
    {
    }
    // 执行 select 语句
    public Cursor query(String sql, String[] args)
    {
        SQLiteDatabase db = this.getReadableDatabase();
        Cursor cursor = db.rawQuery(sql, args);
        return cursor;
    }
}
```

本例不需要对 test.db 进行升级，因此，只有在 DBServie 类的 onCreate 方法中有创建数据表的代码。DBService 类创建了一个 test.db 数据库文件，并在该文件中创建了 t_test 表。在该表中包含两个字段：_id 和 name。其中_id 是自增字段，并且是主索引。

下面来编写 Main 类。Main 是 ListActivity 的子类。在该类的 onCreate 方法中创建了 DBService 对象，然后通过 DBService 类的 query 方法查询出 t_test 表中的所有记录，并返回 Cursor 对象。Main 类的代码如下：

```
package net.blogjava.mobile;

import net.blogjava.mobile.db.DBService;
import android.app.ListActivity;
import android.database.Cursor;
import android.os.Bundle;
import android.widget.SimpleCursorAdapter;

public class Main extends ListActivity
{
    @Override
    public void onCreate(Bundle savedInstanceState)
    {
        super.onCreate(savedInstanceState);
        DBService dbService = new DBService(this);
        Cursor cursor = dbService.query("select * from t_test", null);
        SimpleCursorAdapter simpleCursorAdapter = new SimpleCursorAdapter(this,
                android.R.layout.simple_expandable_list_item_1, cursor,
                new String[]{"name" }, new int[]{ android.R.id.text1});
        setListAdapter(simpleCursorAdapter);
    }
}
```

SimpleCursorAdapter 类构造方法的第 4 个参数表示返回的 Cursor 对象中的字段名，第 5 个参数表示要将该字段的值赋给哪个组件。该组件在第 2 个参数指定的布局文件中定义。

运行本例后，将显示如图 6.17 所示的效果。

图 6.17　使用 SimpleCursorAdapter 绑定数据

在绑定数据时，Cursor 对象返回的记录集中必须包含一个叫 "_id" 的字段，否则将无法完成数据绑定。也就是说 SQL 语句不能是 select name from t_contacts。如果在数据表中没有 "_id" 字段，可以采用其他方法来处理。详细处理方法见本章的实例 39。

数据库文件存到哪了？

仅看到本节的例子建立了 SQLite 数据库文件，那么数据库文件被放到哪个目录了呢？如果使用 SQLiteOpenHelper 类的 getReadableDatabase 或 getWritableDatabase 方法获得 SQLiteDatabase 对象，系统会在手机内存的/data/data/<package name>/databases 目录中创建数据库文件。当然，使用这两个方法也只能打开这个目录中的数据库文件。将在 6.5.3 节和实例 40 中学到如何在任何目录（包括手机内存和 SD 卡）上创建数据库或打开已经存在的数据库。

实例 39：带照片的联系人管理系统

工程目录：src\ch06\ch06_contacts

在很多应用中经常会将图像保存在数据库中。实际上，在数据库中保存图像与保存其他简单类型（String、int 等）的值非常相似，也可以使用 insert 和 update 语句进行保存。不同的是，在保存图像之前，需要获得要保存图像的字节数组。SQLlite 数据库一般用 BINARY 类型字段保存图像。

在本例中实现了一个简单的联系人管理系统。下面先来看一下本例使用的数据表（t_contacts）的结构，如图 6.18 所示。

Name	Declared Type	Type	Size	Precision	Not Null
id	AUTOINC	AUTOINC	0	0	☐
name	VARCHAR(20)	VARCHAR	20	0	☑
telephone	VARCHAR(20)	VARCHAR	20	0	☑
email	VARCHAR(20)	VARCHAR	20	0	☐
photo	BINARY	BINARY	0	0	☐

图 6.18   t_contacts 表的结构

t_contacts 表的最后一个字段 photo 是 BINARY 类型，用于保存联系人头像。

与 6.5.2 节的例子相同，首先需要编写一个 SQLiteOpenHelper 的子类用于操作数据库，本例中操作数据库的类名为 DBService。该类中的 onCreate 和 onUpgrade 方法的代码如下：

```
public void onCreate(SQLiteDatabase db)
{
    String sql = "CREATE TABLE [t_contacts] ("
            + "[id] AUTOINC,"
            + "[name] VARCHAR(20) NOT NULL ON CONFLICT FAIL,"
            + "[telephone] VARCHAR(20) NOT NULL ON CONFLICT FAIL,"
            + "[email] VARCHAR(20),"
            + "[photo] BINARY, "
            + "CONSTRAINT [sqlite_autoindex_t_contacts_1] PRIMARY KEY ([id]))";
    db.execSQL(sql);
}
public void onUpgrade(SQLiteDatabase db, int oldVersion, int newVersion)
{
    String sql = "drop table if exists [t_contacts]";
    db.execSQL(sql);
    // 此处应该是新的 SQL 语句
    sql = "CREATE TABLE [t_contacts] ("
            + "[id] AUTOINC,"
            + "[name] VARCHAR(20) NOT NULL ON CONFLICT FAIL,"
            + "[telephone] VARCHAR(20) NOT NULL ON CONFLICT FAIL,"
            + "[email] VARCHAR(20),"
            + "[photo] BINARY, "
            + "CONSTRAINT [sqlite_autoindex_t_contacts_1] PRIMARY KEY ([id]))";
    db.execSQL(sql);
}
```

从上面的代码可以看出，onUpgrade 和 onCreate 方法中有相同的创建 t_contacts 表的代码。在实际应用中，onUpgrade 方法中创建 t_contacts 表的代码一般与 onCreate 方法中相应的代码有所差异，否则升级数据库就没有多大意义了。如果在 onUpgrade 方法中建立表，必须首先使用 drop table 语句删除要创建的表。

在 DBService 类中还定义了两个操作 t_contacts 表的方法：execSQL 和 query。其中 execSQL 方法用于执行修改数据表的 SQL 语句（如 insert、update 等），query 方法用于执行返回结果集的 SQL 语句（如 select）。这两个方法的代码如下：

```
//  执行 insert、update、delete 等 SQL 语句
public void execSQL(String sql, Object[] args)
{
    SQLiteDatabase db = this.getWritableDatabase();
    db.execSQL(sql, args);
```

```
    }
    //  执行 select 语句
    public Cursor query(String sql, String[] args)
    {
        SQLiteDatabase db = this.getReadableDatabase();
        Cursor cursor = db.rawQuery(sql, args);
        return cursor;
    }
```

AddContact 是一个 Activity 类，负责保存带头像的联系人信息。单击该界面的【保存】菜单项，会保存连同图像在内的联系人信息。菜单项单击事件的代码如下：

```
public boolean onMenuItemClick(MenuItem item)
{
    String sql = " insert into t_contacts(name, telephone, email, photo) values(?,?,?,?)";
    ByteArrayOutputStream baos = new ByteArrayOutputStream();
    //  将联系人头像转换成字节数组流。ivPhoto 是一个 ImageView 组件，用于显示联系人的头像
    ((BitmapDrawable) ivPhoto.getDrawable()).getBitmap().compress(
            CompressFormat.JPEG, 50, baos);
    Object[] args = new Object[]
    { etName.getText(), etTelephone.getText(), etEmail.getText(), baos.toByteArray() };
    Main.dbService.execSQL(sql, args);
    Main.contactAdapter.getCursor().requery();
    //  通知主界面的 ListView 组件，t_contacts 表中的数据已变化，需要更新列表
    Main.contactAdapter.notifyDataSetChanged();
    finish();
    return false;
}
```

在编写上面代码时应注意如下 3 点：

- 向 BINARY 类型字段插入值时与向简单类型字段插入值的方法相同。
- BINARY 类型字段对应的数据是字节数组（byte[]），因此，在设置 SQL 参数时要先将要保存在 BINARY 类型字段的值转换成字节数组。BINARY 类型字段不仅可以保存图像，还可以保存任何类型的数组。
- 在更新数据表后，与数据表绑定的 ListView 等组件并不会自动刷新，需要使用 notifyDataSetChanged 方法来通知 Adapter 对象数据已经改变。这时 ListView 等组件会重新通过与其绑定的 Adapter 对象获得数据，并更新列表项。

在 6.5.2 节的例子中曾使用 SimpleCursorAdapter 类来绑定数组，但遗憾的是，该类不能处理数据表中的图像。当然，其他的二进制数据也不能处理。因此，本例采用了定制 Adapter 类的方法来绑定带图像的数据表。

ContactAdapter 是 CursorAdapter 类的子类，CursorAdapter 是一个抽象类，也是 SimpleCursorAdapter 的父类（不是直接父类，SimpleCursorAdapter 的直接父类是 ResourceCursorAdapter，而 ResourceCursor-Adapter 的直接父类是 CursorAdapter）。CursorAdapter 类有如下两个抽象方法：

```
public abstract View newView(Context context, Cursor cursor, ViewGroup parent);
public abstract void bindView(View view, Context context, Cursor cursor);
```

这两个方法必须在 CursorAdapter 的子类中实现。当创建一个新的列表项时调用 newView 方法，而更新已经建立的列表项时调用 bindView 方法。其中 bindView 方法的 view 参数值就是 newView 方法返回的 View 对象。

不管是 newView 还是 bindView 方法，在调用时都会传入一个 Cursor 对象。该对象的当前记录位置由系统负责设置。在这两个方法中只需要使用 Cursor 的 getXxx 方法（其中 Xxx 表示 String、Int 等字符串）获得相应的字段值即可。一般这两个方法的代码非常相似，因此，可以将相同的代码提出来单独放在一个方法中，代码如下：

```
//  view 表示显示列表项的视图，在本例中是 LinearLayout 对象
private void setChildView(View view, Cursor cursor)
{
```

```
        // 从布局文件中获得列表项中的相应组件
        TextView tvName = (TextView) view.findViewById(R.id.tvName);
        TextView tvTelephone = (TextView) view.findViewById(R.id.tvTelephone);
        ImageView ivPhone = (ImageView) view.findViewById(R.id.ivPhoto);
        // 根据 Cursor 对象的值设置相应组件的值
        tvName.setText(cursor.getString(cursor.getColumnIndex("name")));
        tvTelephone.setText(cursor.getString(cursor.getColumnIndex("telephone")));
        // 下面 3 行代码从数据表中获得图像数据（字节数组），并将图像显示在 ImageView 组件中
        byte[] photo = cursor.getBlob(cursor.getColumnIndex("photo"));
        ByteArrayInputStream bais = new ByteArrayInputStream(photo);
        ivPhone.setImageDrawable(Drawable.createFromStream(bais, "photo"));
    }
```

下面来看一下 newView 和 bindView 方法中的代码。

```
@Override
public void bindView(View view, Context context, Cursor cursor)
{
    setChildView(view, cursor);
}
@Override
public View newView(Context context, Cursor cursor, ViewGroup parent)
{
    // 从 XML 布局文件中获得 LinearLayout 对象（并不需要转换成 LinearLayout 对象，直接使用 View 对象即可）
    View view = layoutInflater.inflate(R.layout.contact_item, null);
    setChildView(view, cursor);
    return view;
}
```

下面的代码非常关键，这些代码使用前面编写的 DBService 和 ContactAdapter 类查询数据表，并将数据表绑定到 ListView 中。

```
DBService dbService = new DBService(this);
String sql = "select id as _id, name,telephone, photo from t_contacts order by name";
Cursor cursor = dbService.query(sql, null);
contactAdapter = new ContactAdapter(this, cursor, true);
setListAdapter(contactAdapter);
```

也许细心的读者会发现，上面代码中的 SQL 语句为 id 字段起了个叫"_id"的别名。如果读者在阅读本例之前仔细阅读了 6.5.2 节的内容就会知道。在数据绑定时，Cursor 返回的记录集必须有"_id"字段，否则系统会抛出异常。如果记录集本身并没有"_id"字段，可以为主键起一个叫"_id"的别名。在本例中为主键 id 起了一个叫"_id"的别名。

运行本例，在主界面中单击【添加联系人】选项菜单，会进入添加联系人界面，在相应的组件中输入完数据后，如图 6.19 所示。最后保存该联系人的信息，按同样的方法添加若干个联系人后，在主界面会将这些联系人的姓名、电话和头像显示在列表中，如图 6.20 所示。在本例中并未实现联系人的编辑和删除功能，有兴趣的读者可以自行完成这两个功能。

图 6.19　添加联系人

图 6.20　显示联系人列表

6.4.3 将数据库与应用程序一起发布

在 6.5.2 节和实例 39 都是在程序第一次启动时创建了数据库。也就是说，数据库文件是由应用程序负责创建的。一般初始状态的数据表中没有记录。就算有记录，也是由应用程序在创建数据库时添加的。在应用程序发布时既无数据库，也无记录。但在很多情况下，应用程序需要连同数据库一起发布，而且数据表中要带一些记录。例如，在实例 40 中实现的英文词典在发布时就会带一个英文单词的词库。既然提出了需求，就需要有满足需求的方法。

要满足上述需求，一般要解决如下两个技术问题：

● 如何将数据库文件连同应用程序一起发布。

● 如何打开与应用程序一起发布的数据库。

第 1 个问题比较好解决。可以事先利用在 6.4.1 节介绍的数据库管理工具在 PC 上建立一个数据库文件，并向数据表中添加相应的记录。然后将该数据库文件放到 <Eclipse Android 工程目录>\res\raw 目录中。所有放到 raw 目录中的资源都不会被编译，而只以原始数据保存在 apk 包中。

现在来解决第 2 个问题。如果数据库比较大，或出于其他的原因，可能会将数据库文件放在 SD 卡的某个目录中。在这种情况下，就需要使用 SQLiteDatabase 类的 openOrCreateDatabase 方法来打开这个数据库文件。如果数据库文件不存在，调用该方法会创建一个新的数据库文件。openOrCreateDatabase 方法的定义如下：

```
public static SQLiteDatabase openOrCreateDatabase(String path, CursorFactory factory);
```

其中 path 参数表示数据库文件的完整路径，例如 /sdcard/dictionary/dictionary.db。在直接调用 openOrCreateDatabase 方法时，factory 参数值可以是 null。

这里还有一个问题，在发布 apk 文件时，数据库文件被打包在 apk 文件中，那么如何打开这个 apk 文件呢？事实上，并不能直接打开 apk 包中的数据库。因为如果数据库文件的尺寸有变化，就意味着 apk 文件的尺寸会变化。apk 相当于 Windows 中的 exe 文件。大家试想，exe 文件在启动时，文件大小怎么可能会发生变化呢？因此，在第 1 次运行程序时，需要将数据库文件复制到内存或 SD 卡的相应目录。复制的方法也很简单，使用 openRawResource 方法可以获得 res\raw 目录中关联资源文件的 InputStream 对象。有了 InputStream 对象，复制文件就简单了。在实例 40 中将看到具体的实现过程。

> 也可以将数据库文件与 apk 作为两个单独的文件发布，这样就省略了复制文件这一步。但这样会造成发布时需要处理多个文件，会带来一些麻烦。至于使用哪种方式来发布应用程序，读者可根据实际情况来决定。

实例 40：英文词典

工程目录：src\ch06\ch06_dictionary

本例将实现一个英文词典。通过用户输入的单词可以在数据库中查找匹配的英文单词。如果找到该单词，会显示该单词的中文解释。如果该单词在数据库中不存在，则显示"未找到该单词"信息。

在英文词典应用中核心的部分就是打开数据库和查询单词。openDatabase 方法来完成打开数据库的功能。如果该方法成功打开数据库，会返回一个 SQLiteDatabase 对象，否则返回 null。openDatabase 方法除了打开 SQLite 数据库，还负责从 res\raw 目录复制数据库文件到/sdcard/dictionary 目录。该方法的代码如下：

```
private SQLiteDatabase openDatabase()
{
    try
    {
        String databaseFilename = DATABASE_PATH + "/" + DATABASE_FILENAME;
        // 当/sdcard/dictionary 目录中没有 dictionary.db 文件时，将 res\raw 目录中的数据库文件复制到该目录
        if (!(new File(databaseFilename).exists()))
        {
```

```
                    InputStream is = getResources().openRawResource(R.raw.dictionary);
                    FileOutputStream fos = new FileOutputStream(databaseFilename);
                    byte[] buffer = new byte[8192];
                    int count = 0;
                    while ((count = is.read(buffer)) > 0)
                    {
                        fos.write(buffer, 0, count);
                    }
                    fos.close();
                    is.close();
                }
                //  打开数据库
                SQLiteDatabase database = SQLiteDatabase.openOrCreateDatabase(databaseFilename, null);
                return database;
            }
        catch (Exception e)
        {
        }
        return null;
    }
```

可以使用如下代码打开数据库：

```
SQLiteDatabase database = openDatabase();
```

在获得 SQLiteDatabase 对象后，就可以通过 SQLiteDatabase 类的相应方法进行各种数据库操作。

查询英文单词的最后一步是在查询按钮的单击事件中添加如下代码：

```
public void onClick(View view)
{
    String sql = "select chinese from t_words where english=?";
    //  actvWord 是 AutoCompleteTextView 类型的变量
    Cursor cursor = database.rawQuery(sql, new String[]{ actvWord.getText().toString() });
    String result = "未找到该单词.";
    if (cursor.getCount() > 0)
    {
        cursor.moveToFirst();
        result = cursor.getString(cursor.getColumnIndex("chinese"));
    }
    new AlertDialog.Builder(this).setTitle("查询结果").setMessage(result).setPositiveButton("关闭", null).show();
}
```

要注意的是，在返回 Cursor 对象后，需要使用 moveToFirst 方法将记录指针移动到第 1 条记录的位置。在默认情况下，新返回的 Cursor 对象的记录指针在第 1 条记录的前面。这时调用 getXxx 方法，系统会抛出异常。

为了使查询更方便，在本例中通过 AutoCompleteTextView 组件来输入要查询的单词。当输入两个及以上字符时，AutoCompleteTextView 组件会列出以输入字符串开头的所有单词。要完成这个功能，需要自定义一个 Adapter 类（DictionaryAdapter 类），该类是 CursorAdapter 的子类。在本例中只是简单地显示英文单词，因此，每一个列表项只需要一个 TextView 组件即可。本例中 DictionaryAdapter 类的 newView 和 bindView 方法中的代码非常简单，只是将从数据库中获得的英文单词显示在 TextView 组件中。显示英文单词的代码如下：

```
private void setView(View view, Cursor cursor)
{
    TextView tvWordItem = (TextView) view;
    tvWordItem.setText(cursor.getString(cursor.getColumnIndex("_id")));
}
```

在 newView 和 bindView 方法中都会调用 setView 方法，代码如下：

```
@Override
public void bindView(View view, Context context, Cursor cursor)
{
    setView(view, cursor);
}
```

```
@Override
public View newView(Context context, Cursor cursor, ViewGroup parent)
{
    View view = layoutInflater.inflate(R.layout.word_list_item, null);
    setView(view, cursor);
    return view;
}
```

下面最关键的一步就是将 DictionaryAdapter 对象与 AutoCompleteTextView 组件关联。要注意的是，不能直接查出数据库中所有的单词，然后交由 AutoCompleteTextView 组件去过滤，否则 AutoCompleteTextView 组件会显示出所有的单词。因此，要监视 AutoCompleteTextView 组件输入字符的变化。在每输入一个字符时就查询以 AutoCompleteTextView 组件中当前输入的字符串开头的英文单词。为了监视 AutoCompleteTextView 组件，需要实现 android.text.TextWatcher 接口，并在该接口的 afterTextChanged 方法中编写如下代码：

```
public void afterTextChanged(Editable s)
{
    Cursor cursor = database.rawQuery(
            "select english as _id from t_words where english like ?",new String[]{ s.toString() + "%" });
    DictionaryAdapter dictionaryAdapter = new DictionaryAdapter(this,cursor, true);
    actvWord.setAdapter(dictionaryAdapter);
}
```

由于数据绑定需要一个 "_id" 字段，因此，上面的代码为 english 字段起一个叫 "_id" 的别名。在前面给出的 setVew 方法中也可以看到，获得英文单词的字段名是 "_id"，而不是 english。

到现在为止，有很多读者可能会认为万事大吉了。现在运行程序，既可以查询英文单词，也可以在 AutoCompleteTextView 组件中显示英文单词列表。但选中列表中某个单词后，会发现显示在 AutoCompleteTextView 中的并不是刚才选中的单词，而是 Cursor 对象的地址。看到这里，很多读者可能有些头晕，怎么会发生这种事情。当然，如果使用在 6.5.2 节介绍的 SimpleCursorAdapter 类也会发生同样的事件。

既然选中列表后，在 AutoCompleteTextView 组件中显示的是 Cursor 对象的地址，那就看看在 CursorAdapter 类中哪些语句显示了 Cursor 对象的地址。显示 Cursor 对象地址通常会用 cursor.toString()。通过查找，在 CursorAdapter 类中找到了 convertToString 方法，代码如下：

```
public CharSequence convertToString(Cursor cursor)
{
    return cursor == null ? "" : cursor.toString();
}
```

从上面的代码很容易看出，如果 cursor 参数值不为空，该方法会返回 cursor.toString()，也就是 Cursor 对象的地址。

为了在 AutoCompleteTextView 中可以正常显示选中的英文单词，在 DictionaryAdapter 类中需要覆盖 convertToString 方法，代码如下：

```
public CharSequence convertToString(Cursor cursor)
{
    return cursor == null ? "" : cursor.getString(cursor.getColumnIndex("_id"));
}
```

在上面的代码中，将 cursor.toStrng() 改成了 cursor.getString(cursor.getColumnIndex("_id"))，也就是返回选中的英文单词。再次选中列表项中的单词后，在 AutoCompleteTextView 组件中终于可以正常显示被选中的英文单词了。

运行本例后，在 AutoCompleteTextView 组件中输入一个英文单词，单击【查单词】按钮，如果在数据库中有该单词，会显示如图 6.21 所示的查询结果。当在 AutoCompleteTextView 组件中输入 "hel" 后，会显示如图 6.22 所示的单词列表（以 "hel" 开头）。

图 6.21 单词查询结果　　　　　　　　　　图 6.22 以 "hel" 开头的单词列表

6.5 抽象的标准——内容提供者（ContentProvider）

也许很多读者用过 JDBC。在 JDBC 中，不管连接的是什么数据库，返回的数据库连接都是 Connection 对象，查询的结果集是 ResultSet 对象。事实上，JDBC 并不是具体的技术，而是一种标准，也可以说它是一种抽象。在 Android 系统中也包含类似的抽象标准，这就是 ContentProvider。简单地说，ContentProvider 是应用程序与外界（其他的应用程序）共享数据的桥梁。ContentProvider 的最直接表现是向其他应用程序提供了一个 Cursor 对象，然后使用 ContentProvider 的程序可以像操作记录集一样操作 Cursor 对象。至于 Cursor 是如何创建的（有可能是对应一个查询结果集，也有可能是 XML 及其他类型的数据）并不重要。本节将利用 Android 系统中应用程序提供的 ContentProvider 来获取系统数据，并修改前面章节实现的两个应用程序，以便它们可以通过 ContentProvider 与其他应用程序共享数据。

获得系统数据

本节的例子代码所在的工程目录是 src\ch06\ch06_systemcontacts

由于在 Android 系统中内置的应用程序很多都通过 ContentProvider 共享数据，因此，可以利用 ContentProvider 来获得很多 Android 系统的资源。

可以将 ContentProvider 看作是对数据库的抽象（可能并不一定是数据库），既然是数据库，就需要包含数据库的基本操作：增、删、改、查。这 4 个操作分别对应 insert、delete、update 和 query 方法，这 4 个方法都是 ContentResolver 类中的方法。在应用程序中访问 ContentProvider 提供的数据之前，首先应使用 getContentResolver 方法来获得 ContentResolver 对象，并调用上述 4 个方法来完成指定的操作。这 4 个方法的定义如下：

```
public final Cursor query(Uri uri, String[] projection, String selection, String[] selectionArgs, String sortOrder);
public final Uri insert(Uri url, ContentValues values);
public final int update(Uri uri, ContentValues values, String where, String[] selectionArgs);
public final int delete(Uri url, String where, String[] selectionArgs);
```

从上面的方法定义可以看出，这 4 个方法的第 1 个参数都是 Uri 类型。Uri 表示一个地址，例如：http://www.blogjava.net/nokiaguy/archive/2009/09/21/295835.html 就是一个 Web 地址；file:///sdcard/dictionary/dictionary.db 是一个本地文件的地址。从这一点可以看出，ContentProvider 也需要由一个地址确定。

从前面的 Web 地址和本地文件地址可以看出，地址的开头部分是协议（http://、file://），接下来是唯一表示地址的 ID（www.blogjava.net），这个 ID 在整个互联网上唯一的。最后一部分是路径（path），这一部分是在地址指向的资源内部定义的，例如/nokiaguy/archive/2009/09/21/295835.html。根据这样的规则，访问 ContentProvider 的地址也应由这 3 部分组成，这 3 部分如下：

- 第 1 部分：协议，content://。

- 第 2 部分：唯一标识 ContentProvider 的 ID。这个 ID 在同一个 Android 系统实例中必须是唯一的，就像 Web 地址中的 ID（www.blogjava.net）在 Internet 上是唯一的一样。这一部分要在 AndroidManifest.xml 文件中定义。读者在实例 41 中将看到如何自定义 ContentProvider。
- 第 3 部分：这一部分不是必需的，但如果一个应用程序要提供多个 ContentProvider，就需要定义这部分。这就像一个网站如果要提供多个页面，光有像 www.blogjava.net 一样的唯一 ID 是不行的，需要使每一个页面单独对应于一个网页（html、jsp 等）地址。在这里每一个页面就相当于一个 ContentProvider。

下面来看一个完整的 ContentProvider 地址。

```
content://nokiaguy.blogjava.mobile.dictionary/allwords
```

在上面的地址中，content:// 属于第 1 部分；nokiaguy.blogjava.mobile.dictionary 属于第 2 部分；allwords 属于第 3 部分。

在 Android 系统内置的应用程序中很多都提供了类似上面地址的 URI。例如，联系人管理的 URI 是 content://contacts/phones，为了便于记忆，在 Android SDK 中为该 URI 提供了一个常量：Phones.CONTENT_URI。下面的代码利用这个 URI 获得了系统中的联系人列表。

```
cursor = getContentResolver().query(Phones.CONTENT_URI, new String[]{"_id","name","number"}, null,
        null, "name desc");
startManagingCursor(cursor);
ListAdapter adapter = new SimpleCursorAdapter(this,
        android.R.layout.simple_list_item_2, cursor, new String[]
        { Phones.NAME, Phones.NUMBER }, new int[]
        { android.R.id.text1, android.R.id.text2 });
setListAdapter(adapter);
```

在编写上面代码时要重点注意一下 query 方法。query 方法的第 1 个参数是 ContentProvider 的 URI，在前面已经介绍过了。后面的 4 个参数分别表示返回记录集的字段（相当于 select 和 from 之前的部分）、查询条件（相当于 where 子句）、查询参数（与查询条件中的?对应的 String 类型数组）和排序类型（相当于 order by 子句）。在上面的代码中只用到了第 2 个参数和第 5 个参数。在第 2 个参数中确定返回的字段是_id、name 和 number。在第 5 个字段中确定按 name 降序排序。

在运行本例之前，先在系统联系人中添加几个联系人，添加的结果如图 6.23 所示。运行程序后，会看到如图 6.24 所示的效果。

图 6.23　系统联系人列表

图 6.24　从 ContentProvider 获得的联系人列表

实例41：将联系人管理和英文字典集成到自己的应用中

工程目录：src\ch06\ch06_integration

先来建立两个新的 Android 工程：ch06_contacts_contentprovider 和 ch06_dictionary_contentprovider。读者可以通过复制 ch06_contacts 和 ch06_dictionary 工程的方式建立这两个 Android 工程。

为一个应用程序添加 ContentProvider 只需要如下两步：

（1）编写一个继承于 android.content.ContentProvider 的子类。该类是 ContentProvider 的核心类。在该类中会实现 query、insert、update 及 delete 方法。实际上调用 ContentResolver 类的这 4 个方法就是调用 ContentProvider 类中与之对应的方法。

（2）在 AndroidManifest.xml 文件中配置 ContentProvider。要想唯一确定一个 ContentProvider，需要指定这个 ContentProvider 的 URI，除此之外，还需要指定 URI 所对应的 ContentProvider 类。这有些像 Servlet 的定义，除了要指定 Servlet 对应的 Web 地址，还要指定这个地址所对应的 Servlet 类。

现在先来为在实例 39 中实现的联系人系统增加 ContentProvider。在本例中只允许通过 ContentProvider 来浏览和删除联系人信息，因此，在 ContactContentProvider 类（ContentProvider 的子类）中只实现了 query 和 delete 方法，而 insert 和 update 方法中没有任何实际的代码。ContactContentProvider 类的代码如下：

```java
package net.blogjava.mobile.contacts;

import net.blogjava.mobile.db.DBService;
import android.content.ContentProvider;
import android.content.ContentValues;
import android.content.UriMatcher;
import android.database.Cursor;
import android.net.Uri;

public class ContactContentProvider extends ContentProvider
{
    private static UriMatcher uriMatcher;
    // 定义 ContentProvider 的唯一标识
    private static final String AUTHORITY = "net.blogjava.mobile.contactcontentprovider";
    private static final int ALL_CONTACTS = 1;
    private DBService dbService;
    // 匹配 URI
    static
    {
        uriMatcher = new UriMatcher(UriMatcher.NO_MATCH);
        uriMatcher.addURI(AUTHORITY, null, ALL_CONTACTS);
    }
    @Override
    public int delete(Uri uri, String selection, String[] selectionArgs)
    {
        // 为了更方便地使用 delete 方法的 selection 和 selectionArgs 参数，建议使用 delete 方法删除记录
        return dbService.getWritableDatabase().delete("t_contacts", selection, selectionArgs);
    }
    @Override
    public String getType(Uri uri)
    {
        return null;
    }
    @Override
    public Uri insert(Uri uri, ContentValues values)
    {
        return null;
    }
    @Override
    public boolean onCreate()
    {
        dbService = new DBService(getContext());
        return true;
    }
    @Override
    public Cursor query(Uri uri, String[] projection, String selection,
            String[] selectionArgs, String sortOrder)
    {
        String sql = "select id as _id, name,telephone, photo from t_contacts order by name";
        Cursor cursor = dbService.query(sql, null);
```

```
        return cursor;
    }
    @Override
    public int update(Uri uri, ContentValues values, String selection, String[] selectionArgs)
    {
        return 0;
    }
}
```

在编写上面代码时应注意如下 3 点：

- 在 ContactContentProvider 类中需要使用 UriMatcher 对象来匹配 ContentProvider 的 URI。UriMatcher 类的 addURI 方法用于添加 ContentProvider 的 URI。其中第 1 个参数是 ContentProvider 的 ID，关键是第 2 个参数，该参数表示 URI 的 path 部分。如果 URI 没有 path 部分，该参数为 null。第 3 个参数表示与 path 对应的代码。通过 UriMatcher 类的 match 方法匹配 URI 后，如果某个 URI 满足某个匹配，match 方法会返回相应的代码，也就是 addURI 方法的第 3 个参数的值。由于 ContactContentProvider 类中并未使用 path，因此，在 static 中的代码并不是必需的。在后面的 DictionaryContentProvider 类中将看到如何匹配多个 path。

- delete、update、insert 和 query 这 4 个方法不一定都实现。可以根据实际需要选择实现一个或多个方法。在 ContactContentProvider 类中只实现了 query 和 delete 方法。

- 在 Android 系统中同一个 package 只能对应于一个应用程序。为了同时使用联系人和字典的 ContentProvider，联系人和字典工程使用了不同的包，联系人工程使用的 package 是 net.blogjava.mobile.contacts，字典工程使用的 package 是 net.blogjava.mobile.dictionary。

下面来配置 ContentProvider。在 AndroidManifest.xml 文件的<application>标签中添加如下内容：

```
<provider android:name="ContactContentProvider"
          android:authorities="net.blogjava.mobile.contactcontentprovider" />
```

为英文词典添加 ContentProvider 的步骤与上面的步骤类似。英文词典的 ContentProvider 类是 DictionaryContentProvider，该类的代码如下：

```
package net.blogjava.mobile.dictionary;

import java.io.File;
import java.io.FileOutputStream;
import java.io.InputStream;
import android.content.ContentProvider;
import android.content.ContentValues;
import android.content.UriMatcher;
import android.database.Cursor;
import android.database.sqlite.SQLiteDatabase;
import android.net.Uri;
import android.util.Log;

public class DictionaryContentProvider extends ContentProvider
{
    private static UriMatcher uriMatcher;
    private static final String AUTHORITY = "net.blogjava.mobile.dictionarycontentprovider";
    private static final int SINGLE_WORD = 1;
    private static final int PREFIX_WORDS = 2;
    public static final String DATABASE_PATH = android.os.Environment
    .getExternalStorageDirectory().getAbsolutePath() + "/dictionary";
    public static final String DATABASE_FILENAME = "dictionary.db";
    private SQLiteDatabase database;
    static
    {
        uriMatcher = new UriMatcher(UriMatcher.NO_MATCH);
        uriMatcher.addURI(AUTHORITY, "single", SINGLE_WORD);
        uriMatcher.addURI(AUTHORITY, "prefix/*", PREFIX_WORDS);
    }
    private SQLiteDatabase openDatabase()
```

```
{
    try
    {
        String databaseFilename = DATABASE_PATH + "/" + DATABASE_FILENAME;
        File dir = new File(DATABASE_PATH);
        if (!dir.exists())
            dir.mkdir();
        if (!(new File(databaseFilename)).exists())
        {
            InputStream is = getContext().getResources().openRawResource(
                    R.raw.dictionary);
            FileOutputStream fos = new FileOutputStream(databaseFilename);
            byte[] buffer = new byte[8192];
            int count = 0;
            while ((count = is.read(buffer)) > 0)
            {
                fos.write(buffer, 0, count);
            }

            fos.close();
            is.close();
        }
        SQLiteDatabase database = SQLiteDatabase.openOrCreateDatabase(
                databaseFilename, null);
        return database;
    }
    catch (Exception e)
    {
        Log.d("error", e.getMessage());
    }
    return null;
}
@Override
public int delete(Uri uri, String selection, String[] selectionArgs)
{
    return 0;
}
@Override
public String getType(Uri uri)
{
    return null;
}
@Override
public Uri insert(Uri uri, ContentValues values)
{
    return null;
}
@Override
public boolean onCreate()
{
    database = openDatabase();
    return true;
}
@Override
public Cursor query(Uri uri, String[] projection, String selection,
        String[] selectionArgs, String sortOrder)
{
    Cursor cursor = null;
    switch (uriMatcher.match(uri))
    {
        case SINGLE_WORD:
            cursor = database.query("t_words", projection, selection,
                    selectionArgs, null, null, sortOrder);
```

```
                        break;

            case PREFIX_WORDS:
                String word = uri.getPathSegments().get(1);
                cursor = database
                        .rawQuery("select english as _id, chinese from t_words where english like ?",
                            new String[]{ word + "%" });
                break;
            default:
                throw new IllegalArgumentException("<" + uri + ">格式不正确.");
        }
        return cursor;
    }
    @Override
    public int update(Uri uri, ContentValues values, String selection,
            String[] selectionArgs)
    {
        return 0;
    }
}
```

> **注意**
>
> 由于 ContentProvider 类的 onCreate 方法会在 Activity 的 onCreate 之前被调用，因此，在本例中将 Main 类的 openDatabase 方法放到 DictionaryContentProvider 类中。由于在 ContnetProvider 类的 onCreate 方法中已经事先创建了 dictionary.db 数据库，因此，在 Activity 类的 onCreate 方法中直接打开 dictionary.db 数据库即可。

从上面的代码可以看出，使用 UriMatcher 对象添加了两个 URI（每一个映射相当于一个 ContentProvider），其中第 1 个 URI 的 path 是 single，这就意味着需要使用如下 URI 来访问这个 ContentProvider：

```
content://net.blogjava.mobile.dictionarycontentprovider/single
```

第 2 个映射的 path 是 "prefix/*"。其中 "*" 表示任意字符串。UriMatcher 除了支持 "*" 外，还支持 "#"，表示任意由数字组成的字符串。如果使用这个 ContentProvider，那么下面的 URI 都符合要求：

```
content://net.blogjava.mobile.dictionarycontentprovider/prefix/he
content://net.blogjava.mobile.dictionarycontentprovider/prefix/word
content://net.blogjava.mobile.dictionarycontentprovider/prefix/a
```

下面按同样的方法配置英文词典的 ContentProvider，代码如下：

```
<provider android:name="DictionaryContentProvider"
        android:authorities="net.blogjava.mobile.dictionarycontentprovider" />
```

最后将利用 ContentProvider 把联系人管理和英文词典集成在 ch06_integration 工程中。首先定义 3 个 URI，代码如下：

```
public final String DICTIONARY_SINGLE_WORD_URI =
        "content://net.blogjava.mobile.dictionarycontentprovider/single";
public final String DICTIONARY_PREFIX_WORD_URI =
        "content://net.blogjava.mobile.dictionarycontentprovider/prefix";
public final String CONTACTS_URI = "content://net.blogjava.mobile.contactcontentprovider";
```

下面的代码使用 query 方法获得所有联系人的信息。

```
Uri uri = Uri.parse(CONTACTS_URI);
Cursor cursor = getContentResolver().query(uri, null, null, null, null);
ContactAdapter contactAdapter = new ContactAdapter(this, cursor, true);
lvContacts.setAdapter(contactAdapter);
```

下面的代码使用 delete 方法删除所有联系人。

```
Uri uri = Uri.parse(CONTACTS_URI);
getContentResolver().delete(uri, null, null);
```

下面的代码使用 query 方法获得 AutoCompleteTextView 组件显示的单词列表。

```
Uri uri = Uri.parse(DICTIONARY_PREFIX_WORD_URI + "/" + s.toString());
Cursor cursor = getContentResolver().query(uri, null, null, null, null);
DictionaryAdapter dictionaryAdapter = new DictionaryAdapter(this, cursor, true);
actvWord.setAdapter(dictionaryAdapter);
```

下面的代码使用 query 方法查询输入的英文单词。

```
Uri uri = Uri.parse(DICTIONARY_SINGLE_WORD_URI);
Cursor cursor = getContentResolver().query(uri, null, "english=?",
        new String[]{ actvWord.getText().toString() }, null);
```

在运行本例之前，先运行联系人系统和英文词典，以便安装这两个应用程序。然后运行本例，会看到如图 6.25 所示的界面。

图 6.25　集成联系人管理和英文词典的应用程序

6.6　本章小结

本章的主题是介绍如何在 Android 系统中保存和获得数据。Android SDK 主要支持 4 种存取数据的方法：SharedPreferences、文件存储（InputStream 和 OutputStream）、SQLite 数据库及 ContentProvider。其中 SharedPreferences 一般用于保存应用程序的配置信息，文件存储一般用于直接操作二进制文件。如果存取的数据量比较大，作者建议使用 SQLite 数据库。如果在不同的应用程序之间共享数据，使用 ContentProvider 无疑是最好的方法。

7

应用程序之间的通信

前面的很多章节曾多次使用过 Intent 对象来显示 Activity。实际上，Intent 的功能还不止这些。Intent 除了可以显示 Activity 外，还可以发送广播和启动服务。因此，也可以认为 Intent 是一种对操作的抽象，这些操作包括显示 Activity、发送广播和启动服务。本章将详细介绍用 Intent 来控制 Activity 和发送广播，关于服务的内容将在第 8 章详细介绍。

 本章内容

📖 使用 Intent 启动 Activity，并向 Activity 传递数据
📖 从 Activity 获得返回的数据
📖 调用其他应用程序中的 Activity
📖 自定义 Activity Action
📖 接收系统广播
📖 发送广播

7.1 Intent 与 Activity

在同一个应用程序中往往会使用 Intent 对象来指定一个 Activity，并通过 startActivity 或 startActivityForResult 方法启动这个 Activity。除此之外，通过 Intent 还可以调用其他应用程序中的 Activity。在 Android SDK 中甚至还允许开发人员自定义 Activity Action。本节将详细这些技术的实现过程，并配有大量的实例以供读者更进一步掌握这些知识。

7.1.1 用 Intent 启动 Activity，并在 Activity 之间传递数据

本节的例子代码所在的工程目录是 src\ch07\ch07_intent
到现在我们已经知道，通过 startActivity 方法可以启动一个 Activity，代码如下：

```
Intent browserIntent = new Intent(this, Test.class);
startActivity(browserIntent);
```

上面的代码只是简单启动了一个 Activity，如果要向新启动的 Activity 传递数据该如何做呢？实际上，在 Intent 类中有一个 putExtra 方法，该方法有多种重载形式。例如，下面是该方法的几种常用的重载形式。

```
public Intent putExtra(String name, String value);
public Intent putExtra(String name, boolean value);
public Intent putExtra(String name, int value);
```

```
public Intent putExtra(String name, Serializable value);
```

从上面的代码可以看出，putExtra 方法可以保存各种类型的值（String、boolean、int、Serializable 等）。当用 startActivity 方法启动 Activity 时，这些值也会一同随 Intent 对象传递到新启动的 Activity。然后在新的 Activity 中可以通过 getIntent().getExtras()获得一个 Bundle 对象，并通过该对象的 getXxx 方法（Xxx 表示 String、Int 等字符串）来获得通过 putExtra 方法保存的值。

在本例中有一个 Browser 类，在该类中获得了从 Main 类传过来的数据，并显示在 TextView 组件中。现在先看一下 Main 类是如何启动 Browser，并向 Browser 对象传值的。

在 Main 类中需要向 Browser 中传递 3 种类型的值：String、int 和 Serializable。其中 Serializable 是一个接口，如果要使用 putExtra 方法保存复杂类型的值（例如，类的对象实例），这些复杂类型的值必须是可序列化的，也就是复杂类型的值对应的类必须实现 java.io.Serializable 接口。在本例中要传递的是一个 Data 类，在该类中定义了一个 String 类型的值和一个 int 类型的数组，代码如下：

```java
class Data implements Serializable
{
    public String name = "赵明";
    public int[] values = new int[]{ 1, 3, 5, 6, 9 };
}
```

下面的代码负责启动 Browser，并向 Browser 传递相应的值。

```java
// 创建 Data 类的对象实例
Data data = new Data();
Intent browserIntent = new Intent(this, Browser.class);
// 向 Browser 中传值
browserIntent.putExtra("name", "bill");
browserIntent.putExtra("age", 26);
browserIntent.putExtra("data", data);
// 启动 Browser
startActivity(browserIntent);
```

> **注意**　使用 putExtra 方法传递一个实现 java.io.Serializable 接口的类的对象实例时，这个类中的所有成员也必须是可序列化的，否则系统会抛出异常。

最后来看一下 Browser 类的完整代码，在该类的 onCreate 方法中通过 Bundle 对象获得了从 Main 类传递过来的数据，并显示在 TextView 组件中。

```java
package net.blogjava.mobile;

import android.app.Activity;
import android.os.Bundle;
import android.widget.TextView;

public class Browser extends Activity
{
    @Override
    protected void onCreate(Bundle savedInstanceState)
    {
        super.onCreate(savedInstanceState);
        setContentView(R.layout.browser);
        TextView textView = (TextView)findViewById(R.id.textview);
        // 获得 Bundle 对象
        Bundle bundle =  getIntent().getExtras();
        String s = "";
        // 通过 getXxx 方法获得从 Main 类传递过来的值
        s += "name:" +  bundle.getString("name") + "\n";
        s += "age:" + bundle.getInt("age") + "\n";
        Data data =(Data) bundle.getSerializable("data");
        s += "Data.name:" + data.name + "\n";
        String values = "";
        for(int i = 0; i < data.values.length; i++)
        {
            values += data.values[i] + "  ";
        }
```

```
                    s += "Data.values:" + values;
                    textView.setText(s);
            }
    }
```

运行本节的例子，单击【开始另一个 Activity】按钮，会显示 Browser，输出的信息如图 7.1 所示。

既然可以向新启动的 Activity 传递数据，当然也可以从 Activity 中获得返回数据。要想从 Activity 中获得返回数据，在启动 Activity 时必须使用 startActivityForResult 方法。例如下面的代码使用 startActivityForResult 方法启动了一个 Process 类。

```
Intent processIntent = new Intent(this, Process.class);
startActivityForResult(processIntent, R.layout.process);        // R.layout.process 为请求代码
```

运行上面的代码会显示 Process，效果如图 7.2 所示。

图 7.1　在 Browser 中显示接收到的数据

图 7.2　Process 的界面效果

单击【确定】按钮后，系统会关闭当前 Activity，并使用如下代码将屏幕上方文本框的值保存在 Intent 对象中：

```
getIntent().putExtra("text", editText.getText().toString());
setResult(20, getIntent());                      // 保存结果代码和在 Process 中设置的 Intent 对象
```

单击【取消】按钮，则使用如下代码保存结果代码：

```
setResult(21);                                   // 保存结果代码
```

从上面的代码可以看出，无论是单击【确定】按钮还是单击【取消】按钮，都需要使用 setResult 方法设置结果代码。实际上，这是由 startActivityForResult 方法返回数据的机制决定的。当关闭 Process 后，系统会调用 Activity 类中的 onActivityResult 事件方法来获得 Process 的返回值。因此，必须在 Main 类中覆盖 onActivityResult 方法来获得 Process 的返回值，代码如下：

```
@Override
protected void onActivityResult(int requestCode, int resultCode, Intent data)
{
    switch (requestCode)
    {
        // 首先应判断返回的请求代码，也就是 startActivityForResult 方法的第 2 个参数值，
        // 在本例中直接使用了与 Process 类对应的 XML 布局文件的资源 ID 作为请求代码
        case R.layout.process:
            // 单击【确定】按钮时，返回的结果代码是 20
            if (resultCode == 20)
            {
                // 在这里 data 参数值就是 setResult 方法的第 2 个参数设置的 Intent 对象
                Toast toast = Toast.makeText(this, data.getStringExtra("text"), Toast.LENGTH_LONG);
                toast.show();
            }
            // 单击【取消】按钮时，返回的结果代码是 21
            else if (resultCode == 21)
            {
                Toast toast = Toast.makeText(this, "您取消了操作",Toast.LENGTH_LONG);
                toast.show();
            }
            break;
        default:
            break;
```

```
    }
    super.onActivityResult(requestCode, resultCode, data);
}
```

在 Process 界面的文本框中输入如图 7.3 所示的字符串，单击【确定】按钮，会显示如图 7.4 的 Toast 提示信息框。

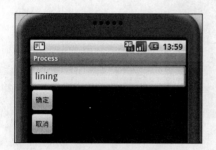

图 7.3　在文本框中输入字符串　　　　　图 7.4　在主界面中显示 Toast 提示框

7.1.2　调用其他应用程序中的 Activity（拨打电话、浏览网页、发 Email 等）

本节的例子代码所在的工程目录是 src\ch07\ch07_invokeotherapp

第 6.6 节介绍了使用 ContentProvider 共享应用程序的数据。实际上，这只是 Android SDK 支持的为其他应用程序提供服务的方法之一。当然，强大的 Android SDK 还远不止这一种方法来为其他的应用程序提供服务。本节将介绍另外一种提供服务的方法：Activity Action。

在启动 Activity 之前，通常会使用如下构造方法创建 Intent 对象：

```
public Intent(Context packageContext, Class<?> cls)
```

在上面的构造方法中，第 1 个参数的类型是 Context，一般传入的参数是 this 或 context，第 2 个参数的类型是 Activity 类的 Class 对象，例如，Process.class。

实际上，Intent 除了这种构造方法外，还有很多其他的重载形式，例如，下面是两个比较常用的 Intent 构造方法的重载形式：

```
public Intent(String action);
public Intent(String action, Uri uri);
```

在上面的两个构造方法中，参数类型并不是 Context 和 Class，而是 String 和 Uri。使用这种参数类型的 Intent 对象被称为隐式 Intent 对象（直接指定 Context 和 Class 的称为显式 Intent 对象），也就是说，通过 Intent 类的构造方法并未明确指定 Intent 的目标是哪一个 Activity，这些目标要依靠在 AndroidManifest.xml 文件中的配置信息才能确定。也就是说，action 所指的目标可能不止一个，或者说在 AndroidManifest.xml 文件中可以配置多个接收同一个 action 的 Activity Action。在 AndroidManifest.xml 文件中配置 Activity Action 的方法将在 7.1.3 节详细介绍。本节主要介绍 Android SDK 内置的几个常用应用提供的 Activity Action，例如，拨打电话、调用拨号按钮、发送 Email、调用音频程序、浏览网页等。

在介绍调用系统提供的 Activity Action 之前，先看一下本节例子的主界面，如图 7.5 所示。

当单击【直接拨号】和【将电话号传入拨号程序】按钮时需要在屏幕最上方的文本框中输入电话号。

1．直接拨号

直接拨号的目的是直接拨打在文本框中输入的电话号，相当于直接使用 Android 手机拨打电话。拨号功能对应的 Action 是 Intent.ACTION_CALL。使用这个 Action 必须要指定一个 Uri，代码如下：

```
Intent callIntent = new Intent(Intent.ACTION_CALL, Uri.parse("tel:" + etPhone.getText().toString()));
```

```
startActivity(callIntent);
```

在执行上面的代码后，系统将会拨打在文本框中输入的电话号，效果如图 7.6 所示。

图 7.5　程序主界面

图 7.6　拨打电话

2．调用通话记录

调用通话记录的 Action 是 Intent.ACTION_CALL_BUTTON，该 Action 没有输入，也没有输出，因此，直接使用下面的代码即可。

```
Intent callButtonIntent = new Intent(Intent.ACTION_CALL_BUTTON);
startActivity(callButtonIntent);
```

在执行上面的代码后，会显示如图 7.7 所示的界面。

3．将电话号传入拨号程序

如果不想直接拨打输入的电话号，而只想将电话号自动传入 Android 内置的拨号程序，然后再做进一步的处理，需要使用 Intent.ACTION_DIAL，该 Action 也需要一个 "tel:电话号" 格式的 Uri，代码如下：

```
Intent dialIntent = new Intent(Intent.ACTION_DIAL, Uri.parse("tel:" + etPhone.getText().toString()));
startActivity(dialIntent);
```

假设在文本框中输入的仍然是 "12345678"，运行上面的代码后，将会显示如图 7.8 所示的界面。

图 7.7　通话记录

图 7.8　将电话号传入拨号程序

4．浏览网页

Android SDK 内置的 Web 浏览器也对外提供了 Action，可以通过调用这个 Action 来传递一个 Web 网址，并通过 Web 浏览器来打开这个 Web 网址，代码如下：

```
Intent webIntent = new Intent(Intent.ACTION_VIEW, Uri.parse("http://nokiaguy.blogjava.net"));
```

```
startActivity(webIntent);
```

执行上面的代码后，将会显示如图7.9所示的网页浏览界面。

5. 向 Email 客户端传递 Email 地址

Email客户端提供了一个Action，可以通过这个Action将一个Email地址发送到Email客户端输入Email的文本框，代码如下：

```
Uri uri = Uri.parse("mailto:xxx@abc.com");              // 指定一个 Email 地址，前面必须加 emailto
Intent intent = new Intent(Intent.ACTION_SENDTO, uri);
startActivity(intent);
```

运行上面的代码后，将显示如图7.10所示的效果。

图 7.9　网页浏览界面

图 7.10　发 Email 地址传入 Email 客户端

6. 发送 Email

在很多情况下需要传递的不仅是 Email 地址，还包括 Email 标题、Email 内容等实质性的信息。这些信息可以通过 Intent.ACTION_SEND 传递，代码如下：

```
Intent sendEmailIntent = new Intent(Intent.ACTION_SEND);
// 要发送的信息需要通过 putExtra 方法指定
// 指定要发送的目标 Email
sendEmailIntent.putExtra(Intent.EXTRA_EMAIL, new String[]{ "techcast@126.com" });
// 指定两个抄送的 Email 地址
sendEmailIntent.putExtra(Intent.EXTRA_CC, new String[]{ "abc@126.com", "test@126.com" });
// 指定 Email 标题
sendEmailIntent.putExtra(Intent.EXTRA_SUBJECT,"关于 Android 的两个技术问题");
// 指定 Email 内容
sendEmailIntent.putExtra(Intent.EXTRA_TEXT,
        "1. 如何调用其他应用程序中的 Activity?\n2. 在应用程序中如果接收系统广播？");
// 指定 Email 的内容是纯文本
sendEmailIntent.setType("text/plain");
// 建立一个自定义选择器，并由用户选择使用哪一个客户端发送消息
startActivity(Intent.createChooser(sendEmailIntent,"选择发送消息的客户端"));
```

特别要提一下的是 Intent.createChooser 方法，该方法可以创建一个自定义的选择器。在 Android 系统中支持 Intent.ACTION_SEND 动作的不止有 Email 客户端，还有一个发送短信的客户端（可能还有更多支持 Intent.ACTION_SEND 的客户端），因此，在单击【发送 Email】按钮后不会直接进入发送 Email 的界面，而是会弹出一个如图 7.11 所示选择发送消息客户端的菜单。单击【电子邮件】菜单项时，就会进入发送 Email 的客户端，如图 7.12 所示。直接单击【发送】按钮即可发送 Email。

图 7.11　选择发送消息客户端

图 7.12　Email 客户端

7. 选择相同类型的应用

还可以通过 Intent.ACTION_GET_CONTENT 动作来选择拥有相同类型的应用，代码如下：

```
Intent audioIntent = new Intent(Intent.ACTION_GET_CONTENT);
audioIntent.setType("audio/*");
startActivity(Intent.createChooser(audioIntent, "选择音频程序"));
```

在上面的代码中通过 setType 方法设置了应用程序的类型 audio/*，该类型表示选择系统中所有支持音频功能的应用。在默认的 Android 系统中，如果执行上面代码，将会显示如图 7.13 所示的菜单。单击相应菜单项后即可进入指定的应用程序。

图 7.13　音频程序选择菜单

7.1.3　定制自己的 Activity Action

在 7.1.2 节中介绍的 Action 都对应于一个 Action 字符串，例如，下面是部分在 Intent 类中定义的 Action 常量。

```
public static final String ACTION_CALL = "android.intent.action.CALL";
public static final String ACTION_CALL_BUTTON = "android.intent.action.CALL_BUTTON";
public static final String ACTION_DIAL = "android.intent.action.DIAL";
public static final String ACTION_SEND = "android.intent.action.SEND";
```

前面例子中经常会涉及到一个程序的主 Activity 类（Main 类），该类在 AndroidManifest.xml 文件中的定义一般是如下形式：

```
<activity android:name=".Main" android:label="@string/app_name">
    <intent-filter>
        <action android:name="android.intent.action.MAIN" />
        <category android:name="android.intent.category.LAUNCHER" />
    </intent-filter>
</activity>
```

其中<action>标签指定一个系统定义的 Activity Action（android:name 属性的值）。该 Action 表示在应用程序启动时第一个启动的 Activity 需要接收这个 Action。也就是说，这个动作实际上是 Android 应用程序启动主窗口的动作。

既然可以使用系统定义的 Action，当然也可以使用自己定义的 Action，例如，下面的代码就是一个自定义的 Activity Action。

```
<activity android:name=".TranslateWord">
    <intent-filter>
        <action android:name="net.blogjava.mobile.DICTIONARY" />
        <category android:name="android.intent.category.DEFAULT" />
    </intent-filter>
</activity>
```

在上面的代码中定义了一个 Action（net.blogjava.mobile.DICTIONARY），当使用下面的代码指定这个 Action 时，系统就会调用这个 Action 对应的 TranslateWord（这是一个 Activity 类）。

```
Intent intent = new Intent("net.blogjava.mobile.DICTIONARY");
startActivity(intent);
```

只是简单地调用 Activity 并没有什么意义，在 7.1.2 节给出的大多数例子都向被调用的 Activity 传递数据。这些数据有直接通过 Uri 传递的，也有通过 Intent 类的 putExtra 方法传递的。通过 putExtra 方法设置的数据很好理解，在前面也已经多次使用到了 putExtra。如果想取出使用 putExtra 方法设置的数据，需要使用 Bundle 类的 getXxx 方法，详细的使用方法请读者参阅 7.1.1 节的内容。

下面来看一下如何通过 Uri 方式传递数据。例如，直接拨号的代码如下：

```
Intent callIntent = new Intent(Intent.ACTION_CALL, Uri.parse("tel:12345678"));
startActivity(callIntent);
```

从上面的代码中可以看出，指定的 Uri 是 "tel:12345678"。如果使用这个 Uri，可以通过如下代码获得 "tel:12345678"：

```
Uri uri = Uri.parse("tel:12345678");
Log.d("uri: ", uri.toString());          // 输出内容：uri:tel:12345678
```

虽然可以通过分析 "tel:12345678" 来获得其中的电话号：12345678，但仍然比较麻烦。因此，可以采用另一个 Uri 格式来传递数据，这种 Uri 格式的核心就是需要指定一个 scheme，这个 scheme 实际上就是 Uri 的协议部分，例如，http://nokiaguy.blogjava.net 中的 "http" 和 file:///sdcard/dictionary 中的 "file" 就是 scheme。这个 scheme 也可以自己定义，例如，如果要传递一个电话号，可以定义如下 Uri：

```
tel://12345678
```

其中 "tel" 就是一个 scheme。通过如下代码可以直接获得电话号 "12345678"：

```
Uri uri = Uri.parse("tel://12345678");
Log.d("telephone: ", uri.getHost());     // 输出内容为 "telephone：12345678"
```

虽然可以直接使用 Uri.parse 来分析任意 Uri 格式，但要想在 Activity Action 中使用 scheme，就需要在 AndroidManifest.xml 文件中定义这个 scheme，这样系统才会找到指定 scheme 的 Activity Action，定义的基本格式如下：

```
<activity android:name=".TranslateWord">
    <intent-filter>
        <action android:name="net.blogjava.mobile.DICTIONARY" />
        <data android:scheme="dict" />
        <category android:name="android.intent.category.DEFAULT" />
    </intent-filter>
</activity>
```

上面代码中的<data>标签定义了一个 scheme（android:scheme 属性值），因此，可以使用如下 Uri 来启动 TranslateWord：

```
dict://test
```

其中 dict 会被认为是 scheme，而 test 被认为是 host。

在实例 42 中将给出一个完整的例子来演示如何通过自定义 Activity Action 将实例 40 中实现的电子词典的查找单词功能共享给其他程序。

实例 42：将电子词典的查询功能共享成一个 Activity Action

工程目录：src\ch07\ch07_invoke_dictionary

本例使用的电子词典工程目录：src\ch07\ch07_dictionary_intent

在本例中会将实例 40 实现的电子词典的查词功能作为 Activity Action 共享，这样其他的应用程序就可以直接通过共享的 Action 来调用电子词典的查词功能。这也相当于将电子词典集成在自己的应用程序中。在编写代码之前，先看一下本例的运行效果，如图 7.14 所示。

看了图 7.14 中显示的单词查询效果，可千万不要以为屏幕上显示的单词信息框是应用程序本身提供的 Dialog，这实际上是电子词典中的一个 Activity，只是使用了"@android:style/Theme.Dialog"主题将 Activity 变成对话框的形式。第 4 章的实例 12 中也使用了这个主题。

图 7.14 查询单词的效果

下面先来改造电子词典程序，为这个程序添加一个自定义的 Activity Action 和一个为这个 Action 服务的 TranslateWord 类。TranslateWord 类的代码如下：

```java
package net.blogjava.mobile.dictionary.intent;

import android.database.Cursor;
import android.os.Bundle;
import android.widget.TextView;

public class TranslateWord extends ParentActivity
{
    @Override
    protected void onCreate(Bundle savedInstanceState)
    {
        super.onCreate(savedInstanceState);
        TextView textview = (TextView) getLayoutInflater().inflate(R.layout.word_list_item, null);
        textview.setTextColor(android.graphics.Color.WHITE);
        //   判断调用该功能的程序是否通过 Uri 传递了数据
        if (getIntent().getData() != null)
        {
            //   取出 Uri 中的 Host 部分，也就是要查找的单词
            String word = getIntent().getData().getHost();
            String sql = "select chinese from t_words where english=?";
            //   打开数据库。openDatabase 方法在 ParentActivity 类中定义
            database = openDatabase();
            Cursor cursor = database.rawQuery(sql, new String[]{ word });
            String result = "未找到该单词.";
            if (cursor.getCount() > 0)
            {
                cursor.moveToFirst();
                result = cursor.getString(cursor.getColumnIndex("chinese"));
            }
            textview.setText(result);
        }
        setContentView(textview);
    }
}
```

在编写 TranslateWord 类时需要注意如下两点：

- 在电子词典中还有一个 Main 类用于显示主界面，在 Main 类中也使用了 openDatabase 方法和一些常量，为了避免代码重复，在本例中将 openDatabase 方法及一些相关的常量放在 ParentActivity 类中，Main 和 TranslateWord 都需要继承 ParentActivity 类，而 ParentActivity 是 Activity 的子类。

- 通过 getIntent().getData()方法可以获得传递的 Uri 对象。要查询的英文单词需要通过 host 指定，例如，要查询 wonderful，需要使用的 Uri 是 "dict://wonderful"，因此，在 TranslateWord 类中需要使用 getHost 方法获得要查询的英文单词。

不管在应用程序中的 Activity 是用于什么目的，要想使用这个 Activity，就必须在 AndroidManifest.xml 文件中定义这个 Activity。由于 TranslateWord 并不是在电子词典中访问的 Activity，而是其他应用程序通过 Action 访问的 Activity，因此，定义 TranslateWord 时需要在<intent-filter>标签中指定自定义的 Action 及 scheme，代码如下：

```
<activity android:name=".TranslateWord" android:theme="@android:style/Theme.Dialog">
    <intent-filter>
        <action android:name="net.blogjava.mobile.DICTIONARY" />
        <data android:scheme="dict" />
        <category android:name="android.intent.category.DEFAULT" />
    </intent-filter>
</activity>
```

在配置 TranslateWord 时要注意如下两点：

- 一个<activity>标签可以包含多个<intent-filter>标签，表示一个 Activity 可以接收多个 Action。
- 由于在访问电子词典的 Action 时不需要指定种类（category），因此，在定义 TranslateWord 时使用了默认的种类（android.intent.category.DEFAULT）。

在修改完电子词典后，运行这个程序（也就是安装这个程序），然后程序就可以退出了。

下面来看看在 ch07_invoke_dictionary 工程的 Main 类中如何调用电子词典的查词功能。打开 Main 类，就会看到【查单词】按钮的单击事件方法，代码如下：

```
public void onClick(View view)
{
    Intent intent = new Intent("net.blogjava.mobile.DICTIONARY", Uri
            .parse("dict://" + etWord.getText().toString()));
    startActivity(intent);
}
```

在上面的代码中，Intent 类的构造方法的第 1 个参数指定了电子词典的自定义 Action，也就是<action>标签的 android:name 属性值，而 Uri 的 scheme 使用了 dict，也就是<data>标签的 android:scheme 属性值。最后使用 startActivity 方法来调用与这个 Action 相关的 Activity，也就是 TranslateWord。如果在屏幕上方的文本框中输入了 "wonderful"，单击【查单词】按钮，就会显示如图 7.14 所示的效果。

7.2 接收和发送广播

Intent 对象不仅可以启动应用程序内部或其他应用程序的 Activity，还可以发送广播动作（Broadcast Action）。当然，Broadcast Action 和 Activity Action 一样，既可以由系统负责广播，也可以由自己的应用程序负责广播。可以实现某些特殊功能，例如，在开机时自动启动某一个应用程序；当接收到短信时自动提示或保存短信记录等。实际上，在手机中发生这样的事件时，Android 都会向整个系统发送相应的 Broadcast Action。如果应用程序接收到这些 Broadcast Action，就可以来完成相应的功能。本节将详细介绍如何在应用程序中接收系统的 Broadcast Action，以及如何在应用程序中向外发送广播。

7.2.1 接收系统广播

接收系统广播一般需要如下两步：

（1）编写一个继承 android.content.BroadcastReceiver 的类，并实现 BroadcastReceiver 类中的 onReceive 方法。如果应用程序接收到系统发送的广播，就会调用 onReceive 方法。

（2）在 AndroidManifest.xml 文件中使用<receiver>标签来指定在第 1 步中编写的接收系统广播的类可以接收哪一个 Broadcast Action。

在完成上面两步后，运行程序，这时程序已经安装在手机或模拟器上了。然后可以退出程序。这时只要 Android 系统向外广播应用程序可以接收到的 Broadcast Action，并且程序未被卸载，系统就会自动调用 onReceive 方法来处理这个 Broadcast Action。也许有很多读者看到这里还是不知道如何来接收系统广播，在实例 43、实例 44 和实例 45 中读者将会完全弄清楚这里面的悬机。

实例43：开机可自动运行的程序

工程目录：src\ch07\ch07_startup

本例要实现一个可以开机启动的程序。只要将这个程序安装在手机或模拟器上，当手机或模拟器启动后，马上就会运行本例实现的程序。

要实现开机启动的功能，需要接收如下系统广播：

android.intent.action.BOOT_COMPLETED

下面按 7.2.1 节介绍的接收系统广播的步骤来完成本实例。

（1）编写一个 StartupReceiver 类，该类是 BroadcastReceiver 的子类，用于接收系统广播，代码如下：

```
package net.blogjava.mobile.startup;

import android.content.BroadcastReceiver;
import android.content.Context;
import android.content.Intent;

public class StartupReceiver extends BroadcastReceiver
{
    @Override
    public void onReceive(Context context, Intent intent)
    {
        Intent mainIntent = new Intent(context, Main.class);
        mainIntent.setFlags(Intent.FLAG_ACTIVITY_NEW_TASK);
        context.startActivity(mainIntent);
    }
}
```

在 onReceive 方法中启动本实例中的 Main，以表明应用程序已启动。

（2）在 AndroidManifest.xml 文件中配置 StartupReceiver 类，代码如下：

```
<receiver android:name="StartupReceiver">
    <intent-filter>
        <!--  指定要接收的 Broadcast Action -->
        <action android:name="android.intent.action.BOOT_COMPLETED" />
        <!--  指定 Action 的种类。该种类表示 Android 系统启动后第一个运行的应用程序   -->
        <category android:name="android.intent.category.HOME" />
    </intent-filter>
</receiver>
```

现在运行这个应用程序，运行完毕后，即可关闭这个程序。然后重启模拟器，会发现模拟器在启动后总是会先运行本例的程序，运行效果如图 7.15 所示。

图 7.15 开机启动的第一个应用程序

实例44：收到短信了，该做点什么

工程目录：src\ch07\ch07_sms

短信是手机中经常使用到的一种服务。然而，当手机接收到短信时，也会向系统发送广播。如果我们

的应用程序要在手机接收到短信后做点什么，就需要接收这个系统广播。

接收系统广播的步骤我们已经熟悉了，下面就按部就班地来完成这两个步骤。

（1）编写一个 SMSReceiver 类来接收系统广播。

```java
package net.blogjava.mobile.sms;

import android.content.BroadcastReceiver;
import android.content.Context;
import android.content.Intent;
import android.os.Bundle;
import android.telephony.gsm.SmsMessage;
import android.widget.Toast;

public class SMSReceiver extends BroadcastReceiver
{
    @Override
    public void onReceive(Context context, Intent intent)
    {
        //  判断接收到的广播是否为收到短信的 Broadcast Action
        if ("android.provider.Telephony.SMS_RECEIVED".equals(intent.getAction()))
        {
            StringBuilder sb = new StringBuilder();
            // 接收由 SMS 传过来的数据
            Bundle bundle = intent.getExtras();
            // 判断是否有数据
            if (bundle != null)
            {
                //  通过 pdus 可以获得接收到的所有短信息
                Object[] objArray = (Object[]) bundle.get("pdus");
                // 构建短信对象 array，并依据收到的对象长度来创建 array 的大小
                SmsMessage[] messages = new SmsMessage[objArray.length];
                for (int i = 0; i < objArray.length; i++)
                {
                    messages[i] = SmsMessage.createFromPdu((byte[]) objArray[i]);
                }
                // 将送来的短信合并自定义信息于 StringBuilder 中
                for (SmsMessage currentMessage : messages)
                {
                    sb.append("短信来源:");
                    // 获得接收短信的电话号码
                    sb.append(currentMessage.getDisplayOriginatingAddress());
                    sb.append("\n------短信内容------\n");
                    // 获得短信的内容
                    sb.append(currentMessage.getDisplayMessageBody());
                }
            }
            Intent mainIntent = new Intent(context, Main.class);
            mainIntent.setFlags(Intent.FLAG_ACTIVITY_NEW_TASK);
            context.startActivity(mainIntent);
            // 使用 Toast 信息提示框显示接收到的短信内容
            Toast.makeText(context, sb.toString(), Toast.LENGTH_LONG).show();
        }
    }
}
```

在编写 SMSReceiver 类时需要注意如下 4 点：

- 接收短信的 Broadcast Action 是 android.provider.Telephony.SMS_RECEIVED，因此，要在 onReceiver 方法的开始部分判断接收到的是否是接收短信的 Broadcast Action。

- 需要通过 Bundle.get("pdus") 来获得接收到的短信息。这个方法返回了一个表示短信内容的数组，每一个数组元素表示一条短信。这就意味着通过 Bundle.get("pdus") 可以返回多条系统接收到的短信内容。

- 通过 Bundle.get("pdus")返回的数组一般不能直接使用,需要使用 SmsMessage.createFromPdu 方法将这些数组元素转换成 SmsMessage 对象才可以使用。每一个 SmsMessage 对象表示一条短信。
- 通过 SmsMessage 类的 getDisplayOriginatingAddress 方法可以获得发送短信的电话号码。通过 getDisplayMessageBody 方法可以获得短信的内容。

（2）在 AndroidManifest.xml 文件中配置 SMSReceiver 类,代码如下:

```
<receiver android:name="SMSReceiver">
    <intent-filter>
        <!-- 指定 SMSReceiver 可以接收的 Broadcast Action  -->
        <action android:name="android.provider.Telephony.SMS_RECEIVED" />
    </intent-filter>
</receiver>
```

为了使应用程序可以成功地接收 SMS_RECEIVED 广播,还需要使用<uses-permission>标签为应用程序打开接收短信的权限,代码如下:

```
<uses-permission android:name="android.permission.RECEIVE_SMS"></uses-permission>
```

现在启动应用程序,界面上会显示"等待接收短信..."的信息。这里还有一个问题,如何在模拟器上测试这个程序呢?

解决这个问题并不难,Android 模拟器不仅可以模拟程序的运行,还可以模拟手机的很多动作,例如,发短信就是其中之一。要模拟手机的动作,仍然要求助于 DDMS 透视图。在 DDMS 透视图中有一个【Emulator Control】视图(如果 DDMS 中没有这个视图,请读者通过 Eclipse 的【Window】>【Show View】菜单项来显示这个视图)。在【Telephone Actions】分组框中选中 SMS 选项框,并在【Incoming number】文本框中输入一个电话号,然后在【Message】文本框中输入要发送的短信内容,最后单击【Send】按钮来模拟发送短信。输入相应信息后的【Emulator Control】视图如图 7.16 所示。单击【Send】按钮后,手机模拟器就会接收到短信,不管接收短信的应用程序是否启动,都会显示如图 7.17 所示的显示短信内容的 Toast 信息提示框。

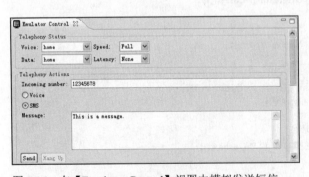

图 7.16　在【Emulator Control】视图中模拟发送短信　　　图 7.17　应用程序显示接收到的短信内容

实例 45：显示手机电池的当前电量

工程目录：src\ch07\ch07_battery

如果在手机上进行某些耗电的工作,提前查一下手机电池当前的电量是一个好主意,如发现手机电池的电量不足,可以提前充电。这样可以避免手机在使用过程中没电的尴尬。

实际上,查看电池的电量也需要接收一个系统广播,只是本例中实现的接收器不是在

AndroidManifest.xml 文件中使用<receiver>标签定义的，而是在程序中通过 registerReceiver 方法进行注册的。本例中创建了一个 BroadcastReceiver 类型的 batteryChangedReceiver 变量，用于接收手机电量变化的 Broadcast Action。本实例的完整代码如下：

```java
package net.blogjava.mobile;

import android.app.Activity;
import android.content.BroadcastReceiver;
import android.content.Context;
import android.content.Intent;
import android.content.IntentFilter;
import android.os.Bundle;
import android.widget.TextView;

public class Main extends Activity
{
    private TextView tvBatteryChanged;
    private BroadcastReceiver batteryChangedReceiver = new BroadcastReceiver()
    {
        @Override
        public void onReceive(Context context, Intent intent)
        {
            //  判断接收到的是否为电量变化的 Broadcast Action
            if (Intent.ACTION_BATTERY_CHANGED.equals(intent.getAction()))
            {
                //  level 表示当前电量的值
                int level = intent.getIntExtra("level", 0);
                //  scale 表示电量的总刻度
                int scale = intent.getIntExtra("scale", 100);
                //  将当前电量换算成百分比的形式
                tvBatteryChanged.setText("电池用量：" + (level * 100 / scale) + "%");
            }
        }
    };
    @Override
    public void onCreate(Bundle savedInstanceState)
    {
        super.onCreate(savedInstanceState);
        setContentView(R.layout.main);
        tvBatteryChanged = (TextView) findViewById(R.id.tvBatteryChanged);
        //  注册 Receiver
        registerReceiver(batteryChangedReceiver, new IntentFilter(
                Intent.ACTION_BATTERY_CHANGED));
    }
}
```

运行本例后，显示效果如图 7.18 所示。

图 7.18 显示电池的剩余电量

7.2.2 在自己的应用程序中发送广播

如果在自己的应用程序中发生某些动作时想通知其他的应用程序或向其他应用程序传递数据，就可以考虑通过 sendBroadcast 方法发送广播。

使用 sendBroadcast 方法发送的数据实际上也是 Intent 对象，只是通过 Intent 对象指定的是 Broadcast

Action，而不是 Activity Action。例如，下面的代码向系统发送了一条广播。

```
Intent broadcastIntent = new Intent("net.blogjava.mobile.MYBROADCAST");
broadcastIntent.putExtra("name", "broadcast");
sendBroadcast(broadcastIntent);
```

在接收这条广播时就非常简单了，与接收 Activity Action 类似，通过 getExtras 方法获得 Bundle 对象，然后通过 Bundle 类的 getXxx 方法获得相应的广播数据。为了使读者更好地理解如何发送并接收广播，在实例 46 中为实例 39 实现的联系人系统增加了发送广播的功能，并在其他的程序中接收联系人系统发出的广播。

实例 46：接收联系人系统中发送的添加联系人广播

工程目录：src\ch07\ch07_addcontact_receiver

本例使用的联系人管理的工程目录：src\ch07\ch07_contacts_broadcast

本例在实例 39 的基础上为联系人管理系统增加了发送广播的功能，也就是在成功添加联系人后向系统发送一条广播，广播中包含联系人的详细信息。

下面先来修改一个联系人管理系统中的 AddContact 类。在该类中 onMenuItemClick 方法的最后添加如下代码来发送成功添加联系人的广播：

```
Intent addContactIntent = new Intent(ACTION_ADD_CONTACT);
//  设置广播要传输的联系人信息
addContactIntent.putExtra("name", etName.getText().toString());
addContactIntent.putExtra("telephone", etTelephone.getText().toString());
addContactIntent.putExtra("email", etEmail.getText().toString());
addContactIntent.putExtra("photoFilename", photoFilename);
//  发送成功添加联系人的广播
sendBroadcast(addContactIntent);
```

其中 ACTION_ADD_CONTACT 是一个常量，表示添加联系人的 Broadcast Action，该常量的定义如下：

```
private final String ACTION_ADD_CONTACT = "net.blogjava.mobile.ADDCONTACT";
```

在 ch07_addcontact_receiver 工程中添加一个 AddContactReceiver 类用于接收添加联系人的广播，代码如下：

```
package net.blogjava.mobile.addcontact.receiver;

import android.content.BroadcastReceiver;
import android.content.Context;
import android.content.Intent;
import android.os.Bundle;
import android.widget.Toast;

public class AddContactReceiver extends BroadcastReceiver
{
    @Override
    public void onReceive(Context context, Intent intent)
    {
        //  判断系统接收到的是否为添加联系人的 Broadcast Action
        if ("net.blogjava.mobile.ADDCONTACT".equals(intent.getAction()))
        {
            String message = "";
            Bundle bundle = intent.getExtras();
            if (bundle != null)
            {
                //  获得广播中的联系人信息
                message = "姓名:" + bundle.getString("name") + "\n";
                message += "电话：" + bundle.getString("telephone") + "\n";
                message += "电子邮件：" + bundle.getString("email") + "\n";
                message += "头像文件路径：" + bundle.getString("photoFilename") + "\n";
                //  使用 Toast 信息提示框显示广播中的联系人信息
                Toast.makeText(context, message, Toast.LENGTH_LONG).show();
            }
```

```
        }
    }
}
```

最后在 AndroidManifest.xml 文件中配置 AddContactReceiver 类，代码如下：

```xml
<receiver android:name="AddContactReceiver">
    <intent-filter>
        <action android:name="net.blogjava.mobile.ADDCONTACT" />
    </intent-filter>
</receiver>
```

要测试本实例，需要先运行 ch07_addcontact_receiver，然后运行 ch07_contacts_broadcast，并在 ch07_contacts_broadcast 添加一个联系人，如图 7.19 所示。成功保存联系人后，会显示如图 7.20 所示的联系人信息。

图 7.19　添加一个联系人

图 7.20　显示添加联系人广播中的信息

7.3　本章小结

本章主要介绍了 Intent 对象在 Activity 和广播中的应用。大多数读者接触到的第一个关于 Intent 的应用就是利用 Intent 对象来启动 Activity。如果只想简单地启动 Activity，可以直接使用 startActivity 方法，如果想在新启动的 Activity 关闭后从这个 Activity 中获得返回值，需要使用 startActivityForResult 方法来启动 Activity。除此之外，还可以使用 sendBroadcast 方法发送广播。这些广播实际上也是 Intent 对象，只是这些 Intent 对象指定的是 Broadcast Action，而不是 Activity Action。如果想接收系统广播或自己发送的广播，就需要一个继承 android.content.BroadcastReceiver 的类。在该类的 onReceive 方法中可以获得接收到的广播中的数据，并做进一步处理。

8

Android 服务

服务（Service）是 Android 系统中 4 个应用程序组件之一（其他的组件详见 3.2 节的内容）。服务主要用于两个目的：后台运行和跨进程访问。通过启动一个服务，可以在不显示界面的前提下在后台运行指定的任务，这样可以不影响用户做其他事情。通过 AIDL 服务可以实现不同进程之间的通信，这也是服务的重要用途之一。

 本章内容

📕 Service 的生命周期

📕 绑定 Activity 和 Service

📕 在 BroadcastReceiver 中启动 Service

📕 系统服务

📕 时间服务

📕 在线程中更新 GUI 组件

📕 AIDL 服务

📕 在 AIDL 服务中传递复杂的数据

8.1　Service 起步

Service 并没有实际界面，而是一直在 Android 系统的后台运行。一般使用 Service 为应用程序提供一些服务，或不需要界面的功能，例如，从 Internet 下载文件、控制 Video 播放器等。本节主要介绍 Service 的启动和结束过程（Service 的生命周期）以及启动 Service 的各种方法。

8.1.1　Service 的生命周期

本节的例子代码所在的工程目录是 src\ch08\ch08_servicelifecycle

Service 与 Activity 一样，也有一个从启动到销毁的过程，但 Service 的这个过程比 Activity 简单得多。Service 启动到销毁的过程只会经历如下 3 个阶段：

● 创建服务

● 开始服务

● 销毁服务

一个服务实际上是一个继承 android.app.Service 的类，当服务经历上面 3 个阶段后，会分别调用 Service 类中的 3 个事件方法进行交互，这 3 个事件方法如下：

```
public void onCreate();                              // 创建服务
public void onStart(Intent intent, int startId);     // 开始服务
public void onDestroy();                             // 销毁服务
```

一个服务只会创建一次，销毁一次，但可以开始多次，因此，onCreate 和 onDestroy 方法只会被调用一次，而 onStart 方法会被调用多次。

下面编写一个服务类，具体看一下服务的生命周期由开始到销毁的过程。

```
package net.blogjava.mobile.service;

import android.app.Service;
import android.content.Intent;
import android.os.IBinder;
import android.util.Log;

//  MyService 是一个服务类，该类必须从 android.app.Service 类继承
public class MyService extends Service
{
    @Override
    public IBinder onBind(Intent intent)
    {
        return null;
    }
    //  当服务第 1 次创建时调用该方法
    @Override
    public void onCreate()
    {
        Log.d("MyService", "onCreate");
        super.onCreate();
    }
    //  当服务销毁时调用该方法
    @Override
    public void onDestroy()
    {
        Log.d("MyService", "onDestroy");
        super.onDestroy();
    }
    //  当开始服务时调用该方法
    @Override
    public void onStart(Intent intent, int startId)
    {
        Log.d("MyService", "onStart");
        super.onStart(intent, startId);
    }
}
```

在 MyService 中覆盖了 Service 类中 3 个生命周期方法，并在这些方法中输出了相应的日志信息，以便更容易地观察事件方法的调用情况。

读者在编写 Android 的应用组件时要注意，不管是编写什么组件（例如，Activity、Service 等），都需要在 AndroidManifest.xml 文件中进行配置。MyService 类也不例子。配置这个服务类很简单，只需要在 AndroidManifest.xml 文件的<application>标签中添加如下代码即可：

```
<service android:enabled="true" android:name=".MyService" />
```

其中 android:enabled 属性的值为 true，表示 MyService 服务处于激活状态。虽然目前 MyService 是激活的，但系统仍然不会启动 MyService，要想启动这个服务。必须显式地调用 startService 方法。如果想停止服务，需要显式地调用 stopService 方法，代码如下：

```
public void onClick(View view)
{
    switch (view.getId())
```

```
        {
            case R.id.btnStartService:
                startService(serviceIntent);          //  单击【Start Service】按钮启动服务
                break;
            case R.id.btnStopService:
                stopService(serviceIntent);           //  单击【Stop Service】按钮停止服务
                break;
        }
    }
```

其中 serviceIntent 是一个 Intent 对象，用于指定 MyService 服务，创建该对象的代码如下：

```
serviceIntent = new Intent(this, MyService.class);
```

运行本节的例子后，会显示如图 8.1 所示的界面。

图 8.1　开始和停止服务

第 1 次单击【Start Service】按钮后，在 DDMS 透视图的 LogCat 视图的 Message 列会输出如下两行信息：

```
onCreate
onStart
```

然后单击【Stop Service】按钮，会在 Message 列中输出如下信息：

```
onDestroy
```

下面按如下的单击按钮顺序的重新测试一下本例。

【Start Service】→【Stop Service】→【Start Service】→【Start Service】→【Start Service】→【Stop Service】

测试完程序，就会看到如图 8.2 所示的输出信息。可以看出，只在第 1 次单击【Start Service】按钮后会调用 onCreate 方法，如果在未单击【Stop Service】按钮时多次单击【Start Service】按钮，系统只在第 1 次单击【Start Service】按钮时调用 onCreate 和 onStart 方法，再单击该按钮时，系统只会调用 onStart 方法，而不会再次调用 onCreate 方法。

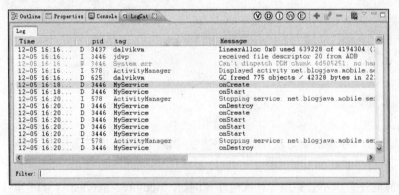

图 8.2　服务的生命周期方法的调用情况

在讨论完服务的生命周期后，再来总结一下创建和开始服务的步骤。创建和开始一个服务需要如下 3 步：

（1）编写一个服务类，该类必须从 android.app.Service 继承。Service 类涉及到 3 个生命周期方法，但这 3 个方法并不一定在子类中覆盖，读者可根据不同需求来决定使用哪些生命周期方法。在 Service 类中有一个 onBind 方法，该方法是一个抽象方法，在 Service 的子类中必须覆盖。这个方法当 Activity 与 Service 绑定时被调用（将在 8.1.3 节详细介绍）。

（2）在 AndroidManifest.xml 文件中使用<service>标签来配置服务，一般需要将<service>标签的

android:enabled 属性值设为 true，并使用 android:name 属性指定在第 1 步建立的服务类名。

（3）如果要开始一个服务，使用 startService 方法，停止一个服务要使用 stopService 方法。

8.1.2　绑定 Activity 和 Service

本节的例子代码所在的工程目录是 src\ch08\ch08_serviceactivity

如果使用 8.1.1 节介绍的方法启动服务，并且未调用 stopService 来停止服务，这个服务就会随着 Android 系统的启动而启动，随着 Android 系统的关闭而关闭。也就是服务会在 Android 系统启动后一直在后台运行，直到 Android 系统关闭后服务才停止。但有时我们希望在启动服务的 Activity 关闭后服务自动关闭，这就需要将 Activity 和 Service 绑定。

通过 bindService 方法可以将 Activity 和 Service 绑定。bindService 方法的定义如下：

```
public boolean bindService(Intent service, ServiceConnection conn, int flags)
```

该方法的第 1 个参数表示与服务类相关联的 Intent 对象，第 2 个参数是一个 ServiceConnection 类型的变量，负责连接 Intent 对象指定的服务。通过 ServiceConnection 对象可以获得连接成功或失败的状态，并可以获得连接后的服务对象。第 3 个参数是一个标志位，一般设为 Context.BIND_AUTO_CREATE。

下面重新编写 8.1.1 节的 MyService 类，在该类中增加了几个与绑定相关的事件方法。

```java
package net.blogjava.mobile.service;

import android.app.Service;
import android.content.Intent;
import android.os.Binder;
import android.os.IBinder;
import android.util.Log;

public class MyService extends Service
{
    private MyBinder myBinder = new MyBinder();
    //  成功绑定后调用该方法
    @Override
    public IBinder onBind(Intent intent)
    {
        Log.d("MyService", "onBind");
        return myBinder;
    }
    //  重新绑定时调用该方法
    @Override
    public void onRebind(Intent intent)
    {
        Log.d("MyService", "onRebind");
        super.onRebind(intent);
    }
    //  解除绑定时调用该方法
    @Override
    public boolean onUnbind(Intent intent)
    {
        Log.d("MyService", "onUnbind");
        return super.onUnbind(intent);
    }
    @Override
    public void onCreate()
    {
        Log.d("MyService", "onCreate");
        super.onCreate();
    }
    @Override
    public void onDestroy()
    {
        Log.d("MyService", "onDestroy");
```

```
            super.onDestroy();
        }
        @Override
        public void onStart(Intent intent, int startId)
        {
            Log.d("MyService", "onStart");
            super.onStart(intent, startId);
        }
        public class MyBinder extends Binder
        {
            MyService getService()
            {
                return MyService.this;
            }
        }
    }
```

现在定义一个 MyService 变量和一个 ServiceConnection 变量，代码如下：

```
private MyService myService;
private ServiceConnection serviceConnection = new ServiceConnection()
{
    //  连接服务失败后，该方法被调用
    @Override
    public void onServiceDisconnected(ComponentName name)
    {
        myService = null;
        Toast.makeText(Main.this, "Service Failed.", Toast.LENGTH_LONG).show();
    }
    //  成功连接服务后，该方法被调用。在该方法中可以获得 MyService 对象
    @Override
    public void onServiceConnected(ComponentName name, IBinder service)
    {
        //  获得 MyService 对象
        myService = ((MyService.MyBinder) service).getService();
        Toast.makeText(Main.this, "Service Connected.", Toast.LENGTH_LONG).show();
    }
};
```

最后使用 bindService 方法来绑定 Activity 和 Service，代码如下：

```
bindService(serviceIntent, serviceConnection, Context.BIND_AUTO_CREATE);
```

如果想解除绑定，可以使用下面的代码：

```
unbindService(serviceConnection);
```

在 MyService 类中定义了一个 MyBinder 类，该类实际上是为
了获得 MyService 的对象实例的。在 ServiceConnection 接口的
onServiceConnected 方法中的第 2 个参数是一个 IBinder 类型的变
量，将该参数转换成 MyService.MyBinder 对象，并使用 MyBinder
类中的 getService 方法获得 MyService 对象。在获得 MyService
对象后，就可以在 Activity 中随意操作 MyService 了。

运行本节的例子后，单击【Bind Service】按钮，如果绑定成
功，会显示如图 8.3 所示的信息提示框。关闭应用程序后，会看
到在 LogCat 视图中输出了 onUnbind 和 onDestroy 信息，表明在
关闭 Activity 后，服务先被解除绑定，最后被销毁。如果先启动
（调用 startService 方法）一个服务，然后再绑定（调用 bindService
方法）服务，会怎么样呢？在这种情况下，虽然服务仍然会成功
绑定到 Activity 上，但在 Activity 关闭后，服务虽然会被解除绑定，
但并不会被销毁，也就是说，MyService 类的 onDestroy 方法不会
被调用。

图 8.3　绑定服务

8.1.3　在 BroadcastReceiver 中启动 Service

本节的例子代码所在的工程目录是 src\ch08\ch08_startupservice

在 8.1.1 节和 8.1.2 节都是先启动了一个 Activity，然后在 Activity 中启动服务。如果是这样，在启动服务时必须要先启动一个 Activity。在很多时候这样做有些多余，阅读完第 7 章的内容，会发现实例 43 可以利用 Broadcast Receiver 在 Android 系统启动时运行一个 Activity。也许我们会从中得到一些启发，既然可以在 Broadcast Receiver 中启动 Activity，为什么不能启动 Service 呢？说做就做，现在让我们来验证一下这个想法。

先编写一个服务类，这个服务类没什么特别的，仍然使用前面两节编写的 MyService 类即可。在 AndroidManifest.xml 文件中配置 MyService 类的代码也相同。

下面来完成最关键的一步，就是建立一个 BroadcastReceiver，代码如下：

```
package net.blogjava.mobile.startupservice;

import android.content.BroadcastReceiver;
import android.content.Context;
import android.content.Intent;

public class StartupReceiver extends BroadcastReceiver
{
    @Override
    public void onReceive(Context context, Intent intent)
    {
        //  启动一个 Service
        Intent serviceIntent = new Intent(context, MyService.class);
        context.startService(serviceIntent);
        Intent activityIntent = new Intent(context, MessageActivity.class);
        //  要想在 Service 中启动 Activity，必须设置如下标志
        activityIntent.setFlags(Intent.FLAG_ACTIVITY_NEW_TASK);
        context.startActivity(activityIntent);
    }
}
```

在 StartupReceiver 类的 onReceive 方法中完成了两项工作：启动服务和显示一个 Activity 来提示服务启动成功。其中 MessageActivity 是一个普通的 Activity 类，只是该类在配置时使用了"@android:style/Theme.Dialog"主题，因此，如果服务启动成功，会显示如图 8.4 所示的信息。

图 8.4　在 BroadcastReceiver 中启动服务

如果安装本例后，在重新启动模拟器后并未出现如图 8.4 所示的信息提示框，最大的可能是没有在 AndroidManifest.xml 文件中配置 BroadcastReceiver 和 Service，下面来看一下 AndroidManifest.xml 文件的完整代码。

```xml
<?xml version="1.0" encoding="utf-8"?>
<manifest xmlns:android="http://schemas.android.com/apk/res/android"
    package="net.blogjava.mobile.startupservice" android:versionCode="1"
    android:versionName="1.0">
    <application android:icon="@drawable/icon" android:label="@string/app_name">
        <activity android:name=".MessageActivity"    android:theme="@android:style/Theme.Dialog">
            <intent-filter>
                <category android:name="android.intent.category.LAUNCHER" />
            </intent-filter>
        </activity>
        <receiver android:name="StartupReceiver">
            <intent-filter>
                <action android:name="android.intent.action.BOOT_COMPLETED" />
                <category android:name="android.intent.category.LAUNCHER" />
            </intent-filter>
        </receiver>
        <service android:enabled="true" android:name=".MyService" />
    </application>
    <uses-sdk android:minSdkVersion="3" />
    <uses-permission android:name="android.permission.RECEIVE_BOOT_COMPLETED" />
</manifest>
```

现在运行本例，然后重启一下模拟器，看看 LogCat 视图中是否输出了相应的日志信息。

8.2　系统服务

在 Android 系统中有很多内置的软件，例如，当手机接到来电时，会显示对方的电话号。也可以根据周围的环境将手机设置成震动或静音。如果想把这些功能加到自己的软件中应该怎么办呢？答案就是"系统服务"。在 Android 系统中提供了很多这种服务，通过这些服务，就可以像 Android 系统的内置软件一样随心所欲地控制 Android 系统了。本节将介绍几种常用的系统服务来帮助读者理解和使用这些技术。

8.2.1　获得系统服务

系统服务实际上可以看作是一个对象，通过 Activity 类的 getSystemService 方法可以获得指定的对象（系统服务）。getSystemService 方法只有一个 String 类型的参数，表示系统服务的 ID，这个 ID 在整个 Android 系统中是唯一的。例如，audio 表示音频服务，window 表示窗口服务，notification 表示通知服务。

为了便于记忆和管理，Android SDK 在 android.content.Context 类中定义了这些 ID，例如，下面的代码是一些 ID 的定义。

```java
public static final String AUDIO_SERVICE = "audio";              // 定义音频服务的 ID
public static final String WINDOW_SERVICE = "window";            // 定义窗口服务的 ID
public static final String NOTIFICATION_SERVICE = "notification"; // 定义通知服务的 ID
```

下面的代码获得了剪贴板服务（android.text.ClipboardManager 对象）。

```java
// 获得 ClipboardManager 对象
android.text.ClipboardManager clipboardManager=
        (android.text.ClipboardManager)getSystemService(Context.CLIPBOARD_SERVICE);
clipboardManager.setText("设置剪贴版中的内容");
```

在调用 ClipboardManager.setText 方法设置文本后，在 Android 系统中所有的文本输入框都可以从这个剪贴板对象中获得这段文本，读者不妨自己试一试！

窗口服务（WindowManager 对象）是最常用的系统服务之一，通过这个服务，可以获得很多与窗口相关的信息，例如，窗口的长度和宽度，如下面的代码所示：

```java
// 获得 WindowManager 对象
```

```
android.view.WindowManager windowManager = (android.view.WindowManager)
                                        getSystemService(Context.WINDOW_SERVICE);
//  在窗口的标题栏输出当前窗口的宽度和高度，例如，320*480
setTitle(String.valueOf(windowManager.getDefaultDisplay().getWidth()) + "*"
                                        + String.valueOf(windowManager.getDefaultDisplay().getHeight()));
```

本节简单介绍了如何获得系统服务以及两个常用的系统服务的使用方法，在接下来的实例 47 和实例 48 中将给出两个完整的关于获得和使用系统服务的例子以供读者参考。

实例 47：监听手机来电

工程目录：src\ch08\ch08_phonestate

当来电话时，手机会显示对方的电话号，当接听电话时，会显示当前的通话状态。在这期间存在两个状态：来电状态和接听状态。如果在应用程序中要监听这两个状态，并进行一些其他处理，就需要使用电话服务（TelephonyManager 对象）。

本例通过 TelephonyManager 对象监听来电状态和接听状态，并在相应的状态显示一个 Toast 提示信息框。如果是来电状态，会显示对方的电话号，如果是通话状态，会显示"正在通话..."信息。下面先来看看来电和接听时的效果，如图 8.5 和图 8.6 所示。

图 8.5　来电状态

图 8.6　接听状态

要想获得 TelephonyManager 对象，需要使用 Context.TELEPHONY_SERVICE 常量，代码如下：

```
TelephonyManager tm = (TelephonyManager) getSystemService(Context.TELEPHONY_SERVICE);
MyPhoneCallListener myPhoneCallListener = new MyPhoneCallListener();
//  设置电话状态监听器
tm.listen(myPhoneCallListener, PhoneStateListener.LISTEN_CALL_STATE);
```

其中 MyPhoneCallListener 类是一个电话状态监听器，该类是 PhoneStateListener 的子类，代码如下：

```
public class MyPhoneCallListener extends PhoneStateListener
{
    @Override
    public void onCallStateChanged(int state, String incomingNumber)
    {
        switch (state)
        {
            //  通话状态
            case TelephonyManager.CALL_STATE_OFFHOOK:
                Toast.makeText(Main.this, "正在通话...", Toast.LENGTH_SHORT).show();
                break;
            //  来电状态
            case TelephonyManager.CALL_STATE_RINGING:
                Toast.makeText(Main.this, incomingNumber, Toast.LENGTH_SHORT).show();
                break;
        }
```

```
        super.onCallStateChanged(state, incomingNumber);
    }
}
```

如果读者是在模拟器上测试本例，可以使用 DDMS 透视图的【Emulator Control】视图模拟打入电话。进入【Emulator Control】视图，会看到如图 8.7 所示的界面。在【Incoming number】文本框中输入一个电话号，选中【Voice】选项，单击【Call】按钮，这时模拟器就会接到来电。如果已经运行本例，在来电和接听状态就会显示如图 8.5 和图 8.6 所示的 Toast 提示信息。

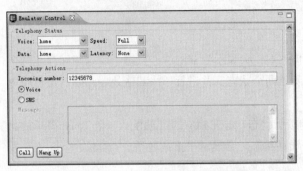

图 8.7　用【Emulator Control】视图模拟拨打电话

实例 48：来电黑名单

工程目录：src\ch08\ch08_phoneblacklist

虽然手机为我们带来了方便，但有时实在不想接听某人的电话，但又不好直接挂断电话，怎么办呢？很简单，如果发现是某人来的电话，直接将手机设成静音，这样就可以不予理睬了。

本例与实例 47 类似，也就是说，仍然需要获得 TelephonyManager 对象，并监听手机的来电状态。为了可以将手机静音，还需要获得一个音频服务（AudioManager 对象）。本例需要修改实例 47 中的手机接听状态方法 onCallStateChanged 中的代码，修改后的结果如下：

```
public class MyPhoneCallListener extends PhoneStateListener
{
    @Override
    public void onCallStateChanged(int state, String incomingNumber)
    {
        // 获得音频服务（AudioManager 对象）
        AudioManager audioManager = (AudioManager) getSystemService(Context.AUDIO_SERVICE);
        switch (state)
        {
            case TelephonyManager.CALL_STATE_IDLE:
                // 在手机空闲状态时，将手机音频设为正常状态
                audioManager.setRingerMode(AudioManager.RINGER_MODE_NORMAL);
                break;
            case TelephonyManager.CALL_STATE_RINGING:
                // 在来电状态时，判断打进来的是否为要静音的电话号，如果是，则静音
                if ("12345678".equals(incomingNumber))
                {
                    // 将电话静音
                    audioManager.setRingerMode(AudioManager.RINGER_MODE_SILENT);
                }
                break;
        }
        super.onCallStateChanged(state, incomingNumber);
    }
}
```

在上面的代码中，只设置了"12345678"为静音电话号，读者可以采用实例 47 的方法使用"12345678"打入电话，再使用其他的电话号打入，看看模拟器是否会响铃。

8.2.2　在模拟器上模拟重力感应

众所周知，Android 系统支持重力感应，通过这种技术，可以利用手机的移动、翻转来实现更为有趣的程序。但遗憾的是，在 Android 模拟器上是无法进行重力感应测试的。既然 Android 系统支持重力感应，但又在模拟器上无法测试，该怎么办呢？别着急，天无绝人之路，有一些第三方的工具可以帮助我们完成这个工作，本节将介绍一种在模拟器上模拟重力感应的工具（sensorsimulator）。这个工具分为服务端和客户端两部分。服务端是一个在 PC 上运行的 Java Swing GUI 程序，客户端是一个手机程序（apk 文件），在运行时需要通过客户端程序连接到服务端程序上才可以在模拟器上模拟重力感应。

读者可以从下面的地址下载这个工具：

http://code.google.com/p/openintents/downloads/list

进入下载页面后，下载如图 8.8 所示的黑框中的 zip 文件。

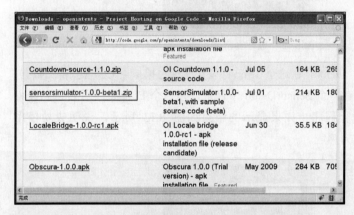

图 8.8　sensorsimulator 下载页面

将 zip 文件解压后，运行 bin 目录中的 sensorsimulator.jar 文件，会显示如图 8.9 所示的界面。界面的左上角是一个模拟手机位置的三维图形，右上角可以通过滑杆来模拟手机的翻转、移动等操作。

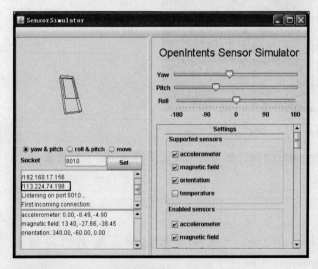

图 8.9　sensorsimulator 主界面

下面来安装客户端程序，先启动 Android 模拟器，然后使用下面的命令安装 bin 目录中的 SensorSimulatorSettings.apk 文件。

adb install SensorSimulatorSettings.apk

如果安装成功，会在模拟器中看到如图 8.10 所示黑框中的图标。运行这个程序，会进入如图 8.11 所示的界面。在 IP 地址中输入如图 8.9 所示黑框中的 IP（注意，每次启动服务端程序时这个 IP 可能不一样，应以每次启动服务端程序时的 IP 为准）。最后进入【Testing】页，单击【Connect】按钮，如果连接成功，会显示如图 8.12 所示的效果。

图 8.10　安装客户端设置软件

图 8.11　进行客户端设置

下面来测试一下 SensorSimulator 自带的一个 demo，在这个 demo 中输出了通过模拟重力感应获得的数据。

这个 demo 就在 samples 目录中，该目录有一个 SensorDemo 子目录，是一个 Eclipse 工程目录。读者可以直接使用 Eclipse 导入这个目录，并运行程序，如果显示的结果如图 8.13 所示，说明成功使用 SensorSimulator 在 Android 模拟器上模拟了重力感应。

图 8.12　测试连接状态

图 8.13　测试重力感应 demo

在实例 49 中将给出一个完整的例子来演示如何利用重力感应的功能来实现手机翻转静音的效果。

实例 49：手机翻转静音

工程目录：src\ch08\ch08_phonereversal

与手机来电一样，手机翻转状态（重力感应）也由系统服务提供。重力感应服务（android.hardware.SensorManager 对象）可以通过如下代码获得：

```
SensorManager sensorManager = (SensorManager)getSystemService(Context.SENSOR_SERVICE);
```

本例需要在模拟器上模拟重力感应，因此，在本例中使用 SensorSimulator 中的一个类（SensorManagerSimulator）来获得重力感应服务，这个类封装了 SensorManager 对象，并负责与服务端进行通信，监听重力感应事件也需要一个监听器，该监听器需要实现 SensorListener 接口，并通过该接口的 onSensorChanged 事件方法获得重力感应数据。本例完整的代码如下：

```
package net.blogjava.mobile;
```

```
import org.openintents.sensorsimulator.hardware.SensorManagerSimulator;
import android.app.Activity;
import android.content.Context;
import android.hardware.SensorListener;
import android.hardware.SensorManager;
import android.media.AudioManager;
import android.os.Bundle;
import android.widget.TextView;

public class Main extends Activity implements SensorListener
{
    private TextView tvSensorState;
    private SensorManagerSimulator sensorManager;
    @Override
    public void onAccuracyChanged(int sensor, int accuracy)
    {
    }
    @Override
    public void onSensorChanged(int sensor, float[] values)
    {
        switch (sensor)
        {
            case SensorManager.SENSOR_ORIENTATION:
                // 获得声音服务
                AudioManager audioManager = (AudioManager)
                                getSystemService(Context.AUDIO_SERVICE);
                // 在这里规定翻转角度小于-120度时静音，values[2]表示翻转角度，也可以设置其他角度
                if (values[2] < -120)
                {
                    audioManager.setRingerMode(AudioManager.RINGER_MODE_SILENT);
                }
                else
                {
                    audioManager.setRingerMode(AudioManager.RINGER_MODE_NORMAL);
                }
                tvSensorState.setText("角度： " + String.valueOf(values[2]));
                break;
        }
    }
    @Override
    protected void onResume()
    {
        // 注册重力感应监听事件
        sensorManager.registerListener(this, SensorManager.SENSOR_ORIENTATION);
        super.onResume();
    }
    @Override
    protected void onStop()
    {
        // 取消对重力感应的监听
        sensorManager.unregisterListener(this);
        super.onStop();
    }
    @Override
    public void onCreate(Bundle savedInstanceState)
    {
        super.onCreate(savedInstanceState);
        setContentView(R.layout.main);
        // 通过 SensorManagerSimulator 对象获得重力感应服务
        sensorManager = (SensorManagerSimulator) SensorManagerSimulator
                .getSystemService(this, Context.SENSOR_SERVICE);
        // 连接到服务端程序（必须执行下面的代码）
        sensorManager.connectSimulator();
```

```
        }
    }
```

在上面的代码中使用了一个 SensorManagerSimulator 类，该类在 SensorSimulator 工具包带的 sensorsimulator-lib.jar 文件中，可以在 lib 目录中找到这个 jar 文件。在使用 SensorManagerSimulator 类之前，必须在相应的 Eclipse 工程中引用这个 jar 文件。

现在运行本例，并通过服务端主界面右侧的【Roll】滑动杆移动到指定的角度，例如，-74.0 和-142.0，这时设置的角度会显示在屏幕上，如图 8.14 和图 8.15 所示。

图 8.14　翻转角度大于-120 度

图 8.15　翻转角度小于-120 度

读者可以在如图 8.14 和图 8.15 所示的翻转状态下拨入电话，会发现翻转角度在-74.0 度时来电仍然会响铃，而翻转角度在-142.0 度时就不再响铃了。

> 由于 SensorSimulator 目前不支持 Android SDK 1.5 及以上版本，因此，只能使用 Android SDK 1.1 中的 SensorListener 接口来监听重力感应事件。在 Android SDK 1.5 及以上版本并不建议继续使用这个接口，代替它的是 android.hardware.SensorEventListener 接口。

8.3　时间服务

在 Android SDK 中提供了多种时间服务。这些时间服务主要处理在一定时间间隔或未来某一时间发生的任务。Android 系统中的时间服务的作用域既可以是应用程序本身，也可以是整个 Android 系统。本节将详细介绍这些时间服务的使用方法，并给出大量的实例供读者学习。

8.3.1　计时器：Chronometer

本节的例子代码所在的工程目录是 src\ch08\ch08_chronometer

Chronometer 是 TextView 的子类，也是一个 Android 组件。这个组件可以用 1 秒的时间间隔进行计时，并显示出计时结果。

Chronometer 类有 3 个重要的方法：start、stop 和 setBase，其中 start 方法表示开始计时；stop 方法表示停止计时；setBase 方法表示重新计时。start 和 stop 方法没有任何参数，setBase 方法有一个参数，表示开始计时的基准时间。如果要从当前时刻重新计时，可以将该参数值设为 SystemClock.elapsedRealtime()。

还可以对 Chronometer 组件做进一步设置。在默认情况下，Chronometer 组件只输出 MM:SS 或 H:MM:SS 的时间格式。例如，当计时到 1 分 20 秒时，Chronometer 组件会显示 01:20。如果想改变显示的信息内容，可以使用 Chronometer 类的 setFormat 方法。该方法需要一个 String 变量，并使用 "%s" 表示计时信息。例如，使用 setFormat("计时信息：%s")设置显示信息，Chronometer 组件会显示如下计时信息：

计时信息：10:20

Chronometer 组件还可以通过 onChronometerTick 事件方法来捕捉计时动作。该方法 1 秒调用一次。要想使用 onChronometerTick 事件方法，必须实现如下接口：

android.widget.Chronometer.OnChronometerTickListener

在本例中有 3 个按钮，分别用来开始、停止和重置计时器，并通过 onChronometerTick 事件方法显示当前时间，代码如下：

```
package net.blogjava.mobile;

import java.text.SimpleDateFormat;
```

```java
import java.util.Date;
import android.app.Activity;
import android.os.Bundle;
import android.os.SystemClock;
import android.view.View;
import android.view.View.OnClickListener;
import android.widget.Button;
import android.widget.Chronometer;
import android.widget.TextView;
import android.widget.Chronometer.OnChronometerTickListener;

public class Main extends Activity implements OnClickListener, OnChronometerTickListener
{
    private Chronometer chronometer;
    private TextView tvTime;
    @Override
    public void onClick(View view)
    {
        switch (view.getId())
        {
            case R.id.btnStart:
                //  开始计时器
                chronometer.start();
                break;
            case R.id.btnStop:
                //  停止计时器
                chronometer.stop();
                break;
            case R.id.btnReset
                //  重置计时器:
                chronometer.setBase(SystemClock.elapsedRealtime());
                break;
        }
    }
    @Override
    public void onChronometerTick(Chronometer chronometer)
    {
        SimpleDateFormat sdf = new SimpleDateFormat("HH:mm:ss");
        //  将当前时间显示在 TextView 组件中
        tvTime.setText("当前时间：" + sdf.format(new Date()));
    }
    @Override
    public void onCreate(Bundle savedInstanceState)
    {
        super.onCreate(savedInstanceState);
        setContentView(R.layout.main);
        tvTime = (TextView)findViewById(R.id.tvTime);
        Button btnStart = (Button) findViewById(R.id.btnStart);
        Button btnStop = (Button) findViewById(R.id.btnStop);
        Button btnReset = (Button) findViewById(R.id.btnReset);
        chronometer = (Chronometer) findViewById(R.id.chronometer);
        btnStart.setOnClickListener(this);
        btnStop.setOnClickListener(this);
        btnReset.setOnClickListener(this);
        //  设置计时监听事件
        chronometer.setOnChronometerTickListener(this);
        //  设置计时信息的格式
        chronometer.setFormat("计时器：%s");
    }
}
```

　　运行本节的例子，并单击【开始】按钮，在按钮下方会显示计时信息，在按钮的上方会显示当前时间，如图 8.16 所示。单击【重置】按钮后，按钮下方的计时信息会从"计时器：00:00"开始显示。

图 8.16　Chronometer 组件的计时效果

8.3.2　预约时间 Handler

本节的例子代码所在的工程目录是 src\ch08\ch08_handler

android.os.Handler 是 Android SDK 中处理定时操作的核心类。通过 Handler 类，可以提交和处理一个 Runnable 对象。这个对象的 run 方法可以立刻执行，也可以在指定时间后执行（也可称为预约执行）。

Handler 类主要可以使用如下 3 个方法来设置执行 Runnable 对象的时间：

```
//　立即执行 Runnable 对象
public final boolean post(Runnable r);
//　在指定的时间（uptimeMillis）执行 Runnable 对象
public final boolean postAtTime(Runnable r, long uptimeMillis);
//　在指定的时间间隔（delayMillis）执行 Runnable 对象
public final boolean postDelayed(Runnable r, long delayMillis);
```

从上面 3 个方法可以看出，第 1 个参数的类型都是 Runnable，因此，在调用这 3 个方法之前，需要有一个实现 Runnable 接口的类，Runnable 接口的代码如下：

```
public interface Runnable
{
    public void run();                    //　线程要执行的方法
}
```

在 Runnable 接口中只有一个 run 方法，该方法为线程执行方法。在本例中 Main 类实现了 Runnable 接口。可以使用如下代码指定在 5 秒后调用 run 方法：

```
Handler handler = new Handler();
handler.postDelayed(this, 5000);
```

如果想在 5 秒内停止计时，可以使用如下代码：

```
handler.removeCallbacks(this);
```

除此之外，还可以使用 postAtTime 方法指定未来的某一个精确时间来执行 Runnable 对象，代码如下：

```
Handler handler = new Handler();
handler.postAtTime(new RunToast(this)
{
}, android.os.SystemClock.uptimeMillis() + 15 * 1000);        //　在 15 秒后执行 Runnable 对象
```

其中 RunToast 是一个实现 Runnable 接口的类，代码如下：

```
class RunToast implements Runnable
{
    private Context context;
    public RunToast(Context context)
    {
        this.context = context;
    }
    @Override
    public void run()
    {
        Toast.makeText(context, "15 秒后显示 Toast 提示信息", Toast.LENGTH_LONG).show();
    }
}
```

postAtTime 的第 2 个参数表示一个精确时间的毫秒数，如果从当前时间算起，需要使用 android.os.SystemClock.uptimeMillis() 获得基准时间。

要注意的是，不管使用哪个方法来执行 Runnable 对象，都只能运行一次。如果想循环执行，必须在执行完后再次调用 post、postAtTime 或 postDelayed 方法。例如，在 Main 类的 run 方法中再次调用了 postDelayed 方法，代码如下：

```java
public void run()
{
    tvCount.setText("Count： " + String.valueOf(++count));
    // 再次调用 postDelayed 方法，5 秒后 run 方法仍被调用，然后再一次调用 postDelayed 方法，这样就形成了
    // 循环调用
    handler.postDelayed(this, 5000);
}
```

运行本例后，单击【开始计数】按钮，5 秒后，会在按钮上方显示计数信息。然后单击【15 秒后显示 Toast 信息框】按钮，过 15 秒后，会显示一个 Toast 信息框，如图 8.17 所示。

图 8.17　使用 Handler 预约时间

8.3.3　定时器 Timer

本节的例子代码所在的工程目录是 src\ch08\ch08_timer

java.util.Timer 与 Chronometer 在功能上有些类似，但 Timer 比 Chronometer 更强大。Timer 除了可以指定循环执行的时间间隔外，还可以设置重复执行和不重复执行。例如，下面的代码设置了在 5 秒后执行。

```java
Timer timer = new Timer();
timer.schedule(new TimerTask()
{
    @Override
    public void run()
    {
    }
}, 5000);                 // 最后 1 个参数表示运行的时间间隔
```

下面的代码设置了每 2 秒执行一次。

```java
Timer timer = new Timer();
timer.schedule(new TimerTask()
{
    @Override
    public void run()
    {
    }
}, 0, 2000);              // 第 2 个参数表示延迟执行的时间（这里是 0，表示立即执行），
                          // 最后 1 个参数表示重复执行的时间间隔
```

从上面的代码可以看出，Timer 类通过 schedule 方法设置执行方式和时间。schedule 方法的第 1 个参数

的类型是 TimerTask，TimerTask 类实现了 Runnable 接口，因此，Timer 实际上是在线程中执行 run 方法。

虽然 Timer 和 Handler 的任务执行代码都放在 run 方法中，但 Timer 是在线程中执行 run 方法的，而 Handler 将执行的动作添加到 Android 系统的消息队列中。因此，使用 Timer 执行 run 方法时，在 run 方法中不能直接更新 GUI 组件，也就是说，下面的代码是错误的。

```
public void run()
{
    textview.setText("字符串");          // 无法成功设置 TextView 中的文本
}
```

要想在 run 方法中更新 GUI 组件，仍然需要依靠 Handler 类，代码如下：

```
private Handler handler = new Handler()
{
    public void handleMessage(Message msg)
    {
        switch (msg.what)
        {
            case 1:
                //   必须在这里更新进度条组件
                int currentProgress = progressBar.getProgress() + 2;
                if (currentProgress > progressBar.getMax())
                    currentProgress = 0;
                progressBar.setProgress(currentProgress);
                break;
        }
        super.handleMessage(msg);
    }
};
private TimerTask timerTask = new TimerTask()
{
    public void run()
    {
        //  在 run 方法中需要使用 sendMessage 方法发送一条消息
        Message message = new Message();
        message.what = 1;
        handler.sendMessage(message);          //  将任务发送到消息队列
    }
};
```

从上面的代码可以看出，在 run 方法中并没有直接更新进度条组件，而是使用 Handler 类的 sendMessage 方法发送一条消息，并在 Handler 类的 handleMessage 方法中更新进度条组件。实际上，这个 Handler 对象目前已经被加到 Android 系统的消息队列中，正等待 Android 系统的调用。使用下面的代码就可以启动 Timer 定时器，并在每 0.5 秒更新一次进度条组件。

```
Timer timer = new Timer();
timer.schedule(timerTask, 0, 500);
```

运行本节的例子后，就会看到屏幕上进度条的进度在不断变化，如图 8.18 所示。

图 8.18   Timer 的定时任务

8.3.4   在线程中更新 GUI 组件

本节的例子代码所在的工程目录是 src\ch08\ch08_thread

除了前面介绍的时间服务可以执行定时任务外，也可以采用线程的方式在后台执行任务。在 Android

系统中创建和启动线程的方法与传统的 Java 程序相同，首先要创建一个 Thread 对象，然后使用 Thread 类的 start 方法开始一个线程。线程在启动后，就会执行 Runnable 接口的 run 方法。

本例中启动了两个线程，分别用来更新两个进度条组件。在 8.3.3 节曾介绍过，在线程中更新 GUI 组件需要使用 Handler 类，当然，直接利用线程作为后台服务也不例外。下面先来看看本例的完整源代码。

```java
package net.blogjava.mobile;

import android.app.Activity;
import android.os.Bundle;
import android.os.Handler;
import android.widget.ProgressBar;

public class Main extends Activity
{
    private ProgressBar progressBar1;
    private ProgressBar progressBar2;
    private Handler handler = new Handler();
    private int count1 = 0;
    private int count2 = 0;
    private Runnable doUpdateProgressBar1 = new Runnable()
    {
        @Override
        public void run()
        {
            for (count1 = 0; count1 <= progressBar1.getMax(); count1++)
            {
                //  使用 post 方法立即执行 Runnable 接口的 run 方法
                handler.post(new Runnable()
                {
                    @Override
                    public void run()
                    {
                        progressBar1.setProgress(count1);
                    }
                });
            }
        }
    };
    private Runnable doUpdateProgressBar2 = new Runnable()
    {
        @Override
        public void run()
        {
            for (count2 = 0; count2 <= progressBar2.getMax(); count2++)
            {
                //  使用 post 方法立即执行 Runnable 接口的 run 方法
                handler.post(new Runnable()
                {
                    @Override
                    public void run()
                    {
                        progressBar2.setProgress(count2);
                    }
                });
            }
        }
    };
    @Override
    public void onCreate(Bundle savedInstanceState)
    {
        super.onCreate(savedInstanceState);
        setContentView(R.layout.main);
```

```
        progressBar1 = (ProgressBar) findViewById(R.id.progressbar1);
        progressBar2 = (ProgressBar) findViewById(R.id.progressbar2);
        Thread thread1 = new Thread(doUpdateProgressBar1, "thread1");
        // 启动第 1 个线程
        thread1.start();
        Thread thread2 = new Thread(doUpdateProgressBar2, "thread2");
        // 启动第 2 个线程
        thread2.start();
    }
}
```

在编写上面代码时要注意一点，使用 Handler 类时既可以使用 sendMessage 方法发送消息来调用 handleMessage 方法处理任务（见 8.3.3 节的介绍），也可以直接使用 post、postAtTime 或 postDelayed 方法来处理任务。本例中为了方便，直接调用了 post 方法立即执行 run 方法来更新进度条组件。

运行本例后，会看到屏幕上有两个进度条的进度在不断变化，如图 8.19 所示。

图 8.19　在线程中更新进度条组件

8.3.5　全局定时器 AlarmManager

本节的例子代码所在的工程目录是 src\ch08\ch08_alarm

前面介绍的时间服务的作用域都是应用程序，也就是说，将当前的应用程序关闭后，时间服务就会停止。但在很多时候，需要时间服务不依赖应用程序而存在。也就是说，虽然是应用程序启动的服务，但即使将应用程序关闭，服务仍然可以正常运行。

为了达到服务与应用程序独立的目的，需要获得 AlarmManager 对象。该对象需要通过如下代码获得：

```
AlarmManager alarmManager = (AlarmManager) getSystemService(Context.ALARM_SERVICE);
```

AlarmManager 类的一个非常重要的方法是 setRepeating，通过该方法，可以设置执行时间间隔和相应的动作。setRepeating 方法的定义如下：

```
public void setRepeating(int type, long triggerAtTime, long interval, PendingIntent operation);
```

setRepeating 方法有 4 个参数，这些参数的含义如下：

- type：表示警报类型，一般可以取的值是 AlarmManager.RTC 和 AlarmManager.RTC_WAKEUP。如果将 type 参数值设为 AlarmManager.RTC，表示是一个正常的定时器，如果将 type 参数值设为 AlarmManager.RTC_WAKEUP，除了有定时器的功能外，还会发出警报声（例如，响铃、震动）。

- triggerAtTime：第 1 次运行时要等待的时间，也就是执行延迟时间，单位是毫秒。

- interval：表示执行的时间间隔，单位是毫秒。

- operation：一个 PendingIntent 对象，表示到时间后要执行的操作。PendingIntent 与 Intent 类似，可以封装 Activity、BroadcastReceiver 和 Service。但与 Intent 不同的是，PendingIntent 可以脱离应用程序而存在。

从 setRepeating 方法的 4 个参数可以看出，使用 setRepeating 方法最重要的就是创建 PendingIntent 对象。例如，在下面的代码中用 PendingIntent 指定了一个 Activity。

```
Intent intent = new Intent(this, MyActivity.class);
PendingIntent pendingActivityIntent = PendingIntent.getActivity(this, 0,intent, 0);
```

在创建完 PendingIntent 对象后，就可以使用 setRepeating 方法设置定时器了，代码如下：

```
AlarmManager alarmManager = (AlarmManager) getSystemService(Context.ALARM_SERVICE);
alarmManager.setRepeating(AlarmManager.RTC, 0, 5000, pendingActivityIntent);
```

执行上面的代码,即使应用程序关闭后,每隔 5 秒,系统仍然会显示 MyActivity。如果要取消定时器,可以使用如下代码:

```
alarmManager.cancel(pendingActivityIntent);
```

运行本节的例子,界面如图 8.20 所示。单击【GetActivity】按钮,然后关闭当前应用程序,会发现系统 5 秒后会显示 MyActivity。关闭 MyActivity 后,在 5 秒后仍然会再次显示 MyActivity。

本节只介绍了如何用 PendingIntent 来指定 Activity,读者在实例 50 和实例 51 中将会看到利用 BroadcastReceiver 和 Service 执行定时任务。

实例50:定时更换壁纸

工程目录:src\ch08\ch08_changewallpaper

使用 AlarmManager 可以实现很多有趣的功能。本例中将实现一个可以定时更换手机壁纸的程序。在编写代码之前,先来看一下如图 8.21 所示的效果。单击【定时更换壁纸】按钮后,手机的壁纸会每隔 5 秒变换一次。

图 8.20　全局定时器(显示 Activity)　　　　图 8.21　定时更换壁纸

本例使用 Service 来完成更换壁纸的工作,下面先编写一个 Service 类,代码如下:

```java
package net.blogjava.mobile;

import java.io.InputStream;
import android.app.Service;
import android.content.Intent;
import android.os.IBinder;

public class ChangeWallpaperService extends Service
{
    private static int index = 0;
    // 保存 res\raw 目录中图像资源的 ID
    private int[] resIds = new int[]{ R.raw.wp1, R.raw.wp2, R.raw.wp3, R.raw.wp4, R.raw.wp5};
    @Override
    public void onStart(Intent intent, int startId)
    {
        if(index == 5)
            index = 0;
        // 获得 res\raw 目录中图像资源的 InputStream 对象
        InputStream inputStream = getResources().openRawResource(resIds[index++]);
        try
        {
            // 更换壁纸
            setWallpaper(inputStream);
        }
```

```
            catch (Exception e)
            {
            }
            super.onStart(intent, startId);
        }
        @Override
        public void onCreate()
        {
            super.onCreate();
        }
        @Override
        public IBinder onBind(Intent intent)
        {
            return null;
        }
}
```

在编写 ChangeWallpaperService 类时应注意如下 3 点：

- 为了通过 InputStream 获得图像资源，需要将图像文件放在 res\raw 目录中，而不是 res\drawable 目录中。

- 本例采用了循环更换壁纸的方法。也就是说，共有 5 个图像文件，系统会从第 1 个图像文件开始更换，更换完第 5 个文件后，又从第 1 个文件开始更换。

- 更换壁纸需要使用 Context.setWallpaper 方法，该方法需要一个描述图像的 InputStream 对象。该对象通过 getResources().openRawResource(...)方法获得。

在 AndroidManifest.xml 文件中配置 ChangeWallpaperService 类，代码如下：

```
<service android:name=".ChangeWallpaperService" />
```

最后来看一下本例的主程序（Main 类），代码如下：

```
package net.blogjava.mobile;

import android.app.Activity;
import android.app.AlarmManager;
import android.app.PendingIntent;
import android.content.Context;
import android.content.Intent;
import android.os.Bundle;
import android.view.View;
import android.view.View.OnClickListener;
import android.widget.Button;

public class Main extends Activity implements OnClickListener
{
    private Button btnStart;
    private Button btnStop;
    @Override
    public void onClick(View view)
    {
        AlarmManager alarmManager = (AlarmManager) getSystemService(Context.ALARM_SERVICE);
        //  指定 ChangeWallpaperService 的 PendingIntent 对象
        PendingIntent pendingIntent = PendingIntent.getService(this, 0,
                new Intent(this, ChangeWallpaperService.class), 0);
        switch (view.getId())
        {
            case R.id.btnStart:
                //  开始每 5 秒更换一次壁纸
                alarmManager.setRepeating(AlarmManager.RTC, 0, 5000, pendingIntent);
                btnStart.setEnabled(false);
                btnStop.setEnabled(true);
                break;
            case R.id.btnStop:
                //  停止更换一次壁纸
```

```
                    alarmManager.cancel(pendingIntent);
                    btnStart.setEnabled(true);
                    btnStop.setEnabled(false);
                    break;
            }
    }
    @Override
    public void onCreate(Bundle savedInstanceState)
    {
            super.onCreate(savedInstanceState);
            setContentView(R.layout.main);
            btnStart = (Button) findViewById(R.id.btnStart);
            btnStop = (Button) findViewById(R.id.btnStop);
            btnStop.setEnabled(false);
            btnStart.setOnClickListener(this);
            btnStop.setOnClickListener(this);
    }
}
```

在编写上面代码时应注意如下 3 点：

在创建 PendingIntent 对象时指定了 ChangeWallpaperService.class，这说明这个 PendingIntent 对象与 ChangeWallpaperService 绑定。AlarmManager 在执行任务时会执行 ChangeWallpaperService 类中的 onStart 方法。

不要将任务代码写在 onCreate 方法中，因为 onCreate 方法只会执行一次，一旦服务被创建，该方法就不会被执行了，而 onStart 方法在每次访问服务时都会被调用。

获得指定 Service 的 PendingIntent 对象需要使用 getService 方法。在 8.3.5 节介绍过获得指定 Activity 的 PendingIntent 对象应使用 getActivity 方法。在实例 51 中将介绍使用 getBroadcast 方法获得指定 BroadcastReceiver 的 PendingIntent 对象。

实例 51：多次定时提醒

工程目录：src\ch08\ch08_multialarm

在很多软件中都支持定时提醒功能，也就是说，事先设置未来的某个时间，当到这个时间后，系统会发出声音或进行其他的工作。本例中将实现这个功能。本例不仅可以设置定时提醒功能，而且支持设置多个时间点。运行本例后，单击【添加提醒时间】按钮，会弹出设置时间点的对话框，如图 8.22 所示。当设置完一系列的时间点后（如图 8.23 所示），如果到了某个时间点，系统就会播放一个声音文件以提醒用户。

图 8.22　设置时间点对话框

图 8.23　设置一系列的时间点

下面先介绍一下定时提醒的原理。在添加时间点后，需要将所添加的时间点保存在文件或数据库中。本例使用 SharedPreferences 来保存时间点，key 和 value 都是时间点。然后使用 AlarmManager 每隔 1 分钟扫描一次，在扫描过程中从文件获得当前时间（时:分）的 value。如果成功获得 value，则说明当前时间为时间点，需要播放声音文件，否则继续扫描。

本例使用 BroadcastReceiver 来处理定时提醒任务。BroadcastReceiver 类的代码如下：

```java
package net.blogjava.mobile;

import java.util.Calendar;
import android.app.Activity;
import android.content.BroadcastReceiver;
import android.content.Context;
import android.content.Intent;
import android.content.SharedPreferences;
import android.media.MediaPlayer;

public class AlarmReceiver extends BroadcastReceiver
{
    @Override
    public void onReceive(Context context, Intent intent)
    {
        SharedPreferences sharedPreferences = context.getSharedPreferences(
                "alarm_record", Activity.MODE_PRIVATE);
        String hour = String.valueOf(Calendar.getInstance().get(Calendar.HOUR_OF_DAY));
        String minute = String.valueOf(Calendar.getInstance().get(Calendar.MINUTE));
        //  从 XML 文件中获得描述当前时间点的 value
        String time = sharedPreferences.getString(hour + ":" + minute, null);
        if (time != null)
        {
            //  播放声音
            MediaPlayer mediaPlayer = MediaPlayer.create(context, R.raw.ring);
            mediaPlayer.start();
        }
    }
}
```

配置 AlarmReceiver 类的代码如下：

```xml
<receiver android:name=".AlarmReceiver" android:enabled="true" />
```

在主程序中每添加一个时间点，就会在 XML 文件中保存所添加的时间点，代码如下：

```java
package net.blogjava.mobile;

import android.app.Activity;
import android.app.AlarmManager;
import android.app.AlertDialog;
import android.app.PendingIntent;
import android.content.Context;
import android.content.DialogInterface;
import android.content.Intent;
import android.content.SharedPreferences;
import android.os.Bundle;
import android.view.View;
import android.view.View.OnClickListener;
import android.widget.Button;
import android.widget.TextView;
import android.widget.TimePicker;

public class Main extends Activity implements OnClickListener
{
    private TextView tvAlarmRecord;
    private SharedPreferences sharedPreferences;
    @Override
    public void onClick(View v)
    {
        View view = getLayoutInflater().inflate(R.layout.alarm, null);
        final TimePicker timePicker = (TimePicker) view.findViewById(R.id.timepicker);
```

```
                    timePicker.setIs24HourView(true);
                    //  显示设置时间点的对话框
                    new AlertDialog.Builder(this).setTitle("设置提醒时间").setView(view)
                            .setPositiveButton("确定", new DialogInterface.OnClickListener()
                            {
                                @Override
                                public void onClick(DialogInterface dialog, int which)
                                {
                                    String timeStr = String.valueOf(timePicker
                                        .getCurrentHour()) + ":"
                                        + String.valueOf(timePicker.getCurrentMinute());
                                    //  将时间点添加到 TextView 组件中
                                    tvAlarmRecord.setText(tvAlarmRecord.getText().toString() + "\n" + timeStr);
                                    //  保存时间点
                                    sharedPreferences.edit().putString(timeStr, timeStr).commit();
                                }
                            }).setNegativeButton("取消", null).show();
            }
            @Override
            public void onCreate(Bundle savedInstanceState)
            {
                super.onCreate(savedInstanceState);
                setContentView(R.layout.main);
                Button btnAddAlarm = (Button) findViewById(R.id.btnAddAlarm);
                tvAlarmRecord = (TextView) findViewById(R.id.tvAlarmRecord);
                btnAddAlarm.setOnClickListener(this);
                sharedPreferences = getSharedPreferences("alarm_record",
                        Activity.MODE_PRIVATE);
                AlarmManager alarmManager = (AlarmManager) getSystemService(Context.ALARM_SERVICE);
                Intent intent = new Intent(this, AlarmReceiver.class);
                //  创建封装 BroadcastReceiver 的 pendingIntent 对象
                PendingIntent pendingIntent = PendingIntent.getBroadcast(this, 0,intent, 0);
                //  开始定时器，每 1 分钟执行一次
                alarmManager.setRepeating(AlarmManager.RTC, 0, 60 * 1000, pendingIntent);
            }
        }
```

在使用本例添加若干个时间点后，会在 alarm_record.xml 文件中看到类似下面的内容：

```
<?xml version='1.0' encoding='utf-8' standalone='yes' ?>
<map>
<string name="18:52">18:52</string>
<string name="20:16">20:16</string>
<string name="19:11">19:11</string>
<string name="19:58">19:58</string>
<string name="22:51">22:51</string>
<string name="22:10">22:10</string>
<string name="22:11">22:11</string>
<string name="20:10">20:10</string>
</map>
```

上面每个 <string> 元素都是一个时间点，定时器将每隔 1 分钟查一次 alarm_record.xml 文件。

8.4 跨进程访问（AIDL 服务）

Android 系统中的进程之间不能共享内存，因此，需要提供一些机制在不同进程之间进行数据通信。第 7 章介绍的 Activity 和 Broadcast 都可以跨进程通信，除此之外，还可以使用 Content Provider（见 6.6 节的介绍）进行跨进程通信。现在我们已经了解了 4 个 Android 应用程序组件中的 3 个（Activity、Broadcast 和 Content Provider）都可以进行跨进程访问，另外一个 Android 应用程序组件 Service 同样可以。这就是本节要介绍的 AIDL 服务。

8.4.1　什么是 AIDL 服务

本章前面的部分介绍了开发人员如何定制自己的服务，但这些服务并不能被其他的应用程序访问。为了使其他的应用程序也可以访问本应用程序提供的服务，Android 系统采用了远程过程调用（Remote Procedure Call，RPC）方式来实现。与很多其他的基于 RPC 的解决方案一样，Android 使用一种接口定义语言（Interface Definition Language，IDL）来公开服务的接口。因此，可以将这种可以跨进程访问的服务称为 AIDL（Android Interface Definition Language）服务。

8.4.2　建立 AIDL 服务的步骤

建立 AIDL 服务要比建立普通的服务复杂一些，具体步骤如下：

（1）在 Eclipse Android 工程的 Java 包目录中建立一个扩展名为 aidl 的文件。该文件的语法类似于 Java 代码，但会稍有不同。详细介绍见实例 52 的内容。

（2）如果 aidl 文件的内容是正确的，ADT 会自动生成一个 Java 接口文件（*.java）。

（3）建立一个服务类（Service 的子类）。

（4）实现由 aidl 文件生成的 Java 接口。

（5）在 AndroidManifest.xml 文件中配置 AIDL 服务，尤其要注意的是，<action>标签中 android:name 的属性值就是客户端要引用该服务的 ID，也就是 Intent 类的参数值。这一点将在实例 52 和实例 53 中看到。

实例 52：建立 AIDL 服务

AIDL 服务工程目录：src\ch08\ch08_aidl
客户端程序工程目录：src\ch08\ch08_aidlclient

本例中将建立一个简单的 AIDL 服务。这个 AIDL 服务只有一个 getValue 方法，该方法返回一个 String 类型的值。在安装完服务后，会在客户端调用这个 getValue 方法，并将返回值在 TextView 组件中输出。建立这个 AIDL 服务的步骤如下：

（1）建立一个 aidl 文件。在 Java 包目录中建立一个 IMyService.aidl 文件。IMyService.aidl 文件的位置如图 8.24 所示。

图 8.24　IMyService.aidl 文件的位置

IMyService.aidl 文件的内容如下：

```
package net.blogjava.mobile.aidl;
interface IMyService
{
    String getValue();
}
```

IMyService.aidl 文件的内容与 Java 代码非常相似，但要注意，不能加修饰符（例如，public、private）、AIDL 服务不支持的数据类型（例如，InputStream、OutputStream）等内容。

（2）如果 IMyService.aidl 文件中的内容输入正确，ADT 会自动生成一个 IMyService.java 文件。读者一般并不需要关心这个文件的具体内容，也不需要维护这个文件。关于该文件的具体内容，读者可以查看本节提供的源代码。

（3）编写一个 MyService 类。MyService 是 Service 的子类，在 MyService 类中定义了一个内嵌类（MyServiceImpl），该类是 IMyService.Stub 的子类。MyService 类的代码如下：

```
package net.blogjava.mobile.aidl;

import android.app.Service;
import android.content.Intent;
import android.os.IBinder;
import android.os.RemoteException;

public class MyService extends Service
{
    public class MyServiceImpl extends IMyService.Stub
    {
        @Override
        public String getValue() throws RemoteException
        {
            return "Android/OPhone 开发讲义";
        }
    }
    @Override
    public IBinder onBind(Intent intent)
    {
        return new MyServiceImpl();
    }
}
```

在编写上面代码时要注意如下两点：

● IMyService.Stub 是根据 IMyService.aidl 文件自动生成的，一般并不需要管这个类的内容，只需要编写一个继承于 IMyService.Stub 类的子类（MyServiceImpl 类）即可。

● onBind 方法必须返回 MyServiceImpl 类的对象实例，否则客户端无法获得服务对象。

（4）在 AndroidManifest.xml 文件中配置 MyService 类，代码如下：

```
<service android:name=".MyService" >
    <intent-filter>
        <action android:name="net.blogjava.mobile.aidl.IMyService" />
    </intent-filter>
</service>
```

其中"net.blogjava.mobile.aidl.IMyService"是客户端用于访问 AIDL 服务的 ID。

下面来编写客户端的调用代码。首先新建一个 Eclipse Android 工程（ch08_aidlclient），并将自动生成的 IMyService.java 文件连同包目录一起复制到 ch08_aidlclient 工程的 src 目录中，如图 8.25 所示。

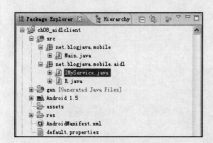

图 8.25　IMyService.java 文件在 ch08_aidlclient 工程中的位置

调用 AIDL 服务首先要绑定服务，然后才能获得服务对象，代码如下：

```
package net.blogjava.mobile;

import net.blogjava.mobile.aidl.IMyService;
import android.app.Activity;
import android.content.ComponentName;
import android.content.Context;
```

```
import android.content.Intent;
import android.content.ServiceConnection;
import android.os.Bundle;
import android.os.IBinder;
import android.view.View;
import android.view.View.OnClickListener;
import android.widget.Button;
import android.widget.TextView;

public class Main extends Activity implements OnClickListener
{
    private IMyService myService = null;
    private Button btnInvokeAIDLService;
    private Button btnBindAIDLService;
    private TextView textView;
    private ServiceConnection serviceConnection = new ServiceConnection()
    {
        @Override
        public void onServiceConnected(ComponentName name, IBinder service)
        {
            //  获得服务对象
            myService = IMyService.Stub.asInterface(service);
            btnInvokeAIDLService.setEnabled(true);
        }
        @Override
        public void onServiceDisconnected(ComponentName name)
        {
        }
    };
    @Override
    public void onClick(View view)
    {
        switch (view.getId())
        {
            case R.id.btnBindAIDLService:
                //  绑定 AIDL 服务
                bindService(new Intent("net.blogjava.mobile.aidl.IMyService"),
                        serviceConnection, Context.BIND_AUTO_CREATE);
                break;
            case R.id.btnInvokeAIDLService:
                try
                {
                    textView.setText(myService.getValue());          //  调用服务端的 getValue 方法
                }
                catch (Exception e)
                {
                }
                break;
        }
    }
    @Override
    public void onCreate(Bundle savedInstanceState)
    {
        super.onCreate(savedInstanceState);
        setContentView(R.layout.main);
        btnInvokeAIDLService = (Button) findViewById(R.id.btnInvokeAIDLService);
        btnBindAIDLService = (Button) findViewById(R.id.btnBindAIDLService);
        btnInvokeAIDLService.setEnabled(false);
        textView = (TextView) findViewById(R.id.textview);
        btnInvokeAIDLService.setOnClickListener(this);
        btnBindAIDLService.setOnClickListener(this);
    }
}
```

在编写上面代码时应注意如下两点：

- 使用 bindService 方法来绑定 AIDL 服务。其中需要使用 Intent 对象指定 AIDL 服务的 ID，也就是 <action>标签中 android:name 属性的值。

- 在绑定时需要一个 ServiceConnection 对象。创建 ServiceConnection 对象的过程中如果绑定成功，系统会调用 onServiceConnected 方法，通过该方法的 service 参数值可获得 AIDL 服务对象。

首先运行 AIDL 服务程序，然后运行客户端程序，单击【绑定 AIDL 服务】按钮，如果绑定成功，【调用 AIDL 服务】按钮会变为可选状态，单击这个按钮，会输出 getValue 方法的返回值，如图 8.26 所示。

图 8.26 调用 AIDL 服务的客户端程序

实例 53：传递复杂数据的 AIDL 服务

AIDL 服务工程目录：src\ch08\ch08_complextypeaidl

客户端程序工程目录：src\ch08\ch08_complextypeaidlclient

AIDL 服务只支持有限的数据类型，因此，如果用 AIDL 服务传递一些复杂的数据就需要做更一步处理。AIDL 服务支持的数据类型如下：

- Java 的简单类型（int、char、boolean 等）。不需要导入（import）。

- String 和 CharSequence。不需要导入（import）。

- List 和 Map。但要注意，List 和 Map 对象的元素类型必须是 AIDL 服务支持的数据类型。不需要导入（import）。

- AIDL 自动生成的接口。需要导入（import）。

- 实现 android.os.Parcelable 接口的类。需要导入（import）。

其中后两种数据类型需要使用 import 进行导入，将在本章的后面详细介绍。

传递不需要 import 的数据类型的值的方式相同。传递一个需要 import 的数据类型的值（例如，实现 android.os.Parcelable 接口的类）的步骤略显复杂。除了要建立一个实现 android.os.Parcelable 接口的类外，还需要为这个类单独建立一个 aidl 文件，并使用 parcelable 关键字进行定义。具体的实现步骤如下：

（1）建立一个 IMyService.aidl 文件，并输入如下代码：

```
package net.blogjava.mobile.complex.type.aidl;
import net.blogjava.mobile.complex.type.aidl.Product;
interface IMyService
{
    Map getMap(in String country, in Product product);
    Product getProduct();
}
```

在编写上面代码时要注意如下两点：

- Product 是一个实现 android.os.Parcelable 接口的类，需要使用 import 导入这个类。

- 如果方法的类型是非简单类型，例如，String、List 或自定义的类，需要使用 in、out 或 inout 修饰。其中 in 表示这个值被客户端设置；out 表示这个值被服务端设置；inout 表示这个值既被客户端设置，又被服务端设置。

（2）编写 Product 类。该类是用于传递的数据类型，代码如下：

```
package net.blogjava.mobile.complex.type.aidl;

import android.os.Parcel;
import android.os.Parcelable;

public class Product implements Parcelable
{
    private int id;
    private String name;
    private float price;
    public static final Parcelable.Creator<Product> CREATOR = new Parcelable.Creator<Product>()
    {
        public Product createFromParcel(Parcel in)
        {
            return new Product(in);
        }

        public Product[] newArray(int size)
        {
            return new Product[size];
        }
    };
    public Product()
    {
    }
    private Product(Parcel in)
    {
        readFromParcel(in);
    }
    @Override
    public int describeContents()
    {
        return 0;
    }
    public void readFromParcel(Parcel in)
    {
        id = in.readInt();
        name = in.readString();
        price = in.readFloat();
    }
    @Override
    public void writeToParcel(Parcel dest, int flags)
    {
        dest.writeInt(id);
        dest.writeString(name);
        dest.writeFloat(price);
    }
    //  此处省略了属性的 getter 和 setter 方法
    ... ...
}
```

在编写 Product 类时应注意如下 3 点：

● Product 类必须实现 android.os.Parcelable 接口。该接口用于序列化对象。在 Android 中之所以使用 Pacelable 接口序列化，而不是 java.io.Serializable 接口，是因为 Google 在开发 Android 时发现 Serializable 序列化的效率并不高，因此，特意提供了一个 Parcelable 接口来序列化对象。

● 在 Product 类中必须有一个静态常量，常量名必须是 CREATOR，而且 CREATOR 常量的数据类型必须是 Parcelable.Creator。

● 在 writeToParcel 方法中需要将要序列化的值写入 Parcel 对象。

（3）建立一个 Product.aidl 文件，并输入如下内容：

parcelable Product;

（4）编写一个 MyService 类，代码如下：

```java
package net.blogjava.mobile.complex.type.aidl;

import java.util.HashMap;
import java.util.Map;
import android.app.Service;
import android.content.Intent;
import android.os.IBinder;
import android.os.RemoteException;
//  AIDL 服务类
public class MyService extends Service
{
    public class MyServiceImpl extends IMyService.Stub
    {
        @Override
        public Product getProduct() throws RemoteException
        {
            Product product = new Product();
            product.setId(1234);
            product.setName("汽车");
            product.setPrice(31000);
            return product;
        }
        @Override
        public Map getMap(String country, Product product) throws RemoteException
        {
            Map map = new HashMap<String, String>();
            map.put("country", country);
            map.put("id", product.getId());
            map.put("name", product.getName());
            map.put("price", product.getPrice());
            map.put("product", product);
            return map;
        }
    }
    @Override
    public IBinder onBind(Intent intent)
    {
        return new MyServiceImpl();
    }
}
```

（5）在 AndroidManifest.xml 文件中配置 MyService 类，代码如下：

```xml
<service android:name=".MyService" >
    <intent-filter>
        <action android:name="net.blogjava.mobile.complex.type.aidl.IMyService" />
    </intent-filter>
</service>
```

在客户端调用 AIDL 服务的方法与实例 52 介绍的方法相同，首先将 IMyService.java 和 Product.java 文件复制到客户端工程（ch08_complextypeaidlclient），然后绑定 AIDL 服务，并获得 AIDL 服务对象，最后调用 AIDL 服务中的方法。完整的客户端代码如下：

```java
package net.blogjava.mobile;

import net.blogjava.mobile.complex.type.aidl.IMyService;
import android.app.Activity;
import android.content.ComponentName;
import android.content.Context;
import android.content.Intent;
import android.content.ServiceConnection;
import android.os.Bundle;
import android.os.IBinder;
```

```
import android.view.View;
import android.view.View.OnClickListener;
import android.widget.Button;
import android.widget.TextView;

public class Main extends Activity implements OnClickListener
{
    private IMyService myService = null;
    private Button btnInvokeAIDLService;
    private Button btnBindAIDLService;
    private TextView textView;
    private ServiceConnection serviceConnection = new ServiceConnection()
    {
        @Override
        public void onServiceConnected(ComponentName name, IBinder service)
        {
            //   获得 AIDL 服务对象
            myService = IMyService.Stub.asInterface(service);
            btnInvokeAIDLService.setEnabled(true);
        }
        @Override
        public void onServiceDisconnected(ComponentName name)
        {
        }
    };
    @Override
    public void onClick(View view)
    {
        switch (view.getId())
        {
            case R.id.btnBindAIDLService:
                //   绑定 AIDL 服务
                bindService(new Intent("net.blogjava.mobile.complex.type.aidl.IMyService"),
                        serviceConnection, Context.BIND_AUTO_CREATE);
                break;
            case R.id.btnInvokeAIDLService:
                try
                {
                    String s = "";
                    //   调用 AIDL 服务中的方法
                    s = "Product.id = " + myService.getProduct().getId() + "\n";
                    s += "Product.name = " + myService.getProduct().getName() + "\n";
                    s += "Product.price = " + myService.getProduct().getPrice() + "\n";
                    s += myService.getMap("China", myService.getProduct()).toString();
                    textView.setText(s);
                }
                catch (Exception e)
                {
                }
                break;
        }
    }
    @Override
    public void onCreate(Bundle savedInstanceState)
    {
        super.onCreate(savedInstanceState);
        setContentView(R.layout.main);
        btnInvokeAIDLService = (Button) findViewById(R.id.btnInvokeAIDLService);
        btnBindAIDLService = (Button) findViewById(R.id.btnBindAIDLService);
        btnInvokeAIDLService.setEnabled(false);
        textView = (TextView) findViewById(R.id.textview);
        btnInvokeAIDLService.setOnClickListener(this);
        btnBindAIDLService.setOnClickListener(this);
```

```
        }
    }
```

首先运行服务端程序，然后运行客户端程序，单击【绑定 AIDL 服务】按钮，待成功绑定后，单击【调用 AIDL 服务】按钮，会输出如图 8.27 所示的内容。

图 8.27　调用传递复杂数据的 AIDL 服务

8.5　本章小结

本章主要介绍了 Android 系统中的服务（Service）技术。Service 是 Android 中 4 个应用程序组件之一。在 Android 系统内部提供了很多的系统服务，通过这些系统服务，可以实现更为复杂的功能，例如，监听来电、重力感应等。Android 系统还允许开发人员自定义服务。自定义的服务可以用来在后台运行程序，也可以通过 AIDL 服务提供给其他的应用使用。除此之外，在 Android 系统中还有很多专用于时间的服务和组件，例如，Chronometer、Timer、Handler、AlarmManager 等。通过这些服务，可以完成关于时间的定时、预约等操作。

9

网络

随着移动互联网的蓬勃兴起，在 Android 应用中加入网络功能就变得非常必要。在 Android SDK 中提供了大量访问网络的 API，其中与 HTTP 相关的 API 数量最多。本章将主要介绍与 HTTP 相关的 API，以及一个第三方用于访问 WebService 的开发包 KSOAP2。

 本章内容

- 装载网络数据的原理
- 在 ListView 和 Gallery 组件中装载网络数据
- 解决从网络下载数据的乱码问题
- 用 WebView 组件浏览网页
- 用 WebView 组件装载 HTML 代码
- 整合 Java 与 JavaScript
- HttpGet 和 HttpPost
- HttpUrlConnection
- 上传文件
- 远程安装 Apk 文件
- 调用 WebService

9.1　可装载网络数据的组件

在第 5 章介绍了很多 Android 组件，但这些组件有一个共同的特点：它们装载的都是本地数据。当一个软件拥有网络功能时，往往会在组件中显示一些从网络上获得的数据。在组件中显示网络数据虽然与显示本地数据类似，但仍然有一些差异。本节将详细介绍如何将网络数据装载到 ListView 和 Gallery 组件中。

装载网络数据的原理

很多组件在装载数据时都需要一个 Adapter 对象，例如在使用 Gallery 组件时往往会编写一个 ImageAdapter。该类是 BaseAdapter 的子类。在 ImageAdapter 类中通过 getView 方法返回显示图像的 ImageView 对象。

如果 Adapter 对象的数据需要从网络上获得，就需要改变 Adapter 对象的数据源。对于从本地获得的

数据，往往采用数组、List 等对象来保存。网络数据首先应从网络上获得这些数据。如果这些数据采用了
HTTP 协议，可以使用 java.net.URLConnection 获得这些数据，代码如下：

```
// 建立一个 URL 对象，用于指定 url
URL url = new URL("http://www.google.cn/ig/china?hl=zh-CN");
URLConnection conn = url.openConnection();
conn.connect();                                        // 开始连接
InputStream is = conn.getInputStream();                // 获得网络资源的 InputStream 对象
```

在通过 URLConnection 对象获得网络资源的 InputStream 对象后，剩下的事就容易了，读者可以根据
实际的需要按文本或字节流来处理 InputStream 对象。从网络上获得数据后，可以将这些数据保存在数组
或 List 对象中，然后的步骤就和处理本地数据完全一样了。在实例 54 和实例 55 中将向读者展示如何在
ListView 和 Gallery 中显示网络图像，以及利用 Google 搜索来查询图像。

实例 54：将网络图像装载到 ListView 组件中

工程目录：src\ch09\ch09_netimagelist

在第 5 章的实例 33 中给出了一个"给应用程序打分"的程序。在这个程序中利用 Adapter 对象在 ListView
组件中显示了图像、文本和 RatingBar 组件。但在这个实例中，这些数据都来自本地。在本例中仍然会显
示与实例 33 类似的内容，只是这些数据完全来自于网络。

Android 模拟器启动后，如果运行模拟器的计算机可以连接 Internet，那么 Android 模拟器也同样可以
连接 Internet，但为了方便，本例采用访问本机的方式来获得网络数据。也就是将网络资源部署在计算机上
的 Web 服务器（IIS、Tomcat 等）中，然后使用模拟器来访问计算机上的网络资源。

在编写代码之前，需要先在计算机上准备网络资源。读者可以采用任何一款 Web 服务器，在本例中采
用微软的 IIS 作为 Web 服务器，读者也可以使用自己熟悉的 Web 服务器，例如 Apache、Tomcat、JBoss、
WebLogic 等。

在 IIS 中建立一个名为 apk 的虚拟目录，并将 res\raw 目录中的所有文件复制到虚拟目录对应的本地目
录中。这些文件包括若干个 png 图像文件和一个 list.txt 文件，该文件指定 png 图像的文件名、应用程序名
和评价分数，中间用逗号","分隔，内容如下：

```
calendar.png,多功能日历,5
zxyu.png,在线阅读软件,3.5
ydcd.png,有道词典,4
qq.png,aQQ 1.1,4.5
jscb.png,金山词霸,5
cctv.png,NBA CCTV-5 直播时间表,4.5
```

假设 PC 的 IP 是 192.168.17.156，读者可以通过如下 URL 来访问 list.txt 文件。

```
http://192.168.17.156/apk/list.txt
```

本例的核心是负责处理数据的 ApkListAdapter 类，该类是 BaseAdapter 的子类。在 ApkListAdapter 类
的构造方法中获得了 list.txt 文件的内容，并在分析文件的内容后，将其保存在 List<ImageData>对象中，其
中 ImageData 是 ApkListAdapter 的内嵌类，用于保存图像文件名、应用程序名和评价分数。在 ApkListAdapter
类的 getView 方法中，根据 List<ImageData>对象中的图像信息下载相应的图像文件，并返回显示这些图像
的 ImageView 对象。ApkListAdapter 类的完整代码如下：

```
public class ApkListAdapter extends BaseAdapter
{
    private Context context;
    private LayoutInflater layoutInflater;
    private String inflater = Context.LAYOUT_INFLATER_SERsVICE;
    private String rootUrl = "http://192.168.17.156/apk/";
    private String listUrl = rootUrl + "list.txt";
    // 保存图像数据的 List 对象
    private List<ImageData> imageDataList = new ArrayList<ImageData>();
    class ImageData
    {
```

```
        public String url;                      //  图像文件的 url
        public String applicationName;          //  应用程序名
        public float rating;                    //  评价分数
    }
    //  根据 url 获得与之相连的 InputStream 对象
    private InputStream getNetInputStream(String urlStr)
    {
        try
        {
            URL url = new URL(urlStr);
            URLConnection conn = url.openConnection();
            conn.connect();
            InputStream is = conn.getInputStream();
            return is;
        }
        catch (Exception e)
        {
        }
        return null;
    }
    public ApkListAdapter(Context context)
    {
        this.context = context;
        layoutInflater = (LayoutInflater) context.getSystemService(inflater);
        try
        {
            //  获得与 list.txt 文件相连的 InputStream 对象
            InputStream is = getNetInputStream(listUrl);
            //  必须使用 GBK 编码
            InputStreamReader isr = new InputStreamReader(is, "GBK");
            BufferedReader br = new BufferedReader(isr);
            String s = null;
            //  开始读取 list.txt 文件中的每一行数据
            while ((s = br.readLine()) != null)
            {
                String[] data = s.split(",");                    //  拆分每一行数据
                //  如果数据格式正确，创建 ImageData 对象，并设置相应的属性值
                if (data.length > 2)
                {
                    ImageData imageData = new ImageData();
                    imageData.url = data[0];                     //  设置图像的 url
                    imageData.applicationName = data[1];         //  设置应用程序名
                    imageData.rating = Float.parseFloat(data[2]); //  设置评价分数
                    //  将 ImageData 对象添加到 List 对象中
                    imageDataList.add(imageData);
                }
            }
            is.close();
        }
        catch (Exception e)
        {
        }
    }
    @Override
    public int getCount()
    {
        return imageDataList.size();
    }
    @Override
    public Object getItem(int position)
    {
        return position;
    }
```

```
@Override
public long getItemId(int position)
{
    return position;
}
@Override
public View getView(int position, View convertView, ViewGroup parent)
{
    LinearLayout linearLayout = (LinearLayout) layoutInflater.inflate(R.layout.item, null);
    ImageView ivLogo = (ImageView) linearLayout.findViewById(R.id.ivLogo);
    TextView tvApplicationName = ((TextView) linearLayout.findViewById(R.id.tvApplicationName));
    TextView tvRating = (TextView) linearLayout.findViewById(R.id.tvRating);
    RatingBar ratingBar = (RatingBar) linearLayout.findViewById(R.id.ratingbar);
    tvApplicationName.setText(imageDataList.get(position).applicationName);
    tvRating.setText(String.valueOf(imageDataList.get(position).rating));
    ratingBar.setRating(imageDataList.get(position).rating);
    try
    {
        //  从网络上下载相应的图像文件
        InputStream is = getNetInputStream(rootUrl + imageDataList.get(position).url);
        //  将图像流转换成 Bitmap 对象
        Bitmap bitmap = BitmapFactory.decodeStream(is);
        is.close();
        ivLogo.setImageBitmap(bitmap);
    }
    catch (Exception e)
    {
    }
    return linearLayout;
}
```

由于 list.txt 文件中的字符采用了 GBK 编码，因此，在将 InputStream 对象转换成 InputStreamReader 对象时应使用 GBK 编码。如果不使用 GBK 编码，中文部分会显示如图 9.1 所示的乱码。

在编写完 ApkListAdapter 类后，直接使用下面的代码来设置 Adapter 对象。

```
ApkListAdapter apkListAdapter = new ApkListAdapter(this);
setListAdapter(apkListAdapter);
```

运行本例，显示的效果如图 9.2 所示。

图 9.1　未使用 GBK 显示的乱码

图 9.2　正常显示的应用程序评分列表

实例 55：Google 图像画廊（Gallery）

工程目录：src\ch09\ch09_googlegallery

Google 除了可以搜索文件信息外，还可以搜索图像。本例将利用 Google 的图像搜索获得图像的 URL，并将这些图像显示在 Gallery 中。本例获得图像的方法与实例 54 相同，关键问题是如何利用 Google 搜索来获得图像的 URL。在编写代码之前，先看一下本例的显示效果，如图 9.3 所示。

在屏幕上方的文本框中输入要查找的文本，然后单击【搜索】按钮，会在 Gallery 组件中显示查到的图像。单击【上一页】和【下一页】按钮可以上下翻页。

本例的核心是向 Google 发出查询请求，获得和分析响应信息。下面先看一下 Google 是如何搜索图像的。Google 搜索图像的 URL 是 http://images.google.com，输入一个关键词，例如"龙"，单击【搜索图片】按钮后，会显示如图 9.4 所示的搜索结果。而且浏览器地址栏中的 URL 变成如下形式（由于浏览器的不同，地址栏中可能仍然会显示中文，而不是编码形式的中文，但复制出来后会显示编码形式的中文）：

图 9.3 Google 图像画廊

http://images.google.com/images?hl=zh-CN&source=hp&q=**%E9%BE%99**&btnG=%E6%90%9C%E7%B4%A2%E5%9B%BE%E7%89%87&gbv=2&aq=f&oq=

在上面的 URL 中"%E9%BE%99"为"龙"的 UTF-8 编码。其后面的内容意义并不大，因此，上面的 URL 可以到"%E9%BE%99"为止，也就是说，可以采用如下 URL 来搜索图像：

http://images.google.com/images?hl=zh-CN&source=hp&q=**%E9%BE%99**

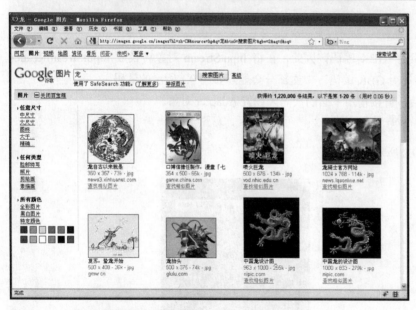

图 9.4 Google 搜索图像的结果

Gallery 组件仍然需要一个自定义的 Adapter 类来处理从网络上获得的图像数据。在本例中用 ImageAdapter 类来处理这个工作，代码如下：

```java
public class ImageAdapter extends BaseAdapter
{
    int galleryItemBackground;
    private Context mContext;
    private List<String> imageUrlList = new ArrayList<String>();
    public ImageAdapter(Context context)
    {
        mContext = context;
        TypedArray typedArray = obtainStyledAttributes(R.styleable.Gallery);
        galleryItemBackground = typedArray.getResourceId(
```

```
                    R.styleable.Gallery_android_galleryItemBackground, 0);
    }
    private InputStream getNetInputStream(String urlStr)
    {
        try
        {
            URL url = new URL(urlStr);
            URLConnection conn = url.openConnection();
            //  必须设置 User-Agent 请求头，否则 Google 会拒绝请求
            conn.setRequestProperty(
                            "User-Agent",
                            "Mozilla/5.0 (Windows; U; Windows NT 5.1; zh-CN; rv:1.9.0.15) Gecko/2009101601
                                Firefox/3.0.15 (.NET CLR 3.5.30729)");
            conn.connect();
            InputStream is = conn.getInputStream();
            return is;
        }
        catch (Exception e)
        {
        }
        return null;
    }
    //  根据搜索字符串和页数重新获得图像 URL，并通知 Gallery 组件图像已经变化
    public void refreshImageList(String searchStr, int page)
    {
        try
        {
            //  搜索图像的 URL
            String url = "http://images.google.com/images?hl=zh-CN&source=hp&q="
                    + URLEncoder.encode(searchStr, "utf-8") + "&start=" + page * 20;
            InputStream is = getNetInputStream(url);
            InputStreamReader isr = new InputStreamReader(is);
            BufferedReader br = new BufferedReader(isr);
            String s = null;
            String html = "";
            //  获得响应的内容（HTML 代码）
            while ((s = br.readLine()) != null)
            {
                html += s;
            }
            is.close();
            //  根据下面两个字符串来定位每一个图像的 URL
            String startStr = "/imgres?imgurl\\\x3d";
            String endStr = "]";
            int start = 0, end = 0;
            int count = 0;
            imageUrlList.clear();
            //  开始分析搜索结果，从中提取出图像的 URL
            while (true)
            {
                start = html.indexOf(startStr, end);
                if (start < 0)
                    break;
                end = html.indexOf(endStr, start + startStr.length());
                String ss = html.substring(start + startStr.length(),end);
                String[] strArray = ss.split("\"");
                //  设置图像的 URL
                imageUrlList.add("http://t1.gstatic.cn/images?q=tbn:" + strArray[4]);
            }
            this.notifyDataSetChanged();

        }
        catch (Exception e)
```

```
        {
        }
    }
    public int getCount()
    {
        return imageUrlList.size();
    }
    public Object getItem(int position)
    {
        return imageUrlList.get(position);
    }
    public long getItemId(int position)
    {
        return position;
    }
    public View getView(int position, View convertView, ViewGroup parent)
    {
        ImageView imageView = new ImageView(mContext);
        try
        {
            InputStream is = getNetInputStream(imageUrlList.get(position));
            Bitmap bitmap = BitmapFactory.decodeStream(is);
            imageView.setImageBitmap(bitmap);
            is.close();
        }
        catch (Exception e)
        {
        }
        imageView.setScaleType(ScaleType.FIT_CENTER);
        imageView.setLayoutParams(new Gallery.LayoutParams(200, 150));
        imageView.setBackgroundResource(galleryItemBackground);
        return imageView;
    }
}
```

在编写 ImageAdapter 类时应注意如下 4 点：

- 由于 Google 在处理请求时需验证 User-Agent 请求头，而且非浏览器请求会拒绝，因此，在 getNetInputStream 方法中将 User-Agent 请求头的值设为 Firefox 的请求头的值，这样可以伪装成 Firefox 来向 Google 发送请求。

- 在 refreshImageList 方法中定义了搜索图像的 URL，这个 URL 使用 URLEncoder.encode 方法，将搜索字符串转换成 UTF-8 编码格式，并使用 start 请求参数指定当前搜索页显示的第 1 个图像的索引，从 0 开始。在本例中每一页显示的第 1 个图像的索引是 20 的整数倍。也就是说，第 1 页从 0 开始显示，第 2 页从 20 开始显示，第 3 页从 40 开始显示，以此类推。

- 读者从搜索结果的 HTML 代码可以看出，每一个图像信息都包含在 "/imgres?imgurl\\x3d" 和 "]" 之间。因此，可以截取这两个字符串之间的值，然后再做进一步处理。

- 虽然在搜索结果中包含图像的原始 URL，但这个 URL 对应的图像文件太大，Gallery 组件显示这些图像会很耗时，因此，需要获得搜索结果中小图像文件的 URL。这些 URL 的基本格式是 http://t1.gstatic.com/images?q=tbn:06RBLNH-Q40B-M:。其中 "06RBLNH-Q40B-M:" 是每一个图像的标识。根据观察，如果用双引号将每一个图像字符串（夹在 "/imgres?imgurl\\x3d" 和 "]" 之间的字符串）分解成 String 数组，这个图像表示的正好是数组索引为 4 的位置，因此，可以直接取数组索引为 4 的元素作为图像标识与 http://t1.gstatic.com/images?q=tbn: 进行组合，形成图像的完整 URL。

无论是搜索还是上下翻页，都可以调用 ImageAdapter 类的 refreshImageList 方法刷新 Gallery 组件，这 3 个按钮的单击事件方法的代码如下：

```
public void onClick(View view)
{
    switch (view.getId())
    {
        case R.id.btnSearch:
            currentPage = 0;
            //  搜索图像，显示第 1 页的图像列表
            imageAdapter.refreshImageList(etGoogleSearch.getText().toString(), currentPage);
            break;
        case R.id.btnPrev:
            if(currentPage == 0) return;
            //  显示上一页的图像列表
            imageAdapter.refreshImageList(etGoogleSearch.getText().toString(), --currentPage);
            break;
        case R.id.btnNext:
            //  显示下一页的图像列表
            imageAdapter.refreshImageList(etGoogleSearch.getText().toString(), ++currentPage);
            break;
    }
    setTitle("第" + String.valueOf(currentPage + 1) + "页");          //  将当前页显示在标题栏上
}
```

最后使用下面的代码来设置 Gallery 的 Adapter 对象。

```
Gallery gallery = (Gallery) findViewById(R.id.gallery);
//  imageAdapter 是在 Main 类中定义的 ImageAdapter 对象
imageAdapter = new ImageAdapter(this);
gallery.setAdapter(imageAdapter);
```

9.2　WebView 组件

如果要在自己的应用程序中显示本地或 Internet 上的网页，使用 WebView 组件是一个非常好的选择。WebView 是一个使用 WebKit 引擎的浏览器组件，因此，可以将 WebView 当成一个完整的浏览器使用。WebView 不仅支持 HTML、CSS 等静态元素，还支持 JavaScript。而且在 JavaScript 中还可以调用 Java 的方法。关于这项技术将在实例 57 中详细介绍。

9.2.1　用 WebView 组件浏览网页

浏览网页是 WebView 组件最基本的功能。通过 WebView 类的 loadUrl 方法可直接装载任何有效的网址，例如下面的代码将显示 http://nokiaguy.blogjava.net 的内容。

```
WebView webView = (WebView) findViewById(R.id.webview);
webView.loadUrl("http://nokiaguy.blogjava.net");
```

WebView 组件不仅可以浏览 Internet 上的网页，也可以浏览保存在本地的网页文件或任何 WebView 支持的文件，代码如下：

```
webView.loadUrl("file:///sdcard/images.jpg");
webView.loadUrl("file:///sdcard/test.html");
```

除了可以浏览网页外，WebView 组件也和大多数浏览器一样，可以缓存浏览历史页面，并使用如下代码向后和向前浏览访问历史页面：

```
webView.goBack();               //  向后浏览历史页面
webView.goForward();            //  向前浏览历史页面
```

如果想清除缓存内容，可以使用 clearCache 方法，代码如下：

```
webView.clearCache();
```

实例 56：手机浏览器

工程目录：src\ch09\ch09_browser

本例使用 WebView 组件实现了一个手机浏览器，在该浏览器中可以输入要浏览的网址，然后单击网

址输入框右侧的图像按钮，就会在 WebView 浏览器中显示相应的页面，效果如图 9.5 所示。当多次浏览网页后，可以通过如图 9.6 所示的选项菜单向后和向前浏览历史网页。

图 9.5 手机浏览器

图 9.6 手机浏览器的选项菜单

下面来看一下查询按钮的 onClick 方法的代码。

```
public void onClick(View view)
{
    String url = etAddress.getText().toString();
    if (URLUtil.isNetworkUrl(url))
        webView.loadUrl(url);
    else
        Toast.makeText(this, "输入的网址不正确.", Toast.LENGTH_LONG).show();
}
```

在上面的代码中首先使用 URLUtil.isNetworkUrl 方法来判断用户输入的 URL 是否有效，如果用户输入了无效的 URL，系统会显示一个 Toast 信息框来提醒用户输入正确的 URL。

通过选项菜单的两个菜单项可以向后和向前浏览历史页面，菜单项的 onMenuItemClick 事件方法的代码如下：

```
public boolean onMenuItemClick(MenuItem item)
{
    switch (item.getItemId())
    {
        case 0:
            // 向后（back）
            webView.goBack();
            break;
        case 1:
            // 向前（Forward）
            webView.goForward();
            break;
    }
    return false;
}
```

9.2.2 用 WebView 组件装载 HTML 代码

本节的例子代码所在的工程目录是 src\ch09\ch09_loadhtml

WebView 不仅可以通过 URL 装载网页，也可以直接装载 HTML 代码。WebView 类有两个方法可以装载 HTML 代码，这两个方法的定义如下：

```
public void loadData(String data, String mimeType, String encoding);
public void loadDataWithBaseURL(String baseUrl, String data,
        String mimeType, String encoding, String failUrl);
```

其中 loadData 方法的参数含义如下：

- data：HTML 代码。
- mimeType：Mime 类型，一般为 text/html。
- encoding：HTML 代码的编码，例如 GBK、utf-8。

loadDataWidthBaseURL 方法的参数含义如下：

- baseUrl：获得相对路径的根 URL，如果设为 null，默认值是 about:blank。
- failUrl：如果 HTML 代码装载失败或为 null 时，WebView 组件会装载这个参数指定的 URL。
- 其他的参数与 loadData 方法的参数含义相同。

虽然 loadData 和 loadDataWithBaseURL 方法都可以装载 HTML 代码，但经作者测试，loadData 在装载包含中文的 HTML 代码时会出现乱码，而 loadDataWithBaseURL 方法没有任何问题。作者建议使用 loadDataWithBaseURL 方法来装载 HTML 代码。

WebView 默认时不支持 JavaScript，为了使 WebView 组件支持 JavaScript，需要使用 setJavaScriptEnabled 和 setWebChromeClient 方法进行设置。其中 setWebChromeClient 方法用来设置 JavaScript 处理器。本例中使用 loadDataWithBaseURL 方法装载包含一个表格的 HTML 代码，在这些代码中使用了 JavaScript，因此，需要将 WebView 组件的 JavaScript 功能打开，代码如下：

```
WebView webView = (WebView) findViewById(R.id.webview);
String html = "<html>"
        + "<body>"
        + "图书封面<br>"
        + "<table width='200' border='1' >"
        + "<tr>"
        + "<td><a onclick='alert(\"Java Web 开发速学宝典\")' ><img style='margin:10px' src='http://images.china-pub.com/ebook45001-50000/48015/cover.jpg' width='100'/></a></td>"
        + "<td><a onclick='alert(\" 大象 --Thinking in UML\")' ><img style='margin:10px' src='http://images.china-pub.com/ebook125001-130000/129881/zcover.jpg' width='100'/></td>"
        + "</tr>"
        + "<tr>"
        + "<td><img style='margin:10px' src='http://images.china-pub.com/ebook25001-30000/27518/zcover.jpg' width='100'/></td>"
        + "<td><img style='margin:10px' src='http://images.china-pub.com/ebook30001-35000/34838/zcover.jpg' width='100'/></td>"
        + "</tr>" + "</table>" + "</body>" + "</html>";
//  开始装载 HTML 代码
webView.loadDataWithBaseURL("图书名", html, "text/html", "utf-8", null);
//  打开 JavaScript 功能
webView.getSettings().setJavaScriptEnabled(true);
//  设置处理 JavaScript 的引擎
webView.setWebChromeClient(new WebChromeClient());
```

运行本例后，显示的效果如图 9.7 所示。单击页面上的图像，会执行 JavaScript 代码（显示一个对话框），效果如图 9.8 所示。

图 9.7　装载 HTML 代码

图 9.8　执行 JavaScript 代码（alert 方法）

实例 57：将英文词典整合到 Web 页中（JavaScript 调用 Java 方法）

工程目录：src\ch09\ch09_webdictionary

Android 的功能是非常强大的，而 WebView 组件如果只能支持 HTML 和 JavaScript，那就太浪费 Android 系统那强大的功能了。为此，WebView 类提供了通过 JavaScript 调用 Java 方法的能力。这就意味着 Web 程序可以通过调用 Java 方法来使用 Android 系统中的所有功能。

本例将使用 WebView 组件的这个特性将第 6 章的实例 41 中通过 ContentProvider 向其他应用程序提供数据的英文词典整合到 Web 应用程序中。在运行本例之前，需要首先运行 ch06_dictionary_ contentprovider 工程。

JavaScript 调用 Java 方法的关键是使用 WebView 类的 addJavascriptInterface 方法添加一个 JavaScript 可访问的对象。addJavascriptInterface 方法的定义如下：

```
public void addJavascriptInterface(Object obj, String interfaceName);
```

其中 obj 是 JavaScript 要访问的对象，interfaceName 是将这个对象映射到 JavaScript 中的对象名。在 obj 对应的类中可以包含任意方法，系统会根据 Java 反射技术调用 obj 对象中的方法。

本例的基本实现方法是在 onCreate 中装载一个 html 页面，在该页面中会显示一个文本框和一个按钮，通过单击按钮，可以查询英文单词（调用 Java 方法）。onCreate 方法的代码如下：

```java
public void onCreate(Bundle savedInstanceState)
{
    super.onCreate(savedInstanceState);
    setContentView(R.layout.main);
    WebView webView = (WebView) findViewById(R.id.webview);
    WebSettings webSettings = webView.getSettings();
    webSettings.setJavaScriptEnabled(true);
    webView.setWebChromeClient(new WebChromeClient());
    webView.addJavascriptInterface(new Object()
    {
        // 用于查询英文单词的方法，也是 JavaScript 调用的方法
        public String searchWord(String word)
        {
            // 直接通过 ContentProvider 来查询英文单词
            Uri uri = Uri.parse(DICTIONARY_SINGLE_WORD_URI);
            Cursor cursor = getContentResolver().query(uri, null,
                    "english=?", new String[]
                    { word }, null);
            String result = "未找到该单词.";
            if (cursor.getCount() > 0)
            {
                cursor.moveToFirst();
                result = cursor.getString(cursor.getColumnIndex("chinese"));
            }
            return result;
        }
    }, "dictionary");          // dictionary 是 Java 对象映射到 JavaScript 中的对象名
    // 开始读取 res\raw 目录中的 dictionary.html 文件的内容
    InputStream is = getResources().openRawResource(R.raw.dictionary);
    byte[] buffer = new byte[1024];
    try
    {
        int count = is.read(buffer);
        String html = new String(buffer,0 ,count, "utf-8");
        // 装载 dictionary.html 文件中的内容
        webView.loadDataWithBaseURL(null, html, "text/html", "utf-8", null);
    }
    catch (Exception e)
    {
    }
}
```

在编写上面代码时应注意如下 4 点：

- addJavascriptInterface 方法的第 1 个参数值可以是任意的 Java 对象，对象中的方法也可以是任意的，JavaScript 调用的方法名与该对象中的方法名相同。

- 在 searchWord 方法中通过 ContentProvider 来查询英文单词。因此，在运行本例之前，应先运行 ch06_dictionary_contentprovider 工程。

- addJavascriptInterface 方法的第 2 个参数表示将第 1 个参数设置的 Java 对象映射到 JavaScript 中的对象名。例如，在本例中可以通过 window.dictionary.searchWord(...) 来调用 searchWord 方法。

- 本例所使用的 dictionary.html 文件在 res\raw 目录中，需要先获得该文件的 InputStream 对象，然后读出该文件的内容，最后使用 loadDataWithBaseURL 方法来装载 dictionary.html 文件的内容。

现在来看一下 dictionary.html 文件的内容。

```html
<html>
 <script language="javascript">
    function search()
    {
      //   调用 searchWord 方法
      result.innerHTML = "<font color='red'>" + window.dictionary.searchWord(word.value) + "</font>";
    }
</script>
<body>
        英文词典<p/>
   <input type="text" id="word"/> <input type="button" value="查单词" onclick="search()" />
   <p/>
   <div id="result"></div>
</body>
</html>
```

运行本例，在文本框中输入一个单词，单击【查单词】按钮，会在文本框的下方显示查询结果，如图 9.9 所示。

图 9.9　Web 版英文词典的查询结果

9.3　访问 HTTP 资源

HTTP 是 Internet 中广泛使用的协议。几乎所有的语言和 SDK 都会不同程度地支持 HTTP，而以网络著称的 Google 自然也会使 Android SDK 拥有强大的 HTTP 访问能力。在 Android SDK 中可以采用多种方式使用 HTTP，例如 HttpURLConnection、HttpGet、HttpPost 等。本节将介绍如何利用这些技术来访问 HTTP 资源。

9.3.1　提交 HTTP GET 和 HTTP POST 请求

本节的例子代码所在的工程目录是 src\ch09\ch09_httpgetpostl
Servlet 工程目录是 src\ch09\querybooks
本节将介绍 Android SDK 集成的 Apache HttpClient 模块。要注意的是，这里的 Apache HttpClient 模块是

HttpClient 4.0（org.apache.http.*），而不是 Jakarta Commons HttpClient 3.x（org.apache.commons.httpclient.*）。

在 HttpClient 模块中涉及到两个重要的类：HttpGet 和 HttpPost。这两个类分别用来提交 HTTP GET 和 HTTP POST 请求。为了测试本节的例子，需要先编写一个 Servlet 程序，用来接收 HTTP GET 和 HTTP POST 请求。关于 Servlet 程序的源代码，读者可以查看 querybooks 工程中的源文件。在运行本例之前，需要先在计算机上安装 Tomcat，并将 querybooks 工程直接复制到<Tomcat 安装目录>\webapps 目录即可，然后启动 Tomcat。在浏览器地址栏中输入如下 URL：

> http://localhost:8080/querybooks/query.jsp

如果出现如图 9.10 所示的页面，说明 querybooks 已经安装成功。

在 querybooks 工程中有一个 QueryServlet 类，访问这个类的 URL 如下：

> http://192.168.17.156:8080/querybooks/QueryServlet?bookname=开发

其中"192.168.17.156"是 PC 的 IP 地址，bookname 是 QueryServlet 的请求参数，表示图书名，通过该参数来查询图书信息。在图 9.10 所示的页面中的文本框内输入"开发"，然后单击【查询】按钮，页面会以 HTTP POST 方式向 QueryServlet 提交请求信息，如果成功提交，将显示如图 9.11 所示的内容。

图 9.10　querybooks 的测试页面

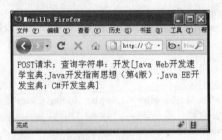

图 9.11　返回的响应信息

现在我们要通过 HttpGet 和 HttpPost 向 QueryServlet 提交请求信息，并将返回的结果显示在 TextView 组件中。无论是使用 HttpGet，还是使用 HttpPost，都必须通过如下 3 步来访问 HTTP 资源。

（1）创建 HttpGet 或 HttpPost 对象，将要请求的 URL 通过构造方法传入 HttpGet 或 HttpPost 对象。

（2）使用 DefaultHttpClient 类的 execute 方法发送 HTTP GET 或 HTTP POST 请求，并返回 HttpResponse 对象。

（3）通过 HttpResponse 接口的 getEntity 方法返回响应信息，并进行相应的处理。

如果使用 HttpPost 方法提交 HTTP POST 请求，还需要使用 HttpPost 类的 setEntity 方法设置请求参数。

本例使用了两个按钮来分别提交 HTTP GET 和 HTTP POST 请求，并从 EditText 组件中获得请求参数（bookname）值，最后将返回的结果显示在 TextView 组件中。两个按钮共用一个 onClick 事件方法，代码如下：

```java
public void onClick(View view)
{
    // 读者需要将本例中的 IP 换成自己机器的 IP
    String url = "http://192.168.17.156:8080/querybooks/QueryServlet";
    TextView tvQueryResult = (TextView) findViewById(R.id.tvQueryResult);
    EditText etBookName = (EditText) findViewById(R.id.etBookName);
    HttpResponse httpResponse = null;
    try
    {
        switch (view.getId())
        {
            // 提交 HTTP GET 请求
            case R.id.btnGetQuery:
                // 向 url 添加请求参数
                url += "?bookname=" + etBookName.getText().toString();
                // 第 1 步：创建 HttpGet 对象
                HttpGet httpGet = new HttpGet(url);
                // 第 2 步：使用 execute 方法发送 HTTP GET 请求，并返回 HttpResponse 对象
                httpResponse = new DefaultHttpClient().execute(httpGet);
```

```
            // 判断请求响应状态码，状态码为 200 表示服务端成功响应了客户端的请求
            if (httpResponse.getStatusLine().getStatusCode() == 200)
            {
                // 第 3 步：使用 getEntity 方法获得返回结果
                String result = EntityUtils.toString(httpResponse.getEntity());
                // 去掉返回结果中的 "\r" 字符，否则会在结果字符串后面显示一个小方格
                tvQueryResult.setText(result.replaceAll("\r", ""));
            }
            break;
        // 提交 HTTP POST 请求
        case R.id.btnPostQuery:
            // 第 1 步：创建 HttpPost 对象
            HttpPost httpPost = new HttpPost(url);
            // 设置 HTTP POST 请求参数必须用 NameValuePair 对象
            List<NameValuePair> params = new ArrayList<NameValuePair>();
            params.add(new BasicNameValuePair("bookname", etBookName
                .getText().toString()));
            // 设置 HTTP POST 请求参数
            httpPost.setEntity(new UrlEncodedFormEntity(params, HTTP.UTF_8));
            // 第 2 步：使用 execute 方法发送 HTTP POST 请求，并返回 HttpResponse 对象
            httpResponse = new DefaultHttpClient().execute(httpPost);
            if (httpResponse.getStatusLine().getStatusCode() == 200)
            {
                // 第 3 步：使用 getEntity 方法获得返回结果
                String result = EntityUtils.toString(httpResponse.getEntity());
                // 去掉返回结果中的 "\r" 字符，否则会在结果字符串后面显示一个小方格
                tvQueryResult.setText(result.replaceAll("\r", ""));
            }
            break;
        }
    }
    catch (Exception e)
    {
        tvQueryResult.setText(e.getMessage());
    }
}
```

运行本例，在文本编辑框中输入"开发"，并单击【GET 查询】和【POST 查询】按钮，会在屏幕下方显示如图 9.12 和图 9.13 所示的信息。

图 9.12　Get 请求查询结果

图 9.13　Post 请求查询结果

9.3.2　HttpURLConnection 类

java.net.HttpURLConnection 类是另外一种访问 HTTP 资源的方式。HttpURLConnection 类具有完全的访问能力，可以取代 HttpGet 和 HttpPost 类。使用 HttpUrlConnection 访问 HTTP 资源可以使用如下几步：

（1）使用 java.net.URL 封装 HTTP 资源的 url，并使用 openConnection 方法获得 HttpUrlConnection 对象，代码如下：

```
URL url = new URL("http://www.blogjava.net/nokiaguy/archive/2009/12/14/305890.html");
HttpURLConnection httpURLConnection = (HttpURLConnection) url.openConnection();
```

（2）设置请求方法，例如 GET、POST 等，代码如下：

```
httpURLConnection.setRequestMethod("POST");
```

要注意的是，setRequestMethod 方法的参数值必须大写，例如 GET、POST 等。

（3）设置输入输出及其他权限。如果要下载 HTTP 资源或向服务端上传数据，需要使用如下代码进行设置：

```
// 下载 HTTP 资源，需要将 setDoInput 方法的参数值设为 true
httpURLConnection.setDoInput(true);
// 上传数据，需要将 setDoOutput 方法的参数值设为 true
httpURLConnection.setDoOutput(true);
```

HttpURLConnection 类还包含更多的选项，例如，使用下面的代码可以禁止 HttpURLConnection 使用缓存。

```
httpURLConnection.setUseCaches(false);
```

（4）设置 HTTP 请求头。在很多情况下，要根据实际情况设置一些 HTTP 请求头，例如下面的代码设置了 Charset 请求头的值为 UTF-8。

```
httpURLConnection.setRequestProperty("Charset", "UTF-8");
```

（5）输入和输出数据。这一步是对 HTTP 资源的读写操作。也就是通过 InputStream 和 OutputStream 读取和写入数据。下面的代码获得了 InputStream 对象和 OutputStream 对象。

```
InputStream is = httpURLConnection.getInputStream();
OutputStream os = httpURLConnection.getOutputStream();
```

至于是先读取还是先写入数据，需要根据具体情况而定。

（6）关闭输入输出流。虽然关闭输入输出流并不是必需的，在应用程序结束后，输入输出流会自动关闭，但显式关闭输入输出流是一个好习惯。关闭输入输出流的代码如下：

```
is.close();
os.close();
```

实例 58 和实例 59 分别使用 HttpURLConnection 和 HttpGet 来完成同一个例子，读者可以对比它们访问 HTTP 资源的方式有什么不同。

实例 58：上传文件

工程目录：src\ch09\ch09_uploadfile

Servlet 工程目录是 src\ch09\upload

本例使用 HttpUrlConnection 实现了一个上传文件的应用程序。该程序可以将手机上的文件上传到服务端。本例所使用的服务端程序在 src\ch09\upload 目录中，读者可以将 upload 目录直接复制到<Tomcat 安装目录>\webapps 目录中，然后启动 Tomcat，在浏览器地址栏中输入如下 URL：

```
http://localhost:8080/upload/upload.jsp
```

如果在浏览器中显示如图 9.14 所示的页面，说明服务端程序已经安装成功。这个服务端程序负责接收客户端上传的文件，并将成功上传的文件保存在 D:\upload 目录中，如果该目录不存在，系统会自动创建该目录。读者可以使用如图 9.14 所示的页面上传一个文件，观察一下效果。

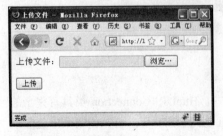

图 9.14 上传文件的页面

下面来实现 Android 版的文件上传客户端。在这个例子中使用了第 6 章的实例 36 实现的 SD 卡浏览器组件来浏览 SD 卡中的文件。浏览文件的效果如图 9.15 所示,当单击一个文件时,系统会上传该文件,上传成功后的效果如图 9.16 所示。读者可以在 D:\upload 目录看到上传的文件。

图 9.15 浏览 SD 卡中的文件

图 9.16 成功上传文件

实现本例的关键是了解文件上传的原理。为了分析文件上传的原理,作者使用了 HttpAnalyzer 来截获图 9.14 所示的页面上传文件的 HTTP 请求信息。从【stream】标签页可以看到原始的 HTTP 请求信息,如图 9.17 所示。

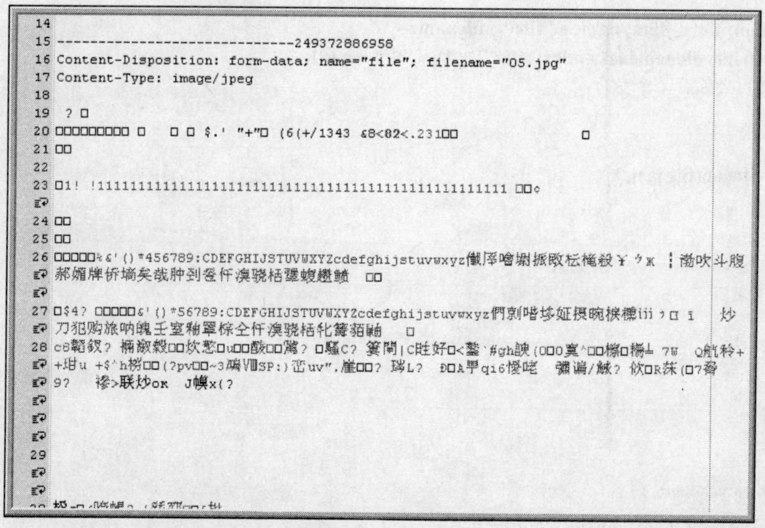

```
14
15   ----------------------------249372886958
16   Content-Disposition: form-data; name="file"; filename="05.jpg"
17   Content-Type: image/jpeg
18
19   ? □
20   □□□□□□□□□ □   □ □ $.' "+"□ (6(+/1343 &8<82<.231□□       □
21 □□
22
23 □1! !1111111111111111111111111111111111111111111111111 □□◇

24 □□
25 □□
26 □□□□□%&'()*456789:CDEFGHIJSTUVWXYZcdefghijstuvwxyz僦厗嚕嘲振�殺ҳ仒ж ▏酬吹斗腹
     郝媚牌侨塙矣哉肿到委仟溴骁栢璗蝮趨鳍    □□

27 □$4? □□□□□&'()*56789:CDEFGHIJSTUVWXYZcdefghijstuvwxyz們剥嗜埁延摂婉朴穗iii □ i    炒
     刀犯购旅呐绳壬窒釉翠榢仝仟溴骁栢忆篝菇帅     □
28 c8鞼叙? 桶嶽毅□□欤忢□u□□酸□駑? 墅篡□ 篓閒|C旺好u<黟*#gh腴(□□真?□檼ㅗ橅ㅗ 7W  o軋粭+
     ＋坤u ＋$^h樹□(?pv□□~3嶋Ⅷ SP:)茁uv".崖□? 瑞L? □□A孯q16慢咾 彊谒/賊? 飲□R铢(□7毉
     9?    掺>联炒oк J幟x(?
```

图 9.17 上传文件的 HTTP 请求信息

从图 9.17 可以看出,上传文件的 HTTP 请求信息分为如下 4 部分。

- 分界符。由两部分组成:两个连字符“--”和一个任意字符串。使用浏览器上传文件一般为“-----------------数字”。分界符为单独一行。
- 上传文件的相关信息。这些信息包括请求参数名、上传文件名、文件类型,但并不仅限于此。例如 Content-Disposition: form-data; name="file"; filename="abc.jpg"。
- 上传文件的内容。字节流形式。
- 文件全部上传后的结束符。这个符号在图 9.17 中并没有显示出来。当上传的文件是最后一个时,在 HTTP 请求信息的结尾就会出现这个符号字符串。结束符和分界符类似,只是在分界符后面再加两个连字符,例如,“-----------------------------218813199810322--”就是一个结束符。

当单击图 9.15 所示列表中的某个文件时,会调用 SD 卡浏览组件的 onFileItemClick 事件方法,在该方法中负责上传当前单击的文件,代码如下:

```
public void onFileItemClick(String filename)
{
        // 192.168.17.156 是 PC 的 IP 地址，读者需要将这个 IP 换成自己机器的 IP
        String uploadUrl = "http://192.168.17.156:8080/upload/UploadServlet";
        String end = "\r\n";
        String twoHyphens = "--";                      // 两个连字符
        String boundary = "******";                     // 分界符的字符串
        try
        {
            URL url = new URL(uploadUrl);
            HttpURLConnection httpURLConnection = (HttpURLConnection) url.openConnection();
            // 要想使用 InputStream 和 OutputStream，必须使用下面两行代码
            httpURLConnection.setDoInput(true);
            httpURLConnection.setDoOutput(true);
            httpURLConnection.setUseCaches(false);
            // 设置 HTTP 请求方法，方法名必须大写，例如，GET、POST
            httpURLConnection.setRequestMethod("POST");
            httpURLConnection.setRequestProperty("Connection", "Keep-Alive");
            httpURLConnection.setRequestProperty("Charset", "UTF-8");
            // 必须在 Content-Type 请求头中指定分界符中的任意字符串
            httpURLConnection.setRequestProperty("Content-Type",
                    "multipart/form-data;boundary=" + boundary);
            // 获得 OutputStream 对象，准备上传文件
            DataOutputStream dos = new DataOutputStream(httpURLConnection.getOutputStream());
            // 设置分界符，加 end 表示为单独一行
            dos.writeBytes(twoHyphens + boundary + end);
            // 设置与上传文件相关的信息
            dos.writeBytes("Content-Disposition: form-data; name=\"file\"; filename=\""
                            + filename.substring(filename.lastIndexOf("/") + 1) + "\"" + end);
            // 在上传文件信息与文件内容之间必须有一个空行
            dos.writeBytes(end);
            // 开始上传文件
            FileInputStream fis = new FileInputStream(filename);
            byte[] buffer = new byte[8192]; // 8k
            int count = 0;
            // 读取文件内容，并写入 OutputStream 对象
            while ((count = fis.read(buffer)) != -1)
            {
                dos.write(buffer, 0, count);
            }
            fis.close();
            // 新起一行
            dos.writeBytes(end);
            // 设置结束符号（在分界符后面加两个连字符）
            dos.writeBytes(twoHyphens + boundary + twoHyphens + end);
            dos.flush();
            // 开始读取从服务端传过来的信息
            InputStream is = httpURLConnection.getInputStream();
            InputStreamReader isr = new InputStreamReader(is, "utf-8");
            BufferedReader br = new BufferedReader(isr);
            String result = br.readLine();
            Toast.makeText(this, result, Toast.LENGTH_LONG).show();
            dos.close();
            is.close();
        }
        catch (Exception e)
        {
        }
}
```

在编写上面代码时应注意如下 3 点：

● 在本例中，分界符中的任意字符串使用了"******"，而不是浏览器使用的"--------------"。

● 分界符中的任意字符串必须在 Content-Type 请求头中指定，好让服务端可以获得完整的分界符。

- 在上传文件信息与上传文件内容之间必须有一个空行。

实例 59：远程 Apk 安装器

工程目录：src\ch09\ch09_remoteinstallapk

本例使用 HttpGet 从服务端下载一个 apk 文件，然后自动将 apk 文件安装在手机（模拟器）上。HttpGet 的使用方法在第 9.3.1 节已经详细介绍过了，读者可以按着相应的步骤来编写代码。为了测试本例，读者可以在计算机上的 Web 服务器中建立一个虚拟目录，作者使用了 IIS 来建立这个虚拟目录。建立完虚拟目录后，将一个 apk 文件放到虚拟目录中。假设 PC 的 IP 地址是 192.168.17.156，那么访问这个 apk 文件的 URL 如下：

```
http://192.168.17.156/apk/integration.apk
```

运行本例后，单击【下载安装 Apk】按钮，系统会首先下载 integration.apk 文件，代码如下：

```java
// 按钮单击事件
public void onClick(View view)
{
    // 下载文件
    String downloadPath = Environment.getExternalStorageDirectory().getPath() + "/download_cache";
    // apk 文件中服务端的 Url
    String url = "http://192.168.17.156/apk/integration.apk";
    File file = new File(downloadPath);
    if(!file.exists())
    {
        file.mkdir();
    }
    HttpGet httpGet = new HttpGet(url);
    try
    {
        HttpResponse httpResponse = new DefaultHttpClient().execute(httpGet);
        if (httpResponse.getStatusLine().getStatusCode() == 200)
        {
            InputStream is = httpResponse.getEntity().getContent();
            // 开始下载 apk 文件
            FileOutputStream fos = new FileOutputStream(downloadPath+ "/integration.apk");
            byte[] buffer = new byte[8192];
            int count = 0;
            while ((count = is.read(buffer)) != -1)
            {
                fos.write(buffer, 0, count);
            }
            fos.close();
            is.close();
            // 安装 apk 文件
            installApk(downloadPath+ "/integration.apk");
        }
    }
    catch (Exception e)
    {
    }
}
```

上面的代码将 apk 文件下载到/sdcard/download_cache 目录中，成功下载后的效果如图 9.18 所示。

在下载完 apk 文件后，调用 installApk 方法来安装 apk 文件，代码如下：

```java
private void installApk(String filename)
{
    File file = new File(filename);
    Intent intent = new Intent();
    intent.addFlags(Intent.FLAG_ACTIVITY_NEW_TASK);
    intent.setAction(Intent.ACTION_VIEW);
    String type = "application/vnd.android.package-archive";
```

```
          //  设置数据类型
          intent.setDataAndType(Uri.fromFile(file), type);
          startActivity(intent);
    }
```

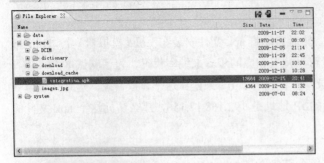

图 9.18　成功下载 apk 文件

在调用 installApk 方法后，会显示如图 9.19 所示的安装界面。安装成功后的界面如图 9.20 所示。

图 9.19　apk 安装界面

图 9.20　安装成功后的界面

9.3.3　调用 WebService

WebService 是一种基于 SOAP 协议的远程调用标准。通过 WebService 可以将不同操作系统平台、不同语言、不同技术整合到一起。在 Android SDK 中并没有提供调用 WebService 的库，因此，需要使用第三方 SDK 来调用 WebService。

PC 版本的 WebService 客户端库非常丰富，例如 Axis2、CXF 等，但这些开发包对于 Android 系统过于庞大，也未必很容易移植到 Android 系统上。因此，这些开发包并不在我们考虑的范围内。适合手机的 WebService 客户端的 SDK 也有一些。本例使用了比较常用的 KSOAP2。读者可以从如下地址下载 Android 版的 KSOAP2：

http://code.google.com/p/ksoap2-android/downloads/list

将下载后的 jar 文件复制到 Eclipse 工程的 lib 目录中（如果没有该目录，可以新建一个，也可以放在其他的目录中）。并在 Eclipse 工程中引用这个 jar 包，引用后的 Eclipse 工程目录结构如图 9.21 所示。

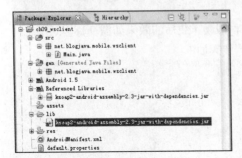

图 9.21　引用 KSOAP2 开发包

读者可按如下 6 步来调用 WebService 的方法。

（1）指定 WebService 的命名空间和调用的方法名，代码如下：

```
SoapObject request = new SoapObject("http://service", "getName");
```

SoapObject 类的第 1 个参数表示 WebService 的命名空间，可以从 WSDL 文档中找到 WebService 的命名空间。第 2 个参数表示要调用的 WebService 方法名。

（2）设置调用方法的参数值，这一步是可选的，如果方法没有参数，可以省略这一步。设置方法的参数值的代码如下：

```
request.addProperty("param1", "value1");
request.addProperty("param2", "value2");
```

要注意的是，addProperty 方法的第 1 个参数虽然表示调用方法的参数名，但该参数值并不一定与服务端的 WebService 类中的方法参数名一致，只要设置参数的顺序一致即可。

（3）生成调用 WebService 方法的 SOAP 请求信息。该信息由 SoapSerializationEnvelope 对象描述，代码如下：

```
SoapSerializationEnvelope envelope = new SoapSerializationEnvelope(SoapEnvelope.VER11);
envelope.bodyOut = request;
```

创建 SoapSerializationEnvelope 对象时需要通过 SoapSerializationEnvelope 类的构造方法设置 SOAP 协议的版本号。该版本号需要根据服务端 WebService 的版本号设置。在创建 SoapSerializationEnvelope 对象后，不要忘了设置 SoapSerializationEnvelope 类的 bodyOut 属性，该属性的值就是在第 1 步创建的 SoapObject 对象。

（4）创建 HttpTransportSE 对象。通过 HttpTransportSE 类的构造方法可以指定 WebService 的 WSDL 文档的 URL，代码如下：

```
HttpTransportSE ht =
    new HttpTransportSE("http://192.168.17.156:8080/axis2/services/SearchProductService?wsdl");
```

（5）使用 call 方法调用 WebService 方法，代码如下：

```
ht.call(null, envelope);
```

call 方法的第 1 个参数一般为 null，第 2 个参数就是在第 3 步创建的 SoapSerializationEnvelope 对象。

（6）使用 getResponse 方法获得 WebService 方法的返回结果，代码如下：

```
SoapObject soapObject = (SoapObject) envelope.getResponse();
```

在实例 60 给出了一个完整的例子来演示如何使用 KSOAP2 调用 WebService。

实例 60：通过 WebService 查询产品信息

工程目录：src\ch09\ch09_wsclient

WebService 源代码目录：src\ch09\axis2

本例涉及到一个 WebService 服务端程序和一个 Android 客户端程序。读者可直接将服务端程序（axis2 目录）复制到<Tomcat 安装目录>\webapps 目录中，然后启动 Tomcat，并在浏览器地址栏中输入如下 URL：

```
http://localhost:8080/axis2
```

如果在浏览器中显示如图 9.22 所示的页面，说明服务端程序已经安装成功。

这个服务端 WebService 程序是 SearchProductService，实际上 SearchProductService 是一个 Java 类，只是利用 Axis2 将其映射成 WebService。在该类中有一个 getProduct 方法。这个方法有一个 String 类型的参数，表示产品名称。该方法返回一个 Product 对象，该对象有 3 个属性：name、price 和 productNumber。读者可以使用如下 URL 来查看 SearchProductService 的 WSDL 文档：

```
http://localhost:8080/axis2/services/SearchProductService?wsdl
```

显示 WSDL 文档的页面如图 9.23 所示。

图 9.23 中的黑框中就是 WebService 的命名空间，也是 SoapObject 类的构造方法的第 1 个参数值。这个 WebService 程序可以直接使用如下 URL 进行测试：

```
http://localhost:8080/axis2/services/SearchProductService/getProduct?param0=iphone
```

测试的结果如图 9.24 所示。

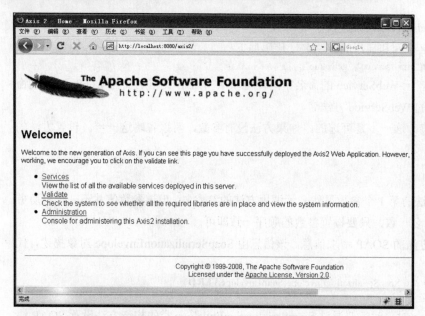

图 9.22　WebService 主页面

图 9.23　WSDL 文档

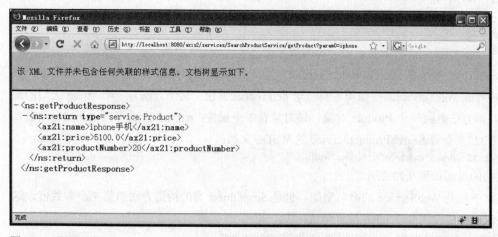

图 9.24　测试结果

从图 9.24 所示的测试结果可以看出，Axis2 将 getProduct 方法返回的 Product 对象直接转换成了 XML 文档（实际上是 SOAP 格式）返回。

下面根据 9.3.3 节介绍的使用 KSOAP2 的步骤来编写调用 WebService 的 Android 客户端程序，代码如下：

```java
package net.blogjava.mobile.wsclient;

import org.ksoap2.SoapEnvelope;
import org.ksoap2.serialization.SoapObject;
import org.ksoap2.serialization.SoapSerializationEnvelope;
import org.ksoap2.transport.HttpTransportSE;
import android.app.Activity;
import android.os.Bundle;
import android.view.View;
import android.view.View.OnClickListener;
import android.widget.Button;
import android.widget.EditText;
import android.widget.TextView;

public class Main extends Activity implements OnClickListener
{
    @Override
    public void onClick(View view)
    {
        EditText etProductName = (EditText)findViewById(R.id.etProductName);
        TextView tvResult = (TextView)findViewById(R.id.tvResult);
        //  WSDL 文档的 URL，192.168.17.156 为 PC 的 ID 地址
        String serviceUrl = "http://192.168.17.156:8080/axis2/services/SearchProductService?wsdl";
        //  定义调用的 WebService 方法名
        String methodName = "getProduct";
        //  第 1 步：创建 SoapObject 对象，并指定 WebService 的命名空间和调用的方法名
        SoapObject request = new SoapObject("http://service", methodName);
        //  第 2 步：设置 WebService 方法的参数
        request.addProperty("productName", etProductName.getText().toString());
        //  第 3 步：创建 SoapSerializationEnvelope 对象，并指定 WebService 的版本
        SoapSerializationEnvelope envelope = new SoapSerializationEnvelope(SoapEnvelope.VER11);
        //  设置 bodyOut 属性
        envelope.bodyOut = request;
        //  第 4 步：创建 HttpTransportSE 对象，并指定 WSDL 文档的 URL
        HttpTransportSE ht = new HttpTransportSE(serviceUrl);
        try
        {
            //  第 5 步：调用 WebService
            ht.call(null, envelope);
            if (envelope.getResponse() != null)
            {
                //  第 6 步：使用 getResponse 方法获得 WebService 方法的返回结果
                SoapObject soapObject = (SoapObject) envelope.getResponse();
                //  通过 getProperty 方法获得 Product 对象的属性值
                String result = "产品名称：" + soapObject.getProperty("name") + "\n";
                result += "产品数量：" + soapObject.getProperty("productNumber") + "\n";
                result += "产品价格：" + soapObject.getProperty("price");
                tvResult.setText(result);

            }
            else {
                tvResult.setText("无此产品.");
            }
        }
        catch (Exception e)
        {
        }
```

```
        }
        @Override
        public void onCreate(Bundle savedInstanceState)
        {
            super.onCreate(savedInstanceState);
            setContentView(R.layout.main);
            Button btnSearch = (Button) findViewById(R.id.btnSearch);
            btnSearch.setOnClickListener(this);
        }
    }
```

在编写上面代码时应注意如下两点：

- 在第 2 步中 addProperty 方法的第 1 个参数值是 productName，该值虽然是 getProduct 方法的参数名，但 addProperty 方法的第 1 个参数值并不限于 productName，读者可以将这个参数设为其他的任何字符串（但该值必须在 XML 中是合法的，例如，不是设为 "<"、">" 等 XML 预留的字符串）。

- 通过 SoapObject 类的 getProperty 方法可以获得 Product 对象的属性值，这些属性名就是图 9.24 所示的测试结果中的属性名。

运行本例，在文本框中输入 "htc hero"，单击【查询】按钮，会在按钮下方显示如图 9.25 所示的查询结果。

图 9.25　显示查询结果

9.4　本章小结

本章主要介绍了如何获得 HTTP 资源以及一些与网络有关的组件，包括 ListView、Gallery 和 WebView。获得 HTTP 资源可以通过 HttpUrlConnection 或 HttpGet、HttpPost，这两种方式可以互相取代。如果想在 ListView、Gallery 组件中装载远程 HTTP 资源数据，需要在 Adapter 对象中访问 HTTP 资源，然后将这些资源装载到本地的数组或 List 对象中，剩下的步骤和装载本地数据基本相同。本章还介绍了一个第三方用于访问 WebService 的开发包 KSOAP2。通过这个开发包，可以在 Android 系统中调用远程的 WebService 方法。

10
多媒体

本章主要介绍 Android SDK 中比较有趣的部分：图形、音频和视频。基于这些技术的应用已占据全部应用的很大一部分。在每节介绍相关知识后，会提供一个完整的实例来帮助读者更好地理解和掌握该节的知识。

 本章内容

- 📖 图形绘制基础
- 📖 绘制位图
- 📖 设置颜色和位图的透明度
- 📖 旋转图像和旋转动画
- 📖 扭曲图像
- 📖 拉伸图像
- 📖 路径（Path）
- 📖 沿着路径绘制文本
- 📖 在图像上绘制图形
- 📖 播放 MP3 文件
- 📖 录音
- 📖 播放视频

10.1 图形

图形是学习 Android 多媒体技术最先接触到的内容。通常在 android.view.View 类的 onDraw 方法中画各种图形。在 Android SDK 中支持多种图形效果，例如基本的图形元素（直线、圆形、弧等）、设置位图的透明度（Alpha 值）、画位图、旋转位图等。

10.1.1 图形绘制基础

绘制图形通常在 android.view.View 或其子类的 onDraw 方法中进行。该方法的定义如下：

```
protected void onDraw(Canvas canvas);
```

其中 Canvas 对象提供了大量用于绘图的方法。这些方法主要包括绘制像素点、直线、圆形、弧、文本，这些都是组成复杂图形的基本元素。如果要画更复杂的图形，可以采用组合这些图形基本元素的方式来完成，例如可以采用画 3 条直线的方式来画三角形。下面来看一下绘制图形基本元素的方法。

1. 绘制像素点

```
public native void drawPoint(float x, float y, Paint paint);                          //  画一个像素点
public native void drawPoints(float[] pts, int offset, int count, Paint paint);       //  画多个像素点
public void drawPoints(float[] pts, Paint paint);                                     //  画多个像素点
```

参数的含义如下：

- x：像素点的横坐标。

- y：像素点的纵坐标。

- paint：描述像素点属性的 Paint 对象。可设置像素点的大小、颜色等属性。绘制其他图形元素的 Paint 对象与绘制像素点的 Paint 对象的含义相同。在绘制具体的图形元素时可根据实际情况设置 Paint 对象。

- pts：drawPoints 方法可一次性画多个像素点。pts 参数表示多个像素点的坐标。该数组元素必须是偶数个，两个一组为一个像素点的坐标。

- offset：drawPoints 方法可以取 pts 数组中的一部分连续元素作为像素点的坐标，因此，需要通过 offset 参数来指定取得数组中连续元素的第 1 个元素的位置，也就是元素偏移量，从 0 开始。例如，要从第 3 个元素开始取数组元素，那么 offset 参数值就是 2。

- count：要获得的数组元素个数。count 必须为偶数（两个数组元素为一个像素点的坐标）。

要注意的是，offset 可以从任意一个元素开始取值，例如 offset 可以为 1，然后 count 为 4。

2. 绘制直线

```
public void drawLine(float startX, float startY, float stopX, float stopY,Paint paint);   //  画一条直线
public native void drawLines(float[] pts, int offset, int count, Paint paint);            //  画多条直线
public void drawLines(float[] pts, Paint paint);                                          //  画多条直线
```

参数的含义如下：

- startX：直线开始端点的横坐标。

- startY：直线开始端点的纵坐标。

- stopX：直线结束端点的横坐标。

- stopY：直线结束端点的纵坐标。

- pts：绘制多条直线时的端点坐标集合。4 个数组元素（两个为开始端点的坐标，两个为结束端点的坐标）为 1 组，表示一条直线。例如画两条直线，pts 数组就应该有 8 个元素。前 4 个数组元素为第 1 条直线两个端点的坐标，后 4 个数组元素为第 2 条直线的两个端点的坐标。

- offset：pts 数组中元素的偏移量。

- count：取得 pts 数组中元素的个数。该参数值需为 4 个整数倍。

3. 绘制圆形

```
public void drawCircle(float cx, float cy, float radius, Paint paint);
```

参数的含义如下：

- cx：圆心的横坐标。

- cy：圆心的纵坐标。

- radius：圆的半径。

4. 绘制弧

```
public void drawArc(RectF oval, float startAngle, float sweepAngle, boolean useCenter, Paint paint);
```

参数的含义如下：

- oval：弧的外切矩形的坐标。需要设置该矩形的左上角和右下角的坐标，也就是 oval.left、oval.top、oval.right 和 oval.bottom。

- startAngle：弧的起始角度。

- sweepAngle：弧的结束角度。如果 sweepAngle–startAngle 的值大于等于 360，drawArc 画的就是

一个圆或椭圆（如果 oval 指定的坐标画出来的是长方形，drawArc 画的就是椭圆）。

● useCenter：如果该参数值为 true，在画弧时弧的两个端点会连接圆心。如果该参数值为 false，则只会画弧。效果如图 10.1 所示。前两个弧未设置填充状态，后两个弧设置了填充状态。关于填充状态的设置方法将在实例 61 中详细介绍。

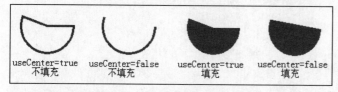

图 10.1   填充和设置 useCenter 参数的效果

5. 绘制文本

```
// 绘制 text 指定的文本
public native void drawText(String text, float x, float y, Paint paint);
// 绘制 text 指定的文本。文本中的每一个字符的起始坐标由 pos 数组中的值决定
public void drawPosText(String text, float[] pos, Paint paint);
// 绘制 text 指定的文本。text 中的每一个字符的起始坐标由 pos 数组中的值决定，并且可以选择 text 中的某一段
// 连续的字符绘制
public void drawPosText(char[] text, int index, int count, float[] pos,Paint paint);
```

参数的含义如下：

● text：drawText 方法中的 text 参数表示要绘制的文本。drawPostText 方法中的 text 虽然也表示要绘制的文本，但每一个字符的坐标需要单独指定。如果未指定某个字符的坐标，系统会抛出异常。

● x：绘制文本的起始点的横坐标。

● y：绘制文本的起始点的纵坐标。

● index：选定的字符集合在 text 数组中的索引。

● count：选定的字符集中的字符个数。

在实例 61 中将使用本节介绍的几个绘制图形元素的方法来绘制一些图形，读者可以利用实例 61 中的代码做更进一步研究。

实例 61：绘制基本的图形和文本

工程目录：src\ch10\ch10_draw

由于绘制图形需要在 View 类的 onDraw 方法中进行，因此，本例需要编写一个 View 的子类 MyView，并在 MyView 类中覆盖 onDraw 方法。在本例中绘制了像素点、直线、正方形、三角形、圆形、弧、椭圆和文本。

当 View 重绘时会调用 View 类的 onDraw 方法。如何用程序控制 View 的重绘呢？方法很简单，只需要调用 View 类的 invalidate 方法即可。也就是说，调用 invalidate 方法后，系统就会调用 onDraw 方法来重绘 View。

在 10.1.1 节看到，绘制多条直线的 drawLines 方法需要为每一条直线指定两个点的坐标，共 4 个值。如果要绘制 10 条直线，就需要指定 40 个值。虽然 drawLines 方法很通用，绘制的直线也可以是互不相邻的，也就是说，这些直线的端点都不重合，但如果要绘制三角形、梯形、五角星这样的直线端点重合的图形，就需要很多的坐标。这些工作很多都是可以避免的，例如，绘制一个三角形的每一个边的终点就是另一条边的起点。如果用 drawLines 方法，就需要为这个三角形设置 6 个坐标（12 个值）。而其中有两个坐标是重复设置的。使用 drawLines 方法绘制三角形的代码如下：

```
Paint paint = new Paint();
canvas.drawLines(new float[]{ 160, 70, 230, 150, 230, 150, 170, 155, 170, 155,160, 70 }, paint);
```

从上面的代码可以看出，drawLines 方法的第 1 个参数值包含 12 个值（6 个坐标）。黑色字体部分并不是必需的。这部分值与前面的两个值是相同的，如果绘制的直线是首尾相接，完全可以将这些值省略。为此，我们编写了一个 drawLinesExt 方法来省略这些不必要的坐标，代码如下：

```
private void drawLinesExt(Canvas canvas, float[] pts, Paint paint)
{
    // 假设省略坐标的 float 数组长度为 pts.length，那么生成被省略坐标后的 float 数组的长度是
    // pts.length * 2 - 4
    float[] points = new float[pts.length * 2 - 4];
    for (int i = 0, j = 0; i < pts.length; i = i + 2)
    {
        points[j++] = pts[i];
        points[j++] = pts[i + 1];
        // 除了第一对和最后一对坐标外，其他坐标都复制一份
        if (i > 1 && i < pts.length - 2)
        {
            points[j++] = pts[i];
            points[j++] = pts[i + 1];
        }
    }
    canvas.drawLines(points, paint);            // 画多条直线
}
```

drawLinesExt 方法的基本原理是根据省略相应坐标的 float 数组中的坐标值重新生成这些被省略的坐标，然后再利用 drawLines 方法画出多条直线。也就是说，drawLinesExt 方法负责生成这些被省略的坐标。根据观察得知，原始坐标集合中除了第一对和最后一对坐标外，中间每一对坐标都有一对重复的坐标。如果要生成被省略的坐标，正好是个逆过程。也就是除了第一对和最后一对坐标外，其他的坐标都复制一份。使用 drawLinesExt 方法画三角形的代码如下：

```
// 少了 2 个坐标（4 个值）
drawLinesExt(canvas, new float[]{ 160, 70, 230, 150, 170, 155, 160, 70 }, paint);
```

为了演示如何通过程序来控制 View 的刷新，在本例中利用触摸事件（onTouchEvent）来控制 View 的刷新。当触摸屏幕时，程序会改变 Paint、useCenter 等参数的值，并用 invalidate 方法来刷新 View。在本例中编写的 MyView 类的完整代码如下：

```
class MyView extends View
{
    private Paint paint1 = new Paint();
    private Paint paint2 = new Paint();
    private Paint paint3 = new Paint();
    private boolean useCenter = true;
    // 用于设置绘制文本的字体大小（5 个文本）
    private float[] textSizeArray = new float[]{ 15, 18, 21, 24, 27 };
    @Override
    public boolean onTouchEvent(MotionEvent event)
    {
        // 根据 useCenter 来判断当前的状态
        if (useCenter)
        {
            useCenter = false;
            // 设置画笔的颜色
            paint1.setColor(Color.RED);
            paint2.setColor(Color.BLACK);
            paint3.setColor(Color.GREEN);
            // 设置画笔的宽度
            paint1.setStrokeWidth(6);
            paint2.setStrokeWidth(4);
            paint3.setStrokeWidth(2);
        }
        else
        {
            useCenter = true;
            // 设置画笔的颜色
            paint1.setColor(Color.BLACK);
            paint2.setColor(Color.RED);
```

```
            paint3.setColor(Color.BLUE);
            //  设置画笔的宽度
            paint1.setStrokeWidth(2);
            paint2.setStrokeWidth(4);
            paint3.setStrokeWidth(6);
        }
        //  每次触摸屏幕时将字体大小倒置，也就是将第 1 个和第 n 个元素交换，第 2 个和第 n-1 个元素交换，
        //  依此类推
        for (int i = 0; i < textSizeArray.length / 2; i++)
        {
            float textSize = textSizeArray[i];
            textSizeArray[i] = textSizeArray[textSizeArray.length - i - 1];
            textSizeArray[textSizeArray.length - i - 1] = textSize;
        }
        //  刷新 View
        invalidate();
        return super.onTouchEvent(event);
    }
    public MyView(Context context)
    {
        super(context);
        setBackgroundColor(Color.WHITE);
        paint1.setColor(Color.BLACK);
        paint1.setStrokeWidth(2);
        paint2.setColor(Color.RED);
        paint2.setStrokeWidth(4);
        paint3.setColor(Color.BLUE);
        paint3.setStrokeWidth(6);

    }
    //  扩展画多条直线的方法
    private void drawLinesExt(Canvas canvas, float[] pts, Paint paint)
    {
        float[] points = new float[pts.length * 2 - 4];
        for (int i = 0, j = 0; i < pts.length; i = i + 2)
        {
            points[j++] = pts[i];
            points[j++] = pts[i + 1];
            if (i > 1 && i < pts.length - 2)
            {
                points[j++] = pts[i];
                points[j++] = pts[i + 1];
            }
        }
        canvas.drawLines(points, paint);
    }
    @Override
    protected void onDraw(Canvas canvas)
    {
        //  绘制像素点
        canvas.drawPoint(60, 120, paint3);
        canvas.drawPoint(70, 130, paint3);
        canvas.drawPoints(new float[]{ 70, 140, 75, 145, 75, 160 }, paint2);
        //  绘制直线
        canvas.drawLine(10, 10, 300, 10, paint1);
        canvas.drawLine(10, 30, 300, 30, paint2);
        canvas.drawLine(10, 50, 300, 50, paint3);
        //  绘制正方形
        drawLinesExt(canvas, new float[]{ 10, 70, 120, 70, 120, 170, 10, 170, 10, 70 }, paint2);
        drawLinesExt(canvas, new float[]{ 25, 85, 105, 85, 105, 155, 25, 155, 25, 85 }, paint3);
        //  绘制三角形
        drawLinesExt(canvas, new float[]{ 160, 70, 230, 150, 170, 155, 160, 70 }, paint2);
        //  设置非填充状态
```

```
            paint2.setStyle(Style.STROKE);
            //  画空心圆
            canvas.drawCircle(260, 110, 40, paint2);
            //  设置填充状态
            paint2.setStyle(Style.FILL);
            //  画实心圆
            canvas.drawCircle(260, 110, 30, paint2);
            RectF rectF = new RectF();
            rectF.left = 30;
            rectF.top = 190;
            rectF.right = 120;
            rectF.bottom = 280;
            //  画弧
            canvas.drawArc(rectF, 0, 200, useCenter, paint2);
            rectF.left = 140;
            rectF.top = 190;
            rectF.right = 280;
            rectF.bottom = 290;
            paint2.setStyle(Style.STROKE);
            //  画空心椭圆
            canvas.drawArc(rectF, 0, 360, useCenter, paint2);
            rectF.left = 160;
            rectF.top = 190;
            rectF.right = 260;
            rectF.bottom = 290;
            paint3.setStyle(Style.STROKE);
            //  画空心圆
            canvas.drawArc(rectF, 0, 360, useCenter, paint3);
            float y = 0;
            //  绘制文本
            for (int i = 0; i < textSizeArray.length; i++)
            {
                paint1.setTextSize(textSizeArray[i]);
                paint1.setColor(Color.BLUE);
                //  获得文本的宽度可以用 measureText 方法
                canvas.drawText("Android（宽度：" + paint1.measureText("Android")
                        + "）", 20, 315 + y, paint1);
                y += paint1.getTextSize() + 5;
            }
            paint1.setTextSize(22);
            //  绘制文本，单独设置每一个字符的坐标。第 1 个坐标(180,230)是 "圆" 的坐标，
            //  第 2 个坐标(210,250)是 "形" 的坐标
            canvas.drawPosText("圆形", new float[]{180,230, 210,250}, paint1);
        }
    }
```

运行本例，会看到如图 10.2 所示的显示效果，触摸屏幕后，会看到如图 10.3 所示的显示效果。

图 10.2　绘制图形的显示效果 1

图 10.3　绘制图形的显示效果 2

10.1.2　绘制位图

Canvas 不仅可以绘制图形，还可以将位图绘制在 View 上。绘制位图可以使用如下两种方式：

1. 绘制 Bitmap 对象

使用这种方式绘制位图需要装载图像资源，并获得图像资源的 InputStream 对象。然后使用 BitmapFactory.decodeStream 方法将 InputStream 解码成 Bitmap 对象。最后使用 Canvas.drawBitmap 方法在 View 上绘制位图。具体的实现代码如下：

```
protected void onDraw(Canvas canvas)
{
    //  装载图像资源，并获得 InputStream 对象
    java.io.InputStream is= context.getResources().openRawResource(R.drawable.panda);
    BitmapFactory.Options opts = new BitmapFactory.Options();
    opts.inSampleSize = 2;                          //  按图像的 50%绘制
    //  将 InputStream 对象解码成 Bitmap 对象
    Bitmap bitmap = BitmapFactory.decodeStream(is, null, opts);
    //  绘制位图
    canvas.drawBitmap(bitmap, 10, 10, null);
}
```

在编写上面代码时应注意如下两点：

- drawBimap 方法并未使用 Paint 对象，因此需要将 drawBitmap 方法的最后一个参数设为 null。
- BitmapFactory.Options 类的 inSampleSize 属性表示原位图与绘制的位图的比例。如果该属性值为 1，表示原位图和绘制的位图的大小比例是 1:1，如果该属性值为 2，表示按原位图 50%（2:1）的大小绘制位图。

2. 使用 Drawable.draw 方法绘制位图

首先应获得图像资源的 Drawable 对象，然后使用 Drawable.draw 方法绘制位图。代码如下：

```
protected void onDraw(Canvas canvas)
{
    //  获得图像资源的 Drawable 对象
    Drawable drawable = context.getResources().getDrawable(R.drawable.button);
    //  设置位图的左上角坐标（前两个参数值）和绘制在 View 上的位图宽度和高度（后两个参数值）
    drawable.setBounds(50, 350, 180, 420);
    //  绘制位图
    drawable.draw(canvas);
}
```

在实例 62 给出一个完整的例子来演示如何用上述两种绘制位图的方法来绘制位图。

实例 62：用两种方式绘制位图

工程目录：src\ch10\ch10_drawbitmap

在本例中利用了 10.1.2 节介绍的两种绘制位图的方式在 View 上绘制了 5 个位图。由于 Bitmap 和 Drawable 对象只需装载一次即可，因此本例直接在构造方法中获得了 Bitmap 和 Drawable 对象。然后在 onDraw 事件方法中直接使用 Bitmap 和 Drawable 对象。本例中用于显示绘制位图的类是 MyView，代码如下：

```
private static class MyView extends View
{
    private Bitmap bitmap1;
    private Bitmap bitmap2;
    private Bitmap bitmap3;
    private Bitmap bitmap4;
    private Drawable drawable;
    public MyView(Context context)
    {
        super(context);
        setBackgroundColor(Color.WHITE);
        java.io.InputStream is= context.getResources().openRawResource(R.drawable.panda);
```

```
BitmapFactory.Options opts = new BitmapFactory.Options();
opts.inSampleSize = 2;
bitmap1 = BitmapFactory.decodeStream(is, null, opts);
is = context.getResources().openRawResource(R.drawable.tiger);
bitmap2 = BitmapFactory.decodeStream(is);
int w = bitmap2.getWidth();
int h = bitmap2.getHeight();
int[] pixels = new int[w * h];
// 复制 bitmap2 的所有像素颜色值（pixels 数组）
bitmap2.getPixels(pixels, 0, w, 0, 0, w, h);
// 将 bitmap2 复制两份（bitmap3 和 bitmap3）
bitmap3 = Bitmap.createBitmap(pixels, 0, w, w, h,Bitmap.Config.ARGB_8888);
bitmap4 = Bitmap.createBitmap(pixels, 0, w, w, h,Bitmap.Config.ARGB_4444);
// 获得图像资源的 Drawable 对象
drawable = context.getResources().getDrawable(R.drawable.button);
// 设置绘制位图的左上角坐标、宽度和高度
drawable.setBounds(50, 350, 180, 420);
}
@Override
protected void onDraw(Canvas canvas)
{
    // 绘制 5 个位图
    canvas.drawBitmap(bitmap1, 10, 10, null);
    canvas.drawBitmap(bitmap2, 10, 200, null);
    canvas.drawBitmap(bitmap3, 110, 200, null);
    canvas.drawBitmap(bitmap4, 210, 200, null);
    drawable.draw(canvas);
}
}
```

运行本例，将显示如图 10.4 所示的效果。

图 10.4　绘制位图

10.1.3　设置颜色的透明度

Android 系统支持的颜色由 4 个值组成。前 3 个值为 RGB，也就是我们常说的三原色（红、绿、蓝），最后一个值是 A，也就是 Alpha。这 4 个值都在 0～255 之间。颜色值越小，表示该颜色越淡，颜色值越大，表示该颜色越深。如果 RGB 都为 0，就是黑色，如果 RGB 都为 255，就是白色。Alpha 也需要在 0～255 之间变化。Alpha 的值越小，颜色就越透明，Alpha 的值越大，颜色就越不透明。当 Alpha 的值为 0 时，颜色完全透明，完全透明的位图或图形将从 View 上消失。当 Alpha 的值为 255 时，颜色不透明。从 Alpha 的特性可知，设置颜色的透明度实际上就是设置 Alpha 值。

设置颜色的透明度可以通过 Paint 类的 setAlpha 方法来完成。在实例 63 中将给出一个完整的例子来使

位图中颜色的 Alpha 值从 0～255 任意切换，读者可以通过这个例子来观察颜色透明度的变化。

实例 63：可任意改变透明度的位图

工程目录：src\ch10\ch10_alphabitmap

本例将通过一个滑杆（SeekBar）组件改变位图中颜色的 Alpha 值（透明度）。显示位图的 MyView 类的代码如下：

```java
private class MyView extends View
{
    private Bitmap bitmap;
    public MyView(Context context)
    {
        super(context);
        InputStream is = getResources().openRawResource(R.drawable.image);
        bitmap = BitmapFactory.decodeStream(is);
        setBackgroundColor(Color.WHITE);
    }
    @Override
    protected void onDraw(Canvas canvas)
    {
        Paint paint = new Paint();
        //  设置透明度（Alpha 值），alpha 是在 Main 类中定义的一个 int 类型的变量
        paint.setAlpha(alpha);
        //  绘制位图
        canvas.drawBitmap(bitmap, new Rect(0, 0, bitmap.getWidth(), bitmap
                .getHeight()), new Rect(10, 10, 310, 235), paint);
    }
}
```

上面代码中的 **drawBitmap** 方法的第 2 个参数表示原位图的复制区域，在本例中表示复制整个原位图。第 3 个参数表示绘制的目标区域。

```java
SeekBar 组件的 onProgressChanged 事件方法的代码如下：
public void onProgressChanged(SeekBar seekBar, int progress,boolean fromUser)
{
    alpha = progress;
    setTitle("alpha:" + progress);
    //  重绘 View
    myView.invalidate();
}
```

运行本例，将滑杆移动到靠左和靠右的位置，将会看到如图 10.5 和图 10.6 所示的效果。

图 10.5　透明度为 84 的效果

图 10.6　透明度为 227 的效果

10.1.4 旋转图像

在第 5 章的实例 28 曾介绍了如何通过 Matrix 对象旋转图像，其基本思想是通过 Matrix 类的 setRotate 方法设置要旋转的角度（正值为顺时针旋转，负值为逆时针旋转），然后使用 Bitmap.createBitmap 方法创建一个已经旋转了的图像（Bitmap 对象）。当生成 Bitmap 对象后，就可以根据实际情况做更进一步处理，例如在 onDraw 方法中通过 Canvas.drawBitmap 方法将图像绘制在 View 上。旋转图像的实现代码如下：

```
Matrix matrix = new Matrix();
matrix.setRotate(50);                  //  顺时针旋转 50 度
//  旋转图像，并生成旋转后的 Bitmap 对象
Bitmap bitmap = Bitmap.createBitmap(bitmap, 0, 0, bitmap.getWidth(), bitmap.getHeight(), matrix, true);
```

除此之外，还可以使用 Canvas.setMatrix 方法设置 Matrix 对象，并直接使用 drawBitmap 来绘制旋转后的图像，代码如下：

```
protected void onDraw(Canvas canvas)
{
    Matrix matrix = new Matrix();
    //  设置要旋转的角度（120 度），160 和 240 是图像旋转的轴心坐标
    matrix.setRotate(120, 160, 240);
    canvas.setMatrix(matrix);
    //  在(88,169)位置绘制图像
    canvas.drawBitmap(bitmap, 88, 169, null);
}
```

setMatrix 方法除了可以通过第 1 个参数设置要旋转的角度外，还可以通过后两个参数设置旋转轴心的坐标（坐标是相对于屏幕的坐标）。如果这个坐标正好位于图像的中心，那么这个图像就会在原地旋转。我们也可以利用这个特性实现可旋转的动画，在实例 64 中将会看到旋转动画的完整实现过程。

实例 64：旋转动画

工程目录：src\ch10\ch10_roundanim

在 10.1.4 节已经介绍了如何旋转图像，那么该如何利用这个特性实现不断旋转的动画呢？答案非常简单，只需要在 onDraw 方法中调用 invalidate 方法即可。每调用一次 invalidate 方法，onDraw 方法就会调用一次；当在 onDraw 方法中调用 invalidate 方法时，就意味着 onDraw 方法会不断地被调用。因此，只要将旋转图像的代码放在 onDraw 方法中就会使图像不断地旋转。

在本例中实现了两个图像的旋转动画。其中一个图像（十字扳手）在原地顺时针旋转，另一个图像（小圆球）以十字扳手图像的中心为旋转轴心，绕着十字扳手逆时针旋转。在编写代码之前，先看一下动画效果，如图 10.7 所示。

图 10.7　旋转动画

MyView 类用于显示旋转动画，代码如下：

```
class MyView extends View
{
    private Bitmap bitmap1;              //  十字扳手图像的 Bitmap 对象
    private Bitmap bitmap2;              //  小圆球图像的 Bitmap 对象
    private int digree1 = 0;             //  十字扳手图像的当前角度
    private int digree2 = 360;           //  小圆球图像的当前角度

    public MyView(Context context)
    {
        super(context);
        setBackgroundColor(Color.WHITE);
        InputStream is = getResources().openRawResource(R.drawable.cross);
        bitmap1 = BitmapFactory.decodeStream(is);
        is = getResources().openRawResource(R.drawable.ball);
        bitmap2 = BitmapFactory.decodeStream(is);
    }

    @Override
    protected void onDraw(Canvas canvas)
    {
        Matrix matrix = new Matrix();
        //  控制旋转角度在 0～360 之间
        if (digree1 > 360)
            digree1 = 0;
        if(digree2 < 0)
            digree2 = 360;
        //  设置十字扳手图像的旋转角度（度数不断递增）和旋转轴心坐标，该轴心也是图像的正中心
        matrix.setRotate(digree1++, 160, 240);
        canvas.setMatrix(matrix);
        //  绘制十字扳手图像
        canvas.drawBitmap(bitmap1, 88, 169, null);
        //  设置小圆球的旋转角度（度数不断递减）和旋转轴心坐标，该轴心也是图像的正中心
        matrix.setRotate(digree2--,160 , 240);
        canvas.setMatrix(matrix);
        //  绘制小圆球图像
        canvas.drawBitmap(bitmap2, 35, 115, null);
        //  不断重绘 View，不断调用 onDraw 方法
        invalidate();
    }
}
```

10.1.5 扭曲图像

Canvas 类提供了很多非常有意思的方法，通过这些功能可以实现很多特效，例如，本节将介绍一个 drawBitmapMesh 方法，通过这个方法可以将图像的部分区域扭曲。

drawBitmapMesh 方法共有 8 个参数，该方法的定义如下：

```
public void drawBitmapMesh(Bitmap bitmap, int meshWidth, int meshHeight,
                float[] verts, int vertOffset, int[] colors, int colorOffset, Paint paint);
```

其中比较重要的参数是 bitmap、meshWidth、meshHeight 和 verts，其他的 4 个参数值一般为 0（int 类型参数）或 null（Paint 和数组类型参数）即可。drawBitmapMesh 方法参数的含义如下：

- bitmap：要扭曲的原始图象。
- meshWidth：扭曲区域的宽度。
- meshHeight：扭曲区域的高度。
- verts：扭曲区域的像素坐标。该数组至少要有(meshWidth+1) * (meshHeight+1) * 2 + meshOffset 个元素。
- vertOffset：verts 数组的偏移量。该参数值一般可设为 0。

- colors：扭曲区域像素的颜色。该参数值可设为 null。
- colorOffset：colors 数组的偏移量。
- paint：表示绘制扭曲图像所使用的 Paint 对象。该参数值一般为 null 即可。

在实例 65 中将提供一个完整的例子来演示如何利用 drawBitmapMesh 方法来扭曲图像的某个区域。

实例 65：按圆形轨迹扭曲图像

工程目录：src\ch10\ch10_mess

本例使用 10.1.5 节介绍的 drawBitmapMess 方法对图像进行扭曲。为了实现动画效果，本例中使用定时器以 100 毫秒的频率按圆形轨迹扭曲图像。关于定时器的详细介绍，请读者参阅 8.3 节的内容。下面先看看扭曲后的效果，图 10.8 和图 10.9 是不同位置扭曲后的效果。

图 10.8　图像扭曲效果 1　　　　　　　　　图 10.9　图像扭曲效果 2

扭曲的关键是生成 verts 数组。本例一开始会先生成 verts 数组的初始值：有一定水平和垂直间距的网点坐标。然后通过 warp 方法按一定的数学方法变化 verts 数组中的坐标。本例的完整代码如下：

```java
package net.blogjava.mobile;

import java.util.Random;
import java.util.Timer;
import java.util.TimerTask;
import android.app.Activity;
import android.content.Context;
import android.graphics.Bitmap;
import android.graphics.BitmapFactory;
import android.graphics.Canvas;
import android.graphics.Color;
import android.graphics.Matrix;
import android.os.Bundle;
import android.os.Handler;
import android.os.Message;
import android.util.FloatMath;
import android.util.Log;
import android.view.View;

public class Main extends Activity
{
    private static Bitmap bitmap;
    private MyView myView;
    private int angle = 0;                // 圆形轨迹当前的角度
    private Handler handler = new Handler()
    {
        public void handleMessage(Message msg)
        {
```

```
                switch (msg.what)
                {
                    case 1:
                        Random random = new Random();
                        //  计算图形中心点坐标
                        int centerX = bitmap.getWidth() / 2;
                        int centerY = bitmap.getHeight() / 2;
                        double radian = Math.toRadians((double) angle);
                        //  通过圆心坐标、半径和当前角度计算当前圆周的某点横坐标
                        int currentX = (int) (centerX + 100 * Math.cos(radian));
                        //  通过圆心坐标、半径和当前角度计算当前圆周的某点纵坐标
                        int currentY = (int) (centerY + 100 * Math.sin(radian));
                        //  重绘 View，并在圆周的某一点扭曲图像
                        myView.mess(currentX, currentY);
                        angle += 2;
                        if (angle > 360)
                            angle = 0;
                        break;
                }
                super.handleMessage(msg);
            }
    };
    private TimerTask timerTask = new TimerTask()
    {
        public void run()
        {
            Message message = new Message();
            message.what = 1;
            handler.sendMessage(message);
        }
    };
    @Override
    protected void onCreate(Bundle savedInstanceState)
    {
        super.onCreate(savedInstanceState);
        myView = new MyView(this);
        setContentView(myView);
        Timer timer = new Timer();
        //  开始定时器
        timer.schedule(timerTask, 0, 100);
    }
    //  用于显示扭曲的图像
    private static class MyView extends View
    {
        private static final int WIDTH = 20;
        private static final int HEIGHT = 20;
        private static final int COUNT = (WIDTH + 1) * (HEIGHT + 1);
        private final float[] verts = new float[COUNT * 2];
        private final float[] orig = new float[COUNT * 2];
        private final Matrix matrix = new Matrix();
        private final Matrix m = new Matrix();
        //  设置 verts 数组的值
        private static void setXY(float[] array, int index, float x, float y)
        {
            array[index * 2 + 0] = x;
            array[index * 2 + 1] = y;
        }
        public MyView(Context context)
        {
            super(context);
            setFocusable(true);
            bitmap = BitmapFactory.decodeResource(getResources(), R.drawable.image);
            float w = bitmap.getWidth();
```

```
        float h = bitmap.getHeight();
        int index = 0;
        //   生成 verts 和 orig 数组的初始值，这两个数组的值是一样的，只是在扭曲的过程中需要修改 verts
        //   的值，而修改 verts 的值要将原始的值保留在 orig 数组中
        for (int y = 0; y <= HEIGHT; y++)
        {
            float fy = h * y / HEIGHT;
            for (int x = 0; x <= WIDTH; x++)
            {
                float fx = w * x / WIDTH;
                setXY(verts, index, fx, fy);
                setXY(orig, index, fx, fy);
                index += 1;
            }
        }
        matrix.setTranslate(10, 10);
        setBackgroundColor(Color.WHITE);
    }
    @Override
    protected void onDraw(Canvas canvas)
    {
        canvas.concat(matrix);
        canvas.drawBitmapMesh(bitmap, WIDTH, HEIGHT, verts, 0, null, 0,null);
    }
    //   用于扭曲图像的方法，在该方法中根据当前扭曲的点（扭曲区域的中心点），也就是 cx 和 cy 参数，
    //   来不断变化 verts 数组中的坐标值
    private void warp(float cx, float cy)
    {
        final float K = 100000;    //   该值越大，扭曲得越严重（扭曲的范围越大）
        float[] src = orig;
        float[] dst = verts;
        //   按一定的数学规则生成 verts 数组中的元素值
        for (int i = 0; i < COUNT * 2; i += 2)
        {
            float x = src[i + 0];
            float y = src[i + 1];
            float dx = cx - x;
            float dy = cy - y;
            float dd = dx * dx + dy * dy;
            float d = FloatMath.sqrt(dd);
            float pull = K / ((float) (dd *d));
            if (pull >= 1)
            {
                dst[i + 0] = cx;
                dst[i + 1] = cy;
            }
            else
            {
                dst[i + 0] = x + dx * pull;
                dst[i + 1] = y + dy * pull;
            }
        }
    }
    //   用于 MyView 外部控制图像扭曲的方法。该方法在 handleMessage 方法中被调用
    public void mess(int x, int y)
    {
        float[] pt ={ x, y };
        m.mapPoints(pt);
        //   重新生成 verts 数组的值
        warp(pt[0], pt[1]);
        invalidate();
    }
  }
}
```

10.1.6 拉伸图像

拉伸是 Canvas 类提供的另一个很有意思的特性。通过拉伸，可以将图像以一些点（一般为 4 个顶点和中心点）为基础进行拉伸。效果有些像一块方形的布固定 4 角，并揪住某一点向外拉一样。通过 Canvas 类的 drawVertices 方法可以拉伸图像。该方法的定义如下：

```
public void drawVertices(VertexMode mode, int vertexCount,
                         float[] verts, int vertOffset,
                         float[] texs, int texOffset,
                         int[] colors, int colorOffset,
                         short[] indices, int indexOffset,
                         int indexCount, Paint paint) ;
```

drawVertices 方法中参数的含义如下：

- mode：解释 Vertices 数组（第 3 个参数值）的方式。一般可设为 Canvas.VertexMode. TRIANGLE_FAN。
- vertexCount：Vertices 数组的元素个数。由于 Vertices 数组中的元素表示(x,y)点，因此，vertexCount 参数值必须是 2 的倍数。
- verts：Vertices 数组。指用于扭曲图像的坐标数组。
- vertOffset：用于忽略 Vertices 数组中某些坐标的偏移量。
- texs：该参数可以为 null。如果该参数为 null，则图像会隐藏，显示的是顶点的拉伸轨迹。这一点在实例 66 中将会看到实际的效果。
- texOffset：texs 数组的偏移量。
- colors：该参数可以为 null。如果不为 null，表示 verts 数组中每一个像素点的颜色。
- colorOffset：colors 数组的偏移量。
- indices：如果该参数不为 null，则该数组的值就是 texs 和 colors 数组元素的索引。
- indexOffset：indices 数组的偏移量。
- indexCount：indices 数组的元素个数。
- paint：表示被拉伸的图像使用的 Paint 对象。

在实例 66 中将提供一个完整的例子来演示如何通过 drawVertices 方法来拉伸图像，并显示拉伸的顶点和拉伸轨迹。

实例 66：拉伸图像演示

工程目录：src\ch10\ch10_vertices

本例同时显示了图像拉伸和拉伸轨迹的效果，先看看向不同方向拉伸的效果，如图 10.10 和图 10.11 所示。

图 10.10　向左拉伸的效果

图 10.11　向右拉伸的效果

拉伸图像的关键是生成 verts 和 texs 数组，在本例中将图像的 4 个顶点和中心点作为拉伸的顶点。从图 10.10 和图 10.11 所示的拉伸顶点就可以看出这一点。下面是本例的完整实现代码。

```java
package net.blogjava.mobile;

import android.app.Activity;
import android.content.Context;
import android.graphics.Bitmap;
import android.graphics.BitmapFactory;
import android.graphics.BitmapShader;
import android.graphics.Canvas;
import android.graphics.Color;
import android.graphics.Matrix;
import android.graphics.Paint;
import android.graphics.Shader;
import android.os.Bundle;
import android.view.MotionEvent;
import android.view.View;

public class Main extends Activity
{
    @Override
    protected void onCreate(Bundle savedInstanceState)
    {
        super.onCreate(savedInstanceState);
        setContentView(new MyView(this));
    }
    private static class MyView extends View
    {
        private final Paint paint = new Paint();
        private final float[] verts = new float[10];
        private final float[] texs = new float[10];
        private final int[] colors = new int[10];
        // 初始化 indices 数组，元素值为 colors 和 texs 数组的索引
        private final short[] indices = { 0, 1, 2, 3, 4, 1 };
        private final Matrix matrix = new Matrix();
        private final Matrix inverse = new Matrix();
        // 设置 texs 和 verts 数组的值
        private static void setXY(float[] array, int index, float x, float y)
        {
            array[index * 2 + 0] = x;
            array[index * 2 + 1] = y;
        }
        public MyView(Context context)
        {
            super(context);
            Bitmap bm = BitmapFactory.decodeResource(getResources(),R.drawable.image);
            // 设置图像的 Shader
            Shader s = new BitmapShader(bm, Shader.TileMode.CLAMP,Shader.TileMode.CLAMP);
            paint.setShader(s);
            float w = bm.getWidth();
            float h = bm.getHeight();
            // 设置 texs 数组的值
            setXY(texs, 0, w / 2, h / 2);
            setXY(texs, 1, 0, 0);
            setXY(texs, 2, w, 0);
            setXY(texs, 3, w, h);
            setXY(texs, 4, 0, h);
            // 设置 verts 数组的值
            setXY(verts, 0, w / 2, h / 2);
            setXY(verts, 1, 0,0);
            setXY(verts, 2, w, 0);
            setXY(verts, 3, w, h);
```

```
                setXY(verts, 4, 0, h);
                matrix.setScale(0.8f, 0.8f);
                matrix.preTranslate(20, 20);
                matrix.invert(inverse);
                setBackgroundColor(Color.WHITE);
            }
            @Override
            protected void onDraw(Canvas canvas)
            {
                canvas.save();
                canvas.concat(matrix);
                canvas.translate(10,10);
                // 只绘制拉伸顶点和拉伸轨迹
                canvas.drawVertices(Canvas.VertexMode.TRIANGLE_FAN, 10, verts, 0,
                        null, 0, null, 0, indices, 0, 6, paint);
                canvas.translate(10,240);
                //   绘制可拉伸的图像
                canvas.drawVertices(Canvas.VertexMode.TRIANGLE_FAN, 10, verts, 0,
                        texs, 0, null, 0, indices, 0, 6, paint);
                canvas.restore();
            }
            // 用手指可以拉伸图像
            @Override
            public boolean onTouchEvent(MotionEvent event)
            {
                float[] pt ={ event.getX(), event.getY() };
                inverse.mapPoints(pt);
                setXY(verts, 0, pt[0], pt[1]);
                invalidate();
                return true;
            }
        }
    }
```

10.1.7　路径

本节例子的代码所在的工程目录是 src\ch10\ch10_path

如果读者用过 Photoshop，会对路径的概念很熟悉。在 Photoshop 中通过路径可以画出一个区域，并可以剪切、复制这个区域的图像。路径可以是封闭的或开放的（由多条线段组成），称为封闭路径和开放路径。

Canvas 类也提供了绘制路径的功能。通过 Canvas 类的 drawPath 方法，可以画出封闭路径和开放路径，并可以在路径上实现一些特殊的效果。下面先看看 drawPath 方法的定义。

```
public void drawPath(Path path, Paint paint);
```

drawPath 方法需要两个参数：path 和 paint。其中 path 参数非常重要，用于绘制路径的轨迹，例如对于开放路径，需要绘制组成路径的多条线段，如果是封闭路径，需要绘制封闭路径的形状（如圆形、椭圆等）。paint 参数用于指定特效、颜色等路径属性。

本节将绘制一系列的开放路径。首先创建一个 Path 对象，并绘制组成路径的多条线段，代码如下：

```
private    Path makeFollowPath()
{
    //  创建 Path 对象
    Path p = new Path();
    p.moveTo(0, 0);
    for (int i = 1; i <= 15; i++)
    {
        //  随机生成线段的纵坐标，并绘制当前的路径线段
        p.lineTo(i * 20, (float) Math.random() * 70);
    }
    return p;
}
```

本节绘制的一系列开放路径由不同的特效组成，这些特效如图 10.12 所示。

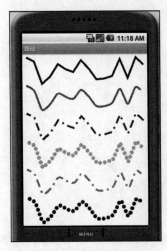

图 10.12 开放路径的特效

实现如图 10.12 所示的特效需要创建 PathEffect 对象。PathEffect 类有很多子类，分别表示不同的特效，下面来创建这些特效对象。

```
private void makeEffects(PathEffect[] e, float phase)
{
    e[0] = null;    // 没有效果
    e[1] = new CornerPathEffect(10);
    e[2] = new DashPathEffect(new float[]{ 20, 10, 5, 10 }, phase);
    e[3] = new PathDashPathEffect(makeCirclePath (), 12, phase, PathDashPathEffect.Style.ROTATE);
    e[4] = new ComposePathEffect(e[2], e[1]);
    e[5] = new ComposePathEffect(e[3], e[1]);
}
```

makeEffects 方法的 e 参数是一个 PathEffect 类型的数组，该数组有 6 个元素，其中第 1 个元素没有任何特效（元素值为 null），其余的数组元素分别对应 5 个特效对象，这 5 个特效也对应图 10.12 所示的后 5 个路径。下面来分别解释一下这些特效类的用法。

1. CornerPathEffect 类

该类将线段与线段之间的夹角转换成圆角，构造方法的参数表示圆角的半径。

2. DashPathEffect 类

该类用于绘制虚线路径。该类的构造方法有两个参数，第 1 个参数表示虚线线段的长度和虚线之间的间隔。该参数值是一个 float 数组，数组长度必须是偶数，而且必须大于等于 2。也就是说，指定一条虚线线段的长度后，必须指定该虚线线段与后面的虚线线段的距离。通过第 1 个参数可以指定长度和距离不等的虚线路径，例如绘制如图 10.13 所示的虚线，需要指定 4 个值，new float[]{10, 4, 6, 4}。这 4 个值分别是长线段的长度（10）、长线段与短线段的距离（4）、短线段的长度（6）和短线段与长线段的距离（4）。

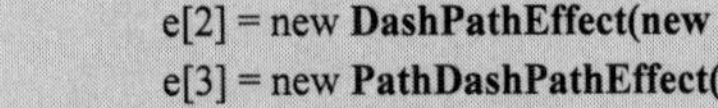

图 10.13 不等宽的虚线路径

第 2 个参数表示绘制路径的偏移量。如果该参数值不断增大或减小，会呈现路径向前或向后移动的效果。

3. PathDashPathEffect 类

该类与 DashPathEffect 的功能类似，但该类更强大，可以单独组成虚线路径（实际上，已经不只是虚线线段了，可以是任何图形）的图形。从 PathDashPathEffect 类的名称可以看出，该类名将 Path 和 DashPathEffect 组合，意思是组成虚线路径的每一条虚线可以是一个 Path 对象。下面看一下 PathDashPathEffect 类构造方法的定义就会完全清楚这一点。

```
public PathDashPathEffect(Path shape, float advance, float phase, Style style);
```

构造方法的第 1 个参数的类型是 Path 对象，说明绘制路径时需要指定一个 Path 对象，而这个 Path 对象相当于 DashPathEffect 对象绘制路径时的虚线线段。

这些参数的含义如下：

- shape：用于绘制虚线图形的 Path 对象。
- advance：两个虚线图形之间的距离。
- phase：绘制路径的偏移量。如果该参数值不断地增大或减小，会呈现路径向前或向后移动的效果。
- style：表示如何在路径的不同位置放置 shape 所绘制的图形。

在 PathDashPathEffect 类中使用了一个 makeCirclePath 方法返回 Path 对象，makeCirclePath 方法通过 Path 类的 addCircle 方法绘制了一个圆形路径。该方法的代码如下：

```
private Path makeCirclePath()
{
    Path p = new Path();
    //  组成路径的图形元素是一个实心圆，如图 10.12 所示的第 4 个路径的效果
    p.addCircle(0, 0, 5, Direction.CCW);
    return p;
}
```

4．ComposePathEffect 类

该类可以将两种特效组合在一起。例如，图 10.12 所示的第 5 个路径将路径 2 和路径 3 的特效组合在一起。路径 3 是虚线路径，但这个路径的拐角并不圆滑，因此，使用路径 2 的特效（CornerPathEffect 对象）将路径 3 的拐角变得圆滑。路径 6 也是一样，将路径 2 和路径 4 的特效组合，以使特效 6 的拐角变得圆滑。ComposePathEffect 类的构造方法的第 1 个参数必须是形状特效（DashPathEffect 对象、PathDashPathEffect 对象），第 2 个参数必须是外观特效（CornerPathEffect 对象）。也就是说，这两个参数不能颠倒。例如，不能把路径 5 中 ComposePathEffect(e[2], e[1])的 e[2]和 e[1]颠倒过来，否则无法生成新的特效。

下面来看一下负责显示路径特效的 MyView 类的代码。MyView 类中部分代码在前面已经给出，关于这一部分代码读者可参阅前面的内容。

```
private class MyView extends View
{
    private Paint paint;
    private Path path;
    private PathEffect[] effects;
    private int[] colors;
    private float phase;
    //  创建特效对象
    private void makeEffects(PathEffect[] e, float phase){ ... ...}
    public MyView(Context context)
    {
        super(context);
        paint = new Paint();
        paint.setStyle(Paint.Style.STROKE);
        //  设置路径线段的宽度
        paint.setStrokeWidth(5);
        //  创建路径对象（Path 对象）
        path = makeFollowPath();
        effects = new PathEffect[6];
        //  设置 6 条路径的颜色
        colors = new int[]
            { Color.BLACK, Color.RED, Color.BLUE, Color.GREEN, Color.MAGENTA, Color.BLACK };
    }
    @Override
    protected void onDraw(Canvas canvas)
    {
        canvas.drawColor(Color.WHITE);
        RectF bounds = new RectF();
        canvas.translate(10 - bounds.left, 10 - bounds.top);
        //  生成路径特效
```

```
            makeEffects(effects, phase);
            //  偏移量不断增大，以产生路径不断向前移动的效果
            phase += 1;
            invalidate();
            //  开始绘制 6 条路径
            for (int i = 0; i < effects.length; i++)
            {
                //  设置当前路径的特效
                paint.setPathEffect(effects[i]);
                paint.setColor(colors[i]);
                //  绘制路径
                canvas.drawPath(path, paint);
                canvas.translate(0, 70);
            }
        }
        //  创建 Path 对象
        private Path makeFollowPath() { ... ...}
        //  创建绘制路径的 Path 对象（一个实心圆）
        private Path makeCirclePath() { ... ...}
    }
```

实例 67：沿着路径绘制文本

工程目录：src\ch10\ch10_pathtext

如果只是简单地绘制各种路径，并没有太大的意义。然而更奇妙的是，Canvas 类提供了一个 drawTextOnPath 方法，通过该方法，可以沿着路径来绘制文本。例如，如果路径是曲线，文本会沿着曲线绘制，并随着曲线弯曲。如果路径是圆形，文本会围着圆来绘制。先来看看效果，如图 10.14 所示。

图 10.14 沿着路径绘制文本

在图 10.14 所示的效果中有 4 行按路径绘制的文本，其中第 2 行和第 3 行并未绘制路径，只是绘制了沿路径方向显示的文本。我们也可以利用这种方法制作特殊显示效果的文本。下面先来看一下 drawTextOnPath 方法的定义。

```
public void drawTextOnPath(String text, Path path, float hOffset, float vOffset, Paint paint);
```

参数的含义如下：

- text：要绘制的文本。
- path：绘制文本时要使用的路径对象。
- hOffset：绘制文本时相对于路径水平方向的偏移量。
- vOffset：绘制文本时相对于路径垂直方向的偏移量。
- paint：绘制文本的属性（颜色、大小等）。

MyView 类负责显示文本特效，在该类中通过 makePath 方法绘制了 3 种路径（曲线路径、圆形路径和

椭圆路径），文本会分别沿着这 3 种路径绘制。MyView 类的代码如下：

```java
private static class MyView extends View
{
    private Paint paint;
    private Path[] paths = new Path[3];
    private Paint pathPaint;
    //  绘制各种类型的路径
    private void makePath(Path p, int style)
    {
        p.moveTo(10, 0);
        switch (style)
        {
            case 1:
                //  绘制曲线路径
                p.cubicTo(100, -50, 200, 50, 300, 0);
                break;
            case 2:
                //  绘制圆形路径
                p.addCircle(100,100, 100, Direction.CW);
                break;
            case 3:
                //  绘制椭圆路径
                RectF rectF = new RectF();
                rectF.left = 0;
                rectF.top=0;
                rectF.right = 200;
                rectF.bottom = 100;
                p.addArc(rectF, 0, 360);
                break;
        }
    }
    public MyView(Context context)
    {
        super(context);
        paint = new Paint();
        paint.setAntiAlias(true);
        paint.setTextSize(20);
        paint.setTypeface(Typeface.SERIF);
        paths[0] = new Path();
        paths[1] = new Path();
        paths[2] = new Path();
        makePath(paths[0], 1);
        makePath(paths[1], 2);
        makePath(paths[2], 3);
        pathPaint = new Paint();
        pathPaint.setAntiAlias(true);
        pathPaint.setColor(0x800000FF);
        pathPaint.setStyle(Paint.Style.STROKE);
    }
    @Override
    protected void onDraw(Canvas canvas)
    {
        canvas.drawColor(Color.WHITE);

        canvas.translate(0, 50);
        //  绘制曲线路径
        canvas.drawPath(paths[0], pathPaint);
        paint.setTextAlign(Paint.Align.RIGHT);
        //  绘制第 1 行的特效文本（使用了曲线路径）
        canvas.drawTextOnPath("Android/Ophone 开发讲义", paths[0], 0,0, paint);

        canvas.translate(-20, 80);
        paint.setTextAlign(Paint.Align.RIGHT);
```

```
        //  绘制第 2 行的特效文本（使用了曲线路径）
        canvas.drawTextOnPath("Android/Ophone 开发讲义", paths[0], 0,0, paint);

        canvas.translate(50, 50);
        paint.setTextAlign(Paint.Align.RIGHT);
        //  绘制第 3 行的特效文本（使用了圆形路径）
        canvas.drawTextOnPath("Android/Ophone 开发讲义", paths[1], -30,0, paint);

        canvas.translate(0, 100);
        paint.setTextAlign(Paint.Align.RIGHT);
        //  绘制椭圆路径
        canvas.drawPath(paths[2], pathPaint);
        //  绘制第 4 行的特效文本（使用了椭圆路径）
        canvas.drawTextOnPath("Android/Ophone 开发讲义", paths[2], 0,0, paint);
    }
}
```

实例 68：可在图像上绘制图形的画板

工程目录：src\ch10\ch10_paint

本例将实现一个可以在图像上绘制图形的程序。在本例中，绘制图形使用了 10.1.7 节介绍的路径（Path）。用于绘制图形的图像文件在 res\drawable 目录中，读者也可以在本例的基础上从 SD 卡、手机内存或网络上装载图像。本例只允许绘制普通直线、浮雕效果的直线和喷涂效果的直线，并允许改变直线的颜色。下面先看一下图像绘制的效果，如图 10.15 所示。如果想改变直线的风格，可以在选项菜单中选择相应的菜单项，如图 10.16 所示。

图 10.15　绘制普通直线

图 10.16　设置直线的风格和颜色

单击【设置颜色】菜单项后，会弹出设置颜色对话框，如图 10.17 所示。可设置的颜色在外圆上，单击外圆的某处，中心圆会变成要设置的颜色，单击中心圆，该对话框会关闭，并将直线当前的颜色设置成中心圆的颜色。读者还可以单击【喷涂效果】和【浮雕效果】菜单项设置直线的当前效果。使用两种效果绘制的图形如图 10.18 所示。如果想清除绘制的图形，可以单击【清除图形】菜单项。

MyView 是 View 的子类，负责显示图像和绘制的图形。下面先看看 MyView 类中负责在 View 刷新时绘制图像和图形的核心事件方法 onDraw 的代码。

```
protected void onDraw(Canvas canvas)
{
    //  绘制图像
    canvas.drawBitmap(bitmap1, 0, 0, bitmapPaint);
    //  绘制图形
    canvas.drawPath(path, paint);
}
```

图 10.17 设置直线的颜色

图 10.18 使用各种效果绘制线条

在 onDraw 方法中只有两行代码。其中使用 drawBitmap 方法绘制了 res\drawable 目录中的图像，使用 drawPath 方法绘制了用户画的图形。

要注意的是，drawBitmap 方法的第 1 个参数值 bitmap1 虽然是 Bitmap 对象，但该对象并不能通过直接从 res\drawable 目录中装载图像的方式创建，而必须先使用 createBitmap 方法创建一个 Bitmap 对象（bitmap1），然后再从 res\drawable 目录装载图像，并生成一个 Bitmap 对象（bitmap2），最后将 bitmap2 绘制到 bitmap1 上。drawBitmap 方法的第 1 个参数要使用 bitmap1，而不要使用 bitmap2。这是因为从图像文件或资源创建的 Bitmap 对象不支持在图像上绘制图形。要想在图像上绘制图形，必须使用 createBitmap 方法创建 Bitmap 对象。生成 bitmap1 和 bitmap2 的工作由 MyView 类的构造方法来完成，代码如下：

```
// 创建一个可在图像上绘制图形的 Bitmap 对象
public void loadBitmap()
{
    try
    {
        InputStream is = getResources().openRawResource(R.drawable.image);
        // 从 res\drawable 目录中装载图像资源，并生成 Bitmap 对象
        bitmap2 = BitmapFactory.decodeStream(is);
        // 使用 createBitmap 方法创建一个可绘制图形的 Bitmap 对象
        bitmap1 = Bitmap.createBitmap(320, 480, Bitmap.Config.ARGB_8888);
        // 使用 bitmap1 创建一个画布
        canvas = new Canvas(bitmap1);
        // 在 bitmap1 的画布上绘制 bitmap2
        canvas.drawBitmap(bitmap2, 0, 0, null);
    }
    catch (Exception e)
    {
    }
}
// MyView 类的构造方法
public MyView(Context c)
{
    super(c);
    loadBitmap();          // 创建一个可在图像上绘制图形的 Bitmap 对象
    // 创建一个 Paint 对象，也就是 drawBitmap 方法中的最后一个参数值
    bitmapPaint = new Paint(Paint.DITHER_FLAG);
    // 创建用于绘制图形的 Path 对象
    path = new Path();
}
```

如果想在手机屏幕上绘制图形，需要涉及到 3 个动作：ACTION_DOWN、ACTION_MOVE 和 ACTION_UP。用手指触摸屏幕时，这 3 个动作对应于手指按下（ACTION_DOWN）、手指移动（ACTION_MOVE）和手指抬起（ACTION_UP）。

捕捉 View 的触摸事件可以使用 onTouchEvent 事件方法，代码如下：

```java
public boolean onTouchEvent(MotionEvent event)
{
    // 获得当前触摸的横坐标和纵坐标
    float x = event.getX();
    float y = event.getY();
    switch (event.getAction())
    {
        case MotionEvent.ACTION_DOWN:
            // 手指按下时的动作
            touch_start(x, y);
            invalidate();
            break;
        case MotionEvent.ACTION_MOVE:
            // 手指移动时的动作
            touch_move(x, y);
            invalidate();
            break;
        case MotionEvent.ACTION_UP:
            // 手指抬起时的动作
            touch_up();
            invalidate();
            break;
    }
    return true;
}
```

在 onTouchEvent 中涉及到 3 个处理动作的方法：touch_start、touch_move 和 touch_up。当手指按下动作发生时，由 touch_start 方法负责处理这个动作。在该方法中需要将路径的当前位置移动到手指触摸的位置，并记录手指触摸的坐标。当手指移动动作发生时，由 touch_move 方法负责处理这个动作。在该方法中绘制了从手指触摸点到最新点的曲线，并更新 touch_start 方法中保存的触摸坐标。当手指抬起动作发生时，由 touch_up 方法负责处理这个动作。在该方法中需要绘制路径，并将绘制的图形的图像保存在 SD 卡的根目录（文件名是 image.png）中。这 3 个方法的代码如下：

```java
private float mX, mY;
private void touch_start(float x, float y)
{
    path.moveTo(x, y);
    mX = x;
    mY = y;
}
private void touch_move(float x, float y)
{
    float dx = Math.abs(x - mX);
    float dy = Math.abs(y - mY);
    // 从手指触摸点到最新点的曲线
    path.quadTo(mX, mY, x, y);
    mX = x;
    mY = y;
}
private void touch_up()
{
    // 绘制路径。canvas 是和 bitmap1 相连的画布
    canvas.drawPath(path, paint);
    // 清空 Path 对象中的所有绘制的图形
    path.reset();
    try
    {
        FileOutputStream fos = new FileOutputStream("/sdcard/image.png");
        // 将绘制了图形的图像保存在 SD 卡上
        bitmap1.compress(CompressFormat.PNG, 100, fos);
        fos.close();
```

```
        }
        catch (Exception e)
        {
        }
    }
```

要注意的是，在 touch_up 中使用了 reset 方法来清除 Path 对象中画的所有图形。由于在调用 reset 方法之前，已经将路径画在 bitmap1 上，Path 对象中画的图形就不再需要了，因此，可以将其清除。当清除绘制的图形时，只需重新装载图像资源或文件即可。清除绘制图形的代码如下：

```
public void clear()
{
    // 重新装载图像资源
    loadBitmap();
    invalidate();
}
```

如果想设置绘制直线的风格，可以使用 Paint 类的 setMaskFilter 方法。例如，设置浮雕和喷涂效果的代码如下：

```
private final int COLOR_MENU_ID = Menu.FIRST;
private final int EMBOSS_MENU_ID = Menu.FIRST + 1;
private final int BLUR_MENU_ID = Menu.FIRST + 2;
private final int CLEAR_MENU_ID = Menu.FIRST + 3;
// 选项菜单 selected 事件方法
@Override
public boolean onOptionsItemSelected(MenuItem item)
{
    switch (item.getItemId())
    {
        case COLOR_MENU_ID:
            // 显示设置颜色的对话框
            new ColorPickerDialog(this, this, paint.getColor()).show();
            return true;
        case EMBOSS_MENU_ID:
            // 设置浮雕效果
            if (paint.getMaskFilter() != emboss)
            {
                // 如果当前效果不是浮雕，设置成浮雕效果
                paint.setMaskFilter(emboss);
            }
            else
            {
                // 如果当前效果是浮雕，关闭浮雕效果
                paint.setMaskFilter(null);
            }
            return true;
        case BLUR_MENU_ID:
            // 设置喷涂效果
            if (paint.getMaskFilter() != blur)
            {
                // 如果当前效果不是喷涂，设置成喷涂效果
                paint.setMaskFilter(blur);
            }
            else
            {
                // 如果当前效果是喷涂，关闭喷涂效果
                paint.setMaskFilter(null);
            }
            return true;
        case CLEAR_MENU_ID:
            // 清楚绘制的图形
            myView.clear();
            return true;
```

```
    }
    return super.onOptionsItemSelected(item);
}
```

在 onOptionsItemSelected 方法中涉及到一个 ColorPickerDialog 类。该类用于显示一个设置颜色的对话框，这个类是 Android SDK 中提供的一个例子。关于该类的详细代码可以参考本例或 APIDemos 中的代码。在这里只要知道 ColorPickerDialog 类需要一个 colorChanged 事件方法与外界交互。当成功设置颜色后，该方法被调用。为了监听该事件，需要实现 OnColorChangedListener 接口。colorChanged 事件方法的代码如下：

```
public void colorChanged(int color)
{
    //  设置当前画笔的颜色
    paint.setColor(color);
}
```

设置浮雕和喷涂效果时都需要 MaskFilter 对象。其中 emboss 和 blur 就是 MaskFilter 类型的变量。这两个变量在 onCreate 方法中被初始化，代码如下：

```
emboss = new EmbossMaskFilter(new float[]{ 1, 1, 1 }, 0.4f, 6, 3.5f);
blur = new BlurMaskFilter(8, BlurMaskFilter.Blur.NORMAL);
```

EmbossMaskFilter 类构造方法的定义如下：

```
public EmbossMaskFilter(float[] direction, float ambient, float specular, float blurRadius);
```

参数含义如下：

- direction：该数组的元素个数必须是 3，表示来自 3 个方向（x，y，z）的光源。
- ambient：该参数的值在 0~1 之间，表示周围光照的情况。
- specular：表示镜面加亮区的系数。
- blurRadius：在应用光照之前的喷涂数。
- BlurMaskFilter 类构造方法的定义如下：
- public BlurMaskFilter(float radius, Blur style);

参数含义如下：

- radius：喷涂线条宽度的半径。该值越大，喷涂线条就越宽。
- style：喷涂的风格。

10.2 音频和视频

现在乃至将来的智能手机已经不仅限于接听电话、收发短信、浏览网页这样简单的功能了。在手机上听音乐、看电影将逐渐成为手机的主流应用。在 Android SDK 中提供了大量音频和视频 API 和组件。通过这些 API 和组件，可以实现非常强大的音频和视频功能，甚至可以实现一个移动影院。

10.2.1 使用 MediaPlayer 播放 MP3 文件

本节的例子代码所在的工程目录是 src\ch10\ch10_mp3

使用 android.media.MediaPlayer 类可以播放 MP3 音频资源。这些资源可以是包含在 apk 文件中的 MP3 资源、保存在 SD 卡或手机内存中的 MP3 文件。

播放包含在 apk 中的 MP3 文件的代码如下：

```
//  通过 MediaPlayer 类的 create 方法指定保存在 res\raw 目录中的 MP3 资源，并创建 MediaPlayer 对象
MediaPlayer mediaPlayer = MediaPlayer.create(this, R.raw.music);
if (mediaPlayer != null)
    mediaPlayer.stop();
//  在播放音频资源之前，必须调用 prepare 方法完成一些准备工作
mediaPlayer.prepare();
//  开始播放 MP3 音频资源
mediaPlayer.start();
```

如果要播放保存在 SD 卡或手机内存中的 MP3 文件，需要使用下面的代码。

```
MediaPlayer mediaPlayer = new MediaPlayer();
// 指定 mp3 文件的路径
mediaPlayer.setDataSource("/sdcard/music.mp3");
mediaPlayer.prepare();
mediaPlayer.start();
```

暂停和停止播放可以使用 MediaPlayer 类的 pause 和 stop 方法，代码如下：

```
mediaPlayer.pause();                   // 暂停播放
mediaPlayer.stop();                    // 停止播放
```

MediaPlayer 类还支持播放过程中的事件，例如当播放完音频资源时，会触发 onCompletion 事件。可以在该事件方法中释放音频资源，以便其他应用程序可以使用该资源。代码如下：

```
public void onCompletion(MediaPlayer mp)
{
    // 释放音频资源
    mp.release();
    setTitle("资源已经释放");
}
```

使用下面的代码指定 onCompletion 事件监听对象。

```
mediaPlayer.setOnCompletionListener(this);       // 当前类实现 OnCompletionListener 接口
```

图 10.19　播放 MP3 资源的界面

运行本节的例子，会显示如图 10.19 所示的界面。单击相应的按钮，可以播放音频、暂停和停止播放。但要注意，在单击【播放 SD 卡中的 MP3 文件】按钮之前，在 SD 卡的根目录中要有一个 music.mp3 文件，否则系统不会正常播放 MP3 文件。

10.2.2　使用 MediaRecorder 录音

本节的例子代码所在的工程目录是 src\ch10\ch10_mp3

使用 android.media.MediaRecorder 类可以通过手机上的内置麦克风录音，代码如下：

```
File recordAudioFile = File.createTempFile("record",".amr");
MediaRecorder mediaRecorder = new MediaRecorder();
// 指定音频来源（麦克风）
mediaRecorder.setAudioSource(MediaRecorder.AudioSource.MIC);
// 指定音频输出格式（MPGE4）
mediaRecorder.setOutputFormat(MediaRecorder.OutputFormat.MPEG_4);
// 指定音频编码方式
mediaRecorder.setAudioEncoder(MediaRecorder.AudioEncoder.DEFAULT);
// 指定录制的音频信息输出的文件
mediaRecorder.setOutputFile(recordAudioFile.getAbsolutePath());
mediaRecorder.prepare();
// 开始录音
mediaRecorder.start();
```

在编写上面代码时应注意如下 3 点：

- 录音前要使用 setXxx 方法设置录制的音频属性和保存的文件路径。
- 音频文件使用了临时文件。这是由于临时文件每次生成的文件名不同，可以保证在不删除文件的情况下不会覆盖以前录制的音频文件。
- MediaRecorder 和 MediaPlayer 一样，在调用 start 方法录音之前，也需要使用 prepare 方法完成一些准备工作。

停止录音可以使用下面的代码。在停止录音后，最后需要释放录制的音频文件，以便其他应用程序可以继续使用这个音频文件。

```
// 停止录音
mediaRecorder.stop();
// 释放录制的音频文件
mediaRecorder.release();
```

如果想删除录制的音频文件，需要在停止录制后，执行如下代码：

```
recordAudioFile.delete();
```

运行本节的例子，会看到如图 10.20 所示的界面，单击相应的按钮后，可以录制音频、停止录制和删除录制的音频文件。播放音频文件可以使用 10.2.1 节介绍的 MediaPlayer 类。

图 10.20　录制音频文件

10.2.3　使用 VideoView 播放视频

本节的例子代码所在的工程目录是 src\ch10\ch10_playvideo

使用 android.widget.VideoView 组件可以播放 MP4 的 H.264、3GP 和 WMV 格式的视频文件（播放其他格式的视频文件需要移植本地语言的解码程序）。本节的例子将播放一个 3gp 格式的视频文件。在播放视频之前，需要在 XML 布局文件中放置一个 VideoView 组件，代码如下：

```
<VideoView android:id="@+id/videoView" android:layout_width="320px"
          android:layout_height="240px" />
```

播放视频的代码如下：

```
//  指定要播放的视频文件
videoView.setVideoURI(Uri.parse("file:///sdcard/video.3gp"));
//  设置视频控制器
videoView.setMediaController(new MediaController(this));
//  开始播放视频
videoView.start();
```

运行本例，并单击【播放】按钮，会播放 SD 卡中的 video.3gp 文件，播放的效果如图 10.21 所示。在上面代码中的第 2 行使用 setMediaController 方法设置了一个媒体控制器。当触摸播放界面时，会在屏幕下方显示一个媒体控制器，如图 10.22 所示。通过这个媒体控制器，可以快进、快退和暂停视频，也可以调整当前播放的视频的位置，并查看视频时间和当前已播放的时间。

图 10.21　播放视频

图 10.22　媒体控制器

如果想通过代码控制视频的暂停和停止，可以使用下面的代码。

```
videoView.pause();                     //  暂停视频的播放
videoView.stopPlayback();              //  停止视频的播放
```

10.2.4　使用 SurfaceView 播放视频

本节的例子代码所在的工程目录是 src\ch10\ch10_surfaceview

虽然 VideoView 组件可以播放视频，但播放的位置和大小并不受我们的控制。为了对视频有更多的控制权，可以使用 MediaPlayer 配合 SurfaceView 来播放视频。

在使用 SurfaceView 组件之前需要创建 SurfaceHolder 对象，并进行相应的设置，代码如下：

```
SurfaceView surfaceView = (SurfaceView) findViewById(R.id.surfaceView);
```

```
SurfaceHolder surfaceHolder = surfaceView.getHolder();
surfaceHolder.setFixedSize(100, 100);
surfaceHolder.setType(SurfaceHolder.SURFACE_TYPE_PUSH_BUFFERS);
```

其中 setFixedSize 方法用来设置播放视频界面的固定大小。但经作者测试，setFixedSize 方法的两个参数设置成多少，视频界面也会尽量充满整个 SurfaceView 组件，如图 10.22 所示。但如果不调用该方法，视频会以实际大小播放，其他的区域会显示成黑色，如图 10.23 所示。

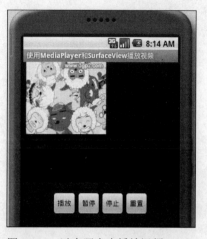

图 10.22　充满整个 SurfaceView 组件播放视频　　　　图 10.23　以实际大小播放视频

播放视频的代码如下：

```
mediaPlayer = new MediaPlayer();
//  设置音频流类型
mediaPlayer.setAudioStreamType(AudioManager.STREAM_MUSIC);
//  设置用于播放视频的 SurfaceView 组件
mediaPlayer.setDisplay(surfaceHolder);
try
{
    //  指定视频文件
    mediaPlayer.setDataSource("sdcard/video.3gp");
    mediaPlayer.prepare();
    mediaPlayer.start();
}
catch (Exception e)
{
}
```

使用 MediaPlayer 播放视频的关键是指定用于显示视频的 SurfaceView 对象（通过 setDisplay 方法）。至于暂停和停止视频的播放，可以直接使用 MediaPlayer 类的 pause 和 stop 方法。

10.3　本章小结

本章主要介绍了三方面的知识：图形、音频和视频。通过 View 类的 onDraw 方法可以在 View 上绘制基本的图形元素，这些元素主要包括像素点、直线、圆、椭圆等。除此之外，还可以利用 Canvas 类的很多方法实现特殊的效果，例如扭曲和拉伸图像。Canvas 类提供的一个非常有意思的功能就是路径（Path），通过路径不仅可以绘制各种形状的图形，也可以沿着路径绘制文本。在 Android SDK 中提供了 MediaPlayer、MediaRecorder、VideoView 和 SurfaceView，分别用来播放音频、录音和播放视频。

第三部分　进阶篇——深入 *Android* 世界的腹地

11

2D 动画

本章主要介绍 Android SDK 1.5 提供的两种实现 2D 动画的方式：帧动画和补间动画。本章的每个知识点都提供了精彩的实例以向读者展示 2D 动画的具体实现方法。通过对本章的学习，读者可利用 2D 动画实现非常绚丽的界面效果。

 本章内容

📖 帧动画的基本实现
📖 用帧动画播放 GIF 动画
📖 播放帧动画的子集
📖 移动补间动画
📖 缩放补间动画
📖 旋转补间动画
📖 震动效果
📖 自定义动画渲染器
📖 ViewFlipper 组件

11.1 帧（Frame）动画

如果读者使用过 Flash，一定对帧动画非常熟悉。帧动画实际上就是由若干图像组成的动画，这些图像会以一定的时间间隔进行切换。电影的原理也有些类似于帧动画。一般电影是每秒 25 帧，也就是说，电影在每秒钟之内会以相等的时间间隔连续播放 25 幅电影静态画面。由于人的视觉暂留，在这样的播放频率下，看起来电影才是连续的。在第 10 章的实例 64 中曾介绍过在 onDraw 方法中使用 invalidate 方法不断刷新 View 的方式来实现旋转动画。实际上这也相当于帧动画，只是并不是利用若干静态图像的不断切换来制作帧动画，而是不断地画出帧动画中的每一帧图像。本节将介绍如何使用 AnimationDrawable 和静态图像来制作帧动画。

AnimationDrawable 与帧动画

Android 中的帧动画需要在一个动画文件中指定动画中的静态图像和每一张静态图像的停留时间（单位：毫秒）。一般可以将所有图像的停留时间设为同一个值。动画文件采用了 XML 格式，该文件需要放在

res\anim 目录中。先来建立一个简单的动画文件，首先在 res\anim 目录中建立一个 test.xml 文件，然后输入如下内容：

```
<animation-list xmlns:android="http://schemas.android.com/apk/res/android" android:oneshot="false">
    <item android:drawable="@drawable/anim1" android:duration="50" />
    <item android:drawable="@drawable/anim2" android:duration="50" />
    <item android:drawable="@drawable/anim3" android:duration="50" />
    <item android:drawable="@drawable/anim4" android:duration="50" />
    <item android:drawable="@drawable/anim5" android:duration="50" />
</animation-list>
```

从 anim.xml 文件的内容可以看出，一个标准的动画文件由一个<animation-list>标签和若干<item>标签组成。其中<animation-list>标签的一个关键属性是 android:oneshot，如果该属性值为 true，表示帧动画只运行一遍，也就是从第一个图像切换到最后一个图像后，动画就会停止。如果该属性值为 false，表示帧动画循环播放。android:oneshot 是可选属性，默认值是 false。

<item>标签的 android:drawable 属性指定了动画中的静态图像资源 ID。帧动画的播放顺序就是<item>标签的定义顺序。android:duration 属性指定了每个图像的停留时间。在 test.xml 文件中指定每个图像的停留时间为 50 毫秒。android:drawable 和 android:duration 都是必选属性，不能省略。

编写完动画文件后，就需要装载动画文件，并创建 AnimationDrawable 对象。AnimationDrawable 是 Drawable 的子类，并在 Drawable 的基础上提供了控制动画的功能。读者可以使用如下代码根据 test.xml 文件创建 AnimationDrawable 对象：

```
AnimationDrawable animationDrawable =
    (AnimationDrawable)getResources().getDrawable(R.anim.test);
```

在创建完 AnimationDrawable 对象后，可以使用下面的代码将 AnimationDrawable 对象作为 ImageView 组件的背景。

```
ImageView ivAnimView = (ImageView) findViewById(R.id.ivAnimView);
ivAnimView.setBackgroundDrawable(animationDrawable);
```

除了可以使用 getDrawable 方法装载 test.anim 文件外，还可以使用 setBackgroundResource 方法装载 test.xml 文件，并通过 getBackground 方法获得 AnimationDrawable 对象，代码如下：

```
ImageView ivAnimView = (ImageView) findViewById(R.id.ivAnimView);
ivAnimView.setBackgroundResource(R.anim.test);
Object backgroundObject = ivAnimView.getBackground();
animationDrawable = (AnimationDrawable) backgroundObject;
```

有了 AnimationDrawable 对象，就可以通过 AnimationDrawable 类的方法来控制帧动画。Animation-Drawable 类中与帧动画相关的方法如下：

- start：开始播放帧动画。
- stop：停止播放帧动画。
- setOneShot：设置是否只播放一遍帧动画。该方法的参数值与动画文件中的<animation-list>标签的 android:oneshot 属性值的含义相同。参数值为 true 表示只播放一遍帧动画，参数值为 false 表示循环播放帧动画。默认值为 false。
- addFrame：向 AnimationDrawable 对象中添加新的帧。该方法有两个参数，第 1 个参数是一个 Drawable 对象，表示添加的帧。该参数值可以是静态图像，也可以是另一个动画。第 2 个参数表示新添加帧的停留时间。如果新添加的帧是动画，那么这个停留时间就是新添加的动画可以播放的时间。如果到了停留时间，不管新添加的动画是否播放完，都会切换到下一个静态图像或动画。
- isOneShot：判断当前帧动画是否只播放一遍。该方法返回通过 setOneShot 方法或 android:oneshot 属性设置的值。
- isRunning：判断当前帧动画是否正在播放。如果返回 true，表示帧动画正在播放。返回 false 表示帧动画已停止播放。
- getNumberOfFrames：返回动画的帧数，也就是<animation-list>标签中的<item>标签数。
- getFrame：根据帧索引获得指定帧的 Drawable 对象。帧从 0 开始。

- getDuration：获得指定帧的停留时间。

如果想显示半透明的帧动画，可以通过 Drawable 类的 setAlpha 方法设置图像的透明度，该方法只有一个 int 类型的值，该值的范围是 0～255。如果参数值是 0，表示图像完全透明，如果参数值是 255，表示图像完全不透明。

实例 69：通过帧动画方式播放 Gif 动画

工程目录：src\ch11\ch11_gifanim

Android SDK 中播放 GIF 动画的类库可能会因为 GIF 文件版本的问题，并不能播放所有的 GIF 动画文件，但可以采用帧动画的方式来播放 GIF 动画。

GIF 动画文件本身由多个静态的 GIF 图像组成，因此可以使用图像处理软件（如 FireWorks）将 GIF 动画文件分解成多个 GIF 静态图像。然后在 res\anim 目录的动画文件中定义这些 GIF 文件。在本例中将一个 GIF 动画文件分解成 12 个 GIF 文件（文件名是 anim1.gif 至 anim12.gif，这些 GIF 文件都在 res\drawable 目录中），并在 res\anim\frame_animation.xml 文件中定义了这些 GIF 文件。frame_animation.xml 文件的代码如下：

```xml
<animation-list xmlns:android="http://schemas.android.com/apk/res/android"
    android:oneshot="false" >
    <item android:drawable="@drawable/anim1" android:duration="50" />
    <item android:drawable="@drawable/anim2" android:duration="50" />
    <item android:drawable="@drawable/anim3" android:duration="50" />
    <item android:drawable="@drawable/anim4" android:duration="50" />
    <item android:drawable="@drawable/anim5" android:duration="50" />
    <item android:drawable="@drawable/anim6" android:duration="50" />
    <item android:drawable="@drawable/anim7" android:duration="50" />
    <item android:drawable="@drawable/anim8" android:duration="50" />
    <item android:drawable="@drawable/anim9" android:duration="50" />
    <item android:drawable="@drawable/anim10" android:duration="50" />
    <item android:drawable="@drawable/anim11" android:duration="50" />
    <item android:drawable="@drawable/anim12" android:duration="50" />
</animation-list>
```

为了演示在原有动画的基础上添加新的动画，本例引入了第 2 个 GIF 动画文件，并将这个 GIF 动画文件分解成 6 个 GIF 静态图像（文件名从 myanim1.gif 至 myanim6.gif）。定义这 6 个 GIF 文件的动画文件是 frame_animation1.xml。

本例的功能包含"开始动画"、"停止动画"、"运行一次动画"和"添加动画"，这 4 个功能分别对应于 4 个按钮。当单击【开始动画】按钮后，动画开始播放，如图 11.1 所示。单击【添加动画】按钮，播放完第 1 个动画后，又会继续播放第 2 个动画，如图 11.2 所示。在播放完第 2 个动画后，又会继续播放第 1 个动画。

图 11.1　播放第 1 个动画

图 11.2　播放第 2 个动画

本例的完整代码如下：

```java
package net.blogjava.mobile;

import android.app.Activity;
import android.graphics.drawable.AnimationDrawable;
import android.os.Bundle;
import android.view.View;
import android.view.View.OnClickListener;
import android.widget.Button;
import android.widget.ImageView;

public class Main extends Activity implements OnClickListener
{
    private ImageView ivAnimView;
    private AnimationDrawable animationDrawable;
    private AnimationDrawable animationDrawable1;
    private Button btnAddFrame;
    @Override
    public void onClick(View view)
    {
        switch (view.getId())
        {
            // 只播放一次动画
            case R.id.btnOneShot:
                animationDrawable.setOneShot(true);
                animationDrawable.start();
                break;
            // 循环播放动画
            case R.id.btnStartAnim:
                animationDrawable.setOneShot(false);
                animationDrawable.stop();
                animationDrawable.start();
                break;
            // 停止播放动画
            case R.id.btnStopAnim:
                animationDrawable.stop();
                if (animationDrawable1 != null)
                {
                    // 停止新添加的动画
                    animationDrawable1.stop();
                }
                break;
            // 添加动画
            case R.id.btnAddFrame:
                if (btnAddFrame.isEnabled())
                {
                    // 获得新添加动画的 AnimationDrawable 对象
                    animationDrawable1 = (AnimationDrawable) getResources()
                            .getDrawable(R.anim.frame_animation1);
                    // 添加动画，动画停留（播放）时间是 2 秒
                    animationDrawable.addFrame(animationDrawable1, 2000);
                    btnAddFrame.setEnabled(false);
                }
                break;
        }
    }
    @Override
    public void onCreate(Bundle savedInstanceState)
    {
        super.onCreate(savedInstanceState);
        setContentView(R.layout.main);
        Button btnStartAnim = (Button) findViewById(R.id.btnStartAnim);
        Button btnStopAnim = (Button) findViewById(R.id.btnStopAnim);
```

```
        Button btnOneShot = (Button) findViewById(R.id.btnOneShot);
        btnAddFrame = (Button) findViewById(R.id.btnAddFrame);
        btnStartAnim.setOnClickListener(this);
        btnStopAnim.setOnClickListener(this);
        btnOneShot.setOnClickListener(this);
        btnAddFrame.setOnClickListener(this);
        ivAnimView = (ImageView) findViewById(R.id.ivAnimView);
        ivAnimView.setBackgroundResource(R.anim.frame_animation);
        Object backgroundObject = ivAnimView.getBackground();
        animationDrawable = (AnimationDrawable) backgroundObject;
    }
}
```

在编写上面代码时应注意如下 5 点。

● setOneShot 方法既可以在动画开始前设置，也可以在动画开始后设置。

● 在开始动画之前，首先调用 stop 方法来停止动画。这是由于如果只播放一次动画，在播放完后，画面会停留在最后一个图像上。这时动画仍然是运行状态，也就是 isRunning 方法返回 true。因此，必须在播放动画之前使用 stop 方法停止动画，否则必须先按一下【停止动画】按钮才可以。

● 如果使用 addFrame 方法添加一个新动画，在停止原来动画时，并不会停止新添加的动画。也就是说，新添加的动画被看作一个整体，除非获得了新添加动画的 AnimationDrawable 对象（在本例中新添加动画的 AnimationDrawable 对象变量是 animationDrawable1），并调用该 AnimationDrawable 对象的 stop 方法停止动画。

● 添加动画的播放时间受停留时间限制（addFrame 方法的第 2 个参数值），即使到了停留时间，动画仍未播放完，也会切换到下一个动画或图像。

● 如果停止了最初的动画，新添加的动画仍然会继续播放。读者可以将上面代码中 switch 语句的 R.id.btnStopAnim 分支中的代码的 if 语句注释掉，并添加动画。然后开始动画，最后停止动画。看看会有什么效果。

如果读者想播放半透明的动画，可以使用 setAlpha 方法，例如下面的代码将动画图像的透明度设为 80。

animationDrawable.setAlpha(80);

设置完透明度后的动画效果如图 11.3 所示。

图 11.3　半透明动画

实例 70：播放帧动画的子集

工程目录：src\ch11\ch11_playsubframe

本例将播放帧动画中指定的部分图像，也就是帧动画的子集。虽然 AnimationDrawable 类提供了 getFrame 和 getDuration 方法可以获得指定帧的 Drawable 对象和停留时间，但并未提供获得帧动画当前播放位置的方法。在查看 AnimationDrawable 类的源代码后发现，在 AnimationDrawable 类中有一个 mCurFrame 变量，该变量是 int 类型，保存当前动画的播放位置。但 mCurFrame 是私有（private）变量，无法通过正常方式在其他类中访问该变量。

虽然通过正常方式无法访问该变量，但仍然可以通过 Java 反射技术来读写 private 变量，代码如下：

```
// 获得 mCurFrame 变量的 Field 对象
java.lang.reflect.Field field = AnimationDrawable.class.getDeclaredField("mCurFrame");
// 将 mCurFrame 变量设置成可访问状态
field.setAccessible(true);
// 获得 mCurFrame 变量当前的值
int curFrame = field.getInt(animationDrawable);
// 设置 mCurFrame 变量的值
field.setInt(animationDrawable, -1);
```

要注意的是，虽然可以使用 getDeclaredField 方法获得 mCurFrame 变量的 Field 对象，但由于 mCurFrame 是 private 变量，默认情况下无法直接通过 Field 对象获得和设置 mCurFrame 变量的值，因此需要通过 setAccessible 方法将 Field 对象设置成可访问状态。

由于 AnimationDrawable 类并未提供监听每帧动画播放状态的事件，因此，要编写一个 ImageView 的子类（MyImageView），并覆盖 onDraw 方法来监听每帧动画播放的状态。当每一帧动画刚开始播放时会刷新 ImageView，也就是会调用 onDraw 方法。MyImageView 类的代码如下：

```
package net.blogjava.mobile;

import java.lang.reflect.Field;
import android.content.Context;
import android.graphics.Canvas;
import android.graphics.drawable.AnimationDrawable;
import android.util.AttributeSet;
import android.widget.ImageView;
import android.widget.Toast;

public class MyImageView extends ImageView
{
    public AnimationDrawable animationDrawable;
    public Field field;
    @Override
    protected void onDraw(Canvas canvas)
    {
        try
        {
            field = AnimationDrawable.class.getDeclaredField("mCurFrame");
            // 将 mCurFrame 变量设为可访问状态
            field.setAccessible(true);
            // 获得 mCurFrame 变量的值
            int curFrame = field.getInt(animationDrawable);
            // 当播放第 3 帧后，将从第 1 帧开始播放
            if (curFrame == 2)
            {
                // 将当前帧设置为 0，也就是从第 1 帧开始播放
                field.setInt(animationDrawable, 0);
                Toast.makeText(this.getContext(), "重新设为第一个图像.", Toast.LENGTH_SHORT).show();
            }
        }
        catch (Exception e)
        {
        }
        super.onDraw(canvas);
    }
    public MyImageView(Context context, AttributeSet attrs)
    {
        super(context, attrs);
```

```
        }

    }
```

在设置 XML 布局文件时应该使用 MyImageView 组件来显示动画，代码如下：

```
<net.blogjava.mobile.MyImageView android:id="@+id/ivAnimView" android:layout_width="320dp"
    android:layout_height="234dp" />
```

使用 MyImageView 对象之前需要设置 MyImageView 类的 animationDrawable 对象，本例还使用了 getNumberOfFrames 方法将动画帧的总数显示在 Activity 的标题上，代码如下：

```
MyImageView ivAnimView = (MyImageView) findViewById(R.id.ivAnimView);
ivAnimView.setBackgroundResource(R.anim.frame_animation);
ivAnimView.setOnClickListener(this);
Object backgroundObject = ivAnimView.getBackground();
animationDrawable = (AnimationDrawable) backgroundObject;
//  设置 animationDrawable 变量
ivAnimView.animationDrawable = animationDrawable;
setTitle(getTitle() + "<共" + animationDrawable.getNumberOfFrames()+ "帧>");
```

虽然动画有 6 帧，但本例通过对 mCurFrame 的控制只显示前 3 帧。运行本例后，单击图像会开始动画。每当显示到第 3 帧时，会显示一个 Toast 信息框，如图 11.4 所示。读者也可以利用本例介绍的技术实现将动画停在某一帧上的效果。

图 11.4　播放帧动画的子集

11.2　补间（Tween）动画

如果动画中的图像变换比较有规律时，可以采用自动生成中间图像的方式来生成动画，例如图像的移动、旋转、缩放等。当然，还有更复杂的情况，例如由正方形变成圆形、圆形变成椭圆形，这些变化过程中的图像都可以根据一定的数学算法自动生成。我们只需要指定动画的第一帧和最后一帧的图像即可。这种自动生成中间图像的动画被称为补间（Tween）动画。

补间动画的优点是节省硬盘空间，这是因为这种动画只需要提供两帧图像（第一帧和最后一帧），其他的图像都由系统自动生成。当然，这种动画也有一定的缺点，就是动画很复杂时无法自动生成中间图像，例如由电影画面组成的动画，由于每幅画面过于复杂，系统无法预料下一幅画面是什么样子。因此，这种复杂的动画只能使用帧动画来完成。本节将介绍 Android SDK 提供的 4 种补间动画效果：移动、缩放、旋转和透明度。Android SDK 并未提供更复杂的补间动画，如果要实现更复杂的补间动画，需要开发人员自己编码来完成。

11.2.1　移动补间动画

移动是最常见的动画效果。可以通过配置动画文件（xml 文件）或 Java 代码来实现补间动画的移动效

10/12
Chapter

果。补间动画文件需要放在 res\anim 目录中，在动画文件中通过<translate>标签设置移动效果，假设在 res\anim 目录下有一个动画文件 test.xml，该文件的内容如下：

```
<translate xmlns:android="http://schemas.android.com/apk/res/android"
    android:interpolator="@android:anim/accelerate_interpolator"
    android:fromXDelta="0" android:toXDelta="320" android:fromYDelta="0"
    android:toYDelta="0" android:duration="2000" />
```

从上面的配置代码可以看出，<translate>标签中设置了 6 个属性，这 6 个属性的含义如下：

- android:interpolator：表示动画渲染器。通过 android:interpolator 属性可以设置 3 个动画渲染器，accelerate_interpolator（动画加速器）、decelerate_interpolator（动画减速器）和 accelerate_decelerate_interpolator（动画加速减速器）。动画加速器使动画在开始时速度最慢，然后逐渐加速。动画减速器使动画在开始时速度最快，然后逐渐减速。动画加速减速器使动画在开始和结束时速度最慢，但在前半部分时开始加速，在后半部分时开始减速。

- android:fromXDelta：动画起始位置的横坐标。

- android:toXDelta：动画结束位置的横坐标。

- android:fromYDelta：动画起始位置的纵坐标。

- android:toYDelta：动画结束位置的纵坐标。

- android:duration：动画的持续时间，单位是毫秒。也就是说，动画要在 android:duration 属性指定的时间内从起始点移动到结束点。

装载补间动画文件需要使用 android.view.animation.AnimationUtils. loadAnimation 方法，该方法的定义如下：

```
public static Animation loadAnimation(Context context, int id);
```

其中 id 表示动画文件的资源 ID。装载 test.xml 文件的代码如下：

```
Animation animation = AnimationUtils.loadAnimation(this, R.anim.test);
```

假设有一个 EditText 组件（editText），将 test.xml 文件中设置的补间动画应用到 EditText 组件上的方式有如下两种。

（1）使用 EditText 类的 startAnimation 方法，代码如下：

```
editText.startAnimation(animation);
```

（2）使用 Animation 类的 start 方法，代码如下：

```
// 绑定补间动画
editText.setAnimation(animation);
// 开始动画
animation.start();
```

使用上面两种方式开始补间动画都只显示一次。如果想循环显示动画，需要使用如下代码将动画设置成循环状态：

```
animation.setRepeatCount(Animation.INFINITE);
```

上面的代码在开始动画之前和之后执行都没有问题。

如果想通过 Java 代码实现移动补间动画，可以创建 android.view.animation.TranslateAnimation 对象。TranslateAnimation 类构造方法的定义如下：

```
public TranslateAnimation(float fromXDelta, float toXDelta, float fromYDelta, float toYDelta);
```

通过 TranslateAnimation 类的构造方法可以设置动画起始位置和结束位置的坐标。在创建 TranslateAnimation 对象后，可以通过 TranslateAnimation 类的如下方法设置移动补间动画的其他属性：

- setInterpolator：设置动画渲染器。该方法的参数类型是 Interpolator，在 Android SDK 中提供了一些动画渲染器，例如 LinearInterpolator、AccelerateInterpolator 等，其中部分动画渲染器可以在动画文件的<translate>标签的 android:interpolator 属性中设置，而有的动画渲染器需要使用 Java 代码设置。这一点将在实例 71 中详细介绍。

- setDuration：设置动画的持续时间。该方法相当于设置了<translate>标签的 android:duration 属性。

补间动画有 3 个状态：动画开始、动画结束、动画循环。要想监听这 3 个状态，需要实现

android.view.animation.Animation.AnimationListener 接口。该接口定义了 3 个方法：onAnimationStart、onAnimationEnd 和 onAnimationRepeat，这 3 个方法分别在动画开始、动画结束和动画循环时调用。关于 AnimationListener 接口的用法将在实例 71 中详细介绍。

实例 71：循环向右移动的 EditText 与上下弹跳的球

工程目录：src\ch11\ch11_translate

本例的动画效果：屏幕上方的 EditText 组件从左到右循环匀速水平移动。EditText 下方的小球上下移动，从上到下移动时加速，从下到上移动时减速。

本例涉及到 3 个动画渲染器：accelerate_interpolator、decelerate_interpolator 和 linear_interpolator。其中前两个动画渲染器可以直接作为 android:interpolator 属性的值，而 linear_interpolator 虽然在系统中已定义，但由于不是 public 的，因此需要自己定义 linear_interpolator.xml 文件。当然，也可以将系统的 linear_interpolator.xml 文件复制到 Eclipse 工程的 res\anim 目录下。读者可以在<Android SDK 安装目录>\platforms\android-1.5\data\res\anim 目录下找到 linear_interpolator.xml 文件，并将该文件复制到 res\anim 目录下。android:interpolator 属性的值应设为 "@anim/linear_interpolator"。

在本例中定义了 3 个动画文件，其中 translate_right.xml 应用于 EditText 组件，translate_bottom.xml（从上到下移动、加速）和 translate_top.xml（从下到上移动、减速）应用于小球（ImageView 组件）。这 3 个动画文件的内容如下：

```
translate_right.xml
<translate xmlns:android="http://schemas.android.com/apk/res/android"
    android:interpolator="@anim/linear_interpolator"
    android:fromXDelta="-320" android:toXDelta="320" android:fromYDelta="0"
    android:toYDelta="0" android:duration="5000" />
translate_bottom.xml
<translate xmlns:android="http://schemas.android.com/apk/res/android"
    android:interpolator="@android:anim/accelerate_interpolator"
    android:fromXDelta="0" android:toXDelta="0" android:fromYDelta="0"
    android:toYDelta="260" android:duration="2000" />
translate_top.xml
<translate xmlns:android="http://schemas.android.com/apk/res/android"
    android:interpolator="@android:anim/decelerate_interpolator"
    android:fromXDelta="0" android:toXDelta="0" android:fromYDelta="260"
    android:toYDelta="0" android:duration="2000" />
```

EditText 组件的循环水平移动可以直接使用 setRepeatMode 和 setRepeatCount 方法进行设置，而小球的移动则需要应用两个动画文件。本例采用的方法是在一个动画播放完后，再将另一个动画文件应用到显示小球的 ImageView 组件中。这个操作需要在 AnimationListener 接口的 onAnimationEnd 方法中完成。

运行本例后，单击【开始动画】按钮，EditText 组件从屏幕的左侧出来，循环水平向右移动，当 EditText 组件完全移进屏幕右侧时，会再次从屏幕左侧出来，同时小球会上下移动。效果如图 11.5 所示。

图 11.5　移动补间动画

本例的完整代码如下：

```java
package net.blogjava.mobile;

import android.app.Activity;
import android.os.Bundle;
import android.view.View;
import android.view.View.OnClickListener;
import android.view.animation.Animation;
import android.view.animation.AnimationUtils;
import android.view.animation.Animation.AnimationListener;
import android.widget.Button;
import android.widget.EditText;
import android.widget.ImageView;

public class Main extends Activity implements OnClickListener, AnimationListener
{
    private EditText editText;
    private ImageView imageView;
    private Animation animationRight;
    private Animation animationBottom;
    private Animation animationTop;

    // animation 参数表示当前应用到组件上的 Animation 对象
    @Override
    public void onAnimationEnd(Animation animation)
    {
        // 根据当前显示的动画决定下次显示哪一个动画
        if (animation.hashCode() == animationBottom.hashCode())
            imageView.startAnimation(animationTop);
        else if (animation.hashCode() == animationTop.hashCode())
            imageView.startAnimation(animationBottom);
    }
    @Override
    public void onAnimationRepeat(Animation animation)
    {
    }
    @Override
    public void onAnimationStart(Animation animation)
    {
    }
    @Override
    public void onClick(View view)
    {
        // 开始 EditText 的动画
        editText.setAnimation(animationRight);
        animationRight.start();
        animationRight.setRepeatCount(Animation.INFINITE);
        editText.setVisibility(EditText.VISIBLE);
        // 开始小球的动画
        imageView.startAnimation(animationBottom);
    }
    @Override
    public void onCreate(Bundle savedInstanceState)
    {
        super.onCreate(savedInstanceState);
        setContentView(R.layout.main);
        editText = (EditText) findViewById(R.id.edittext);
        editText.setVisibility(EditText.INVISIBLE);
        Button button = (Button) findViewById(R.id.button);
        button.setOnClickListener(this);
        imageView = (ImageView) findViewById(R.id.imageview);
        animationRight = AnimationUtils.loadAnimation(this,R.anim.translate_right);
        animationBottom = AnimationUtils.loadAnimation(this,R.anim.translate_bottom);
```

```
        animationTop = AnimationUtils.loadAnimation(this, R.anim.translate_top);
        animationBottom.setAnimationListener(this);
        animationTop.setAnimationListener(this);
    }
}
```

11.2.2　缩放补间动画

通过<scale>标签可以定义缩放补间动画。下面的代码定义了一个标准的缩放补间动画。

```
<scale xmlns:android="http://schemas.android.com/apk/res/android"
    android:interpolator="@android:anim/decelerate_interpolator"
    android:fromXScale="0.2" android:toXScale="1.0" android:fromYScale="0.2"
    android:toYScale="1.0" android:pivotX="50%" android:pivotY="50%"
    android:duration="2000" />
```

<scale>标签和<translate>标签中有些属性是相同的，而有些属性是<scale>标签特有的，这些属性的含义如下：

- android:fromXScale：表示沿 X 轴缩放的起始比例。
- android:toXScale：表示沿 X 轴缩放的结束比例。
- android:fromYScale：表示沿 Y 轴缩放的起始比例。
- android:toYScale：表示沿 Y 轴缩放的结束比例。
- android:pivotX：表示沿 X 轴方向缩放的支点位置。如果该属性值为 50%，则支点在沿 X 轴的中心位置。
- android:pivotY：表示沿 Y 轴方向缩放的支点位置。如果该属性值为 50%，则支点在沿 Y 轴的中心位置。

其中前 4 个属性的取值规则如下：

- 0.0：表示收缩到没有。
- 1.0：表示正常不收缩。
- 大于 1.0：表示将组件放大到相应的比例。例如值为 1.5，表示放大到原组件的 1.5 倍。
- 小于 1.0：表示将组件缩小到相应的比例。例如值为 0.5，表示缩小到原组件的 50%。

如果想通过 Java 代码实现缩放补间动画，可以创建 android.view.animation.ScaleAnimation 对象。ScaleAnimation 类构造方法的定义如下：

```
public ScaleAnimation(float fromX, float toX, float fromY, float toY,float pivotX, float pivotY)
```

通过 ScaleAnimation 类的构造方法可以设置上述 6 个属性值。设置其他属性的方法与移动补间动画相同。

实例 72：跳动的心

工程目录：src\ch11\ch11_heart

本例将实现一个可以跳动的心。跳动实际上就是将"心"图像不断地放大和缩小。因此，需要两个动画文件来控制图像的放大和缩小。这两个动画文件的内容如下：

to_small.xml（控制图像的缩小）

```
<scale xmlns:android="http://schemas.android.com/apk/res/android"
    android:interpolator="@android:anim/accelerate_interpolator"
    android:fromXScale="1.0" android:toXScale="0.2" android:fromYScale="1.0"
    android:toYScale="0.2" android:pivotX="50%" android:pivotY="50%"
    android:duration="500" />
```

to_large.xml（控制图像的放大）

```
<scale xmlns:android="http://schemas.android.com/apk/res/android"
    android:interpolator="@android:anim/decelerate_interpolator"
    android:fromXScale="0.2" android:toXScale="1.0" android:fromYScale="0.2"
    android:toYScale="1.0" android:pivotX="50%" android:pivotY="50%"
    android:duration="500" />
```

对 ImageView 组件不断应用上面两个动画文件后，就会显示如图 11.6 所示的动画效果。

图 11.6　跳动的心

本例的完整代码如下：

```java
package net.blogjava.mobile;

import android.app.Activity;
import android.os.Bundle;
import android.view.animation.Animation;
import android.view.animation.AnimationUtils;
import android.view.animation.ScaleAnimation;
import android.view.animation.Animation.AnimationListener;
import android.widget.ImageView;

public class Main extends Activity implements AnimationListener
{
    private Animation toLargeAnimation;
    private Animation toSmallAnimation;
    private ImageView imageView;
    @Override
    public void onAnimationEnd(Animation animation)
    {
        //  交替应用两个动画文件
        if(animation.hashCode() == toLargeAnimation.hashCode())
            imageView.startAnimation(toSmallAnimation);
        else
            imageView.startAnimation(toLargeAnimation);
    }
    @Override
    public void onAnimationRepeat(Animation animation)
    {
    }
    @Override
    public void onAnimationStart(Animation animation)
    {
    }
    @Override
    public void onCreate(Bundle savedInstanceState)
    {
        super.onCreate(savedInstanceState);
        setContentView(R.layout.main);
        imageView = (ImageView) findViewById(R.id.imageview);
        toLargeAnimation = AnimationUtils.loadAnimation(this, R.anim.to_large);
        toSmallAnimation = AnimationUtils.loadAnimation(this, R.anim.to_small);
        toLargeAnimation.setAnimationListener(this);
        toSmallAnimation.setAnimationListener(this);
        imageView.startAnimation(toSmallAnimation);
    }
}
```

11.2.3　旋转补间动画

通过<rotate>标签可以定义旋转补间动画。下面的代码定义了一个标准的旋转补间动画。

```
<rotate xmlns:android="http://schemas.android.com/apk/res/android"
    android:interpolator="@anim/linear_interpolator" android:fromDegrees="0"
    android:toDegrees="360" android:pivotX="50%" android:pivotY="50%"
    android:duration="10000" android:repeatMode="restart" android:repeatCount="infinite"/>
```

其中<rotate>标签有两个特殊的属性。它们的含义如下：

● android:fromDegrees：表示旋转的起始角度。

● android:toDegrees：表示旋转的结束角度。

在<rotate>标签中还使用如下两个属性设置旋转的次数和模式。

● android:repeatCount：设置旋转的次数。该属性需要设置一个整数值。如果该值为 0，表示不重复显示动画。也就是说，对于上面的旋转补间动画，只从 0 度旋转到 360 度，动画就会停止。如果属性值大于 0，动画会再次显示该属性指定的次数。例如，如果 android:repeatCount 属性值为 1，动画除了正常显示一次外，还会再显示一次。也就是说，前面的旋转补间动画会顺时针旋转两周。如果想让补间动画永不停止，可以将 android:repeatCount 属性值设为 infinite 或-1。该属性的默认值是 0。

● android:repeatMode：设置重复的模式，默认值是 restart。该属性只有当 android:repeatCount 设置成大于 0 的数或 infinite 时才起作用。android:repeatMode 属性值除了可以是 restart 外，还可以设为 reverse，表示偶数次显示动画时会做与动画文件定义的方向相反的动作。例如，上面定义的旋转补间动画会在第 1、3、5、...、2n-1 圈顺时针旋转，而在 2、4、6、...、2n 圈逆时针旋转。如果想使用 Java 代码来设置该属性，可以使用 Animation 类的 setRepeatMode 方法，该方法只接收一个 int 类型参数。可取的值是 Animation.RESTART 和 Animation.REVERSE。

如果想通过 Java 代码实现旋转补间动画，可以创建 android.view.animation.RotateAnimation 对象。RotateAnimation 类构造方法的定义如下：

```
public RotateAnimation(float fromDegrees, float toDegrees, float pivotX, float pivotY);
```

通过 RotateAnimation 类的构造方法可以设置旋转开始角度（fromDegrees）、旋转结束角度（toDegrees）、旋转支点横坐标（pivotX）和旋转支点纵坐标（pivotY）。

实例 73：旋转的星系

工程目录：src\ch11\ch11_galaxy

本例实现了两颗行星绕着一颗恒星旋转的效果。其中恒星会顺时针和逆时针交替旋转（android:repeatMode 属性值为 reverse）。效果如图 11.7 所示。

图 11.7　旋转的星系

两颗行星和一颗恒星分别对应于一个动画文件。行星对应的两个动画文件的内容如下：

hesper.xml

```
<rotate xmlns:android="http://schemas.android.com/apk/res/android"
    android:interpolator="@anim/linear_interpolator" android:fromDegrees="0"
    android:toDegrees="360" android:pivotX="200%" android:pivotY="300%"
    android:duration="5000" android:repeatMode="restart" android:repeatCount="infinite"/>
```

earth.xml

```
<rotate xmlns:android="http://schemas.android.com/apk/res/android"
    android:interpolator="@anim/linear_interpolator" android:fromDegrees="0"
    android:toDegrees="360" android:pivotX="200%" android:pivotY="300%"
    android:duration="10000" android:repeatMode="restart" android:repeatCount="infinite"/>
```

恒星对应的动画文件的内容如下：

sun.xml

```
<rotate xmlns:android="http://schemas.android.com/apk/res/android"
    android:interpolator="@anim/linear_interpolator" android:fromDegrees="0"
    android:toDegrees="360" android:pivotX="50%" android:pivotY="50%"
    android:duration="20000" android:repeatMode="reverse" android:repeatCount="infinite"/>
```

本例的主程序相对简单，只需要装载这 3 个动画文件，并开始动画即可，代码如下：

```
package net.blogjava.mobile;

import android.app.Activity;
import android.os.Bundle;
import android.view.animation.Animation;
import android.view.animation.AnimationUtils;
import android.widget.ImageView;

public class Main extends Activity
{
    @Override
    public void onCreate(Bundle savedInstanceState)
    {
        super.onCreate(savedInstanceState);
        setContentView(R.layout.main);
        ImageView ivEarth = (ImageView) findViewById(R.id.ivEarth);
        ImageView ivHesper = (ImageView) findViewById(R.id.ivHesper);
        ImageView ivSun = (ImageView) findViewById(R.id.ivSun);
        Animation earthAnimation = AnimationUtils.loadAnimation(this,R.anim.earth);
        Animation hesperAnimation = AnimationUtils.loadAnimation(this,R.anim.hesper);
        Animation sunAnimation = AnimationUtils.loadAnimation(this, R.anim.sun);
        ivEarth.startAnimation(earthAnimation);
        ivHesper.startAnimation(hesperAnimation);
        ivSun.startAnimation(sunAnimation);
    }
}
```

11.2.4 透明度补间动画

通过<alpha>标签可以定义透明度补间动画。下面的代码定义了一个标准的透明度补间动画。

```
<alpha xmlns:android="http://schemas.android.com/apk/res/android"
    android:interpolator="@android:anim/accelerate_interpolator"
        android:fromAlpha="1.0" android:toAlpha="0.1" android:duration="2000" />
```

其中 android:fromAlpha 和 android:toAlpha 属性分别表示起始透明度和结束透明度，这两个属性的值都在 0.0～1.0 之间。属性值为 0.0 表示完全透明，属性值为 1.0 表示完全不透明。

如果想通过 Java 代码实现透明度补间动画，可以创建 android.view.animation.AlphaAnimation 对象。AlphaAnimation 类构造方法的定义如下：

```
public AlphaAnimation(float fromAlpha, float toAlpha);
```

通过 AlphaAnimation 类的构造方法可以设置起始透明度（fromAlpha）和结束透明度（toAlpha）

在实例 74 中会将多种补间动画和帧动画相结合，实现投掷炸弹并爆炸的效果。

实例 74：投掷炸弹

工程目录：src\ch11\ch11_pubbomb

本例将前面介绍的多种动画效果进行结合，实现投掷炸弹并爆炸的特效。在本例中采用的动画类型有帧动画、移动补间动画、缩放补间动画和透明度补间动画。

其中使用帧动画播放一个爆炸的 GIF 动画；使用移动补间动画实现炸弹被投下仍然会向前移动的偏移效果；缩放补间动画实现当炸弹被投下时逐渐缩小的效果；透明度补间动画实现炸弹被投下时逐渐模糊的效果。当运行本例后，会在屏幕下方正中间显示一个炸弹，如图 11.8 所示。然后触摸这个炸弹，炸弹开始投掷，逐渐变小和模糊，如图 11.9 所示。当炸弹变得很小、很模糊时，会播放 GIF 动画来显示爆炸效果，并播放爆炸的声音，如图 11.10 所示。

图 11.8　初始状态的炸弹

图 11.9　炸弹逐渐变小和模糊

图 11.10　炸弹爆炸的效果

除了爆炸效果外，其他的效果都必须同时进行，因此，需要将这些效果放在同一个动画文件中。在 res\anim 目录中建立一个 missile.xml 文件，并输入如下内容：

```xml
<set xmlns:android="http://schemas.android.com/apk/res/android">
    <alpha android:interpolator="@android:anim/accelerate_interpolator"
        android:fromAlpha="1.0" android:toAlpha="0.1" android:duration="2000" />
    <translate android:interpolator="@android:anim/accelerate_interpolator"
        android:fromXDelta="0" android:toXDelta="0" android:fromYDelta="0"
        android:toYDelta="-380" android:duration="2000" />
    <scale android:interpolator="@android:anim/accelerate_interpolator"
        android:fromXScale="1.0" android:toXScale="0.2" android:fromYScale="1.0"
        android:toYScale="0.2" android:pivotX="50%" android:pivotY="50%"
        android:duration="2000" />
</set>
```

上面的动画文件与前面介绍的动画文件不同之处在于这个动画文件使用了<set>标签作为 XML 根节点。所有在<set>标签中定义的动画会在同一时间开始，在混合动画效果的情况下，往往会使用<set>标签来组合动画效果。

本例还有一个帧动画文件（blast.xml），在该动画文件中定义了 15 个静态的 GIF 文件。blast.xml 文件的内容请读者参阅随书光盘中的源代码。

由于在播放完爆炸 GIF 动画后，需要隐藏显示动画的 ImageView 组件，因此，在本例中仍然使用了实例 70 中介绍的 MyImageView 来作为显示 GIF 动画的组件，该类的代码如下：

```java
package net.blogjava.mobile;

import java.lang.reflect.Field;
import android.content.Context;
```

```java
import android.graphics.Canvas;
import android.graphics.drawable.AnimationDrawable;
import android.util.AttributeSet;
import android.view.View;
import android.widget.ImageView;

public class MyImageView extends ImageView
{
    public AnimationDrawable animationDrawable;
    public ImageView ivMissile;
    public Field field;
    @Override
    protected void onDraw(Canvas canvas)
    {
        try
        {
            field = AnimationDrawable.class.getDeclaredField("mCurFrame");
            field.setAccessible(true);
            int curFrame = field.getInt(animationDrawable);
            //  当显示完最后一幅图像后，将 MyImageView 组件隐藏，并显示炸弹的原始图像
            if (curFrame == animationDrawable.getNumberOfFrames() - 1)
            {
                setVisibility(View.INVISIBLE);
                ivMissile.setVisibility(View.VISIBLE);
            }
        }
        catch (Exception e)
        {
        }
        super.onDraw(canvas);
    }
    public MyImageView(Context context, AttributeSet attrs)
    {
        super(context, attrs);
    }
}
```

本例主程序的完整代码如下：

```java
package net.blogjava.mobile;

import android.app.Activity;
import android.graphics.drawable.AnimationDrawable;
import android.media.MediaPlayer;
import android.os.Bundle;
import android.view.MotionEvent;
import android.view.View;
import android.view.View.OnTouchListener;
import android.view.animation.Animation;
import android.view.animation.AnimationUtils;
import android.view.animation.Animation.AnimationListener;
import android.widget.ImageView;

public class Main extends Activity implements OnTouchListener,AnimationListener
{
    private ImageView ivMissile;
    private MyImageView ivBlast;
    private AnimationDrawable animationDrawable;
    private Animation missileAnimation;
    @Override
    public boolean onTouch(View view, MotionEvent event)
    {
        //  触摸炸弹后，开始播放动画
        ivMissile.startAnimation(missileAnimation);
        return false;
```

```
    }
    @Override
    public void onAnimationEnd(Animation animation)
    {
        //  在播放投掷炸弹动画结束后，显示 MyImageView 组件，并将显示炸弹的 ImageView 组件隐藏
        ivBlast.setVisibility(View.VISIBLE);
        ivMissile.setVisibility(View.INVISIBLE);
        try
        {
            //  开始播放爆炸的声音
            MediaPlayer mediaPlayer = MediaPlayer.create(this, R.raw.bomb);
            mediaPlayer.stop();
            mediaPlayer.prepare();
            mediaPlayer.start();
        }
        catch (Exception e)
        {
        }
        animationDrawable.stop();
        //  播放爆炸效果动画
        animationDrawable.start();
    }
    @Override
    public void onAnimationRepeat(Animation animation)
    {
    }
    @Override
    public void onAnimationStart(Animation animation)
    {
    }
    @Override
    public void onCreate(Bundle savedInstanceState)
    {
        super.onCreate(savedInstanceState);
        setContentView(R.layout.main);
        ivMissile = (ImageView) findViewById(R.id.ivMissile);
        ivMissile.setOnTouchListener(this);
        ivBlast = (MyImageView) findViewById(R.id.ivBlast);
        ivBlast.setBackgroundResource(R.anim.blast);
        Object backgroundObject = ivBlast.getBackground();
        animationDrawable = (AnimationDrawable) backgroundObject;
        ivBlast.animationDrawable = animationDrawable;
        missileAnimation = AnimationUtils.loadAnimation(this, R.anim.missile);
        missileAnimation.setAnimationListener(this);
        //  在程序启动后，将显示爆炸效果的 MyImageView 组件隐藏
        ivBlast.setVisibility(View.INVISIBLE);
        ivBlast.ivMissile = ivMissile;
    }
}
```

 注意

如果要想让<set>标签中的动画循环显示，需要将<set>标签中的每一个动画标签（<translate>、<scale>、<rotate> 和<alpha>）的 android:repeatCount 属性值设为 infinite。当然，也可以将部分动画标签的 android:repeatCount 属性值设为 infinite。这样那些未设置 android:repeatCount 属性的动画就不会循环显示。

11.2.5 振动效果

本节的例子代码所在的工程目录是 src\ch11\ch11_shake

在前面曾介绍过 4 个动画渲染器（linear_interpolator、accelerate_interpolator、decelerate_interpolator 和 accelerate_decelerate_interpolator）。实际上，在 Android SDK 中还提供了另外一个动画渲染器

cycle_interpolator，可以将 cycle_interpolator 称为振动动画渲染器。由于 cycle_interpolator 未在系统中定义，因此需要自己编写 cycle_interpolator.xml 文件，并将该文件放在 res\anim 目录中。cycle_interpolator.xml 文件的内容如下：

```
<cycleInterpolator xmlns:android="http://schemas.android.com/apk/res/android" android:cycles="18" />
```

其中 android:cycles 属性表示振动因子，该属性值越大（但需要在一定范围内），振动得越剧烈。

> 查看 AnimationUtils 类的源代码会发现，在该类中还引用了一些其他的渲染器，例如 anticipateInterpolator、bounceInterpolator 等。虽然在 AnimationUtils 类中引用了这些渲染器，但这些渲染器属于 Android SDK 1.6，在 Android SDK 1.5 中不能使用它们。这些渲染器的详细用法将在 18.4 节介绍。从这一点可以看出，Android SDK 1.5 只是一个过渡版本。其中虽然使用了很多渲染器，但这些渲染器大多都没有实现，它们将被留给 Android SDK 的下一个版本来实现。

下面来建立一个动画文件 shake.xml，并输入如下内容：

```
<translate xmlns:android="http://schemas.android.com/apk/res/android"
    android:fromXDelta="0" android:toXDelta="10" android:duration="1000"
    android:interpolator="@anim/cycle_interpolator" />
```

本节的例子会使一个 EditText 发生剧烈地振动，开始振动效果的代码如下：

```
Animation animation = AnimationUtils.loadAnimation(this, R.anim.shake);
EditText editText = (EditText)findViewById(R.id.edittext);
editText.startAnimation(animation);
```

如果想在 Java 代码中实现振动效果，需要创建 CycleInterpolator 对象，CycleInterpolator 类构造方法的定义如下：

```
public CycleInterpolator(float cycles);
```

通过 CycleInterpolator 类的构造方法可以设置振动因子。

运行本节的例子，单击【振动】按钮后，上方的 EditText 组件会左右剧烈振动，如图 11.11 所示。

图 11.11 振动效果

11.2.6 自定义动画渲染器（Interceptor）

本节的例子代码所在的工程目录是 src\ch11\ch11_Interceptor

前面介绍了 Android SDK 1.5 定义的 5 个动画渲染器。实际上，我们也可以实现自己的动画渲染器。要实现动画渲染器，需要实现 android.view.animation.Interpolator 接口。本节的例子中要实现一个可以来回弹跳的动画渲染器。渲染器的实现代码如下：

```
package net.blogjava.mobile;

import android.view.animation.Interpolator;

public class MyInterceptor implements Interpolator
{
    @Override
    public float getInterpolation(float input)
    {
        //  动画前一半不断接近目标点（加速）
        if (input <= 0.5)
```

```
        return input * input;
    //　动画后一半不断远离目标点（减速）
    else
        return (1 - input) * (1 - input) ;
    }
}
```

在 Interpolator 接口中只有一个 getInterpolation 方法。该方法有一个 float 类型的参数，取值范围在 0.0～1.0 之间，表示动画的进度。如果参数值为 0.0，表示动画刚开始。如果参数值为 1.0，表示动画已结束。如果 getInterpolation 方法的返回值小于 1.0，表示动画对象还没有到达目标点，越接近 1.0，动画对象离目标点越近，当返回值为 1.0 时，正好到达目标点。如果 getInterpolation 方法的返回值大于 1.0，表示动画对象超过了目标点。例如在移动补间动画中，getInterpolation 方法的返回值是 2.0，表示动画对象超过了目标点，并且距目标点的距离等于目标点到起点的距离。

下面来编写动画文件（translate.xml），代码如下：

```
<translate xmlns:android="http://schemas.android.com/apk/res/android"
    android:fromXDelta="0" android:toXDelta="0" android:fromYDelta="0"
    android:toYDelta="1550" android:duration="5000" />
```

装载和开始动画的代码如下：

```
ImageView imageView = (ImageView)findViewById(R.id.imageview);
Animation animation = AnimationUtils.loadAnimation(this, R.anim.translate);
//　设置自定义动画渲染器
animation.setInterpolator(new MyInterceptor());
animation.setRepeatCount(Animation.INFINITE);
imageView.startAnimation(animation);
```

运行本节的例子，会看到如图 11.12 所示的小球，小球到达屏幕底端会向上弹起。

图 11.12　上下弹跳的小球

11.2.7　以动画方式切换 View 的组件 ViewFlipper

本节的例子代码所在的工程目录是 src\ch11\ch11_viewflipper

android.widget.ViewFlipper 类可以实现不同 View 之间的切换。首先应建立一个只包含一个 <ViewFilpper>标签的 XML 布局文件（main.xml），代码如下：

```
<?xml version="1.0" encoding="utf-8"?>
<ViewFlipper xmlns:android="http://schemas.android.com/apk/res/android"
    android:layout_width="fill_parent" android:layout_height="fill_parent">
</ViewFlipper>
```

在本节的例子中使用了 3 个 XML 布局文件（layout1.xml、layout2.xml 和 layout3.xml）来定义 3 个 View，每一个 View 中都包含一个 ImageView 组件用来显示图像。当触摸第 1 个 ImageView 时，会以水平向左移动的方式切换到第 2 个 ImageView。触摸第 2 个 ImageView 时会以淡入淡出的方式切换到第 3 个 ImageView（通过透明度补间动画实现）。

在装载 main.xml 和其他 3 个布局文件后，使用 addView 方法将这 3 个布局文件对应的 View 对象添加到 ViewFlipper 对象中。

实现 View 切换的关键是通过 ViewFlipper 类的 setInAnimation 和 setOutAnimation 方法设置下一个 View 进入和上一个 View 出去的动画。因此，我们要为水平移动和淡入淡出效果分别编写两个动画文件。水平移动的动画文件内容如下。

translate_in.xml

```
<translate xmlns:android="http://schemas.android.com/apk/res/android"
    android:interpolator="@anim/linear_interpolator"
    android:fromXDelta="320" android:toXDelta="0" android:fromYDelta="0"
    android:toYDelta="0" android:duration="3000" />
```

translate_out.xml

```
<translate xmlns:android="http://schemas.android.com/apk/res/android"
    android:interpolator="@anim/linear_interpolator"
    android:fromXDelta="0" android:toXDelta="-320" android:fromYDelta="0"
    android:toYDelta="0" android:duration="3000" />
```

淡入淡出效果的动画文件内容如下：

alpha_in.xml

```
<alpha xmlns:android="http://schemas.android.com/apk/res/android"
    android:interpolator="@android:anim/accelerate_interpolator"
    android:fromAlpha="0" android:toAlpha="1" android:duration="2000" />
```

alpha_out.xml

```
<alpha xmlns:android="http://schemas.android.com/apk/res/android"
    android:interpolator="@android:anim/accelerate_interpolator"
    android:fromAlpha="1" android:toAlpha="0" android:duration="2000" />
```

下面是触摸事件方法的代码，在该方法中通过判断显示了哪一个 ImageView 来决定采用哪种动画切换效果。

```
public boolean onTouch(View view, MotionEvent event)
{
    switch (view.getId())
    {
        case R.id.imageview1:
            //  触摸第 1 个 ImageView 时设置了移动补间动画
            viewFlipper.setInAnimation(translateIn);
            viewFlipper.setOutAnimation(translateOut);
            break;
        case R.id.imageview2:
            //  触摸第 2 个 ImageView 时设置了透明度补间动画
            viewFlipper.setInAnimation(alphaIn);
            viewFlipper.setOutAnimation(alphaOut);
            break;
    }
    // 显示下一个 View
    viewFlipper.showNext();
    return false;
}
```

运行本节的例子，触摸当前显示的图像，会以水平移动的方式切换到第 2 幅图像，切换的过程如图 11.13 所示。再次触摸第 2 幅图像，会以淡入淡出的方式切换到第 3 幅图像，切换的过程如图 11.14 所示。

图 11.13　以水平移动的方式进行图像切换　　　　　　图 11.14　以淡入淡出的方式进行图像切换

11.3　本章小结

　　本章主要介绍了 Android SDK 中提供的两种实现 2D 动画的方式：帧动画和补间动画。帧动画使用 AnimationDrawable 来实现，在本质上是将多个图像以相同或不同的时间间隔进行切换来实现动画。补间动画只能实现简单的动画效果，例如移动、缩放、旋转、透明度的变化。补间动画的本质就是指定动画开始和结束的状态，然后由系统自动生成中间状态的图像。除此之外，本章还介绍了 Android SDK 1.5 提供的 5 种动画渲染器（linear_interpolator、accelerate_interpolator、decelerate_interpolator、accelerate_decelerate_interpolator 和 cycle_interpolator）和自定义动画渲染器的方法。在本章的最后还介绍了用于以动画效果切换 View 的 ViewFlipper 组件。

12

OpenGL ES 编程

说起游戏，几乎所有的人都不会陌生。从最初的单机 2D 游戏，到现在的网络 3D 游戏，无论从显示效果，还是从娱乐性上都有了显著的提高。这其中最重要的功臣就是扮演着重要角色的 3D 图形库。目前比较常用的有 Windows 中的 DirectX 和跨平台的 OpenGL。而手机 3D 游戏目前才刚刚兴起，除了微软的 Windows Mobile（现在改名为 Windows Phone）使用 DirectX 外，其他的手机操作系统基本都使用 OpenGL ES 或类似的技术作为 3D 图形库。了解并掌握 OpenGL ES 对从事手机游戏编程的开发人员尤其重要，而且现在正是 OpenGL ES 蓬勃发展的时期。

 本章内容

 📖 OpenGL 简介
 📖 OpenGL ES 的开发框架
 📖 绘制多边形
 📖 为多边形着色
 📖 旋转多边形
 📖 绘制可旋转的立方体
 📖 为立方体贴纹理
 📖 光照效果
 📖 透明效果

12.1 OpenGL 简介

OpenGL（Open Graphics Library，开放式图形库）定义了一个跨编程语言、跨操作系统的性能卓越的三维图形标准。OpenGL 定义了一套编程接口，任何语言都可以实现这套编程接口。目前几乎所有的流行语言都有 OpenGL 的实现，例如 C/C++、Java、C#、Delphi、Python、Ruby、Perl 等。虽然 DirectX 是 Windows 上使用最广泛的三维图形库，但在专业领域以及非 Windows 的操作系统平台上，OpenGL 是不二的选择。

自从 1992 年 7 月 SGI 发布了 OpenGL 1.0 以来，OpenGL 经历了多次版本的升级。其中主要的版本包括 1995 年发布的 OpenGL 1.1、2003 年发布的 OpenGL 1.5、2004 年 8 月发布的 OpenGL 2.0、2008 年 8 月初发布的 OpenGL 3.0、2009 年 3 月发布的 OpenGL 3.1。在作者写作本书时，OpenGL 的最新版本是 OpenGL 3.2，该版本于 2009 年 8 月 3 日发布，这是 OpenGL 从最初 1.0 开始的第 10 个版本。在该版本中大大增强了图形显示的效果和图形加速处理，并且发布包更加轻量。

虽然 OpenGL 非常强大，但支持这些强大的功能也需要付出很高的代价，也就是说需要高性能的硬件（主要是 CPU 和 GPU）的支持。而移动设备（这里主要指智能手机）与同时代的 PC 的硬件配置还差很多，根本无法在移动设备上使用 OpenGL 的全部功能。因此，成立于 2000 年的 Khronos 集团推出了可以在移动设备上使用简化版本的 OpenGL，称为 OpenGL ES（OpenGL for Embedded Systems）。Khronos 是一个图形软硬件行业协会，该协会主要关注图形和多媒体方面的开放标准。

作者曾发现网上有很多人分不清 OpenGL 与 OpenGL ES 的关系，因此，本节对它们之间的关系做一个简单的介绍。OpenGL ES 是专为嵌入和移动设备设计的一个 2D/3D 轻量图形库，它是基于 OpenGL API 设计的，是 OpenGL 三维图形 API 的子集。OpenGL ES 是从 OpenGL 裁剪定制而来的，去除了很多 OpenGL 中的特性，例如 glBegin/glEnd、四边形（GL_QUADS）、多边形（GL_POLYGONS）等。经过多年的发展，OpenGL ES 目前主要有两个版本：OpenGL ES 1.x 和 OpenGL ES 2.x。其中 OpenGL ES 1.x 主要以 OpenGL ES 1.1 为主。OpenGL ES 1.1 在 OpenGL ES 1.0 的基础上改善了图形显示效果，并大大降低了内存的消耗。OpenGL ES 1.1 是参考 OpenGL 1.5 的 API 设计的，并且增强了 API 的硬件加速功能，但在提供的增强功能上与 OpenGL ES 1.0 完全兼容。OpenGL ES 2.x 主要指 OpenGL ES 2.0，该版本是参考了 OpenGL 2.0 的规范制定的，该版本更进一步加强了 3D 图形编程的能力。读者想进一步了解 OpenGL ES，可以通过如下地址访问 OpenGL ES 的官方主页：

　　http://www.khronos.org/opengles

目前 Android SDK 1.5 只支持 OpenGL ES 1.0 和 OpenGL ES 1.1 的大部分功能，然而对于 OpenGL ES 2.0 的支持将会引发手机 3D 游戏的一个高峰。要想充分发挥 OpenGL ES 在游戏方面的表现，还需要强大的手机硬件支持，例如在手机上配置 GPU。尽管目前大多数基于 Android 的手机在图形渲染上还不尽人意，但仍然有一些优秀的 3D 游戏。图 12.1 和图 12.2 是一款 3D 赛车游戏 Speed Forge 3D 在 HTC Hero（G3）上的运行效果截图。

图 12.1　Speed Forge 3D 界面效果 1 （HTC Hero）

图 12.2　Speed Forge 3D 界面效果 2（HTC Hero）

12.2　构建 OpenGL ES 的基本开发框架

首先 OpenGL ES 框架需要一个回调类，该类必须实现如下接口：

android.opengl.GLSurfaceView.Renderer

在 Renderer 接口中定义如下 3 个方法：

```
void onSurfaceCreated(GL10 gl, EGLConfig config);
void onSurfaceChanged(GL10 gl, int width, int height);
void onDrawFrame(GL10 gl);
```

其中 onSurfaceCreated 方法在创建或重建 OpenGL ES 绘制窗口时被调用。可以在该方法中做一些初始化的功能，例如设置背景颜色、启动平滑模型等。onSurfaceChanged 方法在 OpenGL ES 的绘制窗口尺寸发生变化时被调用。当然，不管窗口尺寸是否发生改变，onSurfaceChanged 方法在程序开始时都至少执行一次。onDrawFrame 方法在绘制每一帧时被调用，类似于 View 中的 onDraw 方法。一般在 onDrawFrame 方法中绘制 2D 或 3D 图形。

在上面 3 个方法中会发现第 1 个参数的类型都是 GL10，这是 OpenGL ES 1.0 的接口。在这 3 个方法中都可以利用 gl 参数使用 OpenGL ES 1.0 中的功能。

读者可以在 Eclipse 中建立一个 MyRender 类，并实现 Renderer 接口。然后按 Ctrl+Shift+O 组合键自动生成 import 语句以导入相关的类。自此一个完整的 OpenGL ES 框架就搭建完成了。接下来在后面的部分将详细介绍如何在这个框架中绘制 2D/3D 图形以及更复杂的效果。

12.3　2D 图形绘制

OpenGL ES 不仅可以绘制 3D 图形，还可以绘制 2D 图形。虽然 OpenGL 可以直接绘制多边形，但 OpenGL ES 对 OpenGL 做了裁剪，只保留了绘制三角形的功能。由于任何的多边形都可以由三角形组成，因此，通过三角形就可以绘制出各种复杂的多边形了。

12.3.1　多边形

本节的例子代码所在的工程目录是 src\ch12\ch12_polygon

在介绍如何绘制多边形之前，先了解一下 OpenGL 的坐标系。当调用 GL10. glLoadIdentity 方法后，实际上是将当前点移动到了屏幕中心，而这一点正是 OpenGL 坐标系的原点。坐标系是三维的，也就是沿 X、Y、Z 轴 3 个方向。读者可以将自己的手机屏幕朝上平放在桌面上，X 轴就是手机屏幕从左到右的方式，Y 轴就是手机屏幕从下到上的方向，Z 轴就是从桌面到天空的方向，这 3 个坐标轴都以手机屏幕中心为原点。X 轴在屏幕中心左侧的点为负值，右侧的点为正值，Y 轴在屏幕中心下方的点为负值，上方的点为正值；Z 轴在屏幕下方的点为负值，在屏幕上方的点为正值。

了解了 OpenGL 的坐标系之后，就可以使用 OpenGL ES 的框架来绘制多边形了。首先建立一个 MyRender 类，该类是 Renderer 的子类。然后在 onSurfaceChanged 方法中做一些初始化的工作，代码如下：

```
public void onSurfaceChanged(GL10 gl, int width, int height)
{
    float ratio = (float) width / height;
    // 设置 OpenGL 场景的大小
    gl.glViewport(0, 0, width, height);
    // 设置投影矩阵
    gl.glMatrixMode(GL10.GL_PROJECTION);
    // 重置投影矩阵
    gl.glLoadIdentity();
    // 设置 X、Y、Z 轴方法可设置的最远距离
    gl.glFrustumf(-ratio, ratio, -1, 1, 1, 10);
    // 选择模型观察矩阵
    gl.glMatrixMode(GL10.GL_MODELVIEW);
    // 重置模型观察矩阵
    gl.glLoadIdentity();
}
```

众所周知，三角形是由 3 个顶点组成的。OpenGL 的坐标系是三维的，因此每一个顶点坐标都由 3 个值组成。本例将图形绘制在 Z 轴的原点处，因此所有坐标的第 3 个值都为 0。下面先定义三角形的 3 个顶点的坐标。

```
private IntBuffer triggerBuffer = IntBuffer.wrap(new int[]
    { 0, one, 0,          // 上顶点
    -one, -one, 0,        // 左下顶点
    one, -one, 0, });     // 右下顶点
```

四边形由 4 个顶点组成，下面定义了这 4 个顶点的坐标。

```
private IntBuffer quaterBuffer = IntBuffer.wrap(new int[]
    { one, one, 0,        // 右上角顶点
    -one, one, 0,         // 左上角顶点
```

```
        one, -one, 0,        // 右下角顶点
        -one, -one, 0 });     // 左下角顶点
```

本例需要在左侧绘制一个四边形，在右侧绘制一个三角形，所以需要使用 glTranslatef 方法将坐标原点移至三角形的位置，如下面的代码将坐标原点延 X 轴向右移动 1.5 个单位，Y 轴不动，Z 轴移入屏幕 6 个单位：

```
gl.glTranslatef(1.5f, 0.0f, -6.0f);
```

当前的中点已经移到了屏幕的右侧，并且将视图推入屏幕背后足够的距离以便可以看见全部的场景。要注意的是，这里移动的单位必须小于使用 glFrustumf 方法设置的最远距离，否则显示不出来。例如，Z 轴的最远距离是 10，因此 Z 轴中点向屏幕背后移动不能超过 10。不管是绘制三角形，还是绘制四边形，都需要设置顶点，因此要使用如下代码告诉 OpenGL 要设置顶点这个功能：

```
gl.glEnableClientState(GL10.GL_VERTEX_ARRAY);
```

在绘制多边形之前，需要指定顶点以及与顶点相关的信息，下面的代码为三角形和四边形指定了顶点信息。

```
// 设置三角形的顶点坐标
gl.glVertexPointer(3, GL10.GL_FIXED, 0, triggerBuffer);
// 设置正方形的顶点坐标
gl.glVertexPointer(3, GL10.GL_FIXED, 0, quaterBuffer);
```

其中 glVertexPointer 方法的第 1 个参数表示坐标系的维度（要注意，该参数不是坐标数组的尺寸）。由于 OpenGL 是三维坐标系，因此该参数值是 3。第 2 个参数表示顶点的类型，本例中的数据是固定的，所以使用 GL_FIXED 表示固定的顶点。第 3 个参数表示步长，第 4 个参数表示顶点缓存（也就是前面定义的两个坐标数组）。

最后一步是使用 glDrawArrays 方法绘制三角形和四边形，代码如下：

```
gl.glDrawArrays(GL10.GL_TRIANGLES, 0, 3);
gl.glDrawArrays(GL10.GL_TRIANGLE_STRIP, 0, 4);
```

现在绘制三角形和四边形的代码已经完成了，下面是完整的绘制代码。

```
public void onDrawFrame(GL10 gl)
{
    // 清除屏幕和深度缓存
    gl.glClear(GL10.GL_COLOR_BUFFER_BIT | GL10.GL_DEPTH_BUFFER_BIT);
    // 允许设置顶点
    gl.glEnableClientState(GL10.GL_VERTEX_ARRAY);
    // 重置当前的模型观察矩阵
    gl.glLoadIdentity();
    // 左移 1.5 单位，并移入屏幕 6.0 个单位
    gl.glTranslatef(1.5f, 0.0f, -6.0f);
    // 设置三角形的顶点坐标
    gl.glVertexPointer(3, GL10.GL_FIXED, 0, triggerBuffer);
    // 绘制三角形
    gl.glDrawArrays(GL10.GL_TRIANGLES, 0, 3);
    // 重置当前的模型观察矩阵
    gl.glLoadIdentity();
    // 左移 2.0 个单位，并移入屏幕 6.0 个单位
    gl.glTranslatef(-2.0f, 0.0f, -6.0f);
    // 设置正方形的顶点坐标
    gl.glVertexPointer(3, GL10.GL_FIXED, 0, quaterBuffer);
    // 绘制正方形
    gl.glDrawArrays(GL10.GL_TRIANGLE_STRIP, 0, 4);
    // 在开启顶点设置功能后，必须使用下面的代码关闭（取消）顶点设置功能
    gl.glDisableClientState(GL10.GL_VERTEX_ARRAY);
}
```

在编写完 MyRender 类后，需要在主类（Main）的 onCreate 方法中创建绘制 2D 图形的界面，代码如下：

```
public void onCreate(Bundle savedInstanceState)
{
    super.onCreate(savedInstanceState);
    GLSurfaceView glView = new GLSurfaceView(this);
    MyRender myRender = new MyRender();
```

```
    glView.setRenderer(myRender);
    setContentView(glView);
}
```

运行本例，会显示如图 12.3 所示的图形。

在绘制四边形时使用了 GL10.GL_TRIANGLE_STRIP，代码如下：

```
gl.glDrawArrays(GL10.GL_TRIANGLE_STRIP, 0, 4);
```

实际上，还有另外一种绘制多边形的方式，就是使用 GL10.GL_TRIANGLE_FAN。这两种绘制多边形的方式有什么区别呢？现在先将 GL10.GL_TRIANGLE_STRIP 换成 GL10.GL_TRIANGLE_FAN，然后运行本例，效果如图 12.4 所示。

图 12.3　绘制三角形和四边形

图 12.4　使用 GL10.GL_TRIANGLE_FAN 绘制多边形

也许很多读者看到如图 12.4 所示的效果会感到奇怪。明明画的是四边形，怎么画出个五边形。实际上，GL10.GL_TRIANGLE_STRIP 和 GL10.GL_TRIANGLE_FAN 都需要通过三角形绘制多边形，只是它们绘制三角形时取顶点的规则不同。假设四边形的 4 个顶点的定义顺序是 P1、P2、P3、P4。通过 GL10.GL_TRIANGLE_STRIP 绘制多边形时是按（P1、P2、P3）、（P2、P3、P4）取的顶点，每一组顶点就是一个三角形的顶点。如果这 4 个顶点按如图 12.5 所示的顶点取值，那么按 GL10.GL_TRIANGLE_STRIP 的规则正好沿反斜杠 "\" 方向画两个三角形。而 GL10.GL_TRIANGLE_FAN 是按（P1、P2、P3）、（P1、P3、P4）取的三角形顶点。如果在这种情况下仍然按图 12.5 所示的取点规则，就会画出如图 12.6 所示的两个三角形，会造成左边缺一个三角形的效果。要想使用 GL10.GL_TRIANGLE_FAN 绘制多边形，必须采用图 12.7 所示的取点规则。由此可见，多边形的顶点不能按任意顺序定义，只能根据使用取三角形顶点的模式来定义多边形的顶点。

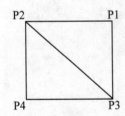

图 12.5　成功绘制四边形

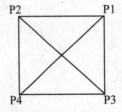

图 12.6　绘制四边形失败

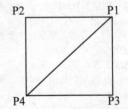

图 12.7　成功绘制四边形

12.3.2　颜色

本节的例子代码所在的工程目录是 src\ch12\ch12_rotatepolygon

通过上一节的学习可以使用 OpenGL 绘制三角形和四边形。本节将利用上一节的技术绘制更复杂的图形，并且使用颜色对所绘制的图形进行填充。绘制复杂图形的方式与绘制四边形的方式类似，只是需要定义更多的顶点。关于绘制复杂图形的部分，读者可以参阅本例的源代码。下面先看看如图 12.8 所示的填充颜色的效果。

如图 12.8 所示，4 个图形中的上面 3 个使用 Smooth Coloring（平滑着色）将不同的颜色混合在一起，形成了漂亮的颜色混合。而下方的图形使用 Flat Coloring（单调着色）涂上了固定的颜色。

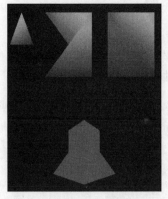

图 12.8　填充颜色后的图形

进行平滑着色需要从三角形的 3 个顶点定义起始颜色。每一种颜色由 4 个值组成，这 4 个值是 R、G、B、A，其中 A 是透明度。下面的代码是为三角形定义的一个颜色数组。

```
int one = 0x10000;
private IntBuffer colorBuffer = IntBuffer.wrap(new int[]{
        one,0,0,one,
        0,one,0,one,
        0,0,one,one,
});
```

为多边形着色也需要先开启颜色渲染功能，代码如下：

```
gl.glEnableClientState(GL10.GL_COLOR_ARRAY);
```

然后通过 glColorPointer 方法可以进行平滑着色，代码如下：

```
gl.glColorPointer(4, GL10.GL_FIXED, 0, colorBuffer);
```

glColorPointer 方法的 4 个参数的含义与 glVertexPointer 方法的相应参数类似，但要注意的是第 1 个参数表示每一个颜色的值的数目（R、G、B、A）。

对多边形着色后，需要使用 glDisableClientState 方法关闭颜色渲染功能，代码如下：

```
gl.glDisableClientState(GL10.GL_COLOR_ARRAY);
```

如想使用单调着色，可以直接调用 glColor4f 方法设置颜色值，代码如下：

```
// 设置颜色（R、G、B、A）
gl.glColor4f(1.0f, 0.0f, 0.0f, 0.0f);
```

glColor4f 不需要开启颜色渲染功能，因此，需要在调用 glColor4f 方法之前使用 glDisableClientState 方法关闭颜色渲染功能，否则 glColor4f 方法不起作用。

12.3.3　旋转

本节的例子代码所在的工程目录是 src\ch12\ch12_rotatepolygon

在上节绘制了复杂的图形，并为这些图形着色。本节将利用 glRotatef 方法来旋转这些图形，旋转的效果如图 12.9 所示。

图 12.9　旋转的效果

先看一下 glRotatef 方法的定义。

```
void glRotatef(float angle, float x, float y, float z);
```

其中 angle 表示旋转的角度，x、y、z 三个参数共同确定旋转轴的方向。例如(1, 0, 0)描述的是矢量经过 X 坐标轴的 1 个单位处并且方向向右，(-1, 0, 0)描述的是矢量经过 X 坐标轴的 1 个单位处但方向向左。

本节的例子将使不同的多边形沿 X、Y 和倾斜方式方向旋转，代码如下：

```
// 沿 Y 轴旋转
gl.glRotatef(rotate, 0.0f, 1.0f, 0.0f);
// 沿倾斜方式旋转
gl.glRotatef(rotate, 1.0f, 1.0f, 0.0f);
// 沿 X 轴方向旋转
gl.glRotatef(rotate, 1.0f, 0.0f, 0.0f);
```

上面是三种旋转图形的方式，读者可以改成其他的旋转轴，看看旋转效果。

实际上，现在已经完成了对图形的旋转，但为能持续旋转图形，需要在 onDrawFrame 方法的最后不断变化 rotate 变量（保存当前旋转角度的变量）的值，代码如下：

```
rotate+=1;
```

12.4　3D 图形绘制

前面绘制的图形都是 2D 的，这对于 OpenGL ES 是非常简单的，OpenGL ES 的主要工作是绘制 3D 图形，这也是本章要介绍的主要内容。OpenGL ES 绘制 3D 图形的功夫可谓了得。从绘制简单的立体图到设置不同的纹理，以及光照、混合等效果，可谓无所不能。现在就进入 OpenGL ES 的 3D 世界吧。

12.4.1　旋转立方体

本节的例子代码所在的工程目录是 src\ch12\ch12_cube

本节的例子将在左侧绘制一个立方体，在右侧绘制一个四棱锥，并且使它们分别沿 X 轴和 Y 轴旋转，效果如图 12.10 所示。

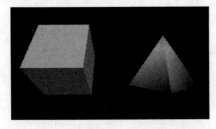

图 12.10　旋转的立方体和四棱锥

四棱锥由 4 个三角形组成，而且这 4 个三角形坐标要按顺时针方向定义，千万不能既顺时针又逆时针定义。下面是定义四棱锥各顶点坐标的代码。

```
private IntBuffer triggerBuffer = IntBuffer.wrap(new int[]{
    0,one,0,
    -one,-one,0,
    one,-one,one,

    0,one,0,
    one,-one,one,
    one,-one,-one,

    0,one,0,
    one,-one,-one,
    -one,-one,-one,

    0,one,0,
    -one,-one,-one,
```

```
    -one,-one,one
});
```

由于 4 个三角形共享上顶点，因此将该顶点的颜色设为绿色。底边上的两个顶点颜色是互斥的，前侧面的左下顶点是红色，右下顶点是蓝色。其他顶点的颜色值定义如下面代码所示。

```
private IntBuffer colorBuffer = IntBuffer.wrap(new int[]{
        0,one,0,one,
        one,0,0,one,
        0,0,one,one,

        0,one,0,one,
        one,0,0,one,
        0,0,one,one,

        0,one,0,one,
        one,0,0,one,
        0,0,one,one,

        0,one,0,one,
        one,0,0,one,
        0,0,one,one,
});
```

下面的代码通过绘制 4 个三角形来绘制四棱锥。

```
//绘制四棱锥
for(int i=0; i<4; i++)
{
    gl.glDrawArrays(GL10.GL_TRIANGLE_STRIP, i*3, 3);
}
```

绘制立方体的代码和绘制四棱锥类似，只是需要绘制 6 个正方形，代码如下：

```
//  绘制立方体
for(int i=0; i<6; i++)
{
    gl.glDrawArrays(GL10.GL_TRIANGLE_STRIP, i*4, 4);
}
```

图 12.11　在立方体上贴图

12.4.2　在立方体上显示纹理

本节的例子代码所在的工程目录是 src\ch12\ch12_texture

虽然到现在已经实现了可以旋转的立方体，但立方体的 6 个面只是简单地着色。在实际的游戏中，需要更绚丽的效果。本节将介绍如何将纹理放到立方体上，最简单的方式是在每一面贴上一幅图，这样看起来会更吸引人，效果如图 12.11 所示。

要实现贴图效果，先要创建一个纹理，并使用图片来生成一个纹理，代码如下：

```
IntBuffer intBuffer = IntBuffer.allocate(1);
// 创建纹理
gl.glGenTextures(1, intBuffer);
texture = intBuffer.get();
// 设置要使用的纹理
gl.glBindTexture(GL10.GL_TEXTURE_2D, texture);
// 生成纹理
```

GLUtils.texImage2D(GL10.GL_TEXTURE_2D, 0, GLImage.mBitmap, 0);

其中 glGenTextures(int n, IntBuffer textures)方法用于创建一个纹理。如果想创建多个纹理，可以通过参数 n 设置。参数 textures 表示纹理的标识。通过 IntBuffer.get 方法可以获得相应的纹理标识。glBindTexture(int target, int texture)方法用于将相应的纹理绑定到纹理目标上。2D 纹理只有高度（在 Y 轴上）和宽度（在 X 轴上）。textImage2D(int target, int level, Bitmap bitmap, int border)方法用于使用图片生成一个纹理。参数

target 表示纹理的类型，参数 level 表示纹理的详细程度，一般情况下可设置为 0，参数 bitmap 表示用于纹理贴图的 Bitmap 对象，参数 border 表示边框效果。

到目前为止，我们已经成功创建了一个纹理。为了获得更好的效果，还需要设置在显示图像时将纹理放大（GL_TEXTURE_MAG_FILTER）或缩小（GL_TEXTURE_MIN_FILTER）时的滤波方式。通常这两种情况下都使用线性滤波（GL_LINEAR），这样在使用纹理从很远处到离屏幕很近时都可以平滑显示。尽管 GL_LINEAR 会取得很好的显示效果，但也需要耗费大量的 CPU 资源。考虑到效率问题，可以使用 GL_NEAREST 来取代 GL_LINEAR。使用线性滤波的代码如下：

```
gl.glTexParameterx(GL10.GL_TEXTURE_2D, GL10.GL_TEXTURE_MIN_FILTER, GL10.GL_LINEAR);
gl.glTexParameterx(GL10.GL_TEXTURE_2D, GL10.GL_TEXTURE_MAG_FILTER, GL10.GL_LINEAR);
```

纹理的使用和颜色类似，也需要使用 glEnableClientState 方法来开启纹理，在使用完后再使用 glDisableClientState 方法来关闭纹理，代码如下：

```
//   开启纹理
gl.glEnableClientState(GL10.GL_TEXTURE_COORD_ARRAY);
//   关闭纹理
gl.glDisableClientState(GL10.GL_TEXTURE_COORD_ARRAY);
```

为了将纹理正确显示在立方体的 6 个四边形上，必须将纹理的 4 个顶点和四边形的 4 个顶点相对应。也就是说，纹理的左上角顶点要对应四边形的左上角顶点，左下角顶点要对应四边形的左下角顶点，右上角顶点要对应四边形的右上角顶点，右下角顶点要对应四边形的右下角顶点。下面是为每一个面设置的纹理映射数据。

```
IntBuffer texCoords = IntBuffer.wrap(new int[]{
    one,0,0,0,0,one,one,one,
    0,0,0,one,one,one,one,0,
    one,one,one,0,0,0,0,one,
    0,one,one,one,one,0,0,0,
    0,0,0,one,one,one,one,0,
    one,0,0,0,0,one,one,one,
});
```

设置好这些数据后，可以通过 gl.glTexCoordPointer 方法将纹理绑定到要绘制的物体上，代码如下：

```
gl.glTexCoordPointer(2, GL10.GL_FIXED, 0, texCoords);
```

其中，第 1 个参数表示纹理的坐标类型，由于本例采用的是 2D 纹理，只有 X 和 Y 两个坐标，所以该参数值是 2；第 2 个参数表示纹理的数据类型，在这里是固定数据；第 3 个参数是步长；第 4 个参数是定义的纹理数据。

最后，需要调用 glDrawElements 方法来绘制带纹理的立方体，代码如下：

```
gl.glDrawElements(GL10.GL_TRIANGLE_STRIP, 24,   GL10.GL_UNSIGNED_BYTE, indices);
```

12.4.3   光照下的立方体

本节的例子代码所在的工程目录是 src\ch12\ch12_light

在上一节给立方体贴上了纹理，为了使程序更加美观、逼真，还可以用程序来模拟光照的效果。本节的例子继续使用上一节中的旋转立方体，但加入了光照的效果。在触摸屏幕时可以关闭或打开光源，打开光源的效果如图 12.12 所示，关闭光源的效果如图 12.13 所示。

要为程序添加光照效果，首先需要定义光源数组。在这里使用两种不同的光源，一种是环境光源，这种光源来自四面八方，场景中所有的物体都处于环境光的照射中；第二种是漫射光，漫射光由特定的光源产生，并在场景中的物体表面产生反射，处于漫射光直接照射下的任何物体都会变得很亮，而几乎未被照射到的区域就会变得很暗。随着物体逐渐进入漫射光的照射范围，物体表面会变得越来越亮。

创建光源的过程和创建颜色的过程类似，也需要（R、G、B、A）四个颜色值。例如下面的代码创建了半亮（0.5f）的白色环境光。

```
FloatBuffer lightAmbient = FloatBuffer.wrap(new float[]{ 0.5f, 0.5f, 0.5f, 1.0f });
```

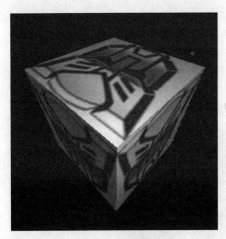

图 12.12　打开光源的效果　　　　　　　　　　　图 12.13　关闭光源的效果

下面的代码将漫射光设成最亮，也就是最大值 1.0f。

```
FloatBuffer lightDiffuse = FloatBuffer.wrap(new float[]{ 1.0f, 1.0f, 1.0f, 1.0f });
```

设置好光源后，还需要设置光源在场景中所处的位置。光源的位置由 4 个值组成，前 3 个为 X、Y、Z 坐标，最后一个值设为 1.0f，这将通知 OpenGL 这里指定的坐标就是光源的位置。由于本例是沿 X 轴正方向 0.3f 和 Z 轴 2.0f 的位置斜照立方体，因此将前 3 个值设成 0.3f、0.0f 和 2.0f。定义光源位置的代码如下：

```
FloatBuffer lightPosition = FloatBuffer.wrap(new float[]{ 0.3f, 0.0f, 2.0f, 1.0f });
```

在定义完光源和位置的数据后，下面就可以使用 glLightfv 方法设置光源和位置，代码如下：

```
// 设置环境光
gl.glLightfv(GL10.GL_LIGHT1, GL10.GL_AMBIENT, lightAmbient);
// 设置漫射光
gl.glLightfv(GL10.GL_LIGHT1, GL10.GL_DIFFUSE, lightDiffuse);
// 设置光源的位置
gl.glLightfv(GL10.GL_LIGHT1, GL10.GL_POSITION, lightPosition);
```

glLightfv 的第 1 个参数表示光源的 ID，使用这个 ID 来区分不同的光源；第 2 个参数表示光源的类型或位置，GL_AMBIENT 表示环境光，GL_DIFFUSE 表示漫射光，GL_POSITION 表示光源的位置。

设置光源的最后一步就是使用 glEnable 方法开启光源，代码如下：

```
gl.glEnable(GL10.GL_LIGHT1);
```

当然，在不需要光源时，可以使用下面的代码将光源关闭。

```
gl.glDisable(GL10.GL_LIGHT1);
```

为了可以通过触摸（单击）手机屏幕关闭和打开 1 号光源，需要在 MyRender 类中定义一个 light 变量，默认值为 true，表示打开光源。并在 onDrawFrame 方法的最后添加如下代码来控制光源的开关：

```
// 是否打开光源
if (!light)
{
// 关闭 1 号光源
    gl.glDisable(GL10.GL_LIGHT1);
}
else
{
// 启用一号光源
    gl.glEnable(GL10.GL_LIGHT1);
}
```

在 Main 类中添加 onTouchEvent 事件方法，并编写如下代码来控制光源的开关：

```
@Override
public boolean onTouchEvent(MotionEvent event)
{
    if(event.getAction() == MotionEvent.ACTION_DOWN)
        myRender.light = !myRender.light;
    return super.onTouchEvent(event);
}
```

10/12
Chapter

297

12.4.4　透明的立方体

本节的例子代码所在的工程目录是 src\ch12\ch12_transparence

很多玩过游戏的朋友应该对游戏中的透明效果记忆犹新。如果在纹理的基础上加上混合，看起来就像透明的效果一样，如图 12.14 所示是加入混合的透明效果；如图 12.15 所示是关闭混合后的效果。

图 12.14　加入混合的透明效果　　　　　图 12.15　关闭混合的效果

在 OpenGL 中设置混合需要使用到 glBlendFunc 方法，代码如下：

```
//设置光线，1.0f 为全光线，a=0.5f
gl.glColor4f(1.0f,1.0f,1.0f,0.5f);
// 基于源像素 alpha 通道值的半透明混合函数
gl.glBlendFunc(GL10.GL_SRC_ALPHA,GL10.GL_ONE);
```

其中 glColor4f 方法以全亮度绘制立方体，并对其进行 0.5f（50%）的 alpha 混合（半透明）。当混合选项打开时，立方体将会产生 50% 的透明效果。如果 alpha 的值是 0.0f，意味着是完全透明的，如果 alpha 的值是 1.0f，意味着完全不透明。glBlendFunc 方法设置了混合的类型，也就是基于源像素 alpha 通道值的半透明混合。在设置完混合后，需要使用 glEnable 方法打开混合，在使用完混合后，要使用 glDisable 方法关闭混合。本例与上一节的例子相同，触摸（单击）屏幕时关闭或打开混合，同时要关闭或打开深度测试，代码如下：

```
//混合开关
if (transparence)
{
    // 打开混合
    gl.glEnable(GL10.GL_BLEND);
    // 关闭深度测试
    gl.glDisable(GL10.GL_DEPTH_TEST);
}
else
{
    // 关闭混合
    gl.glDisable(GL10.GL_BLEND);
    // 打开深度测试
    gl.glEnable(GL10.GL_DEPTH_TEST);
}
```

12.5　本章小结

本章主要介绍了 OpenGL ES 的开发框架，以及使用 OpenGL ES 绘制 2D 和 3D 图形。绘制 3D 图形是在 2D 图形的基础上实现的，也就是说，通过绘制多个 2D 平面图形来组成 3D 效果的立体图形。OpenGL ES 除了绘制基本的立体图形外，还可以为立体图形添加很多效果。本章主要介绍了在立体图上贴纹理、光照效果和透明效果。OpenGL ES 还支持更酷的效果，通过对本章的学习，将为掌握更复杂的 3D 效果打下坚实的基础。

13

资源、国际化与自适应

本章主要介绍 Android SDK 中的资源、国际化和资源自适应技术。通过国际化和资源自适应技术，使应用程序可以根据不同的语言环境显示不同的界面、风格，也可以根据手机的特性作出相应的调整。除此之外，本章还着重介绍 Android SDK 中支持的 14 种资源。读者可以充分利用这些资源编写更有弹性的应用程序，并可大大减少编码的工作量。

 本章内容

- 📖 Android 中资源的存储方式和种类
- 📖 使用系统资源
- 📖 字符串资源
- 📖 数组、颜色、尺寸资源
- 📖 类型和主题资源
- 📖 绘画资源
- 📖 动画资源
- 📖 菜单资源
- 📖 布局资源
- 📖 属性资源
- 📖 XML 资源
- 📖 RAW 资源
- 📖 ASSETS 资源
- 📖 资源国际化
- 📖 常用的资源配置

13.1 Android 中的资源

资源是 Android 应用程序中重要的组成部分。在应用程序中经常会使用字符串、菜单、图像、声音、视频等内容，这些可以统称为资源。通过将这些资源放到 apk 文件中与 Android 应用程序一同发布。如果资源文件很大，也可以将资源作为外部文件来使用。本节将详细介绍在 Android 应用程序中如何存储这些资源、资源的种类和资源文件的命名规则。

13.1.1　Android 怎么存储资源

在前面各章的例子中都或多或少地使用了资源，这些资源大多都保存在 res 目录中。例如字符串、颜色值等资源作为 key-value 对保存在 res\values 目录中的任意 XML 文件中；布局资源以 XML 文件的形式保存在 res\layout 目录中；图像资源保存在 res\drawable 目录中；菜单资源保存在 res\menu 目录中。ADT 在生成 apk 文件时，这些目录中的资源都会被编译，然后放到 apk 文件中。如果想让资源在不编译的情况下加入到 apk 文件中，可以将资源文件放到 res\raw 目录中；放到 res\raw 目录中的资源文件会按原样放到 apk 文件中。在程序运行时可以使用 InputStream 来读取 res\raw 目录中的资源。

虽然将资源文件放到 res 目录中方便了 Android 应用程序的发行，但当资源文件过大时会使生成的 apk 文件变得很大，可能会造成系统装载资源文件缓慢，从而影响应用程序的性能。因此，在这种情况下会将资源文件作为外部文件单独发布。Android 应用程序会从手机内存或 SD 卡读写这些资源文件，还有一些资源在程序运行后也可以将其复制到手机内存或 SD 卡上再读写。这么做的主要原因是因为系统不能直接从 res 目录中装载资源，并进行读写操作。例如第 6 章的实例 40 中实现的英文字典就是在程序第一次运行时将 res\raw 目录中的数据库文件复制到 SD 卡上再对数据库进行操作。

13.1.2　资源的种类

在第 3 章的表 3.1 曾列出 Android 支持的资源，实际上 Android 还可以支持更多的资源。如果从资源文件的类型划分，可以分成 XML、图像和其他。

以 XML 文件形式存储的资源可以放在 res 目录中的不同子目录里，用来表示不同种类的资源；而图像资源会放在 res\drawable 目录中。除了这两种资源外，还可以将任意的资源文件嵌入 Android 应用程序中。例如音频、视频等，一般将这些资源放在 res\raw 目录中。在表 13.1 中详细列出了 Android 支持的各种资源，这些资源的定义和使用将在 13.2 节详细介绍。

表 13.1　Android 支持的资源

目录	资源类型	描述
res\values	XML	保存字符串、颜色、尺寸、类型、主题等资源，可以是任意文件名。对于字符串、颜色、尺寸等信息采用 key-value 形式表示，对于类型、主题等资源，采用其他形式表示，详细内容请读者参阅 13.2 节的相关内容
res\layout	XML	保存布局信息。一个资源文件表示一个 View 或 ViewGroup 的布局
res\menu	XML	保存菜单资源。一个资源文件表示一个菜单（包括子菜单）
res\anim	XML	保存与动画相关的信息。可以定义帧（frame）动画和补间（tween）动画。
res\xml	XML	在该目录中的文件可以是任意类型的 XML 文件，这些 XML 文件可以在运行时被读取
res\raw	任意类型	在该目录中的文件虽然也会被封装在 apk 文件中，但不会被编译。在该目录中可以放置任意类型的文件，例如，各种类型的文档、音频、视频文件等
res\drawable	图像	该目录中的文件可以是多种格式的图像文件，例如，bmp、png、gif、jpg 等。在该目录中的图像不需要分辨率非常高，aapt 工具会优化这个目录中的图像文件。如果想按字流读取该目录下的图像文件，需要将图像文件放在 res\raw 目录中
assets	任意类型	该目录中的资源与 res\raw 中的资源一样，也不会被编译。但不同的是该目录中的资源文件都不会生成资源 ID

 **注意**　除了 res\raw 和 assets 目录中的资源外，其他资源目录中的资源在生成 apk 文件时都会被编译。

13.1.3 资源文件的命名

每一个资源文件或资源文件中的 key-value 对都会在 ADT 自动生成的 R 类（在 R.java 文件中）中找到相对应的 ID。其中资源文件名或 key-value 对中的 key 就是 R 类中的 Java 变量名。因此，资源文件名和 key 的命名首先要符合 Java 变量的命名规则。例如不能以数字开头，不能包含 Java 变量名不支持的特殊字符（如&、%等）。要注意的是虽然 Java 变量名支持中文，但资源文件和 key 不能使用中文。

除了资源文件和 key 本身的命名要遵循相应的规则外，多个资源文件和 key 也要遵循唯一的原则。也就是说，同类型资源的文件名或 key 不能重复。例如，两个表示字符串资源的 key 不能重复，就算这两个 key 在不同的 XML 文件中也不行。

虽然操作系统会禁止同一个目录出现两个同名文件的情况发生，但由于 ADT 在生成 ID 时并不考虑资源文件的扩展名，因此，在 res\drawable、res\raw 等目录中不能存在文件名相同、扩展名不同的资源文件。例如在 res\drawable 目录不能同时放置 icon.jpg 和 icon.png 文件。

13.2 定义和使用资源

本节将详细介绍 Android SDK 支持的各种资源。在 Android SDK 中不仅提供了大量的系统资源，而且还允许开发人员定制自己的资源。不管是系统资源，还是自定义的资源，一般都会将这些资源放在 res 目录中，然后通过 R 类中的相应 ID 来引用这些资源。

13.2.1 使用系统资源

本节的例子代码所在的工程目录是 src\ch13\ch13_system

在 Android SDK 中提供了大量的系统资源，这些资源都放在 res 目录中。读者可以在<Android SDK 安装目录>\platforms\android-1.5\data\res 目录中找到这些资源。引用这些资源的 R.class 文件可以在<Android SDK 安装目录>\platforms\android-1.5 目录的 android.jar 文件中找到。使用解压工具打开 android.jar 文件，会在 android 目录中找到 R.class 以及 R 类的内嵌类生成的*.class 文件。

从 R.class 类所在的目录（android）可以看出，R 类属于 android 包。因此，在使用 R 类引用系统资源时应使用如下形式：

```
android.R.resourceType.resourceId
```

其中 resourceType 表示资源类型，例如 string、drawable、color 等。resourceId 表示资源 ID，也就是 R 类的内嵌类中定义的 int 类型的 ID 值。

下面的代码使用了系统定义的字符串和颜色资源。

```
TextView textView = (TextView) findViewById(R.id.textview);
//  将 TextView 的背景颜色设为白色
textView.setBackgroundResource(android.R.color.white);
//  将 TextView 的文字颜色设为黑色
textView.setTextColor(getResources().getColor(android.R.color.black));
String s = "";
//  从系统字符串资源中获得两个字符串值
s = getString(android.R.string.selectAll) + "        "+ getString(android.R.string.copy);
textView.setText(s);
```

如果想在 XML 布局文件中引用系统的资源，可以使用如下代码：

```
android:text="@android:string/selectAll"
```

运行本例，如果当前的模拟器环境是中文的话，会显示如图 13.1 所示的信息。如果当前的模拟器环境是英文，则会显示如图 13.2 所示的信息。这种根据当前语言环境显示不同语言的功能被称为国际化。关于国际化的详细信息将在 13.3 节介绍。

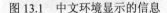

图 13.1　中文环境显示的信息　　　　　　　图 13.2　英文环境显示的信息

实际上，在 R 类中还定义了众多的资源，在代码编辑器中键入 android.R，会显示在 R 类中定义的所有资源类型，如图 13.3 所示。

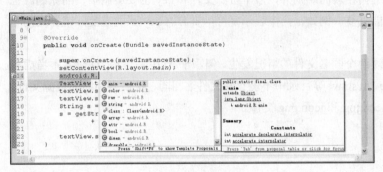

图 13.3　显示 android.R 类中所有的资源类型

13.2.2　字符串（String）资源

本节的例子代码所在的工程目录是 src\ch13\ch13_string

所有的字符串资源都必须放在 res\values 目录的 XML 文件中，这些 XML 文件可以任意取名。字符串资源由 `<string name="...">... ...</string>` 定义。其中 name 属性表示字符串资源的 key，也就是 R.string 类中定义的 int 类型 ID 的变量名。`<string>` 节点的值表示字符串资源的值。例如下面的代码定义了一个标准的字符串资源。

```
<string name="hello">你好</string>
```

通过 R.string.hello 可以引用这个字符串资源。

> 无论字符串资源放在 res\values 目录下哪个资源文件中，在生成 ID 时都会放在 R.string 类中。这就意味着，字符串资源的 key 的唯一性的作用域是 res\values 目录中所有的资源文件。

如果想在字符串资源中使用引号（单引号或双引号），必须使用另一种引号将其括起来，或使用转义符"\"，否则引号将被忽略。例如，下面的字符串资源使用了单引号和双引号。

```
<!-- 使用双引号将单引号括起来，这样可以输出单引号 -->
<string name="quoted_string">"quoted'string"</string>
<!-- 使用转义符输出双引号 -->
<string name="double_quoted_string">\"double quotes\"</string>
```

引用上面的字符串资源后，会分别获得"quote'string"和""double quotes""资源值。

如果在字符串资源中使用了一些特殊的信息，例如网址、Email、电话等，可以通过 TextVew 组件的 autoLink 属性来识别这些特殊的信息。例如下面的字符串资源使用了一个网址。

```
<string name="url_string">http://nokiaguy.blogjava.net </string>
```

使用下面的 `<TextView>` 标签引用这个字符串资源，并将 autoLink 属性值设为 web，TextView 组件就会自动识别这个网址。运行程序后，在模拟器上单击该链接或在手机屏幕上触摸该链接，会自动调用 Android 内嵌的浏览器导航到该网址指向的网页。

```
<TextView android:layout_width="fill_parent"
    android:layout_height="wrap_content" android:text="@string/url_string"
    android:autoLink="web" android:textSize="25sp" />
```

> 在字符串资源中使用网址时不一定要加"http://"，直接使用后面的域名和路径也可以被识别。例如 nokiaguy.blogjava.net 和 nokiaguy.blogjava.net/index.html 都可以被成功识别成 Web 地址。

关于 autoLink 属性的其他设置请读者参阅实例 18 中表 5.1 的内容。

还可以使用占位符获得动态的字符串资源，如下面的字符串资源所示。

```
<string name="java_format_string">今天是 %1$s，当前的温度： %2$d℃.</string>
```

上面的格式化字符串有两个参数（占位符）：%1$s 和%2$d。其中%1 和%2 表示参数的位置索引（索引必须是从 1 开始的整数，例如 1%、2%、3%，...，%n），$s 表示该参数的值是字符串，$d 表示该参数的值是十进制整数。使用下面的 Java 代码可以获得该字符串资源，并指定这两个参数的值。

```
tvFormatted.setText(getString(R.string.java_format_string, "星期一", 20));
```

getString 方法的第 2 个参数类型是"Object..."，可以向该参数传递任意多个参数值。根据在格式化字符串中定义的参数个数和类型，向 getString 方法传递了两个参数值："星期一"和 20。getString 方法将返回如下字符串：

```
今天是 星期一，当前的温度： 20℃.
```

TextView 组件还支持部分 HTML 标签。通过这些 HTML 标签，可以单独设置 TextView 组件中某些文字的大小、颜色等内容。当然，可以将这些包含 HTML 标签的内容作为字符串资源来保存。在字符串资源中不能直接使用像"<h1>...</h1>"的 HTML 标签。实际上，在资源文件中也不能直接使用"<"、"&"等特殊符号（但可以使用">"、"/"等符号）。如果直接使用"<"，很多 HTML 标签会被忽略掉。因此这些特殊符号要使用 HTML 命名实体来表示。例如，"<"的命名实体是"<"；"&"的命名实体是"&"。下面的字符串资源中包含<h1>和<font>标签。

```
<string name="tagged_string">
    &lt;h1&gt;&lt;font color='#0000FF'>测试&lt;font/>&lt;h1/>
</string>
```

上面的字符串资源必须使用 Html.fromHtml 方法进行转换才能被 TextView 组件识别，代码如下：

```
String tagged = getString(R.string.tagged_string);
tvTagged.setText(Html.fromHtml(tagged));
```

当然，也可以直接在字符串资源中使用"<"、"&"等特殊字符，但要将这些字符串资源放在<![CDATA[...]]>块中，代码如下：

```
<string name="tagged1_string">
    <![CDATA[<a    href='http://nokiaguy.blogjava.net'>http://nokiaguy.blogjava.net</a><h1><font    color='#FF0000'>Hello 
</font><i><font color='#0000FF'>every one</font></i></h1>]]>
</string>
```

引用 tagged1_string 的 Java 代码如下：

```
String tagged1 =getString(R.string.tagged1_string);
tvTagged1.setText(Html.fromHtml(tagged1));
```

经作者测试，仍然有一些标签可以直接在资源文件中使用，例如，<b>、<i>等，包含这些标签的字符串资源必须直接在<TextView>标签的 android:text 属性中引用，不能在 Java 代码中使用 Html.fromHtml 方法进行转换。下面是一个包含<b>和<i>标签的字符串资源。

```
<string name="styled_welcome_message">
    I am
    <b>
        <i>so</i>
    </b>
    glad to see you.
</string>
```

引用上面资源文件的代码如下：

```
<TextView android:layout_width="fill_parent"
    android:layout_height="wrap_content" android:text="@string/styled_welcome_message"
    android:textColor="#000" />
```

运行本例后，会显示如图 13.4 所示的信息。

13.2.3　数组（Array）资源

本节的例子代码所在的工程目录是 src\ch13\ch13_array

图 13.4　输出各种字符串资源

不仅是字符串，数组也可以作为资源保存在 XML 文件中。数组资源包括字符串数组和整数数组资源。数组资源与字符串资源都保存在 res\values 目录的资源文件中。

字符串数组资源使用<string-array>标签定义，整数数组资源使用<integer-array>标签定义。下面的代码定义了一个字符串数组资源和一个整数数组资源。

array.xml 文件

```
<resources>
    <!--    定义字符串数组资源    -->
    <string-array name="provinces">
        <item>
            广西省
        </item>
        <item>
            辽宁省
        </item>
        <item>
            江苏省
        </item>
        <item>
            广东省
        </item>
        <item>
            湖北省
        </item>
    </string-array>
    <!--    定义整数数组资源    -->
    <integer-array name="values">
        <item>
            100
        </item>
        <item>
            200
        </item>
        <item>
            300
        </item>
        <item>
            400
        </item>
        <item>
            500
        </item>
    </integer-array>
</resources>
```

 注意　虽然 array.xml 是 XML 文件，但并不需要 XML 头（<?xml version="1.0" encoding="utf-8"?>），当然，加上这行代码也可以。

可以使用下面的代码来读取在 array.xml 文件中定义的数组资源。

```
//  读取字符串数组资源
String[] provinces = getResources().getStringArray(R.array.provinces);
for (String province : provinces)
{
    textView1.setText(textView1.getText() + "   " + province);
}
//  读取整数数组资源
int[] values = getResources().getIntArray(R.array.values);
for (int value : values)
{
    textView2.setText(textView2.getText() + "   " + String.valueOf(value));
}
```

 注意　<string-array>和<integer-array>标签只能分别定义字符串数组和整数数组。如果使用<string-array>定义整数数组，通过 getIntArray 方法读取数组元素值时会返回 0；使用<integer-array>标签则只允许数组元素的值是整数。如果违反这个规则，ADT 会显示无法验证通过。

图 13.5　读取数组资源

运行本节的例子，显示的效果如图 13.5 所示。

13.2.4　颜色（Color）资源

本节的例子代码所在的工程目录是 src\ch13\ch13_color

Android 允许将颜色值作为资源保存在资源文件中。保存在资源文件中的颜色值用井号"#"开头，并支持如下 4 种表示方式。

- #RGB
- #ARGB
- #RRGGBB
- #AARRGGBB

其中 R、G、B 表示三原色，也就是红、绿、蓝，A 表示透明度，也就是 Alpha 值。A、R、G、B 的取值范围都是 0～255。R、G、B 的取值越大，颜色越深。如果 R、G、B 都等于 0，表示的颜色是黑色，都为 255，表示的颜色是白色。R、G、B 三个值相等时表示灰度值。R、G、B 总共可表示 16777216（2 的 24 次方）种颜色。A 取 0 时表示完全透明，取 255 时表示不透明。如果采用前两种颜色值表示法，A、R、G、B 的取值范围是 0～15，这并不意味着是颜色范围的 256 个值的前 15 个，而是将每一个值扩展成两位。例如，#F00 相当于#FF0000；#A567 相当于#AA556677。从这一点可以看出，#RGB 和#ARGB 可设置的颜色值并不多，它们的限制条件是颜色值和透明度的 8 位字节的高 4 位和低 4 位相同。其他的颜色值必须使用后两种形式设置。

颜色值也必须定义在 res\values 目录的资源文件中。下面的代码定义了 4 个颜色资源。

color.xml 文件

```
<resources>
    <color name="red_color">#F00</color>
    <color name="blue_color">#0000FF</color>
    <color name="green_color">#5000FF00</color>
    <color name="white_color">#5FFF</color>
</resources>
```

颜色资源文件可以使用@color/resourceId 的形式在 XML 布局文件中引用，代码如下：

```
<TextView android:layout_width="fill_parent"
    android:layout_height="wrap_content" android:text="红色字体蓝色背景"
    android:textSize="25sp" android:textColor="@color/red_color"
    android:background="@color/blue_color" />
<TextView android:layout_width="fill_parent"
    android:layout_height="120dp" android:text="蓝色字体半透明绿色背景"
    android:textSize="25sp" android:textColor="@color/blue_color"
    android:background="@color/green_color" />
```

```
<TextView android:layout_width="fill_parent"
    android:layout_height="wrap_content" android:text="蓝色字体红色背景"
    android:textSize="25sp" android:textColor="@color/blue_color"
    android:background="@color/red_color" />
```

读取颜色资源的 Java 代码如下：

```
textView.setTextColor(getResources().getColor(R.color.blue_color));
textView.setBackgroundResource(R.color.white_color);
```

在 color.xml 文件定义的 4 个颜色资源中，后两个设置了颜色的透明度。运行本节的例子，读者可以通过背景图和 TextView 背景颜色的对比观察透明的效果，如图 13.6 所示。

图 13.6 读取颜色资源

13.2.5 尺寸（Dimension）资源

本节的例子代码所在的工程目录是 src\ch13\ch13_dimension

尺寸资源就是一系列的浮点数组成的资源，这些资源需要在 res\values 目录的资源文件中定义，<dimen>标签用来定义尺寸资源。下面的代码定义了 3 个尺寸资源。

dimension.xml 文件

```
<resources>
    <dimen name="size_px">50px</dimen>
    <dimen name="size_in">1.5in</dimen>
    <dimen name="size_sp">30sp</dimen>
</resources>
```

从上面的代码可以看出，在尺寸值后面是尺寸单位。Android 支持如下 6 种度量单位。

- px：表示屏幕实际的像素。例如，320*480 的屏幕在横向有 320 个像素，在纵向有 480 个像素。
- in：表示英寸，是屏幕的物理尺寸，每英寸等于 2.54 厘米。例如形容手机屏幕大小，经常说 3.2（英）寸、3.5（英）寸、4（英）寸就是指这个单位。这些尺寸是屏幕的对角线长度。如果手机的屏幕是 3.2 英寸，表示手机的屏幕（可视区域）对角线长度是 3.2*2.54 = 8.128 厘米。读者可以去量一量自己的手机屏幕，看和实际的尺寸是否一致。
- mm：表示毫米，是屏幕的物理尺寸。
- pt：表示一个点，是屏幕的物理尺寸，大小为 1 英寸的 1/72。
- dp：与密度无关的像素，这是一个基于屏幕物理密度的抽象单位。密度可以理解为每英寸包含的像素点个数（单位是 dpi），1dp 实际上相当于密度为 160dpi 的屏幕的一个点。也就是说，如果屏幕的物理密度是 160dpi 时，dp 和 px 是等效的。现在用实际的手机屏幕说明一下。一块拥有 320*480 分辨率手机屏幕，如果宽度是 2 英寸、高度是 3 英寸，这块屏幕的密度就是 160dpi。如果屏幕大小未变，而分别率发生了变化，例如，分辨率由 320*480 变成了 480*800，这时屏幕的物理密度就变大了（大于 160dpi）。这就意味着屏幕每英寸可以显示更多的像素点，屏幕的显示效果就更细腻了。假设一个按钮的宽度使用 dp 作为单位，在 160dpi 时设为 160，而在更高的 dpi 下（如 320dpi），按钮宽度看上去和 160dpi 时的屏幕一样。这是由于系统在发现屏幕的密度不是 160dpi 时，会计算一个转换比例，然后用这个比例与实际设置的尺寸相乘就得出新的尺寸。计算比例的方法是目标屏幕的密度除以 160。如果目标屏幕的密度是 320dpi，那么这个比例就是 2。如果按钮的宽度是 160dp，那么在 320dpi 的屏幕上的宽度就是 320 个像素点（dp 是抽象单位，在实际的屏幕上应转换成像素点）。从这一点可以看出，dp 可以自适应屏幕的密度。不管屏幕密度怎样变化，只要屏幕的物理尺寸不变，实际显示的尺寸就不会变化。如果将按钮的宽度设成 160px，那么在 320dpi 的屏幕上仍然会是 160 个像素点，看上去按钮宽度只是 160dpi 屏幕的一半。Android 官方建议设置表示宽度、高度、位置等属性时应尽量使用 dp 作为尺寸单位。除了使用 dp，也可以使用 dip，它们是等效的。要注意的是，dpi 表示密度，而 dip=dp。在使用时不要弄混了。

● sp：与比例无关的像素。这个单位与 dp 类似。但除了自适应屏幕密度外，还会自适应用户设置的字体。因此，Android 官方推荐在设置字体大小时（textSize 属性）应尽量使用 sp 作为尺寸单位。

下面的代码引用了 dimension.xml 文件中定义的尺寸资源。

```
<TextView android:layout_width="200px" android:layout_height="wrap_content"
    android:background="#FFF" android:textColor="#000" android:text="宽度：200 像素" />
<TextView android:layout_width="@dimen/size_in" android:layout_height="wrap_content"
    android:background="#FFF" android:text="宽度：1.5 英寸"
    android:layout_marginTop="10dp" android:textColor="#000"/>
<TextView android:layout_width="20mm" android:layout_height="wrap_content"
    android:background="#FFF" android:text="宽度：20 毫米"
    android:layout_marginTop="10dp" android:textColor="#000"/>
<TextView android:layout_width="100pt" android:layout_height="wrap_content"
    android:background="#FFF" android:text="宽度：100 points"
    android:layout_marginTop="10dp" android:textColor="#000"/>
<TextView android:layout_width="200dp" android:layout_height="@dimen/size_px"
    android:background="#FFF" android:text="宽度：200 dp\n 高度：50 px"
    android:layout_marginTop="10dp" android:textColor="#000"/>
<TextView android:layout_width="200dp" android:layout_height="wrap_content"
    android:background="#FFF" android:textSize="@dimen/size_sp" android:text="字体尺寸：30sp"
    android:layout_marginTop="10dp" android:textColor="#000"/>
```

运行本节的例子，会显示如图 13.7 所示的效果。

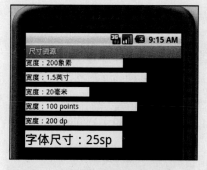

图 13.7　设置尺寸资源

除了在 XML 布局文件中获得尺寸资源外，也可以使用如下 Java 代码获得尺寸资源：

```
float size_in = getResources().getDimension(R.dimen.size_in);
```

13.2.6　类型（Style）资源

本节的例子代码所在的工程目录是 src\ch13\ch13_styles

虽然可以在 XML 布局文件中灵活地设置组件的属性，但如果有很多组件的属性都需要设置同一个值，那么每个组件都设置它们的属性就显得有些麻烦。要解决这个问题，就要依赖本节要讲的类型资源。

类型资源实际上就是将需要设置相同值的属性提出来放在单独的地方，然后在每一个需要设置这些属性的组件中引用这些类型。这种效果有些类似于面向对象中的方法。将公共的部分提出来，然后在多个方法中调用这个执行公共代码的方法。

类型需要在 res\values 目录的资源文件中定义。每一个<style>标签表示一个类型，该标签有一个 name 属性，表示类型名，在类型中每一个属性使用<item>表示。类型之间也可以继承，通过<style>标签的 parent 属性指定父类型的资源 ID。引用类型的语法是"@style/resourceId"。下面的代码定义了 3 个类型，并设置了相应的继承关系。

styles.xml 文件

```
<resources>
    <style name="style1">
        <item name="android:textSize">20sp</item>
        <item name="android:textColor">#FFFF00</item>
    </style>
    <style name="style2" parent="@style/style1">
        <item name="android:gravity">center_horizontal</item>
    </style>
    <style name="style3" parent="@style/style2">
        <item name="android:gravity">right</item>
        <item name="android:textColor">#FF0000</item>
    </style>
</resources>
```

在 style1 中设置了 android:textSize 和 android:textColor 属性，style2 则继承 style1，并设置 android:gravity 属性。style3 继承 style2，并覆盖 android:gravity 和 android:textColor 属性的值。在组件标签中需要使用 style 来引用这些类型，但要注意，style 前面不能加 android 命名空间。

```
<TextView android:layout_width="fill_parent"
    android:layout_height="wrap_content" android:text="类型 1（style1）"
    style="@style/style1" />
<TextView android:layout_width="fill_parent"
    android:layout_height="wrap_content" android:text="类型 2（style2）"
    style="@style/style2" />
<TextView android:layout_width="fill_parent"
    android:layout_height="wrap_content" android:text="类型 3（style3）"
    style="@style/style3" />
```

运行本节的例子，显示的效果如图 13.8 所示。

图 13.8　通过类型资源设置属性的效果

13.2.7　主题（Theme）资源

本节的例子代码所在的工程目录是 src\ch13\ch13_themes

在第 4 章的实例 12 中曾使用过 Theme.Dialog 主题来设置悬浮对话框。我们可以找到定义这个主题的代码，看看主题到底是什么。打开<Android SDK 安装目录>\platforms\android-1.5\data\res\values\themes.xml 文件，找到名为 Theme.Dialog 的主题，代码如下：

```
<style name="Theme.Dialog">
    <item name="android:windowFrame">@null</item>
    <item name="android:windowTitleStyle">@android:style/DialogWindowTitle</item>
    <item name="android:windowBackground">@android:drawable/panel_background</item>
    <item name="android:windowIsFloating">true</item>
    <item name="android:windowContentOverlay">@null</item>
    <item name="android:windowAnimationStyle">@android:style/Animation.Dialog</item>
    <item name="android:windowSoftInputMode">stateUnspecified|adjustPan</item>
</style>
```

从上面的代码可以看出，主题实际上也是类型，只是这种类型只能用于<activity>和<application>标签。其中<activity>用于定义 Activity，该标签是<application>的子标签。如果在<application>标签中使用主题，那么所有在<application>中定义的<activity>都会继承这个主题。在<activity>中使用主题可以覆盖<applicaiton>的主题。

仔细观察 Theme.Dialog 主题，并在 themes.xml 文件中找到 Theme 主题。可以发现，Theme.Dialog 实际上是继承于 Theme 的，只是使用了类型的另外一种描述继承关系的方式。这种方式类似于对象的层次关系，通过"."来连接各个层次的主题。在 13.2.6 节中的 3 个类型的继承关系也可以使用下面的代码表示。

```xml
<resources>
    <style name="style1">
        <item name="android:textSize">20sp</item>
        <item name="android:textColor">#FFFF00</item>
    </style>
    <style name="style1.style2">
        <item name="android:gravity">center_horizontal</item>
    </style>
    <style name="style1.style2.style3">
        <item name="android:gravity">right</item>
        <item name="android:textColor">#FF0000</item>
    </style>
</resources>
```

从 name 属性值可以看出，"."后面的类型继承于前面的类型。在引用时需要引用 style1、style1.style2 和 style1.style2.style3。

现在在 ch13_themes 工程的 res\values 目录建立一个 themes.xml 文件，并在该文件中定义两个主题：MyTheme 和 MyTheme1。这两个主题可以设置 Activity 的背景图像以及标题栏的背景图像、标题文字的大小。

```xml
<resources>
    <style name="WindowTitleBackground">
        <item name="android:background">@drawable/bg</item>
    </style>
    <style name="MyTheme">
        <item name="android:windowBackground">@drawable/wp</item>
        <item name="android:windowTitleSize">30dp</item>
        <item name="android:textColor">#FF0000</item>
        <item name="android:textSize">20sp</item>
        <item name="android:windowTitleBackgroundStyle">@style/WindowTitleBackground</item>
    </style>
    <style name="MyTheme.MyTheme1">
        <item name="android:windowTitleSize">50dp</item>
        <item name="android:textSize">30sp</item>
    </style>
</resources>
```

图 13.9　自定义主题的效果

在<application>标签中添加 android:theme 属性，并将 android:theme 属性的值设为@style/MyTheme. MyTheme1。然后运行本节的例子，显示的效果如图 13.9 所示。

13.2.8　绘画（Drawable）资源

本节的例子代码所在的工程目录是 src\ch13\ch13_drawable

在 Android 应用程序中经常会使用到很多图像，这些图像资源必须放在 res\drawable 目录中。Android 支持很多常用的图像格式，例如 jpg、png、bmp、gif（不包括动画 gif）。在 res\drawable 目录中放置图像文件，然后在程序中读取的过程可能读者已经再熟悉不过了。因为本书的所有例子至少会涉及到一个图像文件（icon.png），该图像文件是应用程序的默认图标。ADT 创建新的 Eclipse Android 工程时自动向新工程添加这个默认的图像文件，并在 AndroidManifest.xml 文件中将该图像文件设为默认的应用程序图标。

既可以在 XML 布局文件中引用 res\drawable 目录中的图像文件，也可以使用 Java 代码来读取它。在 XML 布局文件中引用图像文件的格式如下：

@drawable/resourceId

假设在 res\drawable 目录中有一个 avatar.jpg 文件，并想将该图像设为背景，可以使用下面的配置代码：

android:background="@drawable/avatar"

 在 res\drawable 目录中不能存在多个文件名相同、扩展名不同的图像文件，例如 avatar.jpg 和 avatar.png 不能同时存在，否则在 R 类中会生成重复的 ID。

读取图像资源的 Java 代码如下：

Drawable drawable = getResources().getDrawable(R.drawable.avatar);

 虽然在 res\drawable 目录中经常放置图像文件，但使用 Java 代码读取图像资源文件后返回的却是 Drawable 对象。该对象不仅可用来描述图像，也可用来描述绘制的图形，因此，一般将 Drawable 资源称为绘画资源。本节的后面会介绍如何设置和读取颜色 Drawable 对象。

res\drawable 目录除了可以放置普通的图像文件名，还可以放置一种叫 Nine-Patch（stretchable）Images 的图像文件。这种文件必须以 9.png 结尾，是一种特殊的图像，主要用于边框图像的显示。如果用普通的图像，当图像放大或缩小时，在图像上绘制的边框也会随之变粗或变细。而使用 9-Patch 格式的图像，无论图像大小如何变化，边框粗细会总保持不变。关于 9-Patch 图像的制做和使用，读者可以参阅第 5 章的实例 19。

Android SDK 还支持一种绘制颜色的 Drawable 资源，这种资源需要在 res\values 目录中的资源文件中配置。配置文件与颜色资源类似，只是要使用<drawable>标签，代码如下：

```
<drawable name="solid_blue">#0000FF</drawable>
<drawable name="solid_yellow">#FFFF00</drawable>
```

上面的代码设置两种颜色的 Drawable 资源：蓝色和黄色。在 XML 布局文件中可以直接使用 @drawable/resourceID 来指定这些资源，代码如下：

```
<TextView android:layout_width="fill_parent"
        android:layout_height="wrap_content" android:text="drawable"
        android:textColor="@drawable/solid_yellow" android:background="@drawable/solid_blue" android:layout_
marginTop="200dp"/>
```

绘制颜色的 Drawable 资源也需要使用 getDrawable 方法获得 Drawable 对象，代码如下：

Drawable drawable = getResources().getDrawable(R.drawable.solid_blue);

 虽然在读取图像文件和绘制颜色的 Drawable 资源时都返回 Drawable 对象，但它们实际上指向不同的 Drawable 对象。普通的图像指向 BitmapDrawable 对象；9.patch 图像指向 NinePatchDrawable 对象；绘制颜色的 Drawable 资源指向 PaintDrawable 对象。

13.2.9　动画（Animation）资源

Android SDK 支持两种 2D 动画：帧（Frame）动画和补间（Tween）动画。这两种动画都由动画文件控制，这些动画文件必须放在 res\anim 目录中。其中涉及到的图像文件仍然要放在 res\drawable 目录中。动画文件及其相关的图像文件统称为动画资源。

帧动画由若干幅图组成，通过设置每幅图的停留时间，可以控制播放的快慢。补间动画首先要设置目标（可以是图像、组件等元素）的开始状态和结束状态，以及动画效果等参数，然后由系统自动生成中间状态的目标形状和位置。关于帧动画和补间动画的详细介绍和使用方法请读者参阅第 11 章的内容。

13.2.10　菜单（Menu）资源

本节的例子代码所在的工程目录是 src\ch13\ch13_menu

菜单除了可以使用 Java 代码定义外，还可以使用 XML 文件来定义。这些定义菜单的 XML 文件称为菜单资源。菜单资源文件必须放在 res\menu 目录中。

菜单资源文件必须使用<menu>标签作为根节点。除了<menu>标签外，还有另外两个标签用于设置菜单项和分组，这两个标签是<item>和<group>。

<menu>标签没有任何属性，但可以嵌套在<item>标签中，表示一个子菜单。<item>标签中不能再嵌入<item>标签，否则系统会忽略嵌入的<item>标签（并不会抛出异常）。<item>标签的属性含义如下：

- id：表示菜单项的资源 ID。
- menuCategory：表示菜单项的种类。该属性可取 4 个值：container、system、secondary 和 alternative。通过 menuCategroy 属性可以控制菜单项的位置。例如将属性值设为 system，表示该菜单项是系统菜单，应放在其他种类菜单项的后面。
- orderInCategory：同种类菜单的排列顺序。该属性需要设置一个整型值。例如 menuCategory 属性值都为 system 的 3 个菜单项（item1、item2 和 item3）。将这 3 个菜单项的 orderInCategory 属性值设为 3、2、1，那么 item3 会显示在最前面，而 item1 会显示在最后面。
- title：菜单项标题（菜单项显示的文本）。
- titleCondensed：菜单项的短标题。当菜单项标题太长时会显示该属性值。
- icon：菜单项图标的资源 ID。
- alphabeticShortcut：菜单项的字母快捷键。
- numericShortcut：菜单项的数字快捷键。
- checkable：表示菜单项是否带复选框。该属性可设置的值为 true 或 false。
- checked：如果菜单项带复选框（checkable 属性为 true），该属性表示复选框默认状态是否被选中。可设置的值为 true 或 false。
- visible：菜单项默认状态是否可视。
- enabled：菜单项默认状态是否被激活。

<group>标签的属性含义如下：

- id：表示菜单组的 ID。
- menuCategory：与<item>标签的同名属性含义相同。只是作用域为菜单组。
- orderInCategory：与<item>标签的同名属性含义相同。只是作用域为菜单组。
- checkableBehavior：设置该组所有菜单项上显示的选择组件（CheckBox 或 Radio Button）。如果将该属性值设为 all，显示 CheckBox 组件；如果设为 single，显示 Radio Button 组件；如果设为 none，显示正常的菜单项（不显示任何选择组件）。要注意的是，Android SDK 官方文档在解释该属性时有一个笔误，原文是：Whether the items are checkable. Valid values: none, **all (exclusive / radio buttons), single (non-exclusive / checkboxes)**，黑体字部分正好写反了，正确的解释应该是 all (non-exclusive / checkboxes), single (exclusive / radio buttons)。读者在阅读 Android SDK 官方文档时应注意这一点。
- visible：表示当前组中所有菜单项是否显示。该属性可设置的值是 true 或 false。
- enabled：表示当前组中所有菜单项是否被激活。该属性可设置的值是 true 或 false。

下面是一个菜单资源文件的例子。

options_menu.xml 文件

```xml
<menu xmlns:android="http://schemas.android.com/apk/res/android">
    <item android:id="@+id/mnuFestival" android:title="节日"
        android:icon="@drawable/festival" />
    <group android:id="@+id/mnuFunction">
        <item android:id="@+id/mnuEdit" android:title="编辑" android:icon="@drawable/edit" />
        <item android:id="@+id/mnuDelete" android:title="删除"
            android:icon="@drawable/delete" />
        <item android:id="@+id/mnuFinish" android:title="完成"
```

```
                android:icon="@drawable/finish" />
        </group>
        <item android:id="@+id/mnuOthers" android:title="其他功能">
            <!-- 定义子菜单 -->
            <menu>
                <!-- 所有的子菜单项都带 Radio Button -->
                <group android:checkableBehavior="single">
                    <!-- 该菜单项的种类是 system（在最后显示），而且 RadioButton 处于选中状态 -->
                    <item android:id="@+id/mnuDiary" android:title="日记"
                        android:menuCategory="system" android:checked="true" />
                    <item android:id="@+id/mnuAudio" android:title="音频"
                        android:orderInCategory="2" />
                    <item android:id="@+id/mnuVideo" android:title="视频"
                        android:orderInCategory="3" />
                </group>
            </menu>
        </item>
</menu>
```

在 options_menu.xml 资源文件中定义了一个选项菜单和一个子菜单。为了显示选项菜单，需要在 onCreateOptionsMenu 事件方法中装载这个菜单资源文件，代码如下：

```
public boolean onCreateOptionsMenu(Menu menu)
{
    MenuInflater menuInflater = getMenuInflater();
    // 装载 options_menu.xml 文件
    menuInflater.inflate(R.menu.options_menu, menu);
    // 设置【编辑】菜单的单击事件
    menu.findItem(R.id.mnuEdit).setOnMenuItemClickListener(this);
    // 设置子菜单的头部图标
    menu.getItem(4).getSubMenu().setHeaderIcon(R.drawable.icon);
    return true;
}
```

在上面的代码中通过两种方式获得了在菜单资源文件中定义的菜单项：findItem 和 getItem。这两个方法分别通过菜单项资源 ID 和实际显示的索引来获得菜单项（MenuItem 对象）。在实际使用时，建议使用 findItem 方法通过菜单项资源 ID 获得 MenuItem 对象。

除了选项菜单和子菜单，上下文菜单也可以使用菜单资源文件定义。下面是一个上下文菜单的资源文件。

context_menu.xml 文件

```
<menu xmlns:android="http://schemas.android.com/apk/res/android">
    <item android:id="@+id/mnuEdit" android:title="编辑" />
    <item android:id="@+id/mnuDelete" android:title="删除" />
    <item android:id="@+id/mnuFinish" android:title="完成" />
</menu>
```

为了显示上下文菜单，在屏幕上方放一个 EditText 组件。并在 onCreateContextMenu 事件方法中显示上下文菜单。

```
public void onCreateContextMenu(ContextMenu menu, View view, ContextMenuInfo menuInfo)
{
    MenuInflater menuInflater = getMenuInflater();
    // 装载 context_menu.xml 文件
    menuInflater.inflate(R.menu.context_menu, menu);
    super.onCreateContextMenu(menu, view, menuInfo);
}
```

最后需要在 onCreate 事件方法中将上下文菜单注册到 EditText 组件上，代码如下：

```
EditText editText = (EditText)findViewById(R.id.edittext);
// 将上下文菜单注册到 EditText 组件上
registerForContextMenu(editText);
```

现在运行本节的例子，按模拟器上的 Menu 菜单，会显示如图 13.10 所示的选项菜单。单击【其他功能】菜单项，会显示如图 13.11 所示的子菜单。长按 Edit text 组件，会弹出如图 13.12 所示的上下文菜单。

图 13.10　选项菜单

图 13.11　子菜单

图 13.12　上下文菜单

13.2.11　布局（Layout）资源

Android 应用程序有两种方式生成组件：XML 布局文件和 Java 代码。所有的 XML 布局文件必须保存在 res\layout 目录中。假设在 res\layout 目录中有一个名为 test.xml 的布局文件，可以使用 R.layout.test 来引用这个 XML 布局文件。

XML 布局文件的内容由 ViewGroup 或 View 对应的标签组成。顶层节点既可以是 ViewGroup，也可以是 View。如果是 ViewGroup，可以在 ViewGroup 中包含其他的 ViewGroup 和 View。如果顶层节点是 View，在整个 XML 布局文件中只能有这一个 View 组件。关于 XML 布局文件的例子在前面的各章节已经多次使用过了，读者可以参阅各章的例子来学习如何使用布局资源。

13.2.12　属性（Attribute）资源

在第 4 章的实例 3 中曾实现了一个可以显示图标的 IconTextView 组件。在这个组件中有一个自定义的属性 iconSrc，通过该属性可以指定图标的资源 ID。同时还为这个属性指定了一个命名空间，用 mobile 表示。虽然 IconTextView 组件的使用上没有任何问题，但即使将 iconSrc 属性值设成非资源 ID（例如，20dp），或将 iconSrc 属性名写成其他的名字（例如 mobile:iconSrc1），ADT 在检查当前的 XML 布局文件时仍然不会报错（当 iconSrc 属性值指定的图像资源不存在时才会报错），只有在应用程序运行时才会抛出异常或出现意料之外的情况。

不过在使用 Android SDK 提供的组件时，在属性名写错或指定的属性值不符合要求时，ADT 都会显示 XML 布局文件有错误，这时是无法在 Eclipse 中运行出错的 Android 应用程序的。究其原因，最大的可能是在 Android SDK 的某处对这些属性进行了进一步验证，从而最大限度地保证了在设计期间所设置的属性值的正确性。

既然前面是猜想，那么现在就来证实这个猜想。首先我们需要寻找 Android SDK 中定义这些属性及其约束的相关配置文件。Android SDK 中类似的这种配置文件一般都在 <Android SDK 安装目录>\platforms\android-1.5\data\res\values 目录中。进入这个目录，会看到一些 XML 文件，从文件名可以猜一下，配置属性的文件名称一般会起与属性（Attribute）相关的名字。从这个目录中很容易找到 attrs.xml 文件，现在打开这个文件，先来找一下读者感到很熟悉的属性，例如 id、textColor 等，在查找这些属性时，应在查找对话框中输入 "name="id""、"name="textColor""。查找到的结果如下：

```
<attr name="id" format="reference" />
<attr name="textColor" format="reference|color" />
```

虽然继续查找还会找到很多类似的代码，但上面这两行代码是 id 属性和 textColor 属性的核心。如果读者仔细阅读前面的部分，会发现 id 属性只能使用资源 ID 的形式，例如 @+id/textview。textColor 属性可

以设置两类值：颜色资源 ID 或实际的颜色值。从上面两行代码的 format 属性可以看出，id 属性的 format 值为 reference，这个 reference 就表示该属性值必须是一个资源 ID 的形式。而 textColor 属性的 format 值是 reference|color，表示该属性值既可以是资源 ID，也可以是实际的颜色值。从这一点可以断定，Android SDK 就是采用了 attrs.xml 文件中的配置对这些属性值进行限定的。

> **注意** reference 只限定了属性值必须是资源 ID，但并没限定是哪种资源 ID，因此 format 值为 reference 的属性可以设成任意资源的 ID，例如，可以将 textColor 属性的值设为 "@layout/main"。但这么做并没有实际的意义，还可能导致程序运行异常，因此读者在设置需要资源 ID 的属性时应注意所设置的资源 ID 种类。

既然 Android SDK 可以对自己提供的组件属性值进行限定，那么在足够开放的 Android 系统中也不会限制开发人员对自己开发组件的属性值进行限定。下面来看看如何编写我们自己的属性资源（可以将限定属性值的配置代码称为属性资源）。

属性资源需要定义在 res\values 目录中的 XML 资源文件中，文件名可以任意取（并不限定于 attrs.xml）。限定一个属性值的基本语法如下：

```
<attr name="属性名" format="属性值限定字符串" />
```

这个语法格式在 attrs.xml 文件中已经多次见到了。format 属性值必须是指定的限定字符串，例如 reference、string、float、color 等。

如果有很多组件都使用有同样限定的属性，可以单独使用<attr>标签定义这些属性，然后再对其引用。为了在自定义组件中读取属性值，需要将<attr>标签放到<declare-styleable>标签中，该标签只有一个 name 属性，用于引用定义的类型。例如，下面的代码定义了 id 属性及其属性值的限定，并在不同的组件中引用了 id 属性。

```
<resources>
    <attr name="iconSrc" format="reference" />
    <declare-styleable name="MyWidget">
        <attr name="id" />
    </declare-styleable>
</resources>
```

从上面代码可以看出，在<declare-styleable>标签中引用事先定义好的属性并不需要指定 format 值，这也有利于减少重复的配置代码。如果有多个组件使用 id 属性，只需要使用<attr name="id"/>就可以指定 id 属性及其限定。

使用属性资源对属性值进行限定不仅仅是指定属性值的范围，还需要告诉 ADT 在哪里找属性资源对应的资源 ID，也就是 R.java 文件的位置。在前面各章节的例子程序中经常会看到一个 android 命名空间，该命名空间的值是 "http://schemas.android.com/apk/res/android"。其中最后一个 android 前面的部分（http://schemas.android.com/apk/res/）是固定的，而最后一个 android 实际上是 Android SDK 中的 R.class（发行包就没有 R.java 了，只有编译好的 R.class）文件的位置，也是 R 类的包名。可以打开<Android SDK 安装目录>\platforms\android-1.5\android.jar 文件，看一下在 android 目录中是否有一个 R.class 文件（还有一些 R 类的内嵌类生成的.class 文件）。

现在要定义我们自己的命名空间，命名空间的名字可以随便起，但命名空间的值要按 android 命名空间的规则来取，也就是前面必须是 http://schemas.android.com/apk/res/，最后的部分要是 R 类的包名。也可以认为是 AndroidManifest.xml 文件中<manifest>标签的 package 属性的值。假设 package 属性的值为 net.blogjava.mobile，完整的命名空间的定义如下：

```
xmlns:app="http://schemas.android.com/apk/res/net.blogjava.mobile"
```

ADT 会根据 net.blogjava.mobile 找到 R 类，并读取其中的属性及其属性值的限定范围。

从前面的描述可以看出，属性资源的作用之一是为组件属性添加属性值的限定条件，从而使 ADT 可以在设计 XML 布局文件时验证属性值的正确性。除了这个作用，属性资源还可以为自定义组件添加属性。这一点将在实例 75 中详细介绍。

实例 75：改进可显示图标的 IconTextView 组件

工程目录：src\ch13\ch13_icontextview

图 13.13　IconTextView 组件的显示效果

在第 4 章的实例 3 中曾实现了一个 IconTextView 组件，该组件可以在文本的前面显示一个图标。在这个组件中有一个自定义属性 iconSrc。但只在代码中对该属性的值进行验证，而在 XML 布局文件中可以任意设置该属性的值。本实例将在属性资源中定义 iconSrc 属性及其属性值约束，并且为 IconTextView 组件新添加一个属性 iconPosition。该属性只能设置两个值：left 和 right，分别表示在文本左侧显示图标和在文本右侧显示图标，默认值是 left。

下面先看看本例的运行效果，如图 13.13 所示。

改进 IconTextView 组件的第 1 步就是在 res\values 目录中建立一个属性资源文件 attrs.xml，并输入如下内容：

```xml
<resources>
    <!--  定义一个全局的属性及其属性值约束，然后只需引用该属性的属性名即可  -->
    <attr name="iconPosition">
        <!--  定义了 iconPosition 属性的两个可取的值  -->
        <enum name="left" value="0" />
        <enum name="right" value="1" />
    </attr>
    <declare-styleable name="IconTextView">
        <attr name="iconSrc" format="reference" />
        <attr name="iconPosition" />
    </declare-styleable>
</resources>
```

在 attrs.xml 文件中定义了一个全局的属性 iconPosition，在该属性中使用<enum>标签定义了该属性可设置的两个值：left 和 right。其中 name 属性表示可设置的属性值，value 表示在 Java 代码中读取该属性时返回的值。在<declare-styleable>标签中只需简单地使用<attr>标签引用 iconPosition 属性即可。

下面需要在 IconTextView 类的构造方法中读取 iconSrc 和 iconPosition 属性的值，代码如下：

```java
public IconTextView(Context context, AttributeSet attrs)
{
    super(context, attrs);
    TypedArray typedArray = context.obtainStyledAttributes(attrs, R.styleable.IconTextView);
    resourceId = typedArray.getResourceId(R.styleable.IconTextView_iconSrc, 0);
    if (resourceId > 0)
        bitmap = BitmapFactory.decodeResource(getResources(), resourceId);
    iconPosition = typedArray.getInt(R.styleable.IconTextView_iconPosition, 0);
}
```

根据属性资源读取属性值，首先要获得表示属性数组的对象（TypedArray 对象），也就是<declare-styleable>标签对应的对象。获得 TypedArray 对象要使用<declare-styleable>标签的 name 属性值，也就是 IconTextView（要注意的是，name 属性值可以任意设置，但一般该属性值可设为与组件类相同的名字）。获得具体的属性值要使用 TypedArray 类的 getResourceId、getInt 等方法。该方法使用的资源 ID 名称是<declare-styleable>标签的 name 属性值与相应<attr>标签的 name 属性值的组合，中间用 "_" 分隔。getResourceId 和 getInt 方法的第 2 个参数是默认值，如果未设置该属性，则返回该值。

在使用 IconTextView 组件之前，需要先在 main.xml 文件中定义一个命名空间，代码如下：

```xml
<LinearLayout xmlns:android="http://schemas.android.com/apk/res/android"
    xmlns:app="http://schemas.android.com/apk/res/net.blogjava.mobile"
    android:orientation="vertical" android:layout_width="fill_parent"
    android:layout_height="fill_parent">
    ... ...
```

```
</LinearLayout>
```

其中 app 命名空间中的 net.blogjava.mobile 是 R 类的包名，这部分不能设为其他值。下面是使用 IconTextView 组件的代码。

```
<net.blogjava.mobile.widget.IconTextView
    android:layout_width="fill_parent" android:layout_height="wrap_content"
    android:text="第一个笑脸" app:iconSrc="@drawable/small" app:iconPosition="left" />
<net.blogjava.mobile.widget.IconTextView
    android:layout_width="fill_parent" android:layout_height="wrap_content"
    android:text="第二个笑脸" android:textSize="24sp" app:iconSrc="@drawable/small"
    app:iconPosition="right" />
```

读者可以试着将 app:iconSrc 改成 app:iconSrc1，或将 app:iconPosition 属性的值改成 abcd，看看 ADT 会不会显示错误信息。

13.2.13　XML 资源

本节的例子代码所在的工程目录是 src\ch13\ch13_xml

XML 资源实际上就是 XML 格式的文本文件，这些文件必须放在 res\xml 目录中。可以通过 Resources.getXml 方法获得处理指定 XML 文件的 XmlResourceParser 对象。实际上，XmlResourceParser 对象处理 XML 文件的过程与第 6 章的实例 38 介绍的 SAX 技术读取 XML 数据的过程类似。基本的读取过程是在遇到不同状态点（例如开始分析文档、开始分析标签、分析标签完成等）时处理相应的代码。所不同的是 SAX 利用的是事件模型，而 XmlResourceParser 通过调用 next 方法不断更新当前的状态。

下面演示一下如何读取 res\xml 目录中的 XML 文件的内容。先在 res\xml 目录中建立一个 xml 文件。本节的例子将 AndroidManifest.xml 文件复制到 res\xml 目录中，并改名为 android.xml。读者也可以使用其他现成的 XML 文件或自己建立新的 XML 文件。

在准备完 XML 文件后，在 onCreate 方法中开始读取 XML 文件的内容，代码如下：

```
public void onCreate(Bundle savedInstanceState)
{
    super.onCreate(savedInstanceState);
    setContentView(R.layout.main);
    TextView textView = (TextView) findViewById(R.id.textview);
    StringBuffer sb = new StringBuffer();
    //  获得处理 android.xml 文件的 XmlResourceParser 对象
    XmlResourceParser xml = getResources().getXml(R.xml.android);
    try
    {
        //  切换到下一个状态，并获得当前状态的类型
        int eventType = xml.next();
        while (true)
        {
            //  文档开始状态
            if (eventType == XmlPullParser.START_DOCUMENT)
            {
                Log.d("start_document", "start_document");
            }
            //  标签开始状态
            else if (eventType == XmlPullParser.START_TAG)
            {
                Log.d("start_tag", xml.getName());
                //  将标签名称和当前标签的深度（根节点的 depth 是 1，第 2 层节点的 depth 是 2，以此类推）
                sb.append(xml.getName() + "（depth：" + xml.getDepth() + "　");
                //  获得当前标签的属性个数
                int count = xml.getAttributeCount();
                //  将所有属性的名称和属性值添加到 StringBuffer 对象中
                for (int i = 0; i < count; i++)
                {
                    sb.append(xml.getAttributeName(i) + ":" + xml.getAttributeValue(i) + "　");
                }
            }
```

```
            sb.append(")\n");
        }
        //   标签结束状态
        else if (eventType == XmlPullParser.END_TAG)
        {
            Log.d("end_tag", xml.getName());
        }
        //   读取标签内容状态
        else if (eventType == XmlPullParser.TEXT)
        {
            Log.d("text", "text");
        }
        //   文档结束状态
        else if (eventType == XmlPullParser.END_DOCUMENT)
        {
            Log.d("end_document", "end_document");
            //   文档分析结束后，退出 while 循环
            break;
        }
        //   切换到下一个状态，并获得当前状态的类型
        eventType = xml.next();
    }
    textView.setText(sb.toString());
}
catch (Exception e) {   }
}
```

运行本例后，输出的信息如图 13.14 所示。

图 13.14　输出 android.xml 文件中的部分信息

13.2.14　RAW 资源

放在 res\raw 目录中的资源文件称为 RAW 资源。该目录中的任何文件都不会被编译。可以通过 Resources.openRawResource 方法获得读取指定文件的 InputStream 对象，代码如下：

```
InputStream is = getResources().openRawResource(R.raw.test);
```

在第 6 章的实例 40 中实现的英文词典就是将 res\raw 目录中的 dictionary.db 文件复制到 SD 卡的相应目录，然后再打开这个数据库文件，操作的基本方法就是使用 InputStream 和 OutputStream。从这一点可以看出，RAW 资源的一个重要作用是保持资源文件“原汁原味”地同 apk 文件一起发布。然后在使用时如果是只读操作，可以直接使用 InputStream 来读取该文件的内容。如果涉及到读写操作，可以通过 InputStream 和 OutputStream 将 res\raw 目录中指定的文件复制到手机内容或 SD 卡的相关目录，然后再对该文件进行读写。关于这方面的详细内容请读者查阅实例 40 及本书其他相关的例子。

13.2.15　ASSETS 资源

本节的例子代码所在的工程目录是 src\ch13\ch13_assets

ASSETS 资源与前面介绍的资源都不一样。该资源所在的目录并不在 res 目录中，而是与 res 平级的

13/15
Chapter

assets 目录（ADT 在建立 Android 工程时会自动建立该目录）。这就意味着所有放在 assets 目录中的资源文件都不会生成资源 ID。因此，在读取这些资源文件时需要直接使用资源文件名。

假设在 asssets 目录中有一个 test.txt 文件，那么可以用如下代码来读取该文件的内容：

```
try
{
    //  打开 test.txt 文件，并获得读取该文件内容的 InputStream 对象
    InputStream is =   getAssets().open("test.txt");
    byte[] buffer = new byte[1024];
    int count = is.read(buffer);
    String s = new String(buffer, 0 , count);
    textView.setText(s);
}
catch (Exception e)
{
}
```

要注意的是，open 方法的参数表示 ASSETS 资源文件名，路径是相对 assets 目录的。如果在 assets 目录中有一个 test 子目录，在 test 子目录中还有一个 test.txt 文件，要读取这个文件，需要使用如下代码：

InputStream is =   getAssets().open("test/test.txt");

要注意的是，必须用斜杠（/）表示路径，否则无法找到 test.txt 文件。

13.3 国际化和资源自适应

由于分布在不同国家的用户的语言和习惯不同，在向全球发布软件时必须考虑要满足不同国家和地区用户的需求。这种应用程序的界面语言和风格随着 Android 系统当前的语言环境变化而变化的技术称为国际化。除了国际化外，还需要考虑资源的自适应性。由于手机的分辨率、屏幕方向等环境不同，造成在环境 A 中的资源可能在环境 B 中无法正常工作，或出现界面混乱的情况。虽然可以采用相应的布局技术进行处理，但随着手机运行环境不断增多，情况变得越来越复杂。这就要单独为每一种环境设置资源，例如，对 320*480 分辨率和 480*854 分辨率的手机设置两种 XML 布局文件。本节将详细介绍 Android SDK 如何支持国际化技术，以及如何根据当前的运行环境自动选择相应的资源。

13.3.1 对资源进行国际化

本节的例子代码所在的工程目录是 src\ch13\ch13_i18n

说起国际化，很多人首先会想到界面上的文字。如果当前语言环境是中文，那么具有国际化功能的软件在运行时，界面的文字都应变成中文；如果当前语言环境是英文，软件界面的文字应会变成英文。

通过 Android SDK 来实现这样的国际化功能几乎不需要什么成本，只需要将界面文字翻译成不同语言的文字，然后将相应的资源文件放到各种语言特定国际化资源目录即可。

现在先来了解一下 Android SDK 是如何处理国际化的。对于字符串国际化，实际就是为应用程序提供不同语言的字符串。当程序在运行时会检测当前的语言环境，再根据语言环境决定读取哪种语言的字符串资源。检查语言环境的任务由 Android 系统负责完成，开发人员要做的是为保存各种语言的字符串资源建立国际化目录，然后将相应的资源文件放到这些目录中。国际化目录的规则如下：

资源目录+国际化配置选项

其中资源目录是指 res 目录中的子目录，例如 values、layout 等。国际化配置选项包含很多部分，中间用 "-" 分隔。例如要实现不同语言和地区的国际化，这些配置选项包括语言代号和地区代号。表示中文和中国的配置选项是 zh-rCN；表示英文和美国的配置选项是 en-rUS。其中 zh 和 en 表示中文和英文；CN 和 US 表示中国和美国；前面的 r 是必须的，为了区分地区部分。不能单独指定地区，但可以单独指定语言。

在 res 目录中建立两个文件夹：values-zh-rCN 和 values-en-rUS。并在这两个目录中各建立一个 strings.xml 文件，内容如下：

values-zh-rCN 目录中的 strings.xml 文件

```
<resources>
    <string name="ok">确定</string>
    <string name="cancel">取消</string>
    <string name="ignore">忽略</string>
</resources>
```

values-en-rUS 目录中的 strings.xml 文件

```
<resources>
    <string name="ok">OK</string>
    <string name="cancel">Cancel</string>
    <string name="ignore">Ignore</string>
</resources>
```

虽然目前有两个 strings.xml 文件，但并不冲突（实际上，在 values 目录中还有一个 strings.xml 文件，总共有三个 strings.xml 文件）。Android SDK 只能同时使用一个 strings.xml 文件。在做完以上的准备工作后，就可以在 XML 文件或 Java 代码中正常引用 strings.xml 文件中的字符串资源，代码如下：

```
<Button android:id="@+id/btnOK" android:layout_width="wrap_content"
    android:layout_height="wrap_content" android:text="@string/ok" />
<Button android:id="@+id/btnCancel" android:layout_width="wrap_content"
    android:layout_height="wrap_content" android:text="@string/cancel" />
<Button android:id="@+id/btnIgnore" android:layout_width="wrap_content"
    android:layout_height="wrap_content" android:text="@string/ignore" />
```

除了 values 目录中的资源名，其他的资源目录也可以采用同样的方式处理语言和地区的国际化，例如在 res 目录中建立两个目录：drawable-zh-rCN 和 drawable-en-rUS。并在这两个目录中分别放一个 flag.jpg 文件。然后可以正常引用这个图像资源，代码如下：

```
<ImageView android:id="@+id/imageview" android:layout_width="100dp"
    android:layout_height="80dp" android:src="@drawable/flag" />
```

运行本节的例子，如果模拟器当前的环境是中文，会显示如图 13.15 所示的界面，如果当前的环境是英文，将显示如图 13.16 所示的界面。读者可以在模拟器的【设置】>【区域和文本】选项中设置当前的语言环境。

图 13.15　中文界面

图 13.16　英文界面

也许有的读者会问，如果当前的语言环境未找到相应的资源，那该怎么办呢？例如，当前语言环境是德文，而并没有德文资源目录。在这种情况下，Android SDK 会在 values、layout 等原始的资源目录中寻找相应的资源。如果还没找到，会根据具体的资源做出相应的处理。例如，对于字符串资源，如果该资源不存在，会显示该资源在 R 类中生成的 ID 值（以十进制显示）。

Android SDK 还支持很多其他的配置选项，如果完全将这些配置选项加到资源目录后面，会有如下目录名。在后面的部分将介绍主要的配置选项。

drawable-en-rUS-large-long-port-mdpi-finger-keysexposed-qwerty-navexposed-dpad-480x320

读者可以从如下地址获得完整的语言和地区的配置选项：

获得语言配置选项的地址

http://www.loc.gov/standards/iso639-2/php/code_list.php

获得地区配置选项的地址

http://www.iso.org/iso/en/prods-services/iso3166ma/02iso-3166-code-lists/list-en1.html

13.3.2 Locale 与国际化

本节的代码也在 ch13_i18n 工程中

除了可以使用资源目录处理国际化问题外，还可以使用 Locale 对象获得当前的语言环境，然后根据语言环境决定读取哪个资源文件中的资源。使用这种方式可以将资源文件放在 assets 目录中。本节的例子将在 assets 目录中放两个文件：text-zh-CN.txt 和 text-en-US.txt。要注意的是，这里的 CN 和 US 前面未加前缀 r。这是由于这两个资源文件的命名规则是由开发人员自己定的，所以不需要再加任何前缀。下面是读取资源文件的代码。

```
//  根据获得的当前语言和地区代码组合成资源文件名
String filename = "text-" + Locale.getDefault().getLanguage() + "-" + Locale.getDefault().getCountry() + ".txt";
try
{
    InputStream is = getResources().getAssets().open(filename);
    byte[] buffer = new byte[20];
    int count = is.read(buffer);
    String title = new String(buffer, "utf-8");
    setTitle(title);
}
catch (Exception e)
{
}
```

运行本例后，看到标题会随着当前语言环境的变化而变化，如图 13.15 和图 13.16 所示。

13.3.3 常用的资源配置

Android SDK 除了支持语言和地区配置选项外，还支持很多其他的配置选项。例如，与分辨率相关的配置选项、Android SDK 版本的配置等。常用的资源配置如下：

1. 屏幕尺寸

该配置分成 3 个选项：small、normal、large。这 3 类屏幕的描述如下：

● normal 屏幕：该屏幕是基于传统的 Android HVGA 中等密度屏幕的。屏幕分辨率不是绝对的。如果屏幕的尺寸大小适中，就属于这种屏幕，例如 WQVGA 低密度屏幕、HVGA 中密度屏幕、WVGA 高密度屏幕等。

● small 屏幕：这种屏幕是基于 QVGA 低密度屏幕的可用空间的。相对于 HVGA 来说，宽度相同，但高度要比 HVGA 小。QVGA 宽高比是 3:4，而 HVGA 是 2:3。例如，QVGA 低密度和 VGA 高密度都属于这种屏幕。

● large 屏幕：这种屏幕是基于 VGA 中等密度屏幕的可用空间的。这种屏幕比 HVGA 在宽度和高度上有更多的可用空间，例如，VGA 和 WVGA 中等密度屏幕。

2. Wider/taller 屏幕

该配置分成 2 个选项：long 和 notlong。这个配置选项实际上表示当前的屏幕是否比传统的屏幕更高、更宽。系统纯粹是根据屏幕的直观比例决定手机屏幕属于哪个选项值。例如，QVGA、HVGA 和 VGA 的选项是 notlong，而 WQVGA、WVGA 和 FWVGA 是 long。要注意的是，long 可能意味着更宽或更高，这要依赖于屏幕的方向而定。

3. 屏幕方向

该配置分成 3 个选项：port、land 和 square。其中 square 目前没有被使用；port 表示纵横比大于 1 的方向；land 表示纵横比小于 1 的方向。纵横比就是手机高度与宽度之比。

4. 屏幕像素密度

该配置分为 4 个选项：ldpi、mdpi、hdpi 和 nodpi。其中 ldpi 表示低密度（120dpi）；mdpi 表示传统的 HVGA 屏幕的密度（中密度，160dpi）；hdpi 表示高密度（240dpi）。nodpi 密度用于位图资源，以防止它们为了匹配设备的屏幕密度而被拉伸。

5．屏幕分辨率

该配置没有具体的选项，需要根据实际的屏幕分辨率来设置。例如，分辨率为 320×480 的屏幕要设为 480×320，480×640 的屏幕要设为 640×480。要注意的是，较大的值要在前面，因此，不能设为 480×640。而且中间要用"×"，而不能用"*"。官方并不建议使用这个配置。应使用屏幕尺寸配置来代替屏幕分辨率配置。

6．SDK 版本

Android SDK 1.0 的配置选项是 v1；Android SDK 1.1 的配置选项是 v2；Android SDK 1.5 的配置选项是 v3；以此类推。

使用配置选项时要注意，Android SDK 在处理配置选项之前，会先将其转换成小写，因此这些选项值是不区分大小写的，而在指定多个配置的选项时要按着上面列出的顺序。其中语言和地区的顺序要排在上面 6 个配置的前面。其他未列出的配置及其顺序请读者参阅官方的文档。例如下面的两个资源目录，第 1 个是正确的，第 2 个是错误的。

```
res\values-en-mdip-640x480-v3
res\values-en- v3-640x480-mdip
```

13.4　本章小结

本章主要介绍了 Android SDK 中的国际化以及资源自适应技术。国际化和资源自适应主要使用带不同配置选项的资源目录。例如，英文字符串资源所在的资源文件可以放在 values-en 目录中。而使用在 480*640 的屏幕上的图像文件可以放在 drawable-640x480 目录中。除此之外，还可以使用 Locale 对象获得的语言和地区编码进行国际化。

14

访问 Android 手机的硬件

现在手机已不仅仅是打电话的工具了，从早期的手机引入摄像头开始，各种类型的硬件逐渐在手机中出现。例如传感器、GPS、WIFI、蓝牙等设备在手机中屡见不鲜。而作为开发人员的我们，不仅要理解和使用这些硬件，还要学会用程序随心所欲地控制它们。如果你也和作者的想法一致，那么本章将会给你带来意想不到的惊喜。

 本章内容

📖 在手机上测试、调试程序
📖 录音
📖 调用系统提供的拍照功能
📖 实现自己的拍照功能
📖 方向传感器和加速传感器
📖 电子罗盘
📖 计步器
📖 Google 地图
📖 GPS 定位
📖 WIFI

14.1 在手机上测试硬件

虽然 Android 模拟器可以测试大多数应用程序，但却无法测试那些和硬件相关的程序，例如录音、拍照（虽然拍照的部分功能能在模拟器上运行，但并不是真正使用摄像头进行拍摄）、重力感应、GPS、WIFI等。如果这些功能无法在模拟器上测试，将给开发工作带来非常大的困难。在发布 Android SDK 的同时发布了一个 Android USB 驱动。将手机和电脑通过数据线相连后，并在计算机上安装这个 Android USB 驱动，就可以将手机变成一个测试程序的模拟器，也就是说，在 Eclipse 中运行程序后，会直接在手机上运行，而不是在计算机的模拟器中运行，这样就可以得到真实的运行效果。

14.1.1 安装 Android USB 驱动

Android USB 驱动只有 Windows 才需要安装。如果读者在 MAC OS X 或 Linux 上测试 Android 应用程

序，可以访问如下地址查看 Android USB 驱动的配置过程。本节只介绍 Windows 下的 Android USB 驱动的
安装过程。

http://developer.android.com/intl/zh-CN/guide/developing/device.html#setting-up

在作者写作本书时，Android USB 驱动的最新版本是 Revision 3。该版本支持 Windows XP 和 Windows
Vista。如果读者下载并安装了最新版的 Android SDK（下载地址如下），会自动将 USB 驱动安装在电脑上。

http://developer.android.com/intl/zh-CN/sdk/index.html

在安装完 Android SDK 后，读者会在<Android SDK 安装目录>中看到一个 usb_driver 目录，该目录就
是 USB 驱动的安装目录。目录结构如图 14.1 所示。

图 14.1　USB 驱动安装目录的结构

在安装完 Android USB 驱动后，还要根据手机的不同型号安装随机带的驱动程序。例如，作者使用的
手机型号是 HTC Hero（G3），可以在 HTC 的官方网站上下载相应的驱动程序（HTC Sync）。成功安装驱
动程序后，读者会在设备管理的右侧中看到 Android USB Drivers 项，如图 14.2 所示。

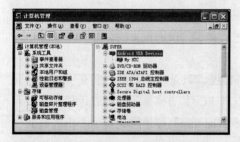

图 14.2　Android USB Drivers

 注意　在安装 Android SDK 时如果安装失败，可以切换到 Settings 列表项，并选中右侧界面下方的第 1
个复选项，如图 14.3 所示。

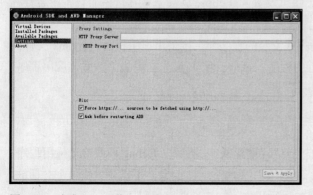

图 14.3　改成 http 下载

在安装完 Android USB 驱动后，需要进入手机的【设置】>【应用程序】>【开发】设备界面，选中【USB

13/15
Chapter

调试】复选框，如图 14.4 所示。

14.1.2 在手机上测试程序

按 14.1.1 节介绍的成功安装 Android USB 驱动后，现在可以使用数据线连接手机和电脑了。如果手机中有 SD 卡，会在【我的电脑】中多一个【可移动磁盘】选项，不过这个可移动磁盘是否可访问，我们都不用管它。

现在可以用 Eclipse 运行程序了。如果这时未启动模拟器，程序会直接通过数据线传到手机上运行。如果已启动了模拟器，在运行程序之前，Eclipse 会弹出对话框要求开发人员选择在模拟器或在手机上运行程序，如图 14.5 所示。

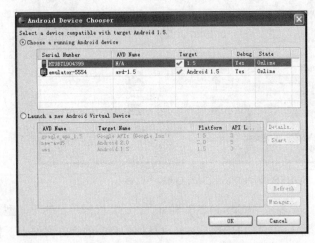

图 14.4　选中【USB 调试】复选框（HTC Hero）　　图 14.5　选择运行 Android 应用程序的设备

在如图 14.5 所示的界面中第 1 个设备是手机，第 2 个设备是模拟器。可以选择一个前面章节曾编写过的例子来做一个测试。例如选择第 11 章的实例 73（旋转的星系）进行测试，在手机上的运行效果如图 14.6 所示。

也许很多读者会注意到图 14.6 也是一个类似于模拟器的屏幕截图。只是这个截图来自真实的手机屏幕。从这一点可以看出，将手机变成可测试程序的模拟器后，可以和 PC 上的模拟器一样对手机屏幕进行截屏。读者可以在 DDMS 透视图中通过【Devices】视图的【Screen Capture】按钮测试截取手机屏幕的功能。但要注意，一定要选择【Devices】视图中的手机设备。

使用手机测试 Android 应用程序需要注意如下 2 点：

● 在【Run Configurations】对话框中不要选择运行目标（Target）的任何一个 AVD 设备，而且要将运行模式设为 Automatic，这样在运行程序时才会弹出选择运行设备的对话框。如果选中任何一个 AVD 设备（在 AVD 设备列表中并未列出手机设备），Eclipse 就会直接在选中的设备中运行程序，而不会在手机上运行程序了。

● 如果在手机上已经安装了未使用 USB 驱动方式安装的程序（直接采用在手机上运行 apk 文件的方式安装应用程序），而且 package 与要运行的程序 package 相同，应先在手机上卸载该应用程序，然后通过 USB 驱动在手机上安装并测试程序。

14.1.3 在手机上调试程序

在手机上也可以调试应用程序。首先应在代码的相应位置设置断点，然后以 Debug 模式启动应用程序。如果代码执行到断点处，会在手机屏幕上弹出一个对话框，如图 14.7 所示。读者并不需要关闭这个对话框，几秒后该对话框会自动关闭。这时就可以像在模拟器中运行程序一样按步跟踪代码了。

图 14.6　旋转的星系（HTC Hero）　　　　图 14.7　在手机上调试应用程序（HTC Hero）

14.2　录音

本节的例子代码所在的工程目录是 src\ch14\ch14_recorder

在模拟器中无法利用电脑的声卡录音，因此这个功能必须在真机上测试。录音功能需要使用 android.media.MediaRecorder 来完成。使用 MediaRecorder 录音需要通过如下 6 步完成：

（1）设置音频来源（一般为麦克风）。

（2）设置音频输出格式。

（3）设置音频编码方式。

（4）设置输出音频的文件名。

（5）调用 MediaRecorder 类的 prepare 方法。

（6）调用 MediaRecorder 类的 start 方法开始录音。

实现录音功能的完整代码如下：

```
MediaRecorder mediaRecorder = new MediaRecorder();
// 第1步：设置音频来源（MIC 表示麦克风）
mediaRecorder.setAudioSource(MediaRecorder.AudioSource.MIC);
// 第2步：设置音频输出格式（默认的输出格式）
mediaRecorder.setOutputFormat(MediaRecorder.OutputFormat.DEFAULT);
// 第3步：设置音频编码方式（默认的编码方式）
mediaRecorder.setAudioEncoder(MediaRecorder.AudioEncoder.DEFAULT);
// 创建一个临时的音频输出文件
audioFile = File.createTempFile("record_", ".amr");
// 第4步：指定音频输出文件
mediaRecorder.setOutputFile(audioFile.getAbsolutePath());
// 第5步：调用 prepare 方法
mediaRecorder.prepare();
// 第6步：调用 start 方法开始录音
mediaRecorder.start();
```

上面的代码指定了一个临时的音频输出文件，这就意味着每次将生成不同的音频文件。文件名的格式是 record_N.amr，其中 N 是整数。在录完音后，读者在 SD 卡的根目录会看到很多这样的文件（由录音的次数多少决定 amr 文件的多少）。

停止录单可以使用 MediaRecorder 类的 stop 方法，代码如下：

```
mediaRecorder.stop();
```

在生成 amr 文件后，可以使用 MediaPlayer 来播放 amr 文件。MediaPlayer 类的使用方法请读者参阅 10.2.1 节的内容。

14.3　控制手机摄像头（拍照）

现在几乎所有的手机都配有摄像头。而且随着摄像头的分辨率不断提高（有 200 万像素，有的可达到 500 万，甚至是 1000 万像素），用手机照相已成为很多用户最喜欢的方式。这主要是因为手机是唯一可以随时携带的电子设备。而数码相机虽然在拍照功能上比同档次的拍照手机更强大，但毕竟数码相机不能总是带在身边。除此之外，由于目前带摄像头的手机大多都是智能手机，除了拥有简单的拍照功能外，还可以通过程序对拍照的过程和拍摄后的图像进行处理。这样的功能远比数码相机要强大得多。而随时随地写微博也逐渐成为围脖（微博的斜音）们的时尚首选，而配上实时的照片将会为自己的微博吸引更多的粉丝，那么实现这些功能非手机莫属。读到这里，也许很多读者迫不急待地想在自己的应用程序中添加拍照功能，这些读者一定会对本节非常地感兴趣。

14.3.1　调用系统的拍照功能

本节的例子代码所在的工程目录是 src\ch14\ch14_systemcamera

读者可以先试试自己手机上的拍照功能。可能由于手机型号不同，拍照的方式和过程也可能不一样。在 HTC Hero 手机上进行拍照会由系统自动对焦，在对焦的过程中，屏幕上会出现一个白色的对焦符号（类似于中括号）。如果对焦成功，这个对焦符号就会变成绿色，如图 14.8 所示。

当对焦成功后，按手机下方的【呼吸灯】按钮进行拍照。在拍照后手机屏幕下方会出现两个按钮：【完成】和【拍照】按钮。如果对照片满意，单击【完成】按钮结束拍照。如果对照片不满意，单击【拍照】按钮继续拍照，上一次拍的照片将丢失。由于这两个按钮无法通过 DDMS 透视图截获，因此，只能截获所拍的照片，如图 14.9 所示。当完成拍照后，可以对照片做进一步处理，例如本节的例子将照片显示在 ImageView 中，如图 14.10 所示。

图 14.8　对焦成功（HTC Hero）　　图 14.9　拍照成功（HTC Hero）　　图 14.10　在 ImageVie 中显示照片（HTC Hero）

从上面的拍照过程可以猜到，用于显示拍照过程影像的界面实际上也是一个 Activity。因此要调用系统的拍照功能，就要用到 7.1.2 节介绍的调用其他应用程序的 Activity 的方式。与拍照功能对应的 Action 是 android.provider.MediaStore.ACTION_IMAGE_CAPTURE。用于拍照的 Activity 需要返回照片图像数据，因此，需要使用 startActivityForResult 方法启动这个 Activity，代码如下：

```
Intent intent = new Intent(MediaStore.ACTION_IMAGE_CAPTURE);
startActivityForResult(intent, 1);
```

截获 Activity 返回的图像数据的事件方法是 onActivityResult，代码如下：

```
protected void onActivityResult(int requestCode, int resultCode, Intent data)
{
    if (requestCode == 1)
    {
        if (resultCode == Activity.RESULT_OK)
```

```
                {
                    //  拍照 Activity 保存图像数据的 key 是 data，返回的数据类型是 Bitmap 对象
                    Bitmap cameraBitmap = (Bitmap) data.getExtras().get("data");
                    //  在 ImageView 组件中显示拍摄的照片
                    imageView.setImageBitmap(cameraBitmap);
                }
            }
            super.onActivityResult(requestCode, resultCode, data);
        }
```

在默认情况下，系统的拍照 Activity 将照片保存在 SD 卡的 DCIM\100MEDIA 目录中（不同型号的手机可能保存的目录不同）。在拍照的过程中按手机下方的【menu】按钮会在屏幕的下方显示几个选项菜单。单击【分辨率】菜单项，会弹出一个只有一个分辨率选项的对话框（在 HTC Hero 手机上的分别率是 624×416，如图 14.11 所示。这个分辨率可能随着手机型号的不同而不同，但分辨率都很小）。这就意味着所拍摄的照片分辨率不能大于 624*416。如果将照片保存成大于这个分辨率，照片就会失真。而手机自带的拍照程序可以根据手机摄像头的最大分辨率设置多个照片分辨率，如图 14.12 所示。

图 14.11　拍照 Activity 时可设置的
照片分辨率（HTC Hero）

图 14.12　拍照程序可设置的
照片分辨率（HTC Hero）

根据官方文档的解释，在调用拍照 Activity 时通过 MediaStore.EXTRA_OUTPUT 指定照片保存的路径，可以允许拍摄分辨率更大的照片。原文如下：

The caller may pass an extra EXTRA_OUTPUT to control where this image will be written. If the EXTRA_OUTPUT is not present, then a small sized image is returned as a Bitmap object in the extra field. This is useful for applications that only need a small image. If the EXTRA_OUTPUT is present, then the full-sized image will be written to the Uri value of EXTRA_OUTPUT.

按着官方的解释，可以使用如下代码调用拍照 Activity：

```
Intent intent = new Intent(MediaStore.ACTION_IMAGE_CAPTURE);
intent.putExtra(MediaStore.EXTRA_OUTPUT, Uri.fromFile(new File("/sdcard/test.jpg")));
startActivityForResult(intent, 1);
```

但经作者测试，在调用拍照 Activity 时设置 EXTRA_OUTPUT 并不起任何作用（仅对 Android SDK 1.5）。这也许是 Android SDK 1.5 的一个 bug，或官方文档描述有误。如果读者非要拍摄更大分辨率的照片，可以实现自己的拍照 Activity 来完成这个功能，这部分内容将在 14.3.2 节介绍。

虽然使用系统的拍照 Activity 无法拍摄更大分辨率的照片，但可以同时生成分辨率更小的照片。通过 insertImage 方法可以同时在/sdcard/DCIM/.thumbnails 和/sdcard/DCIM/Camera 目录中分别生成分辨率为 50×50 和 208×312 的图像（其他型号的手机也有可能是其他的分辨率）。调用 insertImage 方法的代码如下：

```
MediaStore.Images.Media.insertImage(getContentResolver(), cameraBitmap, null, null);
```

其中 cameraBitmap 是拍照 Activity 返回的 Bitmap 对象。

13/15
Chapter

不仅可以调用系统的拍照 Activity,而且可以调用系统的摄像 Activity。摄像 Activity 对应的 Action 是 MediaStore.ACTION_VIDEO_CAPTURE,调用方法与调用系统的拍照 Activity 相同。

14.3.2 实现自己的拍照 Activity

本节的例子代码所在的工程目录是 src\ch14\ch14_camera

拍照的核心类是 android.hardware.Camera,通过 Camera 类的静态方法 open 可以获得 Camera 对象,并通过 Camera 类的 startPreview 方法开始拍照,最后通过 Camera 类的 takePicture 方法结束拍照,并在相应的事件中处理照片数据。

上述的过程只是拍照过程的简化。在拍照之前,还需要做如下的准备工作。

● 指定用于显示拍照过程影像的容器,通常是 SurfaceHolder 对象。由于影像需要在 SurfaceView 对象中显示,因此可以使用 SurfaceView 类的 getHolder 方法获得 SurfaceHolder 对象。

● 在拍照过程中涉及到一些状态的变化。这些状态包括开始拍照(对应 surfaceCreated 事件方法);拍照状态变化(例如图像格式或方向,对应 surfaceChanged 事件方法);结束拍照(对应 surfaceDestroyed 事件方法)。这 3 个事件方法都是在 SurfaceHolder.Callback 接口中定义的,因此,需要使用 SurfaceHolder 接口的 addCallback 方法指定 SurfaceHolder.Callback 对象,以便捕捉这 3 个事件。

● 拍完照后需要处理照片数据。处理这些数据的工作需要在 PictureCallback 接口的 onPictureTaken 方法中完成。当调用 Camera 类的 takePicture 方法后,onPictureTaken 事件方法被调用。

● 如果需要自动对焦,需要调用 Camera 类的 autoFocus 方法。该方法需要一个 AutoFocusCallback 类型的参数值。AutoFocusCallback 是一个接口,在该接口中定义了一个 onAutoFocus 方法,当摄像头正在对焦或对焦成功都会调用该方法。

为了使拍照功能更容易使用,本节的例子将拍照功能封装在了 Preview 类中,代码如下:

```
class Preview extends SurfaceView implements SurfaceHolder.Callback
{
    private SurfaceHolder holder;
    private Camera camera;
    // 创建一个 PictureCallback 对象,并实现其中的 onPictureTaken 方法
    private PictureCallback pictureCallback = new PictureCallback()
    {
        // 该方法用于处理拍摄后的照片数据
        @Override
        public void onPictureTaken(byte[] data, Camera camera)
        {
            // data 参数值就是照片数据,将这些数据以 key-value 形式保存,以便其他调用该 Activity 的程序可
            // 以获得照片数据
            getIntent().putExtra("bytes", data);
            setResult(20, getIntent());
            // 停止照片拍摄
            camera.stopPreview();
            camera = null;
            // 关闭当前的 Activity
            finish();
        }
    };
    // Preview 类的构造方法
    public Preview(Context context)
    {
        super(context);
        // 获得 SurfaceHolder 对象
        holder = getHolder();
        // 指定用于捕捉拍照事件的 SurfaceHolder.Callback 对象
```

```
        holder.addCallback(this);
        // 设置 SurfaceHolder 对象的类型
        holder.setType(SurfaceHolder.SURFACE_TYPE_PUSH_BUFFERS);
}
//   开始拍照时调用该方法
public void surfaceCreated(SurfaceHolder holder)
{
        // 获得 Camera 对象
        camera = Camera.open();
        try
        {
                // 设置用于显示拍照影像的 SurfaceHolder 对象
                camera.setPreviewDisplay(holder);
        }
        catch (IOException exception)
        {
                // 释放手机摄像头
                camera.release();
                camera = null;
        }
}
//   停止拍照时调用该方法
public void surfaceDestroyed(SurfaceHolder holder)
{
        // 释放手机摄像头
        camera.release();
}
//   拍照状态变化时调用该方法
public void surfaceChanged(final SurfaceHolder holder, int format, int w, int h)
{
        try
        {
                Camera.Parameters parameters = camera.getParameters();
                // 设置照片格式
                parameters.setPictureFormat(PixelFormat.JPEG);
                // 根据屏幕方向设置预览尺寸
                if (getWindowManager().getDefaultDisplay().getOrientation() == 0)
                        parameters.setPreviewSize(h, w);
                else
                        parameters.setPreviewSize(w, h);
                // 设置拍摄照片的实际分辨率，本例中的分辨率是 1024×768
                parameters.setPictureSize(1024, 768);
                // 设置保存的图像大小
                camera.setParameters(parameters);
                // 开始拍照
                camera.startPreview();
                // 准备用于表示对焦状态的图像（类似图 14.8 所示的对焦符号）
                ivFocus.setImageResource(R.drawable.focus1);
                LayoutParams layoutParams = new LayoutParams(
                        LayoutParams.FILL_PARENT, LayoutParams.FILL_PARENT);
                ivFocus.setScaleType(ScaleType.CENTER);
                addContentView(ivFocus, layoutParams);
                ivFocus.setVisibility(VISIBLE);
                // 自动对焦
                camera.autoFocus(new AutoFocusCallback()
                {
                        @Override
                        public void onAutoFocus(boolean success, Camera camera)
                        {
                                if (success)
                                {
                                        // success 为 true 表示对焦成功，改变对焦状态图像（一个绿色的 png 图像）
                                        ivFocus.setImageResource(R.drawable.focus2);
```

```
                        }
                    }
                });
            }
        catch (Exception e)
        {
        }
    }
    //  停止拍照，并将拍摄的照片传入 PictureCallback 接口的 onPictureTaken 方法
    public void takePicture()
    {
        if (camera != null)
        {
            camera.takePicture(null, null, pictureCallback);
        }
    }
}
```

在编写 Preview 类时应注意如下 7 点：

● 由于 Preview 是 CameraPreview 的内嵌类（CameraPreview 就是自定义的拍照 Activity）。因此，在 Preview 类中通过 putExtra 方法保存的数据会在调用 CameraPreview 的类中通过 onActivityResult 事件方法获得。

● Camera 类的 takePicture 方法有 3 个参数，都是回调对象，但比较常用的是最后一个参数。当拍完照后会调用该参数指定对象中的 onPictureTaken 方法，一般可以在该方法中对照片数据做进一步处理。例如，在本例中使用 putExtra 方法以 key-value 对保存了照片数据。

● 当手机摄像头的状态变化时，例如手机由纵向变成横向，或分辨率发生变化后，很多参数需要重新设置，这时系统就会调用 SurfaceHolder.Callback 接口的 surfaceChanged 方法。因此，可以在该方法中对摄像头的参数进行设置，包括调用 startPreview 方法进行拍照。

● 根据手机的拍摄方向（纵向或横向），需要设置预览尺寸。surfaceChanged 方法的最后两个参数表示摄像头预览时的实际尺寸。在使用 Camera.Parameters 类的 setPreviewSize 方法设置预览尺寸时，如果是纵向拍摄，setPreviewSize 方法的第 1 个参数值是 h，第 2 个参数值是 w，如果是横向拍摄，第 1 个参数值是 w，第 2 个参数值是 h。在设置时千万不要弄错了，否则当手机改变拍摄方向时无法正常拍照。读者可以改变 Preview 类中的预览尺寸，看看会产生什么效果。

● 如果想设置照片的实际分辨率，需要使用 Camera.Parameters 类的 setPictureSize 方法进行设置。

● 本例中通过在 CameraActivity 中添加 ImageView 的方式在预览界面显示了一个表示对焦状态的图像。这个图像文件有两个：focus1.png 和 focus2.png。其中 focus1.png 是白色的透明图像，表示正在对焦。focus2.png 是绿色的透明图像，表示对焦成功。在开始拍照后，先显示 focus1.png，当对焦成功后，系统会调用 AutoFocusCallback 接口的 onAutoFocus 方法。在该方法中将 ImageView 中显示的图像变成 focus2.png，表示对焦成功，这时就可以结束拍照了。

● 在拍完照后需要调用 Camera 类的 release 方法释放手机摄像头，否则除非重启手机，否则其他的应用程序无法再使用摄像头进行拍照。

本例通过触摸拍照预览界面结束拍照。因此，需要使用 Activity 的 onTouchEvent 事件方法来处理屏幕触摸事件，代码如下：

```
public boolean onTouchEvent(MotionEvent event)
{
    if (event.getAction() == MotionEvent.ACTION_DOWN)
        //  结束拍照
        preview.takePicture();
    return super.onTouchEvent(event);
}
```

其中 preview 是 Preview 类的对象实例，在 CameraPreview 类的 onCreate 方法中创建了该对象。

在编写完 CameraPreview 类后，可以在其他的类中使用如下代码启动 CameraPreview，启动 CameraPreview 后会自动进行拍照：

```
Intent intent = new Intent(this, CameraPreview.class);
startActivityForResult(intent, 1);
```

在关闭 CameraPreview 后（可能是拍照成功，也可能是取消拍照），可以通过 onActivityResult 方法来获得成功拍照后的照片数据，代码如下：

```
protected void onActivityResult(int requestCode, int resultCode, Intent data)
{
    if (requestCode == 1)
    {
        //  拍照成功后，响应码是 20
        if (resultCode == 20)
        {
            Bitmap cameraBitmap;
            //  获得照片数据（byte 数组形式）
            byte[] bytes = data.getExtras().getByteArray("bytes");
            //  将 byte 数组转换成 Bitmap 对象
            cameraBitmap = BitmapFactory.decodeByteArray(bytes, 0,bytes.length);
            //  根据拍摄的方向旋转图像（纵向拍摄时需要将图像旋转 90 度）
            if (getWindowManager().getDefaultDisplay().getOrientation() == 0)
            {
                Matrix matrix = new Matrix();
                matrix.setRotate(90);
                cameraBitmap = Bitmap.createBitmap(cameraBitmap, 0, 0,
                        cameraBitmap.getWidth(), cameraBitmap.getHeight(),matrix, true);
            }
            //  将照片保存在 SD 卡的根目录（文件名是 camera.jpg）
            File myCaptureFile = new File("/sdcard/camera.jpg");
            try
            {
                BufferedOutputStream bos = new BufferedOutputStream(
                        new FileOutputStream(myCaptureFile));
                cameraBitmap.compress(Bitmap.CompressFormat.JPEG, 100, bos);
                bos.flush();
                bos.close();
                imageView.setImageBitmap(cameraBitmap);
            }
            catch (Exception e)
            {
            }
        }
    }
    super.onActivityResult(requestCode, resultCode, data);
}
```

在编写上面代码时应注意如下两点：

● 由于纵向拍摄时生成的照片是横向的，因此需要在处理照片时将其顺时针旋转 90 度。在 14.3.1 节介绍的系统拍照 Activity 已经将照片处理完了，因此，不需要对照片进行旋转。

● 由于直接使用 Camera 类进行拍照时，系统不会自动保存照片，因此，就需要在处理照片时自行确定照片的存储位置，并保存照片。这种方法的优点是灵活，缺点是需要写更多的代码。至于是选择系统提供的拍照功能，还是选择自己实现拍照功能，可根据具体的情况而定。如果对照片保存的位置没什么要求，而且对照片的分辨率要求不高。可以使用系统提供的拍照功能，否则，就要自己来实现拍照功能了。

虽然到现在为止拍照的功能已经完全实现了，但程序在手机或模拟器上仍然不能正常运行，原因是需要在 AndroidManifest.xml 文件中设置拍照的权限许可（在调用系统提供的拍照功能时并不需要设置拍照权限许可），代码如下：

```
<uses-permission android:name="android.permission.CAMERA" />
```

本例的运行效果与 14.3.1 节的例子的运行效果类似，只是在拍照时需要触摸屏幕才能结束拍照。

14.4 传感器在手机中的应用

自从苹果公司在 2007 年发布第一代 iPhone 以来，以前看似和手机挨不着边的传感器也逐渐成为手机硬件的重要组成部分。如果读者使用过 iPhone、HTC Dream、HTC Magic、HTC Hero 以及其他的 Android 手机，会发现通过将手机横向或纵向放置，屏幕会随着手机位置的不同而改变方向。这种功能就需要通过重力传感器来实现，除了重力传感器，还有很多其他类型的传感器被应用到手机中，例如磁阻传感器就是最重要的一种传感器。虽然手机可以通过 GPS 来判断方向，但在 GPS 信号不好或根本没有 GPS 信号的情况下，GPS 就形同虚设。这时通过磁阻传感器就可以很容易判断方向（东、南、西、北）。有了磁阻传感器，也使罗盘（俗称指向针）的电子化成为可能。

在应用程序中使用传感器

本节的例子代码所在的工程目录是 src\ch14\ch14_sensor

在 Android 应用程序中使用传感器要依赖于 android.hardware.SensorEventListener 接口。通过该接口可以监听传感器的各种事件。SensorEventListener 接口的代码如下：

```
package android.hardware;
public interface SensorEventListener
{
    public void onSensorChanged(SensorEvent event);
    public void onAccuracyChanged(Sensor sensor, int accuracy);
}
```

在 SensorEventListener 接口中定义了两个方法：onSensorChanged 和 onAccuracyChanged。当传感器的值发生变化时，例如磁阻传感器的方向改变时会调用 onSensorChanged 方法。当传感器的精度变化时会调用 onAccuracyChanged 方法。

onSensorChanged 方法只有一个 SensorEvent 类型的参数 event，其中 SensorEvent 类有一个 values 变量非常重要，该变量的类型是 float[]。但该变量最多只有 3 个元素，而且根据传感器的不同，values 变量中元素所代表的含义也不同。

在解释 values 变量中元素的含义之前，先来介绍一下 Android 的坐标系统是如何定义 X、Y、Z 轴的。

- X 轴的方向是沿着屏幕的水平方向从左向右。如果手机不是正方形的话，较短的边需要水平放置，较长的边需要垂直放置。
- Y 轴的方向是从屏幕的左下角开始沿着屏幕的垂直方向指向屏幕的顶端。
- 将手机平放在桌子上，Z 轴的方向是从手机里指向天空。

下面是 values 变量的元素在主要的传感器中所代表的含义。

1. 方向传感器

在方向传感器中 values 变量的 3 个值都表示度数，它们的含义如下：

- values[0]：该值表示方位，也就是手机绕着 Z 轴旋转的角度。0 表示北（North）；90 表示东（East）；180 表示南（South）；270 表示西（West）。如果 values[0]的值正好是这 4 个值，并且手机是水平放置，表示手机的正前方就是这 4 个方向。可以利用这个特性来实现电子罗盘，实例 76 将详细介绍电子罗盘的实现过程。
- values[1]：该值表示倾斜度，或手机翘起的程度。当手机绕着 X 轴倾斜时该值发生变化。values[1]的取值范围是-180≤values[1]≤180。假设将手机屏幕朝上水平放在桌子上，这时如果桌子是完全水平的，values[1]的值应该是 0（由于很少有桌子是绝对水平的，因此，该值很可能不为 0，但一般都是-5 和 5 之间的某个值）。这时从手机顶部开始抬起，直到将手机沿 X 轴旋转 180 度（屏幕向下水平放在桌面上）。在这个旋转过程中，values[1]会在 0 到-180 之间变化，也就是说，从手机顶部抬起时，values[1]的值会逐渐变小，直到等于-180。如果从手机底部开始抬起，直到将手机沿 X 轴旋转 180 度，这时 values[1]会在 0 到 180 之间变化。也就是 values[1]的值会逐渐增大，直到等于 180。可以利用 values[1]和下面要介绍的 values[2]来测量桌子等物体的倾斜度。

- values[2]：表示手机沿着 Y 轴的滚动角度。取值范围是-90≤values[2]≤90。假设将手机屏幕朝上水平放在桌面上，这时如果桌面是平的，values[2]的值应为 0。将手机左侧逐渐抬起时，values[2]的值逐渐变小，直到手机垂直于桌面放置，这时 values[2]的值是-90。将手机右侧逐渐抬起时，values[2]的值逐渐增大，直到手机垂直于桌面放置，这时 values[2]的值是 90。在垂直位置时继续向右或向左滚动，values[2]的值会继续在-90 至 90 之间变化。

2．加速传感器

该传感器的 values 变量的 3 个元素值分别表示 X、Y、Z 轴的加速值。例如，水平放在桌面上的手机从左侧向右侧移动，values[0]为负值；从右向左移动，values[0]为正值。读者可以通过本节的例子来体会加速传感器中的值的变化。

要想使用相应的传感器，仅实现 SensorEventListener 接口是不够的，还需要使用下面的代码来注册相应的传感器。

```
//  获得传感器管理器
SensorManager sm = (SensorManager) getSystemService(SENSOR_SERVICE);
//  注册方向传感器
sm.registerListener(this, sm.getDefaultSensor(Sensor.TYPE_ORIENTATION),
        SensorManager.SENSOR_DELAY_FASTEST);
```

如果想注册其他的传感器，可以改变 getDefaultSensor 方法的第 1 个参数值，例如，注册加速传感器可以使用 Sensor.TYPE_ACCELEROMETER。在 Sensor 类中还定义了很多传感器常量，但要根据手机中实际的硬件配置来注册传感器。如果手机中没有相应的传感器硬件，就算注册了相应的传感器也不起任何作用。getDefaultSensor 方法的第 2 个参数表示获得传感器数据的速度。SensorManager.SENSOR_DELAY_FASTEST 表示尽可能快地获得传感器数据。除了该值以外，还可以设置 3 个获得传感器数据的速度值，这些值如下：

- SensorManager.SENSOR_DELAY_NORMAL：默认的获得传感器数据的速度。
- SensorManager.SENSOR_DELAY_GAME：如果利用传感器开发游戏，建议使用该值。
- SensorManager.SENSOR_DELAY_UI：如果使用传感器更新 UI 中的数据，建议使用该值。

实例 76：电子罗盘

工程目录：src\ch14\ch14_compass

电子罗盘又叫电子指南针。在实现本例之前，先看一下如图 14.13 所示的运行效果。

图 14.13　电子罗盘（HTC Hero）

其中 N、S、W 和 E 分别表示北、南、西和东 4 个方向。

本例只使用了 onSensorChanged 事件方法及 values[0]。由于指南针图像上方是北，当手机前方是正北时（values[0]=0），图像不需要旋转。但如果不是正北，就需要将图像按一定角度旋转。假设当前 values[0] 的值是 60，说明方向在东北方向。也就是说，手机顶部由北向东旋转。这时如果图像不旋转，N 的方向正好和正北的夹角是 60 度，需要将图像逆时针（从东向北旋转）旋转 60 度，N 才会指向正北方。因此，可以使用在 11.2.3 节介绍的旋转补间动画来旋转指南针图像，代码如下：

```
public void onSensorChanged(SensorEvent event)
{
    if (event.sensor.getType() == Sensor.TYPE_ORIENTATION)
    {
        float degree = event.values[0];
        //  以指南针图像中心为轴逆时针旋转 degree 度
        RotateAnimation ra = new RotateAnimation(currentDegree, -degree,
                Animation.RELATIVE_TO_SELF, 0.5f,
                Animation.RELATIVE_TO_SELF, 0.5f);
        //  在 200 毫秒之内完成旋转动作
        ra.setDuration(200);
        //  开始旋转图像
        imageView.startAnimation(ra);
        //  保存旋转后的度数，currentDegree 是一个在类中定义的 float 类型变量
        currentDegree = -degree;
    }
}
```

> **注意** 由于手机上带的一般都是二维磁阻传感器，因此应将手机放平才能使电子罗盘指向正确的方向。还要提一点的是，电子罗盘可能会受周围环境（例如，磁场）的影响而指向不正确的方向，读者在测试电子罗盘时应注意这一点。

实例 77：计步器

工程目录：src\ch14\ch14_stepcount

还可以利用方向传感器做出更有趣的应用，例如利用 values[1]或 values[2]的变化实现一个计步器。由于人在走路时会上下振动，因此，可以通过判断 values[1]或 values[2]中值的振荡变化进行计步。基本原理是在 onSensorChanged 方法中计算两次获得 values[1]值的差，并根据差值在一定范围之外开始计数，代码如下：

```
public void onSensorChanged(SensorEvent event)
{
    if (flag)
    {
        lastPoint = event.values[1];
        flag = false;
    }
    //  当两个 values[1]值之差的绝对值大于 8 时认为走了一步
    if (Math.abs(event.values[1] - lastPoint) > 8)
    {
        //  保存最后一步时的 values[1]的峰值
        lastPoint = event.values[1];
        //  将当前计数显示在 TextView 组件中
        textView.setText(String.valueOf(++count));
    }
}
```

本例设置 3 个按钮用于控制计步的状态，这 3 个按钮可以控制开始计步、重值（将计步数清 0）和停止计步。这 3 个按钮的单击事件代码如下：

```
public void onClick(View view)
{
    String msg = "";
    switch (view.getId())
```

```
{
    //  开始计步
    case R.id.btnStart:
        sm = (SensorManager) getSystemService(SENSOR_SERVICE);
        //  注册方向传感器
        sm.registerListener(this, sm
                .getDefaultSensor(Sensor.TYPE_ORIENTATION),
                SensorManager.SENSOR_DELAY_FASTEST);
        msg = "已经开始计步器.";
        break;
    //  重置计步器
    case R.id.btnReset:
        count = 0;
        msg = "已经重置计步器.";
        break;
    //  停止计步
    case R.id.btnStop:
        //  注销方向传感器
        sm.unregisterListener(this);
        count = 0;
        msg = "已经停止计步器.";
        break;
}
textView.setText(String.valueOf(count));
Toast.makeText(this, msg, Toast.LENGTH_SHORT).show();
}
```

运行本例后，单击【开始】按钮，将手机放在兜里，再走两步看看，计步的效果如图 14.14 所示。

图 14.14　计步器（HTC Hero）

由于不同人走路的振动幅度不同，计步器并不会很准确地记录所走的步数。计步器只是一个有趣的应用而已，并不能用来准确计算所走的步数。如果想精确地统计所走的步数，最好的方法是在鞋底安装压力传感器，不过这就与本书的主题无关了。顺便提一下，方向和加速传感器经常用于实现游戏，例如，通过方向传感器可以控制游戏中飞机的飞行方向和速度。至于是否可以更精妙地运用各种传感器，就要靠读者的想象力了。

14.5　GPS 与地图定位

电子罗盘虽然可以指明方向，但却不能指向目前所在的具体位置，当然更不能指明行走路线。不过幸好现在的智能手机大多都提供了 GPS 模块，通过 GPS 模块可以接收 GPS 信号，并可精确地指定目前所在的位置（根据周围环境的不同，例如建筑物、天气、电磁干扰，GPS 的精确度会差很多，民用的 GPS 可能精度在 10 米至几百米之间，在空旷的地方使用 GPS 效果最好）。如果将 GPS 定位功能应用到地图上，还可以实现导航、搜索公交/驾车路线等有趣的功能。

14.5.1 Google 地图

本节的例子代码所在的工程目录是 src\ch14\ch14_map

Google 是以搜索引擎闻名，但 Google 不仅仅有搜索引擎。Google 著名的代码托管服务（http://code.google.com）包含了大量官方及第三方的优秀应用，其中 Android 就是最受关注的应用之一，除此之外，Google Maps API 也被大量应用在各种类型的场合。通过 Google Maps API 可以从 Google 下载地图，并通过经纬度或地点描述来确定具体的位置。本节的例子就是通过 Google 地图和 Google Maps API 来显示"沈阳三好街"的具体位置，并在该位置显示图像和文字作为标记，如图 14.15 所示。在 HTC Hero 手机上的运行效果如图 14.16 所示。

图 14.15 地图定位

图 14.16 地图定位（HTC Hero）

 注意　如果在手机上测试本节的例子，手机需要连接互联网。如果读者的手机已关闭互联网连接，请先打开互联网连接再运行程序。

下载和访问 Google 地图需要用到 com.google.android.maps.MapView 类，在开发基于 Google 地图的程序时需要使用支持 Google API 的 AVD 设备，在运行模拟器时也应启动支持 Google API 的模拟器。MapView 组件和其他组件的使用方法类似，只需要在 XML 布局文件中定义即可。但要想成功下载 Google 地图，还需要申请一个密钥。此密钥可以通过如下地址免费申请：

http://code.google.com/intl/zh-CN/android/maps-api-signup.html

在申请密钥之前，需要一个用于签名的密钥文件（详细介绍见 2.3 节的内容），一般以.keystore 结尾。如果用于开发程序，可以使用 debug.keystore 文件。该文件的路径如下：

C:\Documents and Settings\Administrator\.android\debug.keystore

单击 Eclipse 的【Window】>【Preferences】菜单项，打开【Preferences】对话框，在左侧找到 Android 节点，单击【Build】子节点，在右侧的【Build】设置页中的【Default debug keystore】文本框的值就是 debug.keystore 文件的路径。

在 Windows 控制台中进入 C:\Documents and Settings\Administrator\.android 目录，并输入如下命令：

keytool -list -keystore debug.keystore

当要求输入密码时，输入 android。按回车键后会在控制台中显示 debug.keystore 文件的认证指纹，如图 14.17 所示白色框中的内容。

获得认证指纹后，在申请密钥的页面下方选中同意协议复选框，并在【My certificate's MD5 fingerprint】文本框中输入认证指纹，单击【Generate API Key】按钮。如果输入的认证指纹是有效的，会产生一个新的页面，该页面中包含了申请的密钥。如图 14.18 所示黑色框中的内容。

图 14.17　获得 debug.keystore 的认证指纹

图 14.18　成功获得密钥

在获得密钥后，需要在 XML 布局文件中定义 MapView 组件，并使用 android:apiKey 指定这个密钥，代码如下：

```
<com.google.android.maps.MapView
    android:id="@+id/mapview" android:layout_width="fill_parent"
    android:layout_height="fill_parent" android:apiKey="0H4t1kSw5lRhK_6D1GZMdfC_-KtCmEsVDB49Saw" />
```

在使用 MapView 组件时应注意如下 4 点：

- 由于 MapView 组件在 com.google.android.maps 包中，该包属于 Android SDK 附带的 jar 包（在 <Android SDK 安装目录>\add-ons 目录中可以找到相应 Android SDK 版本的 jar 文件），并不属于 Android SDK 的一部分，因此，在定义 MapView 组件时必须带上包名。

- 虽然安装 ADT 都会产生一个 debug.keystore 文件，但在作者机器上的 debug.keystore 和读者机器上的 debug.keystore 是不一样的。读者在运行本例之前，应先使用自己机器上的 debug.keystore 文件获得认证指纹，并申请密钥，再用所获得的密钥替换 android:apiKey 属性的值。

- 如果读者要发布基于 Google Map 的应用程序，需要使用自己生成的 keystore 文件重新获得密钥，android:apiKey 的值应为新获得的密钥。

- 由于 MapView 需要访问互联网，因此，在 AndroidManifest.xml 文件中需要使用 android.permission. INTERNET 打开互联网访问权限。

在地图中定位需要使用经度和纬度。本例通过 Geocoder 类的 getFromLocationName 方法获得了"沈阳三好街"的准确位置（经纬度），并根据获得的经纬度创建了 GeoPoint 对象，以便在地图上定位。如果想在地图上添加其他元素，例如添加一个图像，可以使用 Overlay 对象。通过覆盖 Overlay 类的 draw 方法可以在地图上绘制任意的图形（包括文字和图像）。

下面先看一下使用 MapView 和在地图上定位的代码。

```
public void onCreate(Bundle savedInstanceState)
{
```

```
        super.onCreate(savedInstanceState);
        setContentView(R.layout.main);
        //  从 XML 布局文件获得 MapView 对象
        MapView mapView = (MapView) findViewById(R.id.mapview);
        //  允许通过触摸拖动地图
        mapView.setClickable(true);
        //  当触摸地图时在地图下方会出现缩放按钮，几秒后就会消失
        mapView.setBuiltInZoomControls(true);
        //  获得 MapController 对象，mapController 是一个在类中定义的 MapController 类型变量
        mapController = mapView.getController();
        //  创建 Geocoder 对象，用于获得指定地点的地址
        Geocoder gc = new Geocoder(this);
        //  将地图设为 Traffic 模式
        mapView.setTraffic(true);
        try
        {
            //  查询指定地点的地址
            List<Address> addresses = gc.getFromLocationName("沈阳三好街", 5);
            //  根据经纬度创建 GeoPoint 对象
            geoPoint = new GeoPoint(
                    (int) (addresses.get(0).getLatitude() * 1E6),
                    (int) (addresses.get(0).getLongitude() * 1E6));
            setTitle(addresses.get(0).getFeatureName());
        }
        catch (Exception e)
        {
        }
        //  创建 MyOverlay 对象，用于在地图上绘制图形
        MyOverlay myOverlay = new MyOverlay();
        //  将 MyOverlay 对象添加到 MapView 组件中
        mapView.getOverlays().add(myOverlay);
        //  设置地图的初始大小，范围在 1 和 21 之间。1：最小尺寸，21：最大尺寸
        mapController.setZoom(20);
        //  以动画方式进行定位
        mapController.animateTo(geoPoint);
    }
    //  用于在地图上绘制图形的 MyOverlay 对象
    class MyOverlay extends Overlay
    {
        @Override
        public boolean draw(Canvas canvas, MapView mapView, boolean shadow, long when)
        {
            Paint paint = new Paint();
            paint.setColor(Color.RED);
            Point screenPoint = new Point();
            //  将 "沈阳三好街" 在地图上的位置转换成屏幕的实际坐标
            mapView.getProjection().toPixels(geoPoint, screenPoint);
            Bitmap bmp = BitmapFactory.decodeResource(getResources(), R.drawable.flag);
            //  在地图上绘制图像
            canvas.drawBitmap(bmp, screenPoint.x, screenPoint.y, paint);
            //  在地图上绘制文字
            canvas.drawText("三好街",screenPoint.x, screenPoint.y, paint);
            return super.draw(canvas, mapView, shadow, when);
        }
    }
}
```

在编写上面代码时应注意如下 3 点：

- MapView 有 3 种地图模式：交通（Traffic）、卫星（Satellite）和街景（StreetView）。在上面的代码中使用 setTraffic 方法将地图设成交通地图模式，还可以通过 setSatellite 和 setStreetView 方法将地图设成卫星和街景视图。例如图 14.19 是 "沈阳三好街" 的卫星地图（地图并不是实时的，会与当前的卫星照片有一定的偏差）。

- Geocoder 类的 getFromLocationName 方法会返回所有满足地点描述的地址（List 对象）。该方法的第 1 个参数表示地点描述，第 2 个参数表示最多返回的地址。如果满足地点描述的地点多于第 2 个参数所指定的值，getFromLocationName 方法会只返回第 2 个参数指定的地址数。如果少于指定的返回地址数，则返回实际的地址数。

- 由于 GeoPoint 类的构造方法需要将经纬度扩大 100 万倍，因此，通过 getLongitude 和 getLatitude 方法获得的经纬度需要乘以 1000000 才可以被 GeoPoint 类使用，用科学计数法表示就是 1E6。

图 14.19　"沈阳三好街"的卫星地图

14.5.2　用 GPS 定位到当前位置

本节的例子代码所在的工程目录是 src\ch14\ch14_gps

要想定位到当前的位置，需要利用手机中的 GPS 模块。使用 GPS 首先需要获得 LocationManager 服务，代码如下：

```
LocationManager locationManager = (LocationManager) getSystemService(Context.LOCATION_SERVICE);
```

通过 LocationManager 类的 getBestProvider 方法可以获得当前的位置，但需要通过 Criteria 对象指定一些参数，代码如下：

```
Criteria criteria = new Criteria();
//  获得最好的定位效果
criteria.setAccuracy(Criteria.ACCURACY_FINE);
criteria.setAltitudeRequired(false);
criteria.setBearingRequired(false);
criteria.setCostAllowed(false);
//  使用省电模式
criteria.setPowerRequirement(Criteria.POWER_LOW);
//  获得当前的位置提供者
String provider = locationManager.getBestProvider(criteria, true);
//  获得当前的位置
Location location = locationManager.getLastKnownLocation(provider);
//  获得当前位置的纬度
Double latitude = location.getLatitude() * 1E6;
//  获得当前位置的经度
Double longitude = location.getLongitude() * 1E6;
```

在获得当前位置的经纬度后，剩下的工作就和 14.5.1 节的例子一样了。只是在本例中还输出了与当前位置相关的信息，代码如下：

```
Geocoder gc = new Geocoder(this);
List<Address> addresses = gc.getFromLocation(location.getLatitude(), location.getLongitude(), 1);
if (addresses.size() > 0)
{
    msg += "AddressLine：" + addresses.get(0).getAddressLine(0)+ "\n";
```

```
        msg += "CountryName:  " + addresses.get(0).getCountryName()+ "\n";
        msg += "Locality:   " + addresses.get(0).getLocality() + "\n";
        msg += "FeatureName:  " + addresses.get(0).getFeatureName();
    }
    textView.setText(msg);
```

本例需要使用如下代码在 AndroidManifest.xml 文件中打开相应的权限:

```
<uses-permission android:name="android.permission.INTERNET" />
<uses-permission android:name="android.permission.ACCESS_COARSE_LOCATION" />
<uses-permission android:name="android.permission.ACCESS_FIND_LOCATION" />
```

在手机上运行本节的例子,会显示如图 14.20 所示的效果。

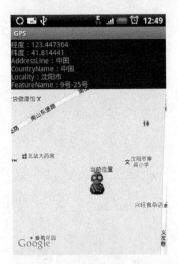

图 14.20   定位到当前位置(HTC Hero)

14.6   WIFI

工程目录: src\ch14\ch14_wifi

图 14.21   WIFI(HTC Hero)

WIFI 的全称是 Wireless Fidelity,又称 802.11b 标准,是一种高速的无线通信协议,传输速度可以达到 11Mb/s。实际上,对 WIFI 并不需要过多的控制(当成功连接 WIFI 后,就可以直接通过 IP 在 WIFI 设备之间进行通信了),一般只需要控制打开或关闭 WIFI 以及获得一些与 WIFI 相关的信息(例如,MAC 地址、IP 等)。如果读者的 Android 手机有 WIFI 功能,可以在手机上测试本节的例子。要注意的是,WIFI 功能不能在 Android 模拟器上测试,就算在有 WIFI 功能的真机上也需要先通过 WIFI 和计算机或其他 WIFI 设备连接后,才能获得与 WIFI 相关的信息。

本节的例子可以关闭和开始 WIFI,并获得各种与 WIFI 相关的信息。首先确认手机通过 WIFI 与其他 WIFI 设备成功连接,然后运行本节的例子,会看到如图 14.21 所示的输出信息。

本例的完整实现代码如下:

```
package net.blogjava.mobile.wifi;

import java.net.Inet4Address;
import java.util.List;
import android.app.Activity;
import android.content.Context;
import android.net.wifi.WifiConfiguration;
import android.net.wifi.WifiInfo;
import android.net.wifi.WifiManager;
```

```
import android.os.Bundle;
import android.widget.CheckBox;
import android.widget.CompoundButton;
import android.widget.TextView;
import android.widget.CompoundButton.OnCheckedChangeListener;

public class Main extends Activity implements OnCheckedChangeListener
{
    private WifiManager wifiManager;
    private WifiInfo wifiInfo;
    private CheckBox chkOpenCloseWifiBox;
    private List<WifiConfiguration> wifiConfigurations;
    @Override
    public void onCreate(Bundle savedInstanceState)
    {
        super.onCreate(savedInstanceState);
        setContentView(R.layout.main);
        // 获得 WifiManager 对象
        wifiManager = (WifiManager) getSystemService(Context.WIFI_SERVICE);
        // 获得连接信息对象
        wifiInfo = wifiManager.getConnectionInfo();
        chkOpenCloseWifiBox = (CheckBox) findViewById(R.id.chkOpenCloseWifi);
        TextView tvWifiConfigurations = (TextView) findViewById(R.id.tvWifiConfigurations);
        TextView tvWifiInfo = (TextView) findViewById(R.id.tvWifiInfo);
        chkOpenCloseWifiBox.setOnCheckedChangeListener(this);
        // 根据当前 WIFI 的状态（是否被打开）设置复选框的选中状态
        if (wifiManager.isWifiEnabled())
        {
            chkOpenCloseWifiBox.setText("Wifi 已开启");
            chkOpenCloseWifiBox.setChecked(true);
        }
        else
        {
            chkOpenCloseWifiBox.setText("Wifi 已关闭");
            chkOpenCloseWifiBox.setChecked(false);
        }

        // 获得 WIFI 信息
        StringBuffer sb = new StringBuffer();
        sb.append("Wifi 信息\n");
        sb.append("MAC 地址： " + wifiInfo.getMacAddress() + "\n");
        sb.append("接入点的 BSSID： " + wifiInfo.getBSSID() + "\n");

        sb.append("IP 地址（int）： " + wifiInfo.getIpAddress() + "\n");
        sb.append("IP 地址（Hex）： " + Integer.toHexString(wifiInfo.getIpAddress()) + "\n");
        sb.append("IP 地址： " + ipIntToString(wifiInfo.getIpAddress()) + "\n");
        sb.append("网络 ID： " + wifiInfo.getNetworkId() + "\n");
        tvWifiInfo.setText(sb.toString());

        // 得到配置好的网络
        wifiConfigurations = wifiManager.getConfiguredNetworks();
        tvWifiConfigurations.setText("已连接的无线网络\n");
        for (WifiConfiguration wifiConfiguration : wifiConfigurations)
        {
            tvWifiConfigurations.setText(tvWifiConfigurations.getText() + wifiConfiguration.SSID + "\n");
        }
    }
    // 将 int 类型的 IP 转换成字符串形式的 IP
    private String ipIntToString(int ip)
    {
        try
        {
            byte[] bytes = new byte[4];
```

```
        bytes[0] = (byte) (0xff & ip);
        bytes[1] = (byte) ((0xff00 & ip) >> 8);
        bytes[2] = (byte) ((0xff0000 & ip) >> 16);
        bytes[3] = (byte) ((0xff000000 & ip) >> 24);
        return Inet4Address.getByAddress(bytes).getHostAddress();
    }
    catch (Exception e)
    {
        return "";
    }
}
@Override
public void onCheckedChanged(CompoundButton buttonView, boolean isChecked)
{
    //   当选中复选框时打开 WIFI
    if (isChecked)
    {
        wifiManager.setWifiEnabled(true);
        chkOpenCloseWifiBox.setText("Wifi 已开启");
    }
    //   当取消复选框选中状态时关闭 WIFI
    else
    {
        wifiManager.setWifiEnabled(false);
        chkOpenCloseWifiBox.setText("Wifi 已关闭");
    }
}
}
```

在 AndroidManifest.xml 文件中要使用如下的代码打开相应的权限。

```
<uses-permission android:name="android.permission.ACCESS_WIFI_STATE"></uses-permission>
<uses-permission android:name="android.permission.WAKE_LOCK"></uses-permission>
<uses-permission android:name="android.permission.CHANGE_WIFI_STATE"></uses-permission>
```

14.7   本章小结

本章主要介绍了如何在手机上测试和调试需要使用手机硬件的应用程序。这些硬件包括麦克风、摄像头、传感器、GPS 和 WIFI。这些硬件都是智能手机标准的配置，尤其是近年来传感器被大量用于手机中。除了本章介绍的方向传感器和加速传感器外，还包括光学传感器、温度传感器、压力传感器在内的多种传感器被应用在以手机为主的移动设备中。在未来，传感器及其他先进的电子设备将成为智能手机的一部分，而手机拥有了这些设备，就不再只是手机了，而会成为无所不能的智能终端，真正实现 All In One 的时代已为时不远了。

15

放在桌面上的小玩意

Android 被认为是新一代的移动操作系统。既然是新一代的系统，就必须要与传统的移动操作系统（例如 Symbian）有很大的区别。传统的移动操作系统无论在功能上还是在外观上，都与 PC 操作系统（例如 Windows、Linux）有很大的区别，而 Android 是目前比较接近 PC 操作系统的移动操作系统，甚至已经出现了 PC 版本的 Android。Android 最引人注目的功能是可以在屏幕上放置很多"小玩意"。其中窗口小部件（App Widget）、快捷方式和实时文件夹就充分体现了新一代移动操作系统的特征。

 本章内容

- 什么是 App Widget
- 添加 App Widget 的方法
- 开发 App Widget 的步骤
- AppWidgetProvider 类
- 向 App Widget 添加配置 Activity
- 向 Shortcuts 列表中添加快捷方式
- 直接将快捷方式放到桌面上
- 实时文件夹

15.1 窗口小部件（App Widget）

使用过 Android 手机的读者都会发现，不管是哪家厂商生产的 Android 手机，都会在桌面上或多或少地有一些类似程序的东西，例如时钟、日期、天气预报等。这些"小东西"实际上也是 Android 应用程序，但它们与前面章节涉及到的应用程序不同。它们被称为 App Widget（也可直接称为 Widget），中文名可称为"窗口小部件"，是一种可以放在 Android 桌面上的应用程序。

15.1.1 在 Android 桌面上添加 App Widget

从 Android SDK 1.5 开始，App Widget 被引入到 Android SDK 中。开发人员可以利用 Android SDK 提供的框架开发 Widget，这些 Widget 可以被拖到桌面以便和用户交互。在 Android 模拟器或 Android 手机中都包含大量的 Widget。将 Widget 放到桌面上也非常简单。在 Android 模拟器中可以单击【Menu】按钮，在弹出的选项菜单中单击【添加】菜单项（如图 15.1 所示），并在弹出的子菜单中单击【Widgets】菜单项来添加相应的 Widget。添加 Widget 后的桌面效果如图 15.1 所示。在手机上添加 Widget，会根据不同型号的手机有所不同。例如，作者使用的 HTC Hero 手机采用了 HTC Sense 界面。可以通过单击屏幕右下方的加号（+）按钮，在弹出的列表中单击【窗口小部分】来选择要添加的 Widget。当然，也可以通过单击手机下方的【Menu】按钮，并在弹出的选项菜单中单击【添加到主页】菜单项，会弹出与按加号（+）按钮同样的选择列表。通过长按屏幕的空白处也可以弹出选择列表。在 HTC Hero 上添加 Widget 后的效果如图 15.2 所示。

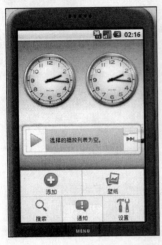

图 15.1 在模拟器桌面上添加 Widget

图 15.2 在真机桌面上添加 Widget（HTC Hero）

15.1.2 开发 App Widget 的步骤

每一个 Widget 实际上就是一个 BroadcastReceiver，它们通过 XML 文件来描述 Widget 的细节。AppWidget 框架通过 Broadcast intents 和 Widget 通信。Widget 在更新组件时与普通的 Android 应用程序有些本质的不同。Android 应用程序在更新组件时会首先获得要更新组件的对象，然后直接对组件更新。而在 Widget 中并不能直接获得 Widget 中组件的对象，要想更新组件，必须要使用 RemoteViews 作为代理来更新 Widget 中的组件。下面来看一下开发 App Widget 的具体步骤。在实例 78 中将根据这些步骤来开发一个实用的 App Widget：数字时钟。

（1）建立一个 XML 布局文件。在该布局文件中定义在 Widget 中显示的组件，但要注意，Widget 并不支持所有的 Android 组件。只能在 Widget 中使用如下组件类：

1）用于布局的组件类。

- FrameLayout
- LinearLayout
- RelativeLayout

2）可视组件类。

- AnalogClock
- Button
- Chronometer
- ImageButton
- ImageView
- ProgressBar
- TextView

除了上面的 10 个组件类，在 App Widget 中不能使用任何其他的组件类（包括自定义的组件类和上面组件类的子类），否则 Widget 将无法正常显示在桌面上。实际上，Widget 之所以不能使用其他的组件类，是因为 Widget 上的组件是通过 RemoteViews 进行更新的，而 RemoteViews 仅支持上面 7 个可视组件类的更新。为了防止开发人员错误地更新其他组件，Android SDK 禁止在 Widget 中使用除这 10 个组件类以外的所有组件类。

（2）创建 Widget 描述文件。该文件是 XML 格式，必须放在 res\xml 目录中。基本的格式如下：

```
<appwidget-provider xmlns:android="http://schemas.android.com/apk/res/android"
    android:minWidth="294dp"
    android:minHeight="146dp"
    android:updatePeriodMillis="3600000"
    android:initialLayout="@layout/main"/>
```

该文件定义了 Widget 所需的必要信息。其中 android:minWidget 和 android:minHeight 属性表示 Widget 的最小宽度和最小高度。android.updatePeriodMillis 属性表示 Widget 更新的时间间隔（单位：毫秒），也就是说，每隔 android.updatePeriodMillis 属性指定的时间就会调用 onUpdate 方法（将在第 3 步介绍）来更新 Widget。如果 android.updatePeriodMillis 属性的值是 0，表示不更新 Widget。android:initialLayout 属性表示 Widget 的 XML 布局文件，也就是在第 1 步建立的布局文件。

在这里要介绍一下 Widget 在桌面上的摆放规则。Widget 并不能在桌面上任意摆放，Android 将桌面分为若干个单元格，每一个单元格的尺寸可以认为是 74 像素（Pixels）。根据手机屏幕分辨率的不同，屏幕被会为不同数目的单元格。例如，HTC Hero 的分辨率是 320×480，因此，屏幕会被分为 4×4=16 个单元格。Widget 的大小只能是这些格尺寸的整数倍。例如，桌面上的快捷方式（在 15.2 节介绍）只占一个单元格。如果读者有真机的话，可以长按快捷方式，会在快捷方式周围出现一个绿色的框，这时就可以拖动或删除快捷方式了。这个绿色的框就表示一个单元格，如图 15.3 所示。由于快捷方式下方有文字，所以单元格高度要比宽度长一些。桌面最多只能放 16 个快捷方式，如图 15.4 所示。找一个大一点的 Widget，长按该 Widget，在 Widget 的周围也会出现一个绿色的框，表示该 Widget 所占的单元格数。例如，如图 15.5 所示的 Widget 占了 12 个单元格的大小。

图 15.3　快捷方式占一个单元格（HTC Hero）

图 15.4　桌面最多放 16 个快捷方式（HTC Hero）

读者可根据 Widget 所占的单元格数计算 android:minWidth 和 android:minHeight 属性的值。计算公式：(单元格数×74)-2。由于像素计算会造成一定的偏差，所以最后的值要减 2。假设一个 Widget 的宽度占了 4 个单元格，高度占了 2 个单元格，那么 android:minWidth 属性的值是(4×74)-2=294，android:minHeight 属性的值是(2×74)-2 = 146。建议将这两个属性的值的单位设成 dp。

（3）建立 Widget 类，该类必须从 AppWidgetProvider 类继承（AppWidgetProvider 是 BroadcastReceiver 的子类，因此，Widget 类可以接收广播消息）。在 AppWidgetProvider 中定义了几个接收 Widget 各种事件的方法，其中 onUpdate 是最常用的方法。在 Widget 加载时或到了 android:updatePeriodMillis 属性指定的时间，系统会调用 onUpdate 方法。开发人员可以在该方法中更新 Widget 中的组件。

图 15.5　Widget 占 12 个单元格（HTC Hero）

（4）这是最后一步，也是最关键的一步。就是在 AndroidManifest.xml 文件中定义一个 receiver，以便系统和 Widget 进行通信。下面是一个典型的 receiver。

```
<receiver android:name=".MyWidget">
    <meta-data android:name="android.appwidget.provider"
        android:resource="@xml/appwidget_provider" />
    <intent-filter>
        <action android:name="android.appwidget.action.APPWIDGET_UPDATE" />
    </intent-filter>
</receiver>
```

其中 android:resource 属性表示在第 2 步创建的 Widget 所描述文件的资源 ID。在<intent-filter>标签中必须使用<action>标签定义一个 APPWIDGET_UPDATE 广播，表明 Widget 可以接收 Update 广播。只有这个广播必须定义，其他的广播并不需要在<intent-filter>标签中定义。AppWidget 框架会自动将除了 Update 广播外的其他 AppWidget 广播发送给 AppWidgetProvider。

实例 78：数字时钟

工程目录：src\ch15\ch15_digitclock

本例将根据 15.1.2 节介绍的实现 App Widget 的步骤来编写一个显示数字时钟的 Widget。先看一下数字时钟在 Android 模拟器和 HTC Hero 手机上的显示效果，如图 15.6 和图 15.7 所示。

图 15.6　数字时钟在模拟器上的显示效果

图 15.6　数字时钟在 HTC Hero 手机上的显示效果

编写数字时钟的步骤如下：

（1）编写一个 XML 布局文件（main.xml），代码如下：

```xml
<FrameLayout xmlns:android="http://schemas.android.com/apk/res/android"
    android:orientation="vertical" android:layout_width="280dp"
    android:layout_height="123dp">
    <!-- 用于显示数字时钟的图像  -->
    <ImageView android:id="@+id/imageview" android:layout_width="fill_parent"
        android:layout_height="fill_parent" android:src="@drawable/frame" />
    <!-- 用于显示当前时间  -->
    <TextView android:id="@+id/textview" android:layout_width="fill_parent"
        android:layout_height="fill_parent"
        android:textColor="#F00" android:textSize="35sp" android:gravity="center" />
</FrameLayout>
```

（2）编写 Widget 描述文件。在 res\xml 目录中建立一个 appwidget_provider.xml 文件，并输入如下代码。

```xml
<appwidget-provider xmlns:android="http://schemas.android.com/apk/res/android"
    android:minWidth="294dp"
    android:minHeight="146dp"
    android:updatePeriodMillis="0"
    android:initialLayout="@layout/main"/>
```

在上面的代码中将 android:updatePeriodMillis 属性值设为 0，表示不使用更新 Widget 的方式来更新当前时间，否则每秒都要进行更新，这样非常损耗系统资源。在本例中将使用 Timer 组件来更新当前时间。

（3）编写 DigitClock 类（该类必须从 AppWidgetProvider 继承），代码如下：

```java
package net.blogjava.mobile.digitclock;

import java.util.Date;
import java.util.Timer;
import java.util.TimerTask;
import android.appwidget.AppWidgetManager;
import android.appwidget.AppWidgetProvider;
import android.content.Context;
import android.os.Handler;
import android.os.Message;
import android.widget.RemoteViews;

public class DigitClock extends AppWidgetProvider
{
    private Timer timer = new Timer();
    private int[] appWidgetIds;
    private AppWidgetManager appWidgetManager;
    private Context context;
    //  当系统装载 Widget 时调用 onUpdate 方法
    public void onUpdate(Context context, AppWidgetManager appWidgetManager,
            int[] appWidgetIds)
    {
        this.appWidgetManager = appWidgetManager;
        this.appWidgetIds = appWidgetIds;
        this.context = context;
        timer = new Timer();
        //  启动定时器
        timer.schedule(timerTask, 0, 1000);
    }
    private Handler handler = new Handler()
    {
        public void handleMessage(Message msg)
        {
            switch (msg.what)
            {
                case 1:
                    int n = appWidgetIds.length;
                    //  更新所有的 widget
                    for (int i = 0; i < n; i++)
                    {
```

```
                    int appWidgetId = appWidgetIds[i];
                    RemoteViews views = new RemoteViews(context
                        .getPackageName(), R.layout.main);
                    java.text.DateFormat df = new java.text.SimpleDateFormat("HH:mm:ss");
                    views.setTextViewText(R.id.textview, df.format(new Date()));
                    appWidgetManager.updateAppWidget(appWidgetId, views);
                }
                break;
            }
            super.handleMessage(msg);
        }
    };
    private TimerTask timerTask = new TimerTask()
    {
        public void run()
        {
            Message message = new Message();
            message.what = 1;
            handler.sendMessage(message);              // 将任务发送到消息队列
        }
    };
}
```

在编写 DigitClock 时应注意如下 3 点：

● 虽然 android:updatePeriodMillis 属性的值为 0，但系统在装载 Widget 时仍然会调用 onUpdate 方法。因此，可以在该方法中启动定时器。

● 每一个 Widget 由一个 ID 标识。在 onUpdate 方法中可能需要更新多个 Widget。因此，这些 Widget 的 ID 通过 onUpdate 的 appWidgetIds 参数传入 onUpdate 方法中。开发人员可以选择在 onUpdate 中更新 Widget，或在 onUpdate 方法中保存 Widget 的 ID，以便在其他的方法中更新 Widget。

● 由于本例使用 Timer 组件更新当前时间，因此，需要在 handleMessage 方法中更新 Widget。在 handleMessage 方法中使用 RemoteViews 类的 setTextViewText 方法来设置 Widget 中 TextView 组件的值，并使用 AppWidgetManager 类的 updateAppWidget 方法根据 Widget 的 ID 更新 Widget。

（4）在 AndroidManifest.xml 文件的<application>标签中添加如下代码：

```
<receiver android:name=".DigitClock">
    <meta-data android:name="android.appwidget.provider"
        android:resource="@xml/appwidget_provider" />
    <intent-filter>
        <action android:name="android.appwidget.action.APPWIDGET_UPDATE" />
    </intent-filter>
</receiver>
```

运行本例后，在模拟器或手机上并没有出现任何页面，但在 Widgets 列表中可以找到一个叫【数字时钟】的 Widget。选中这个 Widget 即可安装在桌面上，但要注意桌面要有足够的空间。

> 可以将 DigitClock 放到其他 Android 应用程序中，但仍需要保留本例的所有设置。在运行这些包含 DigitClock 的 Android 应用程序时，系统会自动将 Widget 添加到 Widgets 列表中。例如，在 Android SDK 自带的 API Demos 中就带了一个 Widget。当安装 API Demos 时，会自动将这个 Widget 安装在手机或模拟器上。

15.1.3　AppWidgetProvider 类

AppWidgetProvider 类除了 onUpdate 方法外，还有另外 4 个事件方法，当接收到相应的广播后，AppWidgetProvider 就会调用相应的事件方法。这 4 个事件方法如下：

● onDeleted(Context, int[])：当一个 App Widget 从桌面被删除时调用该方法。

● onEnabled(Context)：当第一个 Widget 被放在桌面上时调用。如果同一个 App Widget 被放在桌面上两个实例，那么该方法只调用 1 次。

- onDisabled(Context)：当最后一个 Widget 被删除时调用。
- onReceive(Context, Intent)：接收系统发出的广播。在 AppWidgetProvider 类的 onReceive 方法中根据不同的 Action 调用 onUpdate、onDeleted、onEnabled 和 onDisabled 方法。在 AppWidgetProvider 的子类中一般不需要覆盖 onReceive 方法。

15.1.4 向 App Widget 添加配置 Activity

在桌面安装 Widget 之前还允许弹出一个用于设置 Widget 的 Activity。向 Widget 添加设置 Activity 需要如下 3 步。

（1）编写一个 Activity 类。

（2）在 AndroidManifest.xml 文件中配置 Activity 时要使用如下代码：

```
<activity android:name=".MyActivity" android:label="Widget 的名称">
    <intent-filter>
        <!-- 必须设置 APPWIDGET_CONFIGURE 动作  -->
        <action android:name="android.appwidget.action.APPWIDGET_CONFIGURE" />
    </intent-filter>
</activity>
```

（3）在 Widget 描述文件的<appwidget-provider>标签中添加一个 android:configure 属性。该属性值是 Activity 的全名（包名+类名）。

实例 79：可以选择风格的数字时钟

工程目录：src\ch15\ch15_digitclock_activity

本例将修改实例 78 的数字时钟，使这个 Widget 可以设置风格，现在看一下设置不同风格后的数字时钟，如图 15.7 和图 15.8 所示。

图 15.7 不同风格的数字时钟

图 15.8 不同风格的数字时钟（HTC Hero）

本例中设置的时钟风格只是时钟的背景图。按本例中使用的技术，可以添加更复杂的技术。下面来看一下如何实现可选择风格的数字时钟。

首先要建立一个 SettingActivity 类（该类是数字时钟的设置界面），然后在 AndroidManifest.xml 文件中使用如下代码配置 SettingActivity 类：

```
<activity android:name=".SettingActivity" android:label="选择样式">
    <intent-filter>
        <action android:name="android.appwidget.action.APPWIDGET_CONFIGURE" />
    </intent-filter>
</activity>
```

还需要在 appwidget-provider.xml 文件中通过如下代码指定 SettingActivity：

```
<appwidget-provider xmlns:android="http://schemas.android.com/apk/res/android"
```

```
      android:minWidth="294dp" android:minHeight="146dp"
      android:updatePeriodMillis="0"
      android:configure="net.blogjava.mobile.digitclock.SettingActivity" />
```

由于每一个 Widget 都有一个 ID，因此，在保存每一个 Widget 的设置时需要在 key 后面加 Widget 的 ID，以区分保存的是哪一个 Widget 的设置。

数字时钟的背景图使用一个 int 类型的 key-value 对保存。key 的形式是 style_id_xxx，其中 xxx 就是 Widget 的 ID。value 是 SettingActivity 中两个 RadioButton 的资源 ID 值。SettingActivity 的界面如图 15.9 所示。

图 15.9　数字时钟的设置界面

要想在 SettingActivity 中设置某个 Widget 的背景风格，需要在 SettingActivity 的 onCreate 方法中获得 Widget 的 ID，代码如下：

```
Intent intent = getIntent();
Bundle extras = intent.getExtras();
if (extras != null)
{
    //  获得 Widget 的 ID
    appWidgetId = extras.getInt(AppWidgetManager.EXTRA_APPWIDGET_ID,
            AppWidgetManager.INVALID_APPWIDGET_ID);
}
```

当安装某个 Widget 时，系统会先启动 SettingActivity，并以 EXTRA_APPWIDGET_ID 作为 key 将当前 Widget 的 ID 保存在 Bundle 对象中，并传入 SettingActivity。

单击【确定】按钮，会关闭 SettingActivity，并在桌面上显示相应风格的 Widget，单击事件的代码如下：

```
public void onClick(View view)
{
    int styleId = radioGroup.getCheckedRadioButtonId();
    //  保存用户的设置，以便在加载 Widget 时读取这些设置
    saveStyleId(this, appWidgetId, styleId);
    AppWidgetManager appWidgetManager = AppWidgetManager.getInstance(this);
    Intent resultValue = new Intent();
    //  保存 Widget 的 ID，以便系统可以获得当前设置的 Widget 的 ID
    resultValue.putExtra(AppWidgetManager.EXTRA_APPWIDGET_ID, appWidgetId);
    //  必须返回当前设置的 Widget 的 ID
    setResult(RESULT_OK, resultValue);
    //  启动 Widget 中的定时器
    DigitClock.startTimer(this, appWidgetManager,appWidgetId, styleId);
    finish();
}
```

在单击事件中做了如下 3 件事：

（1）将设置的风格保存在配置文件中，其中 saveStyleId 方法负责保存背景风格，代码如下：

```
public static void saveStyleId(Context context, int appWidgetId, int style_id)
{
    SharedPreferences sharedPreferences = context.getSharedPreferences(
```

```
            PREFS_NAME, Activity.MODE_PRIVATE);
    SharedPreferences.Editor editor = sharedPreferences.edit();
    editor.putInt(PREFIX_NAME + appWidgetId, style_id);
    editor.commit();
}
```

其中 PREFS_NAME 和 PREFEIX_NAME 是在 SettingActivity 中定义的常量，代码如下：

```
private static final String PREFS_NAME = "digitclock";
private static final String PREFIX_NAME = "style_id_";
```

（2）系统是通过 startActivityForResult 方法显示 SettingActivity 的，因此，需要在 SettingActivity 关闭时返回当前设置的 Widget 的 ID。key 是 RESULT_OK。

（3）调用 DigitClock 中的静态方法 startTimer 启动 Widget 中的定时器。在该定时器中会刷新 Widget 中的时间。

在 SettingActivity 类中还定义了一个 getStyleId 方法用于获得 Widget 中的配置信息，该方法会在 DigitClock 类中使用，代码如下：

```
public static int getStyleId(Context context, int appWidgetId, int defaultStyleId)
{
    SharedPreferences sharedPreferences = context.getSharedPreferences(
            PREFS_NAME, Activity.MODE_PRIVATE);
    return sharedPreferences.getInt(PREFIX_NAME + appWidgetId, defaultStyleId);
}
```

为了对每一个 Widget 的实例进行控制，本例为每一个 Widget 单独使用一个 Timer 组件来刷新时间，因此，要在 DigitClock 类中定义一个 Map 类型的变量来保存 Timer 对象，代码如下：

```
private static Map<Integer, Timer> timers;
```

在设置完 Widget 的风格后，要调用 DigitClock 类中的 startTimer 方法来开启当前 Widget 的定时器，代码如下：

```
public static void startTimer(Context context,
        AppWidgetManager appWidgetManager, int appWidgetId, int styleId)
{
    if (timers.get(appWidgetId) != null)
    {
        ((Timer) timers.get(appWidgetId)).cancel();
    }
    //  获得 TimerTask 对象。
    TimerTask timerTask = getTimerTask(context, appWidgetManager, appWidgetId, styleId);
    Timer timer = new Timer();
    //  开始定时器
    timer.schedule(timerTask, 0, 1000);
    //  将 Timer 对象保存在 timers 变量中
    timers.put(appWidgetId, timer);
}
```

其中 getTimerTask 方法用于获得 TimerTask 对象。该方法及其他相关方法的代码如下：

```
private static void updateView(Context context,
        AppWidgetManager appWidgetManager, Message msg)
{
    try
    {
        RemoteViews views = null;
        String enter = "";
        //  根据背景风格设置不同的数字时钟背景
        if (msg.arg2 == R.id.radiobutton1)
        {
            views = new RemoteViews(context.getPackageName(), R.layout.clock1);
        }
        else
        {
            views = new RemoteViews(context.getPackageName(), R.layout.clock2);
            enter = "\n";
```

```
            }
            java.text.DateFormat df = new java.text.SimpleDateFormat("HH:mm:ss");
            // 如果是第 2 种背景风格，将 TextView 中的文字前加一个回车，往下串一行
            views.setTextViewText(R.id.textview, enter + df.format(new Date()));
            appWidgetManager.updateAppWidget(msg.arg1, views);
        }
        catch (Exception e)
        {
        }
    }
    private static Handler getHandler(final Context context, final AppWidgetManager appWidgetManager)
    {
        Handler handler = new Handler()
        {
            public void handleMessage(Message msg)
            {
                updateView(context, appWidgetManager, msg);
                super.handleMessage(msg);
            }
        };
        return handler;
    }
    private static TimerTask getTimerTask(final Context context,
            AppWidgetManager appWidgetManager, final int appWidgetId, final int styleId)
    {
        final Handler handler = getHandler(context, appWidgetManager);
        return new TimerTask()
        {
            public void run()
            {
                Message message = new Message();
                // 使用 Message 类的 arg1 变量保存 Widget 的 ID
                message.arg1 = appWidgetId;
                // 使用 Message 类的 arg2 变量保存背景风格 ID，也就是 SettingActivity 中两个 RadioButton 的 ID
                message.arg2 = styleId;
                handler.sendMessage(message);
            }
        };
    }
```

上面的代码与实例 78 中的相关代码类似，只是在传递 Message 对象时通过 arg1 和 arg2 变量传递了 appWidgetId 和 styleId。而 updateView 方法根据 Message.arg1 和 Message.arg2 来更新相应的 Widget 中的时间。当模拟器或手机重启时会装载 Widget，这时会调用 onUpdate 方法来恢复 Widget 的设置，代码如下：

```
public void onUpdate(Context context, AppWidgetManager appWidgetManager,
        final int[] appWidgetIds)
{
    int n = appWidgetIds.length;
    if (timers == null)
        timers = new HashMap<Integer, Timer>();
    for (int i = 0; i < n; i++)
    {
        int styleId = SettingActivity.getStyleId(context, appWidgetIds[i], R.id.radiobutton1);
        if (timers.get(appWidgetIds[i]) != null)
        {
            ((Timer) timers.get(appWidgetIds[i])).cancel();
        }
        Message message = new Message();
        message.arg1 = appWidgetIds[i];
        message.arg2 = styleId;
        // 更新当前 Widget 中的时间
        updateView(context, appWidgetManager, message);
        // 启动定时器
        startTimer(context, appWidgetManager, appWidgetIds[i], styleId);
```

```
        }
    }
```

如果删除某个 Widget，应在 onDeleted 方法中停止该 Widget 的定时器，代码如下：

```
public void onDeleted(Context context, int[] appWidgetIds)
{
    super.onDeleted(context, appWidgetIds);
    if (timers != null)
    {
        for (int i = 0; i < appWidgetIds.length; i++)
        {
            Timer timer = (Timer) timers.get(appWidgetIds[i]);
            if (timer != null)
            {
                timer.cancel();
                Toast.makeText(context, "该 Widget 已被删除.", Toast.LENGTH_SHORT).show();
            }
        }
    }
}
```

15.2　快捷方式

如果在手机中应用程序安装得太多，找起来会很费劲。可不可以像 Windows 一样将常用的程序拖到桌面上呢？答案是肯定的。快捷方式就是 Android 的解决方案。

图 15.10　可添加的快捷方式

15.2.1　向快捷方式列表中添加快捷方式

本节的例子代码所在的工程目录是 src\ch15\ch15_addshortcut

在可添加的选项中有一个【Shortcuts】，单击这个选项，会列出系统当前可添加的快捷方式，如图 15.10 所示。

将自己的应用程序添加到如图 15.10 所示的列表中的方法有些类似于实例 79 中添加配置 Activity 的方法。也就是说，通过建立一个 Activity，并在其中设置一些快捷方式需要的信息，最后在关闭 Activity 之前使用 setResult 返回这些信息。下面先看看实现代码。

```
protected void onCreate(Bundle savedInstanceState)
{
    super.onCreate(savedInstanceState);
    //  判断是否为建立快捷方式的 Action
    if (Intent.ACTION_CREATE_SHORTCUT.equals(getIntent().getAction()))
    {
        Intent addShortcutIntent = new Intent();
        //  设置快捷方式的名称（注意，并不是在图 15.10 所示的列表中显示的内容）
        addShortcutIntent.putExtra(Intent.EXTRA_SHORTCUT_NAME, "电子罗盘");
        Parcelable icon = Intent.ShortcutIconResource.fromContext(this,
            R.drawable.compass_shortcut);
        //  设置快捷方式的图标（在 HTC Hero 或其他类型手机中可能不显示这个图标）
        addShortcutIntent.putExtra(Intent.EXTRA_SHORTCUT_ICON_RESOURCE, icon);
        //  compass://host 是调用本例中电子罗盘 Activity 的 Uri
        Intent callCompass = new Intent("net.blogjava.mobile.compass.COMPASS", Uri
            .parse("compass://host"));
        //  设置当单击快捷方式后执行的动作，也就是要调用的 Activity
        addShortcutIntent.putExtra(Intent.EXTRA_SHORTCUT_INTENT,callCompass);
        //  返回快捷方式的设置
        setResult(RESULT_OK, addShortcutIntent);
    }
    else
    {
```

```
    // 如果不是建立快捷方式的 Action，返回 RESULT_CANCELED
    setResult(RESULT_CANCELED);
    }
    finish();
}
```

要注意的是，在单击本例创建的快捷方式时启动的 Activity 实际上是本例中的 Activity。关于如何定义自己的 Activity Action，读者可以参阅 7.1.3 节和实例 42 的内容以及本例的源代码。

本例中添加"电子罗盘"的 Activity 类是 AddCompassShortcut，应使用如下代码进行配置：

```
<activity android:name=".AddCompassShortcut" android:label="电子罗盘"
    android:icon="@drawable/compass_shortcut">
    <intent-filter>
        <action android:name="android.intent.action.CREATE_SHORTCUT" />
    </intent-filter>
</activity>
```

配置建立快捷方式的 Activity 时必须指定 CREATE_SHORTCUT 动作，只需要将这个 Activity 添加到任何的应用程序中即可。在该程序启动后，快捷方式会自动添加到如图 15.10 所示的列表中。本例还添加了一个无线网络的快捷方式，添加的过程与电子罗盘类似，读者可参阅本例提供的源代码。

15.2.2 直接将快捷方式放到桌面上

本节的例子代码所在的工程目录是 src\ch15\ch15_installshortcut

上一节的例子只是将快捷方式直接添加到 Shortcuts 列表中，为了更方便，可以用程序通过广播的方式直接将快捷方式添加到桌面上。例如，添加电子罗盘快捷方式到桌面上的代码如下：

```
// 指定安装快捷方式的 Action
Intent installShortCut = new Intent("com.android.launcher.action.INSTALL_SHORTCUT");
// 指定快捷方式在桌面上显示的名称
installShortCut.putExtra(Intent.EXTRA_SHORTCUT_NAME, "电子罗盘");
Parcelable icon = Intent.ShortcutIconResource.fromContext(this,R.drawable.compass_shortcut);
// 指定快捷方式的图标
installShortCut.putExtra(Intent.EXTRA_SHORTCUT_ICON_RESOURCE,icon);
// 指定单击快捷方式时要启动的 Activity 的 Uri
Intent compassIntent = new Intent("net.blogjava.mobile.compass.COMPASS", Uri.parse("compass://host"));
installShortCut.putExtra(Intent.EXTRA_SHORTCUT_INTENT,compassIntent);
// 发送广播，以便在桌面上安装快捷方式
sendBroadcast(installShortCut);
```

将快捷方式添加到桌面需要使用如下代码打开安装权限：

```
<uses-permission android:name="com.android.launcher.permission.INSTALL_SHORTCUT" />
```

运行本例后，单击【安装快捷方式】按钮，会将【电子罗盘】和【无线网络】的快捷方式添加到当前桌面上。当单击这两个快捷方式后，会调用本例中的电子罗盘和无线网络程序。

15.3 实时文件夹（LiveFolder）

本节的例子代码所在的工程目录是 src\ch15\ch15_livefolder

前面介绍的快捷方式可以调用应用程序中的 Activity。而实时文件夹可以访问其他应用程序中的数据，例如，联系人、电子邮件、短信等。

实时文件夹通过 ContentProvider 来获得其他应用程序中的数据，关于 ContentProvider 的详细介绍请读者参阅 6.6 节的内容。添加实时文件夹也需要建立一个 Activity，然后在 onCreate 方法中编写如下代码：

```
public void onCreate(Bundle savedInstanceState)
{
    super.onCreate(savedInstanceState);
    // 判断是否为创建快捷方式的 Action
    if (LiveFolders.ACTION_CREATE_LIVE_FOLDER.equals(getIntent().getAction()))
```

```
    {
        Intent intent = new Intent();
        // 设置获得其他应用程序数据的 Uri。这个 Uri 获得了联系人信息
        intent.setData(Contacts.People.CONTENT_URI);
        // 设置单击实时文件夹中某项时（在这里是某个联系人）要进行的动作（本例为直接拨打电话）
        intent.putExtra(LiveFolders.EXTRA_LIVE_FOLDER_BASE_INTENT,
                new Intent(Intent.ACTION_CALL, Contacts.People.CONTENT_URI));
        // 设置实时文件夹在桌面上显示的标题
        intent.putExtra(LiveFolders.EXTRA_LIVE_FOLDER_NAME, "电话本");
        intent.putExtra(LiveFolders.EXTRA_LIVE_FOLDER_ICON,
                Intent.ShortcutIconResource.fromContext(this, R.drawable.phone));
        // 设置实时文件夹的显示模式，本例为列表模式，还可以设为 LiveFolders.DISPLAY_MODE_GRID 模式
        // （网络模式）
        intent.putExtra(LiveFolders.EXTRA_LIVE_FOLDER_DISPLAY_MODE,
                LiveFolders.DISPLAY_MODE_LIST);
        setResult(RESULT_OK, intent);
    }
    else
    {
        setResult(RESULT_CANCELED);
    }
    finish();
}
```

配置建立实时文件夹的 Activity 的代码如下：

```
<activity android:name=".AddLiveFolder" android:label="电话本"    android:icon="@drawable/phone">
    <intent-filter>
        <action android:name="android.intent.action.CREATE_LIVE_FOLDER" />
    </intent-filter>
</activity>
```

其中 android:label 属性表示在实时文件夹列表中显示的名称，android:icon 属性表示在实时文件夹列表中显示的图标。建立实时文件夹的 Activity 必须指定 CREATE_LIVE_FOLDER 动作。只要将 AddLiveFolder 添加到任何的 Android 应用程序中，并启动应用程序。实时文件夹会自动添加到如图 15.11 所示的列表中。其中黑色框中的实时文件夹是本例建立的。选中这个实时文件夹，会像快捷方式一样将该实时文件夹添加到桌面上，然后单击实时文件夹，会显示如图 15.12 所示的联系人列表。单击某个联系人，会直接拨打该联系人的电话。

图 15.11　实时文件夹列表

图 15.12　显示联系人列表

15.4　本章小结

　　本章介绍了 3 个可以放在 Android 桌面上的"小玩意"：窗口小部件、快捷方式和实时文件夹。其中窗口小部件需要根据屏幕上的方格大小放置，而且窗口小部件上的组件也有很大的限制。尽管如此，充分利用允许范围内的组件还是可以实现非常丰富的桌面效果的。快捷方式与 Windows 中的快捷方式类似。也就是在桌面上放一个图标和图标下方的标题，然后单击快捷方式会调用与之相联的应用程序。通过程序可以将快捷方式添加到 Shortcuts 列表中，也可以直接放到桌面上。与快捷方式不同的是，实时文件夹并不是用来启动程序的，而是用来通过 ContentProvider 获得程序中的数据的。通过实时文件夹可以将常用的数据以图标的形式放到桌面上。

16

NDK 编程

前面的章节一直在讲如何用 Java 来编写 Android 应用程序。自从 Android SDK 1.5 开始，Google 就发布了 Android NDK。通过 NDK，开发人员可以使用 C/C++来开发 Android 应用程序的部分功能。本章将详细介绍 Android NDK 的下载、安装和配置，以及如何将 NDK 和 SDK 结合起来开发 Android 应用程序。

 本章内容

📖 下载和安装 Android NDK
📖 下载和安装 Cygwin
📖 配置 Android NDK
📖 编译和运行 NDK 自带的例子
📖 Android NDK 接口设计
📖 编写 Android NDK 程序的步骤
📖 配置 Android.mk 文件
📖 Android NDK 定义的变量
📖 Android NDK 定义的函数
📖 描述模块的变量
📖 配置 Application.mk 文件

16.1 Android NDK 简介

Android NDK（Native Development Kit）是一套允许开发人员将本地代码嵌入 Android 应用程序的开发包。众所周知，Android 应用程序运行在 Dalvik 虚拟机上。而 NDK 允许开发人员将 Android 应用程序中的部分功能（由于 NDK 只开发了部分接口，因此，无法使用 NDK 编写完整的 Android 应用程序）用 C/C++语言来实现，并将这部分 C/C++代码编译成可直接运行在 Android 平台上的本地代码（也就是绕过 Dalvik 虚拟机，直接在 Android 平台上运行）。这些本地代码以动态链接库（lib...so）的形式存在。NDK 的这个特性既有利于代码的重用（动态链接库可以被多个 Android 应用程序使用），也可以在某种程度上提高程序的运行速度。

NDK 由如下几部分组成：

● 提供了一套工具集，这套工具集可以将 C/C++源代码生成本地代码。

- 用于定义 NDK 接口的 C 头文件（*.h）和实现这些接口的库文件。
- 一套编译系统。可以通过非常少的配置生成目标文件。

最新版的 Android NDK（Revision 3）在 2010 年 3 月发布，支持 ARMv5TE 机器指令，并且提供大量的 C 语言库，包括 libm（Math 库）、OpenGL ES 1.1 和 OpenGL ES 2.0、JNI 接口以及其他的库。

虽然在程序中使用 NDK 可以大大提高运行速度，但使用 NDK 也会带来很多副作用。例如，使用 NDK 并不是总会提高应用程序的性能，但却 100%会增加程序的复杂度。而且使用 NDK 必须要自己控制内存的分配和释放，这样将无法利用 Dalvik 虚拟机来管理内存，也会给应用程序带来很大的风险。因此，作者建议应根据具体的情况适度使用 NDK。例如，需要大幅度提高程序运行速度或需要保密（因为 Java 生成的目标文件很容易被反编译）的情况下就可以使用 NDK 来生成相应的本地代码。

16.2 安装、配置和测试 NDK 开发环境

Android NDK 的安装相比 Android SDK 要稍微复杂一些。除了要安装 NDK 外，还需要安装 C/C++的运行环境，并进行相应的配置。本节将详细介绍配置 NDK 和 C/C++运行环境的过程。并利用 NDK 自带的例子来演示如何使用 ADT 将动态链接库嵌入到 Eclipse Android 工程中，并在 Java 代码中调用动态链接库中的函数。

16.2.1 系统和软件要求

本节将介绍一下 Android NDK 支持的编译器和 Android SDK 的版本，以及兼容的操作系统平台。

Android SDK
- 在使用 Android NDK 之前必须安装 Android SDK。
- Android SDK 必须是 1.5 及以上版本。Android SDK1.0 和 1.1 不支持 Android NDK。
- 要在 Android NDK 中使用 OpenGL ES 1.1，Android SDK 要求 1.6 及以上版本。如果使用 Open GL ES 2.0，Android SDK 要求 2.0 及以上版本。

支持的操作系统
- Windows XP（32 位）
- Windows Vista（32 或 64 位）
- Mac OS X 10.4.8 及以上版本（仅支持 x86 Mac OS）
- Linux（32 或 64 位）

开发工具
- Make 工具要求 GNU Make 3.81 及以上版本。低版本的 Make 有可能也支持，但 Google 的 Android NDK 开发团队并未对低版本的 Make 进行测试。
- 如果在 Windows 下使用 Android NDK，需要使用 Cygwin 来模拟 Linux 开发环境。关于 Cygwin 的详细内容将在 16.2.2 节介绍。

16.2.2 下载和安装 Android NDK

Android NDK 需要一个 C/C++编译环境才能使用。因此不仅要安装 Android NDK，还需要安装相应的 C/C++环境。如果在 Linux 下使用 Android NDK，因为一般 Linux 安装包都自带了 C/C++编译环境，所以只需要在安装 Linux 时选中相应的开发工具即可。如果在 Windows 下使用 Android NDK，仍然需要使用 Linux 环境的 C/C++编译器来生成 lib...so 文件。这是 Linux/UNIX 下的动态链接库文件，相当于 Windows 中的 dll 文件。文件名必须以 lib 开头，文件扩展名必须是.so。例如，libLog.so、libImage.so 等。

读者可以从如下地址下载 Android NDK 的最新版本：

http://developer.android.com/intl/zh-CN/sdk/index.html

在作者写作本书时，Android NDK 的最高版本是 Revision 3。读者可以根据自己使用的操作系统下载相应的 Android NDK。下载后，将 Android NDK 的压缩包解压缩即可。

16.2.3 下载和安装 Cygwin

如果读者在 Windows 下使用 Android NDK，则需要下载 Cygwin。当然，如果读者在其他操作系统下使用 Android NDK 则不需要进行这一步。

Cygwin 是一套在 Windows 下模拟 Linux 环境的工具集，包括如下两部分：

- 一个 cygwin1.dll 文件。该文件模拟了真实的 Linux API，是一个 API 模拟层。开发人员可以将在 Linux 下编写的 C/C++源代码在 Cygwin 中进行编译，在编译的过程中，如果 C/C++源代码中调用了 Linux 中的 API，Cygwin 就会利用 cygwin1.dll 来编译 C/C++源代码，从而可以在 Windows 中生成 Linux 下的 lib...so 文件。
- 模拟 Linux 环境的工具集。

读者可以从如下地址下载 Cygwin 的最新版本：

http://www.cygwin.com

在作者写作本书时，Cygwin 的最新版本是 1.7.1。

由于完整的 Cygwin 安装包很大，因此，Cygwin 只提供了一个在线安装程序进行下载。在安装的过程中需要稳定快速的互联网环境。安装文件只有一个 setup.exe，运行该程序，选中如图 16.1 所示的第 1 个选项。然后进入下一个设置界面，默认情况下 Cygwin 的安装目录是 C:\cygwin，如图 16.2 所示。读者也可以将 Cygwin 安装在其他的目录中。

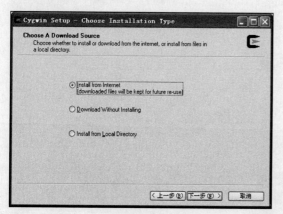

图 16.1 选择 Cygwin 的安装方式

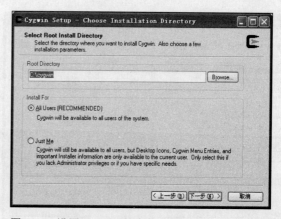

图 16.2 设置 Cygwin 的安装目录

进入下一个设置界面后，需要指定一个 Cygwin 下载临时目录，如图 16.3 所示。该目录可以任意设置，在安装完 Cygwin 后，可以将该目录删除。然后设置网络连接方式，如图 16.4 所示。

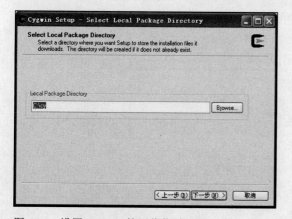

图 16.3 设置 Cygwin 的下载临时目录

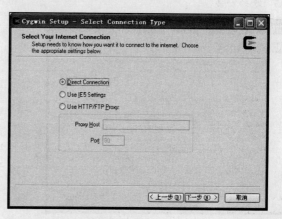

图 16.4 选择网络连接方式

进入下一个设置界面后，需要选择一个速度最快的下载地址，如图 16.5 所示。中国用户建议选择如下地址作为下载网址：

http://www.cygwin.cn

如果地址列表中没有上面的网址，可以在【User URL】文本框中输入 http://www.cygwin.cn/pub，并单击【Add】按钮将 URL 添加到列表中。选择下载网址后，单击【下一步】按钮开始下载和安装相关的文件，如图 16.6 所示。由于本章只使用 Cygwin 的编译环境，因此，只安装 Cygwin 的开发包即可。在出现如图 16.7 所示的选择安装包界面后，选择【Devel】安装包，并单击后面的 Default 选项，使其变成 Install。在选择完安装包后，单击【下一步】按钮开始正式下载和安装。安装进度界面如图 16.8 所示。

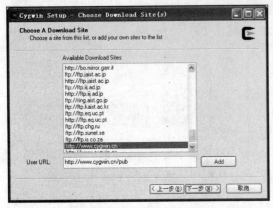

图 16.5 选择下载网址

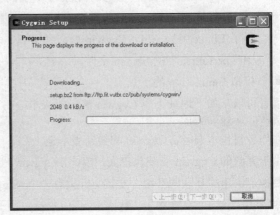

图 16.6 开始下载和安装 Cygwin

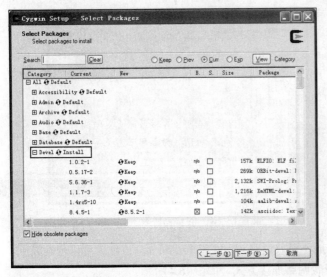

图 16.7 选择安装包

图 16.8 安装界面

如果完全安装【Devel】安装包，Cygwin 的大小大约为 1.86GB。读者在安装 Cygwin 时应考虑安装 Cygwin 的分区剩余的硬盘空间。如果硬盘空间不足，可以只选择安装 C/C++ 开发环境，或将 Cygwin 安装在其他的分区。

安装 Cygwin 后，通过桌面上的 Cygwin 图标或 Cygwin 安装根目录中的 Cygwin.bat 文件可启动 Cygwin（仅限 Windows 操作系统）。Cygwin 是一个类似 Linux 的控制台程序，可以在 Cygwin 控制台中输入 Linux 命令，界面如图 16.9 所示。

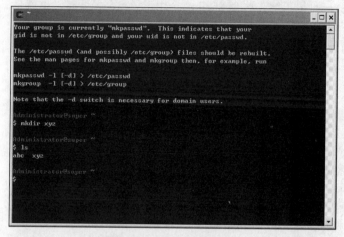

图 16.9 在 Cygwin 控制台中执行 Linux 命令

下面来验证一下 make 和 gcc（c 语言编译器）的版本。在 Cygwin 控制台中输入 make -v 和 gcc -v 命令，会输出如图 16.10 所示的信息。其中 GNU Make 的版本是 3.81，gcc 的版本是 4.3.4，完全满足开发环境的最低要求。在下一节将介绍如何将 Cygwin 和 Android NDK 连接起来组成一个完整的开发环境。

图 16.10 验证 make 和 gcc 的版本

16.2.4 配置 Android NDK 的开发环境

虽然在前两节安装了 Android NDK 和 Cygwin，但它们都是独立的环境。要想使用 Cygwin 来编译基于 Android NDK 的 C/C++ 程序还需要将 Android NDK 和 Cygwin 进行整合。步骤如下：

1. 设置 Android NDK 的路径

打开<Cygwin 安装目录>\home\Administrator\ .bash_profile 文件，并在该文件中添加如下内容：

```
ANDROID_NDK_ROOT=/cygdrive/e/sdk/android-ndk-1.5_r1
export ANDROID_NDK_ROOT
```

其中第 1 行设置了 Android NDK 的本地路径。要注意的是，路径前面必须以"/cygdrive/"开头。假设 Android NDK 的安装目录是 E:\sdk\adnroid-ndk-1.5_r1，在设置 Android NDK 的本地路径时应将路径改成 "e/sdk/android-ndk-1.5_r1"。

如果读者使用过 Linux 或 UNIX，应该对 export 很了解。这个 Shell 命令用于导出环境变量，也就是 ANDROID_NDK_ROOT，这一点也与 Windows 不同。在 Windows 中，环境变量只要设置了就可以直接使用。而在 Linux/UNIX 下，必须使用 export 命令导出环境变量才可以使用。

 .bash_profile 文件所在的目录（<Cygwin 安装目录>\home\Administrator）也是 Cygwin 的根目录，也就是 Cygwin 控制台一开始进入的目录。在这个目录下建立目录、文件等写入操作，都会将相应的目录和文件保存在该目录中。

2. 安装 Android NDK 开发环境

在完成第 1 步后，重启 Cygwin 控制台。然后在 Cygwin 控制台中执行下面的命令进入 Android NDK 中的根目录：

```
cd $ANDROID_NDK_ROOT
```

然后执行如下命令安装 Android NDK 开发环境：

```
./build/host-setup.sh
```

执行上面的命令后，输出如图 16.11 所示的信息，说明 Android NDK 开发环境已经安装成功。

图 16.11　安装 Android NDK 开发环境

 本节使用的 Android NDK 版本是 Revision 1，Revision 2 和 Revision 3 的安装方法与 Revision 1 完全相同。只是 NDK Revision 2 和 NDK Revision 3 的部分功能需要使用 Android SDK1.6 及更高版本。本章为了使用 Android SDK1.5，仍然使用了 NDK Revision 1。

16.2.5　编译和运行 NDK 自带的例子

工程目录：src\ch16\hello-jni

读者可以在 Eclipse 中直接导入随书光盘带的 hello-jni 工程，也可以按本节的步骤导入 Android NDK Revision 1 带的 hello-jni 工程。

在 NDK Revision1 发行包中带了两个例子工程。本节将详细介绍如何编译和运行其中的 hello-jni 工程。

NDK Revision1 的例子工程在<Android NDK 安装目录>\apps 目录中。该目录包含两个子目录：hello-jni 和 two-libs，进入 hello-jni 目录，在该目录中有一个 projects 目录和一个 Application.mk 文件（在 16.3.7 节会详细介绍该文件）。其中 projects 目录就是 Eclipse 工程目录，可以在 Eclipse 中导入，不过现在先不用忙着将该工程导入到 Eclipse 中。接下来首先要做的是编译 C 源代码，并生成 lib*.so 文件。

启动 Cygwin 控制台，并输入如下命令进入 Android NDK 的根目录：

cd ANDROID_NDK_ROOT

然后输入如下命令来编译 C 源代码，并生成 lib*.so 文件。其中 hello-jni 就是 apps 目录中的 hello-jni 目录名。

make APP=hello-jni

要注意的是 APP 中的 3 个字母必须都大写，例如，不能写成 make app=hello-jni。

如果成功编译 C 源代码，并生成了 lib*.so 文件，会输出如图 16.12 所示的信息。其中白色框中的是上面输入的两条命令。

图 16.12　编译 C 源代码，并生成 lib*.so 文件

从如图 16.12 所示的输出信息可以很容易地得知 C 源代码文件（hello-jni.c）和生成的 lib*.so 文件（libhello-jni.so）的位置。其中 hello-jni.c 文件在<Android NDK 安装目录>\ sources\samples\hello-jni 目录中。生成的 libhello-jni.so 文件被放在<Android NDK 安装目录>\apps\hello-jni\prodjct\libs\armeabi 目录中。现在可以将 hello-jni 工程导入到 Eclipse 中了，选择 hello-jni\project 目录，如图 16.13 所示。单击【Finish】按钮导入 hello-jni 工程。导入后的 hello-jni 工程的目录结构如图 16.14 所示。

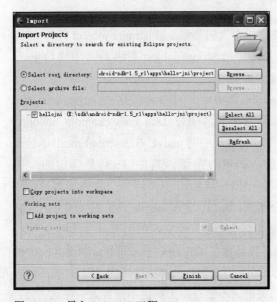

图 16.13　导入 hello-jni 工程

图 16.14　hello-jni 工程的目录结构

从图 16.14 所示的工程目录结构可以看出，libhello-jni.so 文件已经被加到相应的目录中。实际上，在 HelloJni 类中通过 JNI 技术调用了 libhello-jni.so 文件中的函数，关于调用的细节将在下一节详细介绍。

要注意的是，hello-jni 工程需要使用支持 Google APIs 的模拟器，只需要使用 AVD Manager 建立一个支持 Google APIs 的模拟器实例即可。在运行 hello-jni 工程时需要选择刚才建立的支持 Google APIs 的模拟器。如果成功运行，将在模拟器中输出如图 16.15 所示的信息。

图 16.15　成功运行 hello-jni

16.3　Android NDK 开发

虽然到现在为止我们可以配置 Android NDK 开发环境，以及编译和运行 NDK 自带的例子，但却对如何使用 NDK 编写自己的动态库，并在 Java 代码中调用动态库中的函数一无所知。本节将为读者揭示 Android NDK 和 Android SDK 组合开发的完整过程，并详细介绍开发过程中涉及到的两个配置文件：Android.mk 和 Application.mk。

16.3.1　JNI 接口设计

Android NDK 应用程序的接口实际上就是在 JNI（Java Native Interface）规范中定义的接口。JNI 规范中定义了 Java 调用动态链接库（*.dll 或*.so 文件，由于 Android 是 Linux 内核的操作系统，因此，只有*.so 文件）的约定。这里的接口就是指函数，包括函数名称、函数参数个数、函数参数类型及函数返回值的类型。我们可以先打开 hello-jni.c 文件，看一下该文件中的 C 语言函数，代码如下：

```
jstring Java_com_example_hellojni_HelloJni_stringFromJNI( JNIEnv* env, jobject thiz )
{
    return (*env)->NewStringUTF(env, "Hello from JNI !");
}
```

上面代码中的函数从表面看只是一个普通的 C 语言函数，但这个函数和普通的 C 语言函数有如下 3 点不同：

- 该函数的返回值类型和参数类型都是在 JNI 的头文件中定义的类型（如 jstring、jobject 等）。这些类型与 Java 中的数据类型对应，例如，jstring 对应 Java 中的 String；jobject 对应 Java 中的 Object。在定义被 Java 调用的 JNI 函数时必须使用这些类型，否则 Java 无法成功调用这些函数。

- 打开 hellojni 工程中的 HelloJni.java 文件，看到在 HelloJni 类中定义的 native 方法是 stringFromJNI，该方法调用了上面的 C 语言函数。但上面的 C 语言函数名却为 Java_com_example_hellojni_HelloJni_stringFromJNI。从这个函数名可以看出，HelloJni 类中的 native 方法 stringFromJNI 是该函数名的结尾部分。前面有一个由 "_" 分隔而成的组合前缀。其中 Java 是固定的，而 com_example_hellojni_HelloJni 是 HelloJni 类的全名（包名+类名），只是将 "." 换成了 "_"。从这一点可以看出，一个完整的 JNI 函数名由 3 部分组成：Java、定义 native 方法的类的全名、实际的函数名。这 3 部分用 "_" 进行连接。在实例 80 中将会通过一个完整的例子再次说明这一点。

- 上面的函数有两个参数：env 和 thiz。这两个参数必须包含在 JNI 函数中，而且必须是头两个参数。其中 env 表示 JNI 的调用环境，thiz 表示定义 native 方法的 Java 类的对象本身。

上面 3 个与普通 C 语言函数的区别也是编写 JNI 函数的关键。不过开发人员也不需要太关注这 3 点，因为一般在编写 JNI 函数之前，需要先编写一个调用 JNI 函数的 Java 类（定义 native 方法的 Java 类），然后使用 JDK 中的 javah.exe 命令自动生成定义 JNI 函数的 C 语言头文件（*.h 文件）。该文件中定义的函数会完全采用上面 3 个规则，开发人员只需要将这个函数复制到 C 语言源文件（*.c 文件）中，然后编写具体的实现即可。在实例 80 中会演示如何使用 javah.exe 命令生成 C 语言头文件。

16.3.2　编写 Android NDK 程序的步骤

Android NDK 程序（*.so 文件）一般是由 Java 程序调用的。本节将介绍一下编写调用*.so 文件的 Java 代码以及 JNI 函数的步骤。

（1）创建一个 Eclipse Android 工程。

（2）创建一个定义 native 方法的 Java 类，并在该类中定义 native 方法。方法名就是上一节介绍的 JNI 函数名的第 3 部分。

（3）使用 javah 命令根据这个 Java 类生成 C 语言头文件。

（4）根据 C 语言头文件中定义的 JNI 函数编写 C 语言源文件（*.c 文件）。函数的实现过程要根据具体的业务逻辑而定。

（5）在<Android NDK 安装目录>\sources\samples 目录中建立一个子目录（也就是保存 C 语言源文件的目录），然后将 C 语言源文件复制到该目录中。

（6）在上一步建立的目录中创建一个 Android.mk 文件，也可以将 hello-jni 目录中的 Android.mk 文件复制到该目录下。在实例 80 中会介绍如何设置 Android.mk 文件。

（7）在<Android NDK 安装目录>\apps 目录中建立一个与在第 1 步创建的 Eclipse Android 工程同名的目录，并在该目录中建立一个 Application.mk 文件，或将 hello-jni 目录中的 Application.mk 文件复制到该目录中。在实例 80 中会介绍如何设置 Application.mk 文件。

（8）在上一步建立的目录中建立一个 project 目录。

9.　启动 Cygwin 控制台，输入 cd $ANDROID_NDK_ROOT 命令进入 Android NDK 的根目录，并使用 make 命令编译 C 语言源文件。如果编译成功，我们会在上一步建立的 project 目录中看到一个 libs 目录。进入该目录中的 armeabi 目录，会看到一个 lib*.so 文件。读者可以直接将 libs 目录复制到 Eclipse Android 工程的根目录（与 src 目录平级）。

上面的 9 步描述了编写和调用 NDK 程序的完整步骤，接下来就是使用 Java 来调用 native 方法了。为了使读者更充分地理解编写 Android NDK 程序的步骤和具体实现细节，在实例 80 中编写了一个将指定文件中的小写字母转换成大写字母的例子。在该实例中，转换部分使用 JNI 函数编写。

实例 80：将文件中的小写字母转换成大写字母（NDK 版本）

工程目录：src\ch16\ch16_lowertoupper

本实例将按 16.3.2 节介绍的步骤来编写，读者可以参照这些步骤来阅读本实例。

（1）创建一个 Eclipse Android 工程，工程名为 ch16_lowertoupper。

（2）创建一个 LowerToUpper 类。在该类中定义了 native 方法，代码如下：

```
package net.blogjava.mobile.jni;

public class LowerToUpper
{
    //  filename1 表示原文件名，filename2 表示目标文件名
    //  该方法读取 filename1 指定的文件，并将该文件中的小写字母转换成大写字母，
    //  将转换后的结果保存在 filename2 指定的文件中
    public native void convert(String filename1, String filename2);
    static
    {
        //  装载 lib*.so 文件
        System.loadLibrary("ch16_lowertoupper");
    }
}
```

在编写上面代码时应注意如下两点：

- native 方法为 convert。该方法的第 1 个参数表示待转换的文件名，第 2 个参数表示转换结果对应的文件名。
- 本例使用的 lib*.so 文件名是 libch16_lowertoupper.so。必须在 static 块中使用 System.loadLibrary 方法装载该文件，但指定的文件名是不包括 lib 和.so 部分的。

（3）打开 Windows 控制台，进入<ch16_lowertoupper 工程目录>\bin 目录，并输入如下命令生成 C 语言头文件：

```
javah -jni net.blogjava.mobile.jni.LowerToUpper
```

在执行完上面的命令后，会在当前目录生成一个 net_blogjava_mobile_jni_LowerToUpper.h 文件，内容如下：

```
/* DO NOT EDIT THIS FILE - it is machine generated */
#include <jni.h>
/* Header for class net_blogjava_mobile_jni_LowerToUpper */

#ifndef _Included_net_blogjava_mobile_jni_LowerToUpper
#define _Included_net_blogjava_mobile_jni_LowerToUpper
#ifdef __cplusplus
extern "C" {
#endif
/*
 * Class:     net_blogjava_mobile_jni_LowerToUpper
 * Method:    convert
 * Signature: (Ljava/lang/String;Ljava/lang/String;)V
 */
JNIEXPORT void JNICALL Java_net_blogjava_mobile_jni_LowerToUpper_convert
  (JNIEnv *, jobject, jstring, jstring);
#ifdef __cplusplus
}
#endif
#endif
```

虽然在 net_blogjava_mobile_jni_LowerToUpper.h 文件中有很多代码，不过读者不需要管那么多，只要关注黑体字部分即可，该部分就是 JNI 函数的定义。

（4）在当前目录建立一个 LowerToUpper.c 文件，并根据 JNI 函数的定义来编写 JNI 函数，代码如下：

```
#include <stdio.h>
#include <jni.h>

/*  负责进行转换工作的 C 语言函数  */
void lowercase_to_uppercase(const char *filename1, const char * filename2)
{
    /*  以只读方式打开 filename1 指定的文件  */
    FILE *fp1 = fopen(filename1, "rt");
    /*  以只写方式打开 filename2 指定的文件  */
    FILE *fp2 = fopen(filename2, "wt");
    /* 读取 filename1 指定的文件中的第一个字母  */
    char ch=fgetc(fp1);
    /*  对 filename1 指定的文件内容进行扫描（读取每一个字符）  */
    while(!feof(fp1))
    {
        /*  如果当前读取的字符是小写，将其转换成大写字母 */
        if(ch >= 97 && ch <= 122)
            ch -= 32;
        /*  将转换后的字符写入 filename2 指定的文件中  */
        fputc(ch, fp2);
        /*  继续读取下一个字母  */
        ch = fgetc(fp1);
    }
    fclose(fp1);
    fclose(fp2);
}
```

```
JNIEXPORT void JNICALL Java_net_blogjava_mobile_jni_LowerToUpper_convert
  (JNIEnv *env, jobject obj, jstring filename1, jstring filename2)
{
    /*  将 filename1 转换成 C 语言使用的字符串（char *）   */
    const char *c_str1 = (*env)->GetStringUTFChars(env, filename1, NULL);
    /*  将 filename2 转换成 C 语言使用的字符串（char *）   */
    const char *c_str2 = (*env)->GetStringUTFChars(env, filename2, NULL);
    /*  调用 lowercase_to_uppercase 函数进行转换   */
    lowercase_to_uppercase(c_str1, c_str2);
    (*env)->ReleaseStringUTFChars(env, filename1, c_str1);
    (*env)->ReleaseStringUTFChars(env, filename2, c_str2);
    return;
}
```

上面的代码完全使用 C 语言来实现。为了方便调试和复用，将转换功能单独封装在 lowercase_to_uppercase 函数中。可以在其他的开发工具（如 Eclipse for C++、Visual Studio 等）中调试该函数，然后将调试通过后的 lowercase_to_uppercase 函数复制到 LowerToUpper.c 文件中。如果读者不了解 C 语言也没关系。本例的主要目的是介绍如何在 Java 中调用 JNI 函数，而不是介绍 C 语言。读者可以在 LowerToUpper.c 文件中敲入上面给出的代码，也可以直接利用随书光盘中所带的 LowerToUpper.c 文件。该文件在 ch16_lowertoupper 工程的 LowerToUpper 目录中。

（5）在<Android NDK 安装目录>\sources\samples 目录中建立一个 LowerToUpper 目录，然后将 LowerToUpper.c 文件复制到该目录。

（6）在 LowerToUpper 目录中建立一个 Android.mk 文件，并输入如下内容：

```
LOCAL_PATH := $(call my-dir)
include $(CLEAR_VARS)

LOCAL_MODULE      := ch16_lowertoupper
LOCAL_SRC_FILES := LowerToUpper.c

include $(BUILD_SHARED_LIBRARY)
```

其中 LOCAL_MODULE 指定生成的 lib*.so 文件名（不包括 lib 和.so 部分），LOCAL_SRC_FILES 指定 C 语言文件名（LowerToUpper.c）。

（7）在<Android NDK 安装目录>\apps 目录中建立一个 ch16_lowertoupper 目录，并在该目录中建立一个 Application.mk 文件。该文件的内容如下：

```
APP_PROJECT_PATH := $(call my-dir)/project
APP_MODULES      := ch16_lowertoupper
```

（8）在 ch16_lowertoupper 目录中建立一个 project 目录。

（9）启动 Cygwin 控制台，输入 cd $ANDROID_NDK_ROOT 命令进入 Android NDK 的根目录，然后在 Cygwin 控制台中输入如下命令编译 LowerToUpper.c：

```
make APP=ch16_lowertoupper
```

如果编译成功，会在<Android NDK 安装目录>\apps\ch16_lowertoupper 目录中生成一个 libs 目录，在 libs\armeabi 目录中会看到一个 libch16_lowertoupper.so 文件。将 libs 目录复制到 ch16_lowertoupper 工程的根目录，然后使用下面的 Java 代码调用 native 方法：

```
new LowerToUpper().convert("/sdcard/abc.txt", "/sdcard/result.txt");
```

在运行本实例之前，SD 卡根目录需要有一个 abc.txt 文件。当运行本实例后，会在 SD 卡的根目录生成一个 result.txt 文件，读者可以从 DDMS 透视图中导出 result.txt 文件来查看转换的结果。

16.3.3 配置 Android.mk 文件

Android.mk 文件主要用来指定要编译的 C/C++源文件的位置。由于 Android 使用了 GNU 的 make，因此 Android.mk 的语法格式与 GNU Makefile 的语法格式相同。

Android.mk 文件中的核心部分是模块（modules），可以在模块中指定 C/C++源文件的位置。模块可以用来指定静态库或共享库，其中只有共享库会被安装或复制到 Android 应用程序包（apk 文件）中，而静态库可以用来生成共享库。

在实例 80 中曾给出了一个 Android.mk 文件的例子。在该例子中 LowerToUpper.c 和 Android.mk 在同一个目录下。下面再来回顾一下这个例子。

```
LOCAL_PATH := $(call my-dir)
include $(CLEAR_VARS)

LOCAL_MODULE    := ch16_lowertoupper
LOCAL_SRC_FILES := LowerToUpper.c

include $(BUILD_SHARED_LIBRARY)
```

上面的代码涉及到一些变量和 make 命令。下面来解释一下这些内容。

- **LOCAL_PATH := $(call my-dir)**：Android.mk 文件的第 1 行必须是 LOCAL_PATH 变量，该变量用来指定参与编译的 C/C++源文件的位置。在上面的例子中，宏函数 my-dir 是由系统提供的，用来返回当前目录的路径，也就是包含 Android.mk 文件的目录的路径。

- **include $(CLEAR_VARS)**：CLEAR_VARS 变量是在系统中定义的，用来指定一个特殊的 GNU Make 文件，该文件用来清空很多以 LOCAL_ 开头的变量，例如，LOCAL_MODULE、LOCAL_SRC_FILES、LOCAL_STATIC_LIBRARIES 等。但这些变量不包括 LOCAL_PATH。之所以要清空这些变量，是因为这些都是全局变量。同时这些变量又要在不同的 GNU Make 文件中使用，为了多个 GNU Make 文件不相互影响，就需要在执行每一个 GNU Make 文件（Android.mk 文件）之前先清空这些变量。

- **LOCAL_MODULE := ch16_lowertoupper**：在每一个模块中必须定义 LOCAL_MODULE 变量，用来指定模块名。该变量的值必须是唯一的，而且不能包含任何空白分隔符（例如空格、Tab 等）。实际上，LOCAL_MODULE 变量的值就是生成共享库的文件名（不包括 lib 和.so），在编译时，系统会自动在文件名的前后添加 lib 和.so，例如，本例生成的共享库文件名是 libch16_lowertoupper.so。要注意的是，如果模块名加了前缀 lib，在生成共享库时系统不会再自动添加前缀 lib。

- **LOCAL_SRC_FILES := LowerToUpper.c**：LOCAL_SRC_FILES 变量必须指定一个 C/C++源文件列表。用该变量指定的源文件将被编译进当前模块中。但要注意，该变量并不需要指定 C/C++的头文件列表（*.h），这是因为系统会自动计算当前 C/C++源文件 include 的头文件。而系统会直接将 LOCAL_SRC_FILES 变量指定的源文件传给编译器，这种处理方式会取得更好的效果。C++源文件的默认扩展名是.cpp，但可以通过 LOCAL_DEFAULT_CPP_EXTENSION 变量改变 C++文件的默认扩展名，例如，将该变量值设成".cxx"。在设置该变量的值时不要忘了在扩展名前加"."。

- **include $(BUILD_SHARED_LIBRARY)**：BUILD_SHARED_LIBRARY 是在系统中定义的，用来指定一个 GNU Make 脚本文件。该脚本文件会根据以 LOCAL_ 开头的变量来生成共享库文件。如果想生成静态库文件，可以使用 BUILD_STATIC_LIBRARY 变量。

16.3.4　Android NDK 定义的变量

在系统分析 Android.mk 文件之前，会定义一些全局变量。在某些情况下，系统可以对 Android.mk 文件分析多次，而每次分析时，这些变量的值可能会不一样。下面介绍一下这些变量。

- **CLEAR_VARS**：指定一个用于清空几乎所有以"LOCAL_"开头的变量（除了 LOCAL_PATH 变量）的 GNU Make 脚本文件。在 Android.mk 文件的第 2 行（第 1 行设置 LOCAL_PATH 变量）必须执行这个脚本，例如，include $(CLEAR_VARS)。

- **BUILD_SHARED_LIBRARY**：指定一个建立共享库的 GNU Make 脚本文件。该脚本文件会根据以"LOCAL_"开头的变量决定如何生成共享库。其中 LOCAL_MODULE 和 LOCAL_SRC_FILES

是必须设置的两个变量。该变量的用法：include $(BUILD_SHARED_LIBRARY)。生成的共享库文件名是 lib$(LOCAL_MODULE).so。

- **BUILD_STATIC_LIBRARY**：指定一个建立静态库的 GNU Make 脚本文件。静态库不能被复制到 Android 应用程序包（apk 文件）中，但可以用于建立共享库。使用该变量的用法：include $(BUILD_STATIC_LIBRARY)。生成的静态库文件名是 $(LOCAL_MODULE).a。
- **TARGET_ARCH**：编译 Android 的目标 CPU 架构的名称。例如，与 ARM 兼容的 CPU 架构名称为 arm。
- **TARGET_PLATFORM**：指定分析 Android.mk 文件的 Android 平台名称，目前只支持 android-1.5。在 NDK Revision 2 中该变量的值是 android-3，该值与 Android 1.5 平台相对应。
- **TARGET_ARCH_ABI**：用于分析 Android.mk 的目标 CPU+ABI 的名称。在这里 ABI 是指应用程序二进制接口（Application Binary Interface）。所有基于 ARM 的 ABI 都必须将 TARGET_ARCH 变量的值设为 arm，但可以设置不同的 TARGET_ARCH_ABI 变量值。
- **TARGET_ABI**：该变量用于连接目标平台和 ABI，也就是$(TARGET_PLATFORM)-$(TARGET_ARCH_ABI)，主要用来测试真实设备中特定的目标系统映像（Target System Image）。

16.3.5　Android NDK 定义的函数

在 Android NDK 中还定义了很多 GNU Make 函数宏。这些函数需要使用如下语法格式来调用，并返回文本信息：

```
$(call <function>)
```

本节将详细介绍一下这些函数的功能及用法。

- **my-dir**：返回 Android.mk 文件所在目录的路径。该函数一般用于设置 LOCAL_PATH 变量。用法：LOCAL_PATH := $(call my-dir)。
- **all-subdir-makefiles**：返回 Android.mk 文件所在目录（my-dir 返回的路径）中所有包含 Android.mk 文件的子目录列表。例如，有如下的目录结构：

```
sources/foo/Android.mk
sources/foo/lib1/Android.mk
sources/foo/lib2/Android.mk
```

在 sources/foo 目录的 Android.mk 文件中使用了 include $(call all-subdir-makefiles)。这个 Android.mk 文件会自动包含 lib1 和 lib2 目录中的 Android.mk 文件。

要注意的是，这个函数可以进行深度嵌套搜索，但在默认情况下，NDK 只寻找/*/Android.mk 一级的文件，也就是只在当前 Android.mk 文件所在目录的直接子目录中寻找 Android.mk 文件。

- **this-makefile**：返回当前 GNU Makefile 的路径。
- **parent-makefile**：返回当前调用树中父一级的 Makefile 的路径。
- **grand-parent-makefile**：从这个函数的名字不难看出它的功能。返回 parent 的 parent makefile 的路径。

16.3.6　描述模块的变量

本节将详细介绍用于描述模块的变量。这些变量可以定义在 include $(CLEAR_VARS) 和 $(BUILD_XXXXX)之间。

- **LOCAL_PATH**：该变量用于指定当前 Android.mk 文件所在的路径。这个变量必须在 Android.mk 文件的第 1 行定义。用法：LOCAL_PATH := $(call my-dir)。
- **LOCAL_MODULE**：该变量指定了模块的名字。模块名必须在所有模块名中是唯一的，而且不能包含空白分隔符（例如，空格、Tab 等）。该变量必须在执行$(BUILD_XXXX)脚本之前定义。模块名决定了生成的库文件名。例如，模块名为 search，生成的动态库文件名为 libsearch.so。而在引用模块时（在 Android.mk 或 Application.mk 文件中引用）只能使用定义的模块名（如 search），而不能使用库文件名（如 libsearch.so）。

- **LOCAL_SRC_FILES**：该变量指定了参与模块编译的 C/C++源文件名。这些源文件会被传递给编译器，然后编译器会自动计算这些源文件之间的依赖关系。这些源文件的名称或路径都相对于 LOCAL_PATH，如果指定多个源文件，中间可以用空格分隔。路径需要使用 UNIX 风格的斜杠（/）。在 Windows 环境下也要使用斜杠表示路径。例如，LOCAL_SRC_FILES = fun.c product/fun1.c product/fun2.c。

- **LOCAL_CPP_EXTENSION**：该变量是可选的，用于设置 C++源文件的扩展名，默认值是".cpp"，但可以通过该变量改变默认的扩展名，例如，LOCAL_CPP_EXTENSION := .cxx。

- **LOCAL_C_INCLUDES**：该变量是可选的，用于设置 C/C++源文件的搜索路径列表。这些路径相对于 NDK 的根目录，例如，LOCAL_C_INCLUDES := sources/foo。也可以利用其他的变量设置该变量，例如，LOCAL_C_INCLUDES := $(LOCAL_PATH)/../foo。该变量需要在任何标志变量（如 LOCAL_CFLAGS 、 LOCAL_CPPFLAGS）前设置。

- **LOCAL_CFLAGS**：该变量是可选的，用于设置编译 C/C++源文件所需的编译器标志。在 Android NDK Revision 1 中该变量仅仅被应用于 C 语言，要设置 C++编译器的标志可以使用 LOCAL_CPPFLAGS 变量。

- **LOCAL_CPPFLAGS**：该变量是可选的，用于设置 C++源文件的编译器标志。该变量设置的编译器标志将加在 LOCAL_CFLAGS 变量设置的编译器标志后面。在 Android NDK Revision 1 中，该变量设置的编译器标志可应用于 C 和 C++编译器中。

- **LOCAL_CXXFLAGS**：LOCAL_CPPFLAGS 变量的别名，官方并不建议使用该变量，因为在以后的 NDK 版本中该变量可能会被删除。

- **LOCAL_STATIC_LIBRARIES**：静态库模块列表。该变量用于在生成共享库时将静态库链接到共享库中。注意该变量只在共享库模块中起作用。

- **LOCAL_SHARED_LIBRARIES**：指定生成的静态库或共享库在运行时依赖的共享库模块列表。这些依赖信息被写入生成的静态库或共享库中。

- **LOCAL_LDLIBS**：指定附加的链接标志，这些标志被用来建立模块。这些标志需要使用前缀-l。例如，"LOCAL_LDLIBS := -lsearch"表示当前的模块在运行时需要依赖于 libsearch.so。

- **LOCAL_ALLOW_UNDEFINED_SYMBOLS**：默认情况下，在建立共享库时如果遇到未定义的引用，系统会抛出 undefined symbol 错误。但如果出于某些原因需要关闭未定义检查，就需要将该变量的值设为 true。但要注意，如果将该变量设为 true，生成的动态库在运行时可能出错。

- **LOCAL_ARM_MODE**：在默认情况下，ARM 架构下的二进制文件都在 thumb 模式下产生，在这种模式下，每一个指令都是 16 位的。如果要强迫生成 32 位的指令，可以将该变量的值设成 arm。要注意的是，还可以通过在 LOCAL_SRC_FILES 变量加 arm 后缀的方式指定的 C/C++源文件生成 32 位的二进制文件。例如 LOCAL_SRC_FILES := foo.c bar.c.arm。

16.3.7 配置 Application.mk 文件

Application.mk 文件用于描述当前应用程序需要哪些模块。该文件必须放在<Android NDK 安装目录>\apps\<myapp>目录中，其中<myapp>是当前应用程序的目录。Application.mk 与 Android.mk 一样，也使用了 GNU Makefile 语法。系统也为该文件定义了一些变量，这些变量的含义如下：

- **APP_MODULES**：该变量指定了当前应用程序中需要的模块列表（这些模块在 Android.mk 文件中定义）。如果指定多个模块，中间需要使用空格分隔。

- **APP_PROJECT_PATH**：该变量指定了应用程序工程根目录的绝对路径。该路径也被用来复制/安装生成的共享库（lib*.so 文件）。在实例 80 的第 9 步使用 make 命令编译共享库时将 lib*.so 复制到 apps\LowerToUpper 目录中的相应子目录，就是利用该变量指定的路径。

- **APP_OPTIM**：该变量是可选的。可设置的值为 release 和 debug，分别用于表示发行模式和调试模式。通过设置这个变量可以改变编译器生成目标文件的优化层次。该变量的默认值是 release，在发行模式下生成的二进制文件会高度优化。而调试（debug）模式产生的优化二进制文件更适合于调试程序。要注意的是，在 release 和 debug 模式下都可以进行调试，只是在 release 模式下提供了较少的调试信息。例如，在调试会话中，某些变量由于被优化而不能被监视；经过重构的代码使按步（stepping）跟踪变得非常困难。
- **APP_CFLAGS**：C 编译器的标志。当编译任何模块的 C 语言源代码时可以使用该变量。通过该变量可以改变在 Android.mk 文件中设置的相应的 C 编译器标志，以便满足当前应用程序的需要。
- **APP_CXXFLAGS**：与 APP_CFLAGS 变量类似，只是用于设置 C++编译器的标志。
- **APP_CPPFLAGS**：与 APP_CFLAGS 类似，只是用于设置 C/C++编译器的标志。

配置 Application.mk 文件的例子如下：

```
APP_PROJECT_PATH := $(call my-dir)/project
APP_MODULES      := ch16_lowertoupper
```

16.4 本章小结

本章主要介绍了 Android NDK 的安装和配置，以及如何使用 NDK 和 SDK 开发应用程序。由于 Android 是基于 Linux 内核的，因此 NDK 生成的共享库（lib*.so 文件）和静态库（lib*.a 文件）都必须是 Linux 下的共享库和静态库的二进制格式。在 Windows 下需要使用 Cygwin 模拟 Linux 的环境来生成 lib*.so 或 lib*.a 文件。在生成 lib*.so 或 lib*.a 文件的过程中需要两个配置文件：Android.mk 和 Application.mk，在这两个文件中都需要根据实际情况使用不同的变量和函数。本章也详细地介绍了这些变量和函数的功能和用法。

虽然 Android NDK 允许使用 C/C++编写程序，但 C/C++并不能取代 Java。原因有两个：①NDK 并没有开放所有的编程接口，也就是说，使用 NDK 不能编写所有类型的 Android 应用程序。②目前还没有更好的方法调试 NDK 程序，因此，即使 NDK 开放了所有的接口，完全使用 NDK 开发 Android 应用程序也是一件非常困难的事情。

17

整合 Android 与脚本语言

在前面已经介绍过，Android 应用程序不仅可以使用 Java 来编写，也可以使用 C/C++通过 Android NDK 来编写部分功能。Java 和 C/C++虽然有很大的差距，但它们有一个共同点，就是必须得先编译才能执行。而这一点也正好是这类语言的弱点，无法动态地扩展程序的功能。不过读者无需为此担心，在本章将会找到 Android 变得越来越强大的证据：支持脚本语言。这是一个非常令人激动的特性。有了这种特性，就意味着 Android 应用程序会同时拥有 Java、C/C++、脚本语言（或称为动态语言）的优点，通过它们的相互整合会屏蔽各自的缺点。通过这些特性孕育出的 Android 应用程序将是完美的。

 本章内容

📖 Android 脚本环境简介
📖 Android 脚本环境安装
📖 Android 支持的脚本语言
📖 编写和运行 Android 脚本

17.1　Android 脚本环境简介

脚本语言（Scripting Language）是近年来非常流行的一类语言。由于脚本语言不需要通过编译器进行编译、解释执行，以简单的方式完成复杂的功能等优点被很多开发人员所关注。为了使 Android 应用程序更灵活，Android 平台也支持目前比较流行的脚本语言。完成这个功能的是一个叫 ASE 的开源项目，在 17.2 节将介绍如何下载和安装 ASE。

ASE 自身只支持 Shell 脚本，要想支持其他的脚本，需要在 ASE 中在线下载其他的脚本语言引擎。ASE 目前支持大多数的脚本语言，包括 Shell、BeanShell、JRuby、Python、Lua、Perl、Rhino。

通过脚本语言可以访问多数 Android API，通过脚本语言这个接口可以实现如下功能。

* 操作 Intents
* 启动 Activities
* 拨打电话
* 发送短信
* 扫描条形码
* 获得地理位置和传感数据

- 使用 Text-To-Speech（TTS）

当然，还可以利用脚本语言实现更多的功能，这里不一一列举。脚本可以在手机终端直接执行，或是作为后台 Service 启动，也可以通过 Locale 命令来启动。

虽然脚本语言可以调用大多数的 Android API，但仍然不能使用脚本语言完成所有的事件。因此，最好的做法是将 Java 和脚本语言结合使用。Java 语言的优点是执行效率高（与脚本语言比较而言），但缺点是必须编译才能执行。脚本语言的优点是灵活，不需要编译，而且使用简单，缺点是执行效率不高。如果程序中需要动态地执行某些操作，使用脚本语言是再好不过了。由于 ASE 目前仍然处于发展初期，还不能支持 Android 中所有的 API，这也给编写程序造成了一些不便。但 ASE 项目具有很高的扩展性，开发人员可以根据自己的需要来完善 API 接口。

17.2　Android 脚本环境安装

讲了半天 ASE，现在是需要实践的时候了。实践的第一步就是安装 ASE。建议读者在 Android 模拟器上安装 ASE，等熟悉后再在手机上安装，因为 ASE 有时需要访问 Internet 来下载脚本运行环境，会耗费很多网络流量。

ASE 是一个开源的项目，也是 Google Code 上一个比较有名的项目，下载的地址如下：

http://code.google.com/p/android-scripting/downloads/list

进入下载页面后，会看到如图 17.1 所示的内容。

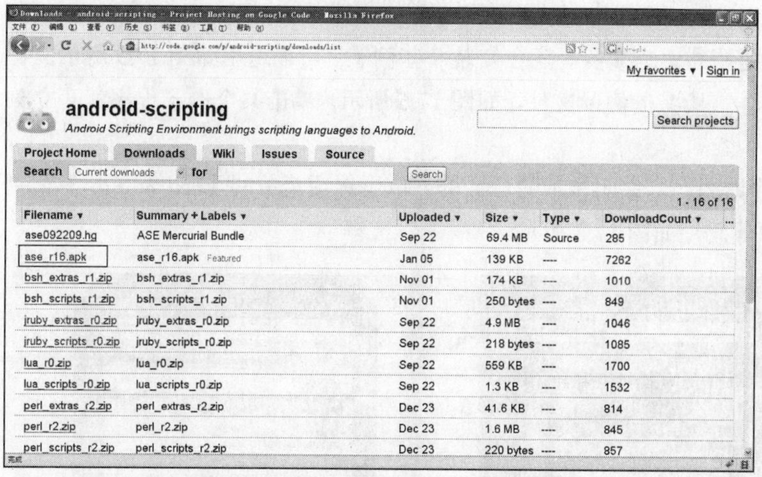

图 17.1　ASE 下载页面

从图 17.1 可以看到下载页面中有很多下载项，ASE 是其中的第 2 项，就是黑框中的下载项。下载后，将其复制到某个目录，在 Windows 控制台中进入该目录，并输入如下的命令来安装 ASE。在安装之前要先启动 Android 模拟器。

adb install ase_r16.apk

如果安装成功，会输出如图 17.2 所示的信息。

图 17.2　成功安装 ASE

图 17.3　ASE 图标

安装成功后，可以在模拟器的程序列表中找到如图 17.3 所示的图标。启动 ASE，会在界面上方输出一些信息。这时 ASE 只支持 Shell。选择选项菜单中的【Interpreters】菜单项进入脚本解释器列表界面。在该界面中将列出 ASE 目前安装的脚本引擎。在该界面下单击选项菜单的【Add】菜单项，会弹出一个子菜单，列出所有未安装的脚本引擎，如图 17.4 所示。读者可以选择安装相应的脚本语言。安装完相应的脚本引擎后，会在【Interpreters】界面中显示出来，如图 17.5 所示。

图 17.4　下载未安装的脚本引擎

图 17.5　列出已安装的脚本引擎

安装成功一个脚本引擎后，不仅仅是脚本语言本身，还会安装一些例子。可以退出如图 17.5 所示的界面，或重新进入 ASE，会看到不同脚本语言所带的例子文件，如图 17.6 所示。单击某个例子程序就会立刻执行它们，如图 17.7 所示。

在执行程序的界面如图 17.7 所示的界面，要关闭显示的对话框）单击选项菜单的【Ext & Edit】菜单项，可以查看当前执行的例子程序的源代码，如图 17.8 所示。

图 17.6　例子程序列表

图 17.7　执行例子程序

图 17.8　查看例子程序的源代码

17.3　编写和运行 Android 脚本

通过前面的学习，我们已经对 Android 脚本环境有了一定的了解。脚本程序可以直接在手机上编写和运行，而不需要使用电脑等工具。那么 ASE 是如何来调用 Android API 的呢？本节将给出答案。

ASE 可以通过两种方式来访问 Android API。一种是通过 JSON-RPC 的方式来访问。由于 Android 的程序是用 Java 写的，因此，还可以运行基于 JVM 的语言。但其主要冲突是 Android 并未使用纯的 JVM，而是由 Google 自己设计的 Dalvik VM，一个基于寄存器的 JVM。虽然 Dalvik VM 的执行效率要比 JVM 高，但和运行在 JVM 上的程序会发生冲突。不过 ASE 是一个开源的项目，随着 Android 的逐渐普及，会有很多人参与到 ASE 项目中，ASE 的功能将会越来越强大，这些冲突也会逐渐得到解决。

　　本节不打算详细介绍 Android 脚本语言的语法和 API，因为这已经超出了本书的讨论范围。为了使读者对脚本语言有一个初步的认识，下面给出一个简单的 Python 脚本的代码。

```python
"""Say chat messages aloud as they are received."""

__author__ = 'Damon Kohler <damonkohler@gmail.com>'
__copyright__ = 'Copyright (c) 2009, Google Inc.'
__license__ = 'Apache License, Version 2.0'

import android
import xmpp

_SERVER = 'talk.google.com', 5223

def log(droid, message):
  print message
  self.droid.speak(message)


class SayChat(object):

  def __init__(self):
    self.droid = android.Android()
    username = self.droid.getInput('Username')['result']
    password = self.droid.getInput('Password')['result']
    jid = xmpp.protocol.JID(username)
    self.client = xmpp.Client(jid.getDomain(), debug=[])
    self.client.connect(server=_SERVER)
    self.client.RegisterHandler('message', self.message_cb)
    if not self.client:
      log('Connection failed!')
      return
    auth = self.client.auth(jid.getNode(), password, 'botty')
    if not auth:
      log('Authentication failed!')
      return
    self.client.sendInitPresence()

  def message_cb(self, session, message):
    jid = xmpp.protocol.JID(message.getFrom())
    username = jid.getNode()
    text = message.getBody()
    self.droid.speak('%s says %s' % (username, text))

  def run(self):
    try:
      while True:
        self.client.Process(1)
    except KeyboardInterrupt:
      pass


saychat = SayChat()
saychat.run()
```

　　上面仅仅几十行代码就可以实现一个简单的聊天程序。如果想在模拟器中运行该程序，可以在进入 ASE 后，单击【saychat.py】列表项。

在 ASE 的主界面单击选项菜单的【Add】菜单项可以建一个新的脚本语言。进入脚本选择菜单，如图 17.9 所示，选择要建立的脚本语言，进入如图 17.10 所示的脚本编辑界面。输入完程序后，单击【Save & Run】菜单项保存并执行当前脚本语言。

图 17.9　选择要建立的脚本语言

图 17.10　编辑和运行脚本语言

17.4　本章小结

本章介绍了 Android 目前支持的脚本语言。ASE 是 Android 脚本环境的核心，ASE 本身只支持 Shell 脚本。但 ASE 可以安装很多脚本引擎，从而可以支持更多的脚本语言。在 Android 中使用脚本语言的好处是不再需要将计算机作为编程的唯一工具。脚本语言可以在手机上编辑和执行，这就意味着随时可以在手机上验证自己的想法。

Android 平台的新特性展示

虽然在作者写作本书时，Android 1.5 是使用最广泛的版本，但该版本还存在很多不足。而从 Android 2.0 开始，在功能上开始变得完善。最新的 Android 2.1 的很多亮点也倍受关注。为了满足读者的好奇心，本章将介绍 Android 1.6 至 Android 2.1 在 UI 和 API 上的变化，并在最后介绍 Android 2.1 的实时壁纸和 Android 1.6 新加的 4 种动画渲染器。

 本章内容

📖 Android 1.6 至 Android 2.1 在 UI 上的变化
📖 Android 1.6 至 Android 2.1 在 API 上的变化
📖 实时壁纸的原理与实现
📖 补间动画渲染器

18.1 Android 平台的新特性

自从 Google 在 2009 年 4 月发布 Android 1.5 以来，到作者写作本书时，Android 已经更新了 4 个版本（1.6、2.0、2.0.1、2.1）。在这 4 个版本中无论是用户接口（UI）还是 Framework API，都发生了很大的变化。本节主要介绍 Android 在这 4 个版本中的用户接口的变化。18.2 节主要介绍 Android Framework API 的变化。

18.1.1 Android 1.6 的新特性

Google 于 2009 年 9 月发布了 Android 1.6 的第一个版本（Revision 1），2009 年 12 月发布了 Android 1.6 的第二个版本（Revision 2）。Android 1.6 的主特性（与 Android 1.5 比较）主要包括重新设计的快速搜索框、经过升级的拍照和摄像功能、可以选择多个图像的 Gallery 组件，重新设计的 VPN（Virtual Private Network）控制面板，可以查看每个程序的耗电量的电池电量指示器。下面是对这些新特性的详细描述。

1. 快速搜索框

Android 1.6 重新设计了搜索框架，用户可以通过该框架快速地搜索信息，并提供在不同数据源（浏览器标签、联系人等）中搜索信息的统一界面。除此之外，开发人员可以很容易地将自己应用程序中的数据暴露出去，以便在搜索框中可以搜索到这些数据。新设计的搜索框如图 18.1 所示。可以看出，在搜索框中输入 b 后，下拉列表中出现了各种数据源中的数据。例如，第 3 项 Bill 是联系人信息，而第 2 项 BBC 是浏览器书签信息。

2．拍照、摄像和可选中多个图像的 Gallery 组件

Android 1.6 升级了拍照和摄像接口，使用户可以很快地在拍照和摄像之间切换，如图 18.2 所示。据测试，Android 1.6 提供的拍照功能较以前的版本在切换相机上快 39%，在拍摄一张照片到切换为下一次拍照状态的时间快了 28%。除此之外，Android 1.6 还对 Gallery 组件进行了升级，使其可以选中多个图像。

图 18.1　重新设计的快速搜索框

图 18.2　升级后的拍照和摄像界面

3．VPN 控制面板

重新设计的 VPN 控制面板允许用户配置和连接以下 VPN 类型：

- L2TP/IPSEC pre-shared key based VPN
- L2TP/IPsec certificate based VPN
- L2TP only VPN
- PPTP only VPN

4．电量指示器

新设计的电量指示器可以查看所有正在消耗电量的程序，如图 18.3 所示。当用户发现一些程序或服务消耗的电量过大，可以根据实际情况关闭它们。

从 Android 1.6 开始，Android 模拟器的界面也发生了变化，如图 18.4 所示。

图 18.3　查看每一个消耗电量的程序

图 18.4　Android 1.6 的模拟器

除此之外，Android 1.6 还支持更高分辨率的屏幕，下面是 Android 1.6 主要支持的屏幕分辨率。

- QVGA（240×320，低密度，小屏幕）
- HVGA（320×480，中密度，正常屏幕）
- WVGA800（480×800，高密度，正常屏幕）
- WVGA854（480×高密度，正常屏幕）

读者可以访问如下地址查看 Android 1.6 的官方页面：

http://developer.android.com/intl/zh-CN/sdk/android-1.6.html

18.1.2　Android 2.0 的新特性

Google 于 2009 年 10 月发布了 Android 2.0 Revision 1。并在 UI 上做了更大的改进。例如可以增加多个账户用于 E-mail 和联系人的同步，如图 18.5 所示。快速联系功能可以更方便地与联系人通讯，例如，只需要按一下联系人的头像就可以选择打电话、发短信、发电子邮件等功能，如图 18.6 所示。

图 18.5　建立多个账户

图 18.6　选择多种方式与联系人通讯

除此之外，Android 2.0 还对拍照、虚拟键盘、浏览器等功能做了很大的改进，详细内容读者可以通过如下地址访问 Android 2.0 的官方页面。由于 Android 2.0.1 和 Android 2.1 在 UI 上并未做大的改进，因此，本节不再介绍这两个版本的 UI。

http://developer.android.com/intl/zh-CN/sdk/android-2.0.html

18.2　Android Framework API 演变

从 Android 1.6 到 Android 2.1 共 4 个版本，它们的 API 在每一个版本都有一定的变化。API 的 level 也从 4 升到了 7。本节将介绍一下这 4 个版本在 API 上的主要变化。

18.2.1　Android 1.6 Framework API 的变化

Android 1.6 在 API 上主要的变化如下：

1. UI 框架

● 增加了一些用于控制动画行为的类（动画渲染器），例如 AnticipateInterpolator、AnticipateOvershootInterpolator、BounceInterpolator、OvershootInterpolator。在 18.4 节将介绍这 4 种动画渲染器。

● 为视图组件增加了一个 android:onClick 属性。在 XML 布局文件中通过该属性可以指定视图组件的单击事件方法名。

● 支持处理不同屏幕密度的新方式。

2. 手势输入

增加了 4 种新手势的 API：创建、识别、装载和保存。

3. TTS（Text-to-speech）

新增加的 android.speech.tts 包提供了将文本转换成语音的功能。

4. 新的屏幕尺寸支持方式

在 AndroidManifest.xml 文件中新增了<supports-screens>标签用于设置不同的屏幕尺寸，该标签支持如下属性：

- smallScreen：Boolean 类型。指定应用程序是否为小屏幕而设计。例如，QVGA 低密度屏幕、VGA 高密度屏幕。

- normalScreens：Boolean 类型。指定应用程序是否为普通屏幕而设计。例如，WQVGA 低密度屏幕、HVGA 中密度屏幕、WVGA 高密度屏幕。

- largeScreens：Boolean 类型。指定应用程序是否为大屏幕而设计。例如，WVGA 中密度屏幕。

- andDensity：Boolean 类型。指定应用程序是否可以适应任何密度的屏幕。

- resizable：Boolean 类型。指定屏幕上的组件是否可以放大，以便适应更大的屏幕。

5. 新增的<uses-feature>标签

在 AndroidManifest.xml 文件中可以使用<uses-feature>标签指定程序要求的硬件或其他特性。当应用程序指定某些特性后（例如，必须有摄像头），系统会只允许应用程序安装在拥有这些硬件或特性的移动设备上。<uses-feature>标签支持如下属性：

- name：表示被要求的特性名。在 Android 1.6 中只支持 android.hardware.camera 和 android.hardware. camera.autofocus，分别表示摄像头和摄像头自动对焦。

- glEsVersion：指定 OpenGL ES 要求的最小版本。

读者可以通过如下地址访问官方页面来查看 Android 1.6 的其他新特性：

http://developer.android.com/intl/zh-CN/sdk/android-1.6.html

18.2.2 Android 2.x Framework API 的变化

从 Android 2.0 开始，Android Framework API 有了较大的变化。例如，很多安装 Android 1.5 的手机用户抱怨蓝牙不能传输文件。实际上，这并不是硬件的问题，而是 Android 1.5 对蓝牙支持的并不好。在 Android 1.5 中只支持像蓝牙耳机一样的无线设备，对于传输文件还无法支持。这一切在 Android 2.0 中得到了彻底的修复，在 Android 2.0 中提供了开关蓝牙设备、蓝牙文件传输等功能。也许看到这，很多读者会感到兴奋，在 Android 2.0 中终于可以充分利用蓝牙的各种功能了。在第 20 章将详细介绍 Android 2.0 支持的蓝牙技术。

除了蓝牙外，Android 2.0 还在同步 API、账户管理、联系人、WebView、拍照、多媒体以及键盘事件等方面做了改进。

Android 2.0.1 较 Android 2.0 在 API 上并没有太多的变化。只是修复了一些 Bug，并在蓝牙、联系人等方面做了一些小的改进。

Android 2.1 是作者写作本书时的最新版本，于 2010 年 1 月发布。该版本在电话、Views 和 Webkit 引擎上做了一些改进。尤其要提的是，在 Android 2.1 中还增加了实时壁纸（Live Wallpapers）功能。18.3 节将详细介绍实时壁纸的实现方法。

18.3 实时壁纸（Live Wallpapers，Android 2.1）

本节的例子代码所在的工程目录是 src\ch18\ch18_livewallpapers

实时壁纸的最低版本要求是 Android 2.1。

在手机桌面放一张漂亮的图像是一件非常酷的事情。不过，这还不够酷。如果可以触摸桌面的空白处，会随着触摸的位置不同而发生各种变化，那岂不是更棒了。如果大家都是这么认为的，那么 Android 2.1 会成为目前 Android 中最"帅"的版本，因为 Android 2.1 提供了可以不断变化的实时壁纸，中文版的 Android 模拟器将其翻译成"当前壁纸"，不过叫"实时壁纸"会更贴切一些。

也许很多读者还不清楚什么是实时壁纸。那么现在先看一下本节实现的例子。当触摸屏幕的任何空白位置，会显示一个彩色的实心圆（颜色是随机变化的），如图 18.7 所示。要使用实时壁纸，需要在 Android 桌面的选项菜单中单击【壁纸】菜单项，在弹出的子菜单中选择【当前壁纸】菜单项，会显示如图 18.8 所示的界面。在该界面可以预览实时壁纸的效果。当触摸界面的空白处时也会出现不同颜色的实心圆。单击【设置】按钮可以进入实时壁纸的设置页面，如图 18.9 所示。单击【配置圆的半径】配置项，会看到弹出如图 18.10 所示的配置项列表。读者可以选择各种大小的圆。

图 18.7　实时壁纸的效果

图 18.8　实时壁纸的预览界面

图 18.9　实时壁纸的设置界面

图 18.10　设置实时壁纸绘制的彩色实心圆的大小

　　实时壁纸的核心是一个服务类，该类必须是 android.service.wallpaper.WallpaperService 的子类。本例的服务类是 LiveWallpaperService，在该类中定义了一个 WallPaperEngine 类，该类是 WallpaperService.Engine 的子类，用于处理实时壁纸的核心业务。LiveWallpaperService 类的代码如下：

```
package net.blogjava.mobile.livewallpapers;

import android.content.SharedPreferences;
import android.service.wallpaper.WallpaperService;
import android.view.MotionEvent;
import android.view.SurfaceHolder;

public class LiveWallpaperService extends WallpaperService
{
    public static final String PREFERENCES = "net.blogjava.mobile.livewallpapers";
    public static final String PREFERENCE_RADIUS = "preference_radius";
```

```
@Override
public Engine onCreateEngine()
{
    return new WallPaperEngine();                    //  创建实时壁纸引擎
}
//  定义实时壁纸引擎类
public class WallPaperEngine extends Engine implements
        SharedPreferences.OnSharedPreferenceChangeListener
{
    private LiveWallpaperPainting painting;
    private SharedPreferences prefs;
    //  在构造方法中需要读取配置文件中的信息，以确定绘制的彩色实心圆的半径
    public WallPaperEngine()
    {
        SurfaceHolder holder = getSurfaceHolder();
        prefs = LiveWallpaperService.this.getSharedPreferences(PREFERENCES, 0);
        prefs.registerOnSharedPreferenceChangeListener(this);
        painting = new LiveWallpaperPainting(holder,
                getApplicationContext(), Integer.parseInt(prefs.getString(
                PREFERENCE_RADIUS, "10")));
    }
    public void onSharedPreferenceChanged(SharedPreferences prefs, String key)
    {
        //  当设置变化时改变实心圆的半径
        painting.setRadius(Integer.parseInt(prefs.getString(PREFERENCE_RADIUS, "10")));
    }
    @Override
    public void onCreate(SurfaceHolder surfaceHolder)
    {
        super.onCreate(surfaceHolder);
        setTouchEventsEnabled(true);
    }
    @Override
    public void onDestroy()
    {
        super.onDestroy();
        painting.stopPainting();
    }

    @Override
    public void onVisibilityChanged(boolean visible)
    {
        if (visible)
        {
            painting.resumePainting();
        }
        else
        {
            painting.pausePainting();
        }
    }
    @Override
    public void onSurfaceChanged(SurfaceHolder holder, int format, int width, int height)
    {
        super.onSurfaceChanged(holder, format, width, height);
        painting.setSurfaceSize(width, height);
    }
    @Override
    public void onSurfaceCreated(SurfaceHolder holder)
    {
        super.onSurfaceCreated(holder);
        //  当surface（绘制实时壁纸的界面）创建后，开始绘制彩色实心圆
        painting.start();
```

```
            }
            //　当 Surface 销毁时需要停止绘制壁纸
            @Override
            public void onSurfaceDestroyed(SurfaceHolder holder)
            {
                super.onSurfaceDestroyed(holder);
                boolean retry = true;
                painting.stopPainting();
                while (retry)
                {
                    try
                    {
                        painting.join();
                        retry = false;
                    }
                    catch (InterruptedException e)
                    {
                    }
                }
            }
            @Override
            public void onTouchEvent(MotionEvent event)
            {
                super.onTouchEvent(event);
                painting.doTouchEvent(event);
            }
        }
    }
```

　　在上面的代码中涉及到一个 LiveWallpaperPainting 类，该类通过线程不断扫描用户在屏幕上触摸的点，然后根据触摸点绘制彩色实心圆，该类的代码如下：

```
package net.blogjava.mobile.livewallpapers;

import java.util.ArrayList;
import java.util.List;
import java.util.Random;
import android.content.Context;
import android.graphics.Canvas;
import android.graphics.Paint;
import android.graphics.drawable.BitmapDrawable;
import android.view.MotionEvent;
import android.view.SurfaceHolder;

public class LiveWallpaperPainting extends Thread
{

    private SurfaceHolder surfaceHolder;
    private Context context;
    private boolean wait;
    private boolean run;
    /* 尺寸和半径  */
    private int width;
    private int height;
    private int radius;
    /** 触摸点 */
    private List<TouchPoint> points;
    /* 时间轨迹 */
    private long previousTime;
    public LiveWallpaperPainting(SurfaceHolder surfaceHolder, Context context, int radius)
    {
        this.surfaceHolder = surfaceHolder;
        this.context = context;
        //　直到 surface 被创建和显示时才开始动画
```

```
            this.wait = true;
            // 初始化触摸点
            this.points = new ArrayList<TouchPoint>();
            // 初始化半径
            this.radius = radius;
        }
        //   通过设置页面可以改变圆的半径
        public void setRadius(int radius)
        {
            this.radius = radius;
        }
        // 暂停实时壁纸的动画
        public void pausePainting()
        {
            this.wait = true;
            synchronized (this)
            {
                this.notify();
            }
        }
        //   恢复在实时壁纸上绘制彩色实心圆
        public void resumePainting()
        {
            this.wait = false;
            synchronized (this)
            {
                this.notify();
            }
        }
        //   停止在实时壁纸上绘制彩色实心圆
        public void stopPainting()
        {
            this.run = false;
            synchronized (this)
            {
                this.notify();
            }
        }
        @Override
        public void run()
        {
            this.run = true;
            Canvas canvas = null;
            while (run)
            {
                try
                {
                    canvas = this.surfaceHolder.lockCanvas(null);
                    synchronized (this.surfaceHolder)
                    {
                        //   绘制彩色实心圆和背景图
                        doDraw(canvas);
                    }
                } finally
                {
                    if (canvas != null)
                    {
                        this.surfaceHolder.unlockCanvasAndPost(canvas);
                    }
                }
                // 如果不需要动画则暂停动画
                synchronized (this)
                {
```

```
                if (wait)
                {
                    try
                    {
                        wait();
                    }
                    catch (Exception e)
                    {
                    }
                }
            }
        }
    }
    public void setSurfaceSize(int width, int height)
    {
        this.width = width;
        this.height = height;
        synchronized (this)
        {
            this.notify();
        }
    }
    public void doTouchEvent(MotionEvent event)
    {
        synchronized (this.points)
        {
            int color = new Random().nextInt(Integer.MAX_VALUE);
            //  将用户触摸屏幕的点信息保存在 points 中，以便在 run 方法中扫描这些点，并绘制彩色实心圆
            points.add(new TouchPoint((int) event.getX(), (int) event.getY(),
                    color, Math.min(width, height) / this.radius));
        }
        this.wait = false;
        synchronized (this)
        {
            notify();
        }
    }
    private void doDraw(Canvas canvas)
    {
        long currentTime = System.currentTimeMillis();
        long elapsed = currentTime - previousTime;
        if (elapsed > 20)
        {
            BitmapDrawable bitmapDrawable =
                (BitmapDrawable) context.getResources().getDrawable(R.drawable.background);
            //  绘制实时壁纸的背景图
            canvas.drawBitmap(bitmapDrawable.getBitmap(), 0, 0, new Paint());
            // 绘制触摸点
            Paint paint = new Paint();
            List<TouchPoint> pointsToRemove = new ArrayList<TouchPoint>();
            synchronized (this.points)
            {
                for (TouchPoint point : points)
                {
                    paint.setColor(point.color);
                    point.radius -= elapsed / 20;
                    if (point.radius <= 0)
                    {
                        pointsToRemove.add(point);
                    }
                    else
                    {
                        canvas.drawCircle(point.x, point.y, point.radius, paint);
```

```
                    }
                }
                points.removeAll(pointsToRemove);
            }
            previousTime = currentTime;
            if (points.size() == 0)
            {
                wait = true;
            }
        }
    }
}
//  保存绘制的彩色实心圆的信息
class TouchPoint
{
    int x;
    int y;
    int color;
    int radius;
    public TouchPoint(int x, int y, int color, int radius)
    {
        this.x = x;
        this.y = y;
        this.radius = radius;
        this.color = color;
    }
}
}
```

下面来编写最后一个类（LiveWallpaperSettings），该类用于设置彩色实心圆的半径。LiveWallpaper-Settings 类使用了在 6.1.4 节介绍的 PreferenceActivity 来处理配置信息，代码如下：

```
package net.blogjava.mobile.livewallpapers;

import android.content.SharedPreferences;
import android.os.Bundle;
import android.preference.PreferenceActivity;

public class LiveWallpaperSettings extends PreferenceActivity implements
        SharedPreferences.OnSharedPreferenceChangeListener
{
    @Override
    protected void onCreate(Bundle icicle)
    {
        super.onCreate(icicle);
        getPreferenceManager().setSharedPreferencesName(LiveWallpaperService.PREFERENCES);
        addPreferencesFromResource(R.xml.settings);
        getPreferenceManager().getSharedPreferences().
                registerOnSharedPreferenceChangeListener(this);
    }
    @Override
    protected void onDestroy()
    {
        getPreferenceManager().getSharedPreferences()
                .unregisterOnSharedPreferenceChangeListener(this);
        super.onDestroy();
    }
    public void onSharedPreferenceChanged(SharedPreferences sharedPreferences, String key)
    {
    }
}
```

本例还涉及到几个配置文件。首先应在 AndroidManifest.xml 文件中配置 LiveWallpaperService 和 LiveWallpaperSettings，代码如下：

```
<service android:name="LiveWallpaperService" android:enabled="true"
```

```
        android:icon="@drawable/icon" android:label="@string/app_name"
        android:permission="android.permission.BIND_WALLPAPER">
        <intent-filter android:priority="1">
            <action android:name="android.service.wallpaper.WallpaperService" />
        </intent-filter>
        <meta-data android:name="android.service.wallpaper"
            android:resource="@xml/wallpaper" />
    </service>
    <activity android:label="@string/app_name" android:name=".LiveWallpaperSettings"
        android:theme="@android:style/Theme.Light.WallpaperSettings"
        android:exported="true" />
```

在 res\xml 目录中建立一个 settings.xml 文件。该文件用于设置 LiveWallpaperSettings 类的配置界面，settings.xml 文件中的内容如下：

```
<?xml version="1.0" encoding="utf-8"?>
<PreferenceScreen
        xmlns:android="http://schemas.android.com/apk/res/android"
        android:title="@string/settings_title">
        <ListPreference
                android:key="preference_radius"
                android:title="@string/preference_radius_title"
                android:summary="@string/preference_radius_summary"
                android:entries="@array/radius_names"
                android:entryValues="@array/radius_values" />
</PreferenceScreen>
```

最后还要在 res\xml 目录中建立一个 wallpaper.xml 文件，该文件需要在 AndroidManifest.xml 文件中的 <meta-data> 标签进行设置（就是 android:resource 属性的值）。wallpaper.xml 文件的内容如下：

```
<?xml version="1.0" encoding="UTF-8"?>
<wallpaper xmlns:android="http://schemas.android.com/apk/res/android"
        android:thumbnail="@drawable/icon" android:description="@string/description"
        android:settingsActivity="net.blogjava.mobile.livewallpapers.LiveWallpaperSettings" />
```

18.4　补间动画渲染器（Android 1.6）

本节的例子代码所在的工程目录是 src\ch18\ch18_livewallpapers

新增的补间动画渲染器的最低版本要求是 Android 1.6。

在 11.2.1 节介绍了补间动画的 3 种渲染器。在 Android 1.6 中又增加了 4 种动画渲染器。这些渲染器包括 anticipate_interpolator、overshoot_interpolator、anticipate_overshoot_interpolator、bounce_interpolator。本节将介绍这 4 种动画渲染器的使用方法。读者在运行本节的例子后，可以在 Spinner 组件的列表中选择相应的动画渲染器，如图 18.11 所示。在屏幕上方的文本将按着相应的渲染效果完成 Translate 动画。

图 18.11　选择相应的动画渲染器

18.4.1　Anticipate 渲染器

Anticipate 渲染器在 Java 代码中的使用方法如下：

```
Animation animation = new TranslateAnimation(0.0f, targetParent
        .getWidth()
    - target.getWidth()
    - targetParent.getPaddingLeft()
    - targetParent.getPaddingRight(), 0.0f, 0.0f);
animation.setInterpolator(AnimationUtils.loadInterpolator(this,
        android.R.anim.anticipate_interpolator));
```

在动画文件中可以使用如下代码来指定 Anticipate 渲染器：

```
<translate android:interpolator="@android:anim/anticipate_interpolator"
    android:fromXDelta="0" android:toXDelta="0" android:fromYDelta="0"
    android:toYDelta="-380" android:duration="2000" />
```

18.4.2　Overshoot 渲染器

Overshoot 渲染器在 Java 代码中的使用方法如下：

```
Animation animation = new TranslateAnimation(0.0f, targetParent
        .getWidth()
    - target.getWidth()
    - targetParent.getPaddingLeft()
    - targetParent.getPaddingRight(), 0.0f, 0.0f);
animation.setInterpolator(AnimationUtils.loadInterpolator(this,
        android.R.anim.overshoot_interpolator));
```

在动画文件中可以使用如下代码来指定 Overshoot 渲染器：

```
<translate android:interpolator="@android:anim/overshoot_interpolator"
    android:fromXDelta="0" android:toXDelta="0" android:fromYDelta="0"
    android:toYDelta="-380" android:duration="2000" />
```

18.4.3　Anticipate/Overshoot 渲染器

Anticipate/Overshoot 渲染器在 Java 代码中的使用方法如下：

```
Animation animation = new TranslateAnimation(0.0f, targetParent
        .getWidth()
    - target.getWidth()
    - targetParent.getPaddingLeft()
    - targetParent.getPaddingRight(), 0.0f, 0.0f);
animation.setInterpolator(AnimationUtils.loadInterpolator(this,
        android.R.anim.anticipate_overshoot_interpolator));
```

在动画文件中可以使用如下代码来指定 Anticipate/Overshoot 渲染器：

```
<translate android:interpolator="@android:anim/anticipate_overshoot_interpolator"
    android:fromXDelta="0" android:toXDelta="0" android:fromYDelta="0"
    android:toYDelta="-380" android:duration="2000" />
```

18.4.4　Bounce 渲染器

Bounce 渲染器在 Java 代码中的使用方法如下：

```
Animation animation = new TranslateAnimation(0.0f, targetParent
        .getWidth()
    - target.getWidth()
    - targetParent.getPaddingLeft()
    - targetParent.getPaddingRight(), 0.0f, 0.0f);
animation.setInterpolator(AnimationUtils.loadInterpolator(this,
        android.R.anim.bounce_interpolator));
```

在动画文件中可以使用如下代码来指定 Bounce 渲染器：

```
<translate android:interpolator="@android:anim/bounce_interpolator"
    android:fromXDelta="0" android:toXDelta="0" android:fromYDelta="0"
    android:toYDelta="-380" android:duration="2000" />
```

18.5　本章小结

　　本章主要介绍了从 Android 1.6 到 Android 2.1 在 UI 和 API 上的主要变化。Android 自诞生以来，共经历了 7 个版本。其中第一个受到关注的版本是 Android 1.5。该版本是 Android 的第 3 个版本，也就是说 level = 3。Android 的每次升级，API 都会有变化。因此，level 也逐渐增大。Android 和 level 的对应关系是 Android 1.0（level = 1）、Android 1.1（level = 2）、Android 1.5（level = 3）、Android 1.6（level = 4）、Android 2.0（level = 5）、Android 2.0.1（level = 6）、Android 2.1（level = 7）。在本章的最后还介绍了 Android 2.1 的新特性（实时壁纸）和 Android 1.6 新加的 4 个动画渲染器。读者可以通过这两个新特性来初步领略新版 Android 的魅力。在后面的章节还会介绍更多的 Android 新特性。

19

另类的输入输出

本章介绍的手势和 TTS 的最低版本要求是 Android 1.6。

　　输入输出一直是手机中比较重要的功能。由于手机的键盘很小，大多数用户无法像操作 PC 机键盘一样操作手机键盘。因此，一批专门针对手机的输入法应运而生。但输入法也需要使用键盘，毕竟还是不太方便，于是又诞生了手写输入。本章要介绍的手势非常类似于手写输入，只是通过手势可以完成很多手写输入无法完成的工作。除此之外，使手机可以说话的 TTS 也为手机增色不少。

 本章内容

> 📖 创建手势文件
> 📖 用手势输入文本
> 📖 用手势调用应用程序
> 📖 编写自己的手势创建器
> 📖 用 TTS 朗读文本

19.1　手势（Gesture）

　　看到"手势"这个词，千万不要以为是像哑语一样的动作手势。实际上，这里的手势就是指手写输入，只是叫"手势"更形象些。在手机中经常会使用手写输入，这就是所谓的手势。本节要介绍的手势与手写输入类似，但不同的是手写输入一次只能输入一个汉字或字母。而本节要介绍的每个手势可以对应一个字符串，也就是说，通过在手机屏幕上画一个手势，可以直接输入一个字符串。除此之外，还可以将某个手势与指定的应用程序相关联，例如，通过手势可以拨打电话。

19.1.1　创建手势文件

　　在使用手势之前，需要建立一个手势文件。在识别手势时，需要装载这个手势文件，并通过手势文件中的描述来识别手势。

　　从 Android 1.6 开始，发行包中都带了一个 GestureBuilder 工程，该工程可用来建立手势文件。读者可以在<Android SDK 安装目录>\platforms\android-1.6\samples 目录中找到该工程。如果读者使用的是其他 Android 版本，需要将 android-1.6 改成其他的名字，例如 android-2.0。

　　在模拟器上安装并运行该工程生成的 apk 文件，会显示如图 19.1 所示的界面。单击【Add gesture】按钮增加一个手势。在增加手势界面上方的文本框输入一个手势名（在识别手势后，系统会返回该名称），并在下方的空白处随意画一些手势轨迹，如图 19.2 所示。要注意的是，系统允许多个手势对应于同一个手势名。读者可以采用同样的方法多增加几个手势。在创建完手势后，读者会看到 SD 卡的根目录多了个 gestures 文件，该文件是二进制格式。在 19.1.2 节将看到如何使用刚创建的手势文件来识别手势。

图 19.1　手势创建器的主界面

图 19.2　增加一个手势

19.1.2　通过手势输入字符串

本节的例子代码所在的工程目录是 src\ch19\ch19_gesture_text

手势的一个重要应用就是在屏幕上简单地画几笔就可以输入复杂的内容。本节的例子会使用在 19.1.1 节介绍的 GestureBuilder 程序建立 3 个手势，如图 19.3 所示。运行本例后，在屏幕上画如图 19.4 所示的图形，系统会匹配如图 19.3 所示的 3 个手势中的第 1 个。松开鼠标后，会将识别后的信息以 Toast 信息提示框的形式显示，如图 19.5 所示。读者也可以将这些信息插入到 EditText 或其他的组件中。

图 19.3　建立的 3 个手势

图 19.4　画手势

图 19.5　显示匹配的信息

在匹配信息中有一个 score 字段，该字段表示匹配的程度。一般该字段的值大于 1，就认为可能与手势匹配。如果有多个手势可能匹配我们绘制的手势，可以提供一个选择列表，以便用户可以准确地选择匹配结果。这有些像手写输入，有很多时候都会出现一个可能匹配的列表，最终由用户决定哪个是最终的匹配结果。

在如图 19.4 所示的界面中绘制手势的组件是 android.gesture.GestureOverlayView。该组件不是标准的 Android 组件，因此，在 XML 布局文件中定义该组件时必须使用全名（包名+类名）。

```
<android.gesture.GestureOverlayView
    android:id="@+id/gestures" android:layout_width="fill_parent"
    android:layout_height="fill_parent" android:gestureStrokeType="multiple" />
```

其中 android:gestureStrokeType 属性表示 GestureOverlayView 组件是否可接受多个手势数。也就是说，一个完整的手势可能由多个不连续的图形组成，例如乘号由两个斜线组成。如果将该属性值设为 multiple，表示可以绘制由多个不连续图形组成的手势。如果将该属性值设为 single，绘制手势时就只能使用一笔画了（中间不能断），这有些像手写输入。对于大部分汉字来说，都是由不连续的笔画组成的（连笔字除外），这就需要由多个手势来绘制一个汉字。

下面来装载手势文件。本例将手势文件放在 res\raw 目录中，也可以将手势文件放在 SD 卡或手机内存中。装载手势的代码如下：

```
// 指定手势资源文件的位置
gestureLibrary = GestureLibraries.fromRawResource(this, R.raw.gestures);
// 从 raw 资源中装载手势资源
if (gestureLibrary.load())
{
    setTitle("手势文件装载成功（输出文本）.");
    GestureOverlayView gestureOverlayView = (GestureOverlayView) findViewById(R.id.gestures);
    // 设置 OnGesturePerformedListener 事件，该事件方法在绘制完手势，并进行识别后调用
    gestureOverlayView.addOnGesturePerformedListener(this);
}
else
{
    setTitle("手势文件装载失败.");
}
```

其中 gestureLibrary 是在类中定义的 android.gesture.GestureLibrary 类型变量。在成功装载手势资源后，需要为 GestureOverlayView 组件指定 OnGesturePerformedListener 事件，该事件方法的代码如下：

```
public void onGesturePerformed(GestureOverlayView overlay, Gesture gesture)
{
    // 获得可能匹配的手势
    ArrayList<Prediction> predictions = gestureLibrary.recognize(gesture);
    // 有可能匹配的手势
    if (predictions.size() > 0)
    {
        StringBuilder sb = new StringBuilder();
        int n = 0;
        // 开始扫描所有可能匹配的手势
        for (int i = 0; i < predictions.size(); i++)
        {
            Prediction prediction = predictions.get(i);
            // 根据相似度，只列出 score 字段值大于 1 的匹配手势
            if (prediction.score > 1.0)
            {
                sb.append("score:" + prediction.score + "    name:"
                        + prediction.name + "\n");
                n++;
            }
        }
        sb.insert(0,n + "个相匹配的手势.\n");
        // 显示最终的匹配信息
        Toast.makeText(this, sb.toString(), Toast.LENGTH_SHORT).show();
    }
}
```

要注意的是，手势采用了相似度进行匹配。这就意味着预设的手势越多，手势的图形越相似，与同一个绘制的手势匹配的结果就可能越多。score 字段可以认为是相似度（指绘制的手势和手势库中手势的相似性），一般取相似度大于 1 的手势即可。当然，如果要求更精确，也可以提高相似度。

19.1.3　通过手势调用程序

本节的例子代码所在的工程目录是 src\ch19\ch19_gesture_action

只要在 onGesturePerformed 方法中获得手势名，并按着一定规则就可以调用其他的应用程序。本例通过 3 个手势来拨打电话、显示通话记录和自动输入电话号，这 3 个手势如图 19.6 所示。

图 19.6　调用程序的 3 个手势

通过这 3 个手势返回的 action_call、action_call_button 和 action_dial 来决定调用哪个程序，代码如下：

```java
public void onGesturePerformed(GestureOverlayView overlay, Gesture gesture)
{
    ArrayList<Prediction> predictions = gestureLibrary.recognize(gesture);
    if (predictions.size() > 0)
    {
        int n = 0;
        for (int i = 0; i < predictions.size(); i++)
        {
            Prediction prediction = predictions.get(i);
            if (prediction.score > 1.0)
            {
                Intent intent = null;
                Toast.makeText(this, prediction.name, Toast.LENGTH_SHORT).show();
                if ("action_call".equals(prediction.name))
                {
                    //  拨打电话
                    intent = new Intent(Intent.ACTION_CALL, Uri.parse("tel:12345678"));
                }
                else if ("action_call_button".equals(prediction.name))
                {
                    //  显示通话记录
                    intent = new Intent(Intent.ACTION_CALL_BUTTON);
                }
                else if ("action_dial".equals(prediction.name))
                {
                    //  将电话传入拨号程序
                    intent = new Intent(Intent.ACTION_DIAL, Uri.parse("tel:12345678"));
                }
                if (intent != null)
                    startActivity(intent);
                n++;
                break;
            }
        }
        if (n == 0)
            Toast.makeText(this, "没有符合要求的手势.", Toast.LENGTH_SHORT).show();
    }
}
```

19.1.4 编写自己的手势创建器

本节的例子代码所在的工程目录是 src\ch19\ch19_gesture_builder

有时需要在自己的程序中加入创建手势的功能。本节就来学习一下建立手势文件的原理，感兴趣的读者也可以去分析 GestureBuilder 工程中的源代码，但本例更直接地描述了手势创建器的编写过程。

创建手势需要 GestureOverlayView 组件的另外一个事件：OnGestureListener。该事件需要指定一个对象。在开始绘制手势、绘制的过程、绘制结束以及取消绘制时都会调用该事件对象中的方法。指定 OnGestureListener 事件的代码如下：

```
GestureOverlayView overlay = (GestureOverlayView) findViewById(R.id.gestures_overlay);
overlay.addOnGestureListener(new GesturesProcessor());
```

其中 GesturesProcessor 是一个事件类，代码如下：

```
private class GesturesProcessor implements GestureOverlayView.OnGestureListener
{
    public void onGestureStarted(GestureOverlayView overlay, MotionEvent event)
    {
    }
    public void onGesture(GestureOverlayView overlay, MotionEvent event)
    {
    }
    public void onGestureEnded(final GestureOverlayView overlay, MotionEvent event)
    {
        final Gesture gesture = overlay.getGesture();
        View gestureView = getLayoutInflater().inflate(R.layout.gesture, null);
        final TextView textView = (TextView) gestureView.findViewById(R.id.textview);
        ImageView imageView = (ImageView) gestureView.findViewById(R.id.imageview);
        //  获得绘制的手势的图像（128*128），0xFFFFFF00 表示图像中手势的颜色（黄色）
        Bitmap bitmap = gesture.toBitmap(128, 128, 8, 0xFFFFFF00);
        //  在 ImageView 组件中显示手势图形
        imageView.setImageBitmap(bitmap);
        textView.setText("手势名：" + editText.getText());
        new AlertDialog.Builder(Main.this).setView(gestureView)
                .setPositiveButton("保存", new OnClickListener()
                {
                    @Override
                    public void onClick(DialogInterface dialog, int which)
                    {
                        GestureLibrary store = GestureLibraries.fromFile("/sdcard/mygestures");
                        store.addGesture(textView.getText().toString(), gesture);
                        //  保存手势文件
                        store.save();
                    }
                }).setNegativeButton("取消", null).show();
    }
    public void onGestureCancelled(GestureOverlayView overlay, MotionEvent event)
    {
    }
}
```

在 GesturesProcessor 类中有 4 个事件方法，但只使用了 onGestureEnded 方法。当绘制完手势后，会调用该方法。创建手势文件的基本原理是通过 Gesture 类的 toBitmap 方法获得绘制手势的 Bitmap 对象，然后将其显示在 ImageView 中，并在 TextView 中显示手势名，将这两个组件显示在一个对话框中。在绘制完手势后，会显示这个对话框，如图 19.7 所示。如果确定手势和手势名无误，单击【保存】按钮创建手势文件（如果存在则打开手势文件），并保存当前手势和手势名。读者可以在 SD 卡的根目录找到保存手势的 mygestures 文件。

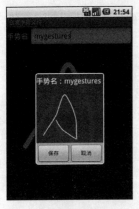

图 19.7　保存手势

>
>
> 从 Android 1.6 开始，在默认的情况下不允许向 SD 卡写数据。要想写入数据，需要使用 <uses-permission>标签设置 android.permission.WRITE_EXTERNAL_STORAGE 权限。如果读者的程序中需要向 SD 卡写数据，并且以前是用 Android 1.5 开发的，而将来需要在 Android 的更高版本中运行，建议现在就使用<uses-permission>标签打开这个权限，否则程序将在 Android 1.6 以上的版本中无法成功向 SD 卡写数据。由于本例至少需要 Android 1.6 才能运行，因此，也需要设置该权限，否则无法在 SD 卡的根目录生成 mygestures 文件。

19.2　让手机说话（TTS）

本节的例子代码所在的工程目录是 src\ch19\ch19_tts

方便输入信息还不够，如果让手机根据文本读出输入的内容那岂不是更人性化了。在 Android 1.6 中提供了 TTS（Text To Speech）技术可以完成这个工作。

TTS 技术的核心是 android.speech.tts.TextToSpeech 类。要想使用 TTS 技术朗读文本，需要做两个工作：初始化 TTS 和指定要朗读的文本。在第 1 项工作中主要指定 TTS 朗读的文本的语言，第 2 项工作主要使用 speak 方法指定要朗读的文本。

初始化 TTS 需要在 onInit 事件方法中完成。要使用该事件方法需要实现 TextToSpeech.OnInitListener 接口，在本例中当前类（Main 类）实现了该接口。创建 TextToSpeech 对象的代码如下：

```
// tts 是 TextToSpeech 类型的对象，构造方法的第 1 个参数是 Context 类型的值，第 2 个参数需要
// 指定 TextToSpeech.OnInitListener 对象实例
tts = new TextToSpeech(this, this);
初始化 TTS 的代码如下：
public void onInit(int status)
{
    if (status == TextToSpeech.SUCCESS)
    {
        //  指定当前朗读的语言是英文
        int result = tts.setLanguage(Locale.US);
        if (result == TextToSpeech.LANG_MISSING_DATA
                || result == TextToSpeech.LANG_NOT_SUPPORTED)
        {
            Toast.makeText(this, "Language is not available.", Toast.LENGTH_SHORT).show();
        }
    }
}
```

下面的代码使用 speak 方法朗读了文本。

```
public void onClick(View view)
{
    tts.speak(textView.getText().toString(), TextToSpeech.QUEUE_FLUSH, null);
}
```

其中 speak 方法的第 1 个参数表示要朗读的文本。运行本例，单击【说话】按钮，会朗读按钮下方的文字，如图 19.8 所示。

图 19.8　朗读文本

 目前 TTS 只支持以英语为首的几种欧美语言。中文、日文等亚洲语言暂不支持。

19.3　本章小结

本章主要介绍了 Android 1.6 中新加的两个功能：手势识别和 TTS。通过手势识别可以实现在屏幕上绘制简单的图形来输入复杂文本的功能，也可以利用手势来调用其他的应用程序。TTS 可以朗读指定的文本，但遗憾的是目前只支持英语等欧美语言。

20

蓝牙

本章的例子代码所在的工程目录是 src\ch20\ch20_bluetooth

本章介绍的蓝牙要求的最低版本是 Android 2.0。由于 Android 模拟器不支持蓝牙，因此需要在 Android 2.0 的真机上测试本章的例子。

蓝牙是一种重要的短距离无线通信协议，广泛应用于各种设备（计算机、手机、汽车等）中。为了使读者更好地使用蓝牙技术，本章从实用的角度介绍蓝牙的基本原理和使用方法，并提供源代码以便读者可以在真机上进行测试。

 本章内容

📖 蓝牙的基本原理
📖 蓝牙的打开和关闭
📖 搜索蓝牙设备
📖 蓝牙设备之间的通信（包括 Socet 和 OBEX）

20.1 蓝牙简介

蓝牙（Bluetooth）是一种短距离的无线通信技术标准。这个名子来源于 10 世纪丹麦国王 Harald Blatand，英文名子是 Harold Bluetooth。在无线行业协会组织人员的讨论后，有人认为用 Blatand 国王的名字命名这种无线技术是再好不过了，这是因为 Blatand 国王将挪威、瑞典和丹麦统一起来，这就如同这项技术将统一无线通信领域一样。至此，蓝牙的名字也就这样定了下来。

蓝牙采用了分散式网络结构以及快跳频和短包技术，支持点对点及点对多点的通信，工作在全球通用的 2.4GHz ISM（即工业、科学、医学）频度。根据不同的蓝牙版本，传输速度会差很多，例如，最新的蓝牙 3.0 传输速度为 3Mb/s，而未来的蓝牙 4.0 技术从理论上可达到 60Mb/s。

蓝牙协议分为 4 层，即核心协议层、电缆替代协议层、电话控制协议层和采纳的其他协议层。这 4 种协议中最重要的是核心协议。蓝牙的核心协议包括基带、链路管理、逻辑链路控制和适应协议四部分。其中链路管理（LMP）负责蓝牙组件间连接的建立。逻辑链路控制与适应协议（L2CAP）位于基带协议层上，属于数据链路层，是一个为高层传输和应用层协议屏蔽基带协议的适配协议。

蓝牙技术作为目前比较常用的无线通信技术，早已成为手机的标配之一，基于 Android 的手机也不例外。但遗憾的是，Android 1.5 对蓝牙的支持非常不完善，只支持像蓝牙耳机一样的设备，并不支持蓝牙数据传输等高级特性。不过，Android 2.0 终于加入了完善的蓝牙支持。

20.2　打开和关闭蓝牙设备

与蓝牙相关的类和接口位于 android.bluetooth 包中。在使用蓝牙之前，需要在 AndroidManifest.xml 文件中打开相应的权限，代码如下：

```
<uses-permission android:name="android.permission.BLUETOOTH" />
<uses-permission android:name="android.permission.BLUETOOTH_ADMIN" />
```

BluetoothAdapter 是蓝牙中的核心类，下面的代码创建了 BluetoothAdapter 对象。

```
private BluetoothAdapter bluetoothAdapter = BluetoothAdapter.getDefaultAdapter();
```

可以直接打开系统的蓝牙设置界面，代码如下：

```
Intent enableIntent = new Intent(BluetoothAdapter.ACTION_REQUEST_ENABLE);
startActivityForResult(enableIntent, 0x1);
```

或直接调用 enable 方法打开蓝牙功能，代码如下：

```
bluetoothAdapter.enable();
```

要关闭蓝牙，可以使用下面的代码：

```
bluetoothAdapter.disable();
```

20.3　搜索蓝牙设备

虽然蓝牙已打开，但要想让其他的蓝牙设备可以搜索到自己，还需要使用如下代码打开蓝牙发现功能：

```
Intent discoveryIntent = new Intent(BluetoothAdapter.ACTION_REQUEST_DISCOVERABLE);
startActivityForResult(discoveryIntent, 0x2);
```

每一个蓝牙设备由 BluetoothDevice 描述。为了保存搜索到的蓝牙设备，需要定义一个 List 对象，代码如下：

```
private List<BluetoothDevice> bluetoothDevices = new ArrayList<BluetoothDevice>();
```

调用 BluetoothAdapter 类的 startDiscovery 方法可以搜索附近的蓝牙设备。本例需要启动一个线程来搜索，代码如下：

```
// 是否搜索完成
private volatile boolean discoveryFinished;
private Runnable discoveryWorkder = new Runnable()
{
    public void run()
    {
        // 开始搜索
        bluetoothAdapter.startDiscovery();
        while(true)
        {
            if (discoveryFinished)
            {
                break;
            }
            try
            {
                Thread.sleep(100);
            }
            catch (InterruptedException e)
            {
            }
        }
    }
};
```

系统会在每搜索到一个蓝牙设备时发送一个广播，通过接收这个广播，可以获得搜索到的蓝牙设备信息。当搜索完成时还会发送一个广播，可以在该广播接收器中做一些收尾的工作。这两个广播接收器的代码如下：

```
//    每搜索到一个设备时调用
private BroadcastReceiver foundReceiver = new BroadcastReceiver()
{
    public void onReceive(Context context, Intent intent)
    {
        //    获得搜索结果数据
        BluetoothDevice device = intent.getParcelableExtra(BluetoothDevice.EXTRA_DEVICE);
        //    将结果添加到设备列表中
        bluetoothDevices.add(device);
        //    显示列表
        showDevices();
    }
};
//    搜索完成时调用
private BroadcastReceiver discoveryReceiver = new BroadcastReceiver()
{
    @Override
    public void onReceive(Context context, Intent intent)
    {
        //    卸载注册的接收器
        unregisterReceiver(foundReceiver);
        unregisterReceiver(this);
        discoveryFinished = true;        //    将该变量设为 true，可以使线程中的循环退出
    }
};
```

其中 showDevices 方法用于显示搜索到的蓝牙设备信息，代码如下：

```
//    显示搜索设备列表
protected void showDevices()
{
    List<String> list = new ArrayList<String>();
    for (int i = 0, size = bluetoothDevices.size(); i < size; ++i)
    {
        StringBuilder b = new StringBuilder();
        BluetoothDevice d = bluetoothDevices.get(i);
        b.append(d.getAddress());
        b.append('\n');
        b.append(d.getName());
        String s = b.toString();
        list.add(s);
    }
    final ArrayAdapter<String> adapter = new ArrayAdapter<String>(this,
            android.R.layout.simple_list_item_1, list);
    _handler.post(new Runnable()
    {
        public void run()
        {
            setListAdapter(adapter);
        }
    });
}
```

最后需要在 onCreate 方法中做一些初始化的工作，例如，注册广播接收器。初始化代码如下：

```
//    如果蓝牙适配器没有打开，则关闭 Activity
if (!bluetoothAdapter.isEnabled())
{
    finish();
    return;
}
IntentFilter discoveryFilter = new IntentFilter(BluetoothAdapter.ACTION_DISCOVERY_FINISHED);
IntentFilter foundFilter = new IntentFilter(BluetoothDevice.ACTION_FOUND);
//    注册 discoveryReciver 接收器
registerReceiver(discoveryReceiver, discoveryFilter);
```

```
//  注册 foundReciver 接收器
registerReceiver(foundReceiver, foundFilter);
//  显示一个对话框，正在搜索蓝牙设备
SamplesUtils.indeterminate(DiscoveryActivity.this, _handler,
        "正在扫描...", discoveryWorkder, new OnDismissListener()
    {
            public void onDismiss(DialogInterface dialog)
            {
                for (; bluetoothAdapter.isDiscovering();)
                {

                    bluetoothAdapter.cancelDiscovery();
                }
                discoveryFinished = true;
            }
    }, true);
```

20.4　蓝牙 Socket

　　蓝牙同样可以使用 Socket 来实现客户端和服务端程序。对于客户端来说，首先需要选择要连接的服务器（作为服务器的蓝牙设备），代码如下：

```
Intent intent = new Intent(this, DiscoveryActivity.class);
//  跳转到搜索的蓝牙设备列表区进行选择
startActivityForResult(intent, 0x1);
```

　　选择蓝牙设备后，会关闭设备列表，这时需要在 onActivityResult 方法中获得所选的蓝牙设备，并连接设备，代码如下：

```
//  选择服务器之后进行连接
protected void onActivityResult(int requestCode, int resultCode, Intent data)
{
    if (requestCode != 0x1)
    {
        return;
    }
    if (resultCode != RESULT_OK)
    {
        return;
    }
    //  获得选中的蓝牙设备
    final BluetoothDevice device = data
            .getParcelableExtra(BluetoothDevice.EXTRA_DEVICE);
    new Thread()
    {
        public void run()
        {
            //  连接选中的设备
            connect(device);
        };
    }.start();
}
```

　　其中 connect 方法负责连接作为服务端的蓝牙设备，代码如下：

```
protected void connect(BluetoothDevice device)
{
    BluetoothSocket socket = null;
    try
    {
        //  创建一个 Socket 连接：只需要服务器在注册时的 UUID
        socket = device.createRfcommSocketToServiceRecord(UUID
                .fromString("a62e35a0-a21b-11fe-8a39-08112010c888"));
        //  连接设备
```

```
            socket.connect();
        }
        catch (IOException e)
        {
        } finally
        {
            if (socket != null)
            {
                try
                {
                    socket.close();
                }
                catch (IOException e)
                {

                }
            }
        }
    }
}
```

在连接服务器时必须使用在服务端注册的 UUID。

服务端需要启动一个监听线程来处理客户端的请求，代码如下：

```
private Thread serverWorker = new Thread()
{
    public void run()
    {
        listen();
    };
};
protected void listen()
{
    try
    {
        // 创建蓝牙服务器的 UUID，  客户端需要使用这个 UUID
        serverSocket = bluetooth
                .listenUsingRfcommWithServiceRecord(
                        PROTOCOL_SCHEME_RFCOMM,
                        UUID.fromString("a62e35a0-a21b-11fe-8a39-08112010c888"));
        // 客户端在线列表
        final List<String> lines = new ArrayList<String>();
        handler.post(new Runnable()
        {
            public void run()
            {
                lines.add("服务器已启动...");
                ArrayAdapter<String> adapter = new ArrayAdapter<String>(
                        ServerSocketActivity.this,
                        android.R.layout.simple_list_item_1, lines);
                setListAdapter(adapter);
            }
        });
        //  接受客户端的连接请求
        BluetoothSocket socket = serverSocket.accept();
        // 处理请求内容
        if (socket != null)
        {
            InputStream inputStream = socket.getInputStream();
            int read = -1;
            final byte[] bytes = new byte[2048];
            for (; (read = inputStream.read(bytes)) > -1;)
            {
                final int count = read;
                handler.post(new Runnable()
```

```
                        {
                            public void run()
                            {
                                StringBuilder b = new StringBuilder();
                                for (int i = 0; i < count; ++i)
                                {
                                    if (i > 0)
                                    {
                                        b.append(' ');
                                    }
                                    String s = Integer.toHexString(bytes[i] & 0xFF);
                                    if (s.length() < 2)
                                    {

                                        b.append('0');
                                    }
                                    b.append(s);
                                }
                                String s = b.toString();
                                lines.add(s);
                                ArrayAdapter<String> adapter = new ArrayAdapter<String>(
                                        ServerSocketActivity.this,
                                        android.R.layout.simple_list_item_1, lines);
                                setListAdapter(adapter);
                            }
                        });
                    }
                }
            }
            catch (IOException e)
            {
            } finally
            {
            }
        }
```

最后在 onCreate 方法中调用如下代码启动服务端：

```
serverWorker.start();
```

20.5 OBEX 服务器

OBEX 并不是蓝牙本身的协议。该协议是由无线数据协会创建的，通过 OBEX 协议可以创建出能够在任何传输机制（例如，红外、TCP/IP）上运行的应用程序。

蓝牙协议栈中的 OBEX 层实际是面向蓝牙设备间的文件传输而优化的，所以可以像传统的 FTP 一样使用。OBEX 应用程序拥有像 GET 和 PUT 这样的操作。

在 Android 中使用 OBEX 作为服务器也很简单，首先需要使用如下代码创建 BluetoothServerSocket 对象：

```
BluetoothServerSocket server =
    BluetoothAdapter.getDefaultAdapter().listenUsingRfcommWithServiceRecord("OBEX", null);
```

然后要使用 start 方法开始服务，代码如下：

```
BluetoothSocket socket = _server.accept();
```

在获得 BluetoothSocket 对象后，就可以使用 getInputStream 和 getOutputStream 方法获得用于输入和输出的 InputStream 和 OutputStream 对象。InputStream 对象负责从客户端读取数据，OutputStream 对象负责向客户端发送数据。关于 OBEX 服务器的详细实现，读者可以参阅本章提供的源代码。

```
InputStream inputStream = socket.getInputStream();
OutputStream outputStream = socket.getOutputStream();
```

20.6　本章小结

　　从 Android 2.0 开始全面支持蓝牙技术。本章介绍了 Android 2.x 关于蓝牙的各种基本使用方法。其中包括打开和关闭蓝牙、搜索蓝牙设备、蓝牙 Socket 以及 OBEX。由于 Android 模拟器无法测试蓝牙程序，因此，读者需要在安装 Android 2.0 及以上版本的手机上运行本章的例子。

第四部分　OPhone 篇——进入 OPhone 世界

21

OPhone 入门

智能手机大战已经拉开序幕。智能手机的核心——移动操作系统，自然会首当其冲地成为众厂商和运营商眼中的梅花鹿，从而上演了一场移动操作系统的群雄逐鹿。谁拥有了对移动操作系统的控制权，谁就会成为游戏规则的制定者。

自从 Google 推出 Android 以来，国内外众多的厂商或个人都对 Android 进行了不同程度的定制。在国内最先对 Android 感兴趣的当属中国移动。中国移动及播思公司通过一年多的研发，在 Android 的基础上经过深度定制，诞生了 OMS（Open Mobile System）。安装 OMS 的手机可称为 OPhone。目前已有数家手机厂商生产 OPhone 手机，其中包括摩托罗拉、多普达、HTC（多普达的母公司）、Dell 等知名厂商。

 本章内容

- 📖 OPhone 的系统架构
- 📖 JIL Widget 的运行环境
- 📖 安装 ODT 和 WDT 插件
- 📖 在真机上调试程序

21.1 OPhone 平台概述

OPhone 平台是在 Android 基础上扩展而成的移动操作系统。从理论上说，Android 应用程序可以在同版本或更高版本的 OPhone 平台上运行。在作者写作本书时，OPhone 的最新版本是 1.5。该版本兼容 Android 1.5，也就是说，可以在 Android 1.5 中运行的程序，也可以在 OPhone 1.5 中运行。由于 OPhone 1.5 在 Android 1.5 的基础上加入了一些扩展 API，所以如果在 OPhone 1.5 平台上运行的程序使用了这些扩展 API，则无法在 Android 1.5 平台上运行。

21.1.1 OPhone 的系统架构

OPhone 的系统架构与 Android 的系统架构类似，但 OPhone 比 Android 多了一个 Widget 应用程序。我们可以按译音将 Widget 称为"微技"。要注意的是，不要将 Android Widget、App Widget 和 Widget 混淆。Android Widget 是指在 Android 中使用的组件（例如，TextView、Button 等）；App Widget 是指可放在桌面上的小部件；Widget 指的是基于互联网的 Web 小应用。Android Widget 和 App Widget 的运行都依赖于应用程序框架（Application Framework），而 Widget 的运行依赖于 BAE（Browser based Application Engine，基于浏览器技术的应用引擎）。部署在移动终端（OPhone 手机）上的 BAE 主要运行 JIL Widget（由中国移

动与沃达丰、软银共同定义的 Widget 标准），为了避免混淆，本书将 Widget 称为 JIL Widget。这里 JIL 是指联合创新实验室（Joint Innovation Lab）。OPhone 的系统架构如图 21.1 所示。

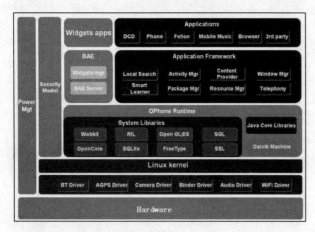

图 21.1　OPhone 的系统架构

21.1.2　JIL Widget 的运行环境

上一节已经知道了 OPhone 平台带了一个 BAE 引擎，在该引擎上运行的程序叫 Widget。虽然在 OPhone 平台上的 BAE 主要运行的是 JIL Widget，但目前 BAE 也能兼容很多互联网上流行的 Widget，例如，App Dashboard Widget。

那么 JIL Widget 到底是一种什么样的程序呢？直接地说，就是 HTML+CSS+JavaScript+Webkit 的解决方案。可能很多读者会感到奇怪，怎么没找到 Java。这个问题算问到点上了。编写 JIL Widget 程序根本不需要 Java 语言。也就是说，JIL Widget 是一个完全用 Web 技术写的应用程序，所不同的是这个应用程序会自动调用基于 Webkit 内核的浏览器来运行。

虽然 JIL Widget 应用程序由 HTML、CSS 和 JavaScript 写成，但可以通过 JavaScript 核心扩展模块中的 API 访问 OPhone 中的 API，例如，获得系统信息、播放视频、文件存储等。这些功能有些类似第 9 章的实例 57。在这个实例中通过 JavaScript 调用 Java 方法，也同样可以访问 Android/OPhone 中的 API。

21.1.3　OPhone 应用程序展示

OPhone 的模拟器与 Android 的模拟器类似，只是在界面上稍有不同。OPhone 平台的界面模拟了 iPhone 的界面，将图标都放在桌面上，如图 21.2 所示。OPhone 应用程序在界面风格上与 Android 应用程序也有一定的差异，例如，图 21.3 是一个世界时钟的应用程序，通过右上角的箭头可以关闭该程序。

图 21.2　OPhone 平台的主界面

图 21.3　世界时钟

21.2　OPhone 开发环境搭建

OPhone 的开发环境仍然是 Eclipse + ADT。由于是开发 OPhone 程序，所以将 ADT 称为 ODT。而开发 JIL Widget 程序要用到另外一个 Eclipse 插件 WDT。在安装 ODT 和 WDT 之前，需要先安装 OPhone SDK，下载地址如下：

http://www.ophonesdn.com/resource/sdk15

21.2.1　安装 ODT 和 WDT

与 ADT 不同的是，ODT 和 WDT 是同 OPhone SDK 一起发布的，读者可以在<OPhone SDK 安装目录>\tools\ophone 目录找到 ODT-0.9.0.zip 和 JIL-WDT-1.1.zip 两个文件。要注意的是，由于插件版本问题，开发 OPhone 程序不能使用 ADT。

安装 ODT 的 Eclipse 只要支持 Java 即可，但安装 WDT 的 Eclipse 必须支持 Java EE，因此，为了在 Eclipse 中同时安装 ODT 和 WDT，需要下载 Eclipse IDE for Java EE Developers 。

安装 ODT 和 WDT 的方法与安装 ADT 的方法类似，只是在输入插件位置时需要选择 OPhone 安装目录中的插件安装包（ODT-0.9.0.zip 和 JIL-WDT-1.1.zip）。选择这两个 zip 文件后，按提示一步步操作即可。安装成功后，会在【New】对话框中找到【OPhone】和【Widget】两个节点，分别用来创建 OPhone 和 JIL Widget 工程。

21.2.2　测试一下 ODT 是否安装成功

OPhone 工程与 Android 工程的创建方法类似。单击【New】>【OPhone Project】菜单项，打开【New OPhone Project】对话框。在该对话框中只有【Android 1.5】一项，而且是自动选中的，如图 21.4 所示。输入工程名、应用程序名、包名、主类名后，单击【Finish】按钮创建 OPhone 工程。其中最新的 SDK 版本号并不需要输入，OPhone 会自适应当前的 OPhone 版本。

在创建完 OPhone 工程后，直接通过单击【OPhone Application】菜单项运行程序即可。

21.2.3　测试一下 WDT 是否安装成功

在【New】对话框双击【Widget】节点下的【Widget Project】子节点进入创建 JIL Widget 工程的界面，只需输入一个工程名即可。在创建完 JIL Widget 工程后，通过【Widget Application】菜单项运行 JIL Widget。如果出现如图 21.5 所示的效果，说明 WDT 安装成功。

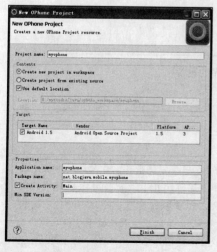

图 21.4　创建 OPhone 工程

图 21.5　JIL Widget 的运行效果

21.3 在真机上调试程序

在 14.1 节曾讲过如何在真机上测试 Android 应用程序。然而大多数 OPhone 程序虽然可以在 Android 手机上运行，但在布局、界面效果等方面还是存在着一定的差异。因此，开发 OPhone 应用程序最好直接在 OPhone 手机上进行测试。

作者在写作本书时使用的手机型号是 Dell Mini 3i，由于这款手机在发售时装的是 OPhone1.0（与 Android1.1 对应），而 OPhone1.0 不支持在真机上调试，只支持在真机上安装程序。因此，要想在 Dell Mini 3i 上调试程序，需要将 Dell Mini 3i 的系统升级到 OPhone 1.5（与 Android 1.5 对应）或更高版本。由于 Dell 并没有为该机型提供 OPhone 1.5 的 ROM，因此，需要使用与该机型类似的其他 Mini 系列手机的 ROM 为其升级，例如，Dell Mini 3iw，该机型只比 Dell Mini 3i 多了个 WIFI 功能。

如果读者使用了其他预装 OPhone 1.5 或以上版本的 OPhone，则无需为手机升级便可以在手机上调试程序。在手机上调试程序需要做一些准备工作。首先需要使用 USB 数据线连接 PC 和手机，连接后，在手机上会显示如图 21.6 所示的连接模式菜单，选择最后的【ADB】菜单项。然后在 PC 上安装手机的驱动。为了测试是否可在手机上调试程序，可以使用"91 手机助手"或其他类似的软件来访问手机中的资源，例如，浏览 SD 卡中的文件。如果访问正常，说明可以在手机上调试程序。要注意的是，在启动"91 手机助手"的过程中，可能会提示用户安装一些驱动，读者可按提示进行操作。

现在我们来启动 Eclipse，并运行在 21.2 节建立的两个程序，如果读者成功完成了前面的准备工作，会发现这些程序将直接在手机上运行。如果在运行程序前，已经启动了其他的设备（可能是连接到 PC 的其他手机，或是 Android/OPhone 模拟器），在运行程序时会显示如图 21.7 所示的选择对话框。读者可以选择在哪个设备上运行程序。

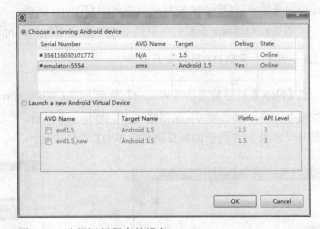

图 21.6 选择 USB 数据线的连接模式 　　　图 21.7 选择运行程序的设备

经作者测试，在 Dell Mimi 3i 手机上可以使用本节介绍的方法直接在手机上运行 OPhone 程序和 JIL Widget 程序，但无法通过设置断点的方式进行调试。读者在测试程序时应注意这一点。

以前在 OPhone 1.0 中截屏是很麻烦的。不过在 OPhone 1.5 中要方便很多。最简单的方法是使用 DDMS 透视图中的相应功能截获手机屏幕的图像。但要注意，ODT 带的 DDMS 透视图的截屏功能有时无法成功截屏，在这种情况下多次单击【Refresh】按钮即可。除此之外，不同的 OPhone 手机可能提供了不同的截屏方法。例如，在 Dell Mini 3i 中可以通过按下手机左侧第 2 个按钮的同时按下手机右侧第 3 个按钮的方法截屏，截屏后的图像保存在 SD 卡的 screensnap 目录中。截屏图像的格式是 PNG。

最后我们来看一下在 Dell Mini 3i 手机上运行一些 OPhone 和 JIL Widget 程序的效果（如图 21.8 至图 21.13 所示）。

图 21.8 搜索 API

图 21.9 JIL Widget（文件管理）

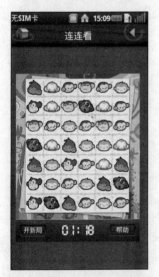

图 21.10 JIL Widget（连连看）

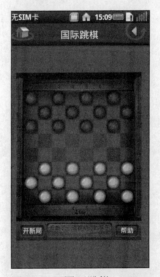

图 21.11 国际跳棋

图 21.12 英文词典

图 21.13 Gallery 和 ImageSwitcher 组件演示

21.4　本章小结

　　OPhone 并不是全新的平台，而是在 Android 基础上深度定制的移动操作系统。在 Android 的基础上修改了底层的 UI，并加入了一些中国移动及第三方的应用。OPhone 平台可以运行两类程序：OPhone 和 JIL Widget。OPhone 程序与 Android 程序相同，而 JIL Widget 是一种基于 Web 的解决方案。并不需要使用 Java 语言编写。但可以通过 JavaScript 调用 OPhone 平台的部分 API 来进行。不管是 OPhone 程序，还是 JIL Widget 程序，都可以在 OPhone 1.5 及以上版本的手机上直接调试，但要做些准备工作，例如，使用 USB 数据线连接手机和 PC，安装相应的驱动等。

22

OPhone 的 API 扩展

OPhone 和 Android 的 API 基本一致，在 Android 平台有的功能 OPhone 平台都有。但 OPhone 又在 Android 的基础上加了一些功能，这也就意味着 OPhone API 是 Android API 的一个超集。本章将主要介绍这些 API 扩展中的视频电话和搜索 API。

 本章内容

 📖 拨打和挂断视频电话
 📖 搜索 API

22.1 视频电话

在 OPhone 1.5 中加入了拨打视频电话的功能。通过前置摄像头，并且搭配 3G 网络，可以像视频聊天一样打电话。本节介绍如何用程序来拨打和停止视频电话，并在最后给出一个完整的拨打视频电话的例子。

22.1.1 拨打视频电话

拨打视频电话的界面实际上和拨打普通电话一样，也是一个 Activity。而且这个 Activity 也提供了一个 Action，通过这个 Action，外部的任何程序都可以拨打视频电话。

拨打视频电话的 Action 是 oms.vt.VTController.ACTION_LAUNCH_VTCALL。通过下面的代码可拨打视频电话。

```
Intent intent = new Intent(VTController.ACTION_LAUNCH_VTCALL);
intent.addCategory(Intent.CATEGORY_DEFAULT);
intent.setFlags(Intent.FLAG_ACTIVITY_NEW_TASK
        | Intent.FLAG_ACTIVITY_EXCLUDE_FROM_RECENTS);
intent.putExtra(VTController.EXTRA_CALL_OR_ANSWER, true);
intent.putExtra(VTController.EXTRA_LAUNCH_MODE, 1);
intent.putExtra(VTController.EXTRA_PHONE_URL, 12345678);
startActivity(intent);
```

除了指定拨打视频电话的 Action 外，还需要指定一些标志和数据。例如，通过 VTController.EXTRA_PHONE_URL 可指定要拨打的电话号。

22.1.2 挂断视频电话

在调用拨打视频电话程序后，会显示如图 22.1 所示的视频电话通话界面，通过单击【挂断】按钮可挂断视频电话。在屏幕的左上角显示了一个正在拨打视频电话的标志，如果挂断视频电话，该标志将消失。

除此之外，还可以通过如下代码挂断视频电话：

```
sendBroadcast(new Intent(VTController.ACTION_STOP_VTCALL));
```

不管使用哪种方式挂断视频电话，在挂断后都会显示如图 22.2 所示的通话状态信息。

图 22.1　视频电话通话界面

图 22.2　通话状态信息

实例 81：可拨打视频电话的程序

　　工程目录：src\ch22\ch22_vtapi

本例实现一个完整的拨打和挂断视频电话的例子。屏幕上的主要组件有两个按钮和一个文本框，如图 22.3 所示。在文本框中输入电话号后，单击【拨打视频电话】按钮即可拨打视频电话。在接听电话的过程中，单击【挂断视频电话】按钮即可挂断视频电话。

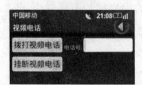

图 22.3　拨打和挂断视频

【拨打视频电话】按钮的单击事件方法的代码如下：

```java
public void onClick(View v)
{
    EditText inputTo = (EditText) Main.this.findViewById(R.id.input_to);
    //  获得要拨打的电话号
    String number = inputTo.getText().toString();
    if (number == null || number.length() == 0)
    {
        printLog("请输入一个电话号.");
        return;
    }
    // 开始拨打视频电话
    Intent intent = new Intent(VTController.ACTION_LAUNCH_VTCALL);
    intent.addCategory(Intent.CATEGORY_DEFAULT);
    intent.setFlags(Intent.FLAG_ACTIVITY_NEW_TASK
            | Intent.FLAG_ACTIVITY_EXCLUDE_FROM_RECENTS);
    intent.putExtra(VTController.EXTRA_CALL_OR_ANSWER, true);
```

```
        intent.putExtra(VTController.EXTRA_LAUNCH_MODE, 1);
        intent.putExtra(VTController.EXTRA_PHONE_URL, number);
        startActivity(intent);
        printLog("已经呼叫的号码： " + number);
}
```

【挂断视频电话】按钮的单击事件方法的代码如下：

```
public void onClick(View v)
{
        // 挂断视频电话
        sendBroadcast(new Intent(VTController.ACTION_STOP_VTCALL));
        printLog("挂断视频电话");
}
```

22.2 搜索 API

本节的例子代码所在的工程目录是 src\ch22\ch22_searchapi

OPhone 提供了一套搜索本机数据的 API，通过这套 API 可以模糊查找包含指定关键字的信息。这些信息可能来自不同的地方，例如，联系人、备份、浏览器书签等。搜索结果以 Cursor 对象的形式返回。实际上，这套 API 使用在 6.6 节介绍的 ContentProvider 技术进行搜索，代码如下：

```
Cursor cursor = getContentResolver().query(
        Uri.parse(oms.servo.search.SearchProvider.CONTENT_URI), null, word, null, null);
```

其中 word 是 String 类型的变量，表示搜索关键字。在获得搜索结果（Cursor 对象）后，可以使用下面的代码输出结果信息。

```
while (cursor.moveToNext())
{
        textView.append("\n\nITEM " + cursor.getPosition() + "\n");
        Bundle extras = new Bundle();
        extras = cursor.respond(extras);
        // 显示查询结果
        showField(extras, SearchProvider.FIELD_ID);
        showField(extras, SearchProvider.FIELD_TITLE);
        showField(extras, SearchProvider.FIELD_TIME);
        showField(extras, SearchProvider.FIELD_MIME);
        showField(extras, SearchProvider.FIELD_CONTACTS_NAME);
        showField(extras, SearchProvider.FIELD_EMAIL_SENDER);
        showField(extras, SearchProvider.FIELD_EMAIL_RECEIVER);
        showField(extras, SearchProvider.FIELD_EMAIL_SUBJECT);
        showField(extras, SearchProvider.FIELD_SMS_SENDER);
        showField(extras, SearchProvider.FIELD_MMS_SENDER);
        showField(extras, SearchProvider.FIELD_MMS_RECEIVER);
        showField(extras, SearchProvider.FIELD_FILE_SIZE);
        showField(extras, SearchProvider.FIELD_CALL_NAME);
        showField(extras, SearchProvider.FIELD_CALL_DURATION);
        showField(extras, SearchProvider.FIELD_CALL_TYPE);
}
```

其中 showField 方法用于显示具体的结果信息，代码如下：

```
private void showField(Bundle extras, String field)
{
        String value = extras.getString(field);
        if (value != null)
            textView.append("\n" + field + ":" + value);
}
```

运行本例后，在文本框中输入一个搜索关键字，例如，"b"，然后单击【搜索】按钮，查询结果如图 22.4 所示。可以看出，搜索结果中的信息来源于不同的地方。

图 22.4   搜索结果

22.3   本章小结

本章主要介绍了 OPhone 与 Android 的差异部分。虽然 OPhone 与 Android 基本兼容，但 OPhone 平台仍然提供了一些 Android 没有的 API，其中就有本章介绍的视频电话和搜索 API。如果开发人员使用了这些 API，就意味着 OPhone 应用程序将无法运行在 Android 平台上。

JIL Widget 开发详解

JIL Widget 是 OPhone 平台的另一类重要的程序，编写 JIL Widget 程序并不需要使用 Java 语言。实际上，JIL Widget 程序是 HTML、CSS、JavaScript 的组合。要开发 JIL Widget 程序需要用到 JIL Widget SDK，通过 SDK 中的 API 可以访问部分 Android 平台的功能。本章将介绍 JIL Widget SDK 中常用的 API，读者通过对本章的学习，可以了解如何使用 JIL Widget SDK API 来开发程序，并可查阅官方文档了解其他 API 的使用方法。

 本章内容

- 播放音频
- 播放视频
- 获得与文件相关的信息
- 操作文件和文件夹
- 获得电池、手机信号、设备和设备状态信息
- 拍照和摄像
- 打电话
- 手机震动

23.1 编写第一个 JIL Widget 程序

本节的例子代码所在的工程目录是 src\ch23\ch23_firstwidget

在 21.2.3 节曾建立了一个 JIL Widget 工程。WDT 为这个工程生成了一个基本的 JIL Widget 程序的框架。这个框架的页面由一个 <div> 标签和一个子 <div> 标签组成，代码如下：

```
<div id="front">
    <div id="hello">Hello Widget!</div>
</div>
```

运行程序后，就会显示如图 21.5 所示的页面。本节的例子会修改这个基本的框架代码，使其单击后可以浏览网页。JIL Widget SDK 提供了一套 API，通过这套 API 可以访问部分 OPhone SDK 的 API。JIL WidgetSDK 中有一个核心的类：Widget。该类有一些静态的字段和方法，通过这些字段和方法，可以调用 JIL Widget SDK 中相应功能的 API。例如，浏览网页的方法是 Widget 类中的 openURL，因此，可以使用如下代码访问指定的网页：

```
Widget.openURL('http://nokiaguy.blogjava.net');
```

现在将上面的代码放在模板的相应位置，代码如下：

```
<div id="front">
    <div id="hello">
        <a href="javascript:Widget.openURL('http://nokiaguy.blogjava.net');"
            style="color: white">打开网页</a>
    </div>
</div>
```

运行 ch23_firstwidget 工程，会显示如图 23.1 所示的页面，单击页面中的链接，会调用 WebView 浏览器来访问指定的网页。

 注意　调用 JIL Widget SDK 的 API 不需要使用<script>标签引用任何脚本文件，直接调用即可。

从如图 23.1 所示的页面可以看出，在页面的下方有一个区域，该区域显示了已经安装在本机的 JIL Widget 程序。当单击区域上方的向下箭头后，该区域会隐藏，如图 23.2 所示。在 OPhone 平台中也提供了很多好玩的 JIL Widget 程序，例如，图 23.3 是一个用 JIL Widget SDK 开发的连连看游戏。

图 23.1　程序运行效果

图 23.2　隐藏 JIL Widget 程序区域

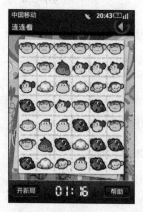

图 23.3　连连看游戏

再看一下 JIL Widget 工程的目录结构，如图 23.4 所示。

JIL Widget 工程的结构比 OPhone 程序的结构简单得多。工程中只有一个 bin 目录，该目录保存了生成的 wgt 文件，该文件相当于 OPhone 程序的 apk 文件。安装方法与 apk 文件相同，在手机上的文件浏览器中选中 wgt 文件，并按提示一步步去做即可。

我们发现，在工程中有一个 config.xml 文件，该文件相当于 OPhone 工程中的 AndroidManifest.xml 文件。在 config.xml 文件中可以设置 JIL Widget 程序的图标、标题等信息。在作者使用的 WDT 版本中不允许直接编辑 config.xml 文件，因此，需要通过可视化界面修改相应的配置信息，如图 23.5 所示。

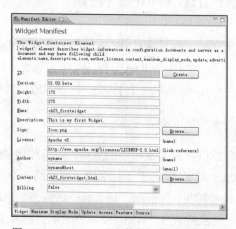

图 23.4　JIL Widget 工程的目录结构

图 23.5　config.xml 文件的可视化设置界面

其中 Height 和 Width 表示界面的高度和宽度，Name 表示程序的标题，Icon 表示程序的图标，Content

表示程序启动时最先显示的页面，相当于 Web 程序的主页。

23.2　多媒体

本节的例子代码所在的工程目录是 src\ch23\ch23_multimedia

多媒体（播放音频和视频）主要依赖 AudioPlayer 和 VideoPlayer 类。通过这两个类可以播放 OPhone 平台支持的音频和视频格式，并可判断当前的状态，例如，是否正在播放音频或视频。运行本节的例子，会显示如图 23.6 所示的主页面，可以单击相应的菜单项观看各种多媒体 API 的演示。

图 23.6　多媒体 API 演示程序的主页面

23.2.1　播放音频

打开音频文件需要调用 AudioPlayer 类的 open 方法，代码如下：

```
var fileUrl = "/song.mp3";
Widget.Multimedia.AudioPlayer.open(fileUrl);
```

在打开音频文件后，可以使用下面的代码播放音频。

```
var repeatTimes = 3;
Widget.Multimedia.AudioPlayer.play(repeatTimes);
```

其中 play 方法的参数表示播放音频的次数。在这里 play 方法的参数值是 3，表示播放 3 次后停止播放。

除此之外，还可以对正在播放的音频进行暂停、恢复和停止操作，代码如下：

```
// 暂停正在播放的音频
Widget.Multimedia.AudioPlayer.pause();
// 恢复暂停的音频
Widget.Multimedia.AudioPlayer.resume();
// 停止正在播放的音频
Widget.Multimedia.AudioPlayer.stop();
```

AutoPlayer 类还有一个 onStateChange 事件，用于监听播放过程中的状态，下面的代码设置了该事件，并将显示相应的播放状态。

```
Widget.Multimedia.AudioPlayer.onStateChange = audiostateChangecback;
function audiostateChangecback(state)
{
    document.getElementById("textdivshowResult").innerHTML = "Audio player state is " + state;
}
```

通过如下代码可以判断音频是否正在播放：

```
if (Widget.Multimedia.isAudioPlaying)
    document.getElementById("textdivshowResult").innerHTML = "Result : " + "Audio is playing ";
else
    document.getElementById("textdivshowResult").innerHTML = "Result : " + "Audio is not playing";
```

可以单击【播放音频】菜单项进入如图 23.7 所示的页面，单击相应的菜单项测试各种音频 API。

23.2.2 播放视频

打开视频文件需要调用 **VideoPlayer** 类的 **open** 方法，代码如下：

```
var fileUrl = "/test.mp4";
Widget.Multimedia.VideoPlayer.open(fileUrl);
```

在打开视频文件后，可以使用下面的代码播放视频。

```
var repeatTimes = 3;
Widget.Multimedia.VideoPlayer.play(repeatTimes);
```

其中 play 方法的参数表示播放视频的次数。在这里 play 方法的参数值是 3，表示播放 3 次后停止播放。

除此之外，还可以对正在播放的视频进行暂停、恢复和停止操作，代码如下：

```
//  暂停正在播放的视频
Widget.Multimedia.VideoPlayer.pause();
//  恢复暂停的视频
Widget.Multimedia.VideoPlayer.resume();
//  停止正在播放的视频
Widget.Multimedia.VideoPlayer.stop();
```

VideoPlayer 类还有一个 **onStateChange** 事件，用于监听播放过程中的状态，下面的代码设置了该事件，并将显示相应的播放状态。

```
Widget.Multimedia.AudioPlayer.onStateChange = stateChange;
function stateChange(state)
{
    document.getElementById("videocurrentstatus").innerHTML = "Current player state is "+ state;
}
```

通过如下代码可以判断视频是否正在播放：

```
if (Widget.Multimedia.isVideoPlaying)
    document.getElementById("textdivshowResult").innerHTML = "Result : " + "Video is playing ";
else
    document.getElementById("textdivshowResult").innerHTML = "Result : " + "Video is not playing";
```

通过如下代码可以停止所有正在播放的音频和视频：

```
Widget.Multimedia.stopAll();
```

可以单击【播放视频】菜单项进入如图 23.8 所示的页面，单击相应的菜单项测试各种视频 API。

图 23.7　音频 API 测试页面

图 23.8　视频 API 测试页面

23.3　操作文件

本节的例子代码所在的工程目录是 src\ch23\ch23_file

操作文件主要依赖 Device 和 File 类，通过这两个类可以获得与文件相关的信息，也可以对文件进行复制、删除、移动等操作。运行本节的例子，会显示如图 23.9 所示的主页面，可以单击相应的菜单项观看各种文件 API 的演示。

图 23.9 操作文件 API 演示程序的主页面

23.3.1 获得与文件相关的信息

首先需要创建一个 File 对象，代码如下：

```
var file = new Widget.Device.File();
```

在创建一个新文件时总会有一个创建时间，通过 File 类的 lastModifyDate 字段可以获得文件的创建时间，代码如下：

```
document.getElementById("textdivshowResult").innerHTML = "Result : " + file.lastModifyDate;
```

通过 File 类的 fileName 字段可以获得文件名，代码如下：

```
file.fileName = 'test.txt';
document.getElementById("textdivshowResult").innerHTML = "Result : " + file.fileName;
```

在建立文件时需要指定文件的位置，也就是文件的存放路径。通过 File 类的 filePath 字段可以设置和获得文件路径，代码如下：

```
file.filePath = '/sdcard/';
document.getElementById("textdivshowResult").innerHTML = "Result: " + file.filePath;
```

通过 File 类的 fileSize 字段可以获得文件的尺寸，代码如下：

```
document.getElementById("textdivshowResult").innerHTML = "Result : " + file.fileSize;
```

通过 File 类的 isDirectory 方法可以设置和获得 File 对象指定的是文件还是目录，代码如下：

```
file.isDirectory = true;
document.getElementById("textdivshowResult").innerHTML = "Result : " + file.isDirectory;
```

通过 File 类的 lastModifyDate 方法还可以获得文件的最后修改时间。

```
document.getElementById("textdivshowResult").innerHTML = "Result : " + v.lastModifyDate;
```

23.3.2 操作文件

Device 类也提供了很多操作文件的方法，这些方法及其功能如下：

1. copy：复制文件

copy 方法有两个参数，第 1 个参数表示源文件名，第 2 个参数表示目标文件名。使用 copy 方法复制文件的代码如下：

```
var sourceFilePath = "/sdcard/test1.txt";
var destinationFilePath = "/sdcard/test2.txt";
if (isNotEmpty(sourceFilePath) && isNotEmpty(destinationFilePath)){
    var b = Widget.Device.copyFile(sourceFilePath, destinationFilePath);
}
if (b) {
    document.getElementById("textdivshowResult").innerHTML = "Result : Success! Copy file /sdcard/test1.txt to /sdcard/test2.txt.";
} else {
    document.getElementById("textdivshowResult").innerHTML = "Result : Fail! Copy file /sdcard/test1.txt to /sdcard/test2.txt.";
}
```

2. getFile：获得 File 对象

通过 getFile 方法可以获得指定文件的 File 对象，代码如下：

```
var filePath = "/sdcard/test1/f1.txt";
var file = null;
if (isNotEmpty(filePath)){
    file = Widget.Device.getFile("/sdcard/test1/f1.txt");
}
if (file) {
    //  输出与文件相关的信息
    document.getElementById("textdivshowResult").innerHTML = "Result : Get file, "
            + "fileName: " + file.fileName
            + ", filePath: " +
            + file.filePath
            + ", isDirectory: " +
            + file.isDirectory
            + ", fileSize: " +
            + file.fileSize
            + ", createDate: " +
            + file.createDate
            + ", lastModifyDate: " +
            + file.lastModifyDate;
} else {
    document.getElementById("textdivshowResult").innerHTML = "Result : can not get file";
}
```

3. deleteFile：删除文件

通过 deleteFile 方法可以删除一个指定的文件，代码如下：

```
var filePath = "/sdcard/test1/f1.txt";
if (isNotEmpty(filePath)){
    var b = Widget.Device.deleteFile(filePath);
}
if (b) {
    document.getElementById("textdivshowResult").innerHTML = "Result : Success! Delete file /sdcard/test2.txt.";
} else {
    document.getElementById("textdivshowResult").innerHTML = "Result : Fail! Delete file /sdcard/test2.txt.";
}
```

4. moveFile：移动文件

也可以通过移动文件的方式来修改文件名，代码如下：

```
var source = "/sdcard/f1.txt";
var dest = "/sdcard/f2.txt";
var b = null;
if (isNotEmpty(source) && isNotEmpty(dest)){
    //  将 f1.txt 改名为 t2.txt
    b = Widget.Device.moveFile(source, dest);
}
if (b) {
    document.getElementById("textdivshowResult").innerHTML = "Result : Success! Move file /sdcard/test1.txt to /sdcard/test2.txt.";
} else {
    document.getElementById("textdivshowResult").innerHTML = "Result : Fail! Move file /sdcard/test1.txt to /sdcard/test2.txt.";
}
```

5. findFiles：搜索文件

findFiles 方法可以搜索指定的文件，并返回指定数目的搜索结果，代码如下：

```
var file = new Widget.Device.File();
file.fileName = "f1.txt";
var beginIndex = 0;
var endIndex = 99;
Widget.Device.onFilesFound = function(searchFiles) {
    if (searchFiles && searchFiles.length > 0) {
        document.getElementById("textdivshowResult").innerHTML = "Result count: "
                + searchFiles.length
                + ". The first file: "
                + "fileName: "
                + searchFiles[0].fileName
```

```
                    + ", filePath: "
                    + searchFiles[0].filePath
                    + ", fileSize: "
                    + searchFiles[0].fileSize
                    + ", createDate: "
                    + searchFiles[0].createDate;
        } else {
            document.getElementById("textdivshowResult").innerHTML = "Result : no search results";
        }
    };
    Widget.Device.findFiles(file, beginIndex, endIndex);
```

其中 fileFiles 方法的第 1 个参数表示要搜索的文件名，第 2 个参数表示返回搜索结果的子集在搜索结果中的开始索引，第 3 个参数表示返回搜索结果的子集在搜索结果中的结束索引。

6. createFile：创建文件

通过 createFile 方法可以创建一个文件，如果创建成功，返回 true，否则返回 false，代码如下：

```
var destFile = "/sdcard/f3.txt";
var b = null;
if (isNotEmpty(destFile)){
    b = Widget.Device.createFile(destFile);
}
if (b) {
    document.getElementById("textdivshowResult").innerHTML = "Result : Success! Create file /sdcard/test3.txt.";
} else {
    document.getElementById("textdivshowResult").innerHTML = "Result : Fail! Create file /sdcard/test3.txt.";
}
```

23.3.3　操作文件夹

Device 类中操作文件夹的方法及功能如下：

1. createFolder：创建文件夹

createFolder 方法可以创建一个空的文件夹，如果创建成功，返回 true，否则返回 false，代码如下：

```
var destPath = "/sdcard/hoho/";
var b = null;
if (isNotEmpty(destPath)){
    b = Widget.Device.createFolder(destPath);
}
if (b) {
    document.getElementById("textdivshowResult").innerHTML = "Result : Success! Create folder /sdcard/hoho/.";
} else {
    document.getElementById("textdivshowResult").innerHTML = "Result : Fail! Create folder /sdcard/hoho/.";
}
```

2. copyFolder：复制文件夹

copyFolder 方法可以复制指定的文件夹，代码如下：

```
var sourcePath = "/sdcard/test1/";
var destPath = "/sdcard/test2/";
var b = null;
if (isNotEmpty(sourcePath) && isNotEmpty(destPath)){
    b = Widget.Device.copyFolder(sourcePath, destPath);
}
if (b) {
    document.getElementById("textdivshowResult").innerHTML = "Result : Success! Copy folder /sdcard/test1/ to /sdcard/test2/.";
} else {
    document.getElementById("textdivshowResult").innerHTML = "Result : Fail! Copy folder /sdcard/test1/ to /sdcard/test2/.";
}
```

3. deleteFolder：删除文件夹

deleteFolder 方法可以删除指定的文件夹，代码如下：

```
var path = "/sdcard/test2/";
var b = null;
```

```
if (isNotEmpty(path)){
    b = Widget.Device.deleteFolder(path);
}
if (b) {
    document.getElementById("textdivshowResult").innerHTML = "Result : Success! Delete folder /sdcard/test2/.";
} else {
    document.getElementById("textdivshowResult").innerHTML = "Result : Fail! Delete folder /sdcard/test2/.";
}
```

4. moveFolder：移动文件夹

可以使用 moveFolder 方法修改文件夹的名称，代码如下：

```
var sourcePath = "/sdcard/test1/";
var destPath = "/sdcard/test2/";
var b = null;
if (isNotEmpty(sourcePath) && isNotEmpty(destPath)){
    b = Widget.Device.moveFolder(sourcePath, destPath);
}
if (b) {
    document.getElementById("textdivshowResult").innerHTML = "Result : Success! Move folder /sdcard/test1/ to /sdcard/test2/.";
} else {
    document.getElementById("textdivshowResult").innerHTML = "Result : Fail! Move folder /sdcard/test1/ to /sdcard/test2/.";
}
```

5. getDirectoryFileNames：获得指定目录中的所有文件

getDirectoryFileNames 方法可以返回指定目录中文件（File）对象的集合，代码如下：

```
var directory = "/sdcard/test1/";
var files = null;
if (isNotEmpty(directory)){
    files = Widget.Device.getDirectoryFileNames("/sdcard/test1/");
}
if (files != null && files.length > 0) {
    var v = "Result : Get all files name in folder /sdcard/test1/. They are ";
    for ( var i = 0; i < files.length - 1; i++) {
        v += files[i] + ", ";
    }
    v += files[files.length - 1];
    document.getElementById("textdivshowResult").innerHTML = v;
} else {
    document.getElementById("textdivshowResult").innerHTML = "Result : no files found";
}
```

23.4　获得系统信息

本节的例子代码所在的工程目录是 src\ch23\ch23_systeminfo

获得系统信息主要依赖 PowerInfo、RadioInfo、DeviceInfo、DeviceStateInfo 和 Config 类，通过这些类可以获得电池、手机信号、设备和设备状态等信息。运行本节的例子，会显示如图 23.10 所示的主页面，可以单击相应的菜单项查看各种系统信息。

23.4.1　获得电池信息

PowerInfo 类中获得电池信息的字段如下：

（1）isCharging：是否正在充电，代码如下：

```
var charging = Widget.Device.PowerInfo.isCharging;
document.getElementById("textdivshowResult").innerHTML = "Result : " + charging;
```

（2）percentRemaining：剩余电量的百分比，代码如下：

```
var remaining = Widget.Device.PowerInfo.percentRemaining;
document.getElementById("textdivshowResult").innerHTML = "Result : " + remaining;
```

除此之外，还有 3 个事件用于监听电池的状态，代码如下：

监听充电状态

```
Widget.Device.PowerInfo.onChargeStateChange = callbackDeviceInfoPowerInfo4;
function callbackDeviceInfoPowerInfo4(state) {
    document.getElementById("textdivshowResult").innerHTML = "Result : " + state;
}
```

监听充电级别状态

```
Widget.Device.PowerInfo.onChargeLevelChange = callbackDeviceInfoPowerInfo15;
function callbackDeviceInfoPowerInfo15(newPercentageRemaining) {
    document.getElementById("textdivshowResult").innerHTML = "Result : " + newPercentageRemaining;
}
```

监听低电量状态

```
Widget.Device.PowerInfo.onLowBattery = callbackDeviceInfoPowerInfo16;
function callbackDeviceInfoPowerInfo16(percentRemaining) {
    document.getElementById("textdivshowResult").innerHTML = "Result : " + percentRemaining;
}
```

单击如图 23.10 所示页面中的【PowerInfo】菜单项，会显示如图 23.11 所示的页面，可以单击相应的菜单项来查看各种电池信息。

图 23.10　获得系统信息的主页面

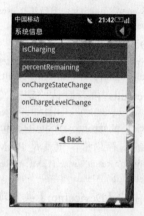

图 23.11　查看电池信息的页面

23.4.2　获得手机信号信息

RadioInfo 类中获得手机信号信息的字段如下：

（1）isRoaming：手机是否处于漫游状态，代码如下：

```
var ret = Widget.Device.RadioInfo.isRoaming;
document.getElementById("textdivshowResult").innerHTML = "Result : " + ret;
```

（2）radioSignalSource：手机信号源，代码如下：

```
var ret = Widget.Device.RadioInfo.radioSignalSource;
document.getElementById("textdivshowResult").innerHTML = "Result : " + ret;
```

（3）radioSignalStrengthPercent：手机信号强度，代码如下：

```
var ret = Widget.Device.RadioInfo.radioSignalStrengthPercent;
document.getElementById("textdivshowResult").innerHTML = "Result : " + ret;
```

（4）isRadioEnabled：是否开启移动网络，代码如下：

```
var ret = Widget.Device.RadioInfo.isRadioEnabled;
document.getElementById("textdivshowResult").innerHTML = "Result: "+ret;
```

RadioInfo 类还有一个 onSignalSourceChange 事件，用于监听信号源的变化，代码如下：

```
Widget.Device.RadioInfo.onSignalSourceChange = callback;
function callback(signalSource, isroaming)
{
    document.getElementById("textdivshowResult").innerHTML = "Result : "+ signalSource+":"+isroaming;
}
```

单击如图 23.10 所示页面中的【RadioInfo】菜单项，会显示如图 23.12 所示的页面，可以单击相应的菜单项来查看各种手机信号信息。

23.4.3 获得设备信息

DeviceInfo 类中获得设备信息的字段如下：

（1）phoneFirmware：获得系统的固件版本，代码如下：

```
document.getElementById("textdivshowResult").innerHTML = "Result : "
    + Widget.Device.DeviceInfo.phoneFirmware;
```

（2）phoneManufacturer：获得手机生产商信息，代码如下：

```
document.getElementById("textdivshowResult").innerHTML = "Result : "
    + Widget.Device.DeviceInfo.phoneManufacturer;
```

（3）phoneModel：手机样式。在不同的手机上返回的值不同。例如，在 Dell Mini 3i 手机上返回的值是 OMS1_0_0，代码如下：

```
document.getElementById("textdivshowResult").innerHTML = "Result : "
    + Widget.Device.DeviceInfo.phoneModel;
```

（4）phoneOS：手机安装的操作系统及版本号。在 Dell Mini 3i 手机上返回的值是 OPhone 1.1，代码如下：

```
document.getElementById("textdivshowResult").innerHTML = "Result : "
    + Widget.Device.DeviceInfo.phoneOS;
```

（5）phoneScreenHeightDefault：屏幕默认的高度（像素点），例如 480，640 等，代码如下：

```
document.getElementById("textdivshowResult").innerHTML = "Result : "
    + Widget.Device.DeviceInfo.phoneScreenHeightDefault;
```

（6）phoneScreenWidthDefault：屏幕默认的宽度（像素点），例如 320、360 等，代码如下：

```
document.getElementById("textdivshowResult").innerHTML = "Result : "
    + Widget.Device.DeviceInfo.phoneScreenWidthDefault;
```

（7）totalMemory：手机的内存总量，也就是 RAM 的大小，单位是 K，代码如下：

```
document.getElementById("textdivshowResult").innerHTML = "Result : "
    + Widget.Device.DeviceInfo.totalMemory;
```

单击如图 23.10 所示页面中的【DeviceInfo】菜单项，会显示如图 23.13 所示的页面，可以单击相应的菜单项来查看各种设备信息。

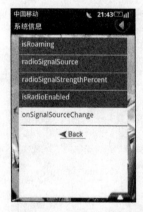

图 23.12　查看手机信号信息的页面

图 23.13　查看设备信息

23.4.4 获得设备状态信息

DeviceStateInfo 和 Config 类中获得设备状态信息的字段和方法如下：

（1）msgRingtoneVolume：当收到消息时铃声的音量。该字段值的范围是 0~7。0 表示关闭铃声，7 表示铃声最大，代码如下：

```
document.getElementById("textdivshowResult").innerHTML = "Result : "
    + Widget.Device.DeviceStateInfo.Config.msgRingtoneVolume ;
```

（2）ringtoneVolume：铃声的音量。该字段值的范围是 0~7。0 表示关闭铃声，7 表示铃声最大，代码如下：

```
document.getElementById("textdivshowResult").innerHTML = "Result : "
        + Widget.Device.DeviceStateInfo.Config.ringtoneVolume;
```

（3）vibrationSetting：确定是否开启振动，ON 表示开启振动，OFF 表示关闭振动，代码如下：

```
document.getElementById("textdivshowResult").innerHTML = "Result : "
        + Widget.Device.DeviceStateInfo.Config.vibrationSetting;
```

（4）setDefaultRingtone：设置默认的铃声，代码如下：

```
var ringtoneFileurl = "/sdcard/test/song.mp3";
Widget.Device.DeviceStateInfo.Config.setDefaultRingtone(ringtoneFileurl);
```

（5）setAsWallpaper：设置壁纸，代码如下：

```
var filePath = "/sdcard/test/picture.png";
Widget.Device.DeviceStateInfo.Config.setAsWallpaper(filePath);
```

（6）language：获得当前的语言，代码如下：

```
var la = Widget.Device.DeviceStateInfo.language;
document.getElementById("textdivshowResult").innerHTML = "Result : " + la;
```

（7）availableMemory：剩余内存，代码如下：

```
var available = Widget.Device.DeviceStateInfo.availableMemory;
document.getElementById("textdivshowResult").innerHTML = "Result : " + available;
```

单击如图 23.10 所示页面中的【DeviceStateInfo】菜单项，会显示如图 23.14 所示的页面，可以单击相应的菜单项来查看各种设备状态信息。

图 23.14　查看设备状态信息的页面

23.5　控制硬件

本节的例子代码所在的工程目录是 src\ch23\ch23_hardware

本节将介绍 JIL Widget SDK 中控制硬件的 API，包括拍照、摄像、打电话和振动。运行本节的例子后，会看到如图 23.15 所示的页面，单击相应的菜单项可测试各种控制硬件的 API。

图 23.15　测试控制硬件 API 的页面

23.5.1 拍照和摄像

通过 Camera 类中的方法可以进行拍照和摄像等操作。Camera 类中与拍照和摄像相关的方法及其含义如下。

（1）setWindow：设置显示拍照或摄像的区域，代码如下：

```
var Div = document.getElementById("CameraDiv");
var mCamera = Widget.Multimedia.Camera;
mCamera.setWindow(Div);
```

（2）captureImage：开始拍照，代码如下：

```
// 设置监听拍照的事件
Widget.Multimedia.Camera.onCameraCaptured = function(fullpath) {
    var cInfo = document.getElementById("forCameraInfo");
        cInfo.innerHTML =cInfo.innerHTML + "<br>"+"captured image fullpath: "
                + fullpath;
    };
Widget.Multimedia.Camera.captureImage("/sdcard/Sample.jpg", true);
var cInfo = document.getElementById("forCameraInfo");
cInfo.innerHTML =cInfo.innerHTML +"<br>"+"Status: Start Imge capture!";
```

（3）startVideoCapture：开始摄像，代码如下：

```
Widget.Multimedia.Camera.startVideoCapture("/sdcard/Sample.3gp", false, 30, true);
```

（4）stopVideoCapture：停止摄像，代码如下：

```
Widget.Multimedia.Camera.stopVideoCapture();
```

单击如图 23.15 所示页面中的【拍照】菜单项，会显示如图 23.16 所示的页面，单击【setWindow】链接会在左侧的 div 中显示拍照场景，如图 23.17 所示。

图 23.16　拍照和录像页面

图 23.17　显示拍照场景

23.5.2 打电话

通过 Telephony 类的 initiateVoiceCall 方法可以拨打电话，代码如下：

```
var phoneNumber = "12345678";
if (isNotEmpty(phoneNumber) && isNumber(phoneNumber)) {
    Widget.Telephony.initiateVoiceCall(phoneNumber);
```

单击如图 23.15 所示的页面后，会自动拨打电话，如图 23.18 所示。

23.5.3 手机振动

通过 Device 类的 vibrate 方法可以使手机振动 n 秒。该方法的定义如下：

```
vibrate(<Number> durationSeconds)
```

vibrate 方法只有一个参数，表示振动持续的秒数。调用 vibrate 方法的代码如下：

```
Widget.Device.vibrate(5);
```

执行上面的代码可以使手机振动 5 秒。单击如图 23.15 所示的页面后，会显示如图 23.19 所示的页面，单击【Click to run】链接振动手机。

图 23.18 拨打电话的界面

图 23.19 振动手机的页面

23.6 本章小结

本章介绍了 JIL Widget SDK 中常用的 API，主要包括多媒体、操作文件、获得系统信息以及控制硬件的 API。在 JavaScript 中使用这些 API 时并不需要使用<script>标签引用任何 js 文件，只需直接调用即可。在 JIL Widget SDK 中还有很多其他的 API，读者可以参阅 JIL Widget 的官方文档（在 JIL Widget SDK 安装目录的 docs 目录中）。

第五部分 综合实例篇——实践是检验真理的唯一标准

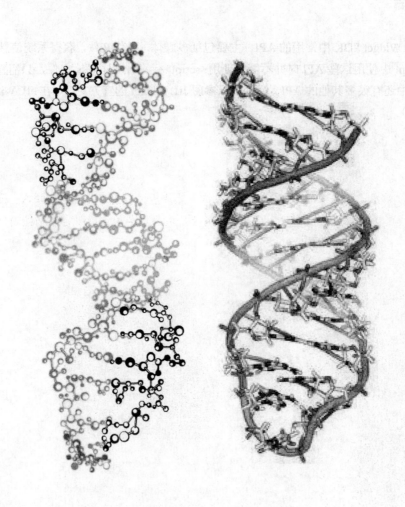

本节的例子代码所在的工程目录是 src\ch24\ ch24_calendar

本章将利用前 4 篇介绍的技术实现一个完整的程序：万年历。通过这个程序，读者可以充分掌握 View 在绘制图形中的作用，以及在界面需要变化时如何刷新图形区域。除此之外，还会学习到全局定时器和数据库技术。

24.1　主界面设计与实现

万年历的界面以黑色背景为主，如图 24.1 所示。周一至周五以白色字体显示，周六、日以红色字体显示，界面的上方显示当前的月份、日期等信息。通过万年历的选项菜单还可以定位到当前日期和其他的日期、记录和时间提醒，如图 24.2 所示。

图 24.1　万年历的主界面

图 24.2　万年历的选项菜单

24.1.1　万年历的核心类：Calendar

万年历的主界面由两部分组成：日历头和日历内容，如图 24.3 所示。其中日历内容的核心类就是 Calendar，该类主要负责绘制日历内容中的横线和竖线，以及日历内容中的文字。

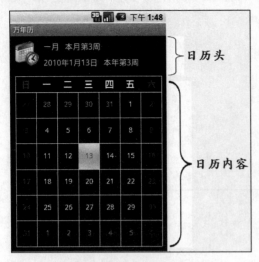

图 24.3　万年历主界面的组成部分

下面先看一下 Calendar 类的源代码。

```
package net.blogjava.mobile.calendar;

import java.io.Serializable;
import java.util.ArrayList;
import net.blogjava.mobile.calendar.interfaces.CalendarElement;
import android.app.Activity;
import android.graphics.Canvas;
import android.view.View;

public class Calendar extends CalendarParent
{
    private ArrayList<CalendarElement> elements = new ArrayList<CalendarElement>();
    public Grid grid;
    public Calendar(Activity activity, View view)
    {
        super(activity,view);
        //  设置日历边框的绘制数据
        elements.add(new Border(activity, view));
        //  设置日历内容中周名（日、一、二、...、六）的绘制数据
        elements.add(new Week(activity, view));
        grid = new Grid(activity, view);
        //  设置日历内容中日期文字的绘制数据
        elements.add(grid);
    }
    @Override
    public void draw(Canvas canvas)
    {
        //  绘制日历内容中所有的直线和文字
        for (CalendarElement ce : elements)
            ce.draw(canvas);
    }
}
```

从 Calendar 类中需要了解如下 3 点：

- Calendar 是 CalendarParent 的子类。通过 CalendarParent 类可以从资源文件中装载一些数据，这些数据会在很多类中使用到，而这些类都需要继承 CalendarParent 类。该类将在 24.1.2 节介绍。
- 在日历内容中每一个组成部分（包括边框、周名称、日期文字等）都是一个日历元素，它们都必须实现 CalendarElement 接口，而 CalendarParent 类也实现了这个接口。因此，只要继承了 CalendarParent 类，就可以作为日历内容元素使用。CalendarElement 接口将在 24.1.2 节介绍。
- 在 Calendar 类中涉及到 3 个日历内容元素：Border、Week 和 Grid，它们分别用来绘制日历的边

框、周名称、日历表示以及日期文字等信息。所有的日历内容元素类都需要添加到 elements 变量中。在 draw 方法中将利用 elements 变量中的信息绘制整个日历内容部分，draw 方法会在日历重绘时在 CalendarView 类的 onDraw 方法中被调用。

24.1.2　日历内容元素的基类：CalendarParent

CalendarParent 类的主要任务有如下两个：

- 通过实现 CalendarElement 接口获得作为日历内容元素的基本能力：通过 draw 方法绘制日历内容元素。也就是说，每一个日历内容元素类都有一个 draw 方法。通过在 onDraw 方法中调用 draw 方法可以绘制当前的日历内容元素。
- 从资源文件中获得一些公共的数据。这些数据主要包括日历边框的空白区域尺寸、周名称的空白区域尺寸、周名称字体大小和周六、日文字颜色。

CalendarElement 类的代码如下：

```
package net.blogjava.mobile.calendar;

import net.blogjava.mobile.calendar.interfaces.CalendarElement;
import android.app.Activity;
import android.graphics.Canvas;
import android.graphics.Paint;
import android.view.View;

public class CalendarParent implements CalendarElement
{
    protected Activity activity;
    protected View view;
    protected Paint paint = new Paint();
    protected float borderMargin;
    protected float weekNameMargin;
    protected float weekNameSize;
    protected int sundaySaturdayColor;
    public CalendarParent(Activity activity, View view)
    {
        this.activity = activity;
        this.view = view;
        //   从资源文件中获得一些公共的数据
        borderMargin = activity.getResources().getDimension(
                R.dimen.calendar_border_margin);
        weekNameMargin = activity.getResources().getDimension(R.dimen.weekname_margin);
        weekNameSize=activity.getResources().getDimension(R.dimen.weekname_size);
        sundaySaturdayColor = activity.getResources().getColor(R.color.sunday_saturday_color);
    }
    @Override
    public void draw(Canvas canvas)
    {
    }
}
```

其中 CalendarParent 实现的 CalendarElement 接口的代码如下：

```
package net.blogjava.mobile.calendar.interfaces;
import android.graphics.Canvas;
public interface CalendarElement
{
    public void draw(Canvas canvas);
}
```

24.1.3　绘制万年历边框：Border 类

万年历的边框就是一个矩形，由 Border 类绘制。在 draw 方法中通过绘制 4 条直线来形成一个矩形，

绘制边框的数据从 CalendarParent 类获得。Border 类的代码如下:

```
package net.blogjava.mobile.calendar;

import android.app.Activity;
import android.graphics.Canvas;
import android.view.View;

public class Border extends CalendarParent
{
    public Border(Activity activity, View view)
    {
        super(activity, view);
        //  获得日历边框的颜色
        paint.setColor(activity.getResources().getColor(R.color.border_color));
    }
    @Override
    public void draw(Canvas canvas)
    {
        //  获得日历边框的位置的大小数据
        float left = borderMargin;
        float top = borderMargin;
        float right = view.getMeasuredWidth() - left;
        float bottom = view.getMeasuredHeight() - top;
        //  开始绘制日历边框
        canvas.drawLine(left, top, right, top, paint);
        canvas.drawLine(right, top, right, bottom, paint);
        canvas.drawLine(right, bottom, left, bottom, paint);
        canvas.drawLine(left, bottom, left, top, paint);
    }
}
```

24.1.4 绘制周名称: Week 类

万年历内容上方有 1 行 7 列的周名称(日、一、二、三、四、五、六),如图 24.4 所示。

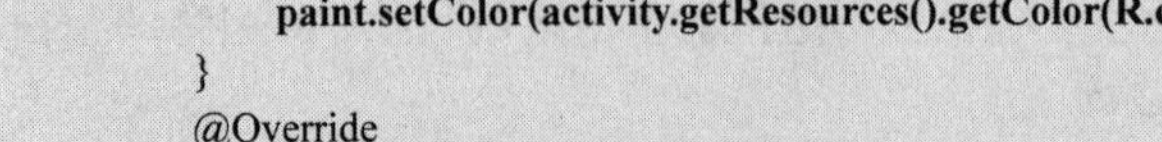

图 24.4 周名称

Week 类负责绘制如图 24.4 所示的周名称。周名称由两种颜色的文字组成,其中六、日为红色字体,一、二、三、四、五为白色字体。在 Week 类的 draw 方法中需要判断所绘制的是周几的名称,并设置不同的字体颜色。在 Week 类中还要计算出每一个周名称的高度和宽度。

Week 类的代码如下:

```
package net.blogjava.mobile.calendar;

import android.app.Activity;
import android.graphics.Canvas;
import android.view.View;

public class Week extends CalendarParent
{
    private String[] weekNames;
    private int weekNameColor;

    public Week(Activity activity, View view)
    {
        super(activity, view);
        //  获得周名称的颜色(周一至周五)
        weekNameColor = activity.getResources().getColor(R.color.weekname_color);
        //  获得周名称(以数组形式返回)
```

```
        weekNames = activity.getResources().getStringArray(R.array.week_name);
        //  设置周名称的字体大小
        paint.setTextSize(weekNameSize);
    }
    @Override
    public void draw(Canvas canvas)
    {
        float left = borderMargin;
        float top = borderMargin;
        float everyWeekWidth = (view.getMeasuredWidth() -    borderMargin * 2)/ 7;
        float everyWeekHeight = everyWeekWidth;
        paint.setFakeBoldText(true);
        for (int i = 0; i < weekNames.length; i++)
        {
            if(i == 0 || i == weekNames.length - 1)
                //   由于周六、日的文字颜色在其他地方要用到,
                //  所以 sundaySaturdayColor 在 CalendarParent 类中获得
                paint.setColor(sundaySaturdayColor);
            else
                paint.setColor(weekNameColor);

            left = borderMargin + everyWeekWidth * i
                    + (everyWeekWidth - paint.measureText(weekNames[i])) / 2;
            //   开始绘制周名称
            canvas.drawText(weekNames[i], left, top + paint.getTextSize()+weekNameMargin, paint);
        }
    }
}
```

24.1.5 绘制日期和网格：Grid 类

Grid 类负责绘制万年历的主体部分：日期和网格。Grid 类中要使用的数据非常多，这些数据需要在 Grid 类的构造方法中获得，代码如下：

```
public Grid(Activity activity, View view)
{
    super(activity, view);
    if (dbService == null)
    {
        //   在 Grid 类中要通过 DBService 获得当前月日期是否包含记录,如果包含记录,在日期文字前显示星号
        dbService = new DBService(activity);
    }
    tvMsg1 = (TextView) activity.findViewById(R.id.tvMsg1);
    tvMsg2 = (TextView) activity.findViewById(R.id.tvMsg2);
    //  日期文本的颜色（白色）
    dayColor = activity.getResources().getColor(R.color.day_color);
    //  今天的日期文本颜色（白色）
    todayColor = activity.getResources().getColor(R.color.today_color);
    //  今天的日期文本边框颜色（红色）
    todayBackgroundColor = activity.getResources().getColor(R.color.today_background_color);
    //  日历网格线颜色（白色）
    innerGridColor = activity.getResources().getColor(R.color.inner_grid_color);
    //  上月和下月日期文字颜色（灰色），单击这些日期时，会自动跳到上月或下月
    prevNextMonthDayColor = activity.getResources().getColor(R.color.prev_next_month_day_color);
    //  当前日期文字的颜色（红色）
    currentDayColor = activity.getResources().getColor(R.color.current_day_color);
    //  星期六、日文字颜色（暗红色）
    sundaySaturdayPrevNextMonthDayColor = activity.getResources().getColor(
            R.color.sunday_saturday_prev_next_month_day_color);
    //  日期字体尺寸
    daySize = activity.getResources().getDimension(R.dimen.day_size);
    //  日期文字距当前网格顶端的偏移量，用于微调日期文字的位置
    dayTopOffset = activity.getResources().getDimension(R.dimen.day_top_offset);
```

```
//  当前日期文字尺寸
currentDaySize = activity.getResources().getDimension(R.dimen.current_day_size);
//  月份名称（以数组形式返回）
monthNames = activity.getResources().getStringArray(R.array.month_name);
currentYear = calendar.get(calendar.YEAR);
currentMonth = calendar.get(calendar.MONTH);
paint.setColor(activity.getResources().getColor(R.color.border_color));
}
```

在 Grid 类的构造方法中涉及到一个 DBService 类，该类负责访问数据库。在 Grid 类及 24.3 节介绍的记录提醒功能中要利用该类保存并获得指定日期的记录和提醒时间，通过定时服务每隔 1 分钟扫描一次数据库，并判断当前时间是否需要显示提醒对话框。这些内容将在 24.3 节详细介绍。

Grid 类中的 draw 方法是日历内容元素类中最复杂的，下面先看看 draw 方法的代码。

```
public void draw(Canvas canvas)
{
    left = borderMargin;
    top = borderMargin + weekNameSize + weekNameMargin * 2 + 4;
    float calendarWidth = view.getMeasuredWidth() - left * 2;
    float calendarHeight = view.getMeasuredHeight() - top - borderMargin;
    float cellWidth = calendarWidth / 7;
    float cellHeight = calendarHeight / 6;
    paint.setColor(innerGridColor);
    //  绘制日历网格最顶端的直线
    canvas.drawLine(left, top, left + view.getMeasuredWidth()- borderMargin * 2, top, paint);
    //  画日历网格的横线
    for (int i = 1; i < 6; i++)
    {
        canvas.drawLine(left, top + (cellHeight) * i, left +
        calendarWidth,
        top + (cellHeight) * i, paint);
    }
    //  画日历网格竖线
    for (int i = 1; i < 7; i++)
    {
        canvas.drawLine(left + cellWidth * i, top, left + cellWidth * i,
        view.getMeasuredHeight() - borderMargin, paint);
    }
    //  生成当前月需要显示的日期文本，并将结果保存在 days 变量中
    calculateDays();
    java.util.Calendar calendar = java.util.Calendar.getInstance();
    //  获得当前日期的天
    int day = calendar.get(calendar.DATE);
    //  获得当前日期的月和年
    int myYear = calendar.get(calendar.YEAR), myMonth = calendar.get(calendar.MONTH);
    calendar.set(calendar.get(calendar.YEAR), calendar.get(calendar.MONTH),1);
    int week = calendar.get(calendar.DAY_OF_WEEK);
    int todayIndex = week + day - 2;
    boolean today = false;
    if (currentDayIndex == -1)
    {
        currentDayIndex = todayIndex;
    }
    boolean flag = false;
    //  获得当前月中所有包含记录信息的日期
    getRecordDays();
    //  开始绘制日期文本
    for (int i = 0; i < days.length; i++)
    {
        today = false;
        int row = i / 7;                //  计算当前行
        int col = i % 7;                //  计算当前列
        String text = String.valueOf(days[i]);
```

```
//   上月和下月的周六、周日，days 数组中所有以星号（*）开头的日期
if ((i % 7 == 0 || (i - 6) % 7 == 0) && text.startsWith("*"))
{
    paint.setColor(sundaySaturdayPrevNextMonthDayColor);
}
//   当前月的周六、周日
else if (i % 7 == 0 || (i - 6) % 7 == 0)
{
    paint.setColor(sundaySaturdayColor);
}
//   上月和下月的普通日期（周一至周五）
else if (text.startsWith("*"))
{
    paint.setColor(prevNextMonthDayColor);
}
//   当前月的普通日期
else
{
    paint.setColor(dayColor);
}
//   将 days 数组元素中的星号（*）去掉
text = text.startsWith("*") ? text.substring(1) : text;
Rect dst = new Rect();
dst.left = (int) (left + cellWidth * col);
dst.top = (int) (top + cellHeight * row);
dst.bottom = (int) (dst.top + cellHeight + 1);
dst.right = (int) (dst.left + cellWidth + 1);
String myText = text;
//   如果当前日期包含记录信息，在日期文字前加星号（*）
if (recordDays[i])
    myText = "*" + myText;
paint.setTextSize(daySize);
float textLeft = left + cellWidth * col + (cellWidth - paint.measureText(myText)) / 2;
float textTop = top + cellHeight * row+ (cellHeight - paint.getTextSize()) / 2 + dayTopOffset;
//   当前日期是今天，在日期文字周围绘制边框
if (myYear == currentYear && myMonth == currentMonth && i == todayIndex)
{
    paint.setTextSize(currentDaySize);
    //   设置日期文字边框颜色
    paint.setColor(todayBackgroundColor);
    dst.left += 1;
    dst.top += 1;
    canvas.drawLine(dst.left, dst.top, dst.right, dst.top, paint);
    canvas.drawLine(dst.right, dst.top, dst.right, dst.bottom,paint);
    canvas.drawLine(dst.right, dst.bottom, dst.left, dst.bottom,paint);
    canvas.drawLine(dst.left, dst.bottom, dst.left, dst.top, paint);
    //   恢复日期文字颜色
    paint.setColor(todayColor);
    today = true;
}
//   当单击当前月中显示的上月或下月日期时，自动显示上月或下月的日历
if (isCurrentDay(i, currentDayIndex, dst) && flag == false)
{
    if (days[i].startsWith("*"))
    {
        //   下月
        if (i > 20)
        {
            currentMonth++;
            if (currentMonth == 12)
            {
                currentMonth = 0;
                currentYear++;
```

```
                }
                //  刷新当前日历，重新显示下月的日历
                view.invalidate();
            }
            // 上月
            else
            {
                currentMonth--;
                if (currentMonth == -1)
                {
                    currentMonth = 11;
                    currentYear--;
                }
                //  刷新当前日历，重新显示上月的日历
                view.invalidate();
            }
            currentDay = Integer.parseInt(text);
            currentDay1 = currentDay;
            cellX = -1;
            cellY = -1;
            break;
        }
        // 如果单击的不是上月或下月的日期，则在当前日期上显示一个背景图，并将日期文字设成红色
        else
        {
            paint.setTextSize(currentDaySize);
            flag = true;
            //  获得背景图资源
            Bitmap bitmap = BitmapFactory.decodeResource(activity
                    .getResources(), R.drawable.day);
            Rect src = new Rect();
            src.left = 0;
            src.top = 0;
            src.right = bitmap.getWidth();
            src.bottom = bitmap.getHeight();
            //  绘制背景图
            canvas.drawBitmap(bitmap, src, dst, paint);
            paint.setColor(currentDayColor);
            currentCol = col;
            currentRow = row;
            currentDay = Integer.parseInt(text);
            currentDay1 = currentDay;
            //  更新日历头的信息
            updateMsg(today);
        }
    }
    //  绘制日期文本
    canvas.drawText(myText, textLeft, textTop, paint);
}
```

在 draw 方法中涉及到如下 3 个方法。

- calculateDays：生成当前月需要显示的日期文本，并将结果保存在 days 变量中。
- getRecordDays：获得当前月中所有包含记录信息的日期，该方法需要访问数据库。
- updateMsg：更新日历头的信息。

下面分别来看一下这 3 个方法的实现。

calculateDays 及其相关方法的代码如下：

```
private void calculateDays()
{
    calendar.set(currentYear, currentMonth, 1);
    //  获得当前月的第 1 天是所在周的第几天
```

```
        int week = calendar.get(calendar.DAY_OF_WEEK);
    int monthDays = 0;
    int prevMonthDays = 0;
    monthDays = getMonthDays(currentYear, currentMonth);
    // 当前是 1 月
    if (currentMonth == 0)
        // 计算一月份的上月的天数，也就是前一年最后一个月的天数
        prevMonthDays = getMonthDays(currentYear - 1, 11);
    else
        // 计算当前月份的上月的天数
        prevMonthDays = getMonthDays(currentYear, currentMonth - 1);
    // 生成上月分配到当前月的日期文字（前面加星号，在显示时会去掉星号）
    for (int i = week, day = prevMonthDays; i > 1; i--, day--)
    {
        days[i - 2] = "*" + String.valueOf(day);
    }
    // 生成普通日期的文字
    for (int day = 1, i = week - 1; day <= monthDays; day++, i++)
    {
        days[i] = String.valueOf(day);
        if (day == currentDay)
        {
            currentDayIndex = i;
        }
    }
    // 生成下月分配到当前月的日期文字（前面加星号，在显示时去掉）
    for (int i = week + monthDays - 1, day = 1; i < days.length; i++, day++)
    {
        days[i] = "*" + String.valueOf(day);
    }
}
// 获得指定月份的天数
private int getMonthDays(int year, int month)
{
    month++;
    switch (month)
    {
        case 1:
        case 3:
        case 5:
        case 7:
        case 8:
        case 10:
        case 12:
        {
            return 31;
        }
        case 4:
        case 6:
        case 9:
        case 11:
        {
            return 30;
        }
        case 2:
        {
            if (((year % 4 == 0) && (year % 100 != 0)) || (year % 400 == 0))
                return 29;
            else
                return 28;
        }
    }
    return 0;
```

```
}
```

在 calculateDays 方法中主要对 days 数组进行操作。days 是一个长度为 42 的 String 数组类型变量，保存日历中所有的日期文本（6 行 7 列，共 42 个数字）。其中当前月的上月和下月的部分日期文字可能显示在当前月的日期中，当单击这部分日期文字后会自动跳到相应的月份。days 数组元素中通过前面加星号来区分是否为当前月的日期文本，如果不是当前月的日期文本（上月或下月的日期文本），则在日期文本前加星号。

getRecordDays 方法的代码如下：

```java
private void getRecordDays()
{
    //  用于截取日期中日的开始索引
    int beginIndex = 8;
    //  用于截取日期中年和月的结束索引
    int endIndex = 7;
    int beginDayIndex = 0;
    if (currentMonth > 9)
    {
        //  用于截取日期中日的开始索引
        beginIndex = 9;
        //  用于截取日期中年和月的结束索引
        endIndex = 8;
    }
    //  定义查询记录信息的 SQL 语句
    String sql = "select substr(record_date," + beginIndex
            + ") from t_records where substr(record_date, 1, " + endIndex
            + ")='" + currentYear + "-" + currentMonth
            + "-' group by substr(record_date, 1)";
    //  先将 recordDays 数组元素的值都设为 false
    for (int i = 0; i < recordDays.length; i++)
        recordDays[i] = false;
    for (int i = 0; i < days.length; i++)
    {
        //  找到 days 数组中第 1 个不带星号的元素（本月的第 1 天）
        if (!days[i].startsWith("*"))
        {
            beginDayIndex = i;
            break;
        }
    }
    //  执行 SQL 语句
    Cursor cursor = dbService.execSQL(sql);
    //  枚举所有记录，将与包含记录的日期对应的 recordDays 数组的相应位置设成 true，
    //  表示该日期包含记录信息
    while (cursor.moveToNext())
    {
        int day = cursor.getInt(0) - 1;
        recordDays[beginDayIndex + day] = true;
    }
    //  days 数组中包含有上月的日期，需要查询上月的记录信息，查询方法与当前月类似
    if (days[0].startsWith("*"))
    {
        int prevYear = currentYear, prevMonth = currentMonth - 1;
        if (prevMonth == -1)
        {
            prevMonth = 11;
            prevYear--;
        }
        int minDay = Integer.parseInt(days[0].substring(1));
        sql = "select substr(record_date," + beginIndex
        + ") from t_records where substr(record_date, 1, " + endIndex
        + ")='" + prevYear + "-" + prevMonth
        + "-' and cast(substr(record_date," + beginIndex
```

```
            + ") as int) >= " + minDay + " group by substr(record_date, 1)";
        cursor = dbService.execSQL(sql);
        while (cursor.moveToNext())
        {
            int day = cursor.getInt(0);
            recordDays[day - minDay] = true;
        }
    }
    // days 数组中包含有下月的日期，需要查询下月的记录信息，查询方法与当前月类似
    if (days[days.length - 1].startsWith("*"))
    {
        int nextYear = currentYear, nextMonth = currentMonth + 1;
        if (nextMonth == 12)
        {
            nextMonth = 0;
            nextYear++;
        }
        int maxDay = Integer.parseInt(days[days.length - 1].substring(1));
        sql = "select substr(record_date," + beginIndex
            + ") from t_records where substr(record_date, 1, " + endIndex
            + ")='" + nextYear + "-" + nextMonth
            + "-' and cast(substr(record_date," + beginIndex
            + ") as int) <= " + maxDay + " group by substr(record_date, 1)";
        cursor = dbService.execSQL(sql);
        while (cursor.moveToNext())
        {
            int day = cursor.getInt(0);
            recordDays[days.length - (maxDay - day) - 1] = true;
        }
    }
}
```

编写 getRecordDays 方法时需要注意，该方法由 3 部分组成，这 3 部分分别查询当前月的记录信息、上月的记录信息和下月的记录信息。其中查询上、下月的记录信息不一定都执行，但至少要执行一个，也就是说，这 3 部分至少要执行两部分。

updateMsg 方法的代码如下：

```
private void updateMsg(boolean today)
{
    String monthName = monthNames[currentMonth];
    String dateString = "";
    SimpleDateFormat sdf = new SimpleDateFormat("yyyy 年 M 月 d 日");
    java.util.Calendar calendar = java.util.Calendar.getInstance();
    calendar.set(currentYear, currentMonth, currentDay);
    dateString = sdf.format(calendar.getTime());
    String lunarStr = "";
    monthName += "    本月第" + calendar.get(java.util.Calendar.WEEK_OF_MONTH) + "周";
    tvMsg1.setText(monthName);
    if (today)
        dateString += "(今天)";
    dateString += "    本年第" + calendar.get(java.util.Calendar.WEEK_OF_YEAR) + "周";
    tvMsg2.setText(dateString);
}
```

updateMsg 方法负责根据当前选中的日期更新日历头中的两个 TextView 组件：tvMsg1 和 tvMsg2。更新后的效果如图 24.5 所示。

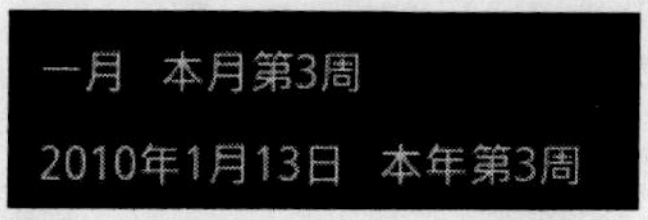

```
一月  本月第3周
2010年1月13日  本年第3周
```

图 24.5　日历头

24.1.6　日历视图：CalendarView 类

CalendarView 是 View 的子类，主要的功能如下：

在 onDraw 方法中绘制日历内容。

处理日历的键盘事件。当按手机上的上、下、左、右键时（只针对有这 4 个键的手机），当前日期会向上、下、左、右方向变化。

处理日历的触摸事件。当手机没有上、下、左、右键时，就需要直接在手机屏幕上通过触摸方式操作日历。日历会根据手指或手写笔触摸到的位置来更新当前的日期。

下面来看一下 CalendarView 类的代码。

```java
package net.blogjava.mobile.calendar;

import android.app.Activity;
import android.graphics.Canvas;
import android.view.KeyEvent;
import android.view.MotionEvent;
import android.view.View;

public class CalendarView extends View
{
    public Calendar ce;
    @Override
    protected void onDraw(Canvas canvas)
    {
        //  绘制日历内容
        ce.draw(canvas);
    }
    public CalendarView(Activity activity)
    {
        super(activity);
        //  创建 Calendar 对象
        ce = new Calendar(activity, this);
    }
    //  日历的触摸事件
    @Override
    public boolean onTouchEvent(MotionEvent motion)
    {
        //  获得当前触摸位置的横坐标
        ce.grid.setCellX(motion.getX());
        //  获得当前触摸位置的纵坐标
        ce.grid.setCellY(motion.getY());
        if (ce.grid.inBoundary())
        {
            //  重绘日历内容
            this.invalidate();
        }
        return super.onTouchEvent(motion);
    }
    //  日历的键盘事件
    @Override
    public boolean onKeyDown(int keyCode, KeyEvent event)
    {
        switch (keyCode)
        {
            case KeyEvent.KEYCODE_DPAD_UP:
            {
                //  按向上键，日期上移一个格
                ce.grid.setCurrentRow(ce.grid.getCurrentRow() - 1);
                break;
            }
```

```
            case KeyEvent.KEYCODE_DPAD_DOWN:
            {
                //  按向下键，日期下移一个格
                ce.grid.setCurrentRow(ce.grid.getCurrentRow() + 1);
                break;
            }
            case KeyEvent.KEYCODE_DPAD_LEFT:
            {
                //  按左键，日期左移一个格
                ce.grid.setCurrentCol(ce.grid.getCurrentCol() - 1);
                break;
            }
            case KeyEvent.KEYCODE_DPAD_RIGHT:
            {
                //  按右键，日期右移一个格
                ce.grid.setCurrentCol(ce.grid.getCurrentCol() + 1);
                break;
            }
        }
        return true;
    }
}
```

在 CalendarView 类中使用 Grid 类的 setCurrentRow 和 setCurrentCol 方法设置新的日期位置。这两个方法的代码如下：

```
public void setCurrentRow(int currentRow)
{
    //  如果当前行小于 0，则跳到上月或上一年的最后一个月
    if (currentRow < 0)
    {
        currentMonth--;
        if (currentMonth == -1)
        {
            currentMonth = 11;
            currentYear--;
        }
        currentDay = getMonthDays(currentYear, currentMonth) + currentDay- 7;
        currentDay1 = currentDay;
        cellX = -1;
        cellX = -1;
        //  重绘日历内容
        view.invalidate();
        return;

    }
    //  如果当前行大于 5，跳到下一月或下一年的第 1 个月
    else if (currentRow > 5)
    {
        int n = 0;
        for (int i = 35; i < days.length; i++)
        {
            if (!days[i].startsWith("*"))
                n++;
            else
                break;
        }
        currentDay = 7 - n + currentCol + 1;
        currentDay1 = currentDay;
        currentMonth++;
        if (currentMonth == 12)
        {
            currentMonth = 0;
            currentYear++;
```

```
        }
        cellX = -1;
        cellX = -1;
        //  重绘日历内容
        view.invalidate();
        return;
    }
    //  在正常情况下更新当前行
    this.currentRow = currentRow;
    redrawForKeyDown = true;
    //  重绘日历内容
    view.invalidate();
}
public void setCurrentCol(int currentCol)
{
    //  当前列小于 0
    if (currentCol < 0)
    {
        //  日期跳到上月或上一年的最后一个月
        if (currentRow == 0)
        {
            currentMonth--;
            //  日期跳到上一年的最后一个月
            if (currentMonth == -1)
            {
                currentMonth = 11;
                currentYear--;
            }
            currentDay = getMonthDays(currentYear, currentMonth);
            currentDay1 = currentDay;
            cellX = -1;
            cellX = -1;
            //  重绘日历内容
            view.invalidate();
            return;
        }
        else
        {
            currentCol = 6;
            setCurrentRow(--currentRow);
        }
    }
    //  当前列大于 6，行数增 1、列变成 0
    else if (currentCol > 6)
    {
        currentCol = 0;
        setCurrentRow(++currentRow);
    }
    this.currentCol = currentCol;
    redrawForKeyDown = true;
    //  重绘日历内容
    view.invalidate();
}
```

24.1.7 生成万年历的主界面

在 24.1.1 节介绍了万年历分为日历头和日历内容。其中日历内容就是 CalendarView，而日历头通过一个 XML 布局文件设置。在万年历的 Main 类的 onCreate 方法中将日历头的 XML 布局文件和 CalendarView 放在一起，生成万年历的主界面，代码如下：

```
LinearLayout mainLayout = (LinearLayout) getLayoutInflater().inflate(R.layout.main, null);
setContentView(mainLayout);
calendarView = new CalendarView(this);
```

```
mainLayout.addView(calendarView);
```

其中 calendarView 是在 Main 类中定义的 CalendarView 类型变量。

24.2　选项菜单功能

万年历还通过选项菜单提供了一些功能，例如切换到今天的日期、指定日期、记录提醒等。本节将介绍切换到今天的日期和指定日期功能。记录提醒将在 24.3 节介绍。

24.2.1　切换到今天的日期

如果想知道今天是几号，可以利用这个功能切换到今天的日期。菜单单击事件的代码如下：

```
public boolean onMenuItemClick(MenuItem item)
{
    Calendar calendar = Calendar.getInstance();
    // 设置当前的年、月、日
    calendarView.ce.grid.currentYear = calendar.get(Calendar.YEAR);
    calendarView.ce.grid.currentMonth = calendar.get(Calendar.MONTH);
    calendarView.ce.grid.currentDay = calendar.get(Calendar.DATE);
    // 重绘日历
    calendarView.invalidate();
    return true;
}
```

24.2.2　指定日期

通过这个功能可以切换到任意的日期。在这个功能中使用 DatePicker 组件来输入日期。DatePicker 组件只支持 1900 至 2100，大概 200 年左右的日期。如果想切换到更远的过去和未来的日期，需要直接通过触摸日历的相应日期或上、下、左、右键来完成。设置日期的界面如图 24.6 所示。

图 24.6　指定日期

首先需要在单击选项菜单时显示如图 24.6 所示的设置日期的对话框，菜单单击事件的代码如下：

```
public boolean onMenuItemClick(MenuItem item)
{
    builder = new AlertDialog.Builder(activity);
    builder.setTitle("指定日期");
    myDateLayout = (LinearLayout) getLayoutInflater().inflate(R.layout.mydate, null);
    dpSelectDate = (DatePicker) myDateLayout.findViewById(R.id.dpSelectDate);
    tvDate = (TextView) myDateLayout.findViewById(R.id.tvDate);
    tvLunarDate = (TextView) myDateLayout.findViewById(R.id.tvLunarDate);
    // 设置 DatePicker 组件的当前日期
    dpSelectDate.init(calendarView.ce.grid.currentYear,
            calendarView.ce.grid.currentMonth,
            calendarView.ce.grid.currentDay, this);
    builder.setView(myDateLayout);
```

```
        builder.setPositiveButton("确定", this);
        builder.setNegativeButton("取消", null);
        builder.setIcon(R.drawable.calendar_small);
        adMyDate = builder.create();
        onDateChanged(dpSelectDate, dpSelectDate.getYear(), dpSelectDate
                .getMonth(), dpSelectDate.getDayOfMonth());
        adMyDate.show();
        return true;
    }
```

当变化日期时，设置对话框上方的日期也会随之变化，这个工作将在 onDateChanged 事件方法中完成，代码如下：

```
public void onDateChanged(DatePicker view, int year, int monthOfYear, int dayOfMonth)
{
    SimpleDateFormat sdf = new SimpleDateFormat("yyyy 年 M 月 d 日");
    java.util.Calendar calendar = java.util.Calendar.getInstance();
    calendar.set(year, monthOfYear, dayOfMonth);
    //  更新日期
    if (tvDate != null)
        tvDate.setText(sdf.format(calendar.getTime()));
    else
        adMyDate.setTitle(sdf.format(calendar.getTime()));
    Calendar calendar1 = Calendar.getInstance();
    //  更新日期
    if (calendar1.get(Calendar.YEAR) == year
            && calendar1.get(Calendar.MONTH) == monthOfYear
            && calendar1.get(Calendar.DATE) == dayOfMonth)
    {
        if (tvDate != null)
            tvDate.setText(tvDate.getText() + "(今天)");
        else
            adMyDate.setTitle(sdf.format(calendar.getTime()) + "(今天)");
    }

    if (tvLunarDate == null)
        return;
}
```

当设置完日期后，单击【确定】按钮，会更新日历的当前日期，代码如下：

```
public void onClick(DialogInterface dialog, int which)
{
    calendarView.ce.grid.currentYear = dpSelectDate.getYear();
    calendarView.ce.grid.currentMonth = dpSelectDate.getMonth();
    calendarView.ce.grid.currentDay = dpSelectDate.getDayOfMonth();
    //  更新日历的当前日期（重绘日历内容）
    calendarView.invalidate();
}
```

24.3   可以写日记和提醒的万年历

万年历可以在每个日期中包含任意条记录。我们也可以将其看作是日记，如图 24.7 所示。不仅如此，还可以为每一条记录设置一个提醒时间，并可选择振动或响铃的方式来提醒用户，如图 24.8 所示。如果到了时间，就算在万年历未启动的情况下，手机仍然会弹出提醒对话框来通知用户。

24.3.1   显示所有的记录信息：AllRecord 类

单击主界面选项菜单中的【记录/提醒】菜单项，会进入记录列表界面，如图 24.9 所示。通过该界面的选项菜单，可以对记录进行增、删、改操作，如图 24.10 所示。

图 24.7　输入记录标题的内容

图 24.8　设置提醒时间方式

图 24.9　显示记录列表的界面

图 24.10　记录列表的选项菜单

AllRecord 类的核心是通过 DBService 类来读取记录信息，代码如下：

```
protected void onCreate(Bundle savedInstanceState)
{
    super.onCreate(savedInstanceState);
    //  获得当前的年、月、日
    year = getIntent().getExtras().getInt("year");
    month = getIntent().getExtras().getInt("month");
    day = getIntent().getExtras().getInt("day");
    //  查询当前日期的记录信息
    Cursor cursor = Grid.dbService.query(year + "-" + month + "-" + day);
    if (recordArray == null)
        recordArray = new ArrayList<String>();
    if (arrayAdapter == null)
        arrayAdapter = new ArrayAdapter<String>(this,
                    android.R.layout.simple_list_item_1, recordArray);
    else
        arrayAdapter.clear();
    //  清空记录列表
    idList.clear();
    //  从 Cursor 对象中获得当前日期的所有记录信息
    while (cursor.moveToNext())
    {
        arrayAdapter.add(cursor.getString(1));
        idList.add(cursor.getInt(0));
    }
    SimpleDateFormat sdf = new SimpleDateFormat("yyyy 年 M 月 d 日");
    java.util.Calendar calendar = java.util.Calendar.getInstance();
    calendar.set(year, month, day);
    setTitle(sdf.format(calendar.getTime()));
    setListAdapter(arrayAdapter);
    myListActivity = null;
```

```
        myListActivity = this;
}
```

在 AllRecord 类中还处理了 3 个选项菜单的事件。这 3 个菜单事件的代码如下：

增加记录菜单的事件代码

```
Intent intent = new Intent(activity, Record.class);
activity.startActivity(intent);
```

修改记录菜单的事件代码

```
AllRecord allRecord = (AllRecord) activity;
int index = allRecord.getSelectedItemPosition();
if (index < 0)
    return false;
allRecord.startEditRecordActivity(index);
```
其中 startEditRecordActivity 是在 AllRecord 类中定义的方法，代码如下：
```
public void startEditRecordActivity(int index)
{
    Intent intent = new Intent(this, Record.class);
    intent.putExtra("edit", true);
    intent.putExtra("id", idList.get(index));
    intent.putExtra("index", index);
    startActivity(intent);
}
```

删除记录菜单的事件代码

```
AllRecord allRecord = (AllRecord) activity;
//   获得当前选中记录的位置
int index = allRecord.getSelectedItemPosition();
if (index < 0)
    return false;
recordArray.remove(index);
int id = idList.get(index);
idList.remove(index);
allRecord.setListAdapter(arrayAdapter);
//   删除数据库中的记录信息
Grid.dbService.deleteRecord(id);
```

24.3.2   添加和修改记录：Record 类

Record 类同时负责编辑和添加记录。如果是编辑记录，在 onCreate 方法中装载当前记录的标题和内容，代码如下：

```
Intent intent = getIntent();
edit = intent.getBooleanExtra("edit", false);
if (edit)
{
    id = intent.getIntExtra("id", 0);
    index = intent.getIntExtra("index", -1);
    //   获得当前记录的信息
    Cursor cursor = Grid.dbService.query(id);
    if (cursor.moveToLast())
    {
        //   设置当前记录的相关信息
        etTitle.setText(cursor.getString(0));
        etContent.setText(cursor.getString(1));
        shake = Boolean.parseBoolean(cursor.getString(2));
        ring = Boolean.parseBoolean(cursor.getString(3));
    }
}
```

在记录编辑和添加界面的选项菜单中有两个菜单项：【完成】和【设置提醒时间】，如图 24.11 所示。单击【完成】菜单项，会保存当前添加或修改的记录信息。

图 24.11　添加和编辑界面的选项菜单

【完成】菜单项的单击事件代码如下：

```
public boolean onMenuItemClick(MenuItem item)
{
    //  在编辑状态需要更新数据库中的记录信息
    if (edit)
    {
        //  更新数据库中的记录信息
        Grid.dbService.updateRecord(id, etTitle.getText().toString(),
                etContent.getText().toString(),remindTime, shake,ring);
        AllRecord.recordArray.set(index, etTitle.getText().toString());
        AllRecord.myListActivity.setListAdapter(AllRecord.arrayAdapter);
    }
    //  在添加状态需要向数据库中增加记录信息
    else
    {
        //  增加记录信息
        Grid.dbService.insertRecord(etTitle.getText().toString(),
                etContent.getText().toString(), AllRecord.year + "-"
                    + AllRecord.month + "-" + AllRecord.day,
                remindTime, shake, ring);
        AllRecord.arrayAdapter.insert(etTitle.getText().toString(), 0);
        AllRecord.idList.add(0, Grid.dbService.getMaxId(AllRecord.year
                + "-" + AllRecord.month + "-" + AllRecord.day));
    }
    //  关闭当前的 Activity
    activity.finish();
    return true;
}
```

24.3.3　设置提醒时间

当单击如图 24.8 所示的【设置提醒时间】菜单项，会显示设置提醒时间的对话框，如图 24.12 所示。

图 24.12　设置提醒时间

【设置提醒时间】菜单项的单击事件代码如下：

```
public boolean onMenuItemClick(MenuItem item)
{
    AlertDialog.Builder builder;

    builder = new AlertDialog.Builder(activity);
    builder.setTitle("设置提醒时间");
    //   下面的代码从 XML 布局文件中装载界面组件
    LinearLayout remindSettingLayout = (LinearLayout) getLayoutInflater()
            .inflate(R.layout.remindsetting, null);
    tpRemindTime = (TimePicker) remindSettingLayout
            .findViewById(R.id.tpRemindTime);
    cbShake = (CheckBox)remindSettingLayout.findViewById(R.id.cbShake);
    cbRing = (CheckBox)remindSettingLayout.findViewById(R.id.cbRing);
    cbShake.setChecked(shake);
    cbRing.setChecked(ring);
    //   将当前时间设为 24 小时显示模式
    tpRemindTime.setIs24HourView(true);
    if (remindTime != null)
    {
        //   默认显示当前的时间
        tpRemindTime.setCurrentHour(hour);
        tpRemindTime.setCurrentMinute(minute);
    }
    builder.setView(remindSettingLayout);
    builder.setPositiveButton("确定", this);
    builder.setNegativeButton("取消", null);
    AlertDialog adRemindSetting;
    adRemindSetting = builder.create();
    //   显示设置提醒时间的对话框
    adRemindSetting.show();
    return true;
}
```

单击【确定】按钮后，会执行下面的代码来设置提醒时间。

```
public void onClick(DialogInterface dialog, int which)
{
    hour = tpRemindTime.getCurrentHour();
    minute = tpRemindTime.getCurrentMinute();
    remindTime = hour + ":" + minute + ":0";
    shake = cbShake.isChecked();
    ring = cbRing.isChecked();
}
```

上面的代码将提醒时间的一些设置保存在变量中，单击【完成】按钮后，会将这些变量值及记录信息保存在数据库中。

24.3.4 启动服务

为了在指定的时间以响铃或振动的方式提醒用户，需要使用 AlarmManager 类设置全局的定时器。该类曾在 8.3.5 节介绍过。在 Main 类的 onCreate 方法中可使用下面的代码启动全局定时器，并且在每隔 1 分钟发送一个广播，在广播接收器中会做进一步处理。

```
Intent intent = new Intent(activity, CallAlarm.class);
PendingIntent sender = PendingIntent.getBroadcast(activity, 0,intent, 0);
am.setRepeating(AlarmManager.RTC, 0, 60 * 1000, sender);
```

其中 am 是在 Main 类中定义的 AlarmManager 类型的变量。如果某一时间有要提醒的消息，会显示如图 24.13 所示的提醒界面，单击【关掉他】按钮，会关闭提醒界面。

图 24.13　提醒界面

24.3.5　在广播接收器中显示提醒界面

CallAlarm 是一个广播接收类，在该类中会判断当前时间是否有要提醒的消息。如果有，则显示提醒界面。CallAlarm 类的代码如下：

```
package net.blogjava.mobile.calendar;

import net.blogjava.mobile.calendar.db.DBService;
import android.content.BroadcastReceiver;
import android.content.Context;
import android.content.Intent;
import android.os.Bundle;

public class CallAlarm extends BroadcastReceiver
{
    @Override
    public void onReceive(Context context, Intent intent)
    {
        DBService dbService = new DBService(context);
        //  获得当前时间的提醒消息
        Remind remind = dbService.getRemindMsg();
        //  如果当前时间有要提醒的消息，则显示提醒界面
        if (remind != null)
        {
            Intent myIntent = new Intent(context, AlarmAlert.class);
            Bundle bundleRet = new Bundle();
            //  设置提醒界面要使用的信息
            bundleRet.putString("remindMsg", remind.msg);
            bundleRet.putBoolean("shake", remind.shake);
            bundleRet.putBoolean("ring", remind.ring);
            myIntent.putExtras(bundleRet);
            myIntent.addFlags(Intent.FLAG_ACTIVITY_NEW_TASK);
            context.startActivity(myIntent);
        }
    }
}
```

AlarmAlert 是一个提醒界面类，在该类中会弹出一个显示记录标题的对话框，并根据设置来播放声音和使手机振动，代码如下：

```
package net.blogjava.mobile.calendar;

import android.app.Activity;
import android.app.AlertDialog;
import android.app.Service;
import android.content.DialogInterface;
import android.content.Intent;
import android.media.MediaPlayer;
```

```
import android.os.Bundle;
import android.os.Vibrator;

public class AlarmAlert extends Activity
{
    @Override
    protected void onCreate(Bundle savedInstanceState)
    {
        super.onCreate(savedInstanceState);
        Intent intent = getIntent();
        Bundle bundle = intent.getExtras();
        String remindMsg = bundle.getString("remindMsg");
        //  如果设置了声音提醒，则播放 res\raw 目录中的音频文件
        if (bundle.getBoolean("ring"))
        {
            Main.mediaPlayer = MediaPlayer.create(this, R.raw.ring);
            try
            {
                Main.mediaPlayer.setLooping(true);
                Main.mediaPlayer.prepare();
            }
            catch (Exception e)
            {
                setTitle(e.getMessage());
            }
            Main.mediaPlayer.start();
        }
        //  如果设置了振动提醒，则使手机振动
        if(bundle.getBoolean("shake"))
        {
            Main.vibrator = (Vibrator)getApplication().getSystemService(Service.VIBRATOR_SERVICE);
            Main.vibrator.vibrate(new long[]{1000, 100, 100,1000}, -1);
        }
        //  创建并显示提醒对话框
        new AlertDialog.Builder(AlarmAlert.this).setIcon(R.drawable.clock)
            .setTitle("提醒").setMessage(remindMsg).setPositiveButton("关掉他",
                new DialogInterface.OnClickListener()
                {
                    //  当单击【关掉他】按钮后，会关闭当前对话框，并停止播放音乐和停止振动
                    public void onClick(DialogInterface dialog, int whichButton)
                    {
                        AlarmAlert.this.finish();
                        if (Main.mediaPlayer != null)
                            Main.mediaPlayer.stop();
                        if(Main.vibrator != null)
                            Main.vibrator.cancel();
                    }
                }).show();
    }
}
```

24.3.6 访问数据库：DBService

在前面的代码中经常会使用到 DBService 类来访问数据库。DBService 是 SQLiteOpenHelper 的子类，主要负责创建、更新数据库，以及根据一定的条件对数据库中的记录进行增、删、改。下面先看看 DBService 类的代码。

```
package net.blogjava.mobile.calendar.db;

import java.util.Calendar;
import net.blogjava.mobile.calendar.Remind;
import android.content.Context;
import android.database.Cursor;
```

```
import android.database.sqlite.SQLiteDatabase;
import android.database.sqlite.SQLiteOpenHelper;
import android.util.Log;

public class DBService extends SQLiteOpenHelper
{
    private final static int DATABASE_VERSION = 4;
    private final static String DATABASE_NAME = "calendar.db";

    //  创建新的数据库
    @Override
    public void onCreate(SQLiteDatabase db)
    {
        String sql = "CREATE TABLE [t_records] ([id] INTEGER NOT NULL PRIMARY KEY AUTOINCREMENT,"
                + " [title] VARCHAR(30) NOT NULL, [content] TEXT, [record_date] DATE NOT NULL,[remind_time] TIME,"
                + "[remind] BOOLEAN,[shake] BOOLEAN,[ring] BOOLEAN)"
                + ";CREATE INDEX [unique_title] ON [t_records] ([title]);"
                + "CREATE INDEX [remind_time_index] ON [t_records] ([remind_time]);"
                + "CREATE INDEX [record_date_index] ON [t_records] ([record_date]);"
                + "CREATE INDEX [remind_index] ON [t_records] ([remind])";
        db.execSQL(sql);
    }
    public DBService(Context context)
    {
        super(context, DATABASE_NAME, null, DATABASE_VERSION);
    }
    //  执行指定的 SQL 语句，并返回查询结果
    public Cursor execSQL(String sql)
    {
        SQLiteDatabase db = this.getReadableDatabase();
        Cursor cursor = db.rawQuery(sql, null);
        return cursor;
    }
    //  升级数据库
    @Override
    public void onUpgrade(SQLiteDatabase db, int oldVersion, int newVersion)
    {
        String sql = "drop table if exists [t_records]";
        db.execSQL(sql);
        sql = "CREATE TABLE [t_records] ([id] INTEGER NOT NULL PRIMARY KEY AUTOINCREMENT,"
                + " [title] VARCHAR(30) NOT NULL, [content] TEXT, [record_date] DATE NOT NULL,[remind_time] TIME,"
                + "[remind] BOOLEAN,[shake] BOOLEAN,[ring] BOOLEAN)"
                + ";CREATE INDEX [unique_title] ON [t_records] ([title]);"
                + "CREATE INDEX [remind_time_index] ON [t_records] ([remind_time]);"
                + "CREATE INDEX [record_date_index] ON [t_records] ([record_date]);"
                + "CREATE INDEX [remind_index] ON [t_records] ([remind])";
        db.execSQL(sql);
    }
    //  向数据库中插入记录标题、记录内容和记录日期
    public void insertRecord(String title, String content, String recordDate)
    {
        insertRecord(title, content, recordDate, null, false, false);
    }
    //  向数据库中插入记录及提醒设置信息
    public void insertRecord(String title, String content, String recordDate,
            String remindTime, boolean shake, boolean ring)
    {
        try
        {
            String sql = "";
            String remind = "false";
            if (remindTime != null)
            {
```

```
                    remind = "true";
                }
                else
                {
                    remindTime = "0:0:0";
                }
                sql = "insert into t_records(title, content, record_date,remind_time, remind, shake, ring) values('"
                        + title
                        + "','"
                        + content
                        + "','"
                        + recordDate
                        + "','"
                        + remindTime
                        + "','"
                        + remind
                        + "','"
                        + shake
                        + "','"
                        + ring + "' );";
            SQLiteDatabase db = this.getWritableDatabase();
            db.execSQL(sql);
        }
        catch (Exception e)
        {
        }
    }
    // 根据记录的 id 删除提醒记录信息
    public void deleteRecord(int id)
    {
        String sql = "delete from t_records where id = " + id;
        SQLiteDatabase db = this.getWritableDatabase();
        db.execSQL(sql);
    }
    // 根据记录的 id 更新提醒记录信息
    public void updateRecord(int id, String title, String content,
            String remindTime, boolean shake, boolean ring)
    {
        try
        {
            String sql = "";
            String remind = "false";
            if (remindTime != null)
            {
                remind = "true";
            }
            else
            {
                remindTime = "0:0:0";
            }
            sql = "update t_records set title='" + title + "', content='"
                        + content + "' ,remind_time='" + remindTime + "', remind='"
                        + remind + "',shake='" + shake + "', ring='" + ring
                        + "' where id=" + id;
            SQLiteDatabase db = this.getWritableDatabase();
            db.execSQL(sql);
        }
        catch (Exception e)
        {
        }
    }
    // 获得指定日期中所有提醒记录中的最大 id 值
    public int getMaxId(String date)
```

```
{
    SQLiteDatabase db = this.getReadableDatabase();
    Cursor cursor = db.rawQuery(
            "select max(id) from t_records where record_date='" + date
                    + "'", null);
    cursor.moveToFirst();
    return cursor.getInt(0);
}

// 查询指定日期的所有提醒记录信息
public Cursor query(String date)
{
    SQLiteDatabase db = this.getReadableDatabase();
    Cursor cursor = db.rawQuery(
            "select id,title from t_records where record_date='" + date
                    + "' order by id desc", null);
    return cursor;
}
// 根据 id 获得提醒记录信息
public Cursor query(int id)
{
    SQLiteDatabase db = this.getReadableDatabase();
    Cursor cursor = db.rawQuery(
            "select   title,content,shake,ring from t_records where id=" + id, null);
    return cursor;
}
// 返回当前时间的提醒记录信息，如果没有提醒记录信息，返回 null
public Remind getRemindMsg()
{
    try
    {
        Calendar calendar = Calendar.getInstance();
        int year = calendar.get(Calendar.YEAR);
        int month = calendar.get(Calendar.MONTH);
        int day = calendar.get(Calendar.DATE);
        int hour = calendar.get(Calendar.HOUR_OF_DAY);
        int minute = calendar.get(Calendar.MINUTE);
        int second = 0;
        String sql = "select title,shake,ring from t_records where record_date='"
                + year + "-" + month + "-" + day + "' and remind_time='"
                + hour + ":" + minute + ":" + second
                + "' and remind='true'";
        SQLiteDatabase db = this.getReadableDatabase();
        Cursor cursor = db.rawQuery(sql, null);
        // 如果当前时间有提醒记录信息，将数据库的标志（remind）设为 true，
        // 表示该提醒信息已经显示过了
        if (cursor.moveToNext())
        {
            String remindMsg = cursor.getString(0);
            sql = "update t_records set remind='false', shake='false', ring='false' where record_date='"
                    + year + "-" + month + "-" + day
                    + "' and remind_time='" + hour + ":" + minute + ":"
                    + second + "' and remind='true'";
            db = this.getWritableDatabase();
            db.execSQL(sql);
            Remind remind = new Remind();
            remind.msg = remindMsg;
            remind.date = calendar.getTime();
            remind.shake =Boolean.parseBoolean(cursor.getString(1));
            remind.ring =Boolean.parseBoolean(cursor.getString(2));
            return remind;
        }
    }
```

```
        catch (Exception e)
        {
        }
        return null;
    }
}
```

24.4 本章小结

　　本章介绍了万年历的实现过程。万年历的主要功能是显示指定月份的日历，通过指定日期功能可以显示 1900～2100 年之间某月的日历。如果想显示更远时间的日历，需要直接使用上、下、左、右按钮或直接触摸相应的日期来实现。除了这些功能外，万年历还可以在任意的日期中插入任意条记录（日记），并可以对每一条记录设置提醒时间。到提醒时间后，会根据设置的响铃或振动方式提醒用户。

25

知道当前位置的 Google GTalk 机器人

本节的例子代码所在的工程目录是 src\ch25\ch25_gtalk

即时通讯软件是目前非常流行的在线交流工具。在国内 QQ 的使用人数最多，但 QQ 的通讯协议并未公开，因此，无法使用 QQ 通讯协议来开发机器人程序。由于 GMail 已经向任何人开放，因此，获得 GMail 账号变得非常容易。而 GTalk 采用的协议又是公共的 XMPP 协议，有众多的客户端库可以使用。本章将介绍如何开发一个 GTalk 机器人程序。在本例中将 GTalk 和 GPS 进行结合，通过预设的命令使手机中的 GTalk 机器人自动返回手机当前所处的经纬度，从而在任何地点，只要手机上运行了 GTalk 机器人，就可以确定手机的准确位置。

25.1 GTalk 的通讯协议和技术

GTalk 是 Google 推出的 IM（Instant Messaging，即时通讯）软件，类似于 QQ 和 MSN。从技术角度来说，GTalk 与 QQ 和 MSN 的差异是使用了不同的通讯协议，QQ 使用了自己的私有协议（未公开），MSN 也使用了自己的私有协议（已公开，详见 http://www.hypothetic.org/docs/msn/index.php）。而 GTalk 使用了 XMPP（Extensible Messageing and Presence Protocol，可扩展消息与存在协议），这种通讯协议是一种公开的协议，有很多 IM 都使用了 XMPP。

25.1.1 Jabber 和 XMPP

如果读者经常接触各种通讯协议，那么一定听说过大名鼎鼎的 Jabber 协议。Jabber 是一种使用十分广泛的即时通讯协议，有很多 IM 都使用这种协议。例如，著名的跨平台即时通讯软件 PSI 就支持 Jabber 协议。

在各种关于即时通讯的文章或资料中经常同时提到 Jabber 和 XMPP，这说明它们之间存在着紧密的联系。实际上，Jabber 是 XMPP 的前身，也可以认为 XMPP 是 Jabber 的升级版。

XMPP 是目前主流的四种 IM 协议之一，其他三种协议分别为 IMPP（Instant Messaging And Presence Protocol）、PRIM（Presence and Instant Messaging Protocol）和 SIMPLE（SIP for Instant Messaging and Presence Leveraging Extensions）。

在这四种协议中，XMPP 是最灵活的。XMPP 是一种基于 XML 的协议，它继承了 XML 的灵活性和可扩展性。因此，基于 XMPP 的应用也同样具有超强的灵活性和可扩展性。经过扩展后的 XMPP 可以通过发送扩展的信息来处理用户的需求，以及在 XMPP 的顶端建立如内容发布系统和基于地址的服务等应用程序。而且 XMPP 包含针对服务器端的软件协议，使之能与另一端进行通话，这使得开发者更容易建立客户应用程序或给一个系统添加功能。

XMPP 在 Jabber 的基础上进行了一些改进。例如，在 Jabber 的 client-to-server 认证假设每一个客户端都是 IM 客户端，因此，在成功验证后，会同时初始化一个 Session。而 XMPP 将核心功能与 IM 功能进行分离，也就是说，服务端在成功验证客户端后，除非客户端明确请求一个 Session，服务端才会初始化。

读者可以通过下面的地址访问 XMPP 的官方网站：

http://xmpp.org

25.1.2　XMPP 客户端库：Smack 和 Asmack

Smack 是一个基于 Java 的 XMPP 客户端库。在作者写作本书时，Smack 的最新版本是 Smack 3.1。读者可以从下面的地址下载 Smack 的最新版本：

http://www.igniterealtime.org/downloads/index.jsp

虽然 XMPP 协议是基于 XML 的，较基于二进制的协议更容易理解。但要想完全了解 XMPP 协议，并实现自己的 XMPP 客户端程序也是比较困难的。而使用 Smack 可以使我们在不了解 XMPP 的情况下就能轻松实现 XMPP 客户端程序。

Smack 的核心类是 XMPPConnection，每一个客户端连接都需要创建一个 XMPPConnection 对象。假设要连接的 XMPP 服务器的域名是 jabber.org，端口号是 5222，可以使用下面的代码建立一个 XMPP 连接。

```
ConnectionConfiguration config = new ConnectionConfiguration("jabber.org", 5222);
XMPPConnection conn = new XMPPConnection(config);
conn.connect();
```

如果连接成功，就可以使用 XMPPConnection.login 方法登录服务器了，代码如下：

```
conn.login(account, password);
```

虽然 Smack 在 PC 上可以工作得很好，功能也很强大，但在 Android 平台上有一些问题，而导致这些问题的原因是 Android 精简了 Java 的类库，以至于 Smack 使用的部分类库在 Android 平台上无法找到，所以 Smack 不能直接在 Android 平台上使用。不过这么好的东西要是不能在 Android 平台上使用似乎有些可惜，值得庆幸的是，有这种想法的人不只作者一个。就在 2010 年初，有人在 code.google.com 网站上发布了一个 Asmack，其中 A 就代表 Android 中的 A，也就是说，这个版本是 Smack 的 Android 版本。读者可以在如下地址下载 Asmack：

http://code.google.com/p/asmack/downloads/list

下载 asmack-2010.03.03.jar 文件后，直接在 Android 工程中引用即可。

25.2　登录 GTalk：Login 类

本节将使用 Asmack 来登录 GTalk 服务器。GTalk 服务器的域名是 talk.google.com，端口号是 5222，服务名是 gmail.com，可以使用下面的代码连接 GTalk 服务器。

```
ConnectionConfiguration connConfig = new ConnectionConfiguration(
        "talk.google.com", 5222, "gmail.com");
GTalk.mConnection = new XMPPConnection(connConfig);
GTalk.mConnection.connect();
```

在连接成功后，需要使用账号和密码登录 GTalk 服务器。不同的 XMPP 服务器账号的含义可能不同，对于 GTalk 服务器来说，账号就是 GMail 账号。因此，读者在登录 GTalk 之前，需要到如下的网站免费申请 GMail 账号。要注意的是，在申请过程中需要通过手机短信或自动语音告知申请者验证码，读者可在页面上的相应文本框中直接输入手机号即可。

http://www.gmail.com

下面先看看登录界面，如图 25.1 所示。

在如图 25.1 所示的页面中有两个文本框，分别用来输入账号和密码。单击【登录】按钮会连接 GTalk 服务器，在连接成功后，会使用下面的代码登录 GTalk 服务器。

```
String account = metAccount.getText().toString();
String password = metPassword.getText().toString();
GTalk.mConnection.login(account, password);
```

```
Presence presence = new Presence(Presence.Type.available);
GTalk.mConnection.sendPacket(presence);
```

图 25.1　GTalk 机器人的登录界面

在成功登录后，需要使用 sendPacket 方法通知服务端当前用户处在活动状态（Presence.Type.available），如果登录成功，系统会保存账号和密码，以便下次登录时不需要再输入它们。保存账号和密码的代码如下：

```
GTalk.mUtil.saveString(ACCOUNT_KEY, account);
GTalk.mUtil.saveString(PASSWORD_KEY, password);
```

GTalk 是显示联系人列表的类，在 GTalk 类中定义了一些静态的变量，mUtil 就是其中之一。mUtil 是 Util 类型的变量，在 Util 类中定义了一些公共的方法，这些功能包括保存和获得配置信息，显示提示信息，截取字符串。Util 类的代码如下：

```java
package net.blogjava.mobile.gtalk;

import android.content.Context;
import android.content.SharedPreferences;
import android.widget.Toast;

public class Util
{
    private final String PREFERENCE_NAME = "gtalk";
    private Context mContext;
    private SharedPreferences mSharedPreferences;
    public Util(Context context)
    {
        mContext = context;
        mSharedPreferences = context.getSharedPreferences(PREFERENCE_NAME,
                Context.MODE_PRIVATE);
    }
    // 显示提示信息
    public void showMsg(String msg)
    {
        Toast.makeText(mContext, msg, Toast.LENGTH_SHORT).show();
    }
    // 保存配置信息
    public void saveString(String key, String value)
    {
        mSharedPreferences.edit().putString(key, value).commit();
    }
    // 获得配置信息
    public String getString(String key, String... defValue)
    {
        if (defValue.length > 0)
            return mSharedPreferences.getString(key, defValue[0]);
        else
            return mSharedPreferences.getString(key, "");
```

```
    }
    //  截取指定分隔符前面的字符串
    public static String getLeftString(String s, String separator)
    {
        int index = s.indexOf(separator);
        if (index > -1)
            return s.substring(0, index);
        else
            return s;
    }
}
```

当用户登录成功，并保存账号和密码后，就会使用 GTalk 类显示联系人列表，代码如下：

```
Intent intent = new Intent(this, GTalk.class);
startActivity(intent);
finish();          //  在显示联系人列表后，关闭登录界面
```

25.3 联系人信息

IM 的主界面一般会列出当前用户的联系人相关信息，这些信息主要包括联系人名称、在线/离线状态等。本章实现的 GTalk 机器人本身也是一个 IM，因此，也会列出所有的联系人名称，并以图标的方式显示联系人的在线/离线状态。

25.3.1 显示联系人列表

GTalk 类不仅可以显示当前用户的所有联系人，还会根据联系人的状态以不同的图标显示联系人是否在线。联系人列表如图 25.2 所示。

图 25.2 联系人列表

在这里使用 ListView 组件来显示联系人列表。因此需要一个 Adapter 类从 GTalk 服务器获得联系人信息。每一个联系人由一个 RosterEntry 对象表示。为了获得当前用户的所有联系人，需要使用 XMPPConnection 类的 getRoster 方法获得一个 Collection<RosterEntry>对象，代码如下：

```
Collection<RosterEntry> rosterEntries = mConnection.getRoster().getEntries();
```

其中 mConnection 是在 GTalk 类中定义的 XMPPConnection 类型变量，在 Login 类中创建的 XMPPConnection 对象保存在该变量中。下面来看一下获得联系人列表的 Adapter 类的代码。

```
private class ContactsAdapter extends BaseAdapter
{
    private Context mContext;
    private LayoutInflater mLayoutInflater;
    private ArrayList<Contact> mContacts = new ArrayList<Contact>();
    private Map<String, Integer> mContactMap = new HashMap<String, Integer>();
    public ContactsAdapter(Context context)
    {
```

```
        mContext = context;
        mLayoutInflater = (LayoutInflater) context
                .getSystemService(Context.LAYOUT_INFLATER_SERVICE);
        // 获得联系人列表
        loadContacts();
    }
    private void loadContacts()
    {
        // 获得 RosterEntry 对象的集合，每一个 RosterEntry 对象表示一个联系人
        Collection<RosterEntry> entries = mRoster.getEntries();
        for (RosterEntry entry : entries)
        {
            Contact contact = new Contact();
            // 设置联系人图标的资源 ID（默认是离线状态）
            contact.iconResourceId = R.drawable.offline;
            // 设置联系人的账户
            contact.account = entry.getUser();
            // 设置联系人的昵称
            contact.nickname = mUtil.getLeftString(entry.getUser(), "@");
            mContacts.add(contact);
            mContactMap.put(contact.account, mContacts.size() - 1);
        }
    }
    @Override
    public int getCount()
    {
        return mContacts.size();
    }
    @Override
    public Object getItem(int position)
    {
        return mContacts.get(position);
    }
    public String getAccount(int position)
    {
        return mContacts.get(position).account;
    }
    @Override
    public long getItemId(int position)
    {
        return position;
    }
    // 设置联系人的图标资源 ID。当联系人上线或离线时需要调用该方法来改变联系人前面的图标
    public void setContactIcon(String account, int resourceId)
    {
        Integer position = mContactMap.get(account);
        if (position != null)
        {
            // 如果联系人图标资源 ID 已变化，则设置新的图标资源 ID
            if (mContacts.get(position).iconResourceId != resourceId)
            {
                mContacts.get(position).iconResourceId = resourceId;
                notifyDataSetChanged();
            }
        }
    }
@Override
public View getView(int position, View convertView, ViewGroup parent)
{
    LinearLayout linearLayout = (LinearLayout) mLayoutInflater.inflate(R.layout.contact_item, null);
    ImageView ivContactIcon = (ImageView) linearLayout.findViewById(R.id.ivContactIcon);
    TextView tvContactNickname = ((TextView) linearLayout.findViewById(R.id.tvContactNickname));
        // 设置联系人图标资源 ID
```

```
    ivContactIcon.setImageResource(mContacts.get(position).iconResourceId);
        //  设置联系人昵称
    tvContactNickname.setText(mContacts.get(position).nickname);
        return linearLayout;
    }
}
```

在 ContactsAdapter 类中涉及到一个 Contact 类，该类表示联系人的信息，代码如下：

```
public static class Contact
{
    public int iconResourceId;
    public String account;
    public String nickname;
}
```

下面的代码创建了 ContactsAdapter 对象，并将 ContactsAdapter 对象绑定到 ListView 组件中。

```
mContactsAdapter = new ContactsAdapter(this);
mlvContacts.setAdapter(mContactsAdapter);
```

其中 mContactsAdapter 为 ContactsAdapter 类型的变量，mlvContacts 为 ListView 类型的变量。

25.3.2 监听联系人是否上线

当某个联系人上线或离线时，GTalk 服务端会通知联系人的所有好友。这时 Asmack 可以通过 RosterEntry 类的 addRosterListener 方法添加监听联系人状态的事件，但经作者测试，目前的 Asmack 版本无法调用该事件方法。所以我们还不能使用该事件来监听联系人的状态。

除了使用监听事件外，还可以使用下面的代码来获得联系人的在线/离线状态。

```
Presence presence = mConnection.getRoster().getPresence("abcd@gmail.com");
if (presence != null)
{
    if (presence.isAvailable())
    {
        //  联系人已上线
    }
}
```

在调用 getPresence 方法时要注意，该方法是异步执行的，也就是说，在登录后立刻调用该方法，并不一定返回正确的联系人状态。为此，我们采用了在线程中每隔一定时间调用 getPresence 的方式来获得联系人的状态。在这里使用了 UpdateContactState 作为线程类，在该类中每隔 5 秒调用一次 contactStateChange 事件方法，并在该方法中调用 getPresence 以获得联系人信息。UpdateContactState 类的代码如下：

```
package net.blogjava.mobile.gtalk;

import android.os.Handler;

public class UpdateContactState implements Runnable
{
    public boolean flag = true;
    private OnContactStateListener mOnContactStateListener;
    private Handler handler = new Handler()
    {
        @Override
        public void handleMessage(android.os.Message msg)
        {
            if (mOnContactStateListener != null)
                //  调用 contactStateChange 事件方法
                mOnContactStateListener.contactStateChange();
            super.handleMessage(msg);
        }
    };
    @Override
    public void run()
    {
```

```
        while (flag)
        {
            try
            {
                // 每隔 5 秒调用一次 contactStateChange 方法
                Thread.sleep(5000);
                handler.sendEmptyMessage(0);
            }
            catch (Exception e)
            {
            }
        }
    }
    public void setOnContactStateListener(OnContactStateListener listener)
    {
        mOnContactStateListener = listener;
    }
}
```

其中 OnContactStateListener 是一个事件接口，代码如下：

```
package net.blogjava.mobile.gtalk;

public interface OnContactStateListener
{
    public void contactStateChange();
}
```

由于 UpdateContactState 类主要用来监听联系人的状态，因此需要在 GTalk 类中创建 UpdateContactState 类的对象实例。GTalk 类需要实现 OnContactStateListener 接口。在 GTalk 类中的 contactStateChange 方法的代码如下：

```
public void contactStateChange()
{
    if (mConnection == null)
        return;
    Collection<RosterEntry> rosterEntries = mConnection.getRoster().getEntries();
    for (RosterEntry rosterEntry : rosterEntries)
    {
        // 获得当前联系人的状态（Presence 对象）
        Presence presence = mConnection.getRoster().getPresence(rosterEntry.getUser());
        if (presence != null)
        {
            if (presence.isAvailable())
                // 如果联系人在线，将图标资源 ID 换成 online
                mContactsAdapter.setContactIcon(rosterEntry.getUser(), R.drawable.online);
            else
                // 如果联系人离线，将图标资源 ID 换成 offline
                mContactsAdapter.setContactIcon(rosterEntry.getUser(), R.drawable.offline);
        }
    }
}
```

现在启动 GTalk 机器人，并使用读者自己的 GMail 账号进行登录。如果这时某些联系人在线，联系人列表中的某些图标会在 5 秒后变成彩色的。

25.4　联系人之间的通讯

联系人之间的通讯可分为主动和被动两种方式。主动是指读者主动向其他联系人发消息，被动是指其他的联系人向读者发消息，在读者的 Gtalk 客户端会弹出聊天界面。无论是哪一种情况，只要弹出聊天界面，就可以进行聊天了。

25.4.1 发送聊天信息

当单击某个联系人时，就会弹出一个聊天界面，如图 25.3 所示。在界面的上方会显示对方的账号（GMail 地址）。

askliningtest1@gmail.com

发送

图 25.3 聊天界面

单击【发送】按钮后，会将界面下方文本框中的内容发送给另一端的用户。要想发送信息，首先需要创建一个 org.jivesoftware.smack.Chat 对象，然后使用 Chat 类的 sendMessage 方法发送消息。创建 Chat 对象的代码如下：

```
ChatManager chatmanager = GTalk.mConnection.getChatManager();
mChat = chatmanager.createChat(mContactAccount, null);
```

其中 mChat 是在 ChatRoom 类中定义的 Chat 类型的变量。

下面看一下【发送】按钮的单击事件方法的代码。

```
public void onClick(View view)
{
    String msg = metMessage.getText().toString();
    if (!"".equals(msg))
    {
        try
        {
            // 向联系人发送消息
            mChat.sendMessage(msg);
            // 清空输入消息的文本框
            metMessage.setText("");
            // 将聊天记录添加到 EditText 组件中
            metMessageList.append("我：\n");
            metMessageList.append(msg + "\n\n");
        }
        catch (Exception e)
        {
        }
    }
}
```

25.4.2 接收聊天信息

虽然在上一节介绍了如何发送消息，但并不能接收来自另一端的聊天消息。虽然监听聊天消息也可以通过事件完成，但可能是由于 Asmack 的 bug，几乎所有的事件都无法进行监听（也许在以后的版本中会更正）。因此，我们需要采用 25.3.2 节的方法：在线程中以循环的方式监听聊天消息。下面先看一下使用 GTalk 机器人和 Google GTalk 客户端进行聊天的效果。GTalk 机器人如图 25.4 所示，Google GTalk 客户端如图 25.5 所示。

图 25.4　GTalk 机器人　　　　　　　　　图 25.5　Google GTalk 客户端

MessageReceiver 类负责以循环的方式监听聊天消息，代码如下：

```java
package net.blogjava.mobile.gtalk;

import org.jivesoftware.smack.PacketCollector;
import org.jivesoftware.smack.filter.AndFilter;
import org.jivesoftware.smack.filter.FromContainsFilter;
import org.jivesoftware.smack.filter.PacketFilter;
import org.jivesoftware.smack.filter.PacketTypeFilter;
import org.jivesoftware.smack.packet.Message;
import org.jivesoftware.smack.packet.Packet;
import android.os.Handler;

public class MessageReceiver implements Runnable
{
    private String mAccount;
    private PacketFilter filter;
    private OnMessageListener mOnMessageListener;
    public PacketCollector mCollector;
    public boolean flag = true;
    private Handler handler = new Handler()
    {
        @Override
        public void handleMessage(android.os.Message msg)
        {
            Message message = (Message) msg.obj;
            if (mOnMessageListener != null)
            {
                // 调用 processMessage 事件方法，以便对聊天消息做进一步处理
                mOnMessageListener.processMessage(message);
            }
            super.handleMessage(msg);
        }
    };
    public MessageReceiver(String account)
    {
        mAccount = account;
        // 用于过滤只包含账户信息的聊天消息
        new AndFilter(new PacketTypeFilter(Message.class),
                new FromContainsFilter(account));
        mCollector = GTalk.mConnection.createPacketCollector(filter);
    }
    @Override
    public void run()
    {
        while (flag)
        {
            Packet packet = mCollector.nextResult();
```

```
                    if (packet instanceof Message)
                    {
                        Message msg = (Message) packet;
                        android.os.Message message = new android.os.Message();
                        message.obj = msg;
                        handler.sendMessage(message);
                    }
                }
            }
            public void setOnMessageListener(OnMessageListener listener)
            {
                mOnMessageListener = listener;
            }
        }
```

在编写 MessageReceiver 类时需要注意如下两点：

MessageReceiver 和 UpdateContactState 一样，并不直接处理聊天消息，而是通过调用一个 processMessage 事件方法进行处理。

获得聊天消息要通过 PacketCollector.nextResult 方法。如果当前没有聊天消息，nextResult 方法会被阻塞。

有两个地方需要接收消息。一个是在聊天界面（ChatRoom 类），另一个是在联系人列表界面（GTalk 类）。在 ChatRoom 类中接收到消息后会直接显示在聊天记录中（EditText 组件），代码如下：

```
@Override
public void processMessage(Message message)
{
    metMessageList.append(GTalk.mUtil.getLeftString(from, "/") + ":\n");
    metMessageList.append(msg + "\n\n");
}
```

GTalk 类处理聊天消息的过程要复杂一些。当第一次接收到某个联系人的聊天消息后，会自动显示聊天界面。如果再次接收到该联系人的聊天消息时，就不再显示与该联系人聊天的界面了，而在显示聊天界面时，会将聊天消息和联系人的账号传入聊天界面。在聊天界面（ChatRoom 类）的 onCreate 方法中会将第一次的聊天消息添加到聊天记录中。GTalk 类中接收聊天消息的事件方法如下：

```
public void processMessage(Message message)
{
    String account = mUtil.getLeftString(message.getFrom(), "/");
    //  是否第一次接收到该联系人的聊天消息
    Boolean isChatting = mChattingContactMap.get(account);
    //  是第一次接收到该联系人的聊天消息
    if (isChatting == null)
    {
        isChatting = false;
    }
    //  设置标志，表示已不再是第一次接收到该联系人的聊天消息
    mChattingContactMap.put(account, true);
    //  是第一次接收到该联系人的聊天消息
    if (!isChatting)
    {
        //  显示聊天界面
        Intent intent = new Intent(this, ChatRoom.class);
        //  向聊天界面传递账号和聊天消息
        intent.putExtra("contactAccount", account);
        intent.putExtra("msg", message.getBody());
        startActivity(intent);
    }
}
```

在上面的代码中使用了一个 mChattingContactMap 变量，该变量保存每一个联系人是否是第一次建立连接的标志。false 表示第一次接收到该联系人的聊天消息，true 表示不是第一次接收到该联系人的聊天消息。

在 ChatRoom 类的 onCreate 方法中需要使用下面的代码将第一次聊天的消息加入到聊天记录中。

```
mContactAccount = getIntent().getStringExtra("contactAccount");
String msg = getIntent().getStringExtra("msg");
if (msg != null)
{
    metMessageList.append(GTalk.mUtil.getLeftString(from, "/") + ":\n");
    metMessageList.append(msg + "\n\n");
}
```

25.4.3 自动回复当前的位置（GPS 定位）

在前面已经实现了一个完整的 GTalk 客户端，只不过聊天需要双方的参与，这也并不是 GTalk 机器人的功能。所谓 GTalk 机器人，是指一方发送一定格式的消息后，GTalk 机器人会自动根据这些消息回答一些问题。本节将实现一个简单的自动回答当前位置的 GTalk 机器人。读者可以利用本节介绍的方法实现更复杂的机器人，甚至是棋牌类的游戏。

通过 GPS 获得当前的位置已经在 14.5.2 节讲过了。在这里只是使用这种技术获得当前位置的经纬度，还不了解如何调用 GPS API 的读者可以参阅该节的内容。

本例的 GTalk 机器人可接收的命令只有两个，它们表示同一个意思。这两个命令是 "#position" 和 "#位置"。如果向 GTalk 机器人发送这两个聊天消息，GTalk 机器人会直接返回当前位置的经纬度。要注意的是，测试这两个命令时，GTalk 机器人要运行在真机上，否则无法正确返回经纬度消息。

当接收到聊天消息时，首先要判断是否是 GTalk 机器人支持的命令，如果聊天消息是 "#position" 或 "#位置"，则先调用 GPS API 获得经纬度，然后通过 sendMessage 方法返回这些信息。如果不是命令，则按正常方式处理聊天消息。由于在聊天界面启动（onCreate 方法中）和接收到消息时都可能需要发送经纬度消息，所以将发送聊天消息的代码放在 sendMsg 方法中，以便在多处调用。该方法的代码如下：

```
private void sendMsg(String from, String msg)
{
    //  判断聊天消息是否是 GTalk 机器人支持的命令
    if ("#position".equals(msg.toLowerCase()) || "#位置".equals(msg))
    {
        try
        {
            metMessageList.append("自动回复："
                    + GTalk.mUtil.getLeftString(from, "@") + "\n");
            Criteria criteria = new Criteria();
            // 获得最好的定位效果
            criteria.setAccuracy(Criteria.ACCURACY_FINE);
            criteria.setAltitudeRequired(false);
            criteria.setBearingRequired(false);
            criteria.setCostAllowed(false);
            // 使用省电模式
            criteria.setPowerRequirement(Criteria.POWER_LOW);
            // 获得当前的位置提供者
            String provider = locationManager.getBestProvider(criteria, true);
            // 获得当前的位置
            Location location = locationManager.getLastKnownLocation(provider);
            // 获得当前位置的纬度
            Double latitude = location.getLatitude();
            // 获得当前位置的经度
            Double longitude = location.getLongitude();
            //  向联系人发送经纬度消息
            mChat.sendMessage("GTalk 机器人：\n 经度：" + longitude + "\n 纬度："
                    + latitude + "\n\n");
        }
        catch (Exception e)
        {
        }
    }
    else
```

```
        {
            metMessageList.append(GTalk.mUtil.getLeftString(from, "/") + ":\n");
            metMessageList.append(msg + "\n\n");
        }
    }
```

现在 processMessage 方法中可以直接使用 sendMsg 方法来发送聊天消息了，代码如下：

```
public void processMessage(Message message)
{
    sendMsg(message.getFrom(),message.getBody());
}
```

在 ChatRoom 类的 onCreate 方法中也可以使用下面的代码来发送聊天消息。

```
mContactAccount = getIntent().getStringExtra("contactAccount");
String msg = getIntent().getStringExtra("msg");
if (msg != null)
{
    sendMsg(mContactAccount, msg);
}
```

在手机上运行 GTalk 机器人，然后在 PC 上的 Google GTalk 客户端输入"#position"或"#位置"命令，GTalk 机器人会返回如图 25.6 所示的消息，GTalk 机器人的聊天记录区域会输出如图 25.7 所示的消息。

图 25.6 返回经纬度

图 25.7 GTalk 机器人的聊天记录区域输出的消息

25.5 本章小结

本章主要介绍了如何使用 Asmack 类库实现一个 GTalk 机器人。GTalk 机器人本身也具有普通 IM 的聊天功能，但与普通 IM 不同的是可以根据预设的命令自动返回一些信息，在这里返回的是手机当前所处位置的经纬度。读者还可以利用这种方式做出更有趣的应用，例如，可以通过预设的图像位置命令实现一个通过 GMail 账号玩的五子棋程序（当然，也可以是围棋、象棋、桥牌这样的棋牌类游戏）。

跟随先行的脚步，创造永恒的精彩

Android/OPhone开发完全讲义

专注于精品原创

让智慧散发出耀眼的光芒